机械优化设计方法

（第 4 版）

主编　陈立周　俞必强

北　京
冶　金　工　业　出　版　社
2020

内 容 提 要

本书是在前3版的基础上，根据优化设计理论与技术的发展并结合课堂教学经验，系统地介绍了机械优化设计的基本原理与方法，较为全面地介绍各种优化设计方法及其应用，包括无约束问题和约束问题等常用优化设计方法，模拟退火算法、遗传算法和蚁群算法等现代优化设计方法，复杂系统的多学科设计优化原理与方法以及工程应用中的多目标问题、离散问题、随机问题、模糊问题和稳健问题等优化设计方法。

本书可作为机械工程专业研究生教学用书，亦可作为相近工科专业的教学参考书。在使用本书时，各校可根据安排的教学时数和学生情况选用内容，对于40左右学时的，建议选用前8章内容，后面几章可以作为选讲内容。

图书在版编目(CIP)数据

机械优化设计方法/陈立周，俞必强主编．—4版．—北京：冶金工业出版社，2014.1（2020.1重印）

ISBN 978-7-5024-6407-3

Ⅰ.①机… Ⅱ.①陈… ②俞… Ⅲ.①机械设计—最优设计 Ⅳ.①TH122

中国版本图书馆CIP数据核字(2013)第270481号

出 版 人　陈玉千
地　　址　北京市东城区嵩祝院北巷39号　邮编　100009　电话　(010)64027926
网　　址　www.cnmip.com.cn　电子信箱　yjcbs@cnmip.com.cn
责任编辑　戈　兰　美术编辑　彭子赫　版式设计　孙跃红
责任校对　卿文春　责任印制　李玉山
ISBN 978-7-5024-6407-3
冶金工业出版社出版发行；各地新华书店经销；北京捷迅佳彩印刷有限公司印刷
1985年6月第1版，1995年5月第2版，2005年3月第3版，
2014年1月第4版，2020年1月第4次印刷
787mm×1092mm　1/16；20印张；481千字；301页
42.00元

冶金工业出版社　投稿电话　(010)64027932　投稿信箱　tougao@cnmip.com.cn
冶金工业出版社营销中心　电话　(010)64044283　传真　(010)64027893
冶金工业出版社天猫旗舰店　yjgycbs.tmall.com
（本书如有印装质量问题，本社营销中心负责退换）

·第 4 版前言·

近年来，在机械工业领域中，为了不断满足产品设计质量的高要求和国内外市场竞争的需要，学术界和工程界对现代设计理论、方法和技术的研究与应用有了很大的进展，新的设计理论、新的方法和新的技术不断丰富和拓展。工程优化设计虽然只是现代设计中的一个学科分支，但它对提高产品的设计质量和设计效率起到重要的作用，并也在实践中得到了发展和丰富。基于这个原因，及时修订本教材是十分必要的。

在这次修订中，保留了前 3 版原作者陈立周教授、周培德教授和高云章教授所撰写的内容，但做了一些精简、调整和更新，删去了一些不是很重要的内容，补充了一些新的内容。例如，在现代优化计算方法这一章中补充了蚁群算法；新增加了第 9 章“多学科问题优化设计方法”和第 13 章“稳健问题优化设计方法”。这几部分内容由俞必强博士撰写。

本书的修订和审稿，得到了翁海珊教授、邱丽芳教授的帮助；还应特别指出，本书出版得到北京科技大学研究生教育发展基金的资助，在此一并致以深切的谢意。

作者对给本书第 3 版提出过宝贵意见和改进建议以及指出错误的读者表示真诚的谢意。

书中不妥之处，望读者给予指正。

编　者

2013 年 6 月于北京

·第3版前言·

本书自1993年第二次修订出版以来，刚好10年。在这段时间里，设计工作多数已经发生了重要的变化，除了计算机已成为设计工作的一种必备工具外，CAD和优化设计等一些现代设计技术也已深入到日常的设计工作中，并已成为提高设计质量和设计效率的重要手段。基于这一点，在这次修订中，一方面需要增加优化设计近期发展的一些理论与技术，使之跟上本学科发展的步伐；另一方面也要随着人们对优化设计认识的不断深入需要补充和修正一些概念和知识。但归根到底，还是要加强优化建模、模型求解方法及其两者关系正确处理等方面问题的阐述。

在优化建模方面，除了加强一般优化建模的论述外，增加了稳健优化建模的概念和方法、人工神经网络用于建模的讨论以及对模型的单调性分析、解的稳健性和灵敏度分析等方面的介绍。

在求解方法方面，除把原第5章和第6章精简合并为约束优化方法外，增加了现代优化计算方法一章，主要介绍模拟退火算法、遗传算法和人工神经网络算法等几种现代启发式算法。

除上述外，在第1章中补充了设计过程概论，强调了优化设计在设计全过程中的作用和应用价值，以及优化设计学科发展中的一些新分支和名词术语。此外，新增了第11章模糊问题优化设计方法，删去了第2版中的附录。

作者对给本书第1版和第2版提出宝贵意见、改进建议和指出错误的读者表示真诚的谢意，并希望大家继续关注本书的第3版。

在本次修订中，俞海珊教授仔细地审阅了全稿，并提出了许多宝贵的意见，在此表示衷心的感谢。

编　者

2004年10月于北京

·第2版前言·

本教材自1985年6月出版以来，被一些工科院校本科、短期培训班选作教材，认为它的总体结构、内容与分量、论述方式等基本上是合适的。

编者在总结使用经验、听取读者意见的基础上，根据《冶金工业部关于编写高等院校教材的几项原则》对原教材进行了修订。在本次修订中，保留了原教材的特点、基本内容与风格，适当地加入了本学科发展中的某些新成就；删去了原教材中部分不适应本科生学习的内容；提高了内容的科学严密性和计算、数据、图表的正确性；重视学生对基本概念、原理的掌握和知识的获取，以及基本方法和技能的训练。

全书分为10章。内容包括两部分：第一部分是从第1章至第6章，主要讲述机械优化设计的基本概念、理论及常用的一些优化设计方法，内容包括绪论、机械优化设计的基本术语和数学模型、优化设计的某些基本概念和理论、几种常用的无约束优化方法、约束优化设计问题的直接解法和间接解法等；第二部分是从第7章至第10章，主要讲述机械优化设计中各种类型问题的优化设计方法及其应用技术，内容包括优化设计实践中的某些问题、多目标优化设计方法、离散变量优化设计方法和随机变量优化设计方法等。书后附有几个优化方法的BASIC程序，可供学生上机使用。

西安建筑科技大学李建华副教授和南方冶金学院朱正晹副教授审阅了本书初稿的各章内容，并提出许多宝贵的修改意见，在此表示衷心的感谢。

值此本书再版之际，对广大曾提出过意见的读者深表谢意；并再次恳请读者提出批评和意见。

编　者

1993年8月于北京

·第1版前言·

本书系根据1982年制订的冶金部教材编写出版规划及次年拟定的“机械优化设计方法”（40~60学时）编写大纲编写的。

机械优化设计是机械设计理论和技术发展中的一门新兴学科，它的基本思想是：根据机械设计的一般理论、方法以及设计规范和行业标准等，把工程设计问题按照具体要求建立一个能体现设计问题的数学模型，然后采用最优化技术与计算机技术自动找出它的最优方案，使问题的解决在某种意义上达到无可争议的完善化。显然，这门新兴的科学技术对于进一步提高机械设计水平、改进机械产品质量、发展计算机辅助设计将起到重要的作用。实践越来越证明，机械优化设计方法是解决复杂设计问题的一种有效手段。为此，对于机械工程各专业的高年级学生，在学完设计课程中有关机构、零部件和机械系统一般设计理论与方法的基础上，继续学习机械优化设计的一些最基本概念、理论和方法，开拓优化设计的思想，掌握优化设计的方法是十分必要的。

本书试图把机械工程设计实践中应用的最优化技术和计算机技术结合起来融为一体，介绍有关机械优化设计的最主要的理论和方法，以及这门新兴技术科学现状与发展方面的一些知识。本书内容包括两大部分：第一部分是从第一章至第五章，主要讲述机械优化设计的基本概念、理论及目前常用的一些优化设计方法等；第二部分是从第六章至第九章，主要讲述机械优化设计中各种类型问题的一些处理方法及其经验，其中包括了当前机械优化设计理论与方法发展中的几个问题，如多目标优化设计方法、混合离散变量优化设计方法、优化设计结果的灵敏度分析等。由于篇幅所限，本书尚未包括线性规划、动态规划、状态空间法等一些优化技术以及最优化方法中的一些新方法，如广义简约梯度法、二次规划法等，同时尚未涉及机械优化设计的概率数学模型方面的问题。

参加本书编写的有陈立周（第四章的第4-4节、第六章至第九章），周培德（绪论、第三、五章），高云章（第一、二章、第四章的第4-1节~第4-3节）等同志。陈立周同志担任主编，路鹏和孙成宪同志协助进行了某些章节的整理工作。

参加本书审稿的有：东北工学院郑镕之副教授、合肥工业大学马同春副教授、华南工学院黎桂英、西安冶金建筑学院李建华、中南矿冶学院吴今谷、江西冶金学院张春于、北京钢铁学院孙遇春等同志。他们认真细致地审阅了书稿的各章内容，并提出了许多宝贵的修改意见，在此表示衷心的感谢。

本书作为机械工程专业的教学用书，亦可作为相近工科专业的教学参考书。在使用本教材时，各校可根据安排的教学时数和学生情况选用内容，对于40左右学时的，建议选用前六章内容，后面几章可以作为选讲内容。此外，本书亦可供机械工程技术人员、科研工作者和管理干部自学与参考。自学者在阅读本书前必须具备相应的数学知识、计算机计算技术和机械设计有关的基本知识。

鉴于近年来机械优化设计涉及的理论与方法非常广泛，发展极其迅速，又限于我们的教学经验和水平，书中不妥和疏漏之处在所难免，恳请读者批评指正。

编 者

1984年6月于北京

·目　　录·

1 绪　论

1.1 引言

“设计”作为人们综合运用科学技术原理和知识并有目的地创造产品的一项技术，已经发展成为现代社会工业文明的重要支柱。伴随着人类文明的起源与发展，设计亦从技艺发展到科学。它一方面被社会需求所推动，另一方面也受当时自然、社会和科学技术发展水平的约束。今天，设计水平已是一个国家的工业创新能力和市场竞争能力的重要标志。不少先进的工业国认为，工业革新必须以设计为中心，未来国际市场竞争将是设计竞争。

许多的设计实践经验告诉人们，设计质量的高低，是决定产品的一系列技术和经济指标的重要因素。因此，在产品生产技术的第一道工序——设计上，考虑越周全和越符合客观，则效果就会越好。统计结果表明，产品的质量问题，约有50%是由于设计不周所造成的；产品的成本约有70%是在设计阶段决定的；设计的周期约占产品开发总周期的40%。因此，随着社会对技术产品越来越高的要求，必须更好地学习与应用现代设计理论、方法和技术，以不断改进产品的设计质量，提高其市场的竞争能力。

在产品设计中，追求设计结果的最优化，一直是设计师们工作努力的目标。现代设计理论、方法和技术中的优化设计，为工程设计人员提供了一种易于实施且可使设计结果达到最优化的重要方法和技术，以便在解决一些复杂问题时，能从众多设计的方案中找出尽可能完善的或是最好的方案。这对于提高产品性能、改进产品质量、提高设计效率，都是具有重要意义的。

1.2 设计过程

设计过程是根据一定的目的和要求进行构思、策划和计划、试验、计算和绘图等一系列活动的总体。“设计”对不同的人和事会有不同的含义。在这里我们仅涉及机械产品的设计过程，它可以定义为“……为了把一台机器、一套工艺设备或生产系统制定得十分详细，以至可以参照实施为目的的各种技术和科学原理的利用过程”。设计可以是简单的，也可以是非常复杂的；容易的或是非常难的；精确的或是粗糙的；无关紧要的或是极其重要的。设计是工程实践的一个重要组成部分。

1.2.1 设计过程及其特点

一般，一个设计过程至少应包含10个步骤（见表1－1），并具有如下几个特点：

(1) **设计是一个创造性思维过程**。在多种不同类型知识（如经验、常识、规范和标准、法规、原理和理论、计算公式和方法）的基础上，通过反复地、有步骤地、连贯地思考，提出前人未提出的问题，解决前人未解决的问题，这就是设计过程中的创新。在创新活动中，创造想象或构思是重要的组成部分，是根据一定目的、任务创造出新形象的过程。在设计创新中通常也需要某些原型的启发，才能设计出新机器的图样。发明是指创制新的事物，提出新的原理，首创新的制作方法。因此，设计、发明与创新之间有着密切的联系，而且设计的核心是创新与发明。

(2) **设计是一个反复的过程**。每一次的设计都不是按部就班地从第 1 步一直做到第 10 步，而是当每一步的设计不能达到理想结果时，应该返回到前面的相关步骤进行再设计。因此，反复意味着重复，即返回到前面的相关步骤。例如，如果当你的一个构思经过分析证明是违背热力学第二定律的，则需返回形成概念设计的构思那一步，以寻找一个更好的设计方案，或者，如有必要返回到设计过程的最初几步，甚至返回到背景调查，去重新认识设计问题的更多方面。这种设计—分析—评价—再设计，直至产生一个“满意”的设计方案为止的过程，实际上也就是设计的“优化”过程。

(3) **设计是一个“单输入（用户需求）/多输出（多解）”的过程**。设计具有多解性，这是由设计是一个创造过程这一特殊性质所决定的。特别是根据用户需求产生设计概念时，就会出现多种可行的方案，而这只能通过分析与选择来获得最终的一个选用设计方案，这时也可以采用设计系统学（分类方法学）中的决策矩阵法选出一个“最好”的方案。

表 1-1　设计过程

(1) 需求识别	(6) 设计计算分析
(2) 背景调查或市场调查	(7) 选择
(3) 目标陈述或功能说明	(8) 详细设计
(4) 性能技术条件	(9) 样机制造与试验
(5) 构思与发明（方案设计）	(10) 生产

1.2.2　概念设计与参数设计

概念设计和参数设计是设计过程的核心。

1.2.2.1　概念设计

概念设计（或构思）主要是选择或确定产品的基本构型，包括它所要达到的功能、基本结构和类型以及定义与约束产品的一组性能技术条件（定义产品做什么用的），更详细的还可以包括材料、元件和零件的选用以及零部件的组装等。根据创新活动内容的多少，概念设计可分为创新性设计、适应性设计和变型设计三类。

(1) **创新性设计**：提供有重要社会应用价值的新颖独特的设计成果。

(2) **适应性设计**：在基本功能、原理不变的情况下改变或增补部分功能的原理与结构以适应特定用户和使用条件的设计。

(3) **变型设计**：在功能原理与结构类型不变下改变尺寸大小、扩大规格或补充系列的设计。

实现概念设计自动化是当前研究与发展的一个方向，它的进展依靠于人工智能、神经网络、认识科学以及计算机科学和设计方法学等的密切结合与综合应用，如 COVIRDS (Conceptual Virtual Design System)。在此过程中，引入非数值优化技术和系统方法学也能实现概念设计的最优化。

1.2.2.2 参数设计

参数设计（包括设计计算、分析与选择等）在概念设计或方案设计之后进行，即在满足各项设计技术条件下确定该方案的主要参数及尺寸的大小，以保证达到所要求的性能技术条件。参数设计一般包括两项内容，即确定参数的名义值（或公称值）和规定其容差（或公差）。前者保证产品的性能，后者保证产品性能的稳定性。由于参数设计是一种标量设计，所以它可以采用数值优化技术来求解。参数化的 CAD 系统就是技术方案设计自动化的一种重要工具。

1.2.3 设计中几种常用的决策方法

所谓设计中的决策，就是对选用方案的确定。因此，决策在设计过程的各个阶段中都将起到极其重要的作用。一般说来，在设计中所采用的决策方法有如下几种：

（1）**选择设计决策**，即对于两个或两个以上的设计方案，经过详细的分析计算之后，选取设计指标或特性值的好者。当几个设计方案均为多性能指标时，用系统方法学中的决策矩阵方法可以选出最佳方案，此时取价值 U_j 的最大者，即

$$U_j = \sum_{i=1}^{N} w_i u_{ij} \quad j = 1, 2, \cdots, K \tag{1-1}$$

式中，K 是参与评比的方案数；N 是所考察的性能指标数；u_{ij}是表示第 j 个方案的第 i 项指标好坏级别的数，即价值；w_i 是加权因子，反映该项价值在此产品中的重要程度。

在图1－1 中，给出了几种用以将性能指标 $f_{ij}(\boldsymbol{x})$ 定义为价值 $u_{ij}(0 \leqslant u_{ij} \leqslant 1)$ 的简单函数，其中 f_{ij}^L 和 f_{ij}^U 为性能指标 $f_{ij}(\boldsymbol{x})$ 的下界值和上界值。

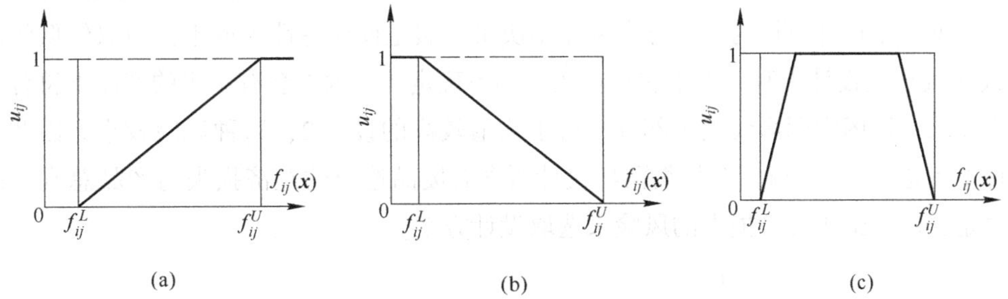

图 1－1 定义价值的几种简单函数

（a）越大越好；（b）越小越好；（c）取给定范围值较好

（2）**优化设计决策**，即用优化方法来确定设计方案。优化设计方法有很多，可根据设计问题的特点进行选用。在设计过程中，当已确定结构方案而其具体参数值不清楚（只知大概的范围）时，为了得到具有最佳性能指标的设计方案，可将问题转化为求如下形式数学模型的最优解，即选择一组设计变量 $\boldsymbol{x} = [x_1, x_2, \cdots, x_n]^{\mathrm{T}}$，使目标函数

$$f(x_1, x_2, \cdots, x_n) \to \min \text{ 或 } \max \tag{1-2}$$

并满足 p 个等式约束条件

$$h_v(x_1, x_2, \cdots, x_n) = 0 \quad v = 1, 2, \cdots, p < n \tag{1-3}$$

和 m 个不等式约束条件

$$g_u(x_1, x_2, \cdots, x_n) \leqslant 0 \quad u = 1, 2, \cdots, m \tag{1-4}$$

图 1 – 2 所示为优化设计一个二维问题的几何关系。最优的设计方案是满足所有性能约束条件的、目标函数最小值的设计点 $\boldsymbol{x}^* = [x_1^*, x_1^*]^T$。寻找最优点 $\boldsymbol{x}^*$ 需要用到优化计算方法。这是一种由数值计算和计算机迭代计算相结合发展起来的方法，它通过调整设计变量值，以使式（1 – 2）~式（1 – 4）得到最大限度的满足。

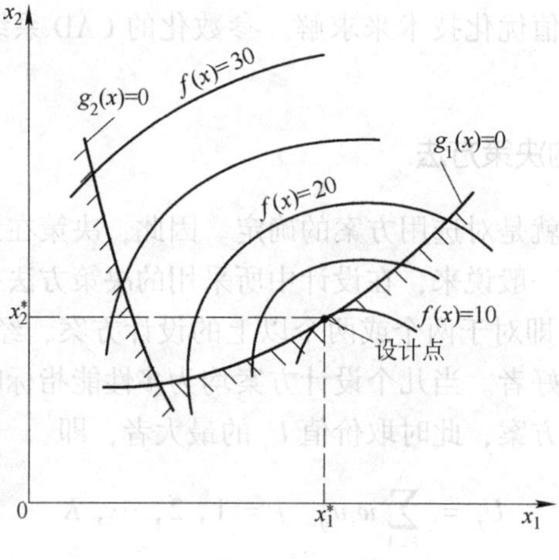

图 1 – 2　优化设计决策的几何关系

（3）**风险设计决策**，即当设计特性（或参数）不确定（随机性或是模糊性）时，要想得到技术与经济都较为合理的方案，在某些情况下，需要按一定的风险水平来做出决策。例如，图 1 – 3 所示为仅有一项设计特性的两个设计方案。很明显，在这种情况下，设计要根据每个设计特性的概率分布来作出决策。假定设计特性为成本，当取较低的期望值（或均值）的设计 1 时，由于它存在较大的不确定性，因而会有不少的产品不符合规定的技术要求，即图中阴影线表示部分。对于均值较高的设计 2，这种风险较小。因此，选用设计 1 还是设计 2，就需要权衡两项设计所含有废品造成的经济损失与产品总利益的关系来决定，以冒最小经济损失的风险来选取设计方案。

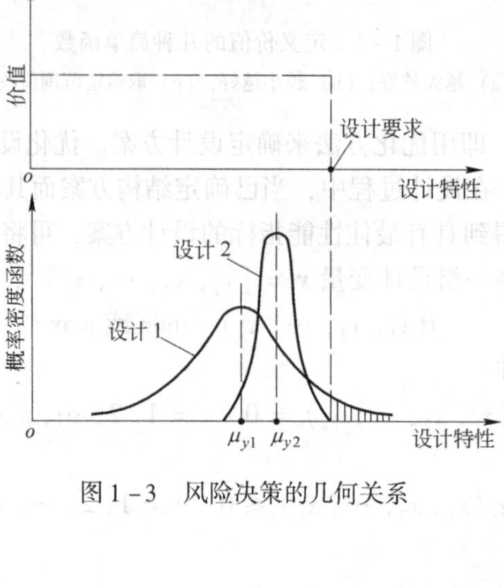

图 1 – 3　风险决策的几何关系

因此，在这种情况下，我们不要求也不应该要求以概率 1 满足这类约束条件来确定最优设计方案，而只要求设计方案满足约束条件的概率大于某一指定的数值即可，即允许存在一定的（经济损失或利益损失）风险。这种根据事件发生的概率来进行的设计，称为风险设计决策。

（4）**可制造性设计决策**，这是机械设计中一种特殊的设计决策，它使设计的零部件在具体结构形状和参数方面具有良好的加工工艺性。这要求设计人员应具有渊博的材料和生产工艺方面的知识，而且主要以成本最低为依据来做出可制造性设计决策。

设计是一个连续地做出决策的过程。只有在设计过程中的每一个阶段和每一个步骤上，都按照设计规范、约束条件及设计参数的相对重要性，做出设计决策，选取最佳的结果，才能在最终得出最优设计方案。

1.2.4 最优化在设计中的作用

最优化（Optimization）通常是指在解决设计问题时，使其结果达到某种意义上的无可争议的完善化。目前，最优化“opt”在科学和技术领域内如同使用最大“max”和最小“min”一样具有普遍性，并且已成为人们在解决科学和技术问题时的一个原则。

优化设计是建立在最优化数学方法和计算机及其计算技术基础上的，可用于实现产品的性能、质量和成本等设计指标最佳化的一种现代工程设计方法。

优化设计也和创新设计一样，可以把它看做是完成设计过程各个阶段的一种手段。这就是说，优化设计的思想、原理、方法和技术可以贯彻在设计的全过程中，但是在各个阶段所采用的优化策略与方法会有所不同。

作为设计决策的一种方法——优化设计，它对于提高产品的设计质量，特别是在解决多因素的复杂问题中，将会起到重要的作用。

【例 1－1】 图 1－4 所示为皮带运输机主动滚筒所选用的一种外－内啮合两级齿轮传动形式。当皮带运行速度 $v=2.7\text{m/s}$、输入转速 $n=906\text{r/min}$ 和滚筒直径 $D=500\text{mm}$ 时，要求在滚筒内的有限空间中，合理选择齿轮传动的啮合参数，使两级传动齿轮达到等强度，且使其所传递的功率达到最大，要求确定第Ⅰ级和第Ⅱ级传动齿轮的模数 m_1 和 m_2，变位系数 ξ_{12} 和 ξ_{34}，齿数 z_1、z_2、z_3 和 z_4，齿宽 b_1 和 b_2 等 10 个参数；同时要求满足齿轮啮合的强度条件、啮合干涉条件、加工工艺和结构限制条件等 29 个不等式约束。

解： 按现行的设计方法，只能通过反复的试凑计算，取得一个较为合理的传动方案，其中心距 $a^0=134\text{mm}$，第Ⅰ级的承载能力为 7.5kW，第Ⅱ级为 37kW，显然它不是一种参数的最佳组合，因为承载能力二者约相差 4.9 倍。若采用优化设计，其结果是中心距 $a^*=122.5\text{mm}$，其允许传递的功率第Ⅰ级为 19.7kW，第Ⅱ级为 19.6kW，两者仅相差 0.5%，找到了这种传动装置当 $D=500\text{mm}$ 时的最佳中心距 a^*，从而使整体的承载能力由 7.5kW 提高到 19.6kW，大大改进了产品的设计性能，保证了产品的设计质量。

又如图 1－5 所示，当两级圆柱齿轮减速器的总传动比从 7.1～28（13 种）、中心距为 620～1650mm、功率为 302～1170kW 和输入转速为 1500r/min 时，按质量最轻进行优化设计所得到的两级齿轮传动等强度条件下传动比的最佳比值 $(i_2/i_1)_{\text{opt}}$。图 1－6 给出了按常规设计和优化设计的制造成本和质量方面发生的变化，制造成本可降低 5%～20%，质量平均减轻 12%。显然，对于成批生产的产品，采用优化设计方法所取得的经济效益是相当显著的。

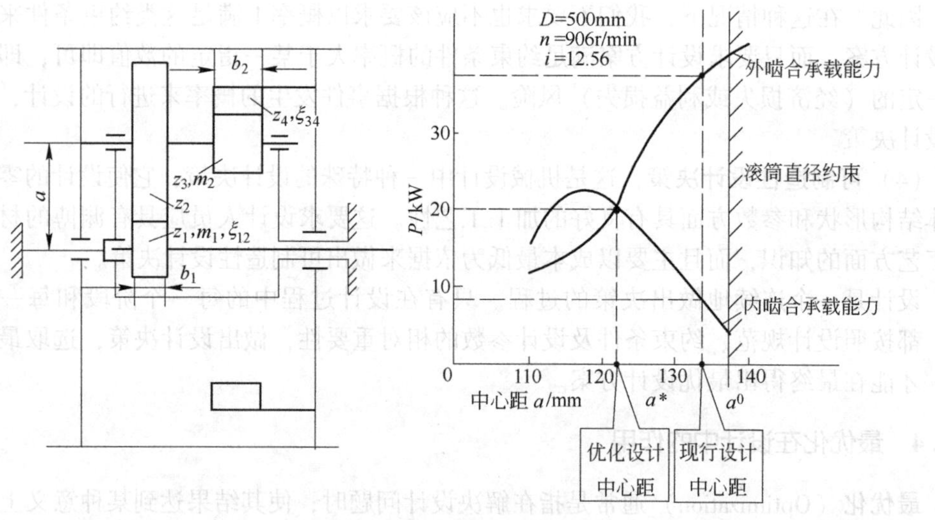

(a)　　　　　　　　　　　　(b)

图 1－4　齿轮滚筒的外－内啮合传动形式

（a）结构方案；（b）优化设计与现行设计的结果

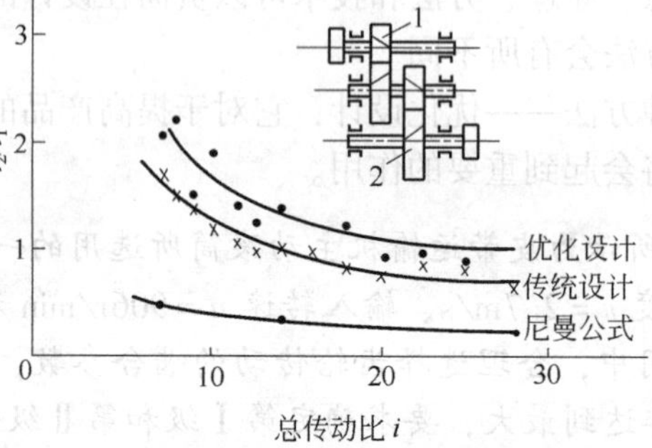

图 1－5　两级齿轮传动比最佳比值与总传动比的变化关系

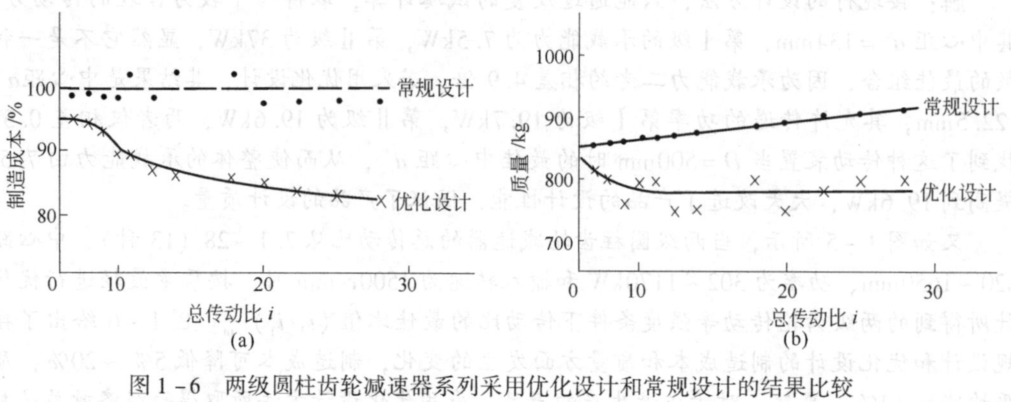

(a)　　　　　　　　　　　　(b)

图 1－6　两级圆柱齿轮减速器系列采用优化设计和常规设计的结果比较

（a）制造成本；（b）质量

1.3 优化设计问题的分类及其一般实施步骤

1.3.1 分类

在机械设计中，优化可以涉及很广的领域，问题的种类和性质也很多。但从它所要解决问题的特点来看，归纳起来，可分为函数优化问题和组合优化问题两大类。

函数优化问题通常可描述为：令 $\boldsymbol{X}$ 为 R^n 上连续变量 $\boldsymbol{x}$ 的一个有界子集，$f(\boldsymbol{x}): \boldsymbol{x} \to R^n$ 为 n 维实值函数，所谓函数 $f(\boldsymbol{x})$ 在 $\boldsymbol{X}$ 域上的全域最优点就是所找到的点 $\boldsymbol{x}^* \in \boldsymbol{X}$、使 $f(\boldsymbol{x}^*)$ 为在 $\boldsymbol{X}$ 上的全域最小值，即 $\forall \boldsymbol{x} \in \boldsymbol{X}, f(\boldsymbol{x}^*) \leqslant f(\boldsymbol{x})$。

函数优化问题又根据机械设计的性质分为两种：一种是在数学模型中其函数是一些隐式或显式的代数方程，求它的约束或无约束极值问题，如机械参数的优化设计、结构形状的优化设计等；另一种是数学模型中含有微分方程，求泛函的约束或无约束极值问题，如机械系统性能优化设计。

组合优化问题通常可描述为：设 $\Omega = \{s_1, s_2, \cdots, s_n\}$ 为所有离散状态构成的解空间，$\boldsymbol{C}(s_i)$ 为状态 s_i 对应的准则（或目标）函数值，要求寻找最优解 s^*，使得 $\forall s_i \in \Omega$ 有 $\boldsymbol{C}(\boldsymbol{s}^*) = \min \boldsymbol{C}(s_i)$。组合优化在计算上是一类比较特殊的问题，它往往涉及排序、分类、筛选等一些问题。在机械设计中属于这类问题有生产（或工序）调度问题、原材料的下料和内腔的布局问题、送货或原材料采购的最短路径问题等。

由于本书篇幅的限制，这里仅讨论函数优化问题，这是一类比较普遍的问题。表 1－2 中给出了机械优化设计的几种类型。

表 1－2 机械优化设计的几种类型

项 目	类 型	示 例
机械参数优化设计	机械方案参数优化设计	齿轮传动啮合参数、车床变速箱传动参数等的优化设计
	系统参数优化设计	凸轮从动件系统动力学参数、单柱式龙门铣床总体参数等优化设计
	工艺参数优化设计	单工序加工切削参数、轧制工艺参数等优化设计
	机构优化设计	平面连杆机构构件尺寸、车辆转向机构尺寸等优化设计
机械结构优化设计	尺寸优化设计	锅炉外部尺寸、支撑框架等结构尺寸优化设计
	形状优化设计	压力机、轧钢机机架过渡曲线、连杆形状等的优化设计
	拓扑优化设计	起重机、桥梁等的桁架结构的优化设计

机械结构优化设计已形成优化设计中的一个专题，它涉及结构力学和有限元方法，这些内容都超出了本书的内容，但是对于求解这类问题的优化思想和方法很多是一致的。

1.3.2 一般实施步骤

目前，对于某项工程或产品进行优化设计，还很难处理方案设计、全系统和全性能的优化设计问题，一般只能在某个已确定设计方案的前提下，寻求使该方案达到最佳品质、性能或使其达到预定目标的结构参数（设计参数）的最优组合，因而有时又称它为**参数优化设计**。

图1－7表示要求设计一个能支承负荷 G_1 和 G_2 的框架式底座，使其在满足强度、刚度和固有频率的条件下，得到一个质量最小的方案。

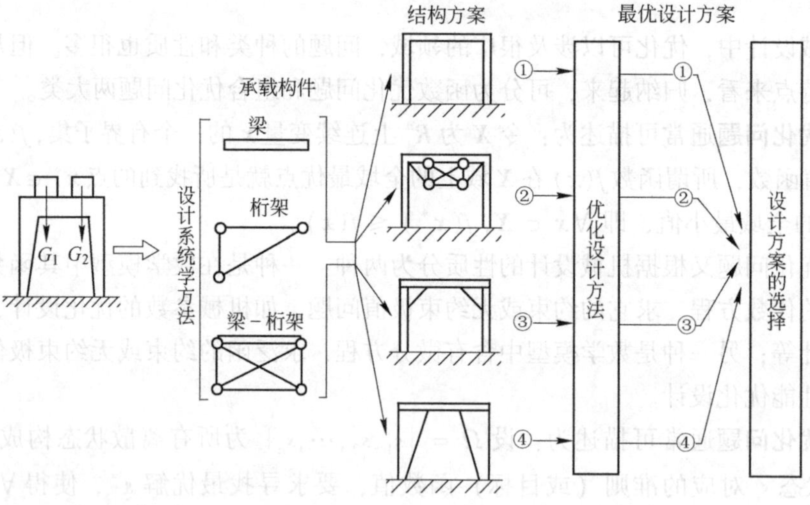

图1－7 设计过程中应用优化设计方法的一个示例

首先用设计系统学的方法直接确定几种承载构件，并设计出几种可行的方案。要想从这些方案中直观地确定哪种方案最好是困难的，因此，需要用优化设计方法在满足强度、刚度和固有频率的条件下，找出每一种结构的最优设计方案及其相应的设计参数（梁和杆的横截面及其他尺寸）。然后再从这些最优设计方案中选出最适用的设计方案。

优化设计的**一般实施步骤**可概括为：

（1）根据设计要求和目的定义优化设计问题；

（2）建立优化设计问题的数学模型；

（3）选用合适的优化计算方法；

（4）确定必要的数据和设计初始点；

（5）编写包括数学模型和优化算法的计算机程序，通过计算机的求解计算获取最优结构参数；

（6）对结果数据和设计方案进行合理性和适用性分析。

其中，最关键的是两个方面的工作：首先将优化设计问题抽象和表述为计算机可以接受与处理的优化设计数学模型，通常简称它为**优化建模**；然后选用优化计算方法及其程序在计算机上求出这个模型的最优解，通常简称它为**优化计算**。

优化设计数学模型是用数学的形式表示所设计问题的特征和追求的目的，它反映了设计指标与各个主要影响因素（设计参数）间的一种依赖关系，它是获得正确优化结果的前提。

由于优化计算方法很多，因而它的选用是一个比较棘手的问题，在选用时一般都遵循这样的两个原则：一是选用适合于模型计算的方法；二是选用已有计算机程序，且使用简单和计算稳定的方法。

在图1－8中给出了参数优化设计工作的一般流程图。

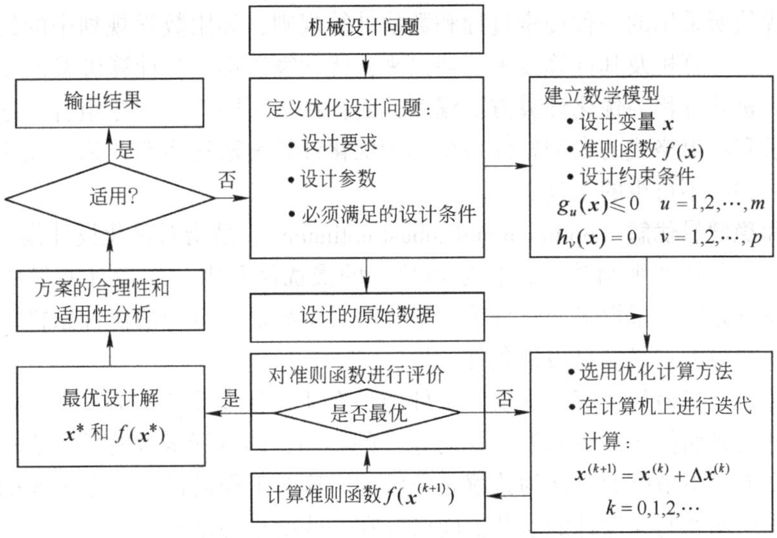

图 1－8 优化设计工作的一般流程图

1.4 优化设计学科中的一些常见术语

近些年来，优化设计广泛应用的结果也大大促进了优化设计学科的发展，在此领域内也不断出现新的学科分支和新的方法，考虑到本书的限制不可能一一介绍，故在此节中介绍一些在工程技术文献中常见的名词术语。

优化设计（optimal design 或 optimization design）：从广义上说，是指机械产品（包括零件、部件、设备或系统）将其所策划和构思的方案逐步改进并获得最佳设计方案的决策过程，包括设计过程各个阶段中的优化技术应用。从狭义上说，是指某项设计在确定方案后寻求具有最佳性能（或品质）的一组设计参数值，通常称它为**参数优化设计**。

为实现产品设计最优化目的所采用的手段，称为**优化设计技术和方法**。

优化建模（optimization modeling）：是将设计问题抽象和表述为计算机可以接受与处理的优化计算模型的一种过程，它的表现形式是多种多样的，如数学模型、逻辑模型、知识模型、数字化模型等，其中应用最普遍的是数学模型。建模既要求能准确地反映优化参数、准则函数和约束条件之间的基本关系，同时又要便于计算与处理。

针对工程设计问题的复杂性、多样性和差异性，人们提出了许多建模方法，如数学显式建模、有限元建模、仿真建模、图形建模、曲线图表近似建模、基于试验设计的响应面建模、人工神经网络建模、集成建模以及分层建模、分段建模、分解建模和多目标建模等。

优化准则（optimization criterion）：是指优化设计中用于评定方案是否达到最优的一种判据，通常多数是用产品设计中的某项或几项设计指标，如质量指标、性能指标、重量指标或成本指标等。由于优化指标在建模中表示为设计参数的函数（可以是显函数，也可以是隐函数，但必须是可计算的标量函数），故又称为**准则函数或目标函数**。在无任何限制的条件下，准则函数的极值（极小值或极大值）就是最优值，而在有限制的条件下，准则函数的约束极值才是最优值。

优化算法（optimization algorithm）：亦称**优化计算方法**，是指优化计算中为寻求准则函数达到最优值所采用的一种搜索过程和数值计算规则，如用数学规划中的约束与无约束最优化方法。自计算机及其计算技术发展以来，优化算法都通过计算机编程（软件）来实现，这类计算机软件称为**优化计算方法程序**，而把许多不同算法程序组合一起，并赋予统一的输入要求和输出格式的大型软件系统称为**优化计算方法程序包**或**库**。优化方法程序是优化设计的一种必不可少的工具。

最优解和稳健最优解（optimum and robust optimum）：是指对优化设计模型进行求解所获得的结果，它包括准则函数（或目标函数）的**最优值**和由一组设计变量所确定的**最优点**，即最优设计方案。根据最优化理论，最优解必定满足一定的最优性条件，这类似于解析数学中极小或极大点必满足极值条件一样。

稳健最优解是指该最优解不受设计条件微小变动（如设计变量值发生偏差、约束条件由于参数值的变异而使其约束面发生变动等）的影响，即目标函数的最优值对设计变量或约束条件的变差是不敏感的，认为该解是稳健的。这对工程设计是一个重要的概念，因为施工或制造出的实物与原设计的参数值间必存在一些微小的差异。

稳健优化设计（robust optimization）：是指优化设计的产品（或工艺系统）无论是在制造还是在使用中，即使设计参数发生变差，或是在规定寿命内结构发生老化和变质（在一定的范围内）时仍能保证产品性能优良的一种设计；换一种说法，若作出的优化设计即使在遭受各种因素的干扰下产品质量是稳定的或者用廉价的零部件（存在较大偏差的产品）能组装出质量上乘、性能稳定的产品，则认为该产品的优化设计是稳健的。

智能优化算法（intelligent optimization algorithms）：或称**现代启发式算法**（meta - heuristic algorithms），是指20世纪80年代后期发展起来的一类不同于常规优化算法的新算法，如遗传算法、进化规则、模拟退火算法、禁忌搜索算法、人工神经网络算法、混沌算法和混合优化策略算法等。这是一类适应工程设计问题的复杂性、约束性、非线性、多极值性等的特点，**根据自然现象机理以直观为基础而构造的（构造型算法），并具有大规模并行计算和智能特征的算法**。这类算法涉及数学、物理学、生物进化、人工智能、神经科学和统计力学等方面的内容。这类算法由于其独特寻优机制和较好地实现全域寻优等优点而获得了迅速发展，并已成为目前解决复杂工程优化问题的一种有力工具。

多目标优化设计（multiobjective design optimization）：在机械设计中，当某项设计方案的好与坏仅需用一项准则函数判定时，称为**单目标优化设计**；如果同时期望几项准则函数达到最佳值时，例如设计一个传动装置，希望它重量最轻、承载能力最大、工作可靠性又最高，则称为**多目标优化设计**。多目标优化设计是一个比较复杂的最优决策问题。

在多目标问题中还有一类称为**多品质决策问题**（multiple attribute decision making），即从几个设计方案中根据它们的各项设计指标综合作出设计决策，从中选择出一个最好方案，或是给所有方案排出优劣的次序。

多学科优化设计（multidisciplinary design optimization）：指利用现代计算机科学和技术的最新成就，按照面向复杂问题的设计思想集成多个学科的分析模型和工具，并采用有效的多学科优化算法，通过充分探索和相互作用的协调机制，在多代理系统环境下进行多学科协同优化设计的一种方法。它是当前综合应用多项技术解决复杂设计问题的一个重要发展方向，是优化设计领域中的一个新的研究热点。

面向产品的优化设计（optimal design for product）：是指面向机械产品的全系统、全寿命周期和全性能的一种优化技术。它以数值和非数值优化、人机合作优化和多计算机协同优化为主要特征，并在产品的全生命周期设计过程中实现产品技术、经济与社会需求的综合优化，也是当前优化设计技术发展的一个前沿研究问题。

1.5 机械优化设计的发展与趋势

在工程实践中，追求设计结果的最优化，一直是设计师们不懈努力、奋斗不止的理想目标，并且在长期的设计实践中，产生并积累了诸如进化优化、直觉优化、试验探索优化、图解和数学分析优化等一些优化策略与方法，并在"设计—评价—再设计"的过程中，自觉或不自觉地利用经验、知识、图解分析、黄金分割和分析数学等一些经典的优化方法进行优化设计，解决了一些简单的（单变量的）优化设计问题。在此阶段，没有形成完整的优化设计的理论体系，因而可称它为**古典优化设计**。

随着近代数学分支——数学规划论的创立，特别是近 50 年来，计算机及其计算技术的迅速发展，使得工程设计中较复杂的优化问题的计算有了重要的工具，并在航空航天、汽车和船舶等民生要害工业部门及其一些重大工程设计的应用中取得了较好的技术和经济效果，同时也促进了工程优化设计理论和方法的发展，如开发出优化方法程序库、典型机构与零部件优化设计程序库、结构优化设计程序库等一些大型的工程优化设计应用软件，结合工程优化设计的特点，在多目标优化、混合离散变量优化、随机变量优化、模糊优化、人工智能、神经网络及遗传算法应用于优化设计等方面都获得一些显著的成果，逐步形成以计算机和优化技术为基础的**近代优化设计**。它与古典优化设计的本质区别是其有完整的理论和设计体系，即：

（1）需要建立一个便于计算机计算和处理的优化设计数学模型；

（2）需要有一种与之相应的求解该模型的算法和程序；

（3）需要对优化计算结果进行分析和评价。

在这三个方面中，优化计算算法及程序经过科研工作者和设计人员多年的努力，已经做出了相当出色的工作，但是在优化设计建模，特别是适合于 CAD 技术的自动建模和优化计算结果的分析与评价方面的研究却比较落后，以致阻碍了优化设计在 CAD/CAM 中的应用。

从产品设计的全局来看，目前的优化设计多数还仅仅停留在确定设计方案后的参数优化计算方面，因而有时也有把这种参数优化设计归结为"狭义"的优化设计。面向产品设计的过程，应将优化设计拓宽到产品的全系统、全性能和全寿命周期的优化，这项技术总称为"广义"优化设计，是适应产品设计、CAD 技术发展需求和在现代科学技术支持下的优化设计技术的新发展，其中迫切需要解决的几个问题是：

（1）关于面向产品设计的优化建模理论和技术，利用多学科优化建模将是近期的一个研究热点。

（2）为解决数学与非数学模型的计算与处理，应发展能模仿人类大脑拓扑结构和思维方式的、具有智能性、结构性、并行性、容错性、自组织和自学习等许多优良特性的一种协同算法，这类计算方法的发展将依赖于 21 世纪计算智能的三大关键技术——模糊理论、神经网络和进化计算。

(3) 发展与完善产品设计各阶段的分析、评价与决策系统。

(4) 开发与完善面向产品多学科协同优化设计的软件总体结构、软硬件支撑系统和系统的运行方案。

这种“广义”优化设计按学科性质来说是多学科协同优化设计，但它是面向复杂的机械产品（或系统）、利用近代协同设计思想和集成技术，将多学科的模型分析方法、有效的多学科算法以及数据分析、管理等集成在一起来进行相互作用与耦合多子系统组成的系统优化设计技术，这是当前优化设计发展中需要迫切解决的问题。

2 优化设计的基本术语和数学模型

2.1 引言

优化设计是一种格式化的计算方法，对于各式各样的设计问题，都必须先按照规定格式的要求建立优化设计的数学模型。因此，本章首先需要介绍优化设计的一些基本术语及优化建模的基本概念。

对于任一个设计问题，若能回答如下几个问题，则从严格意义上说都可以认为它是一个优化设计问题：

（1）用哪些参数可以描述它的设计方案？

（2）用什么判据来衡量“最优设计方案”？

（3）在什么样的条件下才能获得工程可应用的设计方案？

【例 2－1】 有一个螺旋压缩弹簧，已知轴向作用载荷为 F，弹簧材料的切变模量为 G，许用切应力为 $[\tau]$，弹簧的非工作圈数为 n_2，轴向变形量为 δ，试设计这个弹簧使其体积最小。

解： 如图 2－1 所示，这个弹簧需要确定的结构参数有：弹簧钢丝直径 d、弹簧的平均直径 $D=(D_1+D_2)/2$ 和弹簧的工作圈数 n_1。这 3 个参数确定后，所设计的弹簧方案也就定了。

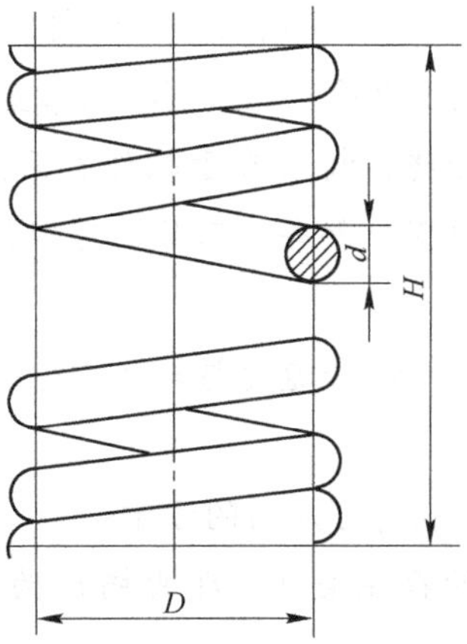

图 2－1 弹簧的优化设计问题

取弹簧的压并后体积最小作为优化设计判据，即

$$V=\frac{1}{4}\pi(D+d)^2(n_1+n_2)d\rightarrow\min$$

必须满足如下设计条件才可达到工程可用的目的：

(1) 强度条件。弹簧在极限的轴向载荷作用下其切应力不得超过许用值。极限载荷为 $F_{max}=1.25F$，该条件为：

$$\tau=\frac{8KF_{max}D}{\pi d^3}\leqslant[\tau]$$

式中，K 为弹簧的曲度系数，取 $K=1.6/(D/d)^{0.14}$。

(2) 变形条件。弹簧在载荷作用下产生的变形量 δ 要求为 10mm，即

$$\delta=\frac{8FD^3n_1}{Gd^4}=10\text{mm}$$

(3) 稳定性条件。压缩弹簧的稳定性条件为高径比 b 不得超过允许值 $[b]$（当弹簧为两端固定时 $[b]=5.3$），即

$$b=\frac{H}{D}\leqslant[b]$$

式中，H 为弹簧的自由高度，$H=(n_1+n_2)d+1.1\delta$。

此问题可叙述为如下优化设计问题，即为选择弹簧的结构参数 d、D 和 n_1 使设计指标

$$V=\frac{1}{4}\pi(D+d)^2(n_1+n_2)d\rightarrow\min$$

且满足设计条件 $\tau\leqslant[\tau],b\leqslant[b],\delta=10\text{mm}$。

【例2-2】 图2-2（a）所示为钢坯飞剪机的剪切机构。剪刃安装在杆2的 M 点处。对于飞剪机的剪切机构来说，不仅要求两个剪刃能作上下运动以便切断轧件，而且在剪切过程中还要求能随同轧件向前同步运行。因此，对该机构的设计是合理确定机构参数 l_1、l_2、l_3、l_4、l_5、α 和 θ 的数值，使它达到：

(1) 两剪刃的运动轨迹曲线 m 和 m' 满足给定的封闭曲线，从而保证两剪刃具有一定的开口度和重叠度，并在剪切完了以后能返回到初始位置。

(2) 两剪刃在剪切过程中始终保持垂直于轧件表面，并平行地向前运动，如图2-2（b）所示。这样不仅可以使轧件断口整齐，而且还可以保证两剪刃之间保持均匀的侧隙，以便减小剪切阻力。

(3) 在剪切过程中，剪刃的水平分速度与轧件运行速度尽可能相等并能保持不变，以避免轧件出现堆钢和拉钢现象。

还须满足如下一些条件才能获得可应用的方案：

(1) 应满足四杆机构曲柄的存在条件，即曲柄 l_1 为最短杆，它与任一杆的和小于其余二杆和；

(2) 为了保证机构具有良好的传力性能，要求其传动角 μ 不小于允许值 $[\mu]$；

(3) 应满足给定的两剪刃重叠度 ξ 要求。

飞剪机剪切机构的优化设计可叙述为合理选择7个设计参数，在满足13个限制条件下，使3个准则函数同时达到最小。

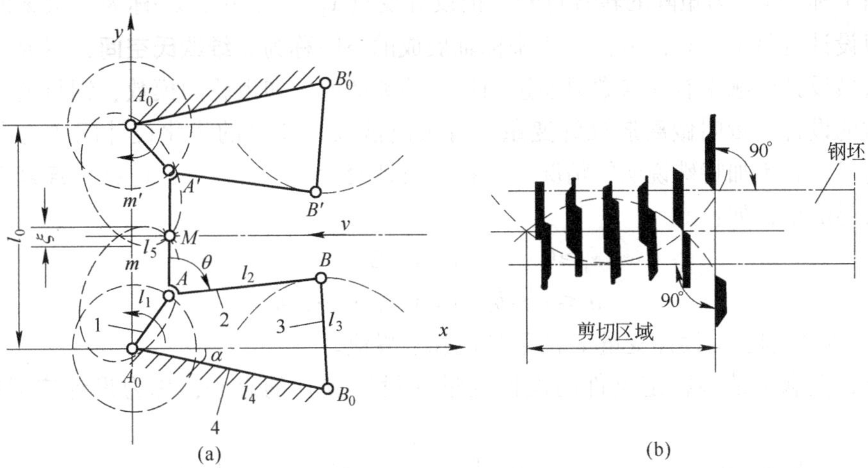

图 2-2 飞剪机的剪切机构

(a) 剪切机构简图；(b) 剪切过程的剪刃位置图

由以上两个实例可见，一个优化设计问题包括了：

(1) 有描述设计方案的一组设计参数；

(2) 有一个或几个优化的判据，且是设计参数的标量函数；

(3) 有一组表示可接受设计方案的限制条件，且也是全部或几个设计参数的标量函数。

下面先介绍优化设计的基本术语。

2.2 优化设计的基本术语

2.2.1 设计变量

在机械设计问题中，区别不同的设计方案，通常是用一组取值不同的设计参数来表示。这些参数可以是表示构件形状、尺寸和位置等的几何量，也可以是表示构件质量、速度、加速度、力、力矩等的物理量。在构成一项设计方案的全部参数中，可能有一部分参数根据实际情况预先确定它的数值，它们在优化计算过程中始终保持不变，这样的参数称为**给定参数**或**设计常数**；另一部分参数则是需要优选的参数，它们的数值在优化计算过程中是变化的，这类参数称为**设计变量**，它相当于数学中的独立自变量。如例 2-1 中，弹簧钢丝直径 d、平均直径 D 和工作圈数 n_1 即为设计变量，而弹性模量 G 和许用切应力 $[\tau]$ 为设计常数。又如在例 2-2 飞剪机剪切机构的设计中，其构件参数 l_1、l_2、l_3、l_4、l_5、α 和 θ 是设计变量。

一个优化设计问题如果有 n 个设计变量，而每个设计变量用 $x_i(i=1, 2, \cdots, n)$ 表示，则可以把 n 个设计变量按一定的次序排列起来组成一个列阵或行阵的转置，即写成：

$$\boldsymbol{x} = \begin{bmatrix} x_1 \\ x_2 \\ \vdots \\ x_n \end{bmatrix} = [x_1, x_2, \cdots, x_n]^{\mathrm{T}} \tag{2-1}$$

式中，右上标“T”为矩阵的转置符号。把设计变量 x_1，x_2，…，x_n 称为向量 $\boldsymbol{x}$ 的 n 个分量；把以设计变量 x_1，x_2，…，x_n 为坐标轴展成的空间称为 **n 维欧氏空间**，用 R^n 表示。

在机械设计问题中有些参数只能选用规定的离散值，如齿轮的模数、钢材的规格尺寸等，这样的设计变量叫做**离散设计变量**。有关离散设计变量的优化设计问题将在后面讨论。在这里，在不加特殊说明的情况下，都将设计变量 x_1，x_2，…，x_n 视为**连续变量**，并且是个有界的值，如：

$$x_i \geqslant 0 \qquad i=1, 2, \cdots, n$$

或

$$a_i \leqslant x_i \leqslant b_i \quad i=1, 2, \cdots, n \tag{2-2}$$

式中，a_i、b_i 分别表示设计变量 x_i 的下界值和上界值。

通常，把满足某些特定条件的设计变量（设计点）的总和，称为**设计空间或集合**，记为：

$$\boldsymbol{X} = \{\boldsymbol{x} = [x_1, x_2, \cdots, x_n]^{\mathrm{T}} \mid a_i \leqslant x_i \leqslant b_i \quad i = 1, 2, \cdots, n\} \tag{2-3}$$

这就是说，$\boldsymbol{X}$ 是所有满足 $a_i \leqslant x_i \leqslant b_i (i = 1, 2, \cdots, n)$ 条件点 $\boldsymbol{x}$ 的集合，式中的垂线把记号分为两部分，左边是 n 维的设计变量（设计点），右边是规定的限制条件。

集合 $\boldsymbol{X}$ 中的成分有时又称为**元素**，若 $\boldsymbol{x}$ 是集合 $\boldsymbol{X}$ 中的一个元素，则记为 $\boldsymbol{x} \in \boldsymbol{X}$，读为“$\boldsymbol{x}$ 属于 $\boldsymbol{X}$”。

如果一个集合是另一集合的成分，则称为**子集**。特别是设计空间 $\boldsymbol{X}$ 是欧氏空间 R^n 的一个子集，于是可记为 $\boldsymbol{X} \subset R^n$，读为“$\boldsymbol{X}$ 包含于 R^n”。当然在欧氏空间 R^n 上可以有许多个满足不同限制条件的集合 $\boldsymbol{X}_1$，$\boldsymbol{X}_2$，…。

设计空间包含了该项设计所有可能的设计方案，且每一个设计方案对应着设计空间上的一个设计点或者说一个设计向量 $\boldsymbol{x}$。例如，$n=2$，即只有两个设计变量，设计空间是由 x_1 和 x_2 为坐标轴所构成的二维平面（假设只取正值），如图 2-3（a）所示，由原点 o 出发向设计点 $\boldsymbol{x}^{(k)}$ 点作一个向量，它即代表了设计空间的第 k 个设计方案，这个方案由给定的 $x_1^{(k)}$ 和 $x_2^{(k)}$ 值所确定，因此，第 k 个设计方案可以表示成

$$\boldsymbol{x}^{(k)} = \begin{bmatrix} x_1^{(k)} \\ x_2^{(k)} \end{bmatrix} = [x_1^{(k)}, x_2^{(k)}]^{\mathrm{T}}$$

式中，下标表示设计变量的分量号；上标表示某个设计点的记号。

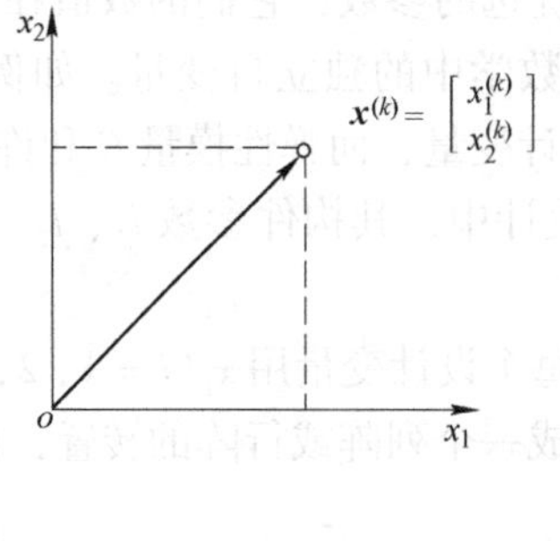

（a）

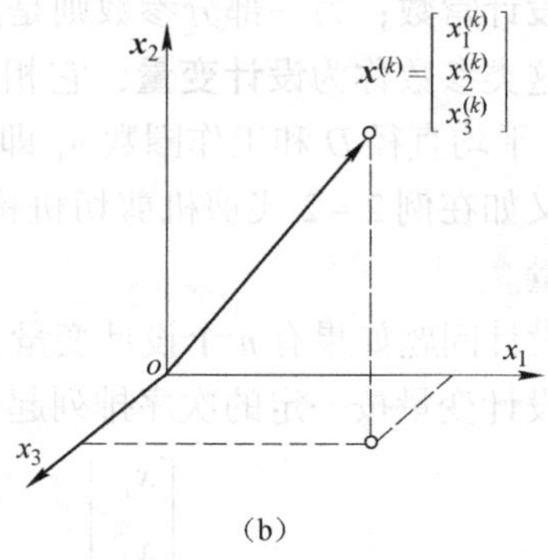

（b）

图 2-3 欧氏空间

（a）二维平面；（b）三维空间

当 $n=3$ 时，即由三个设计变量 x_1、x_2 和 x_3 组成的是一个三维空间（假设只取正值），如图 2-3（b）所示，其第 k 个设计方案可表示为：

$$\boldsymbol{x}^{(k)}=\begin{bmatrix}x_1^{(k)}\\x_2^{(k)}\\x_3^{(k)}\end{bmatrix}=[x_1^{(k)},\ x_2^{(k)},\ x_3^{(k)}]^{\mathrm{T}}$$

这样，对于弹簧的优化设计问题（见图 2-1），设计变量可取 $x_1=D$、$x_2=d$、$x_3=n_1$，依此类推。

设计变量的数目越多，其欧氏空间的维数越高，能够组成的设计方案的数量也就越多，因而设计的自由度也就越大，从而问题计算的复杂程度也就越大。一般来说，优化设计过程的计算量是随设计变量数目的增多而增加的。因此，对于一个优化设计问题来说，应该恰当地确定设计变量的数目，并且原则上讲，应尽量减少设计变量数，即尽可能把那些对设计指标影响不大的参数取为给定参数，只保留那些对设计指标影响比较显著的参数作为设计变量，这样便可以使优化设计的数学模型得到简化。

总之，从一个设计问题的许多参数中识别出设计变量应注意以下几点：

（1）设计变量应是独立的参数；

（2）用设计变量来阐述设计问题应该是用最少的数量；

（3）在开始阐述设计问题时尽可能用较多的设计参数，然后再从中选出几个对设计指标影响较大的参数取为设计变量，其余定为常数，即根据设计规范或经验把其余参数取为固定的值。

2.2.2 目标函数

在前面所讲的两个优化设计示例中，弹簧的体积、剪刃的轨迹误差等都是设计中所追求的目标，由于它是设计变量的函数，故称为**目标函数**，且要求在给定一组设计变量值时就可计算出相应的目标函数值，所以它是个标量函数。因此，在优化设计中，一般是用目标函数值的大小来衡量设计方案的优劣的，故有时也称目标函数为优化设计的**评价函数**或**准则函数**。它的一般表示式为：

$$f(\boldsymbol{x})=f(x_1,\ x_2,\ \cdots,\ x_n)$$

优化设计的目的就是要求合理选择设计变量值使目标函数值达最佳值，即使 $f(\boldsymbol{x})\to\mathrm{opt}$。由于常用目标函数值的大小来衡量设计方案优劣，故所谓最佳值就是指目标函数的最大值或最小值。由于求目标函数 $f(\boldsymbol{x})$ 的极大化等价于求目标函数 $\{-f(\boldsymbol{x})\}$ 的极小化，因此，在本书中为了算法和程序的统一，最优化就是指极小化，即

$$\min f(\boldsymbol{x}) \quad 或 \quad \min f(x_1,\ x_2,\ \cdots,\ x_n) \tag{2-4}$$

在工程设计问题中，设计所追求的目标是各式各样的。当目标函数只含有一个设计变量时称为**单变量优化设计问题**，当目标函数含有 n 个设计变量时称为**多变量优化设计问题**；当目标函数只有一项设计指标要求极小化时，称为**单目标优化设计问题**，有时也有可能要求多项设计指标都达到极小化，这就是所谓**多目标优化设计问题**，即

$$\min \boldsymbol{F}(\boldsymbol{x}) \quad 或 \quad \min[f_1(\boldsymbol{x}),\ f_2(\boldsymbol{x}),\ \cdots,\ f_q(\boldsymbol{x})]^{\mathrm{T}} \tag{2-5}$$

单目标优化设计问题，由于指标单一，易于衡量设计方案的优劣，求解过程比较简单

明确。而多目标问题则比较复杂，因为如果具有两个以上的目标函数，倘若它们不是依赖完全相同的设计变量，又存在各自独立的约束条件，那么，要求这两个目标函数同时达到最小值有时是比较困难的。目前处理这种多目标设计问题的常用方法是将它们组成一个复合的目标函数，例如采用线性加权和的形式，即

$$\boldsymbol{F}(\boldsymbol{x}) = w_1 f_1(\boldsymbol{x}) + w_2 f_2(\boldsymbol{x}) + \cdots + w_q f_q(\boldsymbol{x}) = \sum_{j=1}^{q} w_j f_j(\boldsymbol{x}) \tag{2-6}$$

式中，$f_1(\boldsymbol{x}), f_2(\boldsymbol{x}), \cdots, f_q(\boldsymbol{x})$ 分别代表1，2，…，q 个设计指标；w_1，w_2，…，w_q 是各项指标的加权系数（或称为加权因子），是个非负的数，它的作用是标志该项指标的重要程度以及平衡各项指标在量级上的差别。关于这个问题在后面还将详细阐述。

目标函数通常有两种表现形式：**显式**和**隐式**。显式目标函数是根据设计理论或公式、科学定理的关系导出的代数方程，或是根据实验数据采用曲线拟合方法所得的曲线方程等；隐式目标函数是利用有限元分析方法、人工神经网络方法或仿真模拟方法的程序计算的结果，它没有明确的函数式，但可以给出函数值。

由于目标函数是设计变量的函数，故给定一组设计变量值就对应的有一个函数值。这样，在设计空间内的每一个设计点，都有一个函数值与之相对应。具有相同函数值的点集在设计空间内形成一个曲面或曲线，称为目标函数的**等值面**或**等值线**。在具有 n 个设计变量的目标函数中，相同目标函数值的点集在 n 维设计空间内是个等值超曲面。对于两个设计变量的二元目标函数则是一条等值线（平面曲线或直线）。

在解决优化设计问题时，正确选择目标函数是非常重要的，它不仅直接影响优化设计的结果，而且对整个优化计算的繁简难易也会有一定的影响。

2.2.3 设计约束

前面所举的示例表明，优化设计问题不仅要使所选择方案的设计指标达到最佳值，同时还必须满足一些设计条件，给出这些条件的目的是对设计变量取值的相互关系及其大小加以限制，以便使所取得优化设计方案达到可工程应用的目的。这种设计约束在优化设计中叫做**约束条件**，它的表现形式有两种，一种是不等式约束，即

$$g(x_1, x_2, \cdots, x_n) \leqslant 0 \quad 或 \quad g(x_1, x_2, \cdots, x_n) \geqslant 0 \tag{2-7}$$

另一种是等式约束，即

$$h(x_1, x_2, \cdots, x_n) = 0 \tag{2-8}$$

可简记为 $g(\boldsymbol{x})$ 和 $h(\boldsymbol{x})$，是 n 维向量变量的函数。

如果有 m 个约束函数，$g_u(\boldsymbol{x})(u = 1,2,\cdots,m)$ 也可以写成向量形式：

$$\boldsymbol{g}(\boldsymbol{x}) = [g_1(\boldsymbol{x}), g_2(\boldsymbol{x}), \cdots, g_m(\boldsymbol{x})]^{\mathrm{T}} \tag{2-9}$$

约束条件的形式在必要时也可以实现某些形式上的变化，如不等式约束 $g_u(\boldsymbol{x}) \geqslant 0$ 可以变换成 $-g_u(\boldsymbol{x}) \leqslant 0$。等式约束 $h(\boldsymbol{x}) = 0$ 也可以用 $g_u(\boldsymbol{x}) \geqslant 0$ 和 $-g_u(\boldsymbol{x}) \leqslant 0$ 两个不等式约束条件代替。

根据约束性质的不同，约束条件可以分为**边界类约束**和**性能类约束**两种。所谓边界类约束就是按实际要求限定设计变量的取值范围，如：

$$a_i \leqslant x_i \leqslant b_i \quad i = 1,2,\cdots,n$$

故又称为实际约束，这类约束也可写成两个不等式的约束条件，即

$$g_1(\boldsymbol{x}) = x_i - b_i \leqslant 0 \tag{2-10}$$

$$g_2(\boldsymbol{x}) = a_i - x_i \leqslant 0 \tag{2-11}$$

性能类约束有时又称为固有约束，是由某些科学定律、设计理论和公式所导出的、必须满足的设计性能要求的约束。如需要满足强度条件 $\sigma \leqslant [\sigma]$、刚度条件 $f \leqslant [f]$ 等，则这类约束可以表示为如下形式的不等式约束：

$$g(\boldsymbol{x}) = \sigma - [\sigma] \leqslant 0 \tag{2-12}$$

$$g(\boldsymbol{x}) = f - [f] \leqslant 0 \tag{2-13}$$

另外，还可以用效率、磨损度、散热等这类性能要求来建立相应的约束条件。

在前面的压缩弹簧的设计示例中，就有应满足性能要求的不等式约束 $\tau \leqslant [\tau]$、$b \leqslant [b]$ 和等式约束 $\delta = 10\text{mm}$。

在解决工程问题时，约束条件是使优化设计结果获得工程可接受设计方案的重要条件，而且不等式约束及其有关概念，在优化设计中是相当重要的。如图 2-4（a）所示，每一个不等式约束（如 $g(\boldsymbol{x}) \leqslant 0$）都把设计空间划分成两个部分，一部分是满足该不等式约束条件的区域，即 $g(\boldsymbol{x}) < 0$；另一部分则是不满足的区域，即 $g(\boldsymbol{x}) > 0$。两部分的分界面叫做约束面，即由满足 $g(\boldsymbol{x}) = 0$ 条件的点集构成。约束面在二维设计空间内是一条曲线或直线，在三维以上的设计空间内则是一个曲面或超曲面。

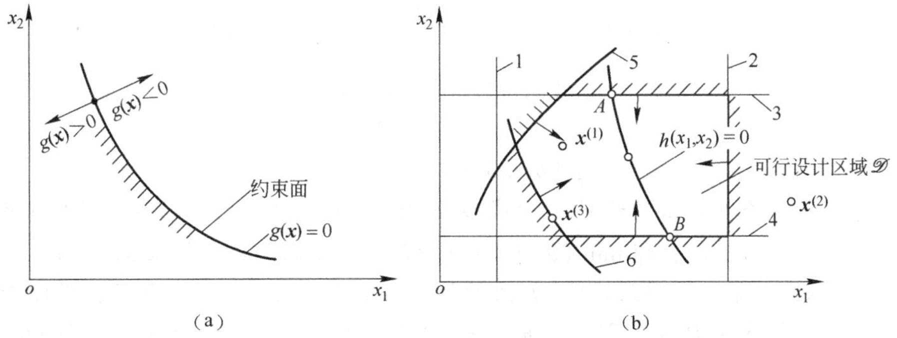

图 2-4 二维问题的可行域

（a）约束面；（b）可行域

一个优化设计问题的所有不等式约束的约束面将在设计空间内组成一个复杂的约束边界，图 2-4（b）表示了一个二维问题的情况。其约束边界所包围的区域（图中阴影线内）是设计空间中满足所有不等式约束条件的部分，在这个区域中所选择的设计变量值都是可接受的，我们称这个区域为**设计可行域**或简称为**可行域**，记作：

$$\mathscr{D} = \{\boldsymbol{x} \mid g_u(\boldsymbol{x}) \leqslant 0 \quad u = 1, 2, \cdots, m\} \tag{2-14}$$

当某项设计除有 m 个不等式约束条件外，还要求满足 p 个等式约束条件时，即对设计变量的选择又增多了限制，如图 2-4（b）所示，当有一个等式约束条件 $h(x_1, x_2) = 0$ 时，其可行设计方案只允许在 $\mathscr{D}$ 域内的等式函数曲线的 AB 段上选择。因此，在一般情形下，其设计可行域可表示为：

$$\mathscr{D} = \left\{\boldsymbol{x} \left| \begin{array}{ll} g_u(\boldsymbol{x}) \leqslant 0 & u = 1, 2, \cdots, m \\ h_v(\boldsymbol{x}) = 0 & v = 1, 2, \cdots, p < n \end{array} \right. \right\} \tag{2-15}$$

式中，$p < n$ 表示一个优化设计问题的等式约束数必须少于设计变量的维数。

与此相反，除去可行域以外的设计空间是非允许设计区域，简称**非可行域**。据此，在可行域内的任一设计点都代表了一个可接受的设计方案，这样的点叫做**可行设计点**或**内点**，如 $\boldsymbol{x}^{(1)}$ 点；在约束边界上的点叫**极限设计点**或**边界点**，如点 $\boldsymbol{x}^{(3)}$，此时这个边界所代表的约束叫**起作用约束**；$\boldsymbol{x}^{(2)}$ 点则称为**外点**，即非可行点，该点是不可接受的设计方案，因为它违反了约束条件 2，即 $g_2(\boldsymbol{x}) > 0$。因此，对于某一个设计点 $\boldsymbol{x}^*$，当 $g_u(\boldsymbol{x}^*)$ 严格"<"零时，则该约束为**松约束**。

【例 2-3】有一矩形横截面 $b \times h$ 的、承受弯矩 $M = 40\text{kN} \cdot \text{m}$ 和最大剪切力 $Q = 150\text{kN}$ 的梁。其许用弯曲应力为 10MPa，许用切应力为 2MPa，其高 h 不应超过 2 倍的 b，试作出它的设计可行域并找出最优解的解域。

解：由于

$$\sigma = \frac{6M}{bh^2} = \frac{6 \times 40 \times 1000 \times 1000}{bh^2} \text{N/mm}^2$$

$$\tau = \frac{3Q}{2bh} = \frac{3 \times 150 \times 1000}{2bh} \text{N/mm}^2$$

所以可建立约束条件为：

$$g_1(b, h) = \sigma - [\sigma] = \frac{2.4 \times 10^8}{bh^2} - 10 \leqslant 0$$

$$g_2(b, h) = \tau - [\tau] = \frac{2.25 \times 10^5}{bh} - 2 \leqslant 0$$

$$g_3(b, h) = h - 2b \leqslant 0$$

$$g_4(b, h) = -b \leqslant 0$$

$$g_5(b, h) = -h \leqslant 0$$

由不等式约束条件作出的设计可行域 $\mathscr{D}$ 如图 2-5 所示。此项设计是确定 b 和 h 值，使其矩形梁的质量为最轻，即 $\min f(b, h) = b \times h$。由于此函数与约束 $g_2(b, h)$ 具有同样的形式，即 $b \times h =$ 常数，因此曲线 AB 上的任一点都代表此问题的最优解，设计者可以从中任选一点，要是选择 B 点，即 $[b, h]^{\text{T}} = [237, 474]^{\text{T}}\text{mm}$，选择 A 点，即 $[b, h]^{\text{T}} = [527, 213.3]^{\text{T}}\text{mm}$。而其他解即在此之间。

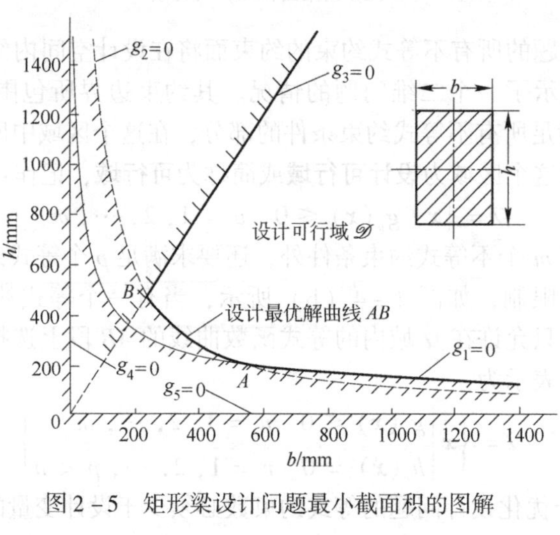

图 2-5 矩形梁设计问题最小截面积的图解

2.3 优化设计的数学模型及其分类

2.3.1 数学模型的格式

数学模型是对实际问题的特征或本质的抽象，是反映各主要因素之间内在联系的一种数学形态。优化设计的数学模型在形式上要求规范化，即要求把优化设计问题描述成为一个数学规划问题，通常可归纳为：在满足一定的约束条件下，选取设计变量，使目标函数达到最小值（或最大值），其数学表达式为：

$$\begin{aligned} \min\quad & f(\boldsymbol{x}) \quad \boldsymbol{x} \in \boldsymbol{X} \subset R^n \\ \text{s.t.}\quad & g_u(\boldsymbol{x}) \leqslant 0 \quad u = 1, 2, \cdots, m \\ & h_v(\boldsymbol{x}) = 0 \quad v = 1, 2, \cdots, p < n \end{aligned} \tag{2-16}$$

式中，$\boldsymbol{x}$ 为设计变量向量，是 n 维列向量，即 $\boldsymbol{x} = [x_1, x_2, \cdots, x_n]^{\mathrm{T}}$；$\boldsymbol{X}$ 为符合一定条件的设计变量向量的集合，如 $x_i \geqslant 0 (i = 1, 2, \cdots, n)$，即设计空间；$R^n$ 为 n 维欧氏空间；m 和 p 分别表示不等式约束和等式约束的个数；s.t. 为英文“subject to”的字头，意指受“约束于”。

对于求 $\max F(\boldsymbol{x})$ 的问题，也可以转化为求 $\min\{f(\boldsymbol{x}) = -F(\boldsymbol{x})\}$ 或 $\min\{1/F(\boldsymbol{x})\}$ 的问题，因此本书中只讨论 $\min f(\boldsymbol{x})$ 这种形式。当不等式约束条件要求 $G_u(\boldsymbol{x}) \geqslant 0$ 时，可以乘以 -1 变换为 $g_u(\boldsymbol{x}) = -G_u(\boldsymbol{x}) \leqslant 0$ 形式。因此，式（2-16）称为**优化设计数学模型的标准格式**。

从设计计算方面来说，函数 $f(\boldsymbol{x})$、$g(\boldsymbol{x})$ 和 $h(\boldsymbol{x})$ 可以是显式函数，也可以是隐式函数。如果函数是从机械设计基本理论或公式、科学定理的关系导出的代数方程，或者是根据实验数据、经验数据或图表数据，采用曲线拟合方法得出的曲线方程，都称为**显式模型**；如果函数 $f(\boldsymbol{x})$、$g(\boldsymbol{x})$ 和 $h(\boldsymbol{x})$ 没有明显的代数方程，而是需要通过计算机内部程序计算（如用有限元分析程序计算应力或应变等）或者用一段子程序（如通过人工神经网络计算函数值）或用一个仿真程序（如动态响应计算等）来计算函数值，这类模型统称为**隐式模型**。在实际工作中，根据需要这两类模型都是可以采用的。

通常，把式（2-16）称为**有约束优化设计模型**。当式中的 $m = p = 0$，即不存在等式和不等式约束条件时，称为**无约束优化设计模型**，其一般的表达形式为：

$$\min f(\boldsymbol{x}) \quad \boldsymbol{x} \in \boldsymbol{X} \subset R^n \tag{2-17}$$

在优化设计建模时，值得注意的一些问题是：

(1) $f(\boldsymbol{x})$、$g(\boldsymbol{x})$ 和 $h(\boldsymbol{x})$ 可以是某个、几个或全部设计变量的线性或非线性函数，如果模型中的一个函数与任何一个设计变量都无关，则完全可以将它删掉。

(2) 在建模时，其等式约束的个数 p 必须少于设计变量的维数 n，因为从理论上讲，存在一个等式约束就可以消去一个设计变量（因为它不是独立的变量），也就降低优化设计问题的维数。所以，当 $p = n$ 时，即可由 p 个等式方程组中解得唯一的一组 x_1，x_2，$\cdots$，x_n 值，这时设计方案是唯一的，只有当 $p < n$ 时才有可能求出它的最优解。当 $p > n$ 时，在模型中将存在一个超定方程组，这时可能是存在冗余等式约束，或者建模是矛盾的，甚至是不合理的。

(3) 当目标函数乘以一个正的常数 c，即 $\min f(\boldsymbol{x})$ 变为 $\min\{cf(\boldsymbol{x})\}$，其优化结果不变

(指设计方案)，仅仅改变了目标函数值（增大 c 倍）。同理，对于不等式约束函数和等式约束函数乘以任何正常数，也不会改变可行域及其最优解。

【例2-4】 机床主轴优化设计的建模。图2-6所示为机床主轴计算简图。在设计时，有两个重要因素需要考虑，即主轴的自重和伸出端 C 点的挠度。因此，机床主轴优化设计可以取主轴自重最轻为目标函数，外伸端的挠度通过约束条件加以限制。

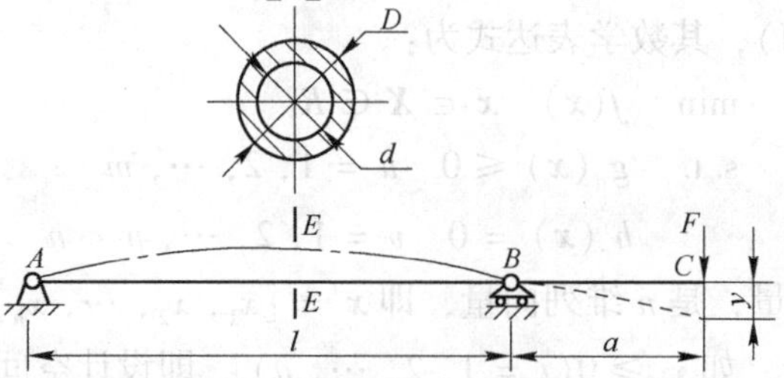

图2-6 机床主轴变形简图

解： 当主轴的材料选定时，在内孔径 d、外径 D、跨距 l 及外伸端长度 a 等几个参数中，机床主轴内孔由于常用于通过待加工的棒料，其大小由机床型号所决定，不能作为设计变量，因此设计变量取为：

$$\boldsymbol{x} = [x_1, x_2, x_3]^{\mathrm{T}} = [l, D, a]^{\mathrm{T}}$$

目标函数为：

$$f(\boldsymbol{x}) = \frac{1}{4}\pi\rho(l + a)(D^2 - d^2)$$

式中，ρ 为材料的密度。

主轴的刚度是一个重要性能指标，其外伸端的挠度 y 不得超过规定值 y_0，在外力 F 给定的情况下，其挠度可按下式计算：

$$y = \frac{Fa^2(l + a)}{3EI}$$

式中，$I = \frac{\pi}{64}(D^4 - d^4)$。

由此约束条件为：

$$g(\boldsymbol{x}) = \frac{64Fx_3^2(x_1 + x_3)}{3\pi E(x_2^4 - d^4)} - y_0 \leqslant 0$$

此外，通常还应考虑主轴内最大应力不得超过许用应力。由于机床主轴对刚度要求比较高，当满足刚度要求时，强度尚有相当富裕，因此应力约束条件为不起作用，可不考虑。边界约束条件为设计变量的取值范围，即

$$l_{\min} \leqslant l \leqslant l_{\max}$$

$$D_{\min} \leqslant D \leqslant D_{\max}$$

$$a_{\min} \leqslant a \leqslant a_{\max}$$

综上所述，将所有约束函数归一化，主轴优化设计的数学模型可表示为：

$$
\begin{aligned}
& \boldsymbol{x} = [x_1, x_2, x_3]^{\mathrm{T}} \in R^3 \\
\min \quad & f(\boldsymbol{x}) = \frac{1}{4}\pi\rho(x_1 + x_3)(x_2^2 - d^2) \\
\text{s. t.} \quad & g_1(\boldsymbol{x}) = \frac{64Fx_3^2(x_1 + x_3)}{3\pi E(x_2^4 - d^4)} \Big/ y_0 - 1 \leqslant 0 \\
& g_2(\boldsymbol{x}) = 1 - x_1/l_{\min} \leqslant 0 \\
& g_3(\boldsymbol{x}) = 1 - x_2/D_{\min} \leqslant 0 \\
& g_4(\boldsymbol{x}) = x_2/D_{\max} - 1 \leqslant 0 \\
& g_5(\boldsymbol{x}) = 1 - x_3/a_{\min} \leqslant 0
\end{aligned}
$$

这里未考虑两个边界约束：$l \leqslant l_{\max}$ 和 $a \leqslant a_{\max}$，这是因为无论是从减小伸出端挠度上看，还是从减少主轴质量上看，都要求主轴跨距、伸出端长度往小处变化，所以对其上限可以不作限制。这样可以减少一些不必要的约束，有利于优化计算。

2.3.2 数学模型的精确形式

前面已经述及，一个设计方案可以用一组设计变量和一组设计常数来表示，其实设计变量只是设计参数中的一小部分。一般在建模过程中，变量与常数之间是可以互换的，例如在设计中材料的选择是个很重要的问题，而与材料有关的量有密度、强度、弹性模量等，是把这些参数选为变量，还是赋予固定数值变为常数，在建模中必须作出决策。若是前者，处理起来比较繁，必须把一些列表的数据（材料标准）拟合为曲线或作一个子程序；而若采用后者，则材料性能的变动（如强度的离差），又会对产品性能发生影响。对此，为了便于分析参数变差对设计结果的影响，一般采用如下形式的更精确的优化设计模型，即

$$
\begin{aligned}
\min \quad & f(\boldsymbol{x}, \boldsymbol{\omega}) \quad \boldsymbol{x} \in X \subset R^n,\ \boldsymbol{\omega} \in \Omega \subset R^q \\
\text{s. t.} \quad & g_u(\boldsymbol{x}, \boldsymbol{\omega}) \leqslant 0 \quad u = 1, 2, \cdots, m
\end{aligned}
\tag{2-18}
$$

式中，$\boldsymbol{\omega}$ 为设计常数向量，$\boldsymbol{\omega} = [\omega_1, \omega_2, \cdots, \omega_q]^{\mathrm{T}}$；$\Omega$ 是 R^q 上的一个子集。

在上式中不考虑等式约束是因为设计变量和参数发生变差时，是很难以满足等式约束，因此可以先作变量处理，以消去等式约束。

2.3.3 数学模型的分类

严格地说，不同类型的数学模型都有其特定的求解方法。因此在这里讨论数学模型的类型，目的在于指导后面对优化计算方法的正确选用。

2.3.3.1 按数学模型中设计变量和参数的性质分类

数学模型按其中所含设计变量和参数（包括设计特性）的性质可分为**确定型模型**和**不确定模型**。

当设计变量和参数的取值为确定的数时，所建立的数学模型为确定型模型。例如在前面所列举的几个问题，都属于这类模型。根据设计参数和系统行为（设计特性）与时间的依赖关系，确定型模型又可分为**静态模型**（常规模型）和**动态模型**。如同力学中的静力学问题和动力学问题那样，与时间无关或者可以忽略时间变迁影响的，都属于静态模型；否则，需考虑时间或其他因素变化影响的均属于动态模型或参数模型。例如轧机主传动系统

的扭振问题，若为了降低轧机主传动系统的动载荷，建立以扭矩放大系数最小为目标优选各连接件扭转刚度的模型，由于作用在轧辊上的外力矩以及系统的动态响应均与时间有关，故这类数学模型属于动态模型。

在确定型模型中，当设计变量可取任意实数时，属于**连续变量优化设计模型**。关于这类模型的建模方法及其寻优原理，是本书所要讨论的主要内容。当某些或全部设计变量限于取整数或离散值时，则称这类模型为**离散变量优化设计模型**。

不确定模型可分为随机模型和模糊模型。随机模型是指在建模中某些设计变量或参数具有随机性或必须考虑它们的概率分布性质来建立的数学模型。模糊模型是指在建模中必须考虑某些设计变量或参数的模糊特性。关于这个问题将在后面的几章中介绍。

2.3.3.2 按目标函数和约束函数的性质分类

当目标函数 $f(\boldsymbol{x})$ 和约束函数 $g_u(\boldsymbol{x})$ 都是设计变量 x 的线性函数时，则称为线性规划问题，其数学模型的一般形式为：

$$\begin{aligned} \min \quad & f(\boldsymbol{x}) = \boldsymbol{C}^{\mathrm{T}}\boldsymbol{x} \quad \boldsymbol{x} \in R^n \\ & \boldsymbol{Ax} > \boldsymbol{B} \\ & \boldsymbol{x} > \boldsymbol{0} \end{aligned} \tag{2-19}$$

式中，$\boldsymbol{C}$ 为 n 维常数列阵；$\boldsymbol{A}$ 为 $m \times n$ 阶常数矩阵；$\boldsymbol{B}$ 为 m 维常数列阵。

【例 2-5】某机械厂下料车间需要将一批 10m 长的钢管截成 3m 和 4m 两种长度规格的管子，要求各不少于 100 根。问怎样截法用料最省？

解：不难看出，10m 长的管子截成 3m 和 4m 两种规格只能有三种截法：第一种是截成 3 根 3m 长的；第二种是截成 2 根 3m 长的和 1 根 4m 长的；第三种是截成 2 根 4m 长的。设按此三种截法下料的 10m 管的根数分别需 x_1，x_2，x_3 根，则此问题的数学模型为：

$$\begin{aligned} \min \quad & f(\boldsymbol{x}) = x_1 + x_2 + x_3 \\ \text{s.t.} \quad & 3x_1 + 2x_2 \geqslant 100 \\ & x_2 + 2x_3 \geqslant 100 \\ & x_1,\ x_2,\ x_3 \geqslant 0 \end{aligned}$$

若目标函数 $f(\boldsymbol{x})$、约束函数 $g_u(\boldsymbol{x})$ 和 $h_v(\boldsymbol{x})$ 中有一个或多个是非线性函数，则称为**非线性优化问题**，其数学模型的一般形式如式（2-16）所示，多数机械工程中的优化设计问题的数学模型均属于非线性优化问题。

非线性目标函数由于和约束函数表达式的特性不同，所以又可以分为一般非线性问题、二次规划问题、可分离规划问题、几何规划问题等。从计算观点来说，这种分类所以出现乃是它们都有其特殊的解法，但是一般说来，解一般非线性问题的方法和程序也是可以用于求解这些特殊问题的。考虑到二次规划、几何规划和可分离规划类型问题在工程应用中受到很大的限制，因此在本书中也不作介绍。

2.3.3.3 按数学模型中目标函数个数、设计变量和约束条件数量的分类

根据数学模型中极小化的目标函数个数，优化问题可分为**单目标优化问题**和**多目标优化问题**。

一般说来，优化设计问题的复杂程度往往与设计变量和约束条件数的多少有关。在目前，还没有对优化设计问题的规模给出明确的划分方法，因此此处暂且按设计变量和约束条件的多少来划分。根据现有的优化算法和计算机应用的条件，优化设计问题规模的大小

可以划分为三类：设计变量和约束条件都不超过10个的，属于小型优化设计问题；设计变量和约束条件都在10个到50个之间的，属于中型优化设计问题；设计变量和约束条件都超过50个的，属于大型优化设计问题。

2.4 优化设计模型的几何解释

为了有助于建立优化设计的基本概念，在这里先用一个数学的例子来说明设计变量、目标函数和约束条件之间的相互关系以及对其最优解作出几何解释。

【**例2-6**】求

$$
\begin{aligned}
& \boldsymbol{x} \in R^2 \\
\min \quad & f(\boldsymbol{x}) = x_1^2 + x_2^2 - 4x_1 + 4 \\
\text{s.t.} \quad & g_1(\boldsymbol{x}) = x_2 - x_1 - 2 \leqslant 0 \\
& g_2(\boldsymbol{x}) = x_1 - x_2^2 + 1 \leqslant 0 \\
& g_3(\boldsymbol{x}) = -x_1 \leqslant 0 \\
& g_4(\boldsymbol{x}) = -x_2 \leqslant 0
\end{aligned}
$$

的最优点 $\boldsymbol{x}^* = [x_1^*, x_2^*]^{\mathrm{T}}$，使 $f(\boldsymbol{x}^*) = \min f(\boldsymbol{x})$。

解：这是一个有约束的二维（$n=2$）非线性优化问题：图2-7（a）为问题的 $n+1$ 维（三维）立体图，显示了目标函数与约束条件以及它们在设计空间内目标函数等值线和约束边界线之间的相互关系；图2-7（b）为二维平面图形，表示了设计空间中它们之间的关系，其中用虚线画的一簇同心圆是目标函数的等值线，画阴影线的部分是由所有约束边界围成的可行域。欲寻求的最优设计点应该是在可行域内目标函数值最小的点，在图中显而易见，该点就是约束边界与目标函数等值线的切点，即 $\boldsymbol{x}^*$ 点。此点的值为 $\boldsymbol{x}^* = [0.58, 1.34]^{\mathrm{T}}$。这就是约束最优解。其无约束最优解为 $x_1^* = 2, x_2^* = 0, f(x_1^*, x_2^*) = 0$，实际上它就是目标函数等值线的中心。

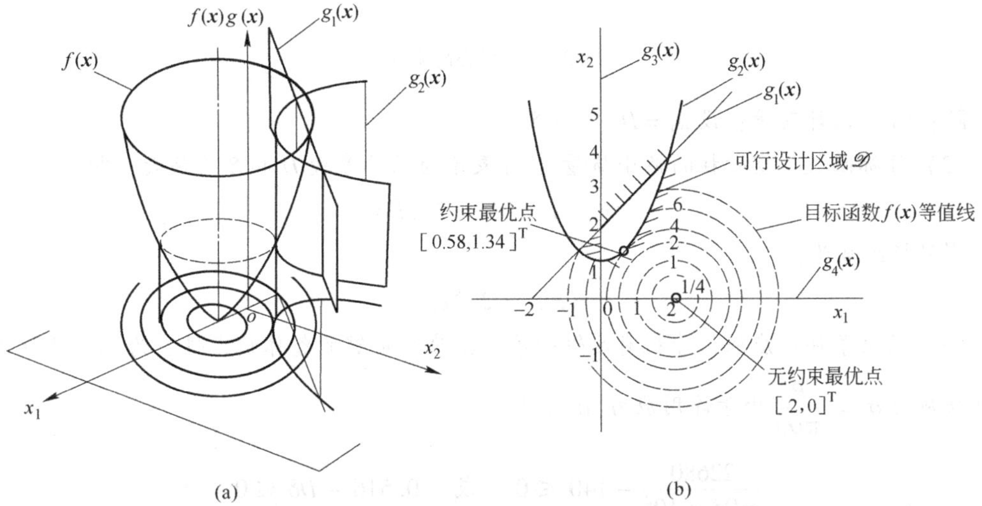

图2-7 二维非线性优化问题的几何概念

（a）问题的立体图；（b）设计空间关系图

有了这个概念之后，对于一个 n 维的约束优化设计问题，就可以这样来理解：在 n 个设计变量所构成的设计空间中，由 m 个不等式约束的超曲面划分出一个可行设计区域 $\mathscr{D}$，当目标函数取不同的数值时，就在可行设计区域内构成一系列表示目标函数变化的等值超曲面。最优解就是要在 $\mathscr{D}$ 域中找到一个设计点 $\boldsymbol{x}^*$，其目标函数值为最小值。实际上对于多数约束问题来说，这一点多半就是目标函数等值超曲面与约束超曲面的一个切点；对于无约束问题的最优解，这一点就是目标函数的极值点。

下面再用一个简单的工程设计实例来说明。

【例 2-7】 如图 2-8 所示，有一空心等截面简支柱，两端承受轴向压力 $p = 22680\text{N}$，柱高 $l = 254\text{cm}$，材料为铝合金，弹性模量 $E = 7.03 \times 10^4 \text{MPa}$，密度 $\rho = 2.768 \text{t/m}^3$，许用应力 $[\sigma] = 140\text{MPa}$。截面的平均直径 $D = (D_0 + D_1)/2$，并不应大于 8.9cm，壁厚 δ 不小于 0.1cm。现要求设计最小质量的柱子，问其 D 与 δ 值应为多少？

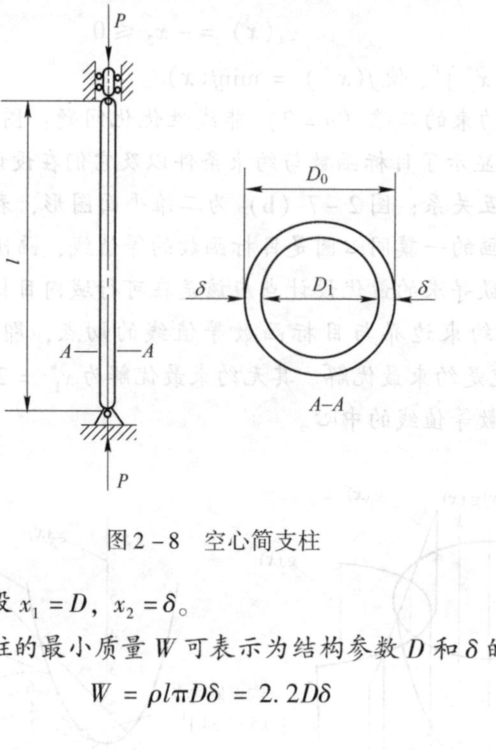

图 2-8 空心简支柱

解：(1) 设计变量：设 $x_1 = D$，$x_2 = \delta$。

(2) 目标函数：空心柱的最小质量 W 可表示为结构参数 D 和 δ 的函数，即

$$W = \rho l \pi D \delta = 2.2 D\delta$$

由此得目标函数为：

$$f(\boldsymbol{x}) = 2.2 x_1 x_2$$

(3) 约束条件：应保证管柱有足够的承压强度和足够的整体稳定性。为此应使柱内的工作压应力 $\sigma = \dfrac{P}{\pi D\delta}$ 小于许用应力 $[\sigma]$，即

$$\frac{22680}{\pi D\delta \times 10^2} - 140 \leqslant 0 \quad 或 \quad 0.516 - D\delta \leqslant 0$$

根据压杆稳定性要求，柱内的工作压应力 σ 应小于管柱的稳定临界应力 $\sigma_c = \dfrac{\pi^2 E}{8l^2}(D^2 +$

$\delta^2) \approx \frac{\pi^2 E}{8l^2}D^2$（假定壁厚 δ 远远小于平均直径 D）。于是得：

$$\frac{22680}{\pi D\delta} - \frac{7.03 \times 10^4}{8 \times 254^2/10^2}\pi^2 D^2 \leqslant 0 \quad 或 \quad \frac{72.2}{D\delta} - 1.35D^2 \leqslant 0$$

由此可得 2 个性能约束条件：

$$g_1(\boldsymbol{x}) = 0.516 - x_1 x_2 \leqslant 0$$

$$g_2(\boldsymbol{x}) = \frac{72.2}{x_1 x_2} - 1.35x_1^2 \leqslant 0$$

除此之外，还应有 2 个边界条件：

$$g_3(\boldsymbol{x}) = x_1 - 8.9 \leqslant 0$$

$$g_4(\boldsymbol{x}) = 0.1 - x_2 \leqslant 0$$

（4）优化数学模型：

$$\min \quad f(\boldsymbol{x}) = 2.2x_1 x_2$$

$$\boldsymbol{x} = [x_1, x_2]^{\mathrm{T}} \in R^2$$

$$\text{s.t.} \quad g_1(\boldsymbol{x}) = 0.516 - x_1 x_2 \leqslant 0$$

$$g_2(\boldsymbol{x}) = \frac{72.2}{x_1 x_2} - 1.35x_1^2 \leqslant 0$$

$$g_3(\boldsymbol{x}) = x_1 - 8.9 \leqslant 0$$

$$g_4(\boldsymbol{x}) = 0.1 - x_2 \leqslant 0$$

（5）模型的作图求解：若以柱子的结构参数 D 为横坐标，δ 为纵坐标，由于 D 与 δ 只允许取正值，因此可用直角坐标的第一象限来表示它的设计关系，如图 2－9 所示，直线 aa 以左是 $D \leqslant 8.9$cm 的区域。直线 bb 以上是 $\delta \geqslant 0.1$cm 的区域，这些是结构参数选择的边界限制区域，即为设计空间。

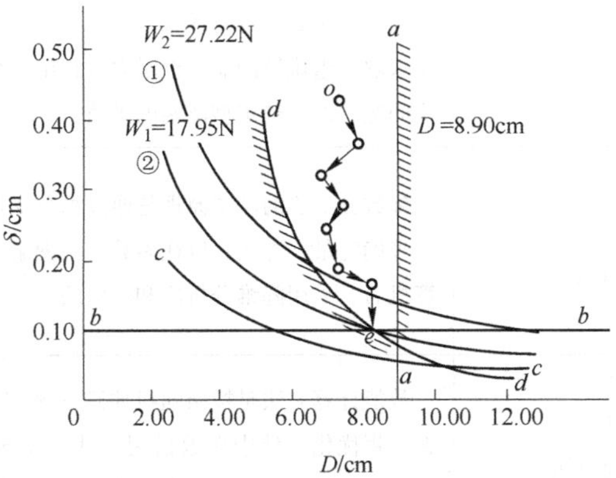

图 2－9 空心支柱限制条件的几何图形

$g_1(\boldsymbol{x})$ 约束条件的约束面为 cc。要使管柱有足够的强度，其 D 和 δ 应在曲线 cc 的右上方取值。

$g_2(\boldsymbol{x})$ 约束条件的约束面为 dd，位于此曲线右上方的 D 与 δ 值均可满足压杆稳定的要求。

满足上述各项约束条件的结构参数 D 和 δ 的组合应在阴影线内的区域内，即由 aa、bb 和 dd 约束面所围成的可行域。

由于要求设计最小质量的压柱，而它的质量 W 可表示为结构参数 D、δ 的函数，即

$$W = \rho l \pi D\delta = 2.2D\delta$$

所以，若将它赋予不同的质量，例如 $W=27.22$，17.95，…，则可以在图上画出等重曲线①、②等，这样就可以发现，在上述可行区域内，其最轻的等重曲线与压杆稳定的极限曲线、管子壁厚 δ 下限曲线交于 e 点。由于问题比较简单，这点的值是很容易求得的，只要将壁厚的下限值代入稳定性限制条件式，即可求出最优的压柱设计方案：

$$W=1.786\text{kg},\ D=8.117\text{cm},\ \delta=0.1\text{cm}$$

当然，实际上求最优设计方案并不如此简单，一般需要用优化方法在计算机上求解，即从一个不是很好的设计方案（o）点开始，沿着使压柱重量减轻的方向，不断进行搜索，直至找到压柱重量最轻而又不违反所有限制条件的最优方案（即 e 点或接近 e 点）为止，其搜索路线如图 2－9 所示。

2.5 优化计算方法概述

用于求解优化设计数学模型的方法，或寻优方法，称为**优化计算方法**或**优化算法**，即是指在优化计算中为使目标函数达到最小值（或最大值）而所采用的一种搜索机制和计算规则。表 2－1 中列出了在一些技术文献中经常见到所采用的优化计算方法。

表 2－1 优化计算方法一览表

方法分类		方法的基本原理与特点
古典优化方法	解析法 微分法 变分法	微分法是一种古典的寻优方法，可用于求少量函数的无约束极值（极小值或极大值），它要求函数对设计变量是一阶和二阶可微且是连续的。对于具有等式约束问题，常用 Lagrange 乘子法，但它可能导致需求解一组难解的非线性联立方程组；变分法用于求解连续变化的优化问题，即求确定型泛函的极值
	参数分析法 图解法 参数分析法 网格法	参数分析法的基本原理是通过每个变量（或参数）对函数影响的分析来确定最佳方案；以往多数采用图解法和图解分析法，广泛使用计算机后，采用降维分析法和网格法
数值计算优化方法	蒙特卡洛法 随机搜索法 确定型优化方法 数学规划方法 离散优化方法 不确定型优化方法 随机优化方法 模糊优化方法	数值计算方法是按照随机原理或规定格式作迭代计算的一类方法。在工程优化设计中多数借用一些数学规划的方法，如无约束优化方法、约束优化方法、线性规划方法、几何规划方法、二次规划方法等；但在近十多年来，由于工程设计问题中变量和参数性质的特殊性，开始重视与发展离散变量优化方法、随机变量优化方法和模糊优化方法；这些方法虽不完全依赖于数学规划论中的方法，但从算法原理上也继承了数值计算的一些寻优策略思想

续表 2-1

方法分类		方法的基本原理与特点
启发式优化方法（现代优化计算方法）	模拟退火计算方法	模拟退火计算方法是根据固体退火的物理过程和统计原理而构造的一类方法
	进化计算方法 遗传算法 进化算法 演化策略方法	进化计算方法是基于自然界生物"物竞天择，适者生存"的进化思想构造的一类算法，算法将保持一个竞争的解群体，经过杂交和/或变异等遗传操作而更新换代，从而使待求的解逐步优化，最终找到问题的最优解或次优解
	人工神经网络计算方法	人工神经网络计算方法是模仿人类大脑拓扑结构和智能思维方式而构造的一类算法，这类算法具有结构化、并行性、容错性、自组织自学习等许多优良特性，但也存在初始点选择盲目、容易陷入局部最优解和计算效率低的缺陷
	混合（或协同）计算方法	混合（或协同）计算方法是用几种不同优化方法混合起来构成的一种优化方法，以克服单一方法的不足，充分发挥各种方法的优点，取长补短，使方法具有较好的稳健性、自适应性和全局优化性
其他方法	价值分析方法 试验设计方法	价值分析法（试验设计方法）是一种依据价值工程（试验技术）形成的优化方法

习　题

2-1　欲制一批如图 2-10 所示的包装纸箱，其顶和底由四边延伸的折纸板组成。要求纸箱的容积为 $2m^3$，问如何确定 a、b 和 c 的尺寸，使所用的纸板最省？试写出该优化问题的数学模型。

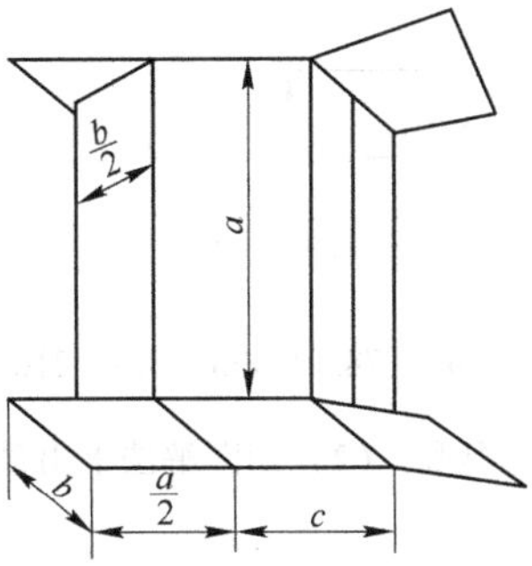

图 2-10

2-2　如图 2-11 所示，已知跨距为 l、截面为矩形的简支架，其材料密度为 ρ，许用弯曲应力为 $[\sigma_w]$，允许挠度为 $[f]$，在梁的中点作用一集中载荷 P，梁的截面宽度 b 不得小于 b_{min}，要求在满足设计条件下，使简支梁的质量为最轻，试写出其优化设计数学模型。

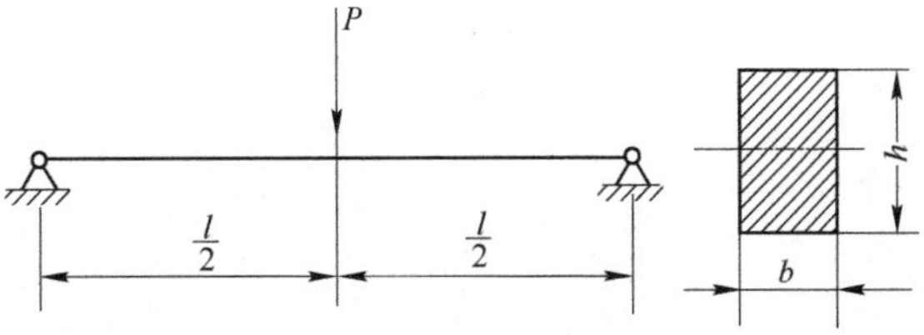

图 2-11

2-3 有一圆形等截面的销轴，一端固定在机架上，另一端作用着集中载荷 P 和扭矩 M，其简化模型如图 2-12 所示。由于结构的需要，轴的长度 l 不得小于 l_{min}，已知销轴材料的许用弯曲应力 $[\sigma_w]$ 和许用切应力 $[\tau]$，允许挠度为 $[f]$；材料的密度为 ρ 和弹性模量为 E。现要求设计这根销轴，在满足使用要求下使其质量为最轻，试写出其优化设计数学模型。

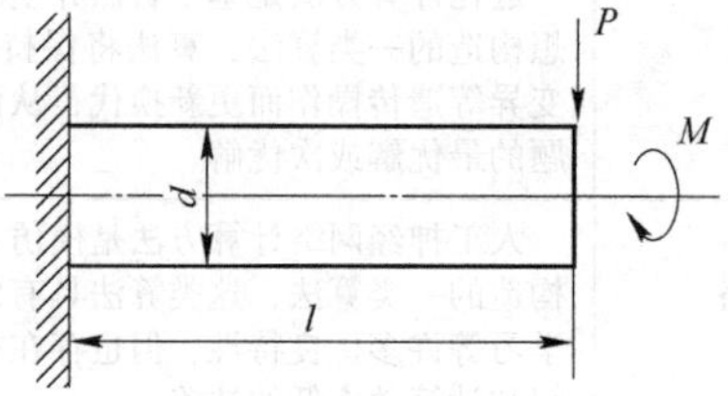

图 2-12

2-4 试用作图方法求解

$$\min \quad f(\boldsymbol{x}) = (x_1 - 3)^2 + (x_2 - 3)^2$$
$$\text{s.t.} \quad 2x_1 - x_2 \leqslant 0 \quad x_1, x_2 > 0$$

数学规划问题的最优点。

2-5 试按质量最轻的原则选择平均半径为 R 和壁厚为 t（见图 2-13）的薄壁圆柱形容器，要求容积不小于 25.0m^3，容器内压力 p 为 3.5MPa，切向应力 σ_c 不超过 210MPa，应变量不超过 0.001。

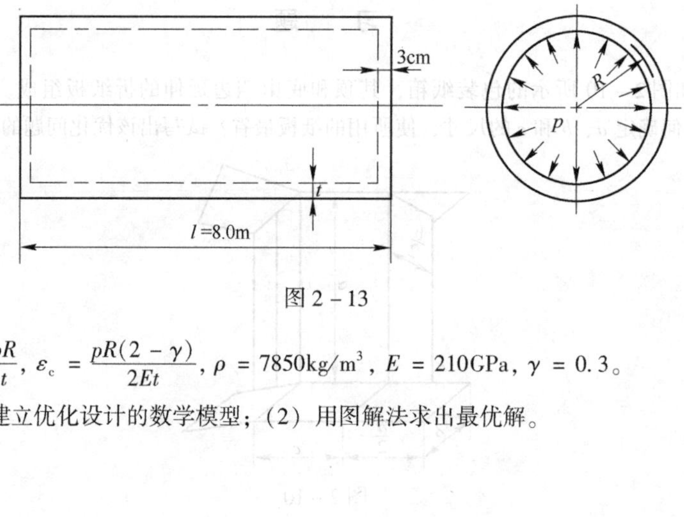

图 2-13

提示：$\sigma_c = \dfrac{pR}{t}$，$\varepsilon_c = \dfrac{pR(2-\gamma)}{2Et}$，$\rho = 7850\text{kg/m}^3$，$E = 210\text{GPa}$，$\gamma = 0.3$。

要求：（1）建立优化设计的数学模型；（2）用图解法求出最优解。

3 优化设计的某些基本概念和理论

本章主要介绍目标函数、约束函数的某些基本性质，目标函数达到约束最优解的条件以及优化问题迭代计算求解的一般原理和收敛条件等。

3.1 目标函数与约束函数的某些基本性质

在机械优化设计中，目标函数或约束函数多数是多变量的非线性函数，因此，首先需要对目标函数和约束函数的某些基本性质进行必要的讨论。

3.1.1 函数的等值面（或线）

如前所述，在优化设计的数学模型中，目标函数和约束函数一般表示为 n 个设计变量的函数，即

$$f(\boldsymbol{x}) = f(x_1, x_2, \cdots, x_n)$$

和

$$g(\boldsymbol{x}) = g(x_1, x_2, \cdots, x_n) \tag{3-1}$$

当给定一组设计变量 x_1，x_2，…，x_n 的值（实值）时，其目标函数 $f(\boldsymbol{x})$ 和约束函数 $g(\boldsymbol{x})$ 亦必有一确定的数值，具有这一性质的函数称为**可计算函数**。

一组设计变量值在设计空间确定了一个设计点，对应着这一点有确定的函数值。反之，当函数为某一定值时，例如目标函数 $f(\boldsymbol{x}) = c$，则可以有无限多组设计变量 x_1，x_2，…，x_n 的值与之相对应，亦即有无限多个设计点对应着相同的函数值，这些点在设计空间中将组合成一个点集，称此点集为**等值曲面**或**等值超曲面**（若在二维设计空间内则是**等值线**）。相应地给定一系列函数值 c_1，c_2，…时，便在设计空间内得到一组等值超曲面簇。在这种等值超曲面上，各个设计点的目标函数值都是相等的。当目标函数值代表设计对象的质量或体积时，有时也把它称为**等重面**或**等体积面**。

例如，函数 $f(\boldsymbol{x}) = ax_1^2 + cx_2^2 + 2bx_1x_2 = [x_1, x_2]\begin{bmatrix} a & b \\ b & c \end{bmatrix}\begin{bmatrix} x_1 \\ x_2 \end{bmatrix}$，当 $a>0$、$c>0$ 和 $ac-b^2>0$ 时为一椭圆抛物面，亦即它是一个正定二次函数，如图 3－1（a）所示。当目标函数 $f(\boldsymbol{x})$ 的值依次等于实数 c_1，c_2，…时，在图示坐标系中得到一组相应高度的水平面，它与椭圆抛物面的交线均为椭圆，在 x_1ox_2 设计平面上的投影就是一簇椭圆曲线。当 $f(\boldsymbol{x})=0$ 时，即 $x_1=0$、$x_2=0$，说明此等值线椭圆簇是以原点为中心的，而且原点就是这个函数的极小点，如图 3－1（b）所示。因此，称这类等值线为**有心等值线**。

对于一个较高次的非线性函数，如 $f(\boldsymbol{x}) = x_1^4 - 2x_2x_1^2 + x_2^2 + x_1^2 - 2x_1 + 5$，它的等值线如图 3－2 所示，在 $\boldsymbol{x}^* = [1.0, 1.0]$ 点有函数的极小值 $f(\boldsymbol{x}^*)=4.0$，这一点附近的等值线也呈现出近似椭圆的形状，这是因为高次函数在这一点可以近似用 Taylor 公式展开的正定二次函数逼近的缘故。又如，图 3－3 所示函数 $f(\boldsymbol{x}) = 4 + \frac{9}{2}x_1 - 4x_2 + x_1^2 + 2x_2^2 -$

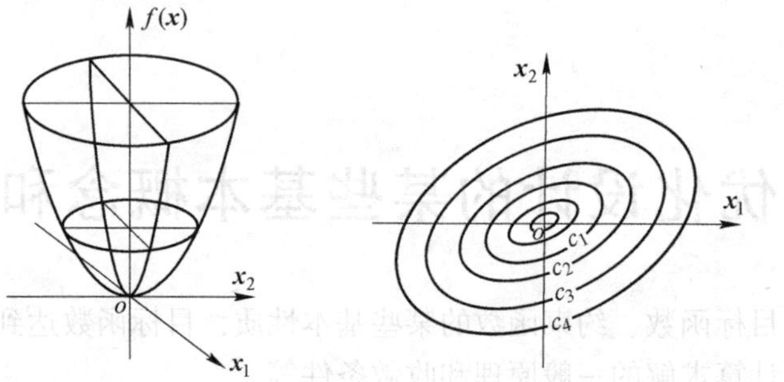

(a) (b)

图 3－1 函数的等值线

（a）椭圆抛物面；（b）等值线

$2x_1x_2+x_1^4-2x_1^2x_2$ 的等值线。从图中可以看出，这个函数有两个局部极小点 $\boldsymbol{x}_1^*$、$\boldsymbol{x}_2^*$ 和一个鞍点 $\boldsymbol{x}_3^*$，即

$$\boldsymbol{x}_1^*=[1.941,\ 3.854]^{\mathrm{T}},\ \boldsymbol{x}_2^*=[-1.053,\ 1.028]^{\mathrm{T}},\ \boldsymbol{x}_3^*=[0.61173,\ 1.49290]^{\mathrm{T}}$$

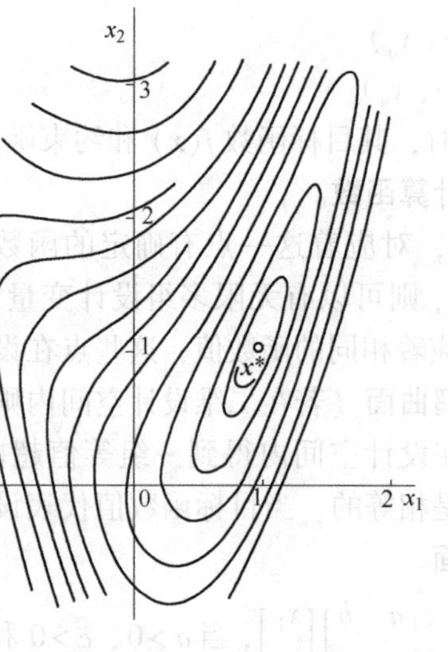

图 3－2 函数的等值线

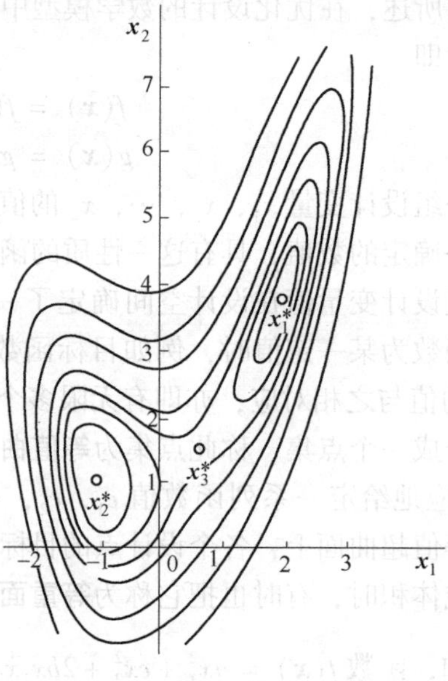

图 3－3 有鞍点的函数等值线

在工程设计中还有一类常见的函数，例如求若干个加速度或动态响应最大值的极小化，其目标函数的一般形式为：

$$\min f(\boldsymbol{x})=\min\{\max_{1\leqslant j\leqslant q}[f_j(\boldsymbol{x})]\} \tag{3-2}$$

例如，对于二次函数 $\min f(\boldsymbol{x})=\min\{\max[(x_1-1)^2,x_1^2+4(x_2-1)^2]\}$，其等值线如图 3－4 所示。在点 $\boldsymbol{x}^*=[0.5,\ 1]^{\mathrm{T}}$ 有函数的极小值 1/4，但在这一点它的偏导数 $\partial f(\boldsymbol{x})/\partial x_1$ 和 $\partial f(\boldsymbol{x})/\partial x_2$ 都不存在，而且这个函数的一阶导数是不连续的。不过对于这类函数，可以经过变换将它转化成连续函数。例如可将式（3－2）转换成求

$$\begin{aligned}&\min\quad x_{n+1}\quad \boldsymbol{x}\in R^n\\&\text{s. t.}\quad f_j(\boldsymbol{x})-x_{n+1}\leqslant 0\quad j=1,\ 2,\ \cdots,\ q\end{aligned} \tag{3-3}$$

式中，$x_{n+1} = \max_{1 \leqslant j \leqslant q}[f_j(\boldsymbol{x})]$。

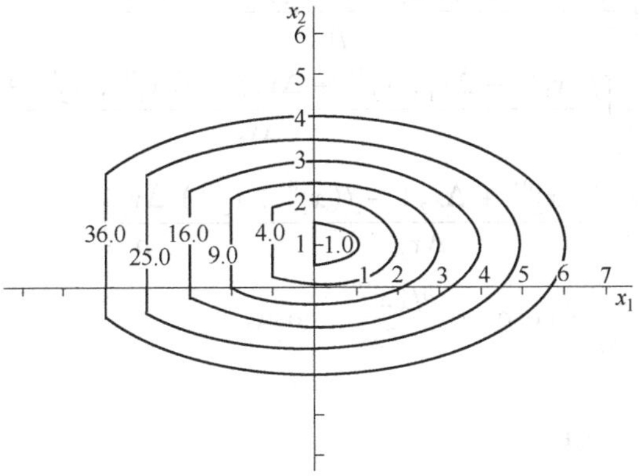

图 3-4 一阶偏导数不连续的函数等值线

对于一般的二维二次函数 $f(\boldsymbol{x}) = ax_1^2 + 2bx_1x_2 + cx_2^2 + dx_1 + ex_2 + f$，若 $ac - b^2 > 0$，则其等值线为椭圆簇；若 $ac - b^2 < 0$，则其等值线为双曲线簇；若 $ac - b^2 = 0$，则其等值线为抛物线簇。当目标函数为 $\boldsymbol{x}$ 线性函数时，其等值线为平行线簇等。这样一些概念，完全可以推广到多维变量设计问题的分析中去。不过对于三维问题在设计空间中将是等值面，而高于三维的问题，在设计空间中将是超等值面。

从以上的讨论中可知，等值线（面）的分布规律，反映出目标函数值的变化规律，而且从等值线的分布情况可以清楚地看出：等值线愈内层其函数值愈小（对于求目标函数极小化来说）；在等值线较密的部位其函数值变化较大；而且对于有心的等值线来说，其等值线簇的中心就是一个局部极小点；而对于无心的等值线簇来说，其极小点无疑就是在无穷远了。除此以外，如果函数的非线性程度愈严重，则其等值线形状也就愈复杂，而且可能存在多个局部极小点。一旦遇到这样的问题，就会给优化设计寻找全局的极小点带来不少的困难。另外，如果一个严重非线性函数的等值线簇是严重偏心和扭曲的，而且其分布也是疏密不一的，情况严重时，就成为所谓的“病态”函数。对于这种函数，当设计变量发生微小变化时，甚至由于计算机的字长位数有限而造成的舍入误差也会引起函数值的很大变化，从而导致优化计算的过程失去稳定性，甚至求不到稳定的极小点。

3.1.2 函数的最速下降方向

函数的等值线（或面）以几何图形方式表示出函数值的变化规律，但多数只限于二维函数。为了能够定量地表明多元函数在某一点的变化性态，需要引出函数的梯度这一概念。

从多元函数的微分学得知，对于一个连续可微函数 $f(\boldsymbol{x})$ 在某一点 $\boldsymbol{x}^{(k)}$ 的一阶偏导数为：

$$\frac{\partial f(\boldsymbol{x}^{(k)})}{\partial x_1},\ \frac{\partial f(\boldsymbol{x}^{(k)})}{\partial x_2},\ \cdots,\ \frac{\partial f(\boldsymbol{x}^{(k)})}{\partial x_n} \tag{3-4}$$

它表示函数 $f(\boldsymbol{x})$ 值在 $\boldsymbol{x}^{(k)}$ 点沿各坐标轴方向的变化率。设有一个二维函数，如图 3-5 所示，有一移动方向向量 $\boldsymbol{s}$，且其模长为 $\|\boldsymbol{s}\| = \rho = (\Delta x_1^2 + \Delta x_2^2)^{1/2}$，与各坐标轴之间的夹角

为 α_1、α_2，其函数在点 $\boldsymbol{x}^{(0)}$ 沿 $\boldsymbol{s}$ 方向的**方向导数**为：

$$\begin{aligned}\frac{\partial f(\boldsymbol{x}^{(0)})}{\partial \boldsymbol{s}} &= \lim_{\rho\to 0}\frac{f(x_1^{(0)}+\Delta x_1,\ x_2^{(0)}+\Delta x_2)-f(x_1^{(0)},x_2^{(0)})}{\rho} \\ &= \lim_{\substack{\Delta x_1\to 0\\ \Delta x_2\to 0}}\left[\frac{f(x_1^{(0)}+\Delta x_1,\ x_2^{(0)}+\Delta x_2)-f(x_1^{(0)},\ x_2^{(0)}+\Delta x_2)}{\Delta x_1}\frac{\Delta x_1}{\rho}+\right.\\ &\qquad\left.\frac{f(x_1^{(0)},\ x_2^{(0)}+\Delta x_2)-f(x_1^{(0)},\ x_2^{(0)})}{\Delta x_2}\frac{\Delta x_2}{\rho}\right] \\ &= \frac{\partial f(\boldsymbol{x}^{(0)})}{\partial x_1}\cos\alpha_1+\frac{\partial f(\boldsymbol{x}^{(0)})}{\partial x_2}\cos\alpha_2\end{aligned} \tag{3-5}$$

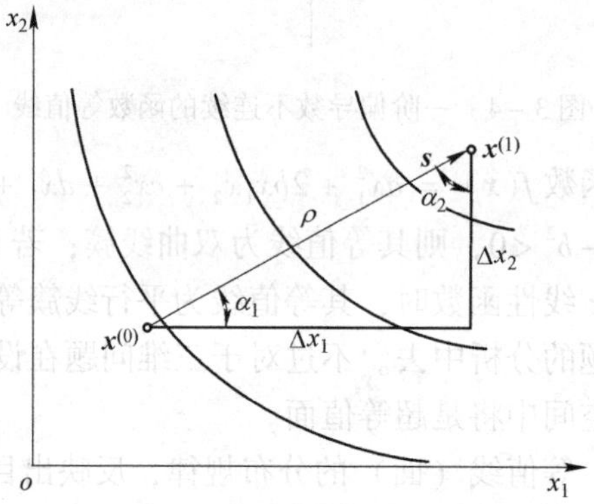

图 3-5 函数的方向导数

对于 n 维函数，可以依此推导出函数 $f(\boldsymbol{x})$ 在 $\boldsymbol{x}^{(0)}$ 点沿 $\boldsymbol{s}$ 方向的方向导数：

$$\frac{\partial f(\boldsymbol{x}^{(0)})}{\partial \boldsymbol{s}} = \sum_{i=1}^{n}\frac{\partial f(\boldsymbol{x}^{(0)})}{\partial x_i}\cos\alpha_i \tag{3-6}$$

式中，$\cos\alpha_i = \dfrac{\Delta x_i}{\rho}$ 称为 $\boldsymbol{s}$ 方向的方向余弦。

定义下面的列向量

$$\nabla f(\boldsymbol{x}^{(0)}) = \left[\frac{\partial f(\boldsymbol{x}^{(0)})}{\partial x_1},\ \frac{\partial f(\boldsymbol{x}^{(0)})}{\partial x_2},\ \cdots,\ \frac{\partial f(\boldsymbol{x}^{(0)})}{\partial x_n}\right]^{\mathrm{T}} \tag{3-7}$$

为函数 $f(\boldsymbol{x})$ 在 $\boldsymbol{x}^{(0)}$ 点的**梯度**，简记为 ∇f，有时也记作 $\mathbf{grad}\,f(\boldsymbol{x}^{(0)})$。

设 $\boldsymbol{s}$ 用单位向量表示为 $\boldsymbol{s} = [\cos\alpha_1,\ \cos\alpha_2,\ \cdots,\ \cos\alpha_n]^{\mathrm{T}}$，这样可将函数沿 $\boldsymbol{s}$ 方向的方向导数表示为：

$$\frac{\partial f}{\partial \boldsymbol{s}} = \nabla f^{\mathrm{T}}\boldsymbol{s} = \|\nabla f\|\,\|\boldsymbol{s}\|\cos\langle\nabla f,\ \boldsymbol{s}\rangle \tag{3-8}$$

式中，$\langle\nabla f,\ \boldsymbol{s}\rangle$ 表示向量 ∇f 和 $\boldsymbol{s}$ 之间的夹角；$\|\nabla f\|$ 和 $\|\boldsymbol{s}\|$ 分别表示梯度向量和方向向量的模，其值为：

$$\|\nabla f\| = \left[\sum_{i=1}^{n}\left(\frac{\partial f(\boldsymbol{x})}{\partial x_i}\right)^2\right]^{\frac{1}{2}} \tag{3-9}$$

和

$$\|\boldsymbol{s}\| = \left[\sum_{i=1}^{n}\cos^2\alpha_i\right]^{\frac{1}{2}} = 1 \tag{3-10}$$

由式（3-8）可以看出，由于 $-1\leqslant\cos\langle\nabla f,\ \boldsymbol{s}\rangle\leqslant1$，所以当 $\boldsymbol{s}$ 方向与梯度向量方向一致时，其方向导数 $\partial f(\boldsymbol{x})/\partial\boldsymbol{s}$ 为最大值，也就是说，目标函数的梯度是函数值增长最快的方向，而且函数值最大的增长率就等于 $\|\nabla f\|$。

函数的梯度 ∇f 在优化设计中具有重要的作用，它具有如下几个性质：

（1）设函数 $f(\boldsymbol{x})$（或 $g(\boldsymbol{x})$）定义于 n 维欧氏空间 R^n 内，并且是连续和可微的。若 $\boldsymbol{x}^{(k)}$ 是 R^n 中的某一个设计点，则函数在 $\boldsymbol{x}^{(k)}$ 点的梯度就是对设计变量 $x_i(i=1,2,\cdots,n)$ 一阶偏导数组成的一个列向量，记作

$$\nabla f(\boldsymbol{x}^{(k)})=\begin{bmatrix}\dfrac{\partial f(\boldsymbol{x}^{(k)})}{\partial x_1}\\ \dfrac{\partial f(\boldsymbol{x}^{(k)})}{\partial x_2}\\ \vdots\\ \dfrac{\partial f(\boldsymbol{x}^{(k)})}{\partial x_n}\end{bmatrix}=\left[\frac{\partial f(\boldsymbol{x}^{(k)})}{\partial x_1},\ \frac{\partial f(\boldsymbol{x}^{(k)})}{\partial x_2},\ \cdots,\ \frac{\partial f(\boldsymbol{x}^{(k)})}{\partial x_n}\right]^{\mathrm{T}} \tag{3-11}$$

显然梯度 $\nabla f(\boldsymbol{x})$ 的模因点而异，这就是说函数 $f(\boldsymbol{x})$ 在不同点的最大增长率是不同的。而 $\nabla f(\boldsymbol{x}^{(k)})$ 仅表示函数 $f(\boldsymbol{x})$ 在 $\boldsymbol{x}^{(k)}$ 点的**最陡上升方向**，是**函数的一种局部性质**，即只反映 $\boldsymbol{x}^{(k)}$ 点邻近的函数值变化率的大小。

（2）梯度向量 $\nabla f(\boldsymbol{x}^{(k)})$ 与过 $\boldsymbol{x}^{(k)}$ 点的等值线（或等值面）的切线是**正交的**，如图 3-6所示。设 $\boldsymbol{s}$ 方向是 $\boldsymbol{x}^{(k)}$ 点等值线的切线 t—t，由于函数沿等值线切线方向（在 $\boldsymbol{x}^{(k)}$ 邻近）的变化率为零，即由式（3-8）可知：

$$[\nabla f(\boldsymbol{x}^{(k)})]^{\mathrm{T}}\boldsymbol{s}=\|\nabla f(\boldsymbol{x}^{(k)})\|\|\boldsymbol{s}\|\cos\langle\nabla f,\ \boldsymbol{s}\rangle=0 \tag{3-12}$$

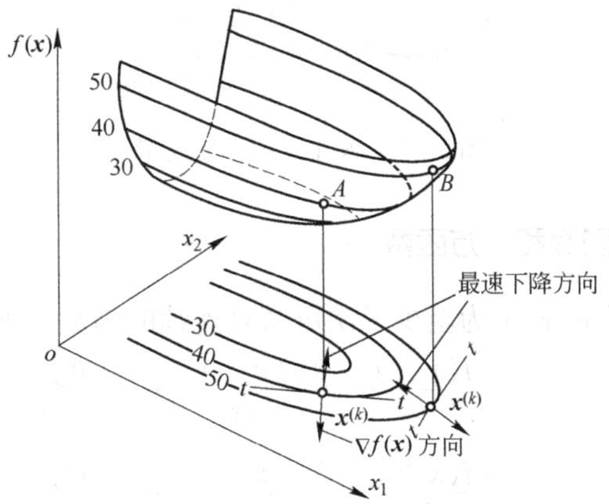

图 3-6 梯度方向的几何意义

此时必有 $\cos\langle\nabla f,\ \boldsymbol{s}\rangle=0$，即 $\nabla f\perp\boldsymbol{s}$。因此 $\boldsymbol{x}^{(k)}$ 点的梯度向量 $\nabla f(\boldsymbol{x}^{(k)})$ 与过 $\boldsymbol{x}^{(k)}$ 点函数等值线的切线垂直（即正交）。

（3）负梯度向量 $-\nabla f(\boldsymbol{x}^{(k)})$ 是函数在 $\boldsymbol{x}^{(k)}$ 点的最速下降方向。由式（3-8）可知，当 $\cos\langle\nabla f,\ \boldsymbol{s}\rangle=-1$ 时，$\partial f/\partial\boldsymbol{s}$ 值为最小，因此当 $\boldsymbol{s}$ 方向与 $-\nabla f(\boldsymbol{x}^{(k)})$ 向量方向一致时，函数值在 $\boldsymbol{x}^{(k)}$ 点沿 $-\nabla f(\boldsymbol{x}^{(k)})$ 向量方向下降最快，故又称 $-\nabla f(\boldsymbol{x}^{(k)})$ 为目标函数 $f(\boldsymbol{x})$ 在 $\boldsymbol{x}^{(k)}$

点的**最速下降方向**。

【例3-1】 试计算函数$f(\boldsymbol{x}) = (x_1-1)^2+(x_2-1)^2$在点$\boldsymbol{x}^{(k)} = [1.8,\ 1.6]^{\mathrm{T}}$的梯度向量。

解：所给函数是以点（1，1）为圆心的圆方程，在$\boldsymbol{x}^{(k)}$点的函数值为：

$$f(1.8,\ 1.6) = (1.8-1)^2+(1.6-1)^2 = 1$$

所以（1.8，1.6）点位于以1为半径的圆上，如图3-7上的A点所示。函数在（1.8，1.6）点的偏导数为：

$$\frac{\partial f}{\partial x_1}(1.8,\ 1.6) = 2(x_1-1) = 2(1.8-1) = 1.6$$

$$\frac{\partial f}{\partial x_2}(1.8,\ 1.6) = 2(x_2-1) = 2(1.6-1) = 1.2$$

这样在（1.8，1.6）点的梯度向量为：

$$\nabla f(1.8,\ 1.6) = \begin{bmatrix} 1.6 \\ 1.2 \end{bmatrix}$$

由图可见，此向量是在（1.8，1.6）点的圆的法线方向，与该点的等值线的切线正交。

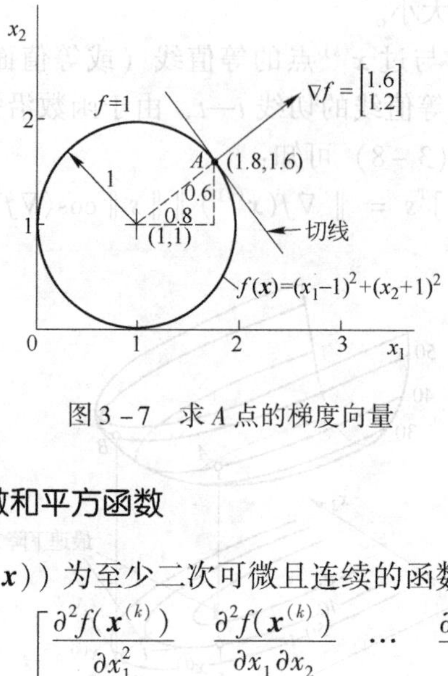

图3-7 求A点的梯度向量

3.1.3 函数的局部近似函数和平方函数

设n维函数$f(\boldsymbol{x})$（或$g(\boldsymbol{x})$）为至少二次可微且连续的函数，则称下列$n \times n$阶实矩阵

$$\boldsymbol{H}(\boldsymbol{x}^{(k)}) = \begin{bmatrix} \dfrac{\partial^2 f(\boldsymbol{x}^{(k)})}{\partial x_1^2} & \dfrac{\partial^2 f(\boldsymbol{x}^{(k)})}{\partial x_1 \partial x_2} & \cdots & \dfrac{\partial^2 f(\boldsymbol{x}^{(k)})}{\partial x_1 \partial x_n} \\ \dfrac{\partial^2 f(\boldsymbol{x}^{(k)})}{\partial x_2 \partial x_1} & \dfrac{\partial^2 f(\boldsymbol{x}^{(k)})}{\partial x_2^2} & \cdots & \dfrac{\partial^2 f(\boldsymbol{x}^{(k)})}{\partial x_2 \partial x_n} \\ \vdots & \vdots & & \vdots \\ \dfrac{\partial^2 f(\boldsymbol{x}^{(k)})}{\partial x_n \partial x_1} & \dfrac{\partial^2 f(\boldsymbol{x}^{(k)})}{\partial x_n \partial x_2} & \cdots & \dfrac{\partial^2 f(\boldsymbol{x}^{(k)})}{\partial x_n^2} \end{bmatrix} \tag{3-13}$$

为函数$f(\boldsymbol{x})$在点$\boldsymbol{x}^{(k)}$处的**Hessian矩阵**。由于函数的二阶偏导数值与对于变量偏导的次序无关，即$\dfrac{\partial^2 f(\boldsymbol{x}^{(k)})}{\partial x_i \partial x_j} = \dfrac{\partial^2 f(\boldsymbol{x}^{(k)})}{\partial x_j \partial x_i}$，所以$\boldsymbol{H}(\boldsymbol{x}^{(k)})$是一个实对称矩阵，有时又记作$\nabla^2 f(\boldsymbol{x}^{(k)})$。

在讨论函数的局部性质及研究算法时，经常需要用到多元函数的一次（或线性）近似函数和二次（或平方）近似函数的概念，实际上就是将函数在某一点按 Taylor 级数展开式取一次项或二次项来逼近该点的函数。

设目标函数 $f(\boldsymbol{x})$ 在 $\boldsymbol{x}^{(k)}$ 点至少存在有二阶偏导数，如果取到 Taylor 级数展开式的二次项，则在这一点的 **Taylor 级数的二次近似函数**为：

$$f(\boldsymbol{x}) \approx f(\boldsymbol{x}^{(k)}) + \sum_{i=1}^{n}\left[\frac{\partial f(\boldsymbol{x}^{(k)})}{\partial x_i}(x_i - x_i^{(k)})\right] + \frac{1}{2}\sum_{i,j=1}^{n}\frac{\partial^2 f(\boldsymbol{x}^{(k)})}{\partial x_i \partial x_j}(x_i - x_i^{(k)})(x_j - x_j^{(k)}) \tag{3-14}$$

这表明，函数 $f(\boldsymbol{x})$ 在 $\boldsymbol{x}^{(k)}$ 点附近可用一个二次型函数（或称平方近似函数）来逼近。式（3-14）也可以写成向量矩阵形式，即

$$f(\boldsymbol{x}) \approx f(\boldsymbol{x}^{(k)}) + [\nabla f(\boldsymbol{x}^{(k)})]^{\mathrm{T}}[\boldsymbol{x} - \boldsymbol{x}^{(k)}] + \frac{1}{2}[\boldsymbol{x} - \boldsymbol{x}^{(k)}]^{\mathrm{T}}\boldsymbol{H}(\boldsymbol{x}^{(k)})[\boldsymbol{x} - \boldsymbol{x}^{(k)}] \tag{3-15}$$

如果只取到 Taylor 级数展开式的一次项，则可得到函数 $f(\boldsymbol{x})$ 在 $\boldsymbol{x}^{(k)}$ 点的 **Taylor 级数的一次近似函数**（或称线性近似函数）为：

$$f(\boldsymbol{x}) \approx f(\boldsymbol{x}^{(k)}) + [\nabla f(\boldsymbol{x}^{(k)})]^{\mathrm{T}}[\boldsymbol{x} - \boldsymbol{x}^{(k)}] \tag{3-16}$$

【例 3-2】 试将函数 $f(\boldsymbol{x}) = 4 + 4.5x_1 - 4x_2 + x_1^2 + 2x_2^2 - 2x_1x_2 + x_1^4 - 2x_1^2x_2$ 在点 $\boldsymbol{x}^{(k)} = [2.0, 2.5]^{\mathrm{T}}$ 展开成 Taylor 级数的二次近似函数式。

解： 由式（3-15）可得该点的 Taylor 级数展开式的二次近似函数为：

$$f(x_1,x_2) \approx \frac{11}{2} + \left[\frac{31}{2}, -6\right]\begin{bmatrix} x_1 - 2.0 \\ x_2 - 2.5 \end{bmatrix} + \frac{1}{2}[x_1 - 2.0, x_2 - 2.5]\begin{bmatrix} 40 & -10 \\ -10 & 4 \end{bmatrix}\begin{bmatrix} x_1 - 2.0 \\ x_2 - 2.5 \end{bmatrix}$$

$$= 32 - \frac{79}{2}x_1 + 4x_2 + 20x_1^2 + 2x_2^2 - 10x_1x_2$$

将上述函数在 $\boldsymbol{x}^{(k)} = [-1.5, 1.0]^{\mathrm{T}}$ 点取到 Taylor 级数展开式的一次项，即由式（3-16）可得该点的一次或线性近似函数为：

$$f(x_1,x_2) \approx 1.0625 + [3, -1.5]\begin{bmatrix} x_1 + 1.5 \\ x_2 - 1.0 \end{bmatrix} = 7.0625 + 3x_1 - 1.5x_2$$

由于二次函数在讨论优化方法时具有重要的地位，所以下面简要介绍它的性质。例如，一个二维只有二次项的特殊非线性函数

$$f(x_1,x_2) = c + b_1x_1 + b_2x_2 + \frac{1}{2}(a_{11}x_1^2 + a_{12}x_1x_2 + a_{21}x_2x_1 + a_{22}x_2^2)$$

若令

$$\boldsymbol{B} = \begin{bmatrix} b_1 \\ b_2 \end{bmatrix}, \boldsymbol{x} = \begin{bmatrix} x_1 \\ x_2 \end{bmatrix}, \boldsymbol{A} = \begin{bmatrix} a_{11} & a_{12} \\ a_{21} & a_{22} \end{bmatrix}$$

则函数 $f(x_1, x_2)$ 的向量矩阵形式为：

$$f(\boldsymbol{x}) = c + \boldsymbol{B}^{\mathrm{T}}\boldsymbol{x} + \frac{1}{2}\boldsymbol{x}^{\mathrm{T}}\boldsymbol{A}\boldsymbol{x} \tag{3-17}$$

此式可以推广到 n 维二次函数，即 $\boldsymbol{x} \in R^n$。它在形式上与式（3-17）一致，$\boldsymbol{A}$ 是常数矩阵。因此，对于二维（或 n 维）二次函数来说，它的等值线（或面）是椭圆簇。这类特殊函数称为**平方函数**，式（3-17）为它的一般形式。

平方函数的梯度和 Hessian 矩阵为：

$$\nabla f(\boldsymbol{x}) = \boldsymbol{B} + \boldsymbol{A}\boldsymbol{x} \quad 和 \quad \boldsymbol{H}(\boldsymbol{x}) = \boldsymbol{A} \tag{3-18}$$

3.1.4 函数的凸性

优化设计一般总期望能获得问题的全局最优解，但在什么情况下可以获得全局最优解，这与函数的凸性有密切关系。众所周知，对于一维函数来说，若 $f(\boldsymbol{x})$ 在 $a \leqslant \boldsymbol{x} \leqslant b$ 区间内是下凸的且为单峰，则它在 $[a, b]$ 区间内必有唯一的极小点，这种函数称为**具有凸性的函数**。

为考虑多元函数的凸性，并对凸函数进行定义，首先应该建立凸集的概念。设 $\mathscr{D}$ 为 n 维欧氏空间内设计点的一个集合，若其中任意两点 $\boldsymbol{x}^{(1)}$ 和 $\boldsymbol{x}^{(2)}$ 的连线上的点都属于集合 $\mathscr{D}$，则称 $\mathscr{D}$ 为 n 维欧氏空间中的一个**凸集**。二维函数的情况如图 3-8 所示，其中图（a）为凸集，图（b）是非凸集。

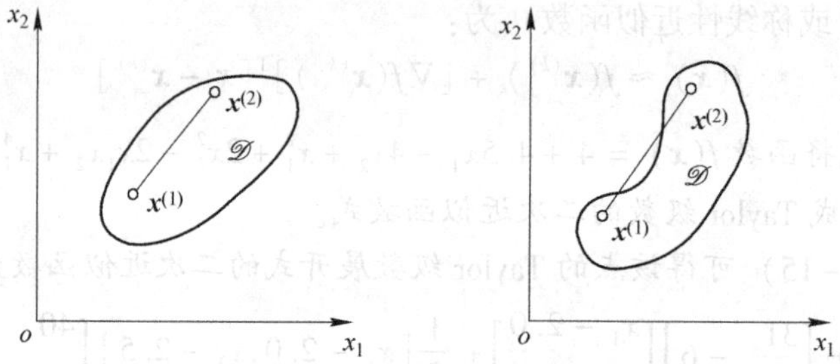

(a)　　(b)

图 3-8　凸集的概念

(a) 凸集；(b) 非凸集

凸函数的定义如下：设 $f(\boldsymbol{x})$ 为定义在 n 维欧氏空间内凸集 $\mathscr{D}$ 上的函数，若对任何实数 $\xi(0 \leqslant \xi \leqslant 1)$ 及 $\mathscr{D}$ 域中任意两点 $\boldsymbol{x}^{(1)}$ 和 $\boldsymbol{x}^{(2)}$ 存在如下不等式：

$$f[\xi \boldsymbol{x}^{(1)} + (1-\xi)\boldsymbol{x}^{(2)}] \leqslant \xi f(\boldsymbol{x}^{(1)}) + (1-\xi) f(\boldsymbol{x}^{(2)}) \tag{3-19}$$

则称函数 $f(\boldsymbol{x})$ 是凸集 $\mathscr{D}$ 上的一个**凸函数**。这一概念可以用图 3-9 所示的一维函数来说明。在凸集（x 轴）上取 $x^{(1)}$ 和 $x^{(2)}$ 两点，连接该函数曲线上的两相应点成直线，若在 $x^{(1)}$ 和 $x^{(2)}$ 之间的 $f(x)$ 为凸函数，则其连线上任一点 $x^{(k)}$ 的值 $\xi f(x^{(1)}) + (1-\xi) f(x^{(2)})$ 恒大于该点的函数值 $f[\xi x^{(1)} + (1-\xi) x^{(2)}]$。

若将式（3-19）中的符号"$\leqslant$"改为"$<$"，此时的 $f(\boldsymbol{x})$ 称为**严格凸函数**。

一个函数是否为凸函数，可以用下面的函数凸性条件来判别（证明从略）：

设定义在凸集 $\mathscr{D}$ 上且存在连续二阶导数的函数 $f(\boldsymbol{x})$，其**凸函数的充要条件是**：$f(\boldsymbol{x})$ 的 Hessian 矩阵 $\boldsymbol{H}(\boldsymbol{x})$ 在 $\mathscr{D}$ 上处处是正定或半正定的。

若 Hessian 矩阵 $\boldsymbol{H}(\boldsymbol{x})$ 对一切 $\boldsymbol{x} \in \mathscr{D}$ 都是正定的，则 $f(\boldsymbol{x})$ 在 $\mathscr{D}$ 上为**严格凸函数**，反之则不然。

【例 3-3】 试判断函数 $f(\boldsymbol{x}) = 60 - 10x_1 - 4x_2 + x_1^2 + x_2^2 - x_1 x_2$ 在 $\mathscr{D} = \{\boldsymbol{x} \mid -\infty < x_i < +\infty, i = 1, 2\}$ 上是否为一凸函数。

解：只要证明其 Hessian 矩阵 $\boldsymbol{H}(\boldsymbol{x})$ 是正定的即可。因为

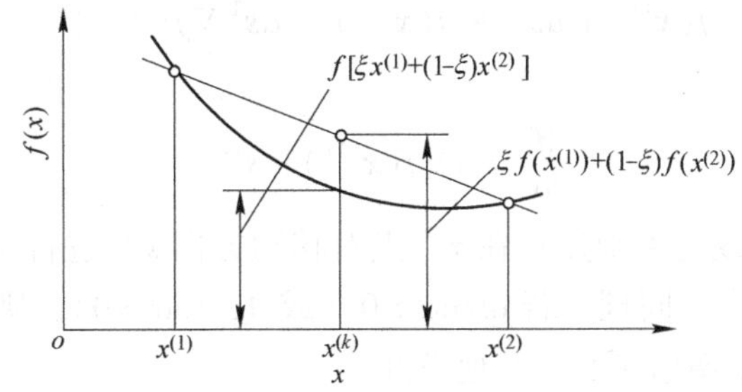

图 3-9 一元凸函数的定义

$$\frac{\partial^2 f(\boldsymbol{x})}{\partial x_1^2}=2,\ \frac{\partial^2 f(\boldsymbol{x})}{\partial x_1\partial x_2}=\frac{\partial^2 f(\boldsymbol{x})}{\partial x_2\partial x_1}=-1,\ \frac{\partial^2 f(\boldsymbol{x})}{\partial x_2^2}=2$$

所以 $\boldsymbol{H}(\boldsymbol{x})=\begin{bmatrix}2 & -1\\ -1 & 2\end{bmatrix}$ 是正定的，而且其二次项式可以表示为：

$$\frac{1}{2}\boldsymbol{x}^{\mathrm{T}}\boldsymbol{H}(\boldsymbol{x})\boldsymbol{x}=\frac{1}{2}[x_1,x_2]\begin{bmatrix}2 & -1\\ -1 & 2\end{bmatrix}\begin{bmatrix}x_1\\ x_2\end{bmatrix}=x_1^2-x_1x_2+x_2^2=\left(x_1-\frac{x_2}{2}\right)^2+\frac{3}{4}x_2^2>0$$

由于不论 x_1、x_2 取何值，上式均成立，所以 $f(\boldsymbol{x})$ 为一凸函数，又由于 $\boldsymbol{H}(\boldsymbol{x})$ 是正定的，所以 $f(\boldsymbol{x})$ 在 D 上是个严格凸函数。

凸函数的基本性质如下：

(1) 若 $f(\boldsymbol{x})$ 为凸集 $\mathscr{D}$ 上的凸函数，则 $f(\boldsymbol{x})$ 在 $\mathscr{D}$ 上的一个极小点也就是 $f(\boldsymbol{x})$ 在 $\mathscr{D}$ 上的全域最小点。

(2) 若 $f(\boldsymbol{x})$ 为凸集 $\mathscr{D}$ 上的凸函数，且 $a>0$，则 $af(\boldsymbol{x})$ 也是 $\mathscr{D}$ 上的凸函数。

(3) 若函数 $f_1(\boldsymbol{x})$ 和 $f_2(\boldsymbol{x})$ 为凸集 $\mathscr{D}$ 上的两个凸函数，对于 $a>0$ 和 $b>0$，函数 $f(\boldsymbol{x})=af_1(\boldsymbol{x})+bf_2(\boldsymbol{x})$ 仍为凸集 $\mathscr{D}$ 上的凸函数。

3.1.5 函数的单调性

在优化设计问题中，对可行域内的目标函数和各个约束函数作出单调性分析，便可以更好地了解模型的性态或可以简化模型。

设一维连续函数 $f(x)$（或 $g(x)$）在某个区域内，对于变量 x，若 $x_2>x_1$ 有 $f(x_2)>f(x_1)$，则称函数 $f(x)$ 是**单调增函数**，当然在这里假设变量 x 是严格正的（大多数工程问题的变量只许取正值）。

一般，对函数进行单调性分析，通常是采用它的一阶导数来判定。设 $f(x)$ 为连续可微函数，若在某个区域内

$$\frac{\mathrm{d}f(x)}{\mathrm{d}x}=\begin{cases}>0 & \text{单调增函数}\\ =0 & \text{无关}\\ <0 & \text{单调减函数}\end{cases}\tag{3-20}$$

同理，对于一个多元函数，若 $\partial f(\boldsymbol{x})/\partial x_i>0$（或 $\partial f(\boldsymbol{x})/\partial x_i<0$），则对设计变量 x_i 为单调增（或减）函数。这个概念还可以推广到设计空间内的某个移动方向 $\boldsymbol{s}^{(k)}$ 上。当函数 $f(\boldsymbol{x})$ 沿某个方向 $\boldsymbol{s}^{(k)}$ 作出微小移动 $\boldsymbol{x}^{(k+1)}=\boldsymbol{x}^{(k)}+\alpha\boldsymbol{s}^{(k)}$ 时，利用式（3-16）其目标函数值

的变化可表示为：

$$f(\boldsymbol{x}^{(k)}+\alpha\boldsymbol{s})\approx f(\boldsymbol{x}^{(k)})+\alpha\boldsymbol{s}^{\mathrm{T}}\nabla f(\boldsymbol{x}^{(k)})$$

取 α 的一阶导数即得：

$$\frac{\mathrm{d}f}{\mathrm{d}\alpha}=\{\nabla f(\boldsymbol{x}^{(k)})\}^{\mathrm{T}}\boldsymbol{s}^{(k)} \tag{3-21}$$

这就是说，目标函数（或约束函数）在 $\boldsymbol{x}^{(k)}$ 点对移动方向 $\boldsymbol{s}^{(k)}$ 进行单调性分析时也可以由它的一阶方向导数来确定。同理，若 $\mathrm{d}f/\mathrm{d}\alpha>0$（或 $\mathrm{d}g_u/\mathrm{d}\alpha>0$），则 $f(\boldsymbol{x})$（或 $g_u(\boldsymbol{x})$）在 $\boldsymbol{x}^{(k)}$ 点沿 $\boldsymbol{s}^{(k)}$ 方向均为单调增函数，其他类推。

所谓函数的单调性，就是指函数在给定的区域内为处处单调增（或减）的函数，这一函数性质无论对于分析优化问题的最优解还是构造一种优化算法都起到一定的作用。

3.2 约束集合及其性质

由于机械优化设计问题多数属于约束的优化设计问题，因此弄清约束集合的一些基本性质也是很重要的。

3.2.1 约束集合和可行域

所谓**约束集合**，就是指所有不等式约束和等式约束的交集。在此集合内所有设计点 $\boldsymbol{x}$ 都满足全部的约束条件，故又称它为**设计可行域**，表示为：

$$\mathscr{D}=\left\{\boldsymbol{x}\left|\begin{array}{l}g_u(\boldsymbol{x})\leqslant 0 \quad u=1,2,\cdots,m\\ h_v(\boldsymbol{x})=0 \quad v=1,2,\cdots,p<n\end{array}\right.\right\} \tag{3-22}$$

其中假设函数 $g_u(\boldsymbol{x})$ 和 $h(\boldsymbol{x})$ 都是连续的。这样，对于一个约束的优化设计问题，由于约束面的存在而把设计空间划分为两个区域：**设计可行域** $\mathscr{D}$ 和**非可行域**。因而，最优解或可接受设计解只能从可行域内的各点中产生。

显然，若在可行域内不存在设计点，则认为此可行集合是个**空集**，此时也就得不到一个设计解，问题就可能出于所建立的约束条件与设计要求是相矛盾的。

关于约束可行域 $\mathscr{D}$ 是否为一个凸集，在凸规划理论中证明了：**若各个不等约束函数 $g_u(\boldsymbol{x})(u=1,2,\cdots,m)$ 是凸函数和等式约束 $h_v(\boldsymbol{x})(v=1,2,\cdots,p)$ 是线性函数，则 $\mathscr{D}$ 是凸集。但是只要等式约束是非线性的，那么集合 $\mathscr{D}$ 一定是个非凸集。**

【例 3-4】 对于一个二维问题，当其约束条件为：

$$g_1(\boldsymbol{x})=-x_1\leqslant 0$$

$$g_2(\boldsymbol{x})=-x_2\leqslant 0$$

$$g_3(\boldsymbol{x})=x_1^2+x_2^2-1\leqslant 0$$

由图 3-10（a）可见，它是一个在第一象限内的凸集；当约束条件改为：

$$g_3(\boldsymbol{x})=x_1^2+x_2^2-1\geqslant 0$$

时，由图 3-10（b）可见，是一个在第一象限内的非凸集 $\mathscr{D}$，因为 $g_3(\boldsymbol{x})$ 函数是一凹函数；当约束条件 $g_3(\boldsymbol{x})$ 取为等式约束

$$h(\boldsymbol{x})=g_3(\boldsymbol{x})=x_1^2+x_2^2-1=0$$

时，由图 3-10（c）可见，也是一个非凸集，此时这个集合是在 $x_1\geqslant 0$ 和 $x_2\geqslant 0$（第一象

限内）上 $h(\boldsymbol{x})=0$ 的一段曲线。

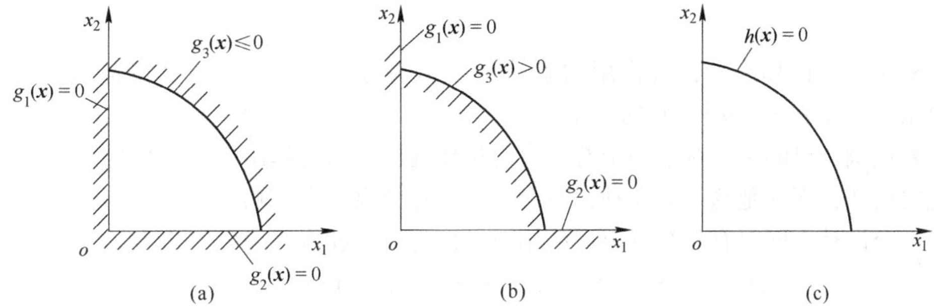

图 3－10 约束函数的集合

（a）凸集；（b），（c）非凸集

值得注意的是，一个约束函数经过变换，虽然表示形式不同但未改变其约束条件的性质，但有时却会影响约束函数的凸性，例如，对于 $x_1>0$ 和 $x_2>0$，且 a 和 b 为正常数，其原约束条件形式为：

$$g_1(\boldsymbol{x})=\frac{a}{x_1x_2}-b\leqslant 0$$

可以等价地变换为下面形式（由于 x_1 和 x_2 均取正值，故不等式的意义没有改变）：

$$g_2(\boldsymbol{x})=a-bx_1x_2\leqslant 0$$

结果是 $g_1(\boldsymbol{x})$ 是凸函数，变换为 $g_2(\boldsymbol{x})$ 则是非凸函数，因为它们的 Hessian 矩阵分别为：

$$\nabla^2 g_1=\frac{2a}{x_1^2x_2^2}\begin{bmatrix}\dfrac{x_2}{x_1} & 0.5\\ 0.5 & \dfrac{x_1}{x_2}\end{bmatrix}\quad 和 \quad \nabla^2 g_2=\begin{bmatrix}0 & -b\\ -b & 0\end{bmatrix}$$

式中，$\nabla^2 g_1$ 为正定矩阵；$\nabla^2 g_2$ 为不定矩阵。

由此，约束函数通过形式上的变换，结果可能丢失了函数的凸性（或者相反），这也就影响可行域的约束集合的凸性条件。

根据上述可以推知，在 n 维欧氏空间 R^n 中，由一组不等式约束函数可以组成一个或几个可行域 $\mathscr{D}$。对于仅由一组等式约束所组成的可行域 $\mathscr{D}$，如果这组方程的函数是连续且彼此独立的，那么这个可行域 $\mathscr{D}$ 就是一个 $n-p$ 维的子集。

对于由一组非线性约束函数所定义的可行域，确定它是凸集还是非凸集，一般说来是比较困难的，而且对于一个非凸的集合，往往是造成一个优化设计问题有多个约束极值的重要原因。

3.2.2 起作用约束和松弛约束

起作用约束在优化计算中是个非常重要的概念。因为它既可以为约束优化计算提供一些必要的信息，又可以为一些约束优化算法的构造奠定必要的理论基础。对于一个不等式约束 $g(\boldsymbol{x})\leqslant 0$ 来说，如果所讨论的设计点 $\boldsymbol{x}^{(k)}$ 使该约束 $g(\boldsymbol{x}^{(k)})=0$（或者说 $\boldsymbol{x}^{(k)}$ 点当时正处在该约束的边界上），则称这个约束是 $\boldsymbol{x}^{(k)}$ 点的一个**起作用约束**。而其他满足 $g(\boldsymbol{x}^{(k)})<0$ 的约束称为**松弛约束**。如图 3－11 所示，对 $\boldsymbol{x}^{(k)}$ 点来说，g_1 和 g_2 是起作用约束，而 g_3

和 g_4 为松弛约束。按照起作用约束的定义，对于有等式约束的设计问题，当设计点 $\boldsymbol{x}^{(k)}$ 在可行域 $\mathscr{D}$ 内时，则此时的任何一个等式约束 $h_v(\boldsymbol{x}^{(k)}) = 0(v = 1, 2, \cdots, p)$ 都是起作用约束。

从机械强度计算来看，起作用约束就是“结构力学”中达到了“满应力设计条件”的约束条件，即 $\sigma = [\sigma]$，其约束条件为 $g(\boldsymbol{x}) = \sigma - [\sigma] = 0$。

需要强调指出的是，对于一个有约束的优化问题，当起作用约束发生变动时，其最优点也随之改变，而松弛约束的变动，不会对最优化结果产生影响。

当一个设计点同时有几个约束起作用时，即可定义起作用约束集合为：

$$I(\boldsymbol{x}^{(k)}) = \{u \mid g_u(\boldsymbol{x}^{(k)}) = 0 \quad u = 1, 2, \cdots, m\} \tag{3-23}$$

其意义是对 $\boldsymbol{x}^{(k)}$ 点此时所起作用约束下标的集合。以图 3－11 为例，其 $I(\boldsymbol{x}^{(k)}) = \{1, 2\}$。

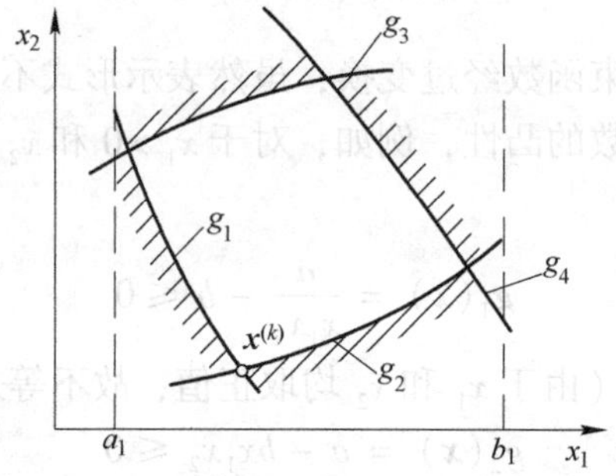

图 3－11 起作用约束和起作用约束集合

3.2.3 冗余约束

如图 3－11 所示，若对 x_1 建立边界约束条件，即 $g_5(\boldsymbol{x}) = x_1 - b_1 \leqslant 0$ 和 $g_6(\boldsymbol{x}) = a_1 - x_1 \leqslant 0$，则很明显，这两个约束条件是多余的，因为性能约束条 g_1、g_2、g_3 和 g_4 已完全控制了变量 x_1 的上、下界值。

如果一个不等式约束条件的约束面对可行域的大小不发生影响，或是约束面不与可行域 $\mathscr{D}$ 相交，即此约束称为**冗余约束**。

一个约束条件对优化设计模型是否是冗余的，可以根据下面的**优势定理**来确定：

对于一切的设计点 $\boldsymbol{x}$，若 $g_2(\boldsymbol{x}) < g_1(\boldsymbol{x}) \leqslant 0$，则当约束 $g_1(\boldsymbol{x})$ 得到满足时，其约束 $g_2(\boldsymbol{x})$ 也会自动获得满足，因而约束 $g_1(\boldsymbol{x})$ 对 $g_2(\boldsymbol{x})$ 从整体上是占主导或优势的，这时约束 $g_2(\boldsymbol{x})$ 则为冗余约束。

一旦确定某个约束为冗余约束，则可以从模型中将它消去。但是值得注意的是，当约束条件中的参数 $\boldsymbol{\omega}$(如 $g(\boldsymbol{x},\boldsymbol{\omega}) \leqslant 0$) 值发生变化时，其冗余约束亦可能发生变更。如图 3－12所示，由于 g_3 和 g_4 中的参数值发生变化，g_3 的约束面向下移，g_4 的约束面向上移，结果原为冗余的约束 g_4 变为起支配作用，而原起支配作用的 g_3 变为冗余的约束。

3.2.4 可行方向

一个设计点 $\boldsymbol{x}^{(k)}$ 在可行域内是一个自由点，即在各个方向上都可以作出移动得到新点，如图 3－13 所示，但一旦当设计点 $\boldsymbol{x}^{(k)}$处于一个起作用约束上时，它的移动就会受到

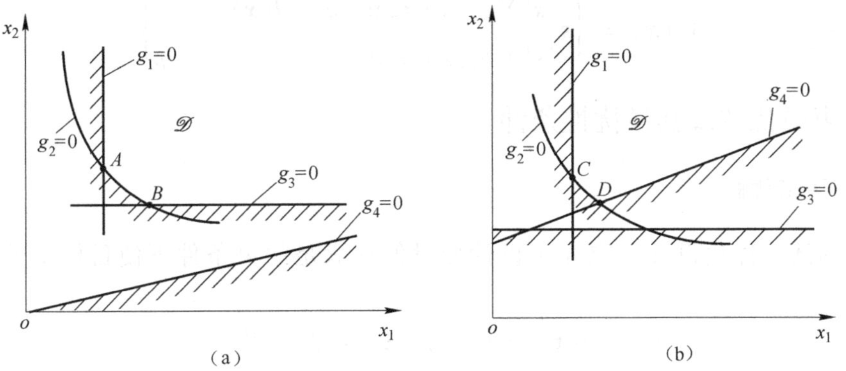

图 3－12 冗余约束

（a）g_4 为冗余；（b）g_3 为冗余

可行性的限制。此时 $\boldsymbol{x}^{(k)}$ 点的可行方向 $\boldsymbol{s}$ 必满足

$$\boldsymbol{s}^{\mathrm{T}} \nabla g_1(\boldsymbol{x}^{(k)}) \leqslant 0 \tag{3-24}$$

条件，因为要使新点（$\boldsymbol{x}^{(k+1)} = \boldsymbol{x}^{(k)} + \alpha\boldsymbol{s}$）在 $\mathscr{D}$ 内，必满足 $g_1(\boldsymbol{x}^{(k)} + \alpha\boldsymbol{s}) < 0$，由于

$$g_1(\boldsymbol{x}^{(k)} + \alpha\boldsymbol{s}) \approx g_1(\boldsymbol{x}^{(k)}) + \alpha\boldsymbol{s}^{\mathrm{T}} \nabla g_1(\boldsymbol{x}^{(k)}) < 0$$

其中 $g_1(\boldsymbol{x}^{(k)}) = 0$，且对于充分小的常数 $\alpha > 0$，故式（3－24）必定成立。此时，可行方向 $\boldsymbol{s}$ 与约束梯度向量 ∇g_1 的夹角大于 90°，如图 3－13 所示。

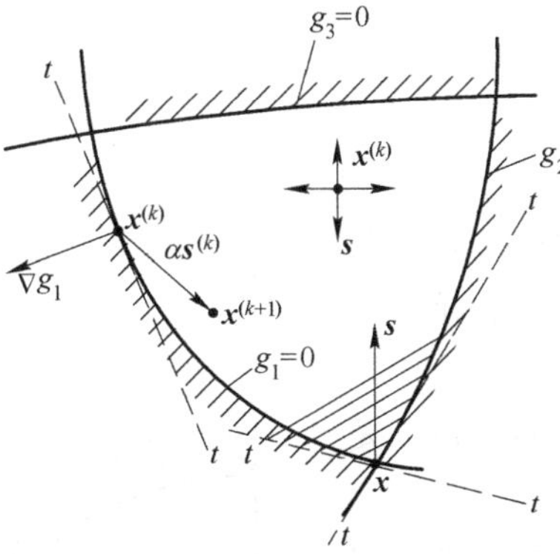

图 3－13 可行方向

式（3－24）的极限情况是取等号，这时有

$$\|\boldsymbol{s}\| \, \|\nabla g_1(\boldsymbol{x}^{(k)})\| \cos\langle \boldsymbol{s}, \nabla g_1 \rangle = 0$$

即可行方向 $\boldsymbol{s}$ 与该点的约束梯度向量 ∇g_1 垂直，也就是说，该点的可行方向就是该点约束面的切线方向 $t—t$。

当某个设计点同时有几个约束起作用时，如图 3－13 中的 $\boldsymbol{x}$ 点是约束 $g_1=0$ 和约束 $g_2=0$ 约束面的交点，其可行方向集合

$$V_1(\boldsymbol{x}) = \{\boldsymbol{s} \mid \boldsymbol{s}^{\mathrm{T}} \nabla g_u(\boldsymbol{x}) \leqslant 0 \quad u \in I(\boldsymbol{x})\} \tag{3-25}$$

即图中的阴影线内的任一方向都是可行方向。同理，当既有不等约束的起作用约束集合又有等式约束集合时，其 $\boldsymbol{x}$ 点的可行方向集合为：

$$V_1(\boldsymbol{x}) = \left\{ \boldsymbol{s} \left| \begin{array}{ll} \boldsymbol{s}^{\mathrm{T}} \nabla g_u(\boldsymbol{x}) \leqslant 0 & u \in I(\boldsymbol{x}) \\ \boldsymbol{s}^{\mathrm{T}} \nabla h_v(\boldsymbol{x}) = 0 & v = 1, 2, \cdots, p \end{array} \right. \right\} \tag{3-26}$$

3.3 约束最优解及其最优性条件

3.3.1 约束最优解

如前所述，优化设计是求 n 个设计变量值在满足约束条件下使目标函数值达到最小，即

$$\left. \begin{array}{ll} \min & f(\boldsymbol{x}) = f(\boldsymbol{x}^*) \quad \boldsymbol{x}^* \in \boldsymbol{X} \in R^n \\ \text{s. t.} & g_u(\boldsymbol{x}^*) \leqslant 0 \quad u = 1, 2, \cdots, m \\ & h_v(\boldsymbol{x}^*) = 0 \quad v = 1, 2, \cdots, p < n \end{array} \right\} \tag{3-27}$$

称 $\boldsymbol{x}^*$ 为最优点和 $f(\boldsymbol{x}^*)$ 为最优值。最优点和最优值即构成了一个**约束最优解**。

如果一组设计变量 x_1^*，x_2^*，…，x_n^* 仅使目标函数取最小值，而不受任何约束条件的限制，即

$$\min \quad f(\boldsymbol{x}) = f(\boldsymbol{x}^*) \quad \boldsymbol{x}^* \in \boldsymbol{X} \in R^n \tag{3-28}$$

则称 $\boldsymbol{x}^*$ 和 $f(\boldsymbol{x}^*)$ 为**无约束最优解**。

【例 3-5】 求下面问题的最优解：

$$\begin{array}{ll} \min & f(\boldsymbol{x}) = 60 - 10x_1 - 4x_2 + x_1^2 + x_2^2 - x_1x_2 \quad \boldsymbol{x} \in R^2 \\ \text{s. t.} & g_1(\boldsymbol{x}) = x_1^2 + x_2^2 - 25 \leqslant 0 \\ & g_2(\boldsymbol{x}) = -x_1 \leqslant 0 \\ & g_2(\boldsymbol{x}) = -x_2 \leqslant 0 \end{array}$$

解：如图 3-14 所示，其中 $\boldsymbol{x}^* = [4, 3]^{\mathrm{T}}$ 和 $f(\boldsymbol{x}^*) = 21$ 是约束最优解，是约束边界与目标函数等值线的切点；而 $\boldsymbol{x}^* = [8, 6]^{\mathrm{T}}$ 和 $f(\boldsymbol{x}^*) = 8$ 是无约束最优解，是目标函数等值线的中心。

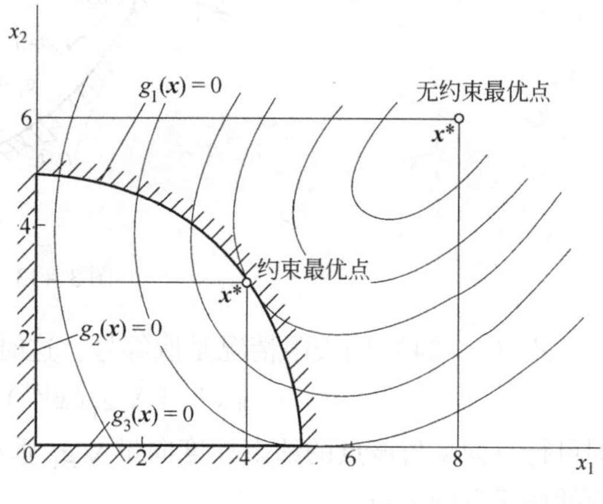

图 3-14 优化问题的最优解

值得注意的是，对于有约束的优化问题，其约束最优点一般都应该处于一个或几个起作用约束的约束面上。显然，起作用约束边界的变动，将改变最优点的位置或优化解的结果。当设计模型无一个约束起作用时，这就需要重新审查所建立的约束条件是否合理和全面。

3.3.2 局部最优点和全局最优点

在设计空间内，在讨论函数的最优点时，**邻域**和**邻域函数**是一个非常重要的概念。通常把在 $\boldsymbol{x}^{(k)}$ 点的邻域定义为以该点为中心的一个超球体，用 $N_\delta(\boldsymbol{x}^{(k)})$ 表示，函数的下降或

上升都是指在邻域 $N_\delta(\boldsymbol{x}^{(k)})$ 内对 $\boldsymbol{x}^{(k)}$ 点而言。邻域函数是指由 $\boldsymbol{x}^{(k)}$ 点产生新点 $\boldsymbol{x}^{(k+1)}$ 的一种构造规则，在常规的确定性算法中，构造邻域函数的最常用的是线性公式：

$$\boldsymbol{x}^{(k+1)} = \boldsymbol{x}^{(k)} + \alpha \boldsymbol{s}^{(k)} \tag{3-29}$$

式中，$\boldsymbol{s}^{(k)}$ 为**可行方向**（如下降方向、梯度方向或随机搜索方向等）；α 为**摄动参数**，或称为**步长因子**。

基于邻域的概念，就可以定义局部最优点和全域最优点：

设 $\boldsymbol{X}$ 为所有解的集合，$\mathscr{D}$ 为 $\boldsymbol{X}$ 上的可行域，$f(\boldsymbol{x})$ 为目标函数，若一切的 $\boldsymbol{x}^{(k+1)} \in (N_\delta(\boldsymbol{x}^{(k)}) \in \mathscr{D})$，满足 $f(\boldsymbol{x}^{(k+1)}) > f(\boldsymbol{x}^{(k)})$，则称 $\boldsymbol{x}^{(k)}$ 为该目标函数在 $\mathscr{D}$ 上的一个**局部最优点**；若一切的 $\boldsymbol{x}^{(k+1)} \in (\mathscr{D} \in \boldsymbol{X})$，满足 $f(\boldsymbol{x}^{(k+1)}) > f(\boldsymbol{x}^{(k)})$，则称 $\boldsymbol{x}^{(k)}$ 为 $\mathscr{D}$ 上的**全局最优点**。

对于一个优化设计问题，当目标函数是非凸函数或者约束集合是非凸集时，则有可能存在多个最优解。这些最优解都称为局部最优解，除非目标函数是凸函数且约束可行域是凸集。因此，只有当目标函数在约束可行域 $\mathscr{D}$ 内是单峰函数和约束集合 $\mathscr{D}$ 是凸集的，可以断定所计算得的局部最优解也就是问题的全域最优解。

3.3.3 无约束最优解的最优性条件

无约束优化设计问题最优解的最优性条件（或极值条件）可以参照一元函数的极值条件给出：若目标函数 $f(\boldsymbol{x})$ 处处存在一阶导数，则 $\boldsymbol{x}^*$ 为其极值点的必要条件是该点的一阶偏导数等于零，也就是该点的梯度等于零向量，即

$$\nabla f(\boldsymbol{x}^*) = 0 \tag{3-30}$$

仅满足此条件只表明该点是个驻点，尚不能肯定它是极值点，即使是极值点也还不能断定是极小点还是极大点，因而还必须给出它的充分条件。

设在 $\boldsymbol{x}^*$ 点邻域内存在连续的二阶偏导数，若 $\boldsymbol{x}^*$ 是目标函数 $f(\boldsymbol{x})$ 的一个极小点，必定 $\nabla f(\boldsymbol{x}^*)=0$，由式（3-15）有：

$$f(\boldsymbol{x}) - f(\boldsymbol{x}^*) = \frac{1}{2}[\boldsymbol{x} - \boldsymbol{x}^*]^{\mathrm{T}}\boldsymbol{H}(\boldsymbol{x}^*)[\boldsymbol{x} - \boldsymbol{x}^*]$$

而且 $f(\boldsymbol{x}) - f(\boldsymbol{x}^*) > 0$，因而若 x^* 点为极小点必满足

$$[\boldsymbol{x} - \boldsymbol{x}^*]^{\mathrm{T}}\boldsymbol{H}(\boldsymbol{x}^*)[\boldsymbol{x} - \boldsymbol{x}^*] > 0 \tag{3-31}$$

由线性代数知，此时 $\boldsymbol{x}^*$ 点的 Hessian 矩阵为正定。这样我们就得到了 $\boldsymbol{x}^*$ 为无约束极小点即最优点的充要条件：(1) $\nabla f(\boldsymbol{x}^*) = 0$；(2) Hessian 矩阵 $\boldsymbol{H}(\boldsymbol{x}^*)$ 是正定的。

Hessian 矩阵 $\boldsymbol{H}(\boldsymbol{x}^*)$ 是否为正定，可用它的各阶主子式

$$d_k(\boldsymbol{x}^*) = \det\begin{bmatrix} h_{11}(\boldsymbol{x}^*) & \cdots & h_{1k}(\boldsymbol{x}^*) \\ \vdots & & \vdots \\ h_{k1}(\boldsymbol{x}^*) & \cdots & h_{kk}(\boldsymbol{x}^*) \end{bmatrix} \tag{3-32}$$

式中

$$h_{ij}(\boldsymbol{x}^*) = \frac{\partial^2 f(\boldsymbol{x}^*)}{\partial x_i \partial x_j} \quad i, j = 1, 2, \cdots, k \tag{3-33}$$

来判定：若 $k=1, 2, \cdots, n$，均有 $d_k(\boldsymbol{x}^*) > 0$，则对一切非零向量 $\boldsymbol{z} = \boldsymbol{x} - \boldsymbol{x}^*$，二次型 $\boldsymbol{z}^{\mathrm{T}}\boldsymbol{H}(\boldsymbol{x}^*)\boldsymbol{z}$ 均大于零，从而 Hessian 矩阵 $\boldsymbol{H}(\boldsymbol{x}^*)$ 是正定矩阵，$\boldsymbol{x}^*$ 必为极小点。若对于有

$(-1)^k$ 的符号，即 $d_k(\boldsymbol{x}^*)$ 是交替的负值和正值，则对于一切非零向量 $\boldsymbol{z}$，二次型 $\boldsymbol{z}^{\mathrm{T}}\boldsymbol{H}(\boldsymbol{x}^*)\boldsymbol{z}$ 小于零，从而 Hessian 矩阵是负定矩阵，$\boldsymbol{x}^*$ 为极大点。否则，$\boldsymbol{H}(\boldsymbol{x}^*)$ 是不定矩阵，$\boldsymbol{x}^*$ 即为鞍点。

【例 3-6】 求函数 $\min f(\boldsymbol{x}) = x_1 + \dfrac{4\times10^6}{x_1x_2} + 250x_2$ 的无约束最优解。

解： 按最优解的必要条件

$$\frac{\partial f}{\partial x_1} = 1 - \frac{4\times10^6}{x_1^2x_2} = 0 \tag{a}$$

$$\frac{\partial f}{\partial x_2} = 250 - \frac{4\times10^6}{x_1x_2^2} = 0 \tag{b}$$

于是可得

$$x_1^2x_2 = 250x_1x_2^2，\ 即\ x_1 = 250x_2$$

代入式（b）可得 $x_2^* = 4$ 和 $x_1^* = 1000$，即为问题的稳定点。

用式（a）和式（b）可求得 $f(\boldsymbol{x})$ 的 Hessian 矩阵

$$\boldsymbol{H}(x_1x_2) = \frac{4\times10^6}{x_1^2x_2^2}\begin{bmatrix} \dfrac{2x_2}{x_1} & 1 \\ 1 & \dfrac{2x_1}{x_2} \end{bmatrix}$$

由于 $x_1>0$ 和 $x_2>0$，其 $\boldsymbol{H}(x_1, x_2)$ 为正定矩阵。因此 $\boldsymbol{x}^* = [1000, 4]^{\mathrm{T}}$ 是 $f(\boldsymbol{x})$ 函数的局部极小点，由于 Hessian 矩阵对于一切 $x_1>0$ 和 $x_2>0$ 均为正定，函数 $f(\boldsymbol{x})$ 是凸函数，所以 $\boldsymbol{x}^*$ 也是全域最小点，其 $f(\boldsymbol{x})$ 函数等线性的图形见图 3-15。

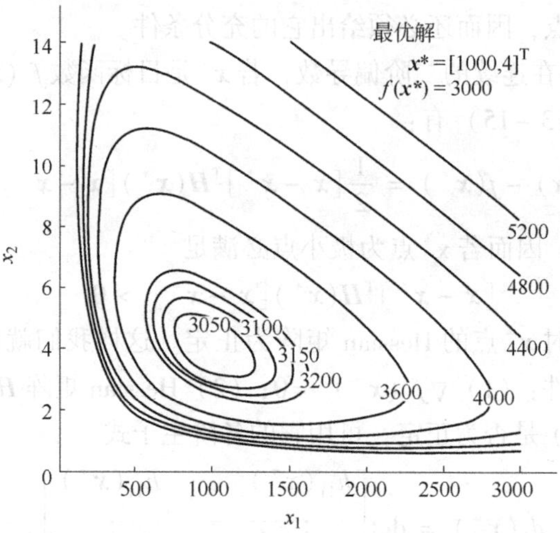

图 3-15 举例函数的等值线图

3.3.4 约束最优解的最优性条件

所谓约束最优解的最优性条件，是指在满足等式和不等式约束条件下，其目标函数值的最小点必须满足的条件，须注意的是，这只是对约束的局部最优解而言。

约束问题最优点可能出现两种情况：一种是最优点在可行域的内部，即最优点 $\boldsymbol{x}^*$ 是个内点，此时的所有约束均为不起作用，这就是说，目标函数无约束极小点也就是约束最优点；另一种情况是最优点在可行域的边界上，如图 3-14 所示，对于这种情况，其最优性条件不仅与目标函数有关，而且也与约束集合的性态有关，即该点既在起作用约束的约束面上，又是目标函数值的最小点。

如图 3-16（a）所示，对于一个求目标函数极小化问题，当沿某个可行方向向量 $\boldsymbol{s} \in V_1(\boldsymbol{x}^k)$ 作出微小的移动时，其目标函数的变化为：

$$f(\boldsymbol{x}^{(k)}+\alpha\boldsymbol{s}) \approx f(\boldsymbol{x}^{(k)})+\alpha\boldsymbol{s}^{\mathrm{T}}\nabla f(\boldsymbol{x}^{(k)})$$

对于充分小的 $\alpha>0$，若

$$\boldsymbol{s}^{\mathrm{T}}\nabla f(\boldsymbol{x}^{(k)}) = [f(\boldsymbol{x}^{(k)}+\alpha\boldsymbol{s})-f(\boldsymbol{x}^{(k)})]/\alpha < 0$$

成立，则 $\boldsymbol{x}^{(k)}$ 点就不是局部极小点，因为沿可行方向 $\boldsymbol{s}$ 上还存在着目标函数值更小的点。由此，对于 $\boldsymbol{x}^{(k)}$ 点的可行方向 $\boldsymbol{s}\in V_1(\boldsymbol{x}^{(k)})$，若满足 $\boldsymbol{s}^{\mathrm{T}}\nabla f(\boldsymbol{x}^{(k)})<0$ 的条件，则称该可行方向 $\boldsymbol{s}$ 为**目标函数下降可行方向**，并定义

$$\begin{aligned} V_2(\boldsymbol{x}^{(k)}) &= \{\boldsymbol{s} \mid \boldsymbol{s}^{\mathrm{T}}\nabla f(\boldsymbol{x}^{(k)})<0\} \\ &= \{\boldsymbol{s} \mid \boldsymbol{s}^{\mathrm{T}}[-\nabla f(\boldsymbol{x}^{(k)})]>0\} \end{aligned} \tag{3-34}$$

为 $\boldsymbol{x}^{(k)}$ 点的目标函数下降可行方向集合。

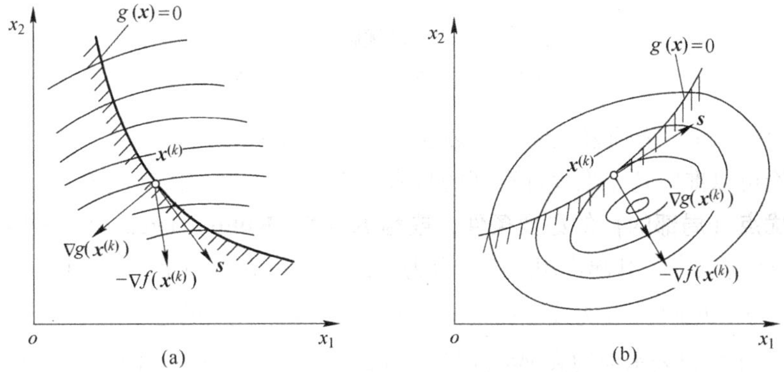

图 3-16 单约束条件极小点的必要条件

（a）$\boldsymbol{x}^{(k)}$ 不是约束最优点；（b）$\boldsymbol{x}^{(k)}$ 是约束最优点 $\boldsymbol{x}^*$

由上述可知，$\boldsymbol{x}^{(k)}$ 点成为约束最优点 $\boldsymbol{x}^*$ 的必要条件是：任何一个可行方向向量 $\boldsymbol{s}\in V_1(\boldsymbol{x}^{(*)})$，都不可能使条件 $\boldsymbol{s}^{\mathrm{T}}\nabla f(\boldsymbol{x}^{(k)})<0$ 成立。从设计空间的几何意义上来看这一点是很清楚的，例如图 3-16（a）所示，在 $\boldsymbol{x}^{(k)}$ 点存在一个可行方向向量 $\boldsymbol{s}$，使条件 $\boldsymbol{s}^{\mathrm{T}}\nabla f(\boldsymbol{x}^{(k)})<0$（或 $\boldsymbol{s}^{\mathrm{T}}[-\nabla f(\boldsymbol{x}^{(k)})]>0$）成立，$\boldsymbol{s}$ 就是一个目标函数下降可行方向，$\boldsymbol{x}^{(k)}$ 点就不可能是约束最优点。而对于图 3-16（b），在 $\boldsymbol{x}^{(k)}$ 点时，不存在一个可行方向向量 $\boldsymbol{s}$ 能使条件 $\boldsymbol{s}^{\mathrm{T}}\nabla f(\boldsymbol{x}^{(k)})<0$（或 $\boldsymbol{s}^{\mathrm{T}}[-\nabla f(\boldsymbol{x}^{(k)})]>0$）成立，因此，$\boldsymbol{x}^{(k)}$ 点是个局部最优点 $\boldsymbol{x}^*$，此点是目标函数等值线与约束边界的切点，故约束函数的梯度向量与目标函数的负梯度向量重合。因而其最优性条件又可以表示成

$$-\nabla f(\boldsymbol{x}^*) = \lambda\nabla g(\boldsymbol{x}^*),\ \lambda\geqslant 0$$

当$\boldsymbol{x}^{(k)}$点有两个起作用约束时，如图 3－17 所示，在该点处，约束函数的梯度$\nabla g_1(\boldsymbol{x}^{(k)})$和$\nabla g_2(\boldsymbol{x}^{(k)})$，除共线情况（即两向量线性相关）外，可以张成一个子空间（一个平面），而目标函数在该点的负梯度$-\nabla f(\boldsymbol{x}^{(k)})$可以在该子空间外（见图3－17a）或者在该子空间内（见图3－17b）。如果在该子空间外，则总存在一个可行方向向量$\boldsymbol{s}$，同时可以满足$\boldsymbol{s}^{\mathrm{T}}\nabla g_1(\boldsymbol{x}^{(k)})<0$，$\boldsymbol{s}^{\mathrm{T}}\nabla g_2(\boldsymbol{x}^{(k)})<0$和$\boldsymbol{s}^{\mathrm{T}}[-\nabla f(\boldsymbol{x}^{(k)})]>0$条件。如果在子空间内，则不存在这种可行方向向量，此时$\boldsymbol{x}^{(k)}$为约束最优点$\boldsymbol{x}^*$，并可以把目标函数的负梯度向量$-\nabla f(\boldsymbol{x}^*)$表示为两个线性无关的约束梯度向量$\nabla g_1(\boldsymbol{x}^*)$和$\nabla g_2(\boldsymbol{x}^*)$的线性组合，即

$$-\nabla f(\boldsymbol{x}^*)=\lambda_1\nabla g_1(\boldsymbol{x}^*)+\lambda_2\nabla g_2(\boldsymbol{x}^*) \tag{3-35}$$

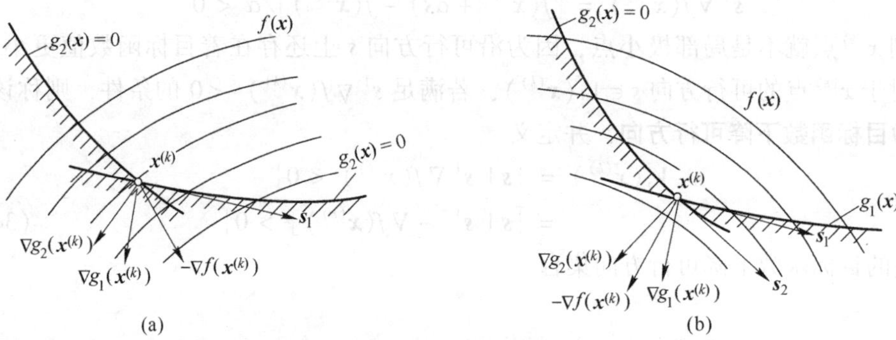

图 3－17 约束最优解的必要条件

（a）$\boldsymbol{x}^{(k)}$不是约束最优点；（b）$\boldsymbol{x}^{(k)}$是约束最优点$\boldsymbol{x}^*$

这就是说，当$\boldsymbol{x}^{(k)}$为约束最优点时必定是$\lambda_1>0$和$\lambda_2>0$。

这个结论可以推广到n维设计空间的具有m个不等式约束的问题上去，从而可以导出**检验约束最优点（局部的）的必要条件，或称 K－T（Kuhn－Tucker）条件：**

设某个设计点$\boldsymbol{x}^{(k)}$，其起作用约束集合为$I(\boldsymbol{x}^{(k)})=\{\boldsymbol{u}\mid g_u(\boldsymbol{x}^{(k)})=0,u=1,2,\cdots,m\}$，且$\nabla g_u(\boldsymbol{x}^{(k)})$，$\boldsymbol{u}\in I(\boldsymbol{x}^{(k)})$互为线性独立，则$\boldsymbol{x}^{(k)}$为约束最优点的必要条件是目标函数的负梯度向量$-\nabla f(\boldsymbol{x}^k)$可以表示为约束梯度向量$\nabla g_u(\boldsymbol{x}^{(k)})$，$\boldsymbol{u}\in I(\boldsymbol{x}^{(k)})$的线性组合，即

$$-\nabla f(\boldsymbol{x}^{(k)})=\sum_{u\in I(\boldsymbol{x}^{(k)})}\lambda_u\nabla g_u(\boldsymbol{x}^{(k)}) \tag{3-36}$$

或
$$-\frac{\partial f(\boldsymbol{x}^{(k)})}{\partial x_i}=\sum_{u\in I(\boldsymbol{x}^{(k)})}\lambda_u\frac{\partial g_u(\boldsymbol{x}^{(k)})}{\partial x_i},\ i=1,2,\cdots,n \tag{3-37}$$

且只有当 $\lambda_u>0,\ \nabla g_u(\boldsymbol{x}^{(*)})\quad \boldsymbol{u}\in I(\boldsymbol{x}^{(*)})$

即 K－T乘子λ_u为非负乘子时，$\boldsymbol{x}^{(k)}$才是约束最优点$\boldsymbol{x}^*$。

K－T条件的几何意义也可以用另一种方式来说明，如图 3－18 所示，$-\nabla g_1(\boldsymbol{x})$和$-\nabla g_2(\boldsymbol{x})$是两个线性无关的约束梯度向量，若$\boldsymbol{x}^*$是约束极小点，则其目标函数的梯度向量$\nabla f(\boldsymbol{x})$应在$-\nabla g_1(\boldsymbol{x})$和$-\nabla g_2(\boldsymbol{x})$两向量构成的扇形平面内，如图3－18（a）所示，如果存在多个起作用的约束时，则目标函数的梯度向量应在起作用约束条件的负梯度向量构成的凸锥内，如图3－18（b）所示。

需要特别强调的是，若$\boldsymbol{x}^{(k)}$是个约束最优点，只要各起作用约束的梯度向量是线性独

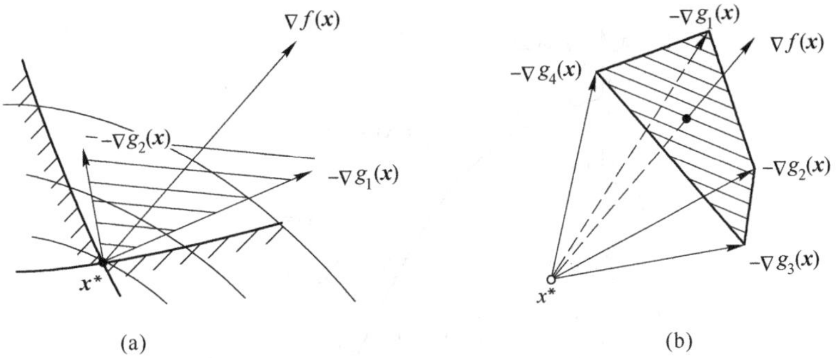

图 3-18 K-T 条件的几何意义

立的，它必定满足 K-T 条件；反之，满足这一条件的点，不一定是约束最优点。这就是说，K-T 条件只是约束最优点的必要条件。

由于式（3-36）可以看成是由有约束问题所定义的 Lagrange 函数

$$L(\boldsymbol{x},\lambda,\mu) = f(\boldsymbol{x}) + \sum_{u=1}^{m}\lambda_u g_u(\boldsymbol{x})$$

极值点的必要条件 $\nabla L(\boldsymbol{x},\lambda,\mu)=0$ 得出的，因而对于**有约束问题极小点 $\boldsymbol{x}^*$ 的充分条件**是

$$[\boldsymbol{x}-\boldsymbol{x}^*]^{\mathrm{T}}\nabla_x^2 L(\boldsymbol{x}^*,\lambda,\mu)[\boldsymbol{x}-\boldsymbol{x}^*] > 0 \tag{3-38}$$

即 Lagrange 函数的二阶偏导数矩阵，即 Hessian 矩阵 $\nabla_x^2 L(\boldsymbol{x}^*, \lambda, \mu)$ 是正定的。

对于仅有等式约束的优化设计问题，其约束最优解条件也可以类似地表示为 K-T 条件，即

$$-\nabla f(\boldsymbol{x}^*) = \sum_{v=1}^{p}\mu_v \nabla h_v(\boldsymbol{x}^*)$$

但是对乘子 μ_v 没有非负性的限制。这是因为我们可以把一个等式约束 $h_v(\boldsymbol{x})=0$ 写成两个不等式约束条件 $h_v(\boldsymbol{x})\leqslant 0$ 和 $-h_v(\boldsymbol{x})\leqslant 0$，从而可以得出 K-T 条件：

$$-\nabla f(\boldsymbol{x}^*) = \sum_{v=1}^{p}\mu_v^+ \nabla h_v(\boldsymbol{x}^*) - \sum_{v=1}^{p}\mu_v^- \nabla h_v(\boldsymbol{x}^*) = \sum_{v=1}^{p}\mu_v \nabla h_v(\boldsymbol{x}^*) \tag{3-39}$$

其中由于 $\mu_v^+>0$ 和 $\mu_v^->0$，所以对 $\mu_v=\mu_v^+-\mu_v^-$ $(v=1, 2, \cdots, n)$ 就不必限定其符号。

由此，可以很容易地得出具有等式和不等式约束问题最优点的一阶必要条件：

$$-\nabla f(\boldsymbol{x}^*) = \sum_{v=1}^{p}\mu_v \nabla h_v(\boldsymbol{x}^*) + \sum_{u\in I(\boldsymbol{x}^*)}\lambda_u \nabla g_u(\boldsymbol{x}^*) \tag{3-40}$$

下面来讨论两个算例。

【例 3-7】 试判断 $\boldsymbol{x}^{(k)} = [1,\ 0]^{\mathrm{T}}$ 是否为下面约束优化问题的最优点。

$$\begin{aligned}
\min\quad & f(x_1,x_2) = (x_1-2)^2 + x_2^2 \\
\text{s.t.}\quad & g_1(x_1,x_2) = -x_1 \leqslant 0 \\
& g_2(x_1,x_2) = -x_2 \leqslant 0 \\
& g_3(x_1,x_2) = -1 + x_1^2 + x_2 \leqslant 0
\end{aligned}$$

图 3-19 表示了问题的可行域 $\mathscr{D}$ 和目标函数 $f(x_1, x_2)$ 的一些等值线。

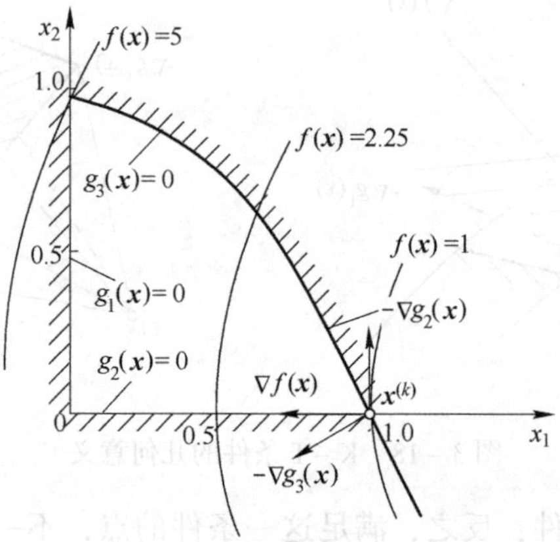

图 3 - 19 K - T 条件的应用

解： 在 $\boldsymbol{x}^{(k)}$ 点起作用约束为 $I\ (\boldsymbol{x}^{(k)})\ =\ \{2,\ 3\}$。在 $\boldsymbol{x}^{(k)}$ 点的各向量为：

$$\nabla f(\boldsymbol{x}^{(k)}) = [-2, 0]^{\mathrm{T}}, \nabla g_2(\boldsymbol{x}^{(k)}) = [0, -1]^{\mathrm{T}}, \nabla g_3(\boldsymbol{x}^{(k)}) = [2, 1]^{\mathrm{T}}$$

代入式（3 - 38）得：

$$\begin{bmatrix} 2 \\ 0 \end{bmatrix} = \lambda_2 \begin{bmatrix} 0 \\ -1 \end{bmatrix} + \lambda_3 \begin{bmatrix} +2 \\ +1 \end{bmatrix}$$

解得 $\lambda_2 = 1$ 和 $\lambda_3 = 1$，为非负乘子，满足 K - T 条件，因此，$\boldsymbol{x}^{(k)}$ 点为该问题的约束最优点 $\boldsymbol{x}^*$。

由于在 $\boldsymbol{x}^{(k)}$ 点起作用约束为 $g_2(\boldsymbol{x}^{(k)}) = g_3(\boldsymbol{x}^{(k)}) = 0$，而 $\lambda_2 = \lambda_3 = 1$，对非起作用约束 $\nabla g_1(\boldsymbol{x}^k) < 0$，$\lambda_1 = 0$，所以这些 λ 值满足下式：

$$\sum_{u=1}^{3} \lambda_u g_u(\boldsymbol{x}^{(k)}) = 0$$

【例 3 - 8】 试判断 $\boldsymbol{x}^{(k)} = [1,\ 0]^{\mathrm{T}}$ 是否为下面约束优化问题的最优点。

$$\begin{aligned} \min \quad & f(x_1, x_2) = (x_1 - 2)^2 + x_2^2 \\ \text{s. t.} \quad & g_1(x_1, x_2) = -x_1 \leqslant 0 \\ & g_2(x_1, x_2) = -x_2 \leqslant 0 \\ & g_3(x_1, x_2) = x_2 - (1 - x_1)^2 \leqslant 0 \end{aligned}$$

图 3 - 20 表示出这个问题的可行域 $\mathscr{D}$ 和函数 $f(x_1,\ x_2)$ 的等值线。

解： $\boldsymbol{x}^{(k)}$ 点的起作用约束集合为 $I\ (\boldsymbol{x}^{(k)})\ =\ \{2,\ 3\}$，且

$$\nabla f(\boldsymbol{x}^{(k)}) = [-2, 0]^{\mathrm{T}}, \nabla g_2(\boldsymbol{x}^{(k)}) = [0, -1]^{\mathrm{T}}, \nabla g_3(\boldsymbol{x}^{(k)}) = [0, 1]^{\mathrm{T}}$$

代入式（3 - 38）得：

$$\begin{bmatrix} 2 \\ 0 \end{bmatrix} = \lambda_2 \begin{bmatrix} 0 \\ -1 \end{bmatrix} + \lambda_3 \begin{bmatrix} 0 \\ 1 \end{bmatrix}$$

这个方程组无解，因为两个起作用约束的梯度向量是线性相关的，所以不存在满足式（3 - 38）的 λ_2 和 λ_3 值。虽然 $\boldsymbol{x}^{(k)}$ 点是该问题的约束最优点，但不满足 K - T 条件，因为起作用约束的梯度在 $\boldsymbol{x}^*$ 点不是线性独立的，即不符合“约束合格条件”。

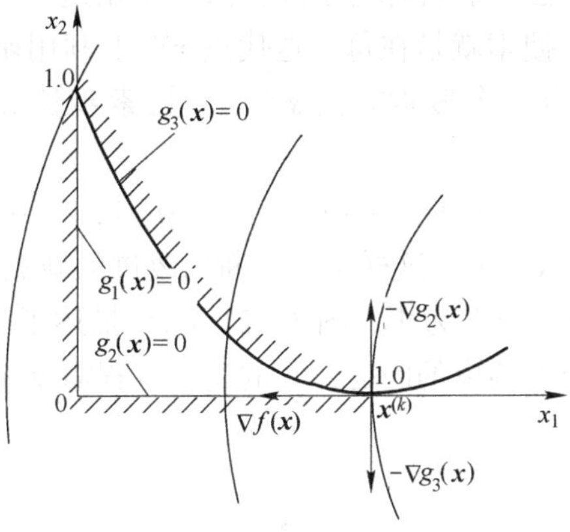

图 3－20 **K－T** 乘子存在条件

K－T 条件对于约束优化问题的重要性在于：

（1）可以通过这个条件检验设计点是否为约束最优点，因此它可以成为某些迭代算法的一种收敛条件；

（2）可以检验一种搜索方法是否合理，如果用某种迭代方法求得的最优点符合 K－T 条件，则该方法可以认为是可行的。

3.4 优化问题的数值计算方法及收敛条件

从理论上讲，似乎求极小点并不困难，但是由于优化问题数学模型中的函数常常是非线性的，所以采用解析求解的方法非常复杂，甚至无法在具体计算中得以应用。因此，随着电子计算机及其计算技术的发展，产生了另一种求最优解的方法——数值计算迭代法。

3.4.1 数值计算的迭代法

数值计算迭代法完全是依赖于计算机的数值计算特点产生的，它不是分析方法，而是具有一定逻辑结构并按一定迭代格式计算的一种方法，即是从一个初始点 $\boldsymbol{x}^{(0)}$ 出发，根据目标函数和约束函数在该点的某些信息，确定本次迭代计算的一个方向 $\boldsymbol{s}$ 和适当的步长因子 α，从而到达一个新点，即

$$\boldsymbol{x}^{(k+1)} = \boldsymbol{x}^{(k)} + \alpha^{(k)}\boldsymbol{s}^{(k)} \quad k = 0, 1, 2, \cdots \tag{3-41}$$

或

$$\begin{bmatrix} x_1^{(k+1)} \\ x_2^{(k+1)} \\ \vdots \\ x_n^{(k+1)} \end{bmatrix} = \begin{bmatrix} x_1^{(k)} \\ x_2^{(k)} \\ \vdots \\ x_n^{(k)} \end{bmatrix} + \alpha^{(k)} \begin{bmatrix} s_1^{(k)} \\ s_2^{(k)} \\ \vdots \\ s_n^{(k)} \end{bmatrix} \tag{3-42}$$

式中，$\boldsymbol{x}^{(k)}$ 为前一步已计算得到的迭代点（设计方案），在开始计算时，即为迭代初始点 $\boldsymbol{x}^{(0)}$；$\boldsymbol{x}^{(k+1)}$ 为新的迭代点；$\boldsymbol{s}^{(k)}$ 为第 k 次迭代计算的搜索方向（可以理解为本次修改设计的定向移动方向）；$\alpha^{(k)}$ 为第 k 次迭代计算的步长因子，是个标量值。

按照式（3－41）进行一系列迭代计算实现优化的基本思想是所谓的“爬山法”，就是将寻求函数极小点的过程比喻为向“山”的顶峰攀登的过程，始终保持向“高”的方向前进，直至达到“山顶”。当然，“山顶”可以理解为目标函数的极大值，也可以理解

为极小值，前者称为上升算法，后者称为下降算法。根据这一思想所构造优化算法的基本规则是**搜索**、**迭代**和**逼近**。搜索就是在每一迭代点 $\boldsymbol{x}^{(k)}$ 上利用函数在该点邻近局部性质的信息，按一定的原则来确定一个搜索方向 $\boldsymbol{s}^{(k+1)}$ 和搜索步长 α，迭代就是求新的迭代点 $\boldsymbol{x}^{(k+1)}$，即

$$\boldsymbol{x}^{(k+1)} = \boldsymbol{x}^{(k)} + \alpha \boldsymbol{s}^{(k)} \quad k = 0, 1, 2, \cdots \tag{3-43}$$

逼近就是要使 $f(\boldsymbol{x}^{(k+1)}) < f(\boldsymbol{x}^{(k)})$，这样反复不断用改进的新点替代旧点，直到 $\boldsymbol{x}^{(k+1)}$ 满足一定的收敛条件而逼近最优点 $\boldsymbol{x}^{(k)}$ 为止。图 3-21（a）描述了一个无约束极值问题求解的迭代和逼近过程。对于一个有约束的问题，它的迭代过程需要考虑约束条件的影响，如图 3-21（b）所示。

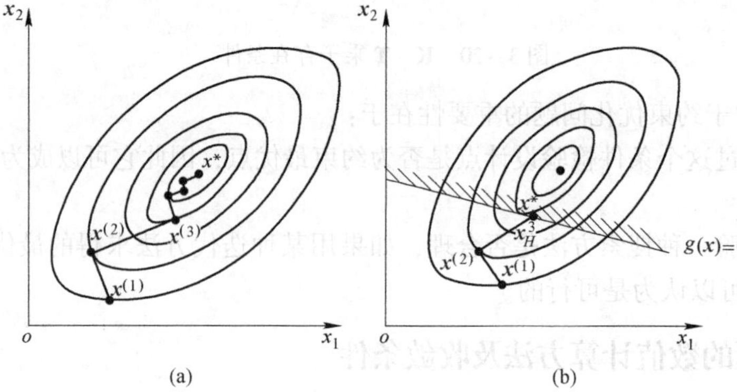

图 3-21 优化设计迭代解法的示意图
（a）求无约束最优点；（b）求约束最优点

各种优化计算方法的区别主要在于迭代过程中确定搜索方向 $\boldsymbol{s}^{(k)}$ 和步长的不同。若是下降（上升）算法则需确定目标函数值的下降（上升）搜索方向，且在每次搜索的方向确定以后，接着就需要确定沿此方向所前进的步长，这一步骤通常称为**一维搜索计算方法**。

从理论上说，每一种优化迭代计算方法都可以产生设计点的无穷序列 $\{\boldsymbol{x}^{(k)}, k=0, 1, 2, \cdots\}$，若当 $k\to\infty$ 时，$\boldsymbol{x}^{(k)}\to\boldsymbol{x}^*$，则认为该算法是收敛的，其**收敛性条件为**：

$$\lim_{k\to\infty}\boldsymbol{x}^{(k)} = \boldsymbol{x}^* \tag{3-44}$$

然而在实际计算中，完全没有必要进行无限次的计算，而只要达到一定计算精度就可以终止计算，所以收敛的必要和充分条件是：对于任意指定的很小实数 $\varepsilon > 0$，存在一个与 ε 有关而与 $\boldsymbol{x}$ 无关的自然数 N，使得当两自然数 m、$p > N$ 时，满足

$$\| \boldsymbol{x}^{(m)} - \boldsymbol{x}^{(p)} \| \leqslant \varepsilon \tag{3-45}$$

条件即收敛，这个条件叫做**点列收敛的柯西准则**。对于一个具有收敛性的问题，由于式（3-45）意味着

$$\left\{ \sum_{i=1}^{n} \left[x_i^{(m)} - x_i^{(p)} \right]^2 \right\}^{\frac{1}{2}} \leqslant \varepsilon \tag{3-46}$$

因此有：

$$|x_i^{(m)} - x_i^{(p)}| \leqslant \varepsilon_i = \frac{\varepsilon}{\sqrt{n}} \quad i = 1, 2, \cdots, n \tag{3-47}$$

这就是说迭代计算是否收敛，可以用各设计变量的变动量的大小来衡量。

3.4.2 无约束优化迭代计算的终止准则

数值迭代计算的终止准则，对于无约束问题求最优点与约束问题求最优点是完全不相同的，这是由它们的最优性条件完全不相同所决定的。

根据前面对无约束最优点的分析，可以采取以下几种迭代计算的终止准则：

(1) 根据前面分析可知，无约束极小点的必要条件为$\nabla f(\boldsymbol{x}^*) = 0$，因此当迭代点$\boldsymbol{x}^{(k)}$的目标函数梯度的模已达到充分小时，即

$$\| \nabla f(\boldsymbol{x}^{(k)}) \| \leqslant \varepsilon_1 \tag{3-48}$$

便可以认为已达到最优点，即令$\boldsymbol{x}^{(k)} \approx \boldsymbol{x}^*$。式中，$\| \cdot \|$为向量的模，若已知目标函数梯度向量的各个分量$\partial f(\boldsymbol{x}) / \partial x_i$（$i=1, 2, \cdots, n$）值，则

$$\| \nabla f(\boldsymbol{x}^{(k)}) \| = \sqrt{\sum_{i=1}^{n} \left(\frac{\partial f(\boldsymbol{x}^{(k)})}{\partial x_i} \right)^2} \tag{3-49}$$

(2) 根据式（3-46），可用相邻两设计点$\boldsymbol{x}^{(k)}$和$\boldsymbol{x}^{(k-1)}$的向量模或各分量的最大移动距离来控制，若

$$\| \boldsymbol{x}^{(k)} - \boldsymbol{x}^{(k-1)} \| = \| \alpha \boldsymbol{s}^{(k)} \| \leqslant \varepsilon_2 \tag{3-50}$$

或

$$\max_{1 \leqslant i \leqslant n} | x_i^{(k)} - x_i^{(k-1)} | \leqslant \varepsilon_3 \tag{3-51}$$

则可令$\boldsymbol{x}^{(k)} \approx \boldsymbol{x}^*$。

(3) 由目标函数最优点的局部性质可知，在$\boldsymbol{x}^*$点的邻域内，其函数值的变化是很小的，因此当目标函数值的下降量小于某一很小的数值，且$f(\boldsymbol{x}^{(k-1)}) \neq 0$时，取

$$\left| \frac{f(\boldsymbol{x}^{(k)}) - f(\boldsymbol{x}^{(k-1)})}{f(\boldsymbol{x}^{(k-1)})} \right| \leqslant \varepsilon_4 \tag{3-52}$$

亦可令$\boldsymbol{x}^{(k)} \approx \boldsymbol{x}^*$。

以上各式中的ε_1、ε_2、ε_3和ε_4分别表示不同意义的收敛精度值。这三种类型的终止准则都有一定的局限性。例如，仅用梯度信息则可能结束在鞍点上。若迭代计算的终止只依据$\boldsymbol{x}$的分量变化来决定，则遇到一个陡坡可能造成迭代过早结束，如图3-22（a）所示。若只依据目标函数的变化来决定终止时，则遇上目标函数等值线的平坦部分也会使计算过早结束，如图3-22（b）所示。因此，一般是将式（3-50）和式（3-52）联合使用。

3.4.3 约束优化迭代计算的终止准则

对于一个约束优化问题，恰当地判定迭代计算终止要比无约束优化问题复杂得多。正如前述，当迭代点$\boldsymbol{x}^{(k)}$为约束最优点$\boldsymbol{x}^*$时，该点必满足K-T条件：

$$\frac{\partial f(\boldsymbol{x}^*)}{\partial x_i} + \sum_{u \in I(\boldsymbol{x}^*)} \lambda_u \frac{\partial g_u(\boldsymbol{x}^*)}{\partial x_i} = 0 \quad i = 1, 2, \cdots, n \tag{3-53}$$

应用这个条件来检验$\boldsymbol{x}^{(k)}$点是否为约束最优点，需要解一组λ_u的线性方程组，如果所

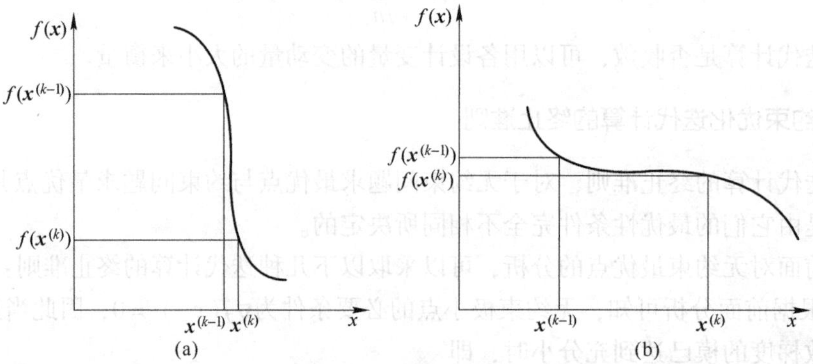

图 3－22 终止准则

（a）以设计变量的变化为依据；（b）以目标函数的变化为依据

解得的 λ_u 值都是非负的，则该点满足 K－T 条件，可以结束计算。但在实际计算中，考虑到起作用约束为 $g(\boldsymbol{x}^*)=0$ 的条件是不可实现的，因此须重新定义起作用约束：

设约束函数在都已经是归一化（即 $-1\leqslant g_u(\boldsymbol{x})\leqslant 0,\ u=1,2,\cdots,m$）的约束条件下，定义起作用约束集合为：

$$I(\boldsymbol{x}^{(k)})=\{\boldsymbol{u}\mid -10^{-5}\leqslant g_u(\boldsymbol{x}^{(k)})\leqslant 0\} \tag{3-54}$$

为了简化表达形式，令

$$b_i=-\frac{\partial f(\boldsymbol{x}^{(k)})}{\partial x_i},\ n_{iu}=\frac{\partial g_u(\boldsymbol{x}^{(k)})}{\partial x_i},u\in I(\boldsymbol{x}^{(k)})$$

或者用向量的形式表示：

$$\boldsymbol{B}=[b_1,b_2,\cdots,b_n]^{\mathrm{T}}=-\nabla f(\boldsymbol{x}^{(k)}) \tag{3-55}$$

$$\boldsymbol{A}_u=[n_{1u},n_{2u},\cdots,n_{nu}]^{\mathrm{T}}=-\nabla g_u(\boldsymbol{x}^{(k)}) \tag{3-56}$$

再用 $\boldsymbol{N}$ 表示 $n\times r$ 矩阵：

$$\boldsymbol{N}=[n_{iu}]=[\boldsymbol{A}_1,\boldsymbol{A}_2,\cdots,\boldsymbol{A}_r] \tag{3-57}$$

式中，r 为符合式（3－54）定义的起作用约束数。

于是式（3－53）可简化为：

$$\sum_{u=1}^{r}\lambda_u n_{iu}=b_i\quad i=1,2,\cdots,n \tag{3-58}$$

或者用矩阵的形式写成

$$\boldsymbol{N\lambda}=\boldsymbol{B} \tag{3-59}$$

式中，$\boldsymbol{\lambda}=[\lambda_1,\lambda_2,\cdots,\lambda_r]^{\mathrm{T}}$。

这样就得到了一个关于 r 个未知量 λ_u 的 n 个方程。在工程问题中，起作用约束的个数一般少于维数，于是由于 $r<n$，所以该方程组是超静定的，这样将可能有三种情况：（1）方程组（3－58）有唯一的解；（2）该方程组无解（即不存在满足所有这些方程的乘子 λ_u）；（3）方程组的解是不定的。其中（1）和（2）是正常预料中的结果，而（3）则是一种在起作用约束的梯度向量不完全独立时才会发生的情况。

下面说明求 λ_u 的方法。先对方程组（3－59）定义一个残差向量

$$\boldsymbol{R}=\boldsymbol{N}\boldsymbol{\lambda}-\boldsymbol{B} \tag{3-60}$$

然后再构成该向量长度的平方：

$$\begin{aligned}L(\boldsymbol{\lambda})&=\|\boldsymbol{R}\|^2=[\boldsymbol{N}\boldsymbol{\lambda}-\boldsymbol{B}]^{\mathrm{T}}[\boldsymbol{N}\boldsymbol{\lambda}-\boldsymbol{B}]\\&=\boldsymbol{\lambda}^{\mathrm{T}}\boldsymbol{N}^{\mathrm{T}}\boldsymbol{N}\boldsymbol{\lambda}-2\boldsymbol{\lambda}^{\mathrm{T}}\boldsymbol{N}^{\mathrm{T}}\boldsymbol{B}+\boldsymbol{B}^{\mathrm{T}}\boldsymbol{B}\end{aligned} \tag{3-61}$$

显然，以 $\boldsymbol{\lambda}$ 为变量的函数 $L(\boldsymbol{\lambda})$，其极值条件为 $\partial L/\partial\lambda_u=0(u=1,2,\cdots,r)$，或者表示为：

$$\nabla L(\boldsymbol{\lambda})=2\boldsymbol{N}^{\mathrm{T}}\boldsymbol{N}\boldsymbol{\lambda}-2\boldsymbol{N}^{\mathrm{T}}\boldsymbol{B}=0$$

式中，$\boldsymbol{N}^{\mathrm{T}}\boldsymbol{N}$ 为 $r\times r$ 阶矩阵，它的各个元素就是 $\boldsymbol{N}$ 中那些向量的点积 $\boldsymbol{A}_i^{\mathrm{T}}\boldsymbol{A}_j$，而当 $\boldsymbol{A}_j$ 是一组彼此线性独立的向量时，$\boldsymbol{N}^{\mathrm{T}}\boldsymbol{N}$ 就是非奇异矩阵。因此，只要这个条件成立，其 K－T 乘子 $\boldsymbol{\lambda}$ 就可以解得

$$\boldsymbol{\lambda}=(\boldsymbol{N}^{\mathrm{T}}\boldsymbol{N})^{-1}\boldsymbol{N}^{\mathrm{T}}\boldsymbol{B} \tag{3-62}$$

这样解得的 $\boldsymbol{\lambda}$ 值只是使残差函数 $L(\boldsymbol{\lambda})$ 达到最小值（不一定等于零），但若求得的 $\boldsymbol{\lambda}$ 各分量都是非负的，则表明已满足 K－T 条件，取 $\boldsymbol{x}^{(k)}\approx\boldsymbol{x}^*\in\mathscr{D}$。

但是，用上述方法来作为约束优化迭代计算的终止准则，在实际应用中还是有一些困难的。因为在计算中对起作用约束的要求较宽、计算数值的舍入误差以及计算 ∇g 和 ∇f 导数的近似误差，所以就不能精确地满足 K－T 条件。在这种情况下，也可以利用目标函数减小率的信息和迭代次数的信息来判断计算过程的是否终止。

习　题

3－1　试将优化问题

$$\begin{aligned}\min\quad & f(\boldsymbol{x})=x_1^2+x_2^2-4x_2+4\\ \text{s.t.}\quad & g_1(\boldsymbol{x})=x_1-x_2^2-1\geqslant 0\\ & g_2(\boldsymbol{x})=3-x_1\geqslant 0\\ & g_3(\boldsymbol{x})=x_2\geqslant 0\end{aligned}$$

的目标函数等值线和约束边界曲线勾画出来，并回答下列问题：

（1）$\boldsymbol{x}^{(1)}=[1,\ 1]^{\mathrm{T}}$ 是否为可行点？

（2）$\boldsymbol{x}^{(2)}=\left[\dfrac{5}{2},\ \dfrac{1}{2}\right]^{\mathrm{T}}$ 是否为内点？

（3）可行域是否凸集？用阴影线描绘出可行域的范围。

3－2　试求下列目标函数的无约束极值点，并判断它们是极小点、极大点还是鞍点。

（1）$f(\boldsymbol{x})=\dfrac{3}{2}x_1^2+\dfrac{1}{2}x_2^2-x_1x_2-2x_1$；

（2）$f(\boldsymbol{x})=x_1^2+x_1x_2+2x_2^2+4x_1+6x_2+10$；

（3）$f(\boldsymbol{x})=x_1^3-x_2^3+3x_1^2+3x_2^2-9x_1$；

（4）$f(\boldsymbol{x})=x_1^4-2x_1^2x_2+x_2^2+x_1^2-2x_1+5$。

3－3　有约束最优化问题

$$\begin{aligned}
\min\quad & f(\boldsymbol{x}) = x_1^2 x_2 \\
\text{s. t.}\quad & g_1(\boldsymbol{x}) = 10 - x_1 \geqslant 0 \\
& g_2(\boldsymbol{x}) = x_2 - 5 \geqslant 0 \\
& g_3(\boldsymbol{x}) = 10 - x_2 \geqslant 0 \\
& g_4(\boldsymbol{x}) = x_1^3 - 10x_2 \geqslant 0 \\
& g_5(\boldsymbol{x}) = x_1^3 - 6.25 \geqslant 0 \\
& g_6(\boldsymbol{x}) = x_1^4 - 0.34x_2^3 \geqslant 0
\end{aligned}$$

试用 K－T 条件判断下列各点是否为约束最优点，并画图加以验证。

(1) $A\ (3.584,\ 5)$；

(2) $B\ (10,\ 5)$；

(3) $C\ (10,\ 10)$。

3－4 现已获得约束优化问题

$$\begin{aligned}
\min\quad & f(\boldsymbol{x}) = 4x_1 - x_2^2 - 12 \\
\text{s. t.}\quad & g_1(\boldsymbol{x}) = 25 - x_1^2 - x_2^2 \geqslant 0 \\
& g_2(\boldsymbol{x}) = 10x_1 - x_1^2 + 10x_2 - x_2^2 - 34 \geqslant 0 \\
& g_3(\boldsymbol{x}) = (x_1 - 3)^2 + (x_2 - 1)^2 \geqslant 0 \\
& g_4(\boldsymbol{x}) = x_1 \geqslant 0 \\
& g_5(\boldsymbol{x}) = x_2 \geqslant 0
\end{aligned}$$

的一个点 $\boldsymbol{x} = [1.000,\ 4.900]^{\mathrm{T}}$，试判定该点是否为上述问题的最优点。

4 无约束优化计算方法

4.1 引言

无约束优化计算方法是优化设计中的最基本方法。至今已有不少专著对无约束最优化计算方法作了详细的介绍。

无约束优化问题的一般形式为：

$$\min f(\boldsymbol{x}) \quad \boldsymbol{x} \in R^n \tag{4-1}$$

求其最优解 $\boldsymbol{x}^*$ 和 $f(\boldsymbol{x}^*)$ 的方法，称为**无约束优化计算方法**。这种方法可以分为两大类：一类是在求最优解时只需计算目标函数值，而不必去求函数的偏导数的方法，即不用导数信息的方法，所谓**非梯度算法**，如随机搜索法、坐标轮换法、Powell 法、模式搜索法和单纯形法等；另一类是在求最优解时要计算目标函数的一阶导数甚至二阶导数的方法，即使用导数信息的方法，所谓**梯度算法**，见表 4－1。一般是后一类算法要比前一类算法的计算效率高，求解问题的维数亦可以高一些。这两类计算方法的特点都是一种迭代算法，它们区别是：(1) 在 $\boldsymbol{x}^{(k)}$ 点邻域内产生新点 $\boldsymbol{x}^{(k+1)}$ 的函数构造方法不同；(2) 检验 $\boldsymbol{x}^{(k+1)}$ 点是否满足最优性条件的方法有所不同。

表 4－1 无约束多维优化计算方法分类表

分 类	优化计算方法	计 算	特点与应用
不用导数信息的方法	坐标轮换法	在迭代过程中，只需计算目标函数值，不必对函数进行导数计算	计算稳定，可靠性好，编程容易；收敛速度缓慢；可应用于中小规模的优化计算问题
	Hooke－Jeeves 模式搜索法		
	随机搜索法		
	Rosenbrock 旋转坐标法		
	单纯形法		
	Powell 共轭方向法		
使用导数信息的方法	梯度法	需要计算目标函数的一阶和二阶导数	收敛速度较快；当用差分法求近似的导数值时，存在误差干扰，计算的可靠性和稳定性较差；可应用于各类优化计算问题
	共轭梯度法		
	牛顿法和拟牛顿法		
	变尺度法		

4.2 单变量优化计算方法

根据式 (3－41)，对于任一次迭代计算，总是希望从已知的点 $\boldsymbol{x}^{(k)}$ 出发，沿给定的方向 $\boldsymbol{s}^{(k)}$ 搜索到目标函数极小值点 $\boldsymbol{x}^{(k+1)}$，即求参数 α 的一个最优步长因子 $\alpha^{(k)}$ 使

$$f(\boldsymbol{x}^{(k+1)}) = \min_{\alpha} f(\boldsymbol{x}^{(k)} + \alpha \boldsymbol{s}^{(k)}) \tag{4-2}$$

如图4－1所示，在确定搜索方向 $\boldsymbol{s}^{(k)}$ 后，无论 α 取什么值，新点 $\boldsymbol{x}^{(k+1)}$ 总是位于 $\boldsymbol{x}^{(k)}$ 点的 $\boldsymbol{s}^{(k)}$ 方向上。这种求优化步长因子 $\alpha^{(k)}$ 使 $f(\boldsymbol{x}^{(k)}+\alpha\boldsymbol{s}^{(k)})$ 沿给定方向达到极小值的过程叫做一维优化搜索，$\alpha^{(k)}$ 称为一维搜索的最优步长因子，求 $\alpha^{(k)}$ 值的方法称为**单变量优化计算方法或一维搜索优化计算方法**。

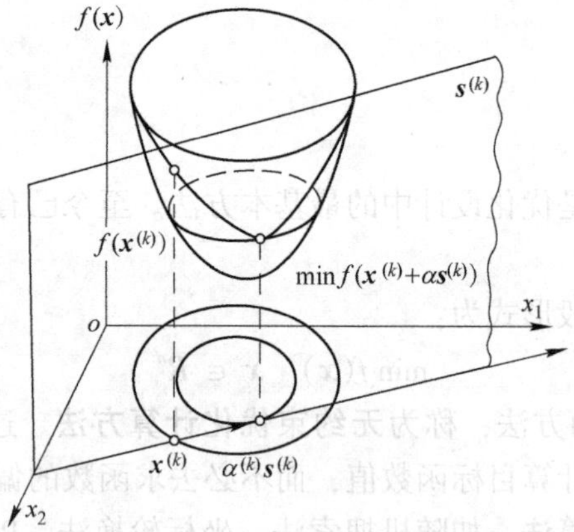

图4－1 一维搜索示意图

当目标函数可以精确求导时，其最优步长因子 $\alpha^{(k)}$ 可以用解析法求得。若把函数 $f(\boldsymbol{x}^{(k)}+\alpha\boldsymbol{s}^{(k)})$ 沿 $\boldsymbol{s}^{(k)}$ 方向展成Taylor展开式，并取到二次项，则有：

$$f(\boldsymbol{x}^{(k)}+\alpha\boldsymbol{s}^{(k)})\approx f(\boldsymbol{x}^{(k)})+[\nabla f(\boldsymbol{x}^{(k)})]^{\mathrm{T}}\alpha\boldsymbol{s}^{(k)}+\frac{1}{2}\alpha^{2}[\boldsymbol{s}^{(k)}]^{\mathrm{T}}H(\boldsymbol{x}^{(k)})\boldsymbol{s}^{(k)}$$

对 α 求导数并令其等于零，得：

$$\frac{\mathrm{d}}{\mathrm{d}\alpha}f(\boldsymbol{x}^{(k)}+\alpha\boldsymbol{s}^{(k)})=[\nabla f(\boldsymbol{x}^{(k)})]^{\mathrm{T}}\boldsymbol{s}^{(k)}+\alpha[\boldsymbol{s}^{(k)}]^{\mathrm{T}}H(\boldsymbol{x}^{(k)})\boldsymbol{s}^{(k)}=0$$

所以，最优步长因子为：

$$\alpha^{(k)}=-\frac{[\nabla f(\boldsymbol{x}^{(k)})]^{\mathrm{T}}\boldsymbol{s}^{(k)}}{[\boldsymbol{s}^{(k)}]^{\mathrm{T}}H(\boldsymbol{x}^{(k)})\boldsymbol{s}^{(k)}} \tag{4-3}$$

在工程优化计算中，这种求最优步长的方法并不适用，因为需要用到函数的一阶和二阶导数，所以都是采用数值迭代的一维搜索计算方法来求 $\alpha^{(k)}$。

一维搜索的方法很多，一般可分两类：一类称为**试探逼近法**，是通过一系列的试探点来逐步逼近极小点，如黄金分割法（0.618法）、分数法（Fibonacci法）等；另一类称为**函数逼近法**，是用拟合出较简单的函数曲线，通过求它的极小点逐步逼近原函数的极小点，如二次插值法、三次插值法等。这些方法各有特点。在这里将介绍应用较普遍的黄金分割法和二次插值法。

一维搜索优化计算方法，一般**分两步进行**。第一步是在 $\boldsymbol{s}^{(k)}$ 方向上确定函数值最小点的所在区间；第二步是求出该区间内得到最优点的步长因子 $\alpha^{(k)}$。

4.2.1 搜索区间的确定

所谓搜索区间就是沿 $\boldsymbol{s}^{(k)}$ 方向确定出函数的单峰区间 $[\alpha_1,\alpha_3]$，即在该区间内的函数变化只有一个峰值，如图4－2所示。它具有如下性质，若在 $[\alpha_1,\alpha_3]$ 区间内另取一点 α_2，

即

$$\alpha_1 < \alpha_2 < \alpha_3 \text{ 或 } \alpha_1 > \alpha_2 > \alpha_3$$

则下面关系必成立：

$$f(\alpha_1) > f(\alpha_2) < f(\alpha_3)$$

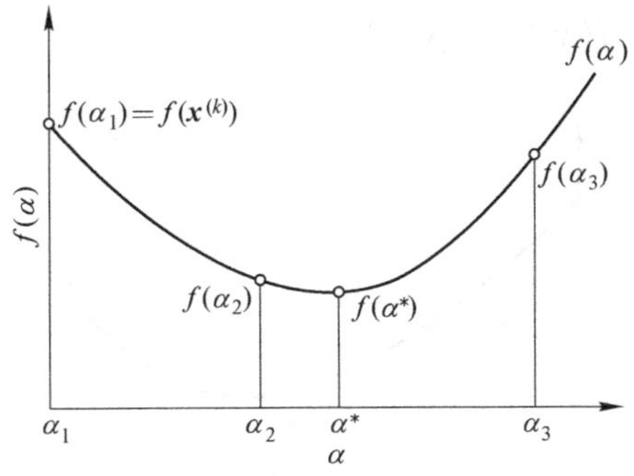

图 4-2 单峰函数

在一维搜索中为了确定 α^* 所在的区间 $[\alpha_1,\alpha_3]$，如图 4-3 所示，首先可以将初始迭代点 $\boldsymbol{x}^{(k)}$ 和 $f(\boldsymbol{x}^{(k)})$ 定为搜索区间的左端点 $\alpha_1=t_1$（此时取 $t_1=0$）及其函数值 $f(t_1)=f(\alpha_1)=f(\boldsymbol{x}^{(k)})$。然后用一个试探步长 t_0（一般取 $t_0=0.01$）沿 $\boldsymbol{s}$ 方向移动一步 $t_2=\alpha_1+t_0$ 并计算该点的函数值 $f(t_2)=f(\boldsymbol{x}^{(k)}+t_2\boldsymbol{s}^{(k)})$，若 $f(\alpha_1)>f(t_2)$ 则继续增大步长 $t_0 \Leftarrow 2t_0$，再计算其函数值 $f(t_2)$，然后再与前一步点的函数值进行比较，直到相邻两点的函数值满足 $f(t_{i-1})<f(t_i)$ 条件时为止，即形成了“高—低—高”的一维函数曲线。最后一点就定为搜索区间的右端点 $\alpha_3=\alpha_1+t_i$，其函数值为 $f(\alpha_3)=f(t_i)=f(\boldsymbol{x}^{(k)}+t_i\boldsymbol{s}^{(k)})$；前一点定为中间点 α_2，即 $\alpha_2=\alpha_1+t_{i-1}$，其值为 $f(\alpha_2)=f(t_{i-1})=f(\boldsymbol{x}^{(k)}+t_{i-1}\boldsymbol{s}^{(k)})$，满足 $\alpha_1<\alpha_2<\alpha_3$ 和 $f(\alpha_1)>f(\alpha_2)<f(\alpha_3)$。反之，若 $f(\alpha_1)<f(t_2)$，则将步长值 t_0 改为 $-t_0$，即取移动步长 $t_2=\alpha_1+t_0$，继续计算，直到 $f(t_{i-1})<f(t_i)$ 为止，也可得到“高—低—高”的一维函数曲线。此时将左端点值定为终止点 $\alpha_3=\alpha_1+t_i$，而右端点值定为起始点 α_1，中间点定为 $\alpha_2=\alpha_1+t_{i-1}$，亦满足 $\alpha_1>\alpha_2>\alpha_3$，$f(\alpha_1)>f(\alpha_2)<f(\alpha_3)$。

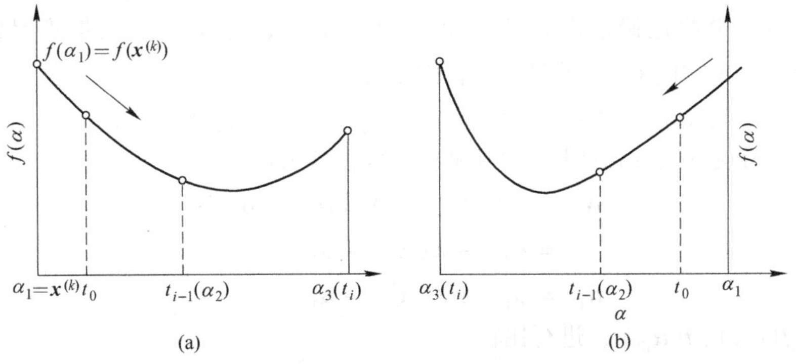

图 4-3 搜索区间的确定

(a) 正向搜索；(b) 反向搜索

为了提高计算速度，通常把 α^* 所在的区间缩短。这时可将 α_1 点向前移动，如图 4-4 所示，若初始点为 t_1，向右（或向左）移一步为 t_2，由 t_2 再向右（或向左）移一步为 t_3，如果 $f(t_3) < f(t_2)$，则将原来的 t_1、t_2、t_3 点向右（或向左）移动一下，即：以 t_2 为 t_1，t_3 为 t_2，将延长求得的新点称为 t_3，若求得 $f(t_3) < f(t_2)$，则重复上面的步骤，直到求得的 $f(t_3) > f(t_2)$ 时为止。这时，其 $\alpha_1 = t_1$，$\alpha_2 = t_2$，$\alpha_3 = t_3$，$f(t_1) = f(\boldsymbol{x}^{(k)} + t_1\boldsymbol{s}^{(k)})$，$f(t_2) = f(\boldsymbol{x}^{(k)} + t_2\boldsymbol{s}^{(k)})$，$f(t_3) = f(\boldsymbol{x}^{(k)} + t_3\boldsymbol{s}^{(k)})$。

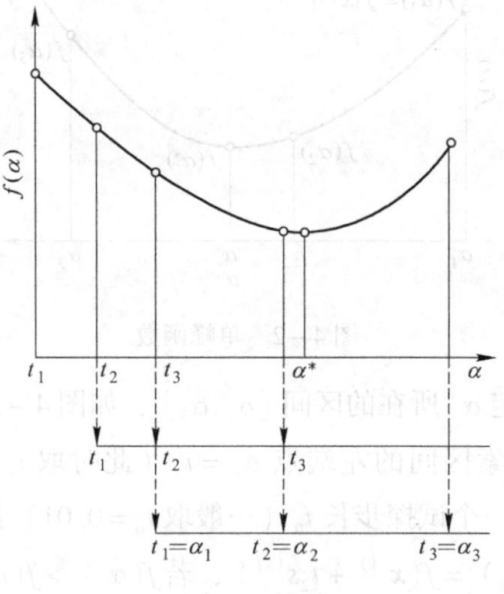

图 4-4 外推法确定搜索区间

上述这种确定搜索区间的方法称为**外推法**，其计算程序框图如图 4-5 所示。

需要说明的是，对于如图 4-2 所示的单峰区间内，函数可以有不可微点，也可以是不连续，但在所确定的搜索区间内必定要含有一个最优点 α^*，且处处可计算出函数值。

4.2.2 黄金分割法

在搜索区间 $[\alpha_1, \alpha_3]$ 已经确定的情况下，可用黄金分割法求最优步长因子 α^*。**黄金分割法又称 0.618 法**，它是一种等比例缩短区间的直接搜索方法。

由于在一维搜索中，$\boldsymbol{x}^{(k)}$ 与 $\boldsymbol{s}^{(k)}$ 均为已知，因此目标函数是 α 的一元函数，即 $f(\boldsymbol{x}^{(k)} + \alpha\boldsymbol{s}^{(k)}) = f(\alpha)$，并将已确定出 α^* 所在的区间 $[\alpha_1, \alpha_3]$，在第一次搜索时定为 $[\alpha_1^{(1)}, \alpha_3^{(1)}]$，现求在给定方向 $\boldsymbol{s}^{(k)}$ 上的最优步长因子 α^*。

首先在 $[\alpha_1^{(1)}, \alpha_3^{(1)}]$ 区间内取两个 α 值 α_{11}，α_{12}，且满足 $\alpha_1^{(1)} < \alpha_{11} < \alpha_{12} < \alpha_3^{(1)}$，并按一个公比 $\lambda(0 < \lambda < 1)$ 缩小，则其坐标点的位置为：

$$\begin{aligned}\alpha_{11} &= \alpha_1^{(1)} + (1-\lambda)(\alpha_3^{(1)} - \alpha_1^{(1)}) \\ &= \alpha_3^{(1)} - \lambda(\alpha_3^{(1)} - \alpha_1^{(1)})\end{aligned} \tag{4-4}$$

$$\alpha_{12} = \alpha_1^{(1)} + \lambda(\alpha_3^{(1)} - \alpha_1^{(1)}) \tag{4-5}$$

计算函数值 $f(\alpha_{11})$、$f(\alpha_{12})$，进行比较：

若 $f(\alpha_{11}) < f(\alpha_{12})$，则 $\alpha^* \in [\alpha_1^{(1)}, \alpha_{12}]$，舍去区间 $[\alpha_{12}, \alpha_3^{(1)}]$，如图 4-6 所示。

若 $f(\alpha_{11}) > f(\alpha_{12})$，则 $\alpha^* \in [\alpha_{11}, \alpha_3^{(1)}]$，舍去区间 $[\alpha_1^{(1)}, \alpha_{11}]$。

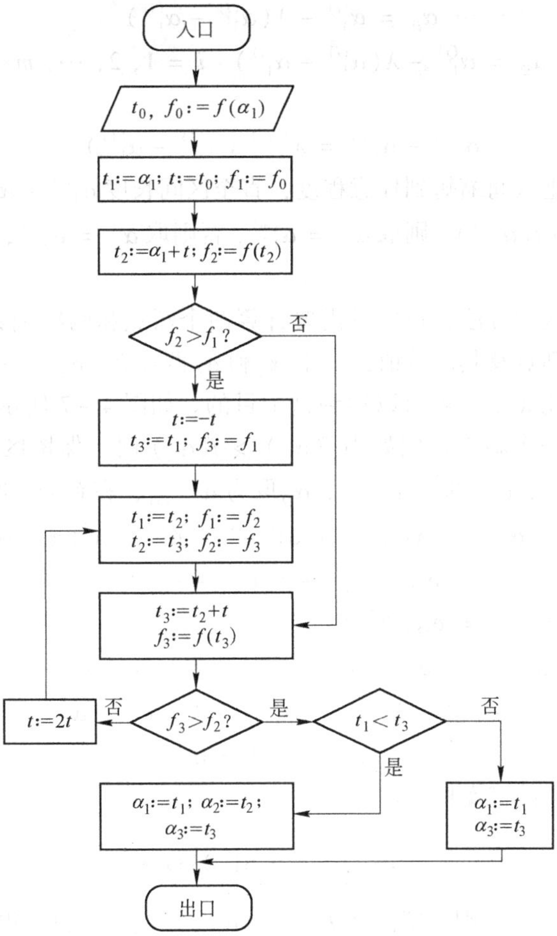

图 4-5 确定搜索区间的程序框图

若$f(\alpha_{11}) \approx f(\alpha_{12})$，则 $\alpha^* \in [\alpha_{11}, \alpha_{12}]$，舍去两端。

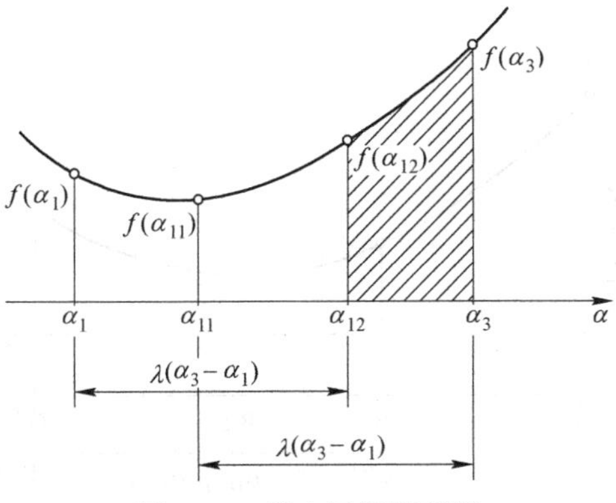

图 4-6 消去区间原理图

再用$[\alpha_1^{(2)},\alpha_3^{(2)}]$表示这个缩小了的$\alpha^*$所在的区间，此时$\alpha_3^{(2)}-\alpha_1^{(2)}=\lambda(\alpha_3^{(1)}-\alpha_1^{(1)})$。在$[\alpha_1^{(2)}, \alpha_3^{(2)}]$内又按公比取两点$\alpha_{21}$、$\alpha_{22}$，并通过比较函数值的方法再舍去一部分，又进一步缩小α^*所在的区间，如此继续下去，其一般公式为：

$$\alpha_{i1} = \alpha_3^{(i)} - \lambda(\alpha_3^{(i)} - \alpha_1^{(i)}) \tag{4-6}$$

$$\alpha_{i2} = \alpha_1^{(i)} - \lambda(\alpha_3^{(i)} - \alpha_1^{(i)}) \quad i = 1, 2, \cdots, m \tag{4-7}$$

故最后区间缩短为：

$$\alpha_3^{(m)} - \alpha_1^{(m)} = \lambda^{(m-1)}(\alpha_3^{(1)} - \alpha_1^{(1)}) \tag{4-8}$$

用这种方法可以把区间缩短到任意程度，直至区间长度 $\alpha_3^{(m)} - \alpha_1^{(m)} \leqslant \varepsilon$ 时，即可以结束计算。若 $f(\alpha_3^{(m)}) > f(\alpha_1^{(m)})$，则取 $\alpha^* = \alpha_1^{(m)}$，否则取 $\alpha^* = \alpha_3^{(m)}$，或者取 $\alpha^* = (\alpha_1^{(m)} + \alpha_3^{(m)})/2$。

按上述序列消去区间方法，每次都需要计算两个新点和两次函数值。为了提高效率，希望每次只计算一个新点及其函数值，由于 α_{i1} 和 α_{i2} 两点在 $[\alpha_1^{(i)}, \alpha_3^{(i)}]$ 区间内是对称的，因此只要合理确定公比 λ 值，就可以达到这个目的。如图 4－7 所示，希望将前一次计算的三个点留下，再找一个新点，例如当 $f(\alpha_{i1}) > f(\alpha_{i2})$ 时，保留区间为 $[\alpha_{i1}, \alpha_3^{(i)}]$。为此，应将 α_{i1} 取为 $\alpha_1^{(i+1)}$，$\alpha_3^{(i)}$ 取为 $\alpha_3^{(i+1)}$，α_{i2} 取为 $\alpha_{(i+1)1}$，在新的区间 $[\alpha_1^{(i+1)}, \alpha_3^{(i+1)}]$ 中

$$\alpha_{(i+1)1} = \alpha_3^{(i+1)} - \lambda(\alpha_3^{(i+1)} - \alpha_1^{(i+1)}) = \alpha_3^{(i)} - \lambda^2(\alpha_3^{(i)} - \alpha_1^{(i)})$$

又

$$\alpha_{i2} = \alpha_1^{(i)} + \lambda(\alpha_3^{(i)} - \alpha_1^{(i)})$$

因 α_{i2} 取 $\alpha_{(i+1)1}$，即令 $\alpha_{(i+1)1} = \alpha_{i2}$，所以

$$\alpha_3^{(i)} - \lambda^2(\alpha_3^{(i)} - \alpha_1^{(i)}) = \alpha_1^{(i)} + \lambda(\alpha_3^{(i)} - \alpha_1^{(i)})$$

或

$$(\alpha_3^{(i)} - \alpha_1^{(i)}) - \lambda(\alpha_3^{(i)} - \alpha_1^{(i)}) - \lambda^2(\alpha_3^{(i)} - \alpha_1^{(i)}) = 0$$

最后得：

$$\lambda^2 + \lambda - 1 = 0$$

用二次式求根，它的正实根为：

$$\lambda = \frac{\sqrt{5}-1}{2} = 0.618033988$$

当 $f(\alpha_{i1}) < f(\alpha_{i2})$ 时，则保留区间为 $[\alpha_1^{(i)}, \alpha_{i2}]$。同理，也可得出相同的结果。

因此，只要使公比 λ 值取为 0.618，就可以使前一次计算的点和函数值留给下次使用，而每次缩小区间后只要计算一个新点。这种用公比 $\lambda = 0.618$ 等速缩小区间找最优步长因子 α^* 的方法，称为 0.618 法。

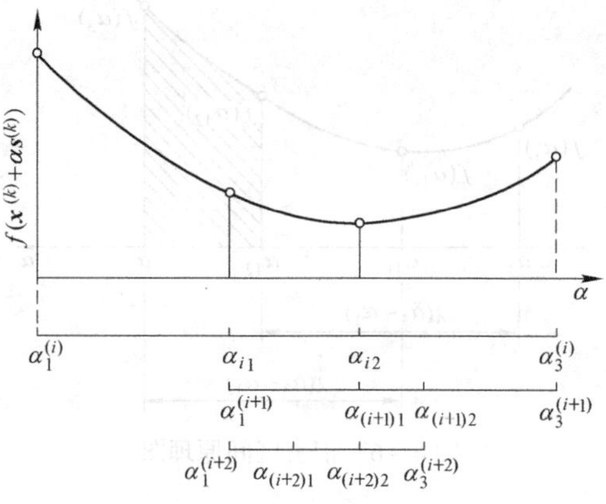

图 4－7　0.618 分割法

0.618 法的计算程序框图如图 4－8 所示。

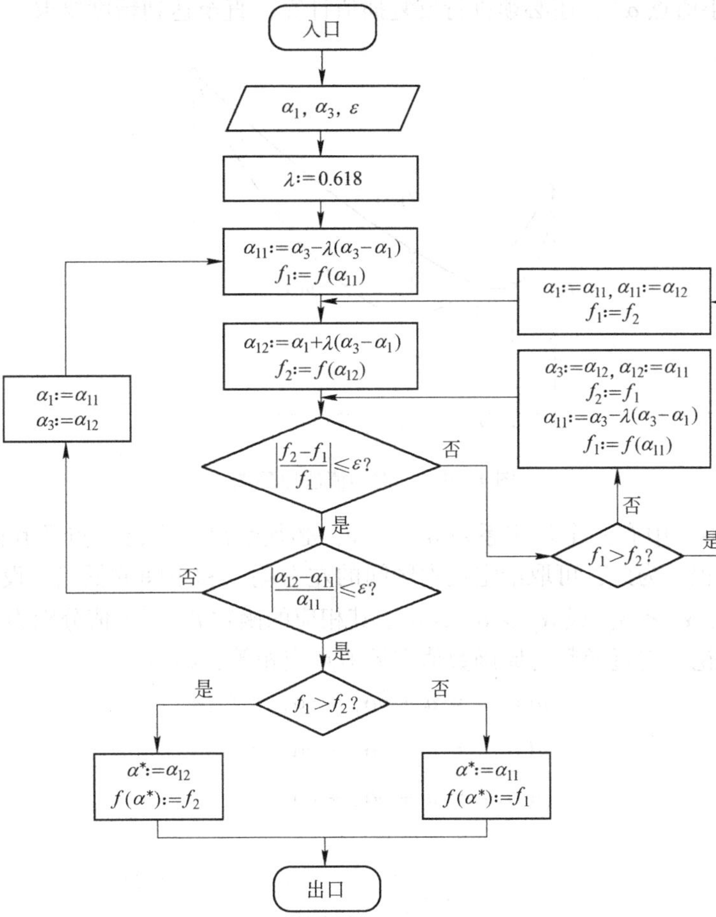

图 4－8 0.618 法程序框图

4.2.3 二次插值法

二次插值法的基本思想是利用 3 点的函数值来构造一个二次插值多项式 $p(\alpha)$，以近似地表达原目标函数 $f(\boldsymbol{x}^{(k)}+\alpha\boldsymbol{s}^{(k)})$，并求这个多项式的极值点（极小）作为原函数极小点的一个近似值。现将此法介绍如下。

由于在一维搜索中，$\boldsymbol{x}^{(k)}$ 与 $\boldsymbol{s}^{(k)}$ 均为已知，因此目标函数是 α 的一元函数，即

$$f(\boldsymbol{x}^{(k+1)})=f(\boldsymbol{x}^{(k)}+\alpha\boldsymbol{s}^{(k)})=f(\alpha) \tag{4-9}$$

如图 4－9 所示。现在用一个二次多项式

$$p(\alpha)=a+b\alpha+c\alpha^2 \tag{4-10}$$

来逼近目标函数 $f(\alpha)$。对于逼近函数式（4－10）可以很容易地求得它的极小点，由

$$\frac{\mathrm{d}p(\alpha)}{\mathrm{d}\alpha}=b+2c\alpha=0$$

解得：

$$\alpha_p^*=-\frac{b}{2c} \tag{4-11}$$

此时求得的 α_p^* 是函数 $p(\alpha)$ 的极小值点，该点只能是 α^* 的一个近似值。因此，为了

求得$f(\alpha)$ 的极小值点 α^*，还必须进行反复插值计算，直至达到精度要求。

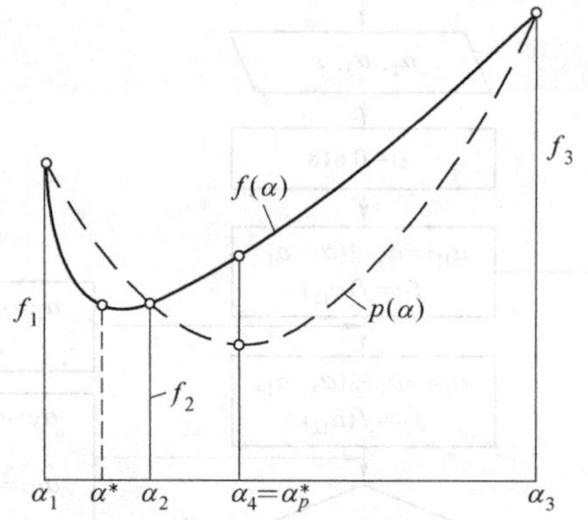

图4-9 二次插值法原理图

在式（4-10）中有三个待定系数 a、b、c，必须给出三个已知点及其函数值，才能确定此抛物线方程。为此，可取给定搜索区间的左右端点和中间的低点。设已知点为 α_1、α_2、α_3，且 $\alpha_1 < \alpha_2 < \alpha_3$（或 $\alpha_1 > \alpha_2 > \alpha_3$，其相应的函数 $f(\boldsymbol{x}^{(k)})$ 值分别为 f_1、f_2、f_3。

根据插值理论，逼近函数与原函数值在插值点应相等，即得：

$$\left.\begin{aligned}p(\alpha_1) &= a + b\alpha_1 + c\alpha_1^2 = f_1\\ p(\alpha_2) &= a + b\alpha_2 + c\alpha_2^2 = f_2\\ p(\alpha_3) &= a + b\alpha_3 + c\alpha_3^2 = f_3\end{aligned}\right\} \tag{4-12}$$

解得：

$$b = \frac{(\alpha_2^2 - \alpha_3^2)f_1 + (\alpha_3^2 - \alpha_1^2)f_2 + (\alpha_1^2 - \alpha_2^2)f_3}{(\alpha_1 - \alpha_2)(\alpha_2 - \alpha_3)(\alpha_3 - \alpha_1)} \tag{4-13}$$

$$c = -\frac{(\alpha_2 - \alpha_3)f_1 + (\alpha_3 - \alpha_1)f_2 + (\alpha_1 - \alpha_2)f_3}{(\alpha_1 - \alpha_2)(\alpha_2 - \alpha_3)(\alpha_3 - \alpha_1)} \tag{4-14}$$

将 b、c 值代入式（4-11），即得：

$$\alpha_p^* = -\frac{b}{2c} = \frac{1}{2}\frac{(\alpha_2^2 - \alpha_3^2)f_1 + (\alpha_3^2 - \alpha_1^2)f_2 + (\alpha_1^2 - \alpha_2^2)f_3}{(\alpha_2 - \alpha_3)f_1 + (\alpha_3 - \alpha_1)f_2 + (\alpha_1 - \alpha_2)f_3} \tag{4-15}$$

为了使计算机简化计算，可令

$$c_1 = (f_3 - f_1)/(\alpha_3 - \alpha_1) \tag{4-16}$$

$$c_2 = \left[\frac{f_2 - f_1}{\alpha_2 - \alpha_1} - c_1\right]\Big/(\alpha_2 - \alpha_3) \tag{4-17}$$

于是式（4-15）可改写为：

$$\alpha_p^* = 0.5\left(\alpha_1 + \alpha_3 - \frac{c_1}{c_2}\right) \tag{4-18}$$

由上述可知，在已知搜索区间的 α_1、α_2、α_3 三点值后，便可以通过二次插值方法求得极小值点 α_p^*，并令 $\alpha_4 = \alpha_p^*$。由于在求 α_p^* 时是采用抛物线的近似函数，所以求得的 α_p^* 并不一定与原函数$f(\alpha)$ 的极值点 α^* 相重合，如图4-9所示。为了求得满足一定精度要求的$f(\alpha)$ 的极小点值，可采用缩小区间的办法。若$f(\alpha_4) > f(\alpha_2)$ 则可以舍去$[\alpha_4, \alpha_3]$，这样将 α_4 定为 α_3 重新求得新的 $\alpha_4 = \alpha_p^*$。否则，若$f(\alpha_4) < f(\alpha_2)$，则舍去左边部分再求

$\alpha_4=\alpha_p^*$，这样在保持$f(\alpha)$值的两端大、中间小的前提下，缩短搜索区间，构成新的三点，继续进行二次插值的计算，直至达到给定的精度为止，即

$$\left|\frac{f_2-f_4}{f_2}\right|\leqslant\varepsilon \tag{4-19}$$

二次插值法求极小值点的程序框图，如图4-10所示。在框图中M_1到M_2为重新确定搜索区间求最优步长因子$\alpha_4=\alpha_p^*$的部分，M_3为二次插值的收敛条件。在计算中，当$c_2=0$时，即为$(\alpha_3-\alpha_2)f_1+(\alpha_1-\alpha_3)f_2+(\alpha_2-\alpha_1)f_3=0$或$(f_3-f_1)/(\alpha_3-\alpha_1)=(f_2-f_1)/(\alpha_2-\alpha_1)$这说明三个插值点位于同一直线上，而该直线必定是一条与α轴平行的直线，因此，此时取α_2为近似的极小值点。若出现$\alpha_4=\alpha_p^*$在搜索区间$[\alpha_1,\alpha_3]$之外，即$(\alpha_4-\alpha_1)(\alpha_3-\alpha_4)<0$时，则输出$\alpha_4$或$\alpha_2$作为近似的极小值点。

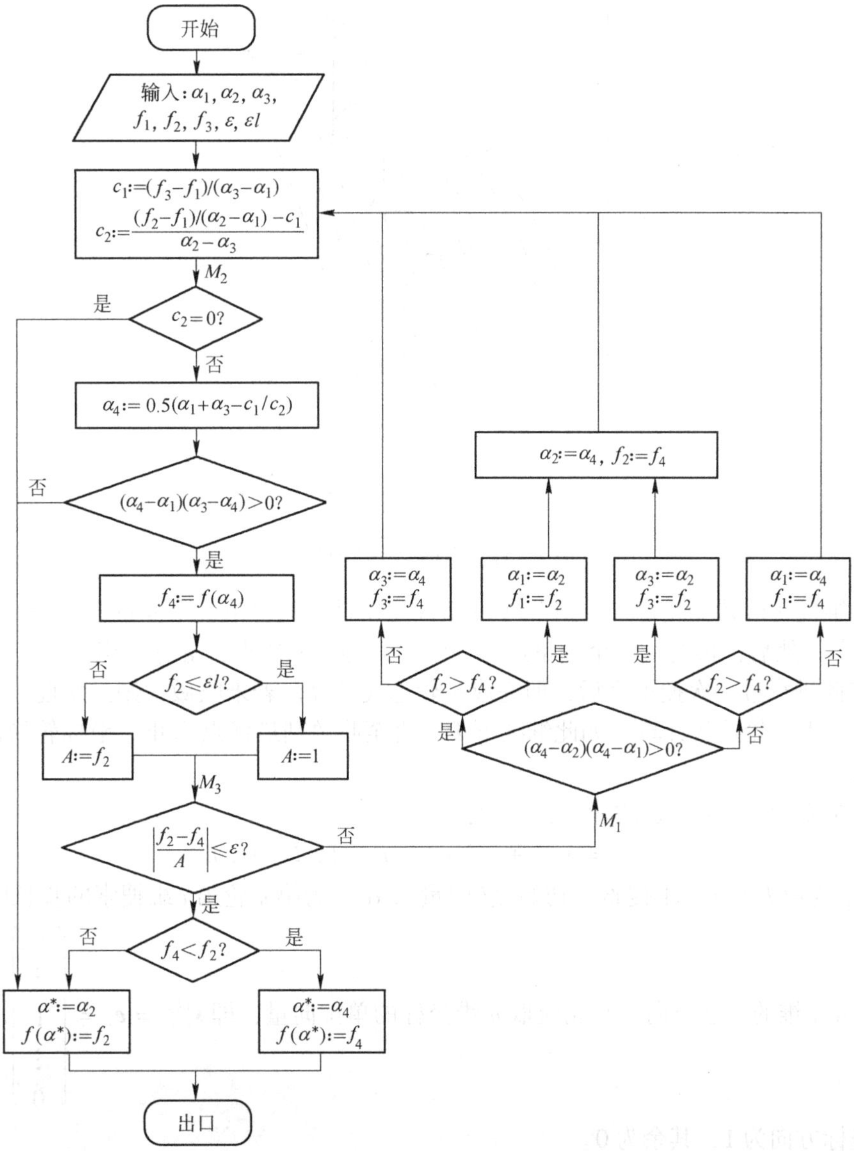

图4-10 二次插值程序框图

4.3 多变量优化计算的非梯度方法

4.3.1 坐标轮换法

坐标轮换法又称**降维法**，它是一种不用求导数的最优化方法。为简明起见，先用二元函数说明。图4－11所示为目标函数$f(x_1, x_2)$的等值线。若从$\boldsymbol{x}^{(0)} = [x_1^{(0)}, x_2^{(0)}]^T$点出发，先固定$x_2 = x_2^{(0)}$不变，改变$x_1$使其目标函数下降到最小值，即求$\min f(x_1, x_2^{(0)})$，得$\boldsymbol{x}_1^{(1)} = [x_1^{(1)}, x_2^{(0)}]^T$；然后固定$x_1 = x_1^{(1)}$不变，再改变$x_2$又使其目标函数值减至最小值，即求$\min f(x_1^{(1)}, x_2)$得$\boldsymbol{x}_2^{(1)} = [x_1^{(1)}, x_2^{(1)}]^T$点，至此完成了一轮计算。然后再开始第二轮，重复前面过程求得$\boldsymbol{x}_1^{(2)}$、$\boldsymbol{x}_2^{(2)}$点。如此继续下去，直至找到(x_1^*, x_2^*)点为止。

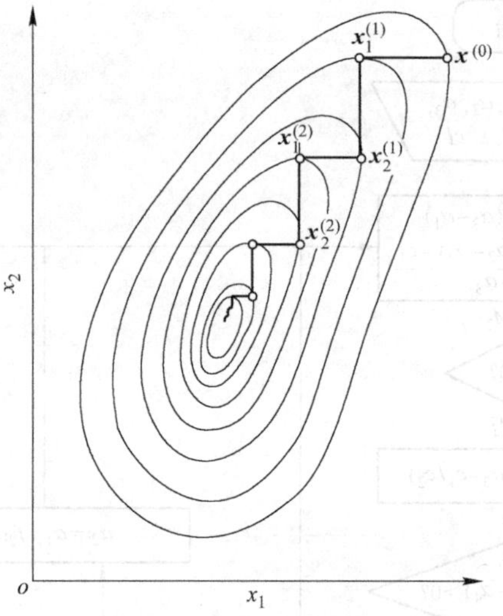

图4－11 坐标轮换法原理图

对n维优化问题，先将$(n-1)$个变量固定不动，只对第一个变量进行一维搜索得到最优点$\boldsymbol{x}_1^{(1)}$。然后，再对第二个变量进行一维搜索得到$\boldsymbol{x}_2^{(1)}$点，等等。当n个变量x_1，x_2，…，x_n依此进行过一次搜索之后，即完成一轮迭代计算。若未收敛，则又从前一轮的最末点开始，作下一轮迭代计算，如此继续下去，直至收敛到最优点为止。坐标轮换法就是由此而得名。

对于第k轮第i维搜索的计算公式为：

$$\boldsymbol{x}_i^{(k)} = \boldsymbol{x}_{i-1}^{(k)} + \alpha_i^{(k)} s_i^{(k)} \quad i = 1, 2, \cdots, n \tag{4-20}$$

式中，$\boldsymbol{x}_{i-1}^{(k)}$为第$k$轮第$i$维搜索的初始点（向量）；$\alpha_i^{(k)}$为第$k$轮第$i$维搜索的步长因子；$\boldsymbol{s}_i^{(k)}$为第$k$轮第$i$维的搜索方向，它轮流取$n$维坐标的单位向量，即$\boldsymbol{s}_i^{(k)} = \boldsymbol{e}_i = \begin{bmatrix} 0 \\ \vdots \\ 1 \\ \vdots \\ 0 \end{bmatrix}$，其中第$i$个单位坐标方向为1，其余为0。

关于$\alpha_i^{(k)}$值通常有加速步长法和最优步长法两种取法。

（1）**加速步长法**。加速步长法是先规定初始步长 ε_i，以便用它探测目标函数的下降方向。然后取初始步长的若干倍作为搜索步长，即 $t_i=\beta\varepsilon_i$。从 $\boldsymbol{x}_{i-1}^{(k)}$ 点出发，以 $\alpha=t_i$ 计算坐标上的新点 $\boldsymbol{x}_i^{(k)}=\boldsymbol{x}_{i-1}^{(k)}+\alpha\boldsymbol{e}_1$，若 $f(\boldsymbol{x}_i^{(k)})<f(\boldsymbol{x}_{i-1}^{(k)})$，则取 $\alpha=2\alpha$ 继续前进，直到当 $\boldsymbol{x}_i^{(k)}$ 点的目标函数增大了，取前一点为本次的新点，然后改换坐标轴进行下一维搜索。依此循环继续前进，直至当整个过程再也无法继续进行下去为止。当还达不到计算精度时，还可将 t_i 缩小，例如取 $t_i=(0.1\sim0.5)\ \varepsilon_i$；再从停留点出发重复前面的过程，直至到达收敛精度为止。这种方法的程序比较简单，且对于低维的优化设计问题，效果良好。

【例 4-1】 设目标函数

$$f(\boldsymbol{x})=4+\frac{9}{2}x_1-4x_2+x_1^2+2x_2^2-2x_1x_2+x_1^4-2x_1^2x_2$$

求其无约束的最优点 (x_1^*,x_2^*)。

解： 目标函数的等值线及加速步长的搜索路线如图 4-12 所示。收敛精度 $\varepsilon=0.0625$，取试验步长 $t_i=\beta\varepsilon_i=4\times0.0625=0.25$。

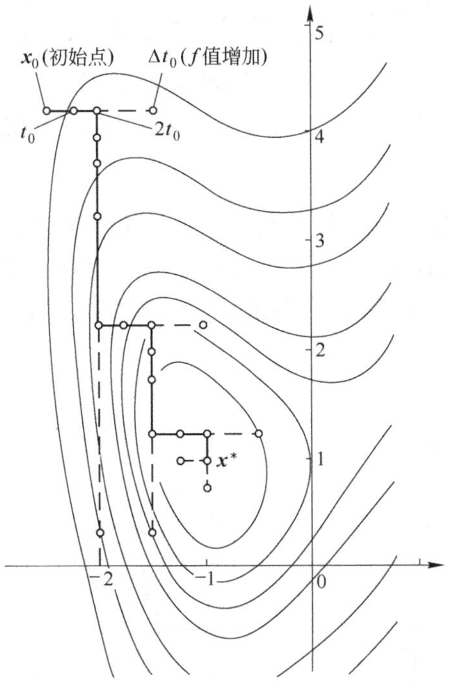

图 4-12 加速步长的搜索路线

（1）取初始点 $\boldsymbol{x}^{(0)}=[-2.5,\ 4.2]^{\mathrm{T}}$，$f(\boldsymbol{x}^{(0)})=25.042$。用试验步长先判断沿 x_1 轴的移动方向：

$$\boldsymbol{x}_1^{(1)}=\boldsymbol{x}^{(0)}+t_0\boldsymbol{s}_1=\begin{bmatrix}-2.5\\4.2\end{bmatrix}+0.25\begin{bmatrix}0\\1\end{bmatrix}=\begin{bmatrix}-2.25\\4.2\end{bmatrix}$$

$f(\boldsymbol{x}_1^{(1)})=20.67<f(\boldsymbol{x}^{(0)})$，试验步长应取正值。

（2）加大步长取 $\alpha=2\alpha=2\times0.25=0.5$

$$\boldsymbol{x}_1^{(1)}=\begin{bmatrix}-2.5\\4.2\end{bmatrix}+2\times0.25\begin{bmatrix}0\\1\end{bmatrix}=\begin{bmatrix}-2.0\\4.2\end{bmatrix}$$

$$f(\boldsymbol{x}_1^{(1)}) = 16.68 < f(\boldsymbol{x}_1^{(1)})$$

再加大步长取 $\alpha = 4\alpha = 4 \times 0.25$

$$\boldsymbol{x}_1^{(1)} = \begin{bmatrix} -2.5 \\ 4.2 \end{bmatrix} + 4 \times 0.25 \begin{bmatrix} 0 \\ 1 \end{bmatrix} = \begin{bmatrix} -1.5 \\ 4.2 \end{bmatrix}$$

$$f(\boldsymbol{x}_1^{(1)}) = 16.74 > f(\boldsymbol{x}_1^{(1)})$$

故沿 x_1 方向得到的好点为：

$$\boldsymbol{x}_1^{(1)} = \begin{bmatrix} -2.0 \\ 4.2 \end{bmatrix}, f(\boldsymbol{x}_1^{(1)}) = 16.68$$

(3) 沿 x_2 方向搜索。

$$\boldsymbol{x}_2^{(1)} = \boldsymbol{x}_1^{(1)} - \alpha \boldsymbol{s}_2 = \begin{bmatrix} -2.0 \\ 4.2 \end{bmatrix} - 0.25 \begin{bmatrix} 0 \\ 1 \end{bmatrix} = \begin{bmatrix} -2.0 \\ 3.95 \end{bmatrix}$$

$$f(\boldsymbol{x}_2^{(1)}) = 7.2 < f(\boldsymbol{x}_1^{(1)})$$，试验步长应取负值。

加大步长

$$\boldsymbol{x}_2^{(1)} = \begin{bmatrix} -2.0 \\ 4.2 \end{bmatrix} - 8 \times 0.25 \begin{bmatrix} 0 \\ 1 \end{bmatrix} = \begin{bmatrix} -2.0 \\ 2.2 \end{bmatrix}$$

$$f(\boldsymbol{x}_2^{(1)}) = 7.08 < f(\boldsymbol{x}_2^{(1)})$$

依次继续下去，最后可求得最优化点为 $\boldsymbol{x}^* = [-1.053, 1.025]^{\mathrm{T}}$，最优化值为 $f(\boldsymbol{x}^*) = -1.053$。

(2) **最优步长法**。最优步长法就是利用一维优化搜索方法（如 0.618 法或二次插值法），求出每维搜索的最优值 $\alpha_i^{(k)}$，如图 4-13 所示。在这种情况下，每一次沿坐标方向进行一维搜索计算，都使目标函数值降至最小，如此反复迭代计算，直至达到收敛条件 $\|\alpha s_i^{(k)}\| \leqslant \varepsilon$ 为止。

图 4-13 最优步长法

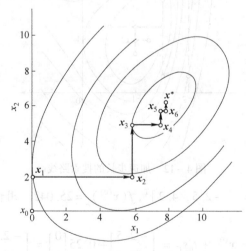

坐标轮换法的优化效能在很大程度上取决于目标函数的性态。如图 4-14 (a) 所示，若目标函数的等值线为圆形，或是长短轴都平行于坐标轴的椭圆形，则这种搜索方法很有效，两次就可达到极值点。如图 4-14 (b) 所示，当目标函数的等值线近似于椭圆，但长

短轴倾斜时，用这种搜索方法，必须多次迭代才能曲折地达到最优点。如图 4 – 14（c）所示，当目标函数的等值线出现脊线时，这种搜索方法完全无效。因为每次的搜索方向总是平行于某一坐标轴，不会斜向前进，所以一旦遇到了等值线的脊线，就不能找到更好的点了。

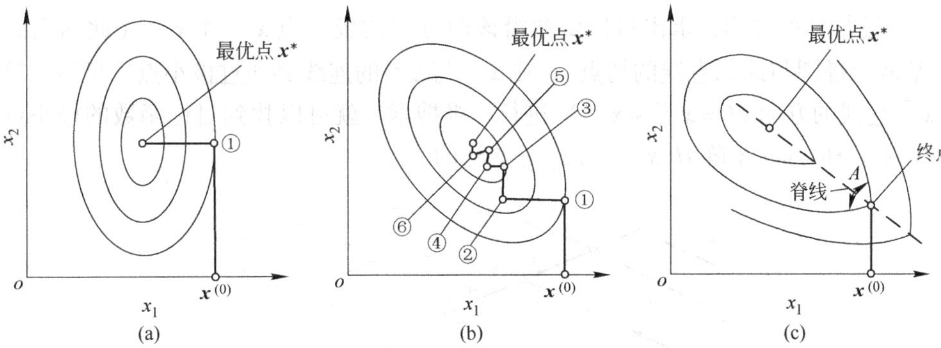

图 4 – 14 坐标轮换法在各种不同情况下的效能

（a）搜索有效；（b）搜索低效；（c）搜索无效

由以上所述可以看出，采用坐标轮换法，只能轮流沿 n 个坐标方向前进，尽管它具有步步下降的特点，但往往路程迂回曲折，要变换方向多次，才有可能求得无约束极值点；尤其在极值点附近，每次搜索的步长会更小，因此，收敛很慢，称不上是一种很好的搜索策略。根据坐标轮换法的搜索原理，Powell 提出一种具有加速收敛的更好的搜索算法，即**方向加速算法**或 **Powell 法**。

4.3.2 Powell 法

Powell 法是利用共轭方向可以加速收敛所构成的一种搜索算法。这种方法也不用对目标函数作求导计算。因此，当目标函数不易求导或导数不连续时，可以采用这种方法。

4.3.2.1 共轭方向

如图 4 – 15 所示，在采用最优步长的坐标轮换方法中，若把前一轮的搜索末点 $\boldsymbol{x}_0^{(2)} = \boldsymbol{x}_2^{(1)}$ 和这一轮搜索末点 $\boldsymbol{x}_2^{(2)}$ 连接成一个向量 $\boldsymbol{s} = \boldsymbol{x}_2^{(2)} - \boldsymbol{x}_2^{(1)}$，沿此方向进行搜索，显然，可以大大加快收敛速度。那么这个方向具有什么性质，它与 $\boldsymbol{s}_1$ 方向是什么关系？这是首先需要清楚的问题。

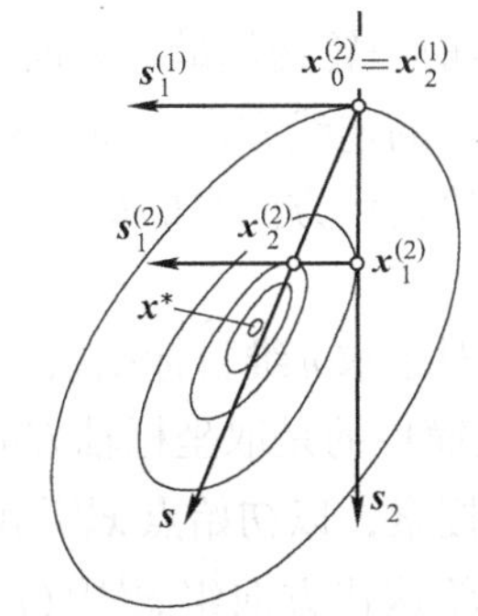

图 4 – 15 共轭方向形成原理图

设二元函数$f(x_1, x_2)$若存在极值点$\boldsymbol{x}^* = [x_1^*, x_2^*]^{\mathrm{T}}$，则函数在点$\boldsymbol{x}^*$展开成Taylor级数，并取其二次项，其Hessian矩阵必为正定矩阵，目标函数的等值线在极值点附近是近似的同心椭圆簇。如图4-16所示，同心椭圆簇具有这样的一个特点，就是两条任意平行线与椭圆簇相切的切点的连线必通过椭圆簇的中心。因此，如果沿两个互相平行的方向$\boldsymbol{s}_1^{(1)}$和$\boldsymbol{s}_1^{(2)}$进行一维搜索，求出目标函数沿该两方向的极小点$\boldsymbol{x}^{(1)}$和$\boldsymbol{x}^{(2)}$（此两点必为椭圆簇中某两个椭圆与此二直线的切点），则$\boldsymbol{x}^{(1)}$与$\boldsymbol{x}^{(2)}$的连线必通过极小点。显然，只要沿$\boldsymbol{x}^{(1)}$与$\boldsymbol{x}^{(2)}$连线的方向$\boldsymbol{s}(=\boldsymbol{x}^{(2)}-\boldsymbol{x}^{(1)})$进行一维搜索，就可以找到目标函数的极小点。而且方向$\boldsymbol{s}$对于Hessian矩阵$H(\boldsymbol{x}^*)$与$\boldsymbol{s}_1$是共轭的。

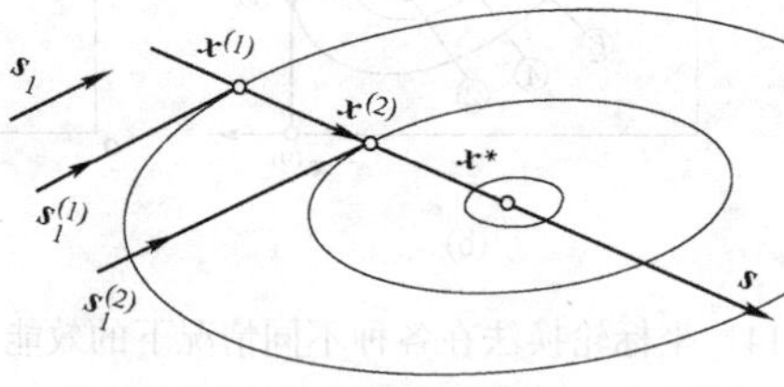

图4-16 同心椭圆簇的几何特性

所谓**共轭方向**是指一组非零的n维向量$s_1, s_2, \cdots, s_n$，若满足

$$\boldsymbol{s}_i^{\mathrm{T}}\boldsymbol{A}\boldsymbol{s}_j = 0 \quad i \neq j \tag{4-21}$$

条件，则称$\boldsymbol{s}_i$对于矩阵$\boldsymbol{A}$与$\boldsymbol{s}_j$为互为共轭的两个向量，其中$\boldsymbol{A}$为$n \times n$阶实对称矩阵。当$\boldsymbol{A} = \boldsymbol{I}$时$\boldsymbol{s}_i^{\mathrm{T}}\boldsymbol{s}_j = 0$，两向量为正交（垂直）。因此，从几何意义来理解，两共轭向量$\boldsymbol{s}_i$和$\boldsymbol{s}_j$通过矩阵$\boldsymbol{A}$进行线性变换后，可以使向量$\boldsymbol{s}_i$和$\boldsymbol{s}_j$正交。

现以二维函数$f(\boldsymbol{x})$为例说明Powell方法的迭代计算过程。如图4-17所示，取一初始点$\boldsymbol{x}^{(0)}$作为第1轮迭代计算的出发点，即令$\boldsymbol{x}_0^{(1)} = \boldsymbol{x}^{(0)}$，再取坐标轴的两个单位向量$\boldsymbol{s}_1^{(1)} = \boldsymbol{e}_1$，$\boldsymbol{s}_2^{(1)} = \boldsymbol{e}_2$。从$\boldsymbol{x}_0^{(1)}$点出发，沿$\boldsymbol{s}_1^{(1)}$方向用一维搜索方法求得函数$f(\boldsymbol{x})$的极小点$\boldsymbol{x}_1^{(1)}$；再从$\boldsymbol{x}_1^{(1)}$点出发，沿$\boldsymbol{s}_2^{(1)}$方向用一维搜索方法求得函数$f(\boldsymbol{x})$的极小点$\boldsymbol{x}_2^{(1)}$。把从$\boldsymbol{x}_0^{(1)}$到$\boldsymbol{x}_2^{(1)}$的连线方向记作$\boldsymbol{s}^{(1)}$，并从$\boldsymbol{x}_2^{(1)}$出发沿此方向求得函数$f(\boldsymbol{x})$的极小点$\boldsymbol{x}_3^{(1)}$。下一轮迭代计算，先把方向$\boldsymbol{s}_1^{(1)}$、$\boldsymbol{s}_2^{(1)}$换成$\boldsymbol{s}_2^{(1)}$、$\boldsymbol{s}^{(1)}$，即令$\boldsymbol{s}_1^{(2)} = \boldsymbol{s}_2^{(1)}$、$\boldsymbol{s}_2^{(2)} = \boldsymbol{s}^{(1)}$，然后从$\boldsymbol{x}_0^{(2)} = \boldsymbol{x}_3^{(1)}$出发，依此求得各方向的极小点$\boldsymbol{x}_1^{(2)}$、$\boldsymbol{x}_2^{(2)}$，把从$\boldsymbol{x}_0^{(2)} = \boldsymbol{x}_3^{(1)}$到$\boldsymbol{x}_2^{(2)}$的方向记作$\boldsymbol{s}^{(2)}$，并从$\boldsymbol{x}_2^{(2)}$出发沿此方向求得极小点$\boldsymbol{x}_3^{(2)}$。然后再把搜索方向$\boldsymbol{s}_1^{(3)}$、$\boldsymbol{s}_2^{(3)}$换成$\boldsymbol{s}^{(1)}$、$\boldsymbol{s}^{(2)}$，即令$\boldsymbol{s}_1^{(3)} = \boldsymbol{s}^{(1)}$，$\boldsymbol{s}_2^{(3)} = \boldsymbol{s}^{(2)}$。这样，就构成了二维目标函数的两个互为共轭的方向组成$\boldsymbol{s}^{(1)}$和$\boldsymbol{s}^{(2)}$。这是因为方向$\boldsymbol{s}^{(2)}(=\boldsymbol{x}_2^{(2)} - \boldsymbol{x}_0^{(2)})$是前一轮迭代最末方向$\boldsymbol{s}^{(1)}$极小点$\boldsymbol{x}_3^{(1)}(=\boldsymbol{x}_0^{(2)})$与本轮迭代最末方向$\boldsymbol{s}_2^{(2)}(=\boldsymbol{s}^{(1)})$极小点$\boldsymbol{x}_2^{(2)}$的连线方向，而且$\boldsymbol{s}^{(1)}$和$\boldsymbol{s}_2^{(2)}$是互相平行的两个方向。因此，只要将产生的方向置于前一轮迭代方向组的最后位置，就可以不断产生新的共轭方向组。

根据这样一种迭代策略思想，对于求n维目标函数$f(\boldsymbol{x})$的极小点的过程是：先用一组线性无关的初始方向组$\boldsymbol{s}_i^{(k)}$（通常最简单的是取坐标轴方向$\boldsymbol{e}_i(i = 1, 2, \cdots, n)$），依次沿此方向组的各个方向进行一维最优化搜索，以初始点$\boldsymbol{x}_0^{(k)}$和终点$\boldsymbol{x}_n^{(k)}$连线作为所产生的共轭方向$\boldsymbol{s}_{n+1}^{(k)}$，并以$\boldsymbol{s}_{n+1}^{(k)}$方向作为下一轮迭代方向组$s_i^{(k+1)}(i = 1, 2, \cdots, n)$中的最后一个方向，并且去掉第一个方向$\boldsymbol{s}_1^{(k)}$，则组成的新方向组$\boldsymbol{s}_i^{(k+1)} = \boldsymbol{s}_{i+1}^{(k)}(i = 1, 2, \cdots, n)$，且是线性无

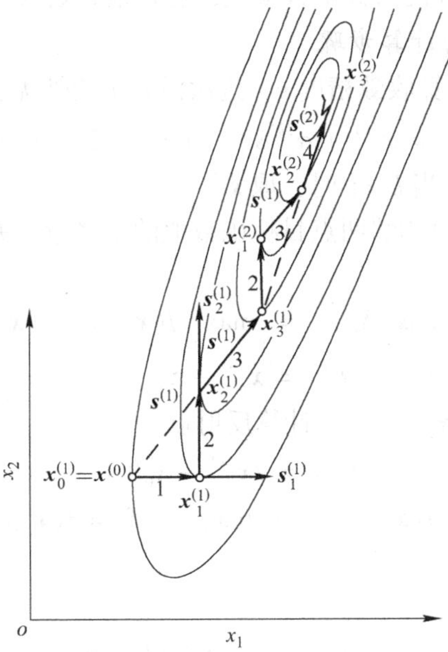

图 4-17 共轭方法的搜索路线

关的。这样进行 n 轮迭代以后，原方向组将完全由新产生的一组共轭方向所代替，并且这些方向仍应该是互为共轭的，若目标函数是个 n 维的正定二次函数，即经过这样的 n 轮迭代以后，就可以收敛到最优点 $\boldsymbol{x}^*$。但是，很不理想的是，用这种方法产生的 n 个新方向，有可能出现线性相关或近似线性相关的情况。因为，新方向 $\boldsymbol{s}_{n+1}^{(k)} = \boldsymbol{x}_n^{(k)} - \boldsymbol{x}_0^{(k)} = \sum_{i=1}^{n} \alpha_i^{(k)} \boldsymbol{s}_i^{(k)}$，倘若在迭代中出现了 $\alpha_1^{(k)} = 0$（或 $\alpha_1^{(k)} \approx 0$）的情况，则 $\boldsymbol{s}_{n+1}^{(k)}$ 就可以表示为 $\boldsymbol{s}_2^{(k)}$，…，$\boldsymbol{s}_n^{(k)}$ 的线性组合。由于在新组成的方向组 $\boldsymbol{s}_i^{(k+1)}$ 中，恰好换掉了 $\boldsymbol{s}_1^{(k)}$，因此，$\boldsymbol{s}_i^{(k+1)} = s_{i+1}^{(k)}$（$i = 1, 2, \cdots, n$）方向组就成为线性相关的一组向量。以后各轮迭代计算将在维数下降了的空间内进行，从而导致算法收敛不到真正的最优点上。为了克服算法的这种缺点，Powell 提出在每轮获得新方向 $\boldsymbol{s}_{n+1}^{(k)}$ 之后，在组成新的方向组时，不一定换掉方向 $\boldsymbol{s}_1^{(k)}$，而是有选择地换掉其中某一个方向 $\boldsymbol{s}_m^{(k)}$（$1 \leq m \leq n$），以避免新方向组中的各方向出现线性相关的情形，保证新方向组比前一方向组具有更好的共轭性质。为此，导出是否用 $\boldsymbol{s}_{n+1}^{(k)}$ 方向代替 $\boldsymbol{s}_m^{(k)}$ 来组成新的搜索方向组的判别条件：

$$\left.\begin{aligned} &\text{若} \quad f_3 < f_1 \\ &\text{和} \quad (f_1 - 2f_2 + f_3)(f_1 - f_2 - \Delta_m)^2 < \frac{1}{2}\Delta_m(f_1 - f_3)^2 \end{aligned}\right\} \tag{4-22}$$

同时成立，则用 $\boldsymbol{s}_{n+1}^{(k)}$ 方向换掉 $\boldsymbol{s}_m^{(k)}$ 方向，否则仍用原来的 n 个搜索方向。式（4-22）中

$$f_1 = f(\boldsymbol{x}_0^{(k)}),\ f_2 = f(\boldsymbol{x}_n^{(k)}),\ f_3 = f(2\boldsymbol{x}_n^{(k)} - \boldsymbol{x}_0^{(k)})$$

$$\boldsymbol{\Delta}_m = \max_{1<i<n} \{f(\boldsymbol{x}_{i-1}^{(k)}) - f(\boldsymbol{x}_i^{(k)})\}$$

$\boldsymbol{s}_m^{(k)}$ 为与 $\boldsymbol{\Delta}_m$ 相对应下标的那个搜索方向。

Powell 法在计算上虽然稍微复杂一些，但它保证了对于非线性函数计算的可靠的收敛性。不仅从理论上证明对于正定二次型函数具有较高的收敛速度，而且计算实践证明，对

于许多工程设计中的多种多样的目标函数来说，也是很有效的。

4.3.2.2 Powell 方法的计算步骤

（1）给定初始点 $\boldsymbol{x}_0$ 和计算收敛精度 ε，逐次沿 n 个线性无关的方向进行一维搜索，即

$$\boldsymbol{x}_i^{(k)} = \boldsymbol{x}_{i-1}^{(k)} + \alpha_i^{(k)} \boldsymbol{s}_i^{(k)} \quad i = 1, 2, \cdots, n$$

式中，$\boldsymbol{s}_i^{(k)}$ 为搜索方向，当 $k=1$ 时，取 $\boldsymbol{s}_i^{(1)} = \boldsymbol{e}_i$。

（2）计算第 k 轮迭代中每相邻两点目标函数值的下降量，并找出下降量最大者及其相应的方向：

$$\Delta_m^{(k)} = \max\{\Delta_i^{(k)}\} = \max_{i=1,\cdots,n}\{f(\boldsymbol{x}_{i-1}^{(k)}) - f(\boldsymbol{x}_i^{(k)})\}$$

和

$$\boldsymbol{s}_m^{(k)} = \boldsymbol{x}_m^{(k)} - \boldsymbol{x}_{m-1}^{(k)}$$

（3）沿共轭方向 $\boldsymbol{s}^{(k)} = \boldsymbol{x}_n^{(k)} - \boldsymbol{x}_0^{(k)}$ 计算反射点

$$\boldsymbol{x}_{n+1}^{(k)} = 2\boldsymbol{x}_n^{(k)} - \boldsymbol{x}_0^{(k)}$$

令

$$f_1 = f(\boldsymbol{x}_0^{(k)}), f_2 = f(\boldsymbol{x}_n^{(k)}), f_3 = f(\boldsymbol{x}_{n+1}^{(k)})$$

若同时满足

$$f_3 < f_1$$

$$(f_1 - 2f_2 + f_3)(f_1 - f_2 - \Delta_m^{(k)})^2 < 0.5\Delta_m^{(k)}(f_1 - f_3)^2$$

则由 $\boldsymbol{x}_n^{(k)}$ 出发沿 $\boldsymbol{s}^{(k)}$ 方向进行一维搜索，求出该方向的极小点 $\boldsymbol{x}^*$，并以 $\boldsymbol{x}^*$ 作为 $k+1$ 轮迭代的初始点，即令 $\boldsymbol{x}_0^{(k+1)} = \boldsymbol{x}^*$，然后进行第 $k+1$ 轮迭代，其搜索方向去掉 $\boldsymbol{s}_m^{(k)}$，并令 $\boldsymbol{s}_n^{(k+1)} = \boldsymbol{s}^{(k)}$ 即

$$[\boldsymbol{s}_1^{(k+1)}, \boldsymbol{s}_2^{(k+1)}, \cdots, \boldsymbol{s}_n^{(k+1)}] = [\boldsymbol{s}_1^{(k)}, \boldsymbol{s}_2^{(k)}, \cdots, \boldsymbol{s}_{m-1}^{(k)}, \boldsymbol{s}_{m+1}^{(k)}, \cdots, \boldsymbol{s}_n^{(k)}, \boldsymbol{s}^{(k)}]$$

（4）若上述替换条件不满足，则进入第 $k+1$ 轮迭代时，其 n 个方向全部用第 k 轮的搜索方向，而初始点则取 $\boldsymbol{x}_n^{(k)}$ 和 $\boldsymbol{x}_{n+1}^{(k)}$ 中函数值较小的点。

（5）每轮迭代结束时，都应该检验收敛条件。若满足 $\|\boldsymbol{x}_0^{(k+1)} - \boldsymbol{x}_0^{(k)}\| \leqslant \varepsilon_1$ 或 $\left|\dfrac{f(\boldsymbol{x}_0^{(k+1)}) - f(\boldsymbol{x}_0^{(k)})}{f(\boldsymbol{x}_0^{(k)})}\right| \leqslant \varepsilon_2$，则迭代计算可以结束。否则进行下一轮迭代。

【例 4-2】 用 Powell 法求函数 $f(\boldsymbol{x}) = 60 - 10x_1 - 4x_2 + x_1^2 + x_2^2 - x_1x_2$ 的最优点 $\boldsymbol{x}^* = [x_1^*, x_2^*]^{\mathrm{T}}$。计算收敛精度 $\varepsilon = 0.0001$。

解： 取初始点为 $\boldsymbol{x}_0^{(1)} = \boldsymbol{x}^{(0)} = [0, 0]^{\mathrm{T}}, f_1 = f(\boldsymbol{x}^{(0)}) = 60$。第一轮迭代的搜索方向取两个坐标的单位向量

$$\boldsymbol{s}_1^{(1)} = \boldsymbol{e}_1 = \begin{bmatrix}1\\0\end{bmatrix} 和 \boldsymbol{s}_2^{(1)} = \boldsymbol{e}_2 = \begin{bmatrix}0\\1\end{bmatrix}$$

从 $\boldsymbol{x}_0^{(1)}$ 出发，先以 $\boldsymbol{s}_1^{(1)}$ 方向进行一维最优搜索，此时由式（4-3）计算出最优步长 $\alpha_1^{(1)} = 5$。

由此得最优点：

$$\boldsymbol{x}_1^{(1)} = \begin{bmatrix}0\\0\end{bmatrix} + 5\begin{bmatrix}1\\0\end{bmatrix} = \begin{bmatrix}5\\0\end{bmatrix}$$

同理，沿 $\boldsymbol{s}_2^{(1)}$ 方向进行一维搜索得最优点：

$$\boldsymbol{x}_2^{(1)} = \begin{bmatrix}5\\0\end{bmatrix} + 4.5\begin{bmatrix}0\\1\end{bmatrix} = \begin{bmatrix}5.0\\4.5\end{bmatrix}$$

计算第 $n+1$ 个方向：

$$s_3^{(1)}=x_2-x_0=\begin{bmatrix}5.0\\4.5\end{bmatrix}-\begin{bmatrix}0\\0\end{bmatrix}=\begin{bmatrix}5.0\\4.5\end{bmatrix}$$

计算 $s_3^{(1)}$ 方向上的反射点：

$$s_3^{(1)}=2x_2-x_0=\begin{bmatrix}10\\9\end{bmatrix}$$

计算相邻两点函数值的下降量：

$$f(x_0^{(1)})=60,\ f(x_1^{(1)})=35,\ f(x_2^{(1)})=14.75$$

$$\Delta_1^{(1)}=f(x_0^{(1)})-f(x_1^{(1)})=25,\ \Delta_2^{(1)}=f(x_1^{(1)})-f(x_2^{(1)})=20.25$$

$$\Delta_m^{(1)}=\max\{\Delta_1^{(1)},\ \Delta_2^{(2)}\}=\Delta_1^{(1)}=25,\ s_m^{(1)}=s_1^{(1)}=e_1$$

检验判别条件：

$$f_1=f(x_0^{(1)})=60,\ f_2=f(x_2^{(1)})=14.75,\ f_3=f(x_3^{(1)})=15$$

$$f_3<f_1,\ (15<60)$$

$$(f_1-2f_2+f_3)(f_1-f_2-\Delta_m^{(1)})^2<0.5\Delta_m^{(1)}(f_1-f_3)^2,(18657.8<25312.5)$$

成立，故应以 $s_3^{(1)}$ 替换 $s_m^{(1)}$，并求 $s_3^{(1)}$ 方向上的极小点。

优化步长 α_3 为：

$$\alpha_3=\frac{-[\nabla f(x_2^{(1)})]^{\mathrm T}s_3^{(1)}}{[s_3^{(1)}]^{\mathrm T}Hs_3^{(1)}}=\frac{-[4.5,0]\begin{bmatrix}5.0\\4.5\end{bmatrix}}{[5.0,4.5]\begin{bmatrix}2&-1\\-1&2\end{bmatrix}\begin{bmatrix}5.0\\4.5\end{bmatrix}}=0.4945$$

$$x^*=x_2^{(1)}+\alpha_3s_3^{(1)}=\begin{bmatrix}5.0\\4.5\end{bmatrix}+0.4945\begin{bmatrix}5.0\\4.5\end{bmatrix}=\begin{bmatrix}7.4725\\6.7253\end{bmatrix}$$

当 $k=2$ 时：

$$x_0^{(2)}=x^*=\begin{bmatrix}7.4725\\6.7253\end{bmatrix}$$

$$s_1^{(2)}=s_2^{(1)}=e_2=\begin{bmatrix}0\\1\end{bmatrix},s_2^{(2)}=s_3^{(1)}=\begin{bmatrix}5.0\\4.5\end{bmatrix}$$

$$x_1^{(2)}=x_0^{(2)}+\alpha_1^{(2)}s_1^{(2)}=\begin{bmatrix}7.4725\\6.7253\end{bmatrix}+(-0.9891)\begin{bmatrix}0\\1\end{bmatrix}=\begin{bmatrix}7.4725\\5.7362\end{bmatrix}$$

$$x_2^{(2)}=x_1^{(2)}+\alpha_2^{(2)}s_2^{(2)}$$

其中：

$$\alpha_2^{(2)}=-\frac{[\nabla f(x_1^{(2)})]^{\mathrm T}s_2^{(2)}}{[s_2^{(2)}]^{\mathrm T}Hs_2^{(2)}}=\frac{-[7.912,0]\begin{bmatrix}5.0\\4.5\end{bmatrix}}{[5.0,4.5]\begin{bmatrix}2&-1\\-1&2\end{bmatrix}\begin{bmatrix}5.0\\4.5\end{bmatrix}}=0.8695$$

$$x_2^{(2)}=\begin{bmatrix}7.4725\\5.7362\end{bmatrix}+0.08695\begin{bmatrix}5.0\\4.5\end{bmatrix}=\begin{bmatrix}7.9073\\6.1275\end{bmatrix}$$

$$s_3^{(2)}=x_2^{(2)}-x_0^{(2)}=\begin{bmatrix}7.9073\\6.1275\end{bmatrix}-\begin{bmatrix}7.4725\\6.7253\end{bmatrix}=\begin{bmatrix}0.4248\\-0.5978\end{bmatrix}$$

$$x_3^{(2)}=2x_2^{(2)}-x_0^{(2)}=\begin{bmatrix}8.3421\\5.5297\end{bmatrix}$$

$$f(\boldsymbol{x}_0^{(2)}) = 9.1869, f(\boldsymbol{x}_1^{(2)}) = 8.2087, f(\boldsymbol{x}_2^{(2)}) = 8.0367, f(\boldsymbol{x}_3^{(2)}) = 8.4491$$

$$\Delta_1^{(2)} = f(\boldsymbol{x}_0^{(2)}) - f(\boldsymbol{x}_1^{(2)}) = 9.1869 - 8.2087 = 0.9782$$

$$\Delta_2^{(2)} = f(\boldsymbol{x}_1^{(2)}) - f(\boldsymbol{x}_2^{(2)}) = 0.1720$$

$$\Delta_m^{(2)} = \Delta_1^{(2)} = 0.9782$$

$$f_1 = f(\boldsymbol{x}_0^{(2)}) = 9.1869, f_2 = f(\boldsymbol{x}_2^{(2)}) = 8.0367, f_3 = f(\boldsymbol{x}_3^{(2)}) = 8.4991$$

判别条件

$$f_3 < f_1, (8.4991 < 9.1869)$$

$$(f_1 - 2f_2 + f_3)(f_1 - f_2 - \Delta_m^{(2)})^2 < 0.5\Delta_m^{(1)}(f_1 - f_3)^2, (0.0477 < 0.2313)$$

成立，故应沿 $\boldsymbol{s}_3^{(2)}$ 一维搜索

$$\boldsymbol{x}^* = \boldsymbol{x}_2^{(2)} + \alpha_3^{(2)}\boldsymbol{s}_3^{(2)}$$

其中：

$$\alpha_3^{(2)} = -\frac{[\nabla f(\boldsymbol{x}_2^{(2)})]^{\mathrm{T}}\boldsymbol{s}_3^{(2)}}{[\boldsymbol{s}_3^{(2)}]^{\mathrm{T}}\boldsymbol{H}\boldsymbol{s}_3^{(2)}} = \frac{[-0.3129, 0.3477]\begin{bmatrix} 0.4348 \\ -0.5978 \end{bmatrix}}{[0.4348, -0.5978]\begin{bmatrix} 2 & -1 \\ -1 & 2 \end{bmatrix}\begin{bmatrix} 0.4348 \\ -0.5978 \end{bmatrix}} = 0.213$$

$$\boldsymbol{x}^* = \begin{bmatrix} 7.9073 \\ 6.1275 \end{bmatrix} + 0.213\begin{bmatrix} 0.4348 \\ -0.5978 \end{bmatrix} = \begin{bmatrix} 7.9999 \\ 6.0001 \end{bmatrix}$$

精确解是 $\boldsymbol{x}^* = \begin{bmatrix} 8 \\ 6 \end{bmatrix}$，误差已小于或等于0.0001，故停止运算。总共进行6次一维搜索。

4.3.3 单纯形法

单纯形法是一种利用 n 维空间中的几何图形不断向好点移动迭代的一种算法，是由 Nelder 和 Mead 改进完成的。

单纯形是在 n 维空间内由 $n+1$ 个顶点组成的几何形体，如在二维空间，单纯形为三角形，在三维空间内为四面体等，如图4－18（a）和（b）所示。若各顶点间的距离相等，则称为**正单纯形**。

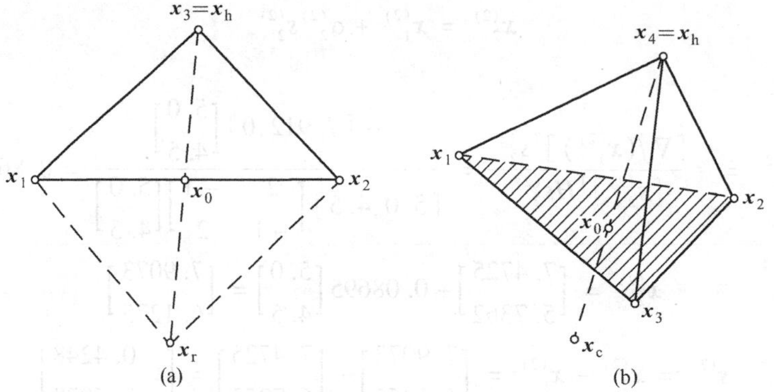

图4－18 单纯形及其反射

（a）二维空间三角形的反射；（b）三维空间四面体的收缩

单纯形法迭代的基本要点是保证单纯形不断地向最优点移动并使单纯形缩小直至趋于一点。这个过程是通过**映射**、**收缩**和**扩展**三种运算来实现的。

设单纯形的 $n+1$ 个顶点为 $\boldsymbol{x}_j(j=1, 2, \cdots, n+1)$，计算出它的目标函数值 $f(\boldsymbol{x}_j)$，并从中确定出目标函数值最小的点 $\boldsymbol{x}_l$ 和最大的点 $\boldsymbol{x}_h$，即

$$\boldsymbol{x}_l: f(\boldsymbol{x}_l) = \min\{f(x_j), j=1, 2, \cdots, n+1\}$$

$$\boldsymbol{x}_h: f(\boldsymbol{x}_h) = \max\{f(x_j), j=1, 2, \cdots, n+1\}$$

并计算出除 $\boldsymbol{x}_h$ 点外的其余所有点的形心 $\boldsymbol{x}_0$，即

$$x_{0i} = \frac{1}{n}\sum_{j=1(j\neq h)}^{n+1} x_{ji} \quad i=1, 2, \cdots, n \tag{4-23}$$

然后就可以进行单纯形的移动运算：

（1）**映射**。如果 $\boldsymbol{x}_h$ 为单纯形顶点中目标函数值最大的顶点，如图 4－18（a）所示，则应以形心为镜面向其对面映射可能获得目标函数值小于它的点 $\boldsymbol{x}_r$（称**映射点**），即

$$\boldsymbol{x}_r = \boldsymbol{x}_0 + \alpha(\boldsymbol{x}_0 - \boldsymbol{x}_n) \tag{4-24}$$

式中，$\alpha>0$ 为映射系数。这样 $\boldsymbol{x}_r$ 点将位于 $\boldsymbol{x}_h$ 与 $\boldsymbol{x}_0$ 的连线上，它与 $\boldsymbol{x}_0$ 点的距离为 $|\boldsymbol{x}_r-\boldsymbol{x}_0|=\alpha|\boldsymbol{x}_h-\boldsymbol{x}_0|$。

如果 $f(\boldsymbol{x}_r)$ 的值小于 $f(\boldsymbol{x}_h)$，则可用 $\boldsymbol{x}_r$ 点代替 $\boldsymbol{x}_h$ 点并形成一个新的单纯形，如图 4－18（a）中的三角形 $\boldsymbol{x}_1\boldsymbol{x}_2\boldsymbol{x}_r$。如果映射点 $\boldsymbol{x}_r$ 的目标函数值刚好等于 $\boldsymbol{x}_h$ 的目标函数值，则这两点刚好是以目标函数脊线为镜面的对称点，这时将使搜索过程陷入死循环。对此可以利用目标函数值次最大值点 $\boldsymbol{x}_g$，用它进行映射得新的 $\boldsymbol{x}_r$，并用 $\boldsymbol{x}_r$ 替换 $\boldsymbol{x}_g$ 点形成一个新的单纯形。

（2）**扩展**。如果反射点 $\boldsymbol{x}_r$ 的 $f(\boldsymbol{x}_r)<f(\boldsymbol{x}_l)$，则 $\boldsymbol{x}_r$ 为一个新的目标函数值最小点。此时沿 $\boldsymbol{x}_0$ 和 $\boldsymbol{x}_r$ 方向还可以作进一步移动，有可能获得更小目标函数值的点。因此，扩展点 $\boldsymbol{x}_e$ 为：

$$\boldsymbol{x}_e = \boldsymbol{x}_0 + \beta(\boldsymbol{x}_r - \boldsymbol{x}_0) \tag{4-25}$$

式中，$\beta>1$，为**扩展系数**。

$\boldsymbol{x}_e$ 点与 $\boldsymbol{x}_0$ 点的距离为 $|\boldsymbol{x}_e-\boldsymbol{x}_0|=\beta|\boldsymbol{x}_r-\boldsymbol{x}_0|$，如果 $f(\boldsymbol{x}_e)<f(\boldsymbol{x}_l)$，则用 $\boldsymbol{x}_e$ 代替 $\boldsymbol{x}_h$，构成新单纯形，进入下一次的运算过程。若 $f(\boldsymbol{x}_e)>f(\boldsymbol{x}_l)$，则表示扩展不成功，仍用 $\boldsymbol{x}_r$ 代替 $\boldsymbol{x}_h$ 构成新单纯形，再进入下一次运算过程。

（3）**收缩**。如果映射点 $\boldsymbol{x}_r$ 的函数值 $f(\boldsymbol{x}_r)$ 虽小于 $f(\boldsymbol{x}_h)$，但它大于其余所有各点的值，则可用 $\boldsymbol{x}_r$ 代替 $\boldsymbol{x}_h$。这时，在新单纯形中的 $\boldsymbol{x}_h$ 为原来的 $\boldsymbol{x}_r$，并缩小这个单纯形，其**收缩点** $\boldsymbol{x}_c$ 为：

$$\boldsymbol{x}_c = \boldsymbol{x}_0 - \gamma(\boldsymbol{x}_0 - \boldsymbol{x}_h) \tag{4-26}$$

式中，γ 为**收缩系数**（$0\leqslant\gamma\leqslant1$）。

$\boldsymbol{x}_c$ 与 $\boldsymbol{x}_0$ 点的距离为 $|\boldsymbol{x}_c-\boldsymbol{x}_0|=\gamma|\boldsymbol{x}_h-\boldsymbol{x}_0|$。如果 $f(\boldsymbol{x}_c)<\min\{f(\boldsymbol{x}_h), f(\boldsymbol{x}_r)\}$，则用 $\boldsymbol{x}_c$ 代替 $\boldsymbol{x}_h$ 点，再进行下一次运算过程，反之，这个收缩过程失败，此时可将所有单纯形的顶点向最好点 $\boldsymbol{x}_l$ 收缩 1/2，则用 $x_{ji}=(x_{ji}+x_{li})/2(i=1, 2, \cdots, n; j=1, 2, \cdots, n+1)$ 来代替所有的顶点，然后再进行运算过程。

如图 4－19 所示，在迭代计算中，由于单纯形不断向最好点移动和缩小，因此当单纯形的 $n+1$ 个顶点的目标函数值的均方差很小时，即

$$Q = \left\{ \sum_{j=1}^{n+1} \frac{[f(\boldsymbol{x}_j) - f(\boldsymbol{x}_0)]^2}{n+1} \right\}^{\frac{1}{2}} \leqslant \varepsilon \tag{4-27}$$

就认为算法收敛，终止计算，并令 $\boldsymbol{x}^* = \boldsymbol{x}_1$。

单纯形法的计算步骤或计算流程图读者可参照上述基本思路在学习中自己完成。

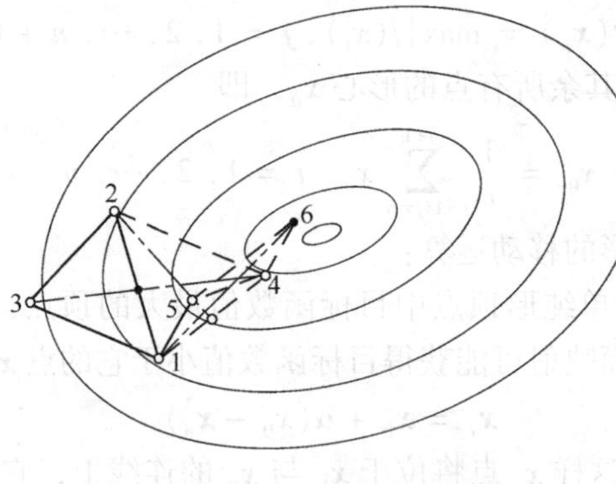

图 4－19 单纯形法的迭代计算过程

4.4 多变量优化计算的梯度方法

4.4.1 梯度法

从上述几种计算方法可以看出，构造一种优化算法的关键是获得一个有利的搜索方向。前面已经说过，梯度方向是函数变化率最大的方向，在求目标函数极小值中，函数的**负梯度方向**是引人注意的一种搜索方向。因此，梯度法是最早的又是十分基本的一种迭代计算方法。

设在第 $k-1$ 次迭代中，已取得 $\boldsymbol{x}^{(k)}$ 点，目标函数在这一点的梯度为：

$$\nabla f(\boldsymbol{x}^{(k)}) = \left[\frac{\partial f(\boldsymbol{x}^{(k)})}{\partial x_1}, \frac{\partial f(\boldsymbol{x}^{(k)})}{\partial x_2}, \cdots, \frac{\partial f(\boldsymbol{x}^{(k)})}{\partial x_n} \right]^{\mathrm{T}}$$

因此，第 k 次迭代的搜索方向 $\boldsymbol{s}^{(k)}$ 取负梯度的单位向量，即

$$\boldsymbol{s}^{(k)} = \frac{-\nabla f(\boldsymbol{x}^{(k)})}{\|\nabla f(\boldsymbol{x}^{(k)})\|} \tag{4-28}$$

式中，$\|\nabla f(\boldsymbol{x}^{(k)})\|$ 为梯度向量的模。

这样，第 k 次迭代的新点 $\boldsymbol{x}^{(k+1)}$ 为：

$$\boldsymbol{x}^{(k+1)} = \boldsymbol{x}^{(k)} + \alpha^{(k)} \boldsymbol{s}^{(k)} \tag{4-29}$$

式中，$\alpha^{(k)}$ 为迭代的最优步长。

如此继续迭代，直至 $\|\nabla f(\boldsymbol{x}^{(k)})\| \leqslant \varepsilon$，则取得 $f(\boldsymbol{x})$ 的最优点 $\boldsymbol{x}^* = \boldsymbol{x}^{(k)}$。

梯度法的计算框图如图 4－20 所示。

梯度法由于每次迭代的搜索方向都是取函数的最速下降方向，因此又称为**最速下降算法**。从这点来看，容易使人认为，这种方法是一个使函数值下降最快的方法，但实际并不是这样。计算表明，此法往往收敛得相当慢。这是由于梯度法的相邻两次搜索方向是相互正交的，所以，当二元二次函数的等值线是比较扁的椭圆时，其梯度法逼近函数极小点的

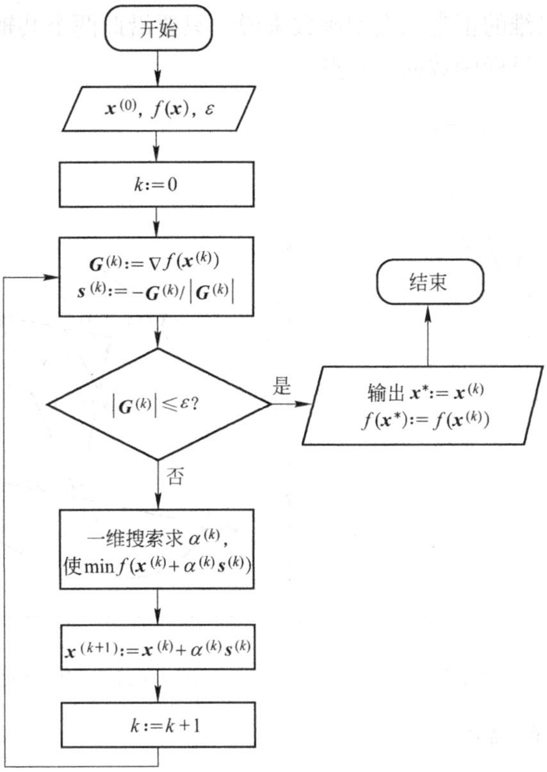

图 4-20 梯度法的计算框图

过程呈直角锯齿状，如图 4-21 所示。

这种算法的优点是迭代过程简单，要求的存储量也小，而且在远离极小点时，函数值下降还是比较快的。因此，常将它与其他方法结合，即在计算的前期使用最速下降方向，当接近极小点时，再改用其他搜索方向，以加快收敛速度。

4.4.2 共轭梯度法

梯度法若改用共轭梯度方向搜索其收敛特性便可以得到很大的改进，因为正如前面已经证明，采用共轭方向进行搜索，对于 n 维的二次函数理论上在 n 次或少于 n 次迭代即可收敛。由于任何一个函数在极小点附近都可用二次函数近似，因此都有望在有限次迭代计算中求得最优点。

4.4.2.1 共轭梯度法的构成

如图 4-22 所示，共轭梯度法是以梯度法相邻两次迭代的负梯度方向 $-\nabla f(\boldsymbol{x}^{(k)})$、$-\nabla f(\boldsymbol{x}^{(k+1)})$ 呈线性无关且互为正交这一点为基础而构造出的一种具有较高收敛速度的算法。这种算法的基本思想是要在这两个向量为基底的子空间中找到一个向量 $\boldsymbol{s}^{(k+1)}$，使其与原方向 $\boldsymbol{s}^{(k)}$ 共轭。为此若将 $\boldsymbol{s}^{(k+1)}$ 向量表示成 $\boldsymbol{s}^{(k)}$ 与 $-\nabla f(\boldsymbol{x}^{(k+1)})$ 向量的线性组合

$$\boldsymbol{s}^{(k+1)} = -\nabla f(\boldsymbol{x}^{(k+1)}) + \beta_k \boldsymbol{s}^{(k)} \tag{4-30}$$

则要求向量 $\boldsymbol{s}^{(k+1)}$ 与 $\boldsymbol{s}^{(k)}$ 满足共轭性条件，即

$$[\boldsymbol{s}^{(k+1)}]^{\mathrm{T}}\boldsymbol{A}\boldsymbol{s}^{(k)} = 0 \tag{4-31}$$

这样，对于一个二维的正定二次型函数来说，只要沿此两个共轭方向 $\boldsymbol{s}^{(k)}$ 和 $\boldsymbol{s}^{(k+1)}$ 进行一维搜索，就可以求得目标函数的极小点。

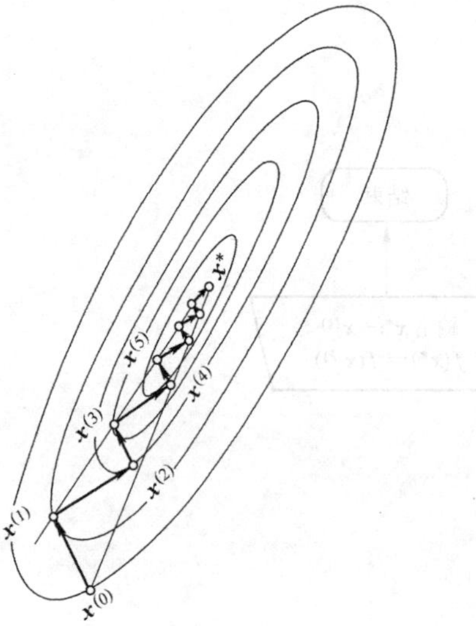

图 4-21 梯度法的收敛过程

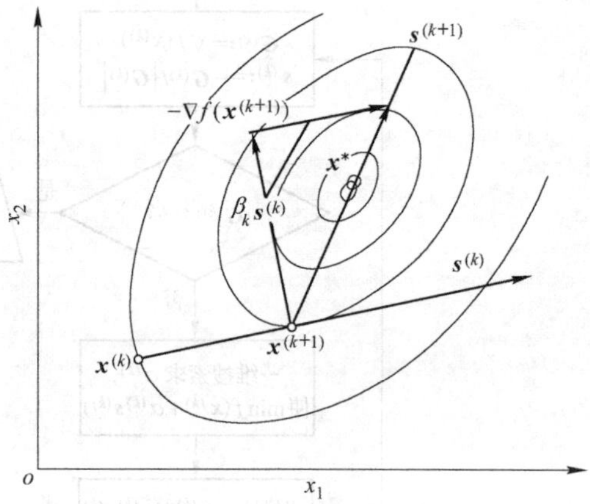

图 4-22 共轭梯度方向

4.4.2.2 关于 β 的确定

设函数为二次型

$$f(\boldsymbol{x}) = C + \boldsymbol{B}^{\mathrm{T}}\boldsymbol{x} + \frac{1}{2}\boldsymbol{x}^{\mathrm{T}}\boldsymbol{A}\boldsymbol{x}$$

对于 $\boldsymbol{x}^{(k)}$ 和 $\boldsymbol{x}^{(k+1)}$ 点，若令 $\boldsymbol{g}_k = \nabla f(\boldsymbol{x}^{(k)})$ 和 $\boldsymbol{g}_{k+1} = \nabla f(\boldsymbol{x}^{(k+1)})$，则有：

$$\boldsymbol{g}_k = \nabla f(\boldsymbol{x}^{(k)}) = \boldsymbol{B} + \boldsymbol{A}\boldsymbol{x}^{(k)}$$

$$\boldsymbol{g}_{k+1} = \nabla f(\boldsymbol{x}^{(k+1)}) = \boldsymbol{B} + \boldsymbol{A}\boldsymbol{x}^{(k+1)}$$

将上两式相减，并考虑到 $\boldsymbol{x}^{(k+1)} = \boldsymbol{x}^{(k)} + \alpha^{(k)}\boldsymbol{s}^{(k)}$，可得：

$$\boldsymbol{g}_{k+1} = \boldsymbol{g}_k + \alpha^{(k)}\boldsymbol{A}\boldsymbol{s}^{(k)}$$

若用 $[\boldsymbol{s}^{(k)}]^{\mathrm{T}}\boldsymbol{A}$ 左乘式（4-30）则得：

$$[\boldsymbol{s}^{(k)}]^{\mathrm{T}}\boldsymbol{A}\boldsymbol{s}^{(k+1)} = -[\boldsymbol{s}^{(k)}]^{\mathrm{T}}\boldsymbol{A}\boldsymbol{g}_{k+1} + \beta_k[\boldsymbol{s}^{(k)}]^{\mathrm{T}}\boldsymbol{A}\boldsymbol{s}^{(k)}$$

考虑到式（4-31）共轭性条件的要求，上式的左边项为零，即有：

$$\beta_k = \frac{[\boldsymbol{s}^{(k)}]^{\mathrm{T}}\boldsymbol{A}\boldsymbol{g}_{k+1}}{[\boldsymbol{s}^{(k)}]^{\mathrm{T}}\boldsymbol{A}\boldsymbol{s}^{(k)}}$$

为了使上式便于应用，必须消去式中的矩阵 $\boldsymbol{A}$。经过化简（从略）得：

$$\beta_k = \frac{[\boldsymbol{s}^{(k)}]^{\mathrm{T}}\boldsymbol{A}\boldsymbol{g}_{k+1}}{[\boldsymbol{s}^{(k)}]^{\mathrm{T}}\boldsymbol{A}\boldsymbol{s}^{(k)}} = \frac{\boldsymbol{g}_{k+1}^{\mathrm{T}}\boldsymbol{g}_{k+1}}{\boldsymbol{g}_k^{\mathrm{T}}\boldsymbol{g}_k} = \frac{\|\nabla f(\boldsymbol{x}^{(k+1)})\|^2}{\|\nabla f(\boldsymbol{x}^{(k)})\|^2} \tag{4-32}$$

4.4.2.3 共轭梯度法的算法步骤

共轭梯度法的算法步骤如下：

（1）选取初始点 $\boldsymbol{x}^{(0)}$ 和计算收敛精度 ε。

（2）令 $k=0$，计算 $\boldsymbol{s}^{(0)} = -\nabla f(\boldsymbol{x}^{(0)})$。

(3) 沿 $\boldsymbol{s}^{(k)}$ 方向进行一维搜索，求 $\alpha^{(k)}$ 使

$$\min f(\boldsymbol{x}^{(k)} + \alpha \boldsymbol{s}^{(k)}) = f(\boldsymbol{x}^{(k)} + \alpha^{(k)} \boldsymbol{s}^{(k)})$$

得：

$$\boldsymbol{x}^{(k+1)} = \boldsymbol{x}^{(k)} + \alpha^{(k)} \boldsymbol{s}^{(k)}$$

(4) 计算 $\nabla f(\boldsymbol{x}^{(k+1)})$，若 $\| \nabla f(\boldsymbol{x}^{(k+1)}) \| \leqslant \varepsilon$，则终止迭代，取 $\boldsymbol{x}^* = \boldsymbol{x}^{(k+1)}$；若否，则进行下一步。

(5) 检查搜索次数，若 $k = n$，则令 $\boldsymbol{x}^{(0)} = \boldsymbol{x}^{(k+1)}$，转向第 (2) 步；否则，进行第 (6) 步。

(6) 构造新的共轭方向

$$\boldsymbol{s}^{(k+1)} = -\nabla f(\boldsymbol{x}^{(k+1)}) + \beta^{(k)} \boldsymbol{s}^{(k)}$$

$$\beta^{(k)} = \frac{\| \nabla f(\boldsymbol{x}^{(k+1)}) \|^2}{\| \nabla f(\boldsymbol{x}^{(k)}) \|^2}$$

令 $k = k+1$，转向第 (3) 步。

【例 4-3】 设目标函数为 $f(\boldsymbol{x}) = 60 - 10x_1 - 4x_2 + x_1^2 + x_2^2 - x_1 x_2$，起始点为 $\boldsymbol{x}^{(0)} = [0, 0]^{\mathrm{T}}$，计算收敛精度 $\varepsilon = 0.0001$，试用共轭梯度法求其极小点。

解：第一次迭代的方向为：

$$\boldsymbol{s}^{(0)} = -\nabla f(\boldsymbol{x}^{(0)}) = -\begin{bmatrix} 2x_1 - x_2 - 10 \\ 2x_2 - x_1 - 4 \end{bmatrix}_{(0,0)} = \begin{bmatrix} 10 \\ 4 \end{bmatrix}$$

$$\boldsymbol{x}^{(1)} = \boldsymbol{x}^{(0)} + \alpha^{(0)} \begin{bmatrix} 10 \\ 4 \end{bmatrix} = \begin{bmatrix} 10\alpha^{(0)} \\ 4\alpha^{(0)} \end{bmatrix} = \begin{bmatrix} x_1^{(1)} \\ x_2^{(1)} \end{bmatrix}$$

将 $[x_1^{(1)}, x_2^{(1)}]^{\mathrm{T}}$ 代入 $f(\boldsymbol{x})$ 得：

$$f(\boldsymbol{x}) = 60 - 116\alpha^{(0)} + 76(\alpha^{(0)})^2 = f(\alpha^{(0)})$$

$$\frac{\mathrm{d}f(\alpha^{(0)})}{\mathrm{d}\alpha^{(0)}} = 0$$

得：$\alpha^* = \alpha^{(0)} = 0.7631$

所以

$$\boldsymbol{x}^{(1)} = \begin{bmatrix} 10\alpha^{(0)} \\ 4\alpha^{(0)} \end{bmatrix} = \begin{bmatrix} 7.631 \\ 3.053 \end{bmatrix}$$

第二次迭代方向为：

$$\boldsymbol{s}^{(1)} = -\nabla f(\boldsymbol{x}^{(1)}) + \beta^{(0)} \nabla f(\boldsymbol{x}^{(0)})$$

$$-\nabla f(\boldsymbol{x}^{(1)}) = -\begin{bmatrix} 2x_1^{(1)} - x_2^{(1)} - 10 \\ 2x_2^{(1)} - x_1^{(1)} - 4 \end{bmatrix} = \begin{bmatrix} 2.210 \\ -5.526 \end{bmatrix}$$

$$\beta^{(0)} = \frac{\| \nabla f(\boldsymbol{x}^{(1)}) \|^2}{\| \nabla f(\boldsymbol{x}^{(0)}) \|^2} = \frac{(\sqrt{2.210^2 + (-5.526)^2})^2}{(\sqrt{10^2 + 4^2})^2} = 0.3054$$

所以

$$\boldsymbol{s}^{(1)} = -\begin{bmatrix} 2.210 \\ -5.526 \end{bmatrix} + 0.3054 \begin{bmatrix} 10 \\ 4 \end{bmatrix} = \begin{bmatrix} 0.8434 \\ 6.7479 \end{bmatrix}$$

用一维搜索解析法求 $\alpha^{(1)}$。

$$\alpha^{(1)} = \alpha^* = \frac{-[\nabla f(\boldsymbol{x}^{(k)})]^T \boldsymbol{s}^{(k)}}{[\boldsymbol{s}^{(k)}]^T \boldsymbol{H}\boldsymbol{s}^{(k)}}$$

$$= \frac{-[2.210, -5.526]^T \begin{bmatrix} 0.8434 \\ 6.7479 \end{bmatrix}}{[0.8434, 6.7479]^T \begin{bmatrix} 2 & -1 \\ -1 & 2 \end{bmatrix} \begin{bmatrix} 0.8434 \\ 6.7479 \end{bmatrix}}$$

$$= 0.4367$$

所以

$$\boldsymbol{x}^{(2)} = \boldsymbol{x}^{(1)} + \alpha^{(1)} \boldsymbol{s}^{(1)} = \begin{bmatrix} 7.631 \\ 3.052 \end{bmatrix} + 0.4367 \begin{bmatrix} 0.8434 \\ 6.7479 \end{bmatrix} = \begin{bmatrix} 7.99999 \\ 5.99999 \end{bmatrix}$$

故经两次搜索即达极小点 $\boldsymbol{x}^* = [8, 6]^T$。

4.4.2.4 共轭梯度法的特点

共轭梯度法是使用一阶导数的算法，所用公式结构简单，并且所需的存储量小，它的收敛速度较梯度法快，具有超线性收敛速度。

共轭梯度法是以正定二次函数的共轭方向理论为基础的，因此，在理论上对于二次型函数而言，最多经过 n 步迭代必能达到极小点，但在实际计算时，由于舍入误差的影响，以及函数的非二次型，也不一定 n 次迭代就能达到极值点。因此，在 n 次迭代后如未达到收敛精度，则通常以重置负梯度方向开始，直到满足精度为止。

4.4.3 牛顿法和修正牛顿法

4.4.3.1 牛顿法的迭代特点

牛顿法的基本思想是在求目标函数 $f(\boldsymbol{x})$ 的极小值时，先将它在 $\boldsymbol{x}^{(k)}$ 点附近展开成 Taylor 级数的二次函数式，然后求出这个二次函数的极小点，并以此点作为欲求目标函数的极小点 $\boldsymbol{x}^*$ 的一次近似值。

设目标函数 $f(\boldsymbol{x})$ 为连续二阶可微，在给定点 $\boldsymbol{x}^{(k)}$ 展开成 Taylor 级数的二次函数近似式，即

$$f(\boldsymbol{x}) \approx \Phi(\boldsymbol{x}^{(k)}) = f(\boldsymbol{x}^{(k)}) + [\nabla f(\boldsymbol{x}^{(k)})]^T (\boldsymbol{x} - \boldsymbol{x}^{(k)}) + \frac{1}{2}(\boldsymbol{x} - \boldsymbol{x}^{(k)})^T \boldsymbol{H}(\boldsymbol{x}^{(k)})(\boldsymbol{x} - \boldsymbol{x}^{(k)})$$

对于二次函数 $\Phi(\boldsymbol{x})$，当 $\nabla \Phi(\boldsymbol{x}) = 0$ 时，求得的 $\boldsymbol{x}$ 即为极小点 $\boldsymbol{x}_{\min}$。由上式可得：

$$\nabla \Phi(\boldsymbol{x}) = \nabla f(\boldsymbol{x}^{(k)}) + \boldsymbol{H}(\boldsymbol{x}^{(k)})(\boldsymbol{x} - \boldsymbol{x}^{(k)}) = 0$$

因此得：

$$\boldsymbol{x}_{\min} = \boldsymbol{x}^{(k)} - [\boldsymbol{H}(\boldsymbol{x}^{(k)})]^{-1} \nabla f(\boldsymbol{x}^{(k)}) \tag{4-33}$$

式中，$[\boldsymbol{H}(\boldsymbol{x}^{(k)})]^{-1}$ 为 Hessian 矩阵的逆矩阵。

在一般情况下，$f(\boldsymbol{x})$ 不一定是二次函数，因而 $\boldsymbol{x}_{\min}$ 也不可能就是 $f(\boldsymbol{x})$ 的极值点。但是由于在 $\boldsymbol{x}^{(k)}$ 点附近，函数 $\Phi(\boldsymbol{x})$ 和 $f(\boldsymbol{x})$ 是近似的，所以可以用 $\boldsymbol{x}_{\min}$ 点作为下一次迭代的起始，即令 $\boldsymbol{x}^{(k)} = \boldsymbol{x}_{\min}$。

如果目标函数 $f(\boldsymbol{x})$ 是正定二次函数，那么 $\boldsymbol{H}(\boldsymbol{x})$ 是个常矩阵，式（4-33）是准确的。因此，由 $\boldsymbol{x}^{(k)}$ 点出发只要迭代一次即可以求 $f(\boldsymbol{x})$ 的极小点。

【例4-4】设目标函数为$f(\boldsymbol{x}) = 60 - 10x_1 - 4x_2 + x_1^2 + x_2^2 - x_1x_2$，试用牛顿法求其极小点。初始点取$\boldsymbol{x}^{(0)} = [0,\ 0]^{\mathrm{T}}$，计算收敛精度$\varepsilon = 0.0001$。

解：先计算

$$\nabla f(\boldsymbol{x}^{(0)}) = \begin{bmatrix} -10 + 2x_1^{(0)} - x_2^{(0)} \\ -4 + 2x_2^{(0)} - x_1^{(0)} \end{bmatrix} = \begin{bmatrix} -10 \\ -4 \end{bmatrix}$$

$$\boldsymbol{H}(\boldsymbol{x}^{(0)}) = \begin{bmatrix} 2 & -1 \\ -1 & 2 \end{bmatrix}$$

$$[\boldsymbol{H}(\boldsymbol{x}^{(0)})]^{-1} = \frac{1}{\begin{bmatrix} 2 & -1 \\ -1 & 2 \end{bmatrix}} \begin{bmatrix} 2 & 1 \\ 1 & 2 \end{bmatrix} = \frac{1}{3}\begin{bmatrix} 2 & 1 \\ 1 & 2 \end{bmatrix}$$

带入式(4-33)，得：

$$\boldsymbol{x}^{(1)} = \boldsymbol{x}^{(0)} - [\boldsymbol{H}(\boldsymbol{x}^{(0)})]^{-1}\nabla f(\boldsymbol{x}^{(0)}) = \begin{bmatrix} 0 \\ 0 \end{bmatrix} - \frac{1}{3}\begin{bmatrix} 2 & 1 \\ 1 & 2 \end{bmatrix}\begin{bmatrix} -10 \\ -4 \end{bmatrix} = \begin{bmatrix} 8 \\ 6 \end{bmatrix}$$

由此可见，对于任何正定二次函数，只需迭代一次，即求出其极小点。这就说明，当目标函数满足一定条件，且初始点选得较好时，牛顿法的收敛速度是非常快的。

4.4.3.2 修正牛顿法

当目标函数为非二次函数时，目标函数在$\boldsymbol{x}^{(k)}$点展开所得到的二次函数是该点附近的一种近似表达式，因此求得的极小点，当然也是近似的，需要继续迭代。但是当目标函数严重非线性时，用式（4-33）进行迭代则不能保证一定收敛，即在迭代中可能出现$f(\boldsymbol{x}^{(k+1)}) > f(\boldsymbol{x}^{(k)})$的情况，即所得到的新点还不如原来的点好。这和初始点的选择是否恰当有很大关系。为了克服这一缺点，可以采取由$\boldsymbol{x}^{(k)}$出发沿方向$\boldsymbol{s}^{(k)} = -[\boldsymbol{H}(\boldsymbol{x}^{(k)})]^{-1}\nabla f(\boldsymbol{x}^{(k)})$对原目标函数进行一维搜索，即

$$\boldsymbol{x}^{(k+1)} = \boldsymbol{x}^{(k)} - \alpha^{(k)}[\boldsymbol{H}(\boldsymbol{x}^{(k)})]^{-1}\nabla f(\boldsymbol{x}^{(k)}) \tag{4-34}$$

式中，$\alpha^{(k)}$为一维搜索所得的最优步长因子；$-[\boldsymbol{H}(\boldsymbol{x}^{(k)})]^{-1}\nabla f(\boldsymbol{x}^{(k)}) = \boldsymbol{s}^{(k)}$称为**牛顿方向**。

经过这种修改的算法称为**修正牛顿法**，也称**牛顿方向法**。它是牛顿法的一种改进算法，既保持了牛顿法收敛快的特性又放宽了对初始点选择的要求，并能保证每次迭代都使目标函数值下降。在实际应用中，要求矩阵$\boldsymbol{H}(\boldsymbol{x}^{(k)})$是非奇异的，另外求逆阵的计算工作量大，尤其是维数较高时，计算量与存贮量都随n^2增加。

从上面叙述可知，以为牛顿搜索方法要比梯度搜索方法更有效和收敛更快，其实这种说法是有前提的，就是当初始点$\boldsymbol{x}^{(0)}$与最优点$\boldsymbol{x}^*$比较接近，且两点的Hessian矩阵非常接近，否则用梯度方向搜索要比用牛顿方向搜索更好。图4-23所示为下面目标函数的等值线：

$$f(x_1, x_2) = (x_1 - 2)^2 + (x_1 - 2)^2 x_2^2 + (x_1 + 1)^2$$

在图4-23上表示出了A点（1.7，-0.7）（此点已接近最优点）和B点（1.5，-1.5）的两个搜索方向的方向线。在图4-24中给出了沿两个搜索方向目标函数值下降的过程，在A点由于函数接近平方函数，因而由A点进行搜索，用牛顿方向更有效和更快；若从B点进行搜索（见图4-24b），由于此点的目标函数不完全是二次函数，因此采用梯

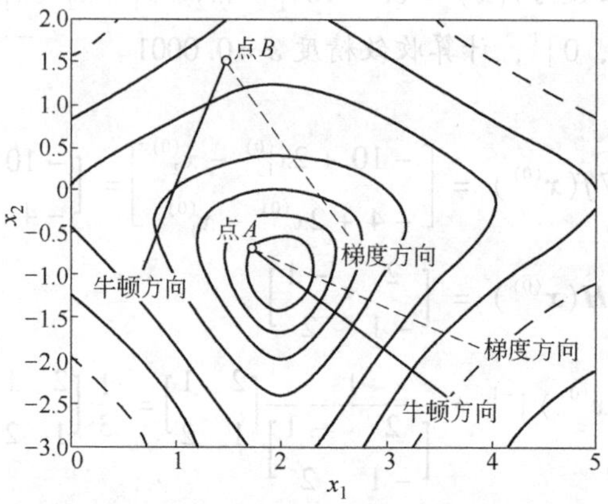

图4-23 目标函数的等值线和不同搜索方向

度方向进行搜索可以获得更好的效果，即对于一个最优步长 α，其 $f(\boldsymbol{x}_B+\alpha\boldsymbol{s}_{梯度})<f(\boldsymbol{x}_B+\alpha\boldsymbol{s}_{牛顿})$。

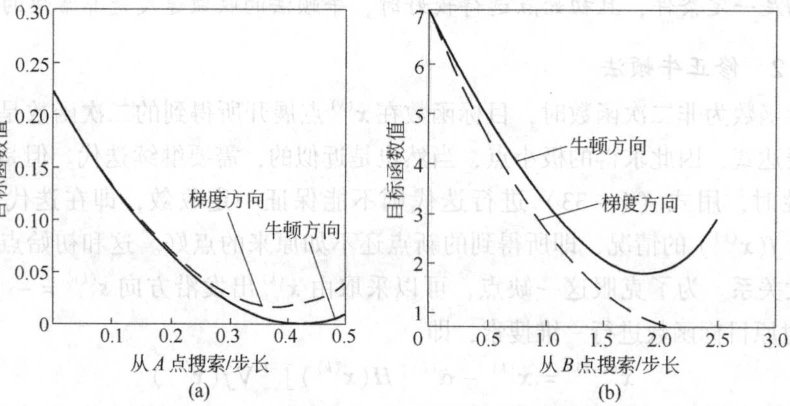

图4-24 梯度搜索方向和牛顿搜索方向的比较

(a) 从A点搜索；(b) 从B点搜索

4.4.4 变尺度法

4.4.4.1 变尺度法的基本思想

前面讨论的梯度法和牛顿法，它们的迭代公式都可以看作下述公式的特例：

$$\boldsymbol{x}^{(k+1)}=\boldsymbol{x}^{(k)}-\alpha^{(k)}\left[\boldsymbol{H}^{(k)}\right]\nabla f(\boldsymbol{x}^{(k)}) \tag{4-35}$$

若式中的 $\boldsymbol{H}^{(k)}=\boldsymbol{I}$，则是**梯度法**；若 $\boldsymbol{H}^{(k)}$ 为目标函数二阶导数矩阵的逆矩阵 $[\boldsymbol{H}(\boldsymbol{x}^{(k)})]^{-1}$，则为**修正牛顿法**。前者收敛慢，后者又需要计算二阶导数矩阵的逆阵且计算工作量大，于是又出现了另一种改进的算法——**变尺度法**。

变尺度法是对牛顿法的修正，它不用计算二阶导数的矩阵和它的逆阵，而是设法构造一个对称正定矩阵 $\boldsymbol{H}^{(k)}$ 来代替 Hessian 矩阵的逆阵 $[\boldsymbol{H}(\boldsymbol{x}^{(k)})]^{-1}$，并在迭代过程中，使其逐渐逼近 $[\boldsymbol{H}(\boldsymbol{x}^{(k)})]^{-1}$ 值。因此，一旦靠近极值点附近，就可望达到牛顿法的收敛速度，同时又避免了矩阵的求逆计算。由于对称正定矩阵 $\boldsymbol{H}^{(k)}$ 在迭代过程中是不断修正的，而且从式（4-35）可以看出，它对梯度$\nabla f(\boldsymbol{x}^{(k)})$起到改变尺度的作用，因此称$\boldsymbol{H}^{(k)}$为变尺度矩阵。

4.4.4.2 变尺度法的基本关系式

根据变尺度法的基本思想，需要构造一个矩阵$\boldsymbol{H}^{(k)}$，使其得到的搜索方向

$$\boldsymbol{s}^{(k)} = -\boldsymbol{H}^{(k)}\nabla f(\boldsymbol{x}^{(k)})$$

必须具有下降性、收敛性和计算的简便性。为了保证所构造的近似矩阵$\boldsymbol{H}^{(k)}$具有这些特点，必须：

（1）构造的矩阵$\boldsymbol{H}^{(k)}$须使$\boldsymbol{s}^{(k)}$为函数值的下降方向，为此要求$\boldsymbol{s}^{(k)}$与$-\nabla f(\boldsymbol{x}^{(k)})$之间的夹角小于90°，即

$$-[\boldsymbol{s}^{(k)}]^{\mathrm{T}}\nabla f(\boldsymbol{x}^{(k)}) > 0$$

将$\boldsymbol{s}^{(k)} = -\boldsymbol{H}^{(k)}\nabla f(\boldsymbol{x}^{(k)})$，代入上式得：

$$-[\boldsymbol{s}^{(k)}]^{\mathrm{T}}\nabla f(\boldsymbol{x}^{(k)}) = [\nabla f(\boldsymbol{x}^{(k)})]^{\mathrm{T}}\boldsymbol{H}^{(k)}\nabla f(\boldsymbol{x}^{(k)}) > 0 \quad k = 0,1,2,\cdots$$

所以只要构造的矩阵$\boldsymbol{H}^{(k)}$是对称正定矩阵，$\boldsymbol{s}^{(k)}$就是下降方向。

（2）为了使构造矩阵$\boldsymbol{H}^{(k)}$逐渐逼近矩阵$[\boldsymbol{H}(\boldsymbol{x}^{(k)})]^{-1}$，还要满足拟牛顿条件。设将目标函数展为Taylor的二次近似式：

$$f(\boldsymbol{x}) \approx f(\boldsymbol{x}^{(k)}) + [\nabla f(\boldsymbol{x}^{(k)})]^{\mathrm{T}}[\boldsymbol{x}-\boldsymbol{x}^{(k)}] + \frac{1}{2}[\boldsymbol{x}-\boldsymbol{x}^{(k)}]^{\mathrm{T}}\boldsymbol{H}(\boldsymbol{x}^{(k)})[\boldsymbol{x}-\boldsymbol{x}^{(k)}]$$

取其梯度，并令

$$\boldsymbol{g} = \nabla f(\boldsymbol{x}) = \nabla f(\boldsymbol{x}^{(k)}) + \boldsymbol{H}(\boldsymbol{x}^{(k)})[\boldsymbol{x}-\boldsymbol{x}^{(k)}]$$

设$\boldsymbol{g}^{(k)} = \nabla f(\boldsymbol{x}^{(k)})$，若$\boldsymbol{x}^{(k+1)}$为极值点附近的第$k+1$次的迭代点，则

$$\boldsymbol{g}^{(k+1)} = \nabla f(\boldsymbol{x}^{(k+1)}) = \boldsymbol{g}^{(k)} + \boldsymbol{H}(\boldsymbol{x}^{(k)})[\boldsymbol{x}^{(k+1)}-\boldsymbol{x}^{(k)}]$$

所以

$$\boldsymbol{g}^{(k+1)} - \boldsymbol{g}^{(k)} = \boldsymbol{H}(\boldsymbol{x}^{(k)})[\boldsymbol{x}^{(k+1)}-\boldsymbol{x}^{(k)}]$$

或

$$\boldsymbol{x}^{(k+1)} - \boldsymbol{x}^{(k)} = [\boldsymbol{H}(\boldsymbol{x}^{(k)})]^{-1}[\boldsymbol{g}^{(k+1)}-\boldsymbol{g}^{(k)}]$$

若用一矩阵$\boldsymbol{H}^{(k+1)}$来逼近$[\boldsymbol{H}(\boldsymbol{x}^{(k)})]^{-1}$，就必须满足

$$\boldsymbol{H}^{(k+1)}[\boldsymbol{g}^{(k+1)}-\boldsymbol{g}^{(k)}] = \boldsymbol{x}^{(k+1)}-\boldsymbol{x}^{(k)}$$

令

$$\Delta\boldsymbol{x}^{(k)} = \boldsymbol{x}^{(k+1)}-\boldsymbol{x}^{(k)},\ \Delta\boldsymbol{g}^{(k)} = \boldsymbol{g}^{(k+1)}-\boldsymbol{g}^{(k)}$$

则得：

$$\boldsymbol{H}^{(k+1)}\Delta\boldsymbol{g}^{(k)} = \Delta\boldsymbol{x}^{(k)} \tag{4-36}$$

称为**DFP条件**（或**拟牛顿条件**），在这个关系式中，只含有梯度和变量差向量的信息，也就是说，应通过$\Delta\boldsymbol{g}^{(k)}$和$\Delta\boldsymbol{x}^{(k)}$信息来构造矩阵$\boldsymbol{H}^{(k+1)}$。

（3）为适应迭代计算的需要，希望变尺度矩阵有如下递推形式，即

$$\boldsymbol{H}^{(k+1)} = \boldsymbol{H}^{(k)} + \boldsymbol{E}^{(k)} \quad k = 0,1,2,\cdots \tag{4-37}$$

式中，$\boldsymbol{E}^{(k)}$称为第k次的**校正矩阵**；当$k=0$时，取$\boldsymbol{H}^{(0)} = \boldsymbol{I}$。

经过数学上的推导，可得校正矩阵的计算公式为：

$$\boldsymbol{E}^{(k)} = \frac{\Delta\boldsymbol{x}^{(k)}[\Delta\boldsymbol{x}^{(k)}]^{\mathrm{T}}}{[\Delta\boldsymbol{g}^{(k)}]^{\mathrm{T}}\Delta\boldsymbol{x}^{(k)}} - \frac{\boldsymbol{H}^{(k)}\Delta\boldsymbol{g}^{(k)}[\Delta\boldsymbol{g}^{(k)}]^{\mathrm{T}}\boldsymbol{H}^{(k)}}{[\Delta\boldsymbol{g}^{(k)}]^{\mathrm{T}}\boldsymbol{H}^{(k)}\Delta\boldsymbol{g}^{(k)}} \tag{4-38}$$

4.4.4.3 DFP变尺度法的算法步骤

DFP变尺度法的算法如下：

（1）选取初始点$\boldsymbol{x}^{(0)}$，确定计算精度要求ε。

（2）令$k=0$，$\boldsymbol{H}^{(0)} = \boldsymbol{I}$，计算$\nabla f(\boldsymbol{x}^{(0)})$和拟牛顿方向

$$s^{(k)} = -H^{(0)} \nabla f(x^{(0)})$$

（3）进行一维搜索求 $\alpha^{(k)}$ 使

$$\min f(x^{(k)} + \alpha s^{(k)})$$

得 $\alpha^{(k)}$，于是 $x^{(k+1)} = x^{(k)} + \alpha^{(k)} s^{(k)}$

（4）检验精度，计算 $\nabla f(x^{(k+1)})$，若 $\| \nabla f(x^{(k+1)}) \| \leqslant \varepsilon$，则停止，其最小点为 $x^* \approx x^{(k+1)}$。若否，则进行下一步。

（5）检查迭代次数，若 $k=n$，则重置，从负梯度方向开始，并取 $x^{(0)} = x^{(k+1)}$。否则进行下一步。

（6）构造新的拟牛顿方向

$$s^{(k+1)} = -H^{(k+1)} \nabla f(x^{(k+1)})$$

其中 $H^{(k+1)} = H^{(k)} + E^{(k)}$

$$E^{(k)} = \frac{\Delta x^{(k)}[\Delta x^{(k)}]^{\mathrm{T}}}{[\Delta g^{(k)}]^{\mathrm{T}} \Delta x^{(k)}} - \frac{H^{(k)} \Delta g^{(k)} [\Delta g^{(k)}]^{\mathrm{T}} H^{(k)}}{[\Delta g^{(k)}]^{\mathrm{T}} H^{(k)} \Delta g^{(k)}}$$

令 $k = k+1$，转向第（3）步。

【例 4-5】 目标函数 $f(x) = 60 - 10x_1 - 4x_2 + x_1^2 + x_2^2 - x_1 x_2$，试用变尺度法求其极小点。计算收敛精度 $\varepsilon = 0.0001$，初始点为 $x^{(0)} = [0,\ 0]^{\mathrm{T}}$。

解： 计算初始点的梯度。

$$g^{(0)} = \nabla f(x^{(0)}) = \begin{bmatrix} -10 + 2x_1^{(0)} - x_2^{(0)} \\ -4 + 2x_2^{(0)} - x_1^{(0)} \end{bmatrix}$$

$$= \begin{bmatrix} -10 \\ -4 \end{bmatrix}$$

$$H^{(0)} = I = \begin{bmatrix} 1 & 0 \\ 0 & 1 \end{bmatrix}$$

$$s^{(0)} = -H^{(0)} g^{(0)} = \begin{bmatrix} 10 \\ 4 \end{bmatrix}$$

一维搜索，使 $\min f(x^{(0)} + \alpha s^{(0)})$ 求得最优化步长因子 $\alpha^{(0)} = 0.76315$。

$$x^{(1)} = x^{(0)} + \alpha^{(0)} s^{(0)} = \begin{bmatrix} 0 \\ 0 \end{bmatrix} + 0.76315 \begin{bmatrix} 10 \\ 4 \end{bmatrix} = \begin{bmatrix} 7.6315 \\ 3.0526 \end{bmatrix}$$

计算 $x^{(1)}$ 点的梯度。

$$g^{(1)} = \nabla f(x^{(1)}) = \begin{bmatrix} 2.2104 \\ -5.5263 \end{bmatrix},\ \Delta x^{(0)} = x^{(1)} - x^{(0)} = \begin{bmatrix} 7.6315 \\ 3.0526 \end{bmatrix}$$

$$\Delta g^{(0)} = g^{(1)} - g^{(0)} = \begin{bmatrix} 2.2104 \\ -5.5263 \end{bmatrix} - \begin{bmatrix} -10 \\ -4 \end{bmatrix} = \begin{bmatrix} 12.2104 \\ -1.5263 \end{bmatrix}$$

$$H^{(1)} = H^{(0)} + E^{(0)} = \begin{bmatrix} 1 & 0 \\ 0 & 1 \end{bmatrix} + \frac{\begin{bmatrix} 7.6315 \\ 3.0526 \end{bmatrix} [7.6135,\ 3.0526]}{[12.2104,\ -1.5263] \begin{bmatrix} 1 & 0 \\ 0 & 1 \end{bmatrix} \begin{bmatrix} 12.2104 \\ -1.5263 \end{bmatrix}}$$

$$= \begin{bmatrix} 0.6733 & 0.3863 \\ 0.3863 & 1.0899 \end{bmatrix}$$

从计算可以看出，$\boldsymbol{H}^{(1)}$是一个对称正定矩阵。

$$\boldsymbol{s}^{(1)} = -\boldsymbol{H}^{(1)}\boldsymbol{g}^{(1)} = -\begin{bmatrix} 0.6733 & 0.3863 \\ 0.3863 & 1.0899 \end{bmatrix}\begin{bmatrix} 2.2104 \\ -5.5263 \end{bmatrix} = \begin{bmatrix} 0.6462 \\ 5.1692 \end{bmatrix}$$

$$\boldsymbol{x}^{(2)} = \boldsymbol{x}^{(1)} + \alpha^{(1)}\boldsymbol{s}^{(1)} = \begin{bmatrix} 7.6315 \\ 3.0526 \end{bmatrix} + \alpha^{(1)}\begin{bmatrix} 0.6462 \\ 5.1692 \end{bmatrix}$$

用一维搜索要求 $\min\limits_{\alpha} f[\boldsymbol{x}^{(1)} + \alpha\boldsymbol{s}^{(1)}]$ 得最优步长因子 $\alpha^{(1)} = 0.5701$，所以得：

$$\boldsymbol{x}^{(2)} = \begin{bmatrix} 7.9999 \\ 5.9999 \end{bmatrix}$$

已满足计算精度要求，故可中断计算。

4.4.4.4 DFP 变尺度法的特点和 BFGS 变尺度法

DFP 变尺度法的特点有：

（1）DFP 变尺度法不需要求 Hessian 矩阵及其逆阵，但需利用一阶导数信息。DFP 法开始时是梯度法，所以从任一初始点通过梯度方向找到一个比较好的迭代点，为以后的逐次迭代，创造了有利的条件。

（2）DFP 法的收敛速度介于梯度法和牛顿法之间。

（3）计算实践表明，一维搜索的精度对收敛速度影响不大。但如果精度太低，也有可能会使计算失效，因此对一维搜索的收敛精度要求一般不低于终止计算的精度。

DFP 变尺度法虽收敛速度较快，但是它也存在数值计算稳定性较差的问题，于是在 20 世纪 70 年代初又提出了另一种变尺度法——**BFGS 变尺度法**，这种方法与 DFP 方法的不同之处，在于近似矩阵的计算不同。它的公式为：

$$\boldsymbol{H}^{(k+1)} = \boldsymbol{H}^{(k)} + \frac{\mu_k \Delta\boldsymbol{x}^{(k)}\ [\Delta\boldsymbol{x}^{(k)}]^{\mathrm{T}} - \boldsymbol{H}^{(k)}\Delta\boldsymbol{g}^{(k)}\ [\Delta\boldsymbol{x}^{(k)}]^{\mathrm{T}} - [\Delta\boldsymbol{x}^{(k)}]^{\mathrm{T}}\ [\Delta\boldsymbol{g}^{(k)}]\ \boldsymbol{H}^{(k)}}{[\Delta\boldsymbol{x}^{(k)}]^{\mathrm{T}}\Delta\boldsymbol{g}^{(k)}} \tag{4-39}$$

式中

$$\mu_k = 1 + \frac{[\Delta\boldsymbol{g}^{(k)}]^{\mathrm{T}}\boldsymbol{H}^{(k)}\Delta\boldsymbol{g}^{(k)}}{[\Delta\boldsymbol{x}^{(k)}]^{\mathrm{T}}\Delta\boldsymbol{g}^{(k)}} \tag{4-40}$$

由于 BFGS 变尺度法对一维最优化搜索的收敛精度要求较低，因而，在迭代中 $\boldsymbol{H}^{(k)}$ 不易退化为病态矩阵，从而保证了算法数值计算的稳定性。其实，变尺度矩阵的计算公式还有很多，这里就不再一一介绍，有兴趣的读者可以参考非线性规划方面的专著。

上面介绍了几种常用的多变量无约束优化计算方法，在梯度算法类中，像牛顿法和修正牛顿法需要用到目标函数的二阶导数，因此又称这些算法为**二阶方法**；算法中仅用到目标函数的一阶导数，如梯度法、共轭梯度法、变尺度法，又称为**一阶方法**；按此分类方法，各种非梯度算法又称为**零阶方法**。

非导数类算法，由于在计算中不需计算目标函数的导数，所以这类算法适合于不易求导数的优化问题，这给工程问题的计算带来很多的方便。另外，计算较为稳定、编程简单和所需的存贮单元量小也是它的优点。其缺点是收敛速度较慢，属于线性或超线性收敛。

导数类算法，由于利用了多元函数的极值性质，采用了更合理的搜索方向，使迭代次数减少，收敛速度加快。但当问题的目标函数无解析导数或求解析导数困难而采用差分法求近似导数时，由于不可避免地存在计算误差和舍入误差的干扰，因而降低了它的计算稳定性和可靠性。

习 题

4-1 用0.618法求一元函数 $\varphi(t)=t(t+2)$ 在区间 $[-3,5]$ 中的极小点，要求计算到区间的长度小于0.05。

4-2 求一元函数 $\varphi(t)=\sqrt[3]{t^2}-\sqrt[3]{t^2+1}$ 的极小点。要求：

(1) 从 $t_0=0$ 出发以 $h=0.1$ 的步长确定一个搜索区间；

(2) 用0.618法求其极小点，精度取 $\varepsilon=0.1$。

4-3 现已知汽车行驶速度 x 与每公里耗油量的函数关系为 $f(x)=x+20/x$，试用0.618法确定当速度 x 在每分钟0.2~1km时的最经济速度 x^*。

4-4 试用二次插值法求上题的最经济速度 x^*。

4-5 求 $\varphi(t)=(t+1)(t-2)^2$ 的极小点，要求：

(1) 从 $t_0=0$ 出发以 $h=0.1$ 为步长确定一个搜索区间；

(2) 用二次插值法求极小点，精度取 $\varepsilon=0.1$。

4-6 设目标函数

$$f(\boldsymbol{x})=4+\frac{9}{2}x_1-4x_2+x_1^2+2x_2^2-2x_1x_2+x_1^4-2x_1^2x_2$$

取初始点 $\boldsymbol{x}^{(0)}=\begin{bmatrix}-2.0\\2.2\end{bmatrix}$，用坐标轮换法求其最优点。

4-7 设目标函数

$$f(\boldsymbol{x})=10(x_1+x_2-5)^2+(x_1-x_2)^2$$

取初始点 $\boldsymbol{x}^{(0)}=\begin{bmatrix}0\\0\end{bmatrix}$，用Powell法求其最优点，计算前4次迭代。

4-8 设目标函数

$$f(\boldsymbol{x})=x_1^2-x_1x_2+3x_2^2$$

(1) 试用Powell法从 $\boldsymbol{x}^{(0)}=[1,2]^{\mathrm{T}}$ 点开始，求其最优点；

(2) 若取初始点 $\boldsymbol{x}^{(0)}=[1,2]^{\mathrm{T}}$，试说明共轭方向法（不加Powell的共轭性条件）得不出最优点的原因。

4-9 试用梯度法求解 $f(\boldsymbol{x})=x_1^2+2x_2^2$ 的极小点，设初始点 $\boldsymbol{x}^{(0)}=[4,4]^{\mathrm{T}}$，迭代三次，并验证相邻两次迭代的搜索方向为互相垂直。

4-10 试用共轭梯度法求 $f(\boldsymbol{x})=x_1^2-x_1x_2+x_2^2+2x_1-4x_2$ 的极小点，取初始点为 $\boldsymbol{x}^{(0)}=[2,2]^{\mathrm{T}}$。

4-11 用牛顿法求下列函数的极小点。

(1) $f(\boldsymbol{x})=x_1^2+4x_2^2+9x_3^2-2x_1+18x_3$；

(2) $f(\boldsymbol{x})=x_1^2-2x_1x_2+\frac{3}{2}x_2^2+x_1-2x_2$。

4-12 试用变尺度法求解 $f(\boldsymbol{x})=x_1^2+2x_2^2-4x_1-2x_1x_2$ 的极小点，设初始点为 $\boldsymbol{x}^{(0)}=[1,1]^{\mathrm{T}}$。

5 约束优化计算方法

5.1 引言

在机械设计问题中，大多数的优化问题都属于有约束的问题，其数学模型的一般形式为：

$$\left.\begin{array}{ll} \min & f(\boldsymbol{x}) \quad \boldsymbol{x} \in \boldsymbol{X} \subset R^n \\ \text{s.t.} & g_u(\boldsymbol{x}) \leqslant 0 \quad u = 1,2,\cdots,m \\ & h_v(\boldsymbol{x}) = 0 \quad v = 1,2,\cdots,p < n \end{array}\right\} \tag{5-1}$$

求解这类问题的方法通常称为**约束优化计算方法**。它根据求解方式的不同可以分为**直接解法**和**间接解法**两大类。

直接解法是在满足不等式约束 $g_u(\boldsymbol{x}) \leqslant 0(u = 1,2,\cdots,m)$ 的可行设计区域内直接搜索问题的约束最优解 $\boldsymbol{x}^*$ 和 $f(\boldsymbol{x}^*)$。属于这类方法的有**随机试验法、随机方向搜索法、复合形法、可行方向法、梯度投影法**等。其中随机方向搜索法和复合形法比较简单，但对于多维问题其计算量比较大。可行方向法程序比较复杂，一般用于大型优化设计问题。至于梯度投影法，由于它对约束函数有一定要求，所以比较少用。此外，还有类似于复合形法的**伸缩保差法**等。由于方法甚多，在本章中只介绍随机方向搜索法、复合形法和由可行方向法与梯度投影法相结合的一种直接搜索法。

间接解法是将约束优化问题转化为一系列无约束优化问题求解的一种方法。由于这类方法可以选用有效的无约束优化方法，且易于处理同时含有等式约束和不等式约束的问题，因而在工程优化设计中得到了广泛的应用，其中最有代表性的是**惩罚函数法**（即 **SUMT 法**）。

在求解约束优化设计问题时，必须注意的是，由于目标函数和约束函数的非线性，致使约束优化问题是一个多解问题（即有多个局部最优点）。有的问题最优点在约束区域内，但多数问题的最优点都在约束区域的边界上，这是一种比较正常的情况；有些问题，当无约束时局部最优点也就是全域最优点（凸函数），加上约束以后就有可能出现多个局部最优点，所有这些特征都是由于约束的非线性引起的。

5.2 随机方向搜索法

5.2.1 基本原理

随机方向搜索法是在可行域内利用随机产生的可行方向进行搜索的一种直接解法。对于求解

$$\begin{array}{ll} \min & f(\boldsymbol{x}) \quad \boldsymbol{x} \in R^n \\ \text{s.t.} & g_u(\boldsymbol{x}) \leqslant 0 \quad u = 1,\ 2,\ \cdots,\ m \end{array}$$

这类约束问题，采用约束随机方向搜索方法的迭代格式为：

$$x^{(k+1)} = x^{(k)} + \Delta x^{(k)} \quad k = 0, 1, \cdots \tag{5-2}$$

式中，$\Delta x^{(k)}$ 为第 k 次迭代的随机搜索方向向量。

约束随机方向搜索法的基本原理如下：如图 5-1 所示，在约束可行域内选取一个初始点 $x^{(0)}$。为了确定本次迭代的搜索方向，以若干个不同随机方向的向量 Δx 进行试验性的探索，若 $f(x^{(0)} + \Delta x) < f(x^{(0)})$，则以 Δx 为搜索方向向量，在不破坏约束条件的情况下，前进一步，取得新点 x，并作为下一轮迭代计算的起始点，重复前面的过程。若找不到新点，则可以将随机搜索方向向量缩短，直至取得一个好的可行点。如此周而复始，直至迭代的方向向量已经很小时（即相邻二次迭代点已很近），就结束计算过程，取得约束最优解。

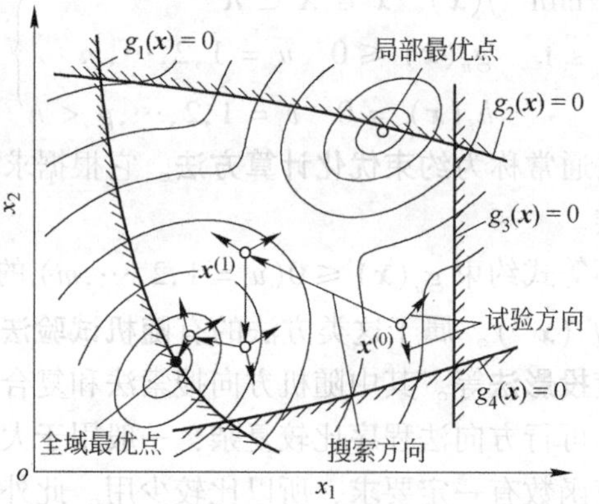

图 5-1 约束随机方向搜索法的基本原理

5.2.2 随机搜索方向向量的确定

产生随机方向向量需要用到大量的［0，1］区间内均匀分布的随机数。这些随机数要求具有较好的概率统计特性，包括抽样的随机性、分布的均匀性（即实际频率与理论频率无显著差异）、试验的独立性和前后的一致性等。产生随机数的方法很多，一般都采用数学模型来产生随机数，它的特点是产生速度快，内存占用少，并且有较好的概率统计特性。目前常用的是乘同余法，它以产生周期长、统计性质优而获得广泛应用。在一般计算机上都备有过程或子程序，调用它即可得［0，1］区间内均匀分布的随机数 r，即

$$r = \mathrm{random}\ (A) \tag{5-3}$$

式中，A 为任意给定的一个正奇数。

开始第 1 次调用时赋值，以后赋零即可。若将［0，1］区间内的均匀分布的随机数 r 变换到［-1，+1］之间的均匀随机数，则为

$$r = 2r - 1 \tag{5-4}$$

由于式（5-2）中的随机搜索方向向量 $\Delta x^{(k)}$ 可以表示为一个标量 α（或步长因子）与随机方向单位向量 $s^{(k)}$ 的乘积，即

$$\Delta x^{(k)} = \alpha s^{(k)} \tag{5-5}$$

其中，步长因子 α 可根据目标函数的下降性与约束条件是否满足作出调整，即可以一定系

数等比递增或递减。例如以1.3倍递增，即每次向前的移动步长为前一次的1.3倍。这样做可以减少计算工作量，提高计算效率。

而随机方向单位向量可按如下方法产生：对于 n 维设计问题，利用式（5-3）和式（5-4）产生 n 个［-1，+1］之间的随机数 $r_1, r_2, \cdots, r_n$，若 $(r_1^2+r_2^2+\cdots+r_n^2)^{1/2} \leqslant 1$，则可按下式构造随机方向单位向量：

$$\boldsymbol{s}^{(k)} = \frac{1}{(r_1^2+r_2^2+\cdots+r_n^2)^{1/2}} \begin{Bmatrix} r_1 \\ r_2 \\ \vdots \\ r_n \end{Bmatrix} \tag{5-6}$$

若 $(r_1^2+r_2^2+\cdots+r_n^2)^{1/2} > 1$，则淘汰这组随机数，重新产生一组。

5.2.3 可行初始点的产生方法

约束随机方向搜索法的初始点 $\boldsymbol{x}^{(0)}$ 必须是一个可行点，即满足全部约束条件

$$g_u(\boldsymbol{x}^{(0)}) \leqslant 0 \quad u = 1, 2, \cdots, m$$

通常有决定性的方法和随机选择方法两种确定方法。

（1）**决定性的方法**：即在可行域内人为地确定一个可行的初始点。当约束条件比较简单时，这种方法是可用的。但当约束条件比较复杂时，人为选择一个可行点就比较困难，因此建议用下面的随机选择方法。

（2）**随机选择方法**：即利用计算机产生的随机数来选择一个可行的初始点 $\boldsymbol{x}^{(0)}$。此时需要输入设计变量的上限值和下限值，即

$$a_i \leqslant x_i \leqslant b_i \quad i = 1, 2, \cdots, n \tag{5-7}$$

这样，所产生的随机点的各分量为：

$$x_i^{(0)} = a_i + r_i(b_i - a_i) \quad i = 1, 2, \cdots, n \tag{5-8}$$

式中，r_i 为［0，1］区间内服从均匀分布的随机数。

这样产生的随机点不一定满足所有的约束条件，因此还必须经过可行性条件的检验。若是可行点，即可作为初始点 $\boldsymbol{x}^{(0)}$。若为非可行点，则另取一组随机数，或者改变设计变量的上限值和下限值，重新产生一个随机点，直到得到一个可行的随机点为止。采用这种方法来产生可行的初始点，对于大中小规模的优化设计问题都比较适用。

5.2.4 算法步骤

约束随机方向搜索算法的步骤如下：

（1）随机选择一个可行的初始点 $\boldsymbol{x}^{(0)} \in \mathscr{D}$，并令迭代序号 $k=1$，设定步长因子 α 值（可取要求计算精度 ε 的足够倍数）；c 为步长的放大或缩短系数；N 为在每个点上产生随机试验搜索方向向量的个数；计算目标函数值 $f_0 = f(\boldsymbol{x}^{(0)})$。

（2）产生 n 个［-1，+1］之间的随机数，并按式（5-6）构造随机方向单位向量 $\boldsymbol{s}^{(k)}$。

（3）计算新点 $\boldsymbol{x}' = \boldsymbol{x}^{(k)} + \alpha \boldsymbol{s}^{(k)}$，若 $\boldsymbol{x}'$ 不可行则转步骤（5），否则计算目标函数值 $f = f(\boldsymbol{x}')$。

(4) 比较函数值 f_0 和 f，若 $f>f_0$，则重复步骤 (2) 和 (3)。若 $f<f_0$，则令 $\boldsymbol{x}^{(k)}=\boldsymbol{x}'$，$f_0=f$，$\alpha=c\alpha$ 转步骤 (3)。

(5) 若迭代次数 $k\geqslant N$ 超过规定次数还不能产生一个好点 $\boldsymbol{x}'$，则减小 α 值，取 $\alpha=\alpha/c$，转下一步。

(6) 若 α 值已减小到小于给定的计算精度 ε，仍然得不到一个更好的点，则取 $\boldsymbol{x}^*\approx\boldsymbol{x}^{(k)}$ 为最优点，并结束计算；否则转步骤 (2)。

随机方向搜索法的优点是对目标函数的性态无特殊要求，程序结构简单，使用方便。另外，由于在搜索方向上可以随机变更步长，所以收敛速度比较快。若能选取一个较好的初始点，则其迭代次数可以减少。因此，它对于机械优化设计问题是一种较为有效的方法，但是计算精度较低。

【例 5-1】 图 5-2 所示为平面铰接四杆机构。各杆的长度分别为 l_1,l_2,l_3,l_4；主动杆 1 的输入角为 φ，相应于摇杆 3 在右极位（杆 1 与杆 2 伸直位置）时，主动杆 1 的初始位置角为 φ_0；从动杆的输出角为 ψ，初始位置角为 ψ_0。试确定四杆机构的运动参数，使输出角 $\psi=f(\varphi,l_1,l_2,l_3,l_4,\varphi_0,\psi_0)$ 的函数关系，当曲柄从 φ_0 位置转到 $\varphi_{\mathrm{m}}=\varphi_0+90°$ 时，最佳地再现下面给定的函数关系：

$$\psi_{\mathrm{E}}=\psi_0+\frac{2}{3\pi}(\varphi-\varphi_0)^2 \tag{a}$$

设已知 $l_1=1$，$l_4=5$，其传动角允许在 $45°\leqslant\gamma\leqslant135°$ 范围内变化。

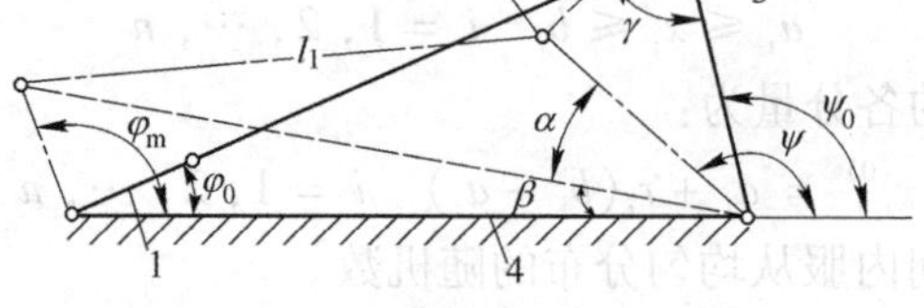

图 5-2 平面铰接四杆机构简图

解： (1) 数学模型的建立。

在这个设计问题中，已经给定了两根杆长：$l_1=1$，$l_4=5$，且 φ_0 和 ψ_0 不是独立的参数，因为

$$\varphi_0=\arccos\left[\frac{(l_1+l_2)^2+l_4^2-l_3^2}{2(l_1+l_2)l_4}\right]$$

$$\psi_0=\arccos\left[\frac{(l_1+l_2)^2-l_3^2-l_4^2}{2l_3l_4}\right]$$

所以只剩下两个独立参数 l_2 和 l_3。因此设计变量取

$$\boldsymbol{x}=\begin{bmatrix}x_1\\x_2\end{bmatrix}=\begin{bmatrix}l_2\\l_3\end{bmatrix}$$

复演预期函数的机构最优设计问题，可以按所设计机构的输出函数与给定函数的均方根误差达到最小来建立目标函数，即

$$\Delta = \sqrt{\frac{\int_{\varphi_0}^{\varphi_m}[\psi - \psi_E]^2 d\varphi}{\varphi_m - \varphi_0}} \to \min$$

或者

$$E = \int_{\varphi_0}^{\varphi_m}[\psi - \psi_E]^2 d\varphi \to \min$$

由于ψ和ψ_E均为输入角φ的连续函数，为了进行数值计算，可将$[\varphi_0, \varphi_m]$区间划分为30等分，将上式改写为梯形近似积分计算公式：

$$f(\boldsymbol{x}) = \sum_{j=2}^{29}[(\psi_j - \psi_{Ej})^2(\varphi_j - \varphi_{j-1})] + \frac{1}{2}[(\psi_1 - \psi_{E1})^2(\varphi_1 - \varphi_0) + (\psi_{30} - \psi_{E30})^2(\varphi_{30} - \varphi_{29})]$$

式中，ψ_j为当$\varphi = \varphi_j$时机构的实际输出角；ψ_{Ej}为复演预期函数当$\varphi = \varphi_j$时的函数值，也就是欲求机构的理论输出角。下标j为$j = 0, 1, 2, \cdots, 30$。ψ_{Ej}值按式（a）计算，ψ_j值可按下式计算（见图5－2）：

$$\psi_j = \pi - \alpha_j - \beta_j$$

式中

$$\alpha_j = \arccos\left(\frac{l_j^2 + l_3^2 - l_2^2}{2l_j l_3}\right) = \arccos\left(\frac{l_j^2 + x_2^2 - x_1^2}{2l_j x_2}\right)$$

$$\beta_j = \arccos\left(\frac{l_j^2 + l_4^2 - l_1^2}{2l_j l_4}\right) = \arccos\left(\frac{l_j^2 + 24}{10l_j}\right)$$

$$l_j = (l_1^2 + l_4^2 - 2l_1 l_4 \cos\varphi_j)^{1/2} = (26 - 10\cos\varphi_j)^{1/2}$$

由于要求四杆机构的杆1能做整周转动，且机构的最小传动角$\gamma_{min} \geq 45°$、最大传动角$\gamma_{max} \leq 135°$，所以根据四杆机构的曲柄存在条件，得不等式约束条件为：

$$g_1(\boldsymbol{x}) = -x_1 \leq 0 \quad \text{(b)}$$

$$g_2(\boldsymbol{x}) = -x_2 \leq 0 \quad \text{(c)}$$

$$g_3(\boldsymbol{x}) = -x_1 - x_2 + 6 \leq 0 \quad \text{(d)}$$

$$g_4(\boldsymbol{x}) = -x_2 + x_1 - 4 \leq 0 \quad \text{(e)}$$

$$g_5(\boldsymbol{x}) = -x_1 + x_2 - 4 \leq 0 \quad \text{(f)}$$

根据传动角的条件有$\cos\gamma_{min} \leq \cos45°$，$\cos\gamma_{max} \geq \cos135°$，因为

$$\cos\gamma_{min} = \frac{l_2^2 + l_3^2 - (l_4 - l_1)^2}{2l_2 l_3}$$

$$\cos\gamma_{max} = \frac{l_2^2 + l_3^2 - (l_4 + l_1)^2}{2l_2 l_3}$$

所以得不等式约束条件为：

$$g_6(\boldsymbol{x}) = x_1^2 + x_2^2 - 1.41142x_1x_2 - 16 \leq 0 \quad \text{(g)}$$

$$g_7(\boldsymbol{x}) = -x_1^2 - x_2^2 - 1.41142x_1x_2 + 36 \leq 0 \quad \text{(h)}$$

在上面七个约束条件中，式(b)～式(f)的约束边界为直线，式(g)和式(h)的约束边界为椭圆，如图5－3所示，在设计空间（即由x_1和x_2所构成的平面）内组成一个可行设计区域，即阴影线所包围的部分。

目标函数是一个凸函数，其等值线如图 5 - 4 所示。

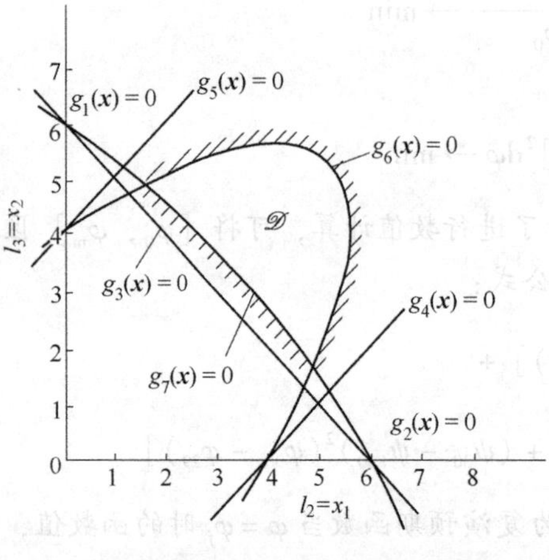

图 5 - 3　可行设计区域

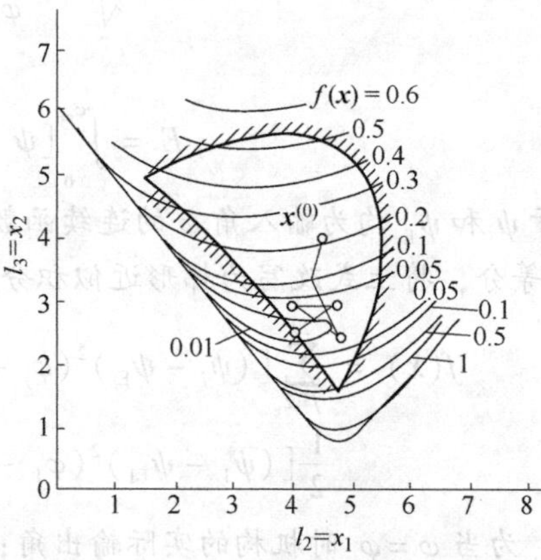

图 5 - 4　搜索轨迹

(2) 优化计算结果。

上述设计问题是属于二维的非线性约束优化设计问题，有七个不等式约束条件，其中主要的是 $g_6(\boldsymbol{x}) \leqslant 0$ 和 $g_7(\boldsymbol{x}) \leqslant 0$。

现在采用约束随机方向搜索法来求解：如图 5 - 4 所示，取初始点 $x_1^{(0)}=4.5$，$x_2^{(0)}=4$，试验步长 $\alpha=0.1$，目标函数值的收敛精度 $\varepsilon_1=10^{-4}$，步长的收敛精度 $\varepsilon_2=10^{-4}$，经过 9 次迭代，其最优解为 $x_1^*=l_2=4.1286$，$x_2^*=l_3=2.3325$，$f(\boldsymbol{x}^*)=0.0156$。

最终设计方案的参数为 $l_1=1.0$，$l_2=4.1286$，$l_3=2.3325$，$l_4=5.0$，$\varphi_0=26°28'$，$\psi_0=100°08'$，机构图如图 5 - 5 所示，机构实际输出角 ψ 和复演预期函数 ψ_E 的关系和误差见图 5 - 6。

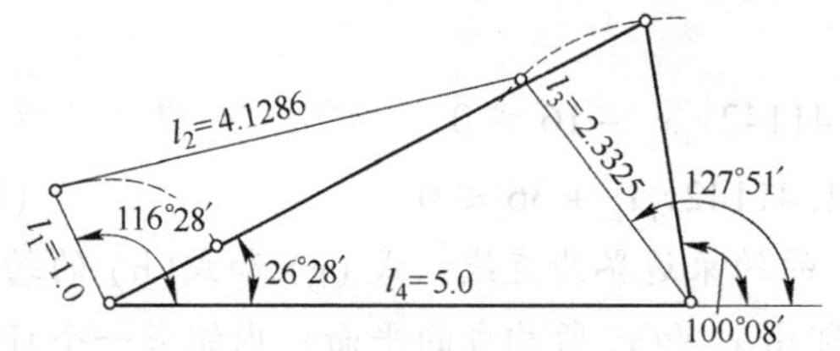

图 5 - 5　机构最优方案

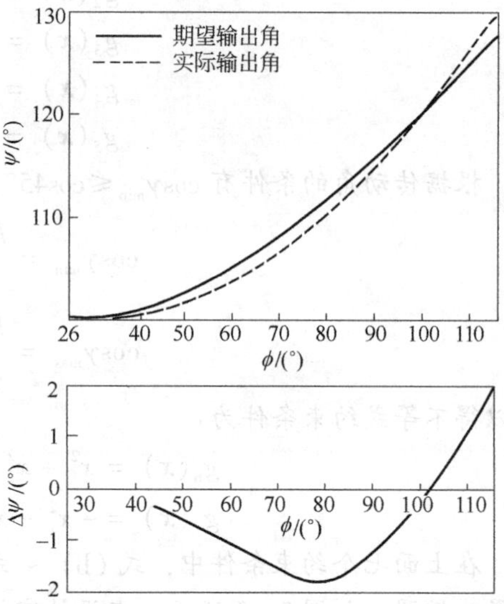

图 5 - 6　复演函数的关系曲线及其误差

5.3 复合形法

5.3.1 基本原理

复合形法是1965年Box把求解无约束优化问题的单纯形法推广到求解如下的约束优化问题的一种方法：

$$
\begin{aligned}
\min \quad & f(\boldsymbol{x}) \quad \boldsymbol{x} \in R^n \\
\text{s.t.} \quad & g_u(\boldsymbol{x}) \leqslant 0 \quad u = 1, 2, \cdots, m \\
& a_i \leqslant x_i \leqslant b_i \quad i = 1, 2, \cdots, n
\end{aligned}
$$

所谓**复合形**是指在 n 维设计空间的可行域 $\mathscr{D}$ 内由 $k(=n+1 \sim 2n)$ 个顶点所构成的多面体。通过对可行域内的多面体各顶点目标函数值的比较，不断地去掉最坏点，代之以既能使目标函数值下降又满足所有约束条件的新点，这样通过顶点的不断更迭而使复合形发生形变和移动，逐渐逼向最优点。由于对复合形不必保持规则图形，顶点数较多，因此复合形法可以求解非线性的约束问题，而且计算稳定可靠，但一般不用于解含有等式约束的问题。

5.3.2 初始复合形的构成

由于复合形法是一种在可行域内直接求优的方法，所以要求第一个复合形的 k 个顶点都必须是可行的，如图5-7所示为二维问题的复合形。对复合形的顶点数一般推荐取 $k \approx 2n$，当计算问题的维数较多（如 $n>5$）时，可取 $k=n+1$。如果复合形顶点数少了，一旦丢失顶点，即出现 $k<n$，就可能会降维搜索而找不到真正的最优点。

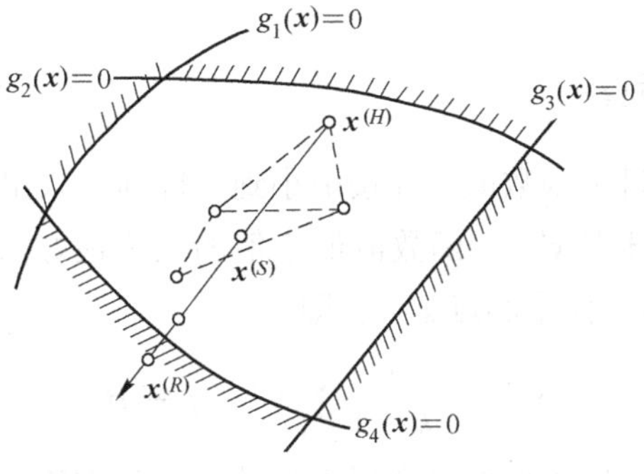

图5-7 二维问题的复合形

初始复合形的构造方法有如下几种：

(1) 给定 k 个初始顶点。由设计者预先选择 k 个设计方案，即人为构造一个初始复合形。由于 k 个顶点都必须满足所有的约束条件，因此当设计变量数目较多或约束条件比较复杂时，这样做可能是很不方便的甚至是很困难的。

(2) 给定一个初始顶点，随机产生其他顶点。如果用常规设计方法能取得一个设计方案，此方案虽然不是最优的，但却是一个可行的，则其他 $k-1$ 个顶点就可以用随机方法产生，即其各个设计变量为：

$$x_i^{(j)} = a_i + r_i^{(j)}(b_i - a_i) \quad i = 1, 2, \cdots, n; j = 2, 3, \cdots, k \tag{5-9}$$

式中，a_i，b_i 为各设计变量 x_i 的上、下界值，一般可取边界约束值；$r_i^{(j)}$ 为 [0, 1] 区间内服从均匀分布的随机数。

这样随机产生的 $k-1$ 个顶点，虽然可以满足边界约束条件，但不一定就满足性能约束条件，因而还必须对各个顶点进行检查，并将不满足约束条件的顶点移到可行域内使它满足全部约束条件。为此，若已经有 q 个顶点是满足全部约束条件的，则先求出 q 个顶点的中心点：

$$x_i^{(t)} = \frac{1}{q}\sum_{j=1}^{q} x_i^{(j)} \quad i = 1, 2, \cdots, n \tag{5-10}$$

然后将不满足约束条件的点 $\boldsymbol{x}^{(q+1)}$ 向中心点 $\boldsymbol{x}^{(t)}$ 靠拢，即

$$\boldsymbol{x}^{(q+1)} = \boldsymbol{x}^{(t)} + 0.5(\boldsymbol{x}^{(q+1)} - \boldsymbol{x}^{(t)})$$

若还不满足约束条件，可以重复用上式计算。

只要中心点 $\boldsymbol{x}^{(t)}$ 是可行点，$\boldsymbol{x}^{(q+1)}$ 点经逐步向 $\boldsymbol{x}^{(t)}$ 靠拢，最终总能成为一个可行顶点。随机产生的各个顶点经过这种处理后，最后可取得 k 个可行的初始顶点，从而可构成初始复合形。

事实上，只要可行域是凸集，其中心点必为可行点，因而用上述方法可以成功地在可行域内构成初始复合形。如果可行域为非凸集那就有失败的可能，当中心点处于可行域之外时，就应该缩小随机选点的边界域，重新产生各顶点。

(3) 随机产生全部顶点。初始复合形的各顶点也可以全部用随机方法产生，但首先也须用式 (5-9) 产生一个满足全部约束的可行顶点，然后再按上面所述方法随机产生其他 $k-1$ 个顶点。

5.3.3 复合形法的基本运算

先计算出 k 个顶点的目标函数值，并按由小到大排列，取出其中的函数值最大的点定为最坏点 $\boldsymbol{x}^{(H)}$，其次为次坏点 $\boldsymbol{x}^{(G)}$，函数值最小值的点为最好点 $\boldsymbol{x}^{(L)}$。然后计算出除最坏点 $\boldsymbol{x}^{(H)}$ 外的 $k-1$ 个顶点的几何中心点 $\boldsymbol{x}^{(S)}$，即

$$x_i^{(S)} = \frac{1}{k-1}\sum_{j=1}^{k} x_i^{(j)} \quad j \neq H \tag{5-11}$$

这一点应该在可行域内，否则需要对复合形重新处理（如重构或各点向最好点靠拢）。

复合形法的基本运算与单纯形法相似，是通过**映射、扩展、收缩和重构复合形**等四种运算来完成寻优的。

5.3.3.1 映射

映射就是在沿最坏点 $\boldsymbol{x}^{(H)}$ 和去掉最坏点后所有点的几何中心点 $\boldsymbol{x}^{(S)}$ 的连线方向上取映射点 $\boldsymbol{x}^{(R)}$，即

$$\boldsymbol{x}^{(R)} = \boldsymbol{x}^{(S)} + \alpha(\boldsymbol{x}^{(S)} - \boldsymbol{x}^{(H)}) \tag{5-12}$$

式中，α 称为**映射系数**，一般 $\alpha > 1$，例如可取 $\alpha = 1.3$。

如果$\boldsymbol{x}^{(R)}$满足所有约束条件，且$f(\boldsymbol{x}^{(R)}) < f(\boldsymbol{x}^{(H)})$，即可用$\boldsymbol{x}^{(R)}$代替$\boldsymbol{x}^{(H)}$组成新复合形，完成一次迭代。如果$\boldsymbol{x}^{(R)}$不满足约束条件，或不满足$f(\boldsymbol{x}^{(R)}) < f(\boldsymbol{x}^{(H)})$条件，则将映射系数$\alpha$减半重新计算$\boldsymbol{x}^{(R)}$，若仍不满足要求，可继续将$\alpha$减半，直到$\alpha$减到很小（例如小于$10^{-5}$）还不满足要求时，那就只能放弃这一方向，改用次坏点$\boldsymbol{x}^{(G)}$与几何中心点$\boldsymbol{x}^{(S)}$的连线方向为映射方向。

5.3.3.2 扩展

若所确定的反射点$\boldsymbol{x}^{(R)}$，其目标函数值比最好点$\boldsymbol{x}^{(L)}$的还小，即$f(\boldsymbol{x}^{(R)}) < f(\boldsymbol{x}^{(L)})$时，说明沿此方向映射会有较好的效果，还可以做进一步的扩展，以探求更好的点，即按下式计算新点：

$$\boldsymbol{x}^{(E)} = \boldsymbol{x}^{(S)} + \beta(\boldsymbol{x}^{(R)} - \boldsymbol{x}^{(S)}) \tag{5-13}$$

式中，β称为**扩展系数**，一般$\beta > 1$。

如果$f(\boldsymbol{x}^{(E)}) < f(\boldsymbol{x}^{(R)})$，则说明扩展成功，用$\boldsymbol{x}^{(E)}$替换$\boldsymbol{x}^{(H)}$组成新复合形，完成本次迭代。如果$f(\boldsymbol{x}^{(E)}) > f(\boldsymbol{x}^{(R)})$，则扩展失败，仍取原反射点$\boldsymbol{x}^{(R)}$替换$\boldsymbol{x}^{(H)}$组成新复合形。

5.3.3.3 收缩

若在中心点$\boldsymbol{x}^{(S)}$以外已找不到好的映射点，则还可以到中心点$\boldsymbol{x}^{(S)}$以内寻找，即向$\boldsymbol{x}^{(S)}$以内收缩，按下式计算收缩点$\boldsymbol{x}^{(K)}$：

$$\boldsymbol{x}^{(K)} = \boldsymbol{x}^{(S)} - \gamma(\boldsymbol{x}^{(S)} - \boldsymbol{x}^{(H)}) \tag{5-14}$$

式中，γ称为**收缩系数**，一般$0 < \gamma < 1$。

与扩展同样，如果$f(\boldsymbol{x}^{(K)}) < f(\boldsymbol{x}^{(H)})$，则收缩成功，用$\boldsymbol{x}^{(K)}$替换$\boldsymbol{x}^{(H)}$，否则失败。

5.3.3.4 重构

若采取上述措施均无效，则还可以采用将各顶点向最好点$\boldsymbol{x}^{(L)}$靠拢的措施，即

$$\boldsymbol{x}^{(G)} = \boldsymbol{x}^{(L)} - 0.5(\boldsymbol{x}^{(L)} - \boldsymbol{x}^{(G)}) \tag{5-15}$$

$$\boldsymbol{x}^{(H)} = \boldsymbol{x}^{(L)} - 0.5(\boldsymbol{x}^{(L)} - \boldsymbol{x}^{(H)}) \tag{5-16}$$

这样便通过重新产生新顶点、重构复合形来寻优。

反复执行复合形的基本运算过程，其复合形逐渐变小且向最优点逼近，直到满足复合形寻优的终止条件

$$\left\{\frac{1}{k}\sum_{j=1}^{k}\left[f(\boldsymbol{x}^{(j)}) - f(\boldsymbol{x}^{(c)})\right]^2\right\}^{1/2} \leqslant \varepsilon \tag{5-17}$$

时寻求过程可以结束，式（5－17）中$\boldsymbol{x}^{(c)}$为复合形各顶点的几何中心，ε为收敛精度。计算终止时把复合形中目标函数最小值的点定为最优点，即$\boldsymbol{x}^* \approx \boldsymbol{x}^{(L)}$。

5.3.4 算法步骤

复合形法的计算步骤可见它的计算流程图5－8。

【例5－2】 如图5－9所示为汽车前轮转向梯形机构的计算简图。设$M/L = 0.5$（相当于212型汽车，$M = 148\text{cm}$，$L = 296\text{cm}$），当车辆转弯时，为了保证所有车轮都处于纯滚动，要求两转向轮的外角α和内角β符合

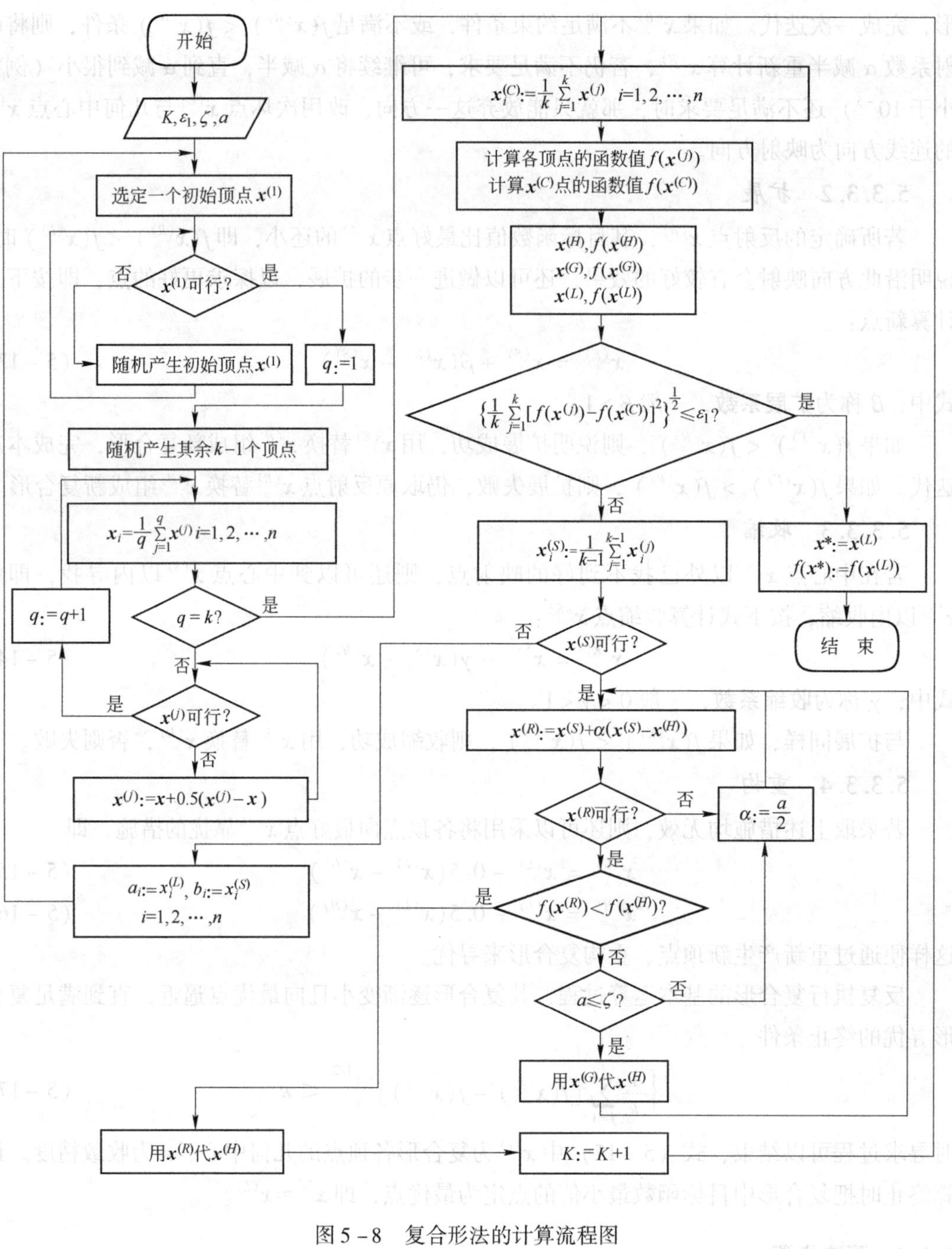

图 5-8 复合形法的计算流程图

$$\cot\alpha - \cot\beta = M/L \tag{a}$$

函数关系。若设定 α 为已知函数式 (a) 的自变量（角），则其因变量（角）为：

$$\beta_E = f(\alpha) = \arctan[\tan\alpha/(1-0.5\tan\alpha)] \tag{b}$$

现在要求确定转向梯形机构的运动学尺寸，使其外角 α 和内角 β 的函数关系，最佳逼近函数关系式 (b)。

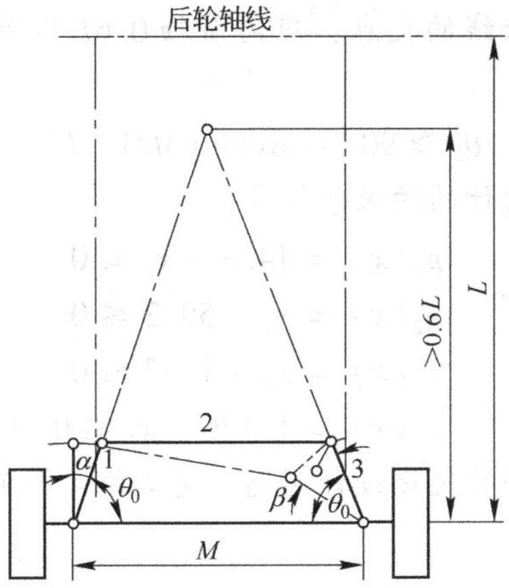

图5-9 梯形转向机构简图

解：(1) 数学模型的建立。

设梯形机构转向臂1、3的长度为 $l_1=l_3$，梯形初始位置角为 θ_0，机架长度 $M=148\text{cm}$，连杆2的长度为 $l_2=148-2l_1\cos\theta_0$，显然 l_2 不是一个独立的参数，而是 l_1 和 θ_0 的函数。于是，梯形机构优化设计只有两个设计变量，即

$$\boldsymbol{x}=\begin{bmatrix}x_1\\x_2\end{bmatrix}=\begin{bmatrix}l_1\\\theta_0\end{bmatrix}$$

设机构的输入角（由机架 M 逆时针计算）为 $\theta_1=\theta_0+\alpha$，输出角 $\theta_3=180°-\theta_0+\beta$，根据机构运动分析可知其输出角为：

$$\theta_3=2\arctan[(A+\sqrt{A^2+B^2-C^2})/(B+C)]$$

式中

$$\left.\begin{aligned}A&=2l_1^2\sin\theta_1=2x_1^2\sin(x_2+\alpha)\\B&=2l_1^2\cos\theta_1-2Ml_1=2x_1^2\cos(x_2+\alpha)-296x_1\\C&=2l_1^2-4l_1^2\cos^2\theta_0+4Ml_1\cos\theta_0-2Ml_1\cos\theta_1\\&=2x_1^2-4x_1^2\cos^2x_2+592x_1\cos x_2-296x_1\cos(x_2+\alpha)\end{aligned}\right\}$$

由此求得因变角 β 为：

$$\beta=\theta_0+\theta_3-180°=f(\alpha,x_1,x_2)\tag{c}$$

当 α 角在 $[-30°,+30°]$ 范围内变化时，若将它分成20等分，根据均方根误差最小来建立目标函数，并用梯形近似公式计算，即得：

$$f(\boldsymbol{x})=\sum_{i=2}^{19}[(\beta_i-\beta_{Ei})^2(\alpha_i-\alpha_{i-1})]+\frac{1}{2}[(\beta_1-\beta_{E1})^2(\alpha_1-\alpha_0)+(\beta_{20}-\beta_{E20})^2(\alpha_{20}-\alpha_{19})]$$

式中，β_i 为相应于 $\alpha=\alpha_i$ 时按式（c）计算的梯形机构因变角（实际内角）值；β_{Ei} 为相应于 $\alpha=\alpha_i$ 时按式（b）计算的因变量（期望内角）值。

在汽车、拖拉机一类的机动车辆中，对转向机构的设计，要求其转向臂不宜过短，通

常取 $l_1 \geqslant 0.1M$，但考虑到空间的布置，转向臂也不能过长，即 $l_1 \leqslant 0.4M$。同时，对于后置式转向机构，其梯形臂延长线的交点，应离前轴 $0.6L$ 以外。因此，梯形机构的初始角应满足：

$$\theta_0 \geqslant 90° - \arctan(M/1.2L)$$

由此，可写出梯形机构设计的约束条件为：

$$g_1(\boldsymbol{x}) = 14.8 - x_1 \leqslant 0$$

$$g_2(\boldsymbol{x}) = x_1 - 59.2 \leqslant 0$$

$$g_3(\boldsymbol{x}) = x_2 - 1.57 \leqslant 0$$

$$g_4(\boldsymbol{x}) = 1.176 - x_2 \leqslant 0$$

综上所述，梯形转向机构的优化设计问题，是二维4个不等式约束的非线性优化设计问题。

(2) 求解结果和分析。

按上述数学模型，可以在设计空间 (x_1, x_2) 内画出可行域，如图5-10所示，是一个凸集。取设计变量最优解的估计上限值和下限值为：

$$a_1 = 14.8\text{cm},\ b_1 = 59.1\text{cm}$$

$$a_2 = 1.16\text{rad},\ b_2 = 1.36\text{rad}$$

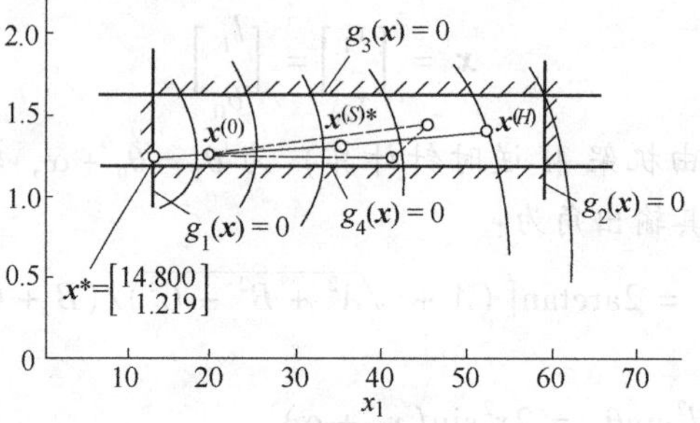

图5-10 梯形机构的设计空间

目标函数值的收敛精度 $\varepsilon_1 = 10^{-6}$，收缩最小正数 $\xi = 10^{-4}$，顶点数 $k = 2n = 4$，给定一个初始点

$$\boldsymbol{x}^{(1)} = \begin{bmatrix} x_1^{(1)} \\ x_2^{(1)} \end{bmatrix} = \begin{bmatrix} 20.00 \\ 1.25 \end{bmatrix}$$

目标函数值 $f(\boldsymbol{x}) = 34.6404 \times 10^{-4}$。其余顶点随机产生，即

$$\begin{bmatrix} 51.95 \\ 1.329 \end{bmatrix},\ \begin{bmatrix} 41.95 \\ 1.160 \end{bmatrix},\ \begin{bmatrix} 45.08 \\ 1.351 \end{bmatrix}$$

第一次迭代复合形的最好点的坐标为 $\boldsymbol{x}^{(L)} = [15.6747,\ 1.1799]^{\mathrm{T}}$，$f(\boldsymbol{x}^{(L)}) = 29.6408 \times 10^{-4}$。经过40次迭代，取得最优设计方案：

$$\boldsymbol{x}^* = \begin{bmatrix} x_1^* \\ x_2^* \end{bmatrix} = \begin{bmatrix} l_1 \\ \theta_0 \end{bmatrix} = \begin{bmatrix} 14.800000 \\ 1.219372 \end{bmatrix}$$

$$f(\boldsymbol{x}^*) = 27.02987 \times 10^{-4}$$

在图5－11中给出了迭代次数和目标函数值下降的关系。可见，只要放低收敛的精度，就可以减少迭代次数和计算时间，当然要以取得适用的方案为前提。

在图5－12中列出了机构最优方案的实际内角β和期望内角β_E的函数曲线关系及其误差曲线。

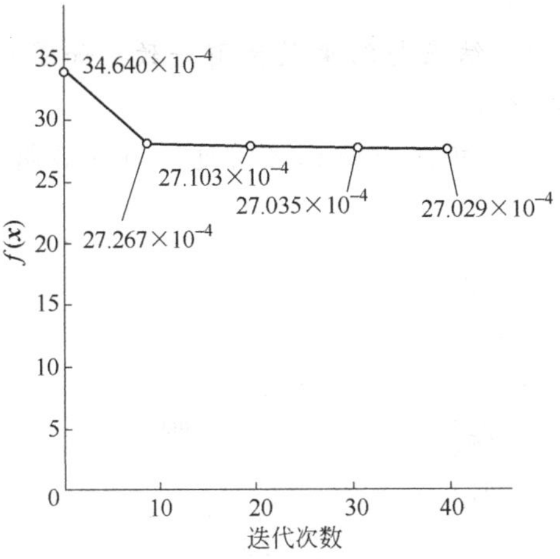

图5－11 迭代次数和目标函数值的关系

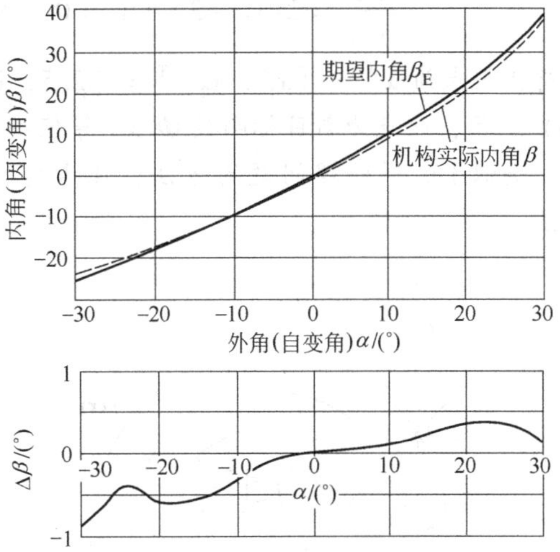

图5－12 梯形机构最优方案的函数特性

5.4 惩罚函数法

5.4.1 基本概念

为了将式（5－1）的约束优化计算问题转化为无约束问题求解，需要引入一个新的目标函数，即

$$\min \boldsymbol{\Phi}(\boldsymbol{x}, r_1, r_2) = \min\left\{f(\boldsymbol{x}) + r_1 \sum_{u=1}^{m} \boldsymbol{G}[g_u(\boldsymbol{x})] + r_2 \sum_{v=1}^{p} \boldsymbol{H}[h_v(\boldsymbol{x})]\right\} \quad \boldsymbol{x} \in R^n \tag{5-18}$$

式中，$\boldsymbol{\Phi}(\boldsymbol{x}, r_1, r_2)$为将约束问题转换为无约束问题求解的新目标函数；$r_1$、$r_2$为两个不同的加权参数；$\boldsymbol{G}[g_u(\boldsymbol{x})]$、$\boldsymbol{H}[h_v(\boldsymbol{x})]$分别为由约束函数$\boldsymbol{g}_u(\boldsymbol{x})$和$\boldsymbol{h}_v(\boldsymbol{x})$所定义的某种形式的泛函数。

由于在新目标函数中包括了各类约束条件，因而在求它的极值过程中随时调整设计点使它不致违反约束条件，最终找到原问题的约束最优解。这类数学处理方法的现实性，可用一个简单的例子来做进一步说明。

【例5－3】 求目标函数

$$\min \quad f(\boldsymbol{x}) = (x_1 - 3)^2 + (x_2 - 2)^2$$
$$\text{s.t.} \quad h(\boldsymbol{x}) = x_1 + x_2 - 4 = 0$$

的最优解。

解： 如图5－13（a）所示，其约束最优解为目标函数等值线与约束条件等值线的切点：

$$x^* = [2.5,\ 1.5]^T,\ f(x^*) = 0.5$$

若取 $r_2 = 1$, $\boldsymbol{H}[h_v(\boldsymbol{x})] = h_v(\boldsymbol{x}) = x_1 + x_2 - 4$, 按式 (5-18) 则得新目标函数为:

$$\boldsymbol{\Phi}(\boldsymbol{x}) = (x_1 - 3)^2 + (x_2 - 2)^2 + (x_1 + x_2 - 4)$$

用解析法求其无约束极值, 即

$$\frac{\partial \boldsymbol{\Phi}}{\partial x_1} = 2(x_1 - 3) + 1 = 0 \quad 和 \quad \frac{\partial \boldsymbol{\Phi}}{\partial x_2} = 2(x_2 - 2) + 1 = 0$$

解得极值点为 $\boldsymbol{x}^* = [x_1^*,\ x_2^*]^T = [2.5,\ 1.5]^T$, 结果与约束最优解一致, 如图5-13 (b) 所示, 此点为新目标函数 $\boldsymbol{\Phi}(\boldsymbol{x})$ 等值线簇的中心。

类似于这样处理问题的方法, 在古典的数学分析法中就已经用过, 如拉格朗日乘子法。

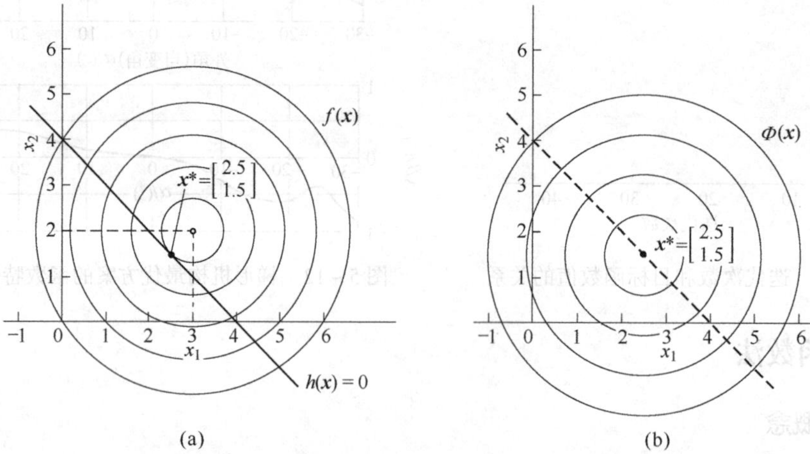

图 5-13 约束问题转化为无约束问题的求解举例

(a) 约束问题目标函数等值线与等式约束条件的关系; (b) 新的目标函数的等值线

惩罚函数法又称序列无约束极小化技术 (Sequential Unconstrained Minimization Technique), **简称 SUMT 法**。所以这样定名, 主要是在求新目标函数的极小值时, 需要不断调整加权参数 $r_1^{(k)}$ 和 $r_2^{(k)}$ $(k = 0, 1, 2, \cdots)$, 使其新目标函数 $\boldsymbol{\Phi}(x, r_1^{(k)}, r_2^{(k)})$ 极小点的序列 $\boldsymbol{x}^*(r_1^{(k)}, r_2^{(k)})$ $(k = 0, 1, 2, \cdots)$ 逐渐收敛到原问题的约束最优解上。因此, 要求满足三个极限性质:

$$\left.\begin{aligned}
&\lim_{k\to\infty} r_1^{(k)} \sum_{u=1}^{m} \boldsymbol{G}[g_u(\boldsymbol{x})] = 0 \\
&\lim_{k\to\infty} r_2^{(k)} \sum_{v=1}^{p} \boldsymbol{H}[h_v(\boldsymbol{x})] = 0 \\
&\lim_{k\to\infty} |\ \boldsymbol{\Phi}(\boldsymbol{x}^{(k)},\ r_1^{(k)},\ r_2^{(k)}) - f(\boldsymbol{x}^{(k)})\ | = 0
\end{aligned}\right\} \tag{5-19}$$

并在求函数 $\boldsymbol{\Phi}(\boldsymbol{x},\ r_1^{(k)},\ r_2^{(k)})$ 的极小化过程中, 当设计点 $\boldsymbol{x}$ 不满足约束条件时, 使 $r_1^{(k)} \sum_{u=1}^{m} \boldsymbol{G}[g_u(\boldsymbol{x})]$ 项和 $r_2^{(k)} \sum_{v=1}^{p} \boldsymbol{H}[h_v(\boldsymbol{x})]$ 项的函数值增大, 这样就对函数 $\boldsymbol{\Phi}(\boldsymbol{x},\ r_1^{(k)},\ r_2^{(k)})$ 给予"惩罚"。因此, 又称新目标函数 $\boldsymbol{\Phi}(\boldsymbol{x},\ r_1^{(k)},\ r_2^{(k)})$ 为**惩罚函数或增广函数**, 而

$r_1^{(k)} \sum_{u=1}^{m} \boldsymbol{G}[g_u(\boldsymbol{x})]$ 和 $r_2^{(k)} \sum_{v=1}^{p} \boldsymbol{H}[h_v(\boldsymbol{x})]$ 称为**惩罚项**，加权参数 $r_1^{(k)}$ 和 $r_2^{(k)}$ 称为不等式约束函数和等式约束函数的**惩罚因子**。

由此可知，惩罚函数法的基本思想就是把等式和不等式约束条件，经过适当定义的泛函数加到原目标函数上，从而取消了约束，转化为求解一系列的无约束问题。按照惩罚函数在优化过程中迭代点是否为可行点，惩罚函数又分为**内点法**、**外点法**以及**混合法**三种。下面分别讨论这几种方法。

5.4.2 内点惩罚函数法

5.4.2.1 基本原理

内点法是将惩罚项的泛函数定义于可行区域内，这样它的初始点以及后面产生的迭代点序列，亦必定要求在可行区域内。它是求解不等式约束优化设计问题中一种十分有效的方法。

先用一个简单的例子来说明内点法的一些几何概念。

求

$$\begin{aligned} \min \quad & f(\boldsymbol{x}) = x, \boldsymbol{x} \in R^1 \\ \text{s.t.} \quad & g(\boldsymbol{x}) = 1 - x \leqslant 0 \end{aligned}$$

的约束最优解。如图 5－14 所示，这个问题的约束最优解为 $\boldsymbol{x}^* = 1$，$f(\boldsymbol{x}^*) = 1$。下面我们讨论如何用内点惩罚函数法来求解此约束问题。为此，先在可行区域内构造一个惩罚函数，即

$$\boldsymbol{\Phi}(\boldsymbol{x}, r^{(k)}) = x - r^{(k)} \frac{1}{1 - x}$$

对惩罚函数求一阶导数，并令其为零，可求得其极值点的表达式为：

$$\boldsymbol{x}^*(r^{(k)}) = 1 + \sqrt{r^{(k)}}$$

惩罚函数值为：

$$\boldsymbol{\Phi}(\boldsymbol{x}, r_1^{(k)}, r_2^{(k)}) = 1 + 2\sqrt{r^{(k)}}$$

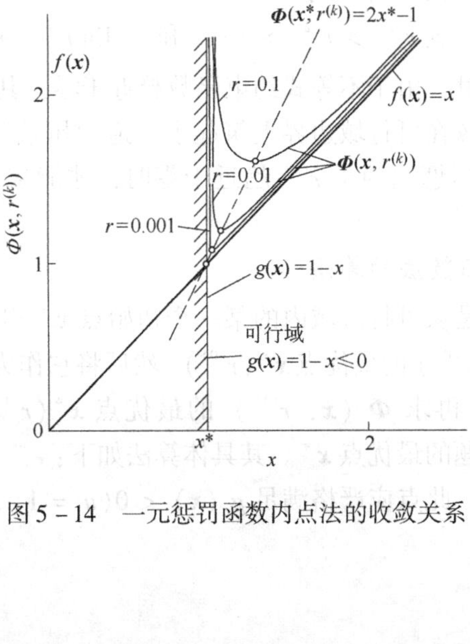

图 5－14 一元惩罚函数内点法的收敛关系

对于给定不同的惩罚因子 $r^{(k)}$ 值，新目标函数值 $\boldsymbol{\Phi}(\boldsymbol{x}, r^{(k)})$ 的等值曲线如图 5-14 所示。表 5-1 中列出了当惩罚因子赋予不同的值时的 $\boldsymbol{x}^*(r^{(k)})$ 和 $\boldsymbol{\Phi}(\boldsymbol{x}^*, r^{(k)})$ 值。由此可见，当惩罚因子为一个递减数列时，其序列极值点 $\boldsymbol{x}^*(r^{(k)})$ 也离约束最优点 $\boldsymbol{x}^*$ 愈来愈近。图 5-14 表明，极值点随 $\boldsymbol{r}^{(k)}$ 值的减小而沿一直线轨迹 $\boldsymbol{\Phi}(\boldsymbol{x}^*(r^{(k)}), r^{(k)}) = 2\boldsymbol{x}^*(r^{(k)}) - 1$ 从约束区内向最优点 $\boldsymbol{x}^*$ 收敛，且当 $r^{(k)} \to 0$ 时，$\boldsymbol{\Phi}(\boldsymbol{x}^*(r^{(k)}), r^{(k)}) \to f(\boldsymbol{x}^*) = 1$，最后惩罚函数 $\boldsymbol{\Phi}(\boldsymbol{x}^*, r^{(k)})$ 收敛于原目标函数的约束最优解。

通过这个例子可以看出，**内点惩罚函数法就是以不同的加权参数来构造一序列无约束的新目标函数，求这一序列函数的无约束极值点 $x^*(r^{(k)})$，使它逐渐逼近原约束问题的最优点，而且不论原约束问题的最优点在可行域内还是在可行域边界上，其整个搜索过程都在约束区域内进行。**

表 5-1　一元内点惩罚函数法的无约束最优解

$r^{(k)}$	1	0.1	0.01	0.001	…	0
$\boldsymbol{x}^*(r^{(k)})$	2	1.316	1.1	1.032	…	1
$\boldsymbol{\Phi}(\boldsymbol{x}^*(r^{(k)}), r^{(k)})$	3	1.632	1.2	1.063	…	1

根据这一思想，对于满足 $g_u(\boldsymbol{x}) \leqslant 0 (u = 1, 2, \cdots, m)$ 的优化设计问题，其惩罚函数可取

$$\left.\begin{aligned} \boldsymbol{\Phi}(\boldsymbol{x}, r^{(k)}) &= f(\boldsymbol{x}) - r^{(k)} \sum_{u=1}^{m} \frac{1}{g_u(\boldsymbol{x})} \\ \text{或}\quad \boldsymbol{\Phi}(\boldsymbol{x}, r^{(k)}) &= f(\boldsymbol{x}) - r^{(k)} \sum_{u=1}^{m} \ln[-g_u(\boldsymbol{x})] \end{aligned}\right\} \tag{5-20}$$

对于满足 $g_u(\boldsymbol{x}) \geqslant 0 (u = 1, 2, \cdots, m)$ 的优化设计问题，其惩罚函数取

$$\left.\begin{aligned} \boldsymbol{\Phi}(\boldsymbol{x}, r^{(k)}) &= f(\boldsymbol{x}) + r^{(k)} \sum_{u=1}^{m} \frac{1}{g_u(\boldsymbol{x})} \\ \text{或}\quad \boldsymbol{\Phi}(\boldsymbol{x}, r^{(k)}) &= f(\boldsymbol{x}) - r^{(k)} \sum_{u=1}^{m} \ln[g_u(\boldsymbol{x})] \end{aligned}\right\} \tag{5-21}$$

式中，$r^{(k)}$ 为惩罚因子，它满足如下关系：

$$r_1^{(0)} > r^{(1)} > r^{(2)} > \cdots \quad 和 \quad \lim_{k \to \infty} r^{(k)} \to 0$$

当设计点趋向于边界时，由于不等式约束函数趋近于零，其惩罚项的函数值就陡然增加并趋近于无穷大，这好像在可行域边界上筑起了一道“围墙”，使迭代点始终保持在可行区域内。因此，也只有当惩罚因子 $r^{(k)}$ 趋近于零时，才能求得约束边界上的约束最优点 $\boldsymbol{x}^*$。

5.4.2.2　内点惩罚函数法的算法

内点惩罚函数的计算是从可行区域内的某一个初始点 $\boldsymbol{x}^{(0)}$ 开始，再选取适当的初始值 $r^{(0)}$，求出惩罚函数 $\boldsymbol{\Phi}(\boldsymbol{x}, r^{(0)})$ 的最优点 $\boldsymbol{x}^*(r^{(0)})$。然后将它作为下一次求无约束极值的初始点，并把 $r^{(0)}$ 减至 $r^{(1)}$，再求 $\boldsymbol{\Phi}(\boldsymbol{x}, r^{(1)})$ 的最优点 $\boldsymbol{x}^*(r^{(1)})$。如此继续下去，直至 $\boldsymbol{x}^*(r^{(k)})$ 收敛于原约束问题的最优点 $\boldsymbol{x}^*$。其具体算法如下：

(1) 选取初始点 $\boldsymbol{x}^{(0)}$，此点应严格满足 $g_u(\boldsymbol{x}) < 0 (u = 1, 2, \cdots, m)$ 条件。

(2) 选取适当的惩罚因子初始值 $r^{(0)}$，降低系数 c，计算精度 ε_1 和 ε_2，并令 $k=0$。

(3) 构造新目标函数，调用无约束优化计算方法，求 $\min\boldsymbol{\Phi}(\boldsymbol{x}, r^{(k)})$，得最优点 $\boldsymbol{x}^*(\boldsymbol{r}^{(k)})$。

(4) 检验精度

$$\|\boldsymbol{x}^*(r^{(k-1)})-\boldsymbol{x}^*(r^{(k)})\| \leqslant \varepsilon_1 \quad \text{和} \quad \left|\frac{\boldsymbol{\Phi}[\boldsymbol{x}^*(r^{(k)})]-\boldsymbol{\Phi}[\boldsymbol{x}^*(r^{(k-1)})]}{\boldsymbol{\Phi}[(\boldsymbol{x}^*(r^{(k-1)})]}\right| \leqslant \varepsilon_2$$

若不等式成立，则认为已求得最优点 $\boldsymbol{x}^* \approx \boldsymbol{x}^*(r^{(k)})$；若不成立，则转步骤 (5)。

(5) 计算 $r^{(k+1)}=cr^{(k)}$；并令 $\boldsymbol{x}^{(0)}=\boldsymbol{x}^*(r^{(k)})$，$k=k+1$ 后转向步骤 (3)。

5.4.2.3 内点惩罚函数法使用中的几个问题

(1) 初始点 $\boldsymbol{x}^{(0)}$ 必须是严格可行的，而且要求它不应靠近约束边界，远离最优点，这样容易保证计算过程的稳定性和可靠性。初始点一般可以采用随机方法来产生。

(2) 选取适当的惩罚因子的初始值 $r^{(0)}$，对于 SUMT 方法的正常计算及其计算效率都有一定的影响。如前述，只有当 $r^{(k)}\to 0$ 时，惩罚函数的极值点才是原问题的约束最优点。因此，要想在一开始就通过取较小的 $r^{(0)}$ 值来提高收敛速度，这往往是不会成功的。因为惩罚函数的性质与 r 值大小有很大关系。当 $r^{(0)}$ 值很小时，函数的形态变坏，由图 5－14 可见，其惩罚函数 $\boldsymbol{\Phi}(\boldsymbol{x}, r^{(0)})$ 的等值线在约束面附近会出现狭窄“谷地”。在这种情况下，即使采用最稳定的最优化方法，计算过程也难以收敛到极值点。相反，若选取较大 $r^{(0)}$ 值，虽会增加求无约束极值的次数，但保证了计算过程的稳定性。通常，如果初始点是一个较保守的设计（即离约束边界较远），那么就应该这样来选择 $r^{(0)}$ 值，即可使初始点的惩罚项 $\left(-r\sum_{u=1}^{m}\frac{1}{g_u(\boldsymbol{x})}\right)$ 不要在惩罚函数中起支配作用。由此得到的一种选择 $r^{(0)}$ 的方法是：

$$r^{(0)}=\frac{p}{100}\left|f(\boldsymbol{x}^{(0)})\Big/\sum_{u=1}^{m}\frac{1}{g_u(x^{(0)})}\right| \tag{5-22}$$

式中，p 为正整数，一般推荐 $p=10$。

对于非凸约束的情况，p 值取 1～50 较为合适。但是当初始点 $\boldsymbol{x}^{(0)}$ 接近某个或数个约束边界时，则按上式算得的初值 $r^{(0)}$ 就显得太小了，这时建议取 $p=100$，或者取更大的 p 值。当目标函数与约束函数的非线性程度不高时，直接取 $r^{(0)}=1$ 也能进行正常计算。这种选取初始值 $r^{(0)}$ 的方法，不能认为是一成不变的，因为 $r^{(0)}$ 值的大小是与函数 $f(\boldsymbol{x})$ 与 $g_u(\boldsymbol{x})$ 的性态及初始点 $x^{(0)}$ 的位置密切相关的。所以在实际计算时往往需要通过几次试算，才能选得比较合适的 $r^{(0)}$ 值。

(3) 在序列无约束极小化的过程中，惩罚因子将是一个按简单关系递减的数，即

$$r^{(k)}=cr^{(k-1)} \quad k=1,2,\cdots \tag{5-23}$$

式中，c 为下降系数，$c<1.0$。

一般的看法是，c 值的大小不是决定性的。但当选取的 c 值较小时，从 $r^{(k)}$ 值的新目标函数变到 $r^{(k+1)}$ 值的新目标函数，其等值线形状可能变化较快，造成无约束极小化的困难。遇到这种情况，建议把 c 值取大一点，如 $c_{\max}=0.5$～0.7。

内点法有一个诱人的特点，就是在给定一个可行的初始点（方案）之后，它能给出一系列逐步得到改进的可行设计点（方案），因此，只要设计要求允许，可以选用其中任一

个无约束最优解 $x^*(r^{(k)})$，而不一定取问题的最终收敛的约束最优解 x^* 作为工程应用的设计方案。

【例5-4】如图5-15所示，有一箱形盖板，已知长度 $l_0=600$cm，宽度 $b=60$cm，厚度 $t_s=0.5$cm。翼板厚度为 t_f(cm)，它承受最大的单位载荷 $q=0.01$MPa，要求在满足强度、刚度和稳定性等条件下，设计一个重量最轻的结构方案。

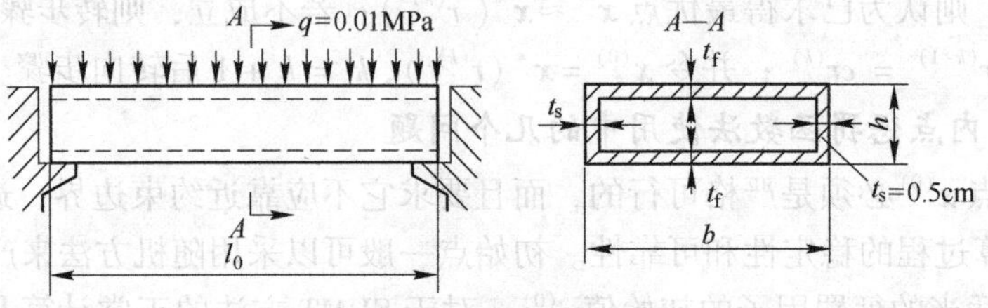

图5-15 箱形盖板

解：(1) 设计分析。

设箱形盖板为铝合金制品，其弹性模量 $E=7\times10^4$MPa，泊松比 $\mu=0.3$，许用弯曲应力 $[\sigma_u]=70$MPa，许用切应力 $[\tau]=45$MPa。经过力学分析，得出以下公式及数据。

截面的惯性矩近似取：

$$I=\frac{1}{2}bt_fh^2=30t_fh^2$$

最大剪应力为：

$$\tau_{max}=\frac{Q}{2t_sh}=\frac{18000}{h}$$

式中，Q 为最大剪力，$Q=18000$N。

最大弯曲应力（翼板中间）为：

$$\sigma_{max}=\frac{Mh}{2I}=\frac{450}{t_fh}$$

翼板中的屈曲临界稳定应力为：

$$\sigma_k=\frac{\pi^2E}{12(1-\mu^2)}\left(\frac{t_f}{b}\right)^2\times4\approx70t_f^2$$

最大挠度为：

$$f=\frac{5}{384}\frac{q_1l_0^4}{EI}=\frac{56.2\times10^3}{Et_fh^2}l_0\quad(q_1=q\times b)$$

盖板单位长度的质量（kg/cm）为：

$$W=\rho(120t_f+h)$$

式中，ρ 为材料的密度（t/m^3）。

(2) 数学模型。

根据设计要求，建立如下数学模型。

设计变量：

$$\boldsymbol{x}=\begin{bmatrix}x_1\\x_2\end{bmatrix}=\begin{bmatrix}t_f\\h\end{bmatrix}$$

目标函数：

$$f(\boldsymbol{x}) = 120x_1 + x_2$$

式中已略去密度ρ，因为它对目标函数极小化没有影响。

设计约束：按照强度、刚度和稳定性要求建立如下约束条件。

$$g_1(\boldsymbol{x}) = x_1 > 0$$

$$g_2(\boldsymbol{x}) = x_2 > 0$$

$$g_3(\boldsymbol{x}) = [\tau]/\tau_{\max} - 1 = 0.25x_2 - 1 \geqslant 0$$

$$g_4(\boldsymbol{x}) = [\sigma]/\sigma_{\max} - 1 = \frac{7}{45}x_1x_2 - 1 \geqslant 0$$

$$g_5(\boldsymbol{x}) = \sigma_k/\sigma_{\max} - 1 = \frac{7}{45}x_1^3x_2 - 1 \geqslant 0$$

$$g_6(\boldsymbol{x}) = [f]/f - 1 = \frac{1}{320}x_1x_2^2 - 1 \geqslant 0$$

单位长度的允许挠度取 $[f]/l_0 = 1/400$。

在图5－16中给出了这个问题在设计平面上的几何关系：$f(\boldsymbol{x})$ 的等值线和约束边界曲线 $g_1(\boldsymbol{x}) \sim g_6(\boldsymbol{x})$。阴影线的右边为可行设计区域，其最优解在 P 点。

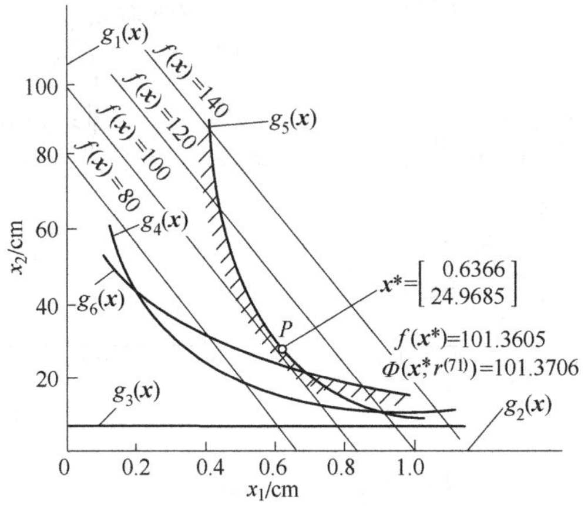

图5－16 盖板优化设计空间关系

(3) 求解方法和结果。

用内点惩罚函数法来解这个问题。其惩罚函数如下式：

$$\boldsymbol{\Phi}(\boldsymbol{x}, r^{(k)}) = f(\boldsymbol{x}) + r^{(k)}\sum_{u=1}^{6}\frac{1}{g_u(\boldsymbol{x})}$$

初始点取 $\boldsymbol{x}^{(0)} = [1.0, 30.0]^{\mathrm{T}}$，是一个可行点。取惩罚因子初始值 $r^{(0)} = 3$，降低系数 $c = 0.7$，收敛精度 $\varepsilon = 10^{-6}$，用 Powell 方法求函数 $\boldsymbol{\Phi}(\boldsymbol{x}, r^{(k)})$ 的无约束极值点，其计算结果见表5－2。

共循环 $k = 71$ 次，r 值由3降至 0.6827×10^{-12}，迭代129次，其最优解为 $x_1^* = 0.6366$，$x_2^* = 24.9685$，$f(\boldsymbol{x}^*) = 101.3605$，$\boldsymbol{\Phi}(\boldsymbol{x}^*, r) = 101.3706$，由于 r 值几乎趋近于零，所以说明取得了较精确的解答。

在图5－17中给出了三个 r 值2.1、1.47和 0.488×10^{-2} 的惩罚函数 $\boldsymbol{\Phi}(\boldsymbol{x}^*, r^{(k)})$ 等值

线的图形，表明了其极值点逐渐向约束最优点靠拢。

表 5－2 用内点惩罚函数法求盖板问题

$r^{(k)}$	x		$\Phi(x^*, r^{(k)})$	$r^{(k)}$	x		$\Phi(x^*, r^{(k)})$
	x_1	x_2			x_1	x_2	
3	1.0000	30.0000	157.5689	0.488×10^{-2}	0.6345	25.5097	102.0364
2.1	0.6519	33.3545	127.1697	⋮			
1.47	0.6460	32.1997	122.1886	0.231×10^{-4}	0.6366	24.9685	101.3803
1.029	0.6391	30.2894	115.0050	⋮			
0.7203	0.6373	29.5106	112.4360	0.45×10^{-6}	0.6366	24.9685	101.3709
0.6042	0.6361	28.8327	110.3670	⋮			
⋮				0.133×10^{-9}	0.6366	24.9685	101.3706
0.1729	0.6348	27.3077	106.2512	⋮			
⋮				0.17×10^{-11}	0.6366	24.9685	101.3706
0.0415	0.6349	26.1520	103.5664	0.6827×10^{-12}	0.6366	24.9685	101.3706

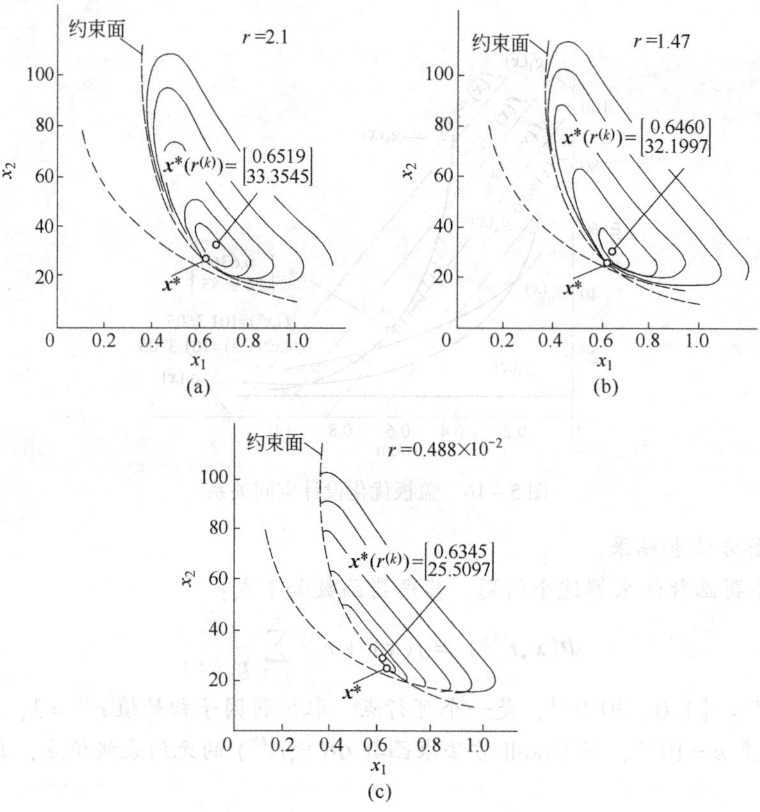

图 5－17 用内点惩罚函数法求解盖板问题的空间关系

本例说明，内点惩罚函数的优化解是比较精确的。但从工程意义来说，一般不需要取如此高的计算精度，若按设计方案的修改量来控制计算精度，即

$$|x_i^{(k)} - x_{i-1}^{(k)}| \leqslant \varepsilon_3 \quad i = 1,2,\cdots,n$$

取 $\varepsilon_3 = 0.01$，则其循环次数可以减少到 $k = 25$ 次，迭代 78 次，其解为：

$$x_1 = 0.63375,\ x_2 = 25.3762,\ f(\boldsymbol{x}) = 101.4262$$

$$r = 0.402 \times 10^{-3},\ \boldsymbol{\Phi}(\boldsymbol{x}^*,\ r^{(25)}) = 101.5502$$

计算时间少用一半，而所取的解仍能满足工程实际要求。可见，根据工程设计要求来确定收敛精度，是一项很有意义的工作。

采用内点惩罚函数法时，惩罚因子初始值 $r^{(0)}$ 的大小和下降系数 c 的大小，对问题的最优解影响很小，但对计算过程和收敛速度是有影响的。这可以从表 5-3 中的数据看出，当 $r^{(0)}$ 值增大时，其循环次数和迭代次数都增加了。因此，也就占用了较多的计算时间。

表 5-3　不同初始值 $r^{(0)}$ 时的最优解

初始值 $r^{(0)}$		$r^{(0)}=0.6$	$r^{(0)}=1$	$r^{(0)}=3$	$r^{(0)}=6$
循环次数		7	7	8	9
迭代次数		27	14	28	35
$\boldsymbol{x}^*$	x_1^*	0.6333	0.6297	0.6356	0.63328
	x_2^*	25.3387	25.9465	25.0671	25.3314
$\boldsymbol{\Phi}(\boldsymbol{x}^*,\ r)$		101.3683	101.5233	101.3702	101.3452
终值 $r^{(k)}$		0.384×10^{-4}	0.643×10^{-4}	0.384×10^{-4}	0.1536×10^{-4}
$g_5(\boldsymbol{x})$		0.12267×10^{-2}	0.79134×10^{-2}	0.12518×10^{-2}	0.7787×10^{-2}

注：惩罚因子下降系数均取 $c = 0.2$，$g_5(\boldsymbol{x})$ 为起作用约束。

在图 5-18 中，给出了当取相同惩罚因子初始值 $r^{(0)} = 3$，而取不同下降系数 c 值时，取得相同精度解与循环次数 k 的关系。所以从节省计算时间来看，选择一个适当较小的 c 值是有好处的。

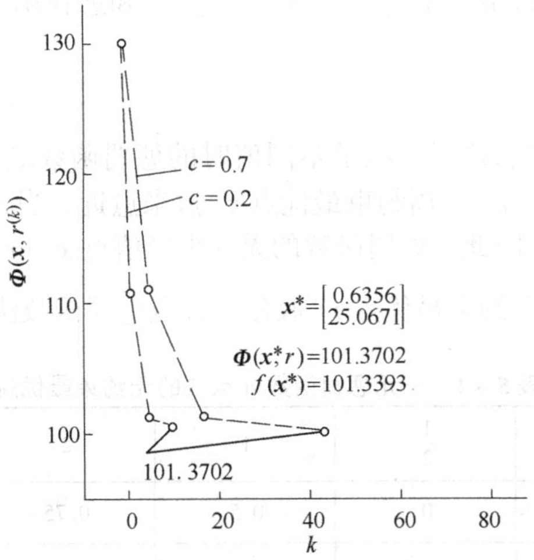

图 5-18　惩罚函数值与下降系数和循环次数的关系

5.4.3 外点惩罚函数法

5.4.3.1 基本原理

内点法是将惩罚项的泛函数定义于可行域内，而外点法与内点法不同，是将惩罚项的泛函数定义于可行区域的外部。

现在用一个简单的例子来说明外点惩罚函数法的基本思想。求

$$\min \quad f(\boldsymbol{x}) = x \quad \boldsymbol{x} \in R$$
$$\text{s.t.} \quad g(\boldsymbol{x}) = 1 - x \leqslant 0$$

的约束优化问题，如图 5-19 所示，其约束最优解显然是 $x^* = 1$, $f(x^*) = 1$。其惩罚函数取

$$\boldsymbol{\Phi}(\boldsymbol{x}, r^{(k)}) = x + r^{(k)}\{\max[(1-x), 0]\}^2 = \begin{cases} x + r^{(k)}(1-x)^2 & (\text{当 } x < 1 \text{ 时}) \\ x & (\text{当 } x \geqslant 1 \text{ 时}) \end{cases}$$

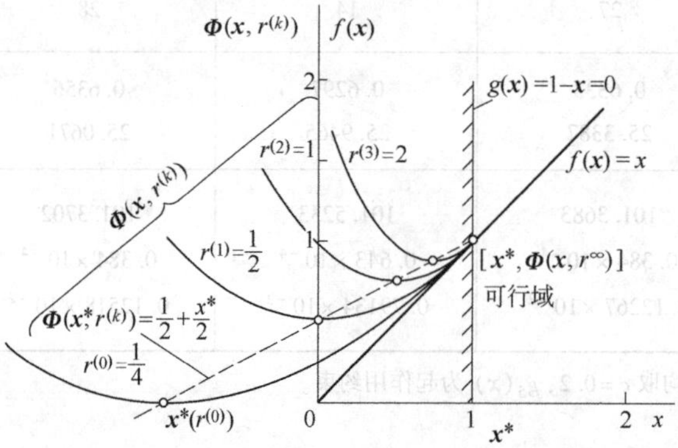

图 5-19 一元惩罚函数外点法的收敛关系

对于任意给定的惩罚因子 $r^{(k)} > 0$，函数 $\boldsymbol{\Phi}(\boldsymbol{x}, r^{(k)})$ 是凸的。令函数 $\boldsymbol{\Phi}(\boldsymbol{x}, r^{(k)})$ 的一阶导数为零，可得其无约束极值点 $\boldsymbol{x}^*(r^{(k)}) = 1 - \dfrac{1}{2r^{(k)}}$ 和惩罚函数值为 $\boldsymbol{\Phi}(\boldsymbol{x}^*, r^{(k)}) = 1 - \dfrac{1}{4r^{(k)}}$。

在表 5-4 中列出了当惩罚因子赋予不同值时的惩罚函数最优解。由此可见，当惩罚因子递增时，其极值点 $\boldsymbol{x}^*(r^{(k)})$ 离约束最优点 $\boldsymbol{x}^*$ 愈来愈近，当 $r^{(k)} \to \infty$ 时，$\boldsymbol{x}^*(r^{(k)}) \to \boldsymbol{x}^* = 1$，趋近于约束最优点。因此，惩罚函数的无约束极值点 $\boldsymbol{x}^*(r^{(k)})$ 将沿直线 $\boldsymbol{\Phi}(\boldsymbol{x}^*, r^{(k)}) = \dfrac{1}{2} + \dfrac{\boldsymbol{x}^*}{2}$ 从约束区域外向约束最优点 $\boldsymbol{x}^*$ 收敛。外点惩罚函数法也就由此而得名。

表 5-4 一元惩罚函数外点法的无约束最优解

$r^{(k)}$	$\frac{1}{4}$	$\frac{1}{2}$	1	2	…	∞
$\boldsymbol{x}^*(r^{(k)})$	-1	0	0.5	0.75	…	1
$\boldsymbol{\Phi}(\boldsymbol{x}^*, r^{(k)})$	0	0.5	0.75	0.875	…	1

外点惩罚函数的一般形式为：对于受约束于 $g_u(\boldsymbol{x}) \leqslant 0(u=1,2,\cdots,m)$ 的优化设计问题可取

$$\boldsymbol{\Phi}(\boldsymbol{x},r^{(k)}) = f(\boldsymbol{x}) + r^{(k)} \sum_{u=1}^{m} \{\max[g_u(\boldsymbol{x}),0]\}^z \tag{5-24}$$

式中大括号内的函数为

$$\max[g_u(\boldsymbol{x}),0] = \begin{cases} g_u(\boldsymbol{x}) & (\text{当 } x \text{ 在可行域外,即 } g_u(\boldsymbol{x}) > 0 \text{ 时}) \\ 0 & (\text{当 } x \text{ 在可行域内,即 } g_u(\boldsymbol{x}) \leqslant 0 \text{ 时}) \end{cases} \tag{5-25}$$

这样就保证了在可行域内 $\boldsymbol{\Phi}(\boldsymbol{x},r^{(k)})$ 与 $f(\boldsymbol{x})$ 是等价的，即

$$\boldsymbol{\Phi}(\boldsymbol{x},r^{(k)}) = \begin{cases} f(\boldsymbol{x}) + r^{(k)} \sum\limits_{u \in I_1} [g_u(\boldsymbol{x})]^z & (\text{当 } \boldsymbol{x} \text{ 在可行域外时}) \\ f(\boldsymbol{x}) & (\text{当 } \boldsymbol{x} \text{ 在可行域内时}) \end{cases}$$

式中，I_1 为违反约束条件的集合，即

$$I_1 = \{u \mid g_u(\boldsymbol{x}) > 0 \quad u = 1,2,\cdots,m\} \tag{5-26}$$

z 为构造惩罚项泛函数的一个指数，其值将影响函数 $\boldsymbol{\Phi}(\boldsymbol{x},r^{(k)})$ 等值线在约束面处的性态。如图 5-20 所示，当 $0<z<1$ 时，函数 $\boldsymbol{\Phi}(\boldsymbol{x},r^{(k)})$ 在约束面处的一阶导数和二阶导数都不连续；当 $1<z<2$ 时，其一阶导数是连续的，但二阶导数不一定连续，这样就限制了某些无约束最优化方法的应用。因此，一般取 $z=2$。$r^{(k)}$ 为惩罚因子，是一个递增的序列，即

$$0 < r^{(0)} < r^{(1)} < \cdots < r^{(k)}$$

且

$$\lim_{k\to\infty} r^{(k)} = \infty$$

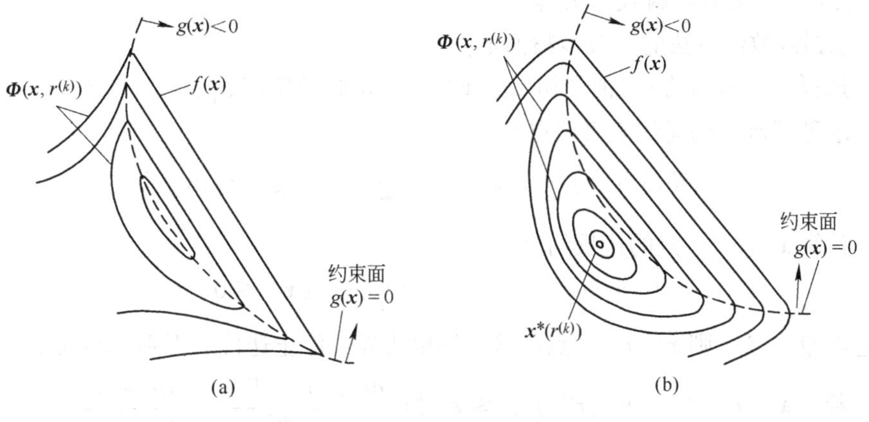

图 5-20 惩罚函数等值线在约束面处的变化情形

(a) $0<z<1$；(b) $z>1$

下面讨论惩罚函数 $\boldsymbol{\Phi}(\boldsymbol{x},r^{(k)})$ 的无约束极值点是否收敛到原问题的约束最优点的问题。由于惩罚函数 $\boldsymbol{\Phi}(\boldsymbol{x},r^{(k)})$ 的无约束极值点 $\boldsymbol{x}^*(r^{(k)})$ 在可行域外，此时有：

$$0 < r^{(k)} \sum_{u=1}^{m} \{\max[0,g_u(\boldsymbol{x}^*, r^{(k)})]\}^z < \infty$$

这说明 $\boldsymbol{x}^*(r^{(k)})$ 不可能是原问题的约束最优解，因为约束函数不是零。从图 5-19 中可以形象地看到，当惩罚因子为 $r^{(0)}$ 时，其极值点为 $\boldsymbol{x}^*(r^{(0)})$，此点是非可行点，很明显它不是原问题的约束最优点；当 $r^{(k)}$ 取值增大时，极小点 $\boldsymbol{x}^*(r^{(k)})$ 逐渐向可行域边界逼近；当

$r^{(k)}$ 值达到足够大时，极小点 $\boldsymbol{x}^*(r^{(k)})$ 才是原问题最优点 $\boldsymbol{x}^*$ 的近似解。这是因为当 $r^{(k)}$ 趋近于无穷大时，

$$\sum_{u\in I_1}[g_u(\boldsymbol{x})]^2=\frac{1}{r^{(k)}}\{\boldsymbol{\Phi}[\boldsymbol{x}^*(r^{(k)}),r^{(k)}]-f(\boldsymbol{x}^*)\}\to 0$$

这就可以说明函数 $\boldsymbol{\Phi}(\boldsymbol{x},r^{(k)})$ 的极值点 $\boldsymbol{x}^*(r^{(k)})$ 已处于起作用约束的约束面上。实际上，随着惩罚因子的增加，在由求一个函数进入另一个函数的极小化中，迫使 $r^{(k)}\sum[g_u(\boldsymbol{x})]^z$ 项的值逐渐减小，直至到约束面上时，其值为零，故又称它为**衰减函数**。

在外点法中，惩罚因子 $r^{(k)}$ 通常是按下面递推公式增加的，即

$$r^{(k)}=\alpha r^{(k-1)} \tag{5-27}$$

式中，α 为**递增系数**，一般 $\alpha=5\sim10$。

和内点惩罚函数法相反，如果一开始就选择相当大的 $r^{(0)}$ 值，会使函数 $\boldsymbol{\Phi}(\boldsymbol{x},r^{(0)})$ 的等值线形状变形或者偏心，造成求函数 $\boldsymbol{\Phi}(\boldsymbol{x},r^{(k)})$ 极值点的困难，因为在这种情形下，任何微小步长的误差和搜索方向的变动，都会使计算过程很不稳定。但若 $r^{(0)}$ 取得太小，由于 $r^{(k)}$ 趋于相当大值时才达到约束边界，这就会增加计算时间。所以在外点法中 $r^{(0)}$ 的合理选择也是很重要的。许多计算的经验表明，取 $r^{(0)}=1$ 和 $\alpha=10$ 还是可以得到满意的结果。通常可以按下式来取：

$$r^{(0)}=\max_{1\leqslant u\leqslant m}[r_u^{(0)}] \tag{5-28}$$

式中

$$r_u^{(0)}=\frac{0.02}{mg_u(x^{(0)})f(x^{(0)})}$$

5.4.3.2 外点惩罚函数法的算法

外点惩罚函数法算法的一般步骤如下：

（1）选择一个适当的 $r^{(0)}$ 值和初始点 $\boldsymbol{x}^{(0)}$，规定收敛精度 ε_1、ε_2。令 $k=1$。

（2）求惩罚函数的无约束极值点 $\boldsymbol{x}^*(r^{(k)})$，即

$$\min_{x\in R^n}\boldsymbol{\Phi}(x,r^{(k)})=f(\boldsymbol{x})+r^{(k)}\sum_{u\in I_1}\{\max[g_u(\boldsymbol{x}),0]\}^2$$

（3）计算 $\boldsymbol{x}^*(r^{(k)})$ 点的违反约束量：

$$Q=\max_{u\in I_1}\{g_u[\boldsymbol{x}^*(r^{(k)})]\}\quad g_u(\boldsymbol{x})\leqslant 0$$

（4）若 $Q\leqslant\delta_0$，则 $\boldsymbol{x}^*(r^{(k)})$ 点已接近约束边界，停止迭代。否则，转入步骤（5）。

（5）若 $\|\boldsymbol{x}^*(r^{(k-1)})-\boldsymbol{x}^*(r^{(k)})\|\leqslant\varepsilon_1$ 和 $\left|\dfrac{\boldsymbol{\Phi}[\boldsymbol{x}^*(r^{(k-1)})]-\boldsymbol{\Phi}[\boldsymbol{x}^*(r^{k})]}{\boldsymbol{\Phi}[x^*(r^{(k-1)})]}\right|\leqslant\varepsilon_2$，则停止迭代；否则取

$$r^{(k+1)}=\alpha r^{(k)},\boldsymbol{x}^{(0)}=\boldsymbol{x}^*(r^{(k)}),k=k+1$$

转向步骤（2）。

5.4.3.3 外点惩罚函数法使用中的问题

外点惩罚函数法的初始点 $\boldsymbol{x}^{(0)}$，可以任意选择，因为不论初始点是选在可行域内还是外，其函数 $\boldsymbol{\Phi}(\boldsymbol{x},r^{(k)})$ 的极值点均在约束可行域外。这样，当惩罚因子的增大倍数不太大时，用前一次求得的无约束极值点 $\boldsymbol{x}^*(r^{(k-1)})$，作为下次求 $\min\boldsymbol{\Phi}(\boldsymbol{x},r^{(k)})$ 的初始点 $\boldsymbol{x}^{(0)}$，对于加快搜索速度是有好处的，特别是对于采用具有较高收敛速度的无约束最优化

方法，若初始点离极值点越近，则其收敛速度越快。

在外点法中，判断无约束极值点 $\boldsymbol{x}^*(r^{(k)})$ 是否为最优点 $\boldsymbol{x}^*$，其中，要看 $\boldsymbol{x}^*(r^{(k)})$ 点离约束面的距离，若 $\boldsymbol{x}^*(r^{(k)})$ 点处于约束边界上，则 $g_u[\boldsymbol{x}^*(r^{(k)})]=0$，但实际上只有当迭代次数 $k\to\infty$ 才能达到，这就需要花费大量的计算时间，是很不经济的。因此，通常规定某一精度值 $\delta_0=10^{-3}\sim10^{-5}$，只要 $\boldsymbol{x}^*(r^{(k)})$ 点满足

$$Q=\max\{g_u[\boldsymbol{x}^*(r^{(k)})]\quad u=1,2,\cdots,m\}\leqslant\delta_0$$

条件，就认为已经达到了约束边界。这样，只能取得一个接近于可行域的非可行设计点。当要求严格满足不等式约束条件（如强度、刚度等性能约束）时，为了最终取得一个可行的最优设计方案，必须对那些要求严格满足的约束条件，增加**约束裕量** δ，这就是说，需要定义新的约束条件，即

$$g_u^1(\boldsymbol{x})=g_u(\boldsymbol{x})+\delta\leqslant0\quad u=1,2,\cdots,m \tag{5-29}$$

【例5-5】 如图5-21所示为一对称的两杆支架，支架的顶点承受荷载 $2P=300000\text{N}$，支座之间的水平距离为 $2B=152\text{cm}$，若选用壁厚为 $T=0.25\text{cm}$ 的钢管，弹性模量 $E=2.16\times10^5\text{MPa}$，比重 $\rho=8.30\text{t/m}^3$，屈服极限 $\sigma_y=703\text{MPa}$，现在要求在满足强度与稳定性条件下设计最轻的支架尺寸。

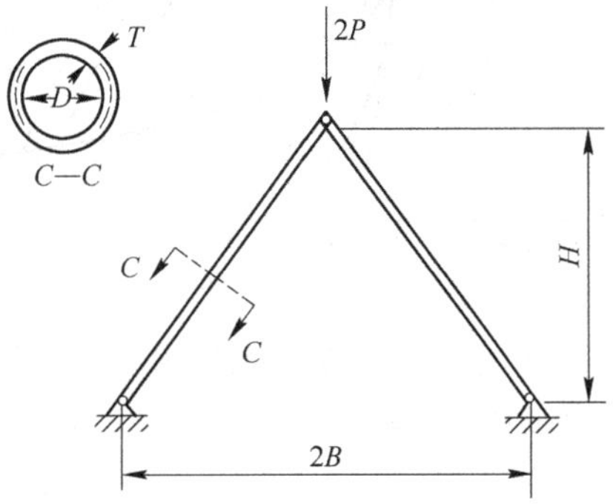

图5-21 两杆支架设计问题

解：（1）数学模型的建立。

设计变量取：

$$\boldsymbol{x}=\begin{bmatrix}x_1\\x_2\end{bmatrix}=\begin{bmatrix}D\\H\end{bmatrix}$$

目标函数为：

$$f(\boldsymbol{x})=2\rho T\pi D(B^2+H^2)^{1/2}=0.013x_1(5776+x_2^2)^{1/2}$$

约束条件为：

1）钢管（杆件）的压应力 σ 应小于或等于材料的屈服极限 σ_y，即

$$\sigma=\frac{P(B^2+H^2)^{1/2}}{\pi TDH}\leqslant\sigma_y$$

于是得：

$$g_1(\boldsymbol{x})=1909.859(5776+x_2^2)^{1/2}/x_1x_2-703\leqslant0$$

2）钢管（杆件）的压应力应小于或等于压杆稳定的临界应力，由欧拉公式得钢管的压杆稳定应力为：

$$\sigma_c = \frac{\pi^2 EI}{l^2 A} = \frac{\pi^2 E(D^2 + T^2)}{8(B^2 + H^2)} = 2.66 \times 10^5 (x_1^2 + 0.0625)/(5776 + x_2^2)$$

于是得：

$$g_2(\boldsymbol{x}) = \sigma - \sigma_c = 1909.859(5776 + x_2^2)^{1/2} x_1 x_2 - 2.66 \times 10^5 (x_1^2 + 0.0625)/(5776 + x_2^2) \leqslant 0$$

这是一个二维的约束非线性规划问题。在图5-22中给出了设计空间中目标函数等值线、约束面和设计变量之间的关系。

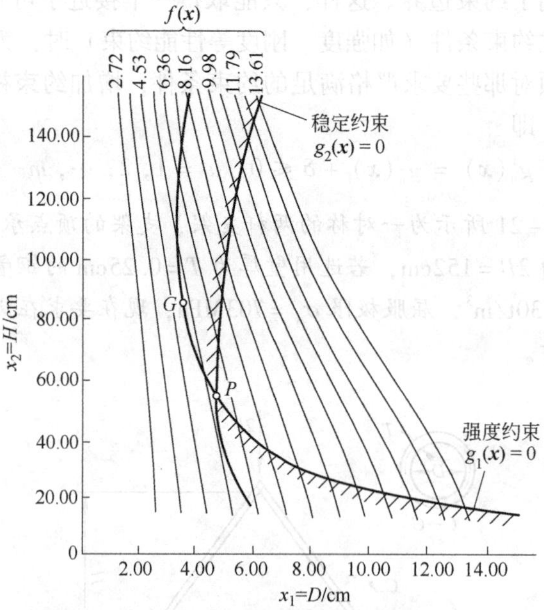

图5-22 两杆支架的设计空间关系

P 为设计最优解：$\boldsymbol{x}^* = [4.77, 51.3]^T$，$f(\boldsymbol{x}^*) = 56.859$N

（2）求解结果和分析。

此问题的外点惩罚函数为：

$$\boldsymbol{\Phi}(\boldsymbol{x}, r^{(k)}) = f(\boldsymbol{x}) + r^{(k)} \sum_{u=1}^{2} \{\max[g_u(\boldsymbol{x}), 0]\}^2$$

取初始点 $\boldsymbol{x}^{(0)} = [15.2,\ 76.2]^T$，$f(\boldsymbol{x}^{(0)}) = 212.66$N，$r^{(0)} = 10^{-10}$，用变尺度法求惩罚函数的极值点。表5-5中列出了当惩罚因子赋予不同值时的计算数据。

表5-5 用外点惩罚函数法求两杆支架问题

$r^{(k)}$		10^{-10}	10^{-9}	10^{-8}	10^{-7}	10^{-6}	10^{-5}	10^{-4}
$\boldsymbol{x}^*(r^{(k)})$	x_1^*/cm	1.67	3.98	4.72	4.77	4.77	4.77	4.77
	x_2^*/cm	72.64	47.49	47.75	50.8	51.3	51.3	51.3
$\boldsymbol{\Phi}(\boldsymbol{x}^*, r^{(k)})$		32.3	52.2	56.9	57.9	58.0	58.0	58.0

图5-23中画出了当 $r = 10^{-10}$、10^{-9}、10^{-8}、10^{-7} 时函数 $\boldsymbol{\Phi}(\boldsymbol{x}, r^{(k)})$ 的等值线。图中虚线表示两个不等式约束的约束面。在约束面右边（即可行域内）的等值线就是原目标函数 $f(\boldsymbol{x})$ 的等值线，左边为惩罚函数的等值线。由图可见，当 $r = 10^{-10}$ 时，函数的等值

线是相当光滑的连续曲线，其极值点 $x^*(r^{(k)})$ 也处于很好的位置（在可行域外）。但当 r 值逐渐增大时，随着极值点向约束边界（P 点）移动，函数的等值线形状也显示出愈来愈严重的变形和偏心，使得求该函数的极值点越来越困难。当 $r=10^{-7}$ 时，惩罚函数的极值点已比较靠近约束最优点 P。但函数的等值线形状与前几个图形相比，显得相当的扭曲和偏心，等值线在约束面附近已变得非常密集，直至最后（当 $r>10^{-4}$ 时）不论从哪一个初始点出发，实际上都已不可能求得极值点了。这种情况，在高维优化设计中，同样也是会发生的。

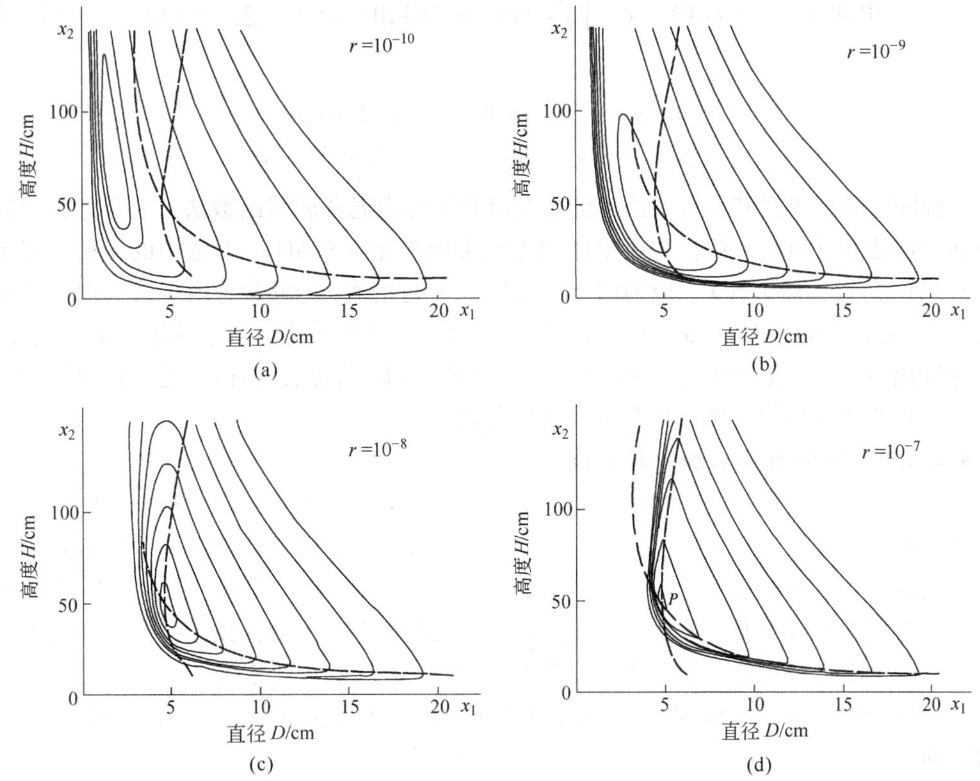

图 5-23 两杆支架用外点惩罚函数法求解的等值线形状变化情况

外点惩罚函数法的一个重要优点是容易处理等式约束的优化设计问题。因为在这种情况下，对于任意不满足等式约束条件的设计点，均是外点，并且随着搜索过程的进行，在求

$$\min \boldsymbol{\Phi}(\boldsymbol{x}, r^{(k)}) = \min\left\{f(\boldsymbol{x}) + r^{(k)} \sum_{v=1}^{p} [h_v(\boldsymbol{x})]^2\right\} \tag{5-30}$$

中，必然要求惩罚项压缩为零，从而使它的极值点 $x^*(r^{(k)})$ 靠近等式约束条件所规定的可行域 $\mathscr{D}=\{\boldsymbol{x} \mid h_v(\boldsymbol{x})=0 \quad v=1,2,\cdots,p\}$ 上，达到问题的约束最优解。

5.4.4 混合惩罚函数法

5.4.4.1 混合惩罚函数法及其算法步骤

由于内点法容易处理不等式约束优化设计问题，而外点法又容易处理等式约束优化设计问题，因而可将内点法与外点法结合起来，处理同时具有等式约束和不等式约束的优化设计问题。在构造惩罚函数时，可以同时包括**障碍项与衰减项**，并将惩罚因子统一用 $r^{(k)}$ 表示，得

$$\boldsymbol{\Phi}(\boldsymbol{x},r^{(k)}) = f(\boldsymbol{x}) - r^{(k)}\sum_{u=1}^{m}\frac{1}{g_u(\boldsymbol{x})} + (r^{(k)})^{-1}\sum_{v=1}^{p}[h_v(\boldsymbol{x})]^2 \tag{5-31}$$

式中 $r^{(0)} > r^{(1)} > \cdots > r^{(k)}, \lim_{k\to\infty} r^{(k)} = 0$

有时也可以这样处理，对于设计点 $\boldsymbol{x}$，不满足的等式约束和不等式约束都用外点法，即

$$\boldsymbol{\Phi}(\boldsymbol{x},r^{(k)}) = f(\boldsymbol{x}) - r^{(k)}\left\{\sum_{u\in I_2}\max[g_u(\boldsymbol{x}),0]^2\right\} + r^{(k)}\sum_{v=1}^{p}[h_v(\boldsymbol{x})]^2 \tag{5-32}$$

式中

$$I_2 = \{u \mid g_u(x) > 0 \quad u = 1,2,\cdots,m\}$$
$$r^{(0)} > r^{(1)} > r^{(2)} > \cdots > r^{(k)}, \lim_{k\to\infty} r^{(k)} > 0$$

这种同时处理等式和不等式约束的惩罚函数法称为**混合惩罚函数法**。混合惩罚函数法与前述内点法和外点法一样，也属于序列无约束极小化（SUMT）方法中的一种。若是用式（5-31），则其初始点 $\boldsymbol{x}^{(0)}$ 应为内点，惩罚因子初始值 $r^{(0)}$ 可参考内点法选取。若是采用式（5-32），则其初始点 $\boldsymbol{x}^{(0)}$ 可以任意选择，而 $r^{(0)}$ 值可参考外点法选取。由于式（5-31）这种内点和外点混合的方法具有内点惩罚函数的求解特点，所以它是一种应用较普遍的方法，它的计算步骤与内点惩罚函数法相类似。

5.4.4.2 用外推技术加快搜索过程

对于一个复杂的优化设计问题，特别是当计算目标函数和约束函数很费时时，采取适当的措施来提高计算效率是非常必要的。在惩罚函数法中，例如合理选择一种有效的无约束极小化方法、一维搜索方法，以及选取合理的收敛精度等，都可以有效地节省计算时间。此外，根据 SUMT 方法求解的特点，在计算机程序中加入外推技术，由于改进了初始点而可以减少求极值点的次数，从而也能加快 SUMT 方法的收敛速度。

从前面分析可知，在 SUMT 方法中，其惩罚函数的极值点 $\boldsymbol{x}^*(r^{(k)})$ 是惩罚因子 $r^{(k)}$ 的函数，即

$$\boldsymbol{x}^*(r^{(k)}) = \varphi(r^{(k)})$$

如图 5-24 所示。

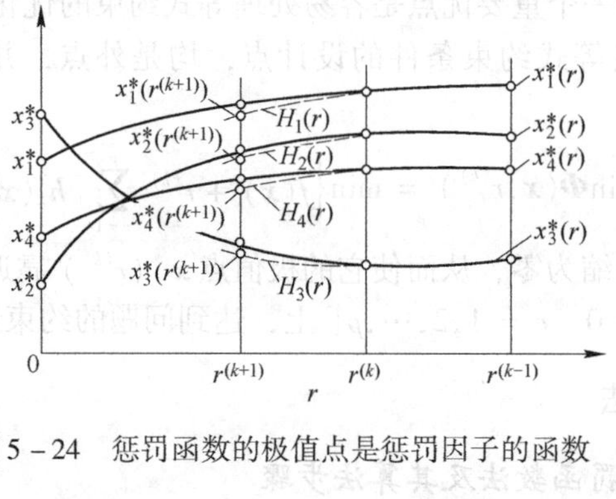

图 5-24 惩罚函数的极值点是惩罚因子的函数

所谓**外推技术**，就是利用前几次（如 $r^{(k-1)}$ 和 $r^{(k)}$）所得到的惩罚函数极值点，按曲线

拟合的方法构造近似函数 $\boldsymbol{H}(r)$，并根据此函数的性质推算出下一个 r 值，即 $r^{(k+1)}$ 的近似极值点 $\boldsymbol{x}^*(r^{(k+1)})$。通常有两点外推法和三点外推法。用三点外推要比两点外推的效果更好，但计算量要大些。

若用高次多项式来拟合极值点的轨迹 $\boldsymbol{x}^*(r)$，则可以表示为：

$$H_i(r) = a_i + b_i r^{1/2} + c_i r + d_i r^2 + \cdots \approx x_i^*(r) \quad i = 1, 2, \cdots, n$$

当用两点外推时，取外推公式为：

$$H_i(r) = a_i + b_i r^{1/2} \quad i = 1, 2, \cdots, n \tag{5-33}$$

如果已知 $\boldsymbol{x}^*(r^{(k-1)})$ 和 $\boldsymbol{x}^*(r^{(k)})$ 两点，而且 $r^{(k)} = cr^{(k-1)}$，代入式（5-33）则有：

$$x_i(r^{(k-1)}) \approx a_i + b_i(r^{(k-1)})^{1/2} \quad i = 1, 2, \cdots, n$$

$$x_i(r^{(k)}) \approx a_i + b_i(r^{(k)})^{1/2} = a_i + b_i(cr^{(k-1)})^{1/2}$$

由此可解得：

$$a_i = \frac{c^{1/2}x_i^*(r^{(k-1)}) - x_i^*(r^{(k)})}{c^{1/2} - 1} \quad i = 1, 2, \cdots, n$$

$$b_i = \frac{x_i^*(r^{(k-1)}) - a_i}{(r^{(k-1)})^{1/2}} \quad i = 1, 2, \cdots, n$$

于是可以确定外推点 $\boldsymbol{x}^*(r^{(k+1)})$ 的各分量，即

$$x_i(r^{(k+1)}) = a_i + b_i(r^{(k+1)})^{1/2} = a_i + b_i(cr^{(k)})^{1/2} \quad i = 1,2,\cdots,n \tag{5-34}$$

根据外推法计算出的 $\boldsymbol{x}^*(r^{(k+1)})$ 点，首先需检查它是否在可行域内。若在可行域内，则作为第 $k+2$ 次求函数 $\boldsymbol{\Phi}(\boldsymbol{x}, r^{(k+2)})$ 极值点的初始点，否则仍按原方法求 $\boldsymbol{x}^*(r^{(k+1)})$ 点。

上述外推方法在使用中已取得了很成功的经验。从改进外推效果看，还可以采用如下形式的外推曲线：

$$H_i(r) \approx a_i + b_i r^{\beta} \quad i = 1,2,\cdots,n \tag{5-35}$$

式中，β 为指数，其值一般在 $0<\beta<1$ 之间选取。

它的计算步骤如下：先取一个初试值 $\beta=0.4$，若计算所得的外推点是可行点，则作为下一循环求惩罚函数极值的初始点。否则，取 $\beta = \beta + \Delta\beta$（一般 $\Delta\beta=0.1$），计算外推点，若在 $\beta<1$ 情况下，找不到可行点，则按原方法求极值。在求得这个极值之后，再进行类似的外推计算。一般当 $\beta=0.6 \sim 0.7$ 时总会取得一个可行的外推点。实践证明，采用这种外推方法，通常可使函数计算次数减少 30% 左右。

5.5 约束优化计算其他方法概述

前面我们仅介绍了随机搜索法、复合形法和惩罚函数法。在约束优化计算方法中，还有其他一些较为复杂并各具特点的方法。这些方法在一些非线性规划的著作中都可以找到，限于篇幅在这里只作一些简要的介绍。

5.5.1 可行方向法和梯度投影法

可行方向法和梯度投影法都是在可行域 $\mathscr{D}$ 内直接寻求约束极值点的方法，是十分典型的约束问题的直接解法，只要 $\mathscr{D} = \{\boldsymbol{x} \mid g_u(\boldsymbol{x}) \leqslant 0, u = 1,2,\cdots,m\}$ 是非空集，且 $f(\boldsymbol{x})$、$g_u(\boldsymbol{x})$ 是可计算函数，则可以在 $\mathscr{D}$ 内直接搜索取得约束最优解 $\boldsymbol{x}^*$ 和 $f(\boldsymbol{x}^*)$。

这种搜索方法可直观地叙述为：在第 k 次迭代时，从 $\boldsymbol{x}^{(k)}$ 点出发，找出一个搜索的可

行方向 $s^{(k)}$，沿此方向进行搜索得到一个新的可接受的新点 $x^{(k+1)}$。只要连续不断地用此种方法组织迭代，就能得到一系列逐步改进的设计点 $x^{(k)}(k=0,1,\cdots)$。通常根据目标函数和约束函数所提供的信息，可以有如下几种典型的迭代方式：

（1）如图5-25（a）所示，它要求以最大的步长利用可行方向 $s^{(k)}$，从一个约束面移动到另一个约束面进行不断的反复搜索运动，直至满足K-T条件为止。

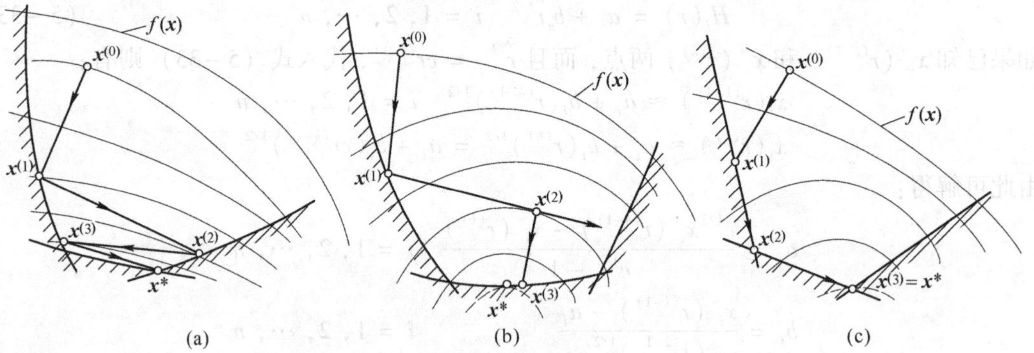

图5-25 沿可行方向搜索的几种典型搜索策略

（a）从一约束面到另一约束面搜索；（b）沿可行方向最优搜索；（c）沿约束面搜索

（2）如图5-25（b）所示，由于目标函数的严重非线性，当沿 $s^{(k)}$ 方向搜索时，可能由 $\nabla f(x)^{T}s^{(k)}<0$ 变为 $\nabla f(x)^{T}s^{(k)}>0$；这就是说，其间存在一个极小点。此时可用一维搜索方法求出 α^{*}，并令 $x^{(k+1)}=x^{(k)}+\alpha^{*}s^{(k)}$。如果 $\|\nabla f(x^{(k+1)})\|\leqslant\varepsilon$，则认为已接近最优点 x^{*}。否则就在 $x^{(k+1)}$ 点再沿最速下降方向进行搜索，直至满足K-T条件为止。

（3）如图5-25（c）所示，每次迭代都沿约束面进行搜索。这种迭代方式最宜应用于线性约束的情形，对于非线性约束，当沿光滑的约束面进行搜索时，其新点 $x^{(k+1)}$ 可能伸入非可行域内，如图5-26所示。解决这个问题的一种方法是先规定新点允许伸入非可行域的“深度”，即建立约束的容差带 $+\delta$，然后再沿违反的那个约束（要是有几个约束违反时，即对违反量最大的那个约束）的负梯度方向调整回到约束面上，即

$$x^{(k+1)}=x'-\alpha_1\nabla g(x') \tag{5-36}$$

式中，α_1 为调整步长，可以用下面方法求出：

将约束函数 $g(x)$ 在 x' 点作Taylor线性展开得

$$g(x)\approx g(x')+\nabla g(x')^{T}(x-x') \tag{5-37}$$

令 $x=x^{(k+1)}$ 并考虑到 $g(x^{(k+1)})=0$，则可由式（5-36）和式（5-37）解得

$$\alpha_1=|g(x')/[\nabla g(x')]^{T}\nabla g(x')| \tag{5-38}$$

在上述几种搜索策略中，最基本的是两个决策：一是产生一个下降可行的搜索方向 $s^{(k)}$；二是沿 $s^{(k)}$ 方向确定一个不会越出可行域外的适合的步长因子 α。

5.5.1.1 搜索方向的确定

在第3章中讲过，下降可行方向 $s^{(k)}$ 必定是 $x^{(k)}$ 点的 $V_1(x^{(k)})$ 和 $V_2(x^{(k)})$ 两个集合的交集，即

$$[\nabla g_u(x^{(k)})]^{T}s^{(k)}<0 \quad u\in I(x^{(k)}) \tag{5-39}$$

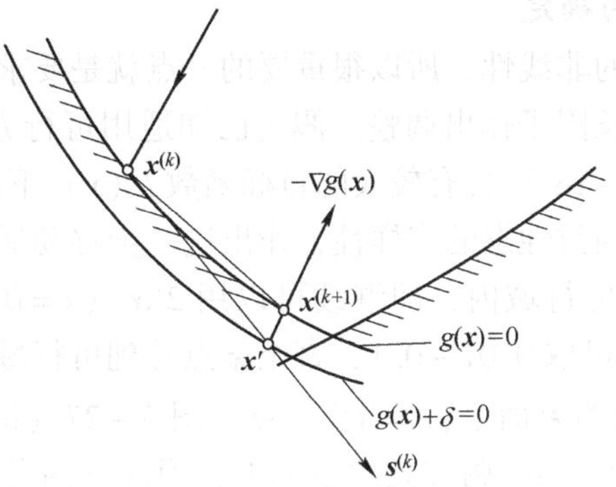

图 5-26 沿非线性约束面的搜索运动

$$[\nabla f(\boldsymbol{x}^{(k)})]^{\mathrm{T}}\boldsymbol{s}^{(k)} < 0 \tag{5-40}$$

式中，$I(x^{(k)})$ 为起作用约束函数下标集合。为了获得一个较好搜索方向，通常可以采用求下面一个子问题来解得。

将目标函数在 $\boldsymbol{x}^{(k)}$ 点按 Taylor 线性展开并求其极小化，以使在该方向上获得最好的利益。设

$$f(\boldsymbol{x}) \approx f(\boldsymbol{x}^{(k)}) + [\nabla f(\boldsymbol{x}^{(k)})]^{\mathrm{T}}\alpha\boldsymbol{s}$$

由于 $f(\boldsymbol{x}^{(k)})$ 和 $\nabla f(\boldsymbol{x}^{(k)})$ 均为常数，并设

$$-\beta = f(\boldsymbol{x}) - f(\boldsymbol{x}^{(k)}) = [\nabla f(\boldsymbol{x}^{(k)})]^{\mathrm{T}}\alpha\boldsymbol{s}$$

即可建立如下子问题：求一组搜索方向 $s_1, s_2, \cdots, s_n$，使

$$\left.\begin{aligned} &\min \quad \{-\beta\} \\ &\text{s. t.} \quad [\nabla f(\boldsymbol{x}^{(k)})]^{\mathrm{T}}\boldsymbol{s} \leqslant -\beta \\ &\qquad [\nabla g_u(\boldsymbol{x}^{(k)})]^{\mathrm{T}}\boldsymbol{s} \leqslant -\theta_u\beta \quad u = I(\boldsymbol{x}^{(k)}) \\ &\qquad |s_i| \leqslant 1 \quad i = 1,2,\cdots,n \end{aligned}\right\} \tag{5-41}$$

式中，θ_u 为搜索方向偏离约束面的一个系数。

上述子问题可以用线性规划方法或一般优化方法解出最优解 $\boldsymbol{s}^*$。于是在 $\boldsymbol{x}^{(k)}$ 点的下降可行方向为 $\boldsymbol{s}^{(k)} = \boldsymbol{s}^*$。这个方向在 $\boldsymbol{x}^{(k)}$ 点与约束切平面交线向可行域内偏离 $\theta_u\beta$ 值。

梯度投影方向向量就是把目标函数的负梯度向量投影到起作用约束的集合上的向量。设在 $\boldsymbol{x}^{(k)}$ 点起作用约束的法向量为 $\boldsymbol{A}_u = \nabla g_u(\boldsymbol{x}^{(k)})(u = 1, 2, \cdots, r)$，目标函数的负梯度向量为 $\boldsymbol{B} = -\nabla f(\boldsymbol{x}^{(k)})$，现确定其负梯度向量在约束交集切平面交线上的投影向量 $\boldsymbol{B}_p$，根据线性代数中向量的直交分解定理可得：

$$\boldsymbol{B}_p^{(k)} = \boldsymbol{B} - \sum_{u=1}^{r} u_u\boldsymbol{A}_u = \boldsymbol{B} - \boldsymbol{N}\boldsymbol{u} \tag{5-42}$$

式中，$\boldsymbol{u} = [u_1, u_2, \cdots, u_r]^{\mathrm{T}}$ 为待定常系数列阵；$\boldsymbol{N} = [\boldsymbol{A}_1, \boldsymbol{A}_2, \cdots, \boldsymbol{A}_r]$。

式（5-42）的意义就是把 $\boldsymbol{B}$ 向量减去所有与 $\boldsymbol{A}_u$ 平行分量后的结果。由此可导出梯度投影搜索方向为：

$$\boldsymbol{s}^{(k)} = -\boldsymbol{P}\nabla f(\boldsymbol{x}^{(k)}) / \| -\boldsymbol{P}\nabla f(\boldsymbol{x}^{(k)}) \| \tag{5-43}$$

式中，$\boldsymbol{P}$ 为投影算子（$n \times n$ 阶矩阵），$\boldsymbol{P} = \boldsymbol{I} - \boldsymbol{N}(\boldsymbol{N}^{\mathrm{T}}\boldsymbol{N})^{-1}\boldsymbol{N}$。

5.5.1.2 步长因子的确定

由于约束和目标函数的非线性，所以很重要的一点就是要求在迭代中根据函数所提供的信息，能够自动地对步长因子作出调整。假定已知适用可行方向 $\boldsymbol{s}^{(k)}$，这时应该用一步长因子 α 使新点 $\boldsymbol{x}=\boldsymbol{x}^{(k)}+\alpha\boldsymbol{s}^{(k)}$ 具有较大的目标函数 $f(\boldsymbol{x})$ 下降值，而且 $\boldsymbol{x}$ 点是可行的。但是由于目标函数和约束函数性态的多样性，作出这一步移动后，可能出现几种情况。图 5－27（a）表示新点 $\boldsymbol{x}$ 在可行域内，即继续可以用 $2^s\alpha_t$（$s=0, 1, \cdots$）加倍步长前进，其中 α_t 为试验步长，一般可取 0.01～0.1，直至 $\boldsymbol{x}$ 点移到可行域外面为止，然后再用调整步长因子 α_0 使新点调整到约束面上，即 $\boldsymbol{x}^{(k+1)}$ 点。图 5－27（b）表示一步就越出可行域外，则也需要用调整步长因子 α_0 调整到约束面上，因此这两种情况基本上是一致的。图 5－27（c）表示由于目标函数的严重非线性，在这一步中间可能存在有目标函数值的最小点。在这种情形下，需要沿 $\boldsymbol{s}^{(k)}$ 方向作一维搜索求出最优步长因子 α^*。图 5－27（d）表示线性约束的情况，此时需要直接到达另一个约束的约束面上，因此亦要求确定这种情况下的最合适的步长因子 α_M。如此种种情形，开始都可以用一个试验步长因子 α_t 先确定试验点 $\boldsymbol{x}^{(t)}$ 的位置，然后再来计算出最合适的步长因子 α_M。下面介绍几种步长因子的确定方法。

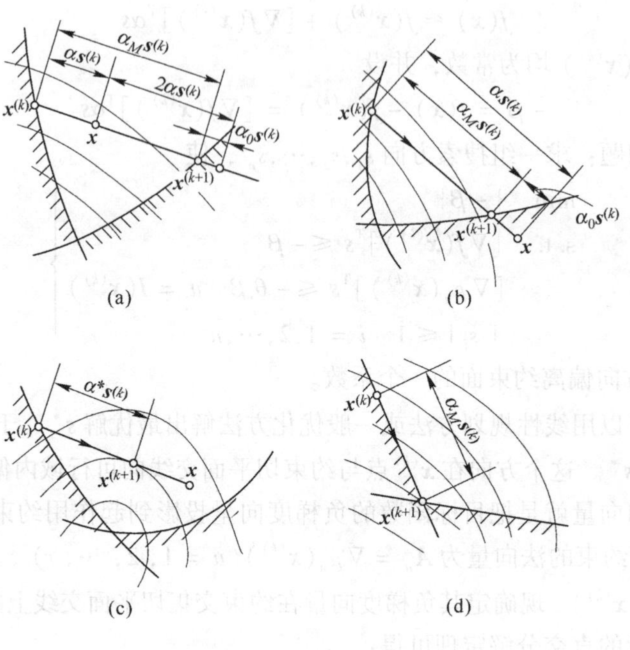

图 5－27 直接搜索法的几种可能迭代方式的步长因子

（a）和（b）用调整步长 α_0；（c）用最优步长 α^*；（d）用适合步长 α_M

（1）调整步长因子 α_0。对于图 5－27（a）、（b）所示的两种情况，最终都需要把设计点调整到某个（或几个）约束面上。但是，由于事先不可能预测这个距离的大小，因此必须采用调整步长因子 α_0 来计算或用试探搜索方法来计算。此时，为了简化计算，都需要对约束函数规定一适当的容差带，即

$$-\delta \leqslant g_u(\boldsymbol{x}) \leqslant 0 \quad u=1,2,\cdots,m \tag{5-44}$$

式中，δ 为约束面的容差值，一般视计算精确度而定，开始可以取大一点，如 $\delta=10^{-2}\sim 10^{-3}$，然后在迭代中当满足一定收敛条件时，再将容差值逐渐减小，直至当 $|\delta|\leqslant\varepsilon_f=10^{-5}$，则认为该点已位于约束面上。关于调整步长因子 α_0 值一般可按插值方法计算。如图 5-28 所示，设 $g_k(\boldsymbol{x})$ 为 m 个约束中违反最严重的一个约束，即

$$g_k(\boldsymbol{x}) = \max\{g_u(x^{(t)}) > 0 \quad u = 1,2,\cdots,m\}$$

并取它的一个内点 $\boldsymbol{x}_1^{(t)}$ 和一个外点 $\boldsymbol{x}_2^{(t)}$（即 $\boldsymbol{x}_2^{(t)} = \boldsymbol{x}_1^{(t)} + 2^N\alpha_t\boldsymbol{s}^{(k)}$），现需将 $\boldsymbol{x}_2^{(t)}$ 点调整到 $g_k(\boldsymbol{x})$ 约束面上得调整点 $\boldsymbol{x}^{(k+1)}$，即

$$\boldsymbol{x}^{(k+1)} = \boldsymbol{x}^{(k)} + (\alpha_T + \alpha_0)\boldsymbol{s}^{(k)} \tag{5-45}$$

式中，$\boldsymbol{x}^{(k)}$ 为前一轮迭代的末点；α_0 为调整步长因子；α_T 为前面几次搜索的积累步长因子，其值为 $\alpha_T = \sum\limits_{s=1}^{N} 2^{s-1}\cdot\alpha_t$，其中 N 为第 N 次加倍步长才出界的次数。

这样，α_0 值可按如下方法计算（见图 5-28）。将约束 $g_k(\boldsymbol{x})$ 用 Taylor 公式线性展开，并考虑到 $\boldsymbol{x}_2^{(t)} = \boldsymbol{x}_1^{(t)} + \alpha\boldsymbol{s}^{(k)}$，即有：

$$g_k(\boldsymbol{x}_1^{(t)} + \alpha\boldsymbol{s}^{(k)}) \approx g_k(\boldsymbol{x}_1^{(t)}) + \nabla g_k(\boldsymbol{x}_1^{(t)})^{\mathrm{T}}\alpha\boldsymbol{s}^{(k)} = a + b\alpha \tag{5-46}$$

当 $\alpha=0$ 时，$g_k(\boldsymbol{x}_1^{(t)}) = a$，因 $\boldsymbol{x}_1^{(t)}$ 为可行点，所以 $g_k(\boldsymbol{x}_1^{(t)}) < 0$。当 $\alpha=2^N\alpha_t$ 时 $g_k(\boldsymbol{x}_2^{(t)}) = a + b\alpha$ 的，因 $\boldsymbol{x}_2^{(t)}$ 为非可行点，故 $g_k(\boldsymbol{x}_2^{(t)}) > 0$。由式（5-46）可得：

$$b = [g_k(x_2^{(t)}) - g_k(x_1^{(t)})]/2^N\alpha_t \tag{5-47}$$

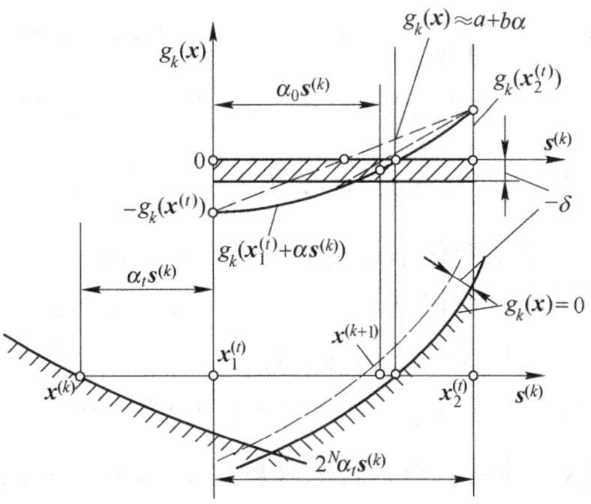

图 5-28 调整步长因子的计算

设将试验点 $\boldsymbol{x}^{(t)}$ 调整到约束面上所用的步长因子为 α_0，其新点应满足 $g_k(\boldsymbol{x}^{(t)}) = 0$ 条件，由式（5-46）有：

$$0 = g_k(\boldsymbol{x}^{(t)}) = a + b\alpha_0 \tag{5-48}$$

将式（5-47）代入式（5-48），可得调整步长因子 α_0 为：

$$\alpha_0 = \frac{-g_k(\boldsymbol{x}_1^{(t)})}{g_k(\boldsymbol{x}_2^{(t)}) - g_k(\boldsymbol{x}_1^{(t)})}\alpha_s = \frac{0 - g_k(\boldsymbol{x}_1^{(t)})}{g_k(\boldsymbol{x}_2^{(t)}) - g_k(\boldsymbol{x}_1^{(t)})}\alpha_s \tag{5-49}$$

式中，α_s 为最后一次试验步长因子，$\alpha_s = 2^N\alpha_t$。

若考虑到 $-\delta\leqslant g_k(\boldsymbol{x})\leqslant 0$ 按容差中心作内插，则可将上式改写为：

$$\alpha_0 = \frac{-\frac{\delta}{2} - g_k(\boldsymbol{x}_1^{(t)})}{g_k(\boldsymbol{x}_2^{(t)}) - g_k(\boldsymbol{x}_1^{(t)})}\alpha_s \tag{5-50}$$

当约束面比较凸时，这样求得的调整步长因子 α_0 可能精度不够，在这种情况下，可用调整点代替 $\boldsymbol{x}_2^{(t)}$ 再进行一次调整设计，只要约束面是光滑的曲面，一般只需 3 ~5 次就能使新点移至约束容差的允许域内。

当约束函数的非线性比较严重时，采用试探方法比较有效。此时可按如下搜索规则进行，从已知设计点 $\boldsymbol{x}^{(k)}$ 出发，按

$$\boldsymbol{x}^{(k+1)} = \boldsymbol{x}^{(k)} + \alpha\boldsymbol{s}^{(k)}$$

进行再设计，第一次试探步长因子用 α_t，如新试验点仍不违反约束，则将步长因子按 $\alpha = 2^s\alpha_t(s = 0,1,2,\cdots)$ 进行设计，一旦发现试验点已违反约束条件时，就将步长因子按 $\alpha = (0.5)^s\alpha_t$ 缩短，并沿 $-\boldsymbol{s}^{(k)}$ 方向调整，如此反复进行，试验点亦能最终进入约束面的容差允许域内。

（2）对于线性约束的最适合步长因子 α_M 的计算。当约束条件是 $\boldsymbol{x}$ 的线性函数 $g_u(\boldsymbol{x}) = \boldsymbol{A}_u^{\mathrm{T}}\boldsymbol{x} - b_u$ 时，即每一个约束函数沿 $\boldsymbol{s}^{(k)}$ 方向都是 α 的线性函数：

$$g_u(\alpha) = \boldsymbol{A}_u^{\mathrm{T}}(\boldsymbol{x}^{(k)} + \alpha\boldsymbol{s}^{(k)}) - b_u = g_u(\boldsymbol{x}^{(k)}) + \alpha\boldsymbol{A}_u^{\mathrm{T}}\boldsymbol{s}^{(k)}$$

这样，对于在 $\boldsymbol{x}^{(k)}$ 点所有的非起作用约束 $m-r$ 个，都可以计算出 $g_u(\alpha) = 0$ 时的 α 值

$$\alpha_u = -\frac{g_u(\boldsymbol{x}^{(k)})}{\boldsymbol{A}_u^{\mathrm{T}}\boldsymbol{s}^{(k)}} \quad u = r+1,\ r+2,\ \cdots,\ m \tag{5-51}$$

在上式中，由于 $\boldsymbol{x}^{(k)}$ 是可行点，因此 $g_u(\boldsymbol{x}^{(k)}) \leqslant 0$，所以 α_u 的符号仅由数量积 $\boldsymbol{A}_u^{\mathrm{T}}\boldsymbol{s}^{(k)}$ 的符号而定。对于线性函数，由于 $\boldsymbol{A}_u = \nabla g_u(\boldsymbol{x})$，所以 $\dfrac{\mathrm{d}g_u(x)}{\mathrm{d}\alpha} = \boldsymbol{A}_u^{\mathrm{T}}\boldsymbol{s}^{(k)}$，由此可见，$\alpha_u$ 的符号取决于函数对 α 的变化率。如果变化率是负的，则当 α 值逐渐增加时，迭代点就愈来愈离开该约束面，并深入可行域内，所以在确定 α 时就可以不用考虑这个约束。根据这个思想，搜索到另一个约束面上的步长因子 α_M 应为：

$$\alpha_M = \min_{\alpha_u > 0}\{\alpha_u\} \quad u = r+1,\ r+2,\ \cdots,\ m \tag{5-52}$$

但是如果沿梯度投影方向 $\boldsymbol{s}^{(k)}$ 搜索，而且目标函数在 $\alpha = 0$ 和 $\alpha = \alpha_M$ 之间有一个极小点时，则 α_M 就不是最适合的步长因子了。因此就需要计算一下 $\boldsymbol{s}^{(k)\mathrm{T}}\nabla f(\alpha_M)$ 的数量积，如果它是正值，则需要用一维搜索的方法求出介于 0 和 α_M 之间的最优步长因子 α^*。

5.5.1.3 终止准则

按上述策略思想组织迭代，每当设计点调整到约束面上之后，就需要判别该点是不是最优点。但是由于非线性优化设计问题的复杂性，也需要考虑有几种收敛的可能性，以便合理地中断计算过程。

（1）当设计点 $\boldsymbol{x}^{(k)}$ 满足

$$\|\nabla f(\boldsymbol{x}^{(k)})\| \leqslant \varepsilon$$

时可以结束计算。

（2）当设计点 $\boldsymbol{x}^{(k)}$ 处于约束面上，且满足 K－T 条件

$$\nabla f(\boldsymbol{x}^{(k)}) + \sum_{u \in I(x^{(k)})} \lambda_u \nabla g_u(\boldsymbol{x}^{(k)}) = 0 \quad \lambda_u > 0$$

时可以结束计算。

(3) 当设计点 $\boldsymbol{x}^{(k)}$ 的可行方向 $\boldsymbol{s}^{(k)}$ 满足

$$\| [\nabla f(\boldsymbol{x}^{(k)})]^{\mathrm{T}} \boldsymbol{s}^{(k)} \| \leqslant \varepsilon \quad 和 \quad |\delta| \leqslant \varepsilon_f$$

时，可以结束计算。

在实际计算中发现，由于计算机的截断误差和差分导数的计算误差的影响，(1) ~ (3) 种终止准则的灵敏度并不很高，常常出现目标函数值忽增忽减的反复现象。在这种情况下，最好对迭代的总次数加以控制，即超过规定的搜索次数时强制停止计算。

5.5.2 约束变尺度法

约束变尺度法的基本思想是先将约束问题定义为 Lagrange 函数，然后利用它在每个迭代点上的 Taylor 公式的二次展开式构造一个带不等式约束的二次规划子问题，并用数值分析法求得其数值解作为该次迭代搜索方向，可用不精确的一维搜索方法产生新的迭代点，用这样的一系列迭代点来逼近原问题的约束最优点。这一方法的优点是不需要用精确的一维搜索方法，调用目标函数的次数少，计算效率比较高。

对于求式 (5-1) 的约束优化设计模型，先将它表述为 Lagrange 函数，即

$$\boldsymbol{L}(\boldsymbol{x}, \lambda_1, \lambda_2) = f(\boldsymbol{x}) - \sum \lambda_{1u} g_u(\boldsymbol{x}) + \sum \lambda_{2v} h_v(\boldsymbol{x})$$

并用二次逼近思想，将原问题转化为求一系列二次规划子问题，以这一系列子问题的极小点逐步逼近原问题的约束最优点。

在 $\boldsymbol{x}^{(k)}$ 点构造二次规划子问题

$$\left.\begin{aligned} \min \quad & \left\{ [\nabla f(\boldsymbol{x}^{(k)})]^{\mathrm{T}} \boldsymbol{s}^{(k)} + \frac{1}{2} [\boldsymbol{s}^{(k)}]^{\mathrm{T}} \boldsymbol{H}(\boldsymbol{x}^{(k)}) [\boldsymbol{s}^{(k)}] \right\} \quad \boldsymbol{s}^{(k)} \in R^n \\ \text{s. t.} \quad & g_u(\boldsymbol{x}^{(k)}) + [\nabla g_u(\boldsymbol{x}^{(k)})]^{\mathrm{T}} \boldsymbol{s}^{(k)} \leqslant 0 \quad u = 1, 2, \cdots, m \\ & h_v(\boldsymbol{x}^{(k)}) + [\nabla h_v(\boldsymbol{x}^{(k)})]^{\mathrm{T}} \boldsymbol{s}^{(k)} = 0 \quad v = 1, 2, \cdots, p \end{aligned}\right\} \tag{5-53}$$

式中，$\boldsymbol{s}^{(k)} = \boldsymbol{x}^{(k+1)} - \boldsymbol{x}^{(k)}$，一般称为二次规划变量，也是当前的搜索方向。$\boldsymbol{H}(\boldsymbol{x}^{(k)})$ 为问题 Lagrange 函数在 $\boldsymbol{x}^{(k)}$ 点的二阶导数矩阵，即

$$\boldsymbol{H}(\boldsymbol{x}^{(k)}) = \nabla^2 f(\boldsymbol{x}^{(k)}) + \sum \lambda_{1u} \nabla^2 g_u(\boldsymbol{x}^{(k)}) + \sum \lambda_{2v} \nabla^2 h_v(\boldsymbol{x}^{(k)}) \tag{5-54}$$

子问题的设计变量是 $\boldsymbol{s}^{(k)}$，解式 (5-53) 便可得本次迭代的搜索方向 $\boldsymbol{s}^{(k)}$，然后沿 $\boldsymbol{s}^{(k)}$ 作一维搜索，求得最优步长 $\alpha^{(k)}$，得到新的迭代点 $\boldsymbol{x}^{(k+1)} = \boldsymbol{x}^{(k)} + \alpha^{(k)} \boldsymbol{s}^{(k)}$。再根据新迭代点的有关信息构造新的二次规划子问题。如此循环下去，这系列二次规划子问题的解最终逼近原问题的解。因此，这一种方法又称为**序列二次规划法**。

子问题中的矩阵 $\boldsymbol{H}(\boldsymbol{x}^{(k)})$ 是原问题 Lagrange 函数的二阶导数矩阵，包括目标函数、等式和不等式约束函数的二阶导数信息，计算十分复杂。因此在实际计算时是用变尺度法逐渐形成，即用对称正定矩阵 $\boldsymbol{A}^{(k)}$ 在迭代中不断修正，最终逼近 $\boldsymbol{H}(\boldsymbol{x}^{(k)})$，通常用如下的变尺度修正公式：

$$\left.\begin{aligned} \boldsymbol{A}^{(k+1)} &= \boldsymbol{A}^{(k)} + \Delta \boldsymbol{A}^{(k)} \\ \Delta \boldsymbol{A}^{(k)} &= -\frac{\boldsymbol{A}^{(k)} \boldsymbol{\delta} \boldsymbol{\delta}^{\mathrm{T}} \boldsymbol{A}^{(k)}}{\boldsymbol{\delta}^{\mathrm{T}} \boldsymbol{A}^{(k)} \boldsymbol{\delta}} + \frac{\boldsymbol{\gamma} \boldsymbol{\delta}^{\mathrm{T}}}{\boldsymbol{\delta}^{\mathrm{T}} \boldsymbol{\gamma}} \end{aligned}\right\} \tag{5-55}$$

式中，$\boldsymbol{\delta}^{(k)} = \boldsymbol{x}^{(k+1)} - \boldsymbol{x}^{(k)}$；$\boldsymbol{\gamma} = \nabla L(\boldsymbol{x}^{(k+1)}) - \nabla \boldsymbol{L}(\boldsymbol{x}^{(k)})$。

由于在序列二次规划子问题中运用变尺度方法构造 $\boldsymbol{A}^{(k)}$ 来逼近 $\boldsymbol{H}(\boldsymbol{x}^{(k)})$，故得名为**约束变尺度法**，是目前应用较广的一种算法，它具有收敛性和适应性好的优点。

5.5.3 广义简约梯度法

广义简约梯度法是将简约梯度的概念和方法推广应用于非线性不等式约束情况的一种优化计算方法。对于式（5-1）的约束优化问题，需将每个不等式约束条件 $g_u(\boldsymbol{x}) \leqslant 0$ 引入松弛变量 $x_u \geqslant 0(u = n+1, \cdots, m)$，则不等式约束条件转化为等式约束条件

$$h_u = g_u(\boldsymbol{x}) + x_u = 0 \quad u = 1, 2, \cdots, m \tag{5-56}$$

这样，设计变量由 n 个增加到 $n+m$ 个，等式约束由 p 个增加到 $m+p$ 个，于是可形成如下广义简约梯度法所求的数学模型：

$$\left.\begin{aligned} &\min \quad f(\boldsymbol{x}) \quad \boldsymbol{x} \in R^{n+m} \\ &\text{s. t.} \quad h_v(\boldsymbol{x}) = 0 \qquad v = 1, 2, \cdots, p+m \\ &\qquad\quad a_i \leqslant x_i \leqslant b_i \quad i = 1, 2, \cdots, n \end{aligned}\right\} \tag{5-57}$$

将设计变量分为两组，即 $\boldsymbol{x} = [\boldsymbol{y}, \boldsymbol{z}]^{\mathrm{T}}$，其中一组是状态变量 $\boldsymbol{y} = [y_1, y_2, \cdots, y_q]^{\mathrm{T}}$，对应于 q 个起作用约束；另一组为决策变量 $\boldsymbol{z} = [z_1, z_2, \cdots, z_s]^{\mathrm{T}}$，对应于其余设计变量，即 $s = (m+n) - q$。

设约束条件向量为：

$$\boldsymbol{G}(x) = [g_1(\boldsymbol{x}), g_2(\boldsymbol{x}), \cdots, g_N(\boldsymbol{x})]^{\mathrm{T}} \quad (\text{其中 } N = p+m) \tag{5-58}$$

对状态变量 $\boldsymbol{y}$ 的约束梯度矩阵为：

$$\boldsymbol{B} = \nabla_y G(\boldsymbol{x}) = [\nabla_y g_1(\boldsymbol{x}), \nabla_y g_2(\boldsymbol{x}), \cdots, \nabla_y g_N(\boldsymbol{x})]^{\mathrm{T}} \tag{5-59}$$

对决策变量 $\boldsymbol{z}$ 的约束梯度矩阵为：

$$\boldsymbol{C} = \nabla_z G(\boldsymbol{x}) = [\nabla_z g_1(\boldsymbol{x}), \nabla_z g_2(\boldsymbol{x}), \cdots, \nabla_z g_N(\boldsymbol{x})]^{\mathrm{T}} \tag{5-60}$$

目标函数对状态变量和决策变量的梯度分为$\nabla_y f(\boldsymbol{x})$ 和$\nabla_z f(\boldsymbol{x})$，则目标函数对当前点 $\boldsymbol{x}^{(k)}$的简约梯度为：

$$\nabla_r f(\boldsymbol{x}^{(k)}) = \nabla_z f(\boldsymbol{x}^{(k)}) - \nabla_y f(\boldsymbol{x}^{(k)}) \boldsymbol{B}^{-1} \boldsymbol{C} \tag{5-61}$$

简约梯度的几何意义是：原问题目标函数的梯度投影到起作用约束条件的边界交集上，简化后的设计空间为 $\boldsymbol{s}$ 维，称它为**简约设计空间**。

在简约设计空间沿搜索方向 $\boldsymbol{s}^{(k)} = [s_1^{(k)}, s_2^{(k)}, \cdots, s_s^{(k)}]^{\mathrm{T}}$进行一维最优搜索，即可得新的决策变量

$$\boldsymbol{z}^{(k+1)} = \boldsymbol{z}^{(k)} + \alpha \boldsymbol{s}^{(k)} \tag{5-62}$$

其中搜索方向的决定如下：

$$s_i = \begin{cases} 0 & \begin{cases} \text{若 } z_i^{(k)} = a_i & \text{且} \nabla_{ri} f(\boldsymbol{x}^{(k)}) > 0 \\ \text{若 } z_i^{(k)} = b_i & \text{且} \nabla_{ri} f(\boldsymbol{x}^{(k)}) < 0 \end{cases} \\ -\nabla_{ri} f(\boldsymbol{x}^{(k)}) & \qquad \text{其他} \end{cases} \tag{5-63}$$

状态变量 $\boldsymbol{y}^{(k+1)}$ 可通过 $\boldsymbol{z}^{(k+1)}$ 求解下面非线性方程组获得，即

$$\boldsymbol{G}(\boldsymbol{z}^{(k+1)}, \boldsymbol{y}^{(k+1)}) = 0 \tag{5-64}$$

若求出的 $\boldsymbol{y}^{(k+1)}$ 满足条件

$$f(\boldsymbol{z}^{(k+1)},\boldsymbol{y}^{(k+1)}) < f(\boldsymbol{z}^{(k)},\boldsymbol{y}^{(k)})$$

和

$$\boldsymbol{a}_y \leqslant \boldsymbol{y} \leqslant \boldsymbol{b}_y$$

则 $\boldsymbol{y}^{(k+1)}$ 即为所求值，获得新可行点（$\boldsymbol{z}^{(k+1)}$，$\boldsymbol{y}^{(k+1)}$）。否则缩步长 α 得到另一个 $\boldsymbol{z}^{(k+1)}$，并重新解方程组式（5－62），直至成功为止。

广义简约梯度法的计算效率较高，适应性较好，到 20 世纪 80 年代中期发展已较成熟，并有相应的商品软件，但较为复杂，阻碍了它的普遍应用。

约束优化问题的间接解法还有一些其他方法，在这里就不再介绍，有兴趣的读者可参考非线性规划的一些著作。

习　题

5－1　已知约束优化问题

$$\begin{aligned} \min \quad & f(\boldsymbol{x}) = (x_1-2)^2+(x_2-1)^2 \\ \text{s.t.} \quad & g_1(\boldsymbol{x}) = -x_1^2+x_2 \geqslant 0 \\ & g_2(\boldsymbol{x}) = -x_1-x_2+2 \geqslant 0 \end{aligned}$$

试从第 k 次的迭代点 $\boldsymbol{x}^{(k)}=[-1.0,\ 2.0]^{\mathrm{T}}$ 出发，沿由 $[-1,\ +1]$ 区间的均匀随机数 0.562 和 －0.254 所确定的方向进行搜索，完成一次迭代，获取一个新的迭代点 $\boldsymbol{x}^{(k+1)}$。并作图画出目标函数的等值线、可行域和本次迭代的搜索路线。

5－2　试绘出上题计算过程的程序框图，并编写源程序。

5－3　已知约束优化问题

$$\begin{aligned} \min \quad & f(\boldsymbol{x}) = 4x_1-x_2^2-12 \\ \text{s.t.} \quad & g_1(\boldsymbol{x}) = 25-x_1^2-x_2^2 \geqslant 0 \\ & g_2(\boldsymbol{x}) = x_1 \geqslant 0 \end{aligned}$$

试以 $\boldsymbol{x}_1^{(0)}=[2.0,\ 1.0]^{\mathrm{T}}$，$\boldsymbol{x}_2^{(0)}=[4.0,\ 1.0]^{\mathrm{T}}$ 和 $\boldsymbol{x}_3^{(0)}=[3.0,\ 3.0]^{\mathrm{T}}$ 为复合形的初始顶点，用复合形法进行两轮迭代计算。

5－4　用内点法求下面问题的最优解：

$$\begin{aligned} \min \quad & f(\boldsymbol{x}) = x_1^2+x_2^2-2x_1+1 \\ \text{s.t.} \quad & g(\boldsymbol{x}) = 3-x_2 \leqslant 0 \end{aligned}$$

5－5　用内点法求下面问题的最优解：

$$\begin{aligned} \min \quad & f(\boldsymbol{x}) = x_1+x_2 \\ \text{s.t.} \quad & g(\boldsymbol{x}) = -x_1^2+x_2 \geqslant 0 \\ & g_2(\boldsymbol{x}) = x_1 \geqslant 0 \end{aligned}$$

（提示：可构造惩罚函数 $\boldsymbol{\Phi}(\boldsymbol{x},r)=f(\boldsymbol{x})-r\sum_{u=1}^{2}\ln[g_u(\boldsymbol{x})]$，用解析法求解）

5－6　用外点法求题 5－4 的最优解。

5－7　用外点法求题 5－5 的最优解。

5－8　试用内点惩罚函数法求

$$\begin{aligned} \min \quad & f(\boldsymbol{x}) = x_1^2+2x_2^2 \\ \text{s.t.} \quad & g(\boldsymbol{x}) = x_1+x_2-1 \geqslant 0 \end{aligned}$$

的最优解，并将不同 $r^{(k)}$ 值时的极值点的轨迹表示在设计空间内。

5－9 试用混合惩罚函数法求

$$\begin{aligned} \min \quad & f(\boldsymbol{x}) = x_2 - x_1 \\ \text{s.t.} \quad & g(\boldsymbol{x}) = -\ln x_1 \leqslant 0 \\ & h(\boldsymbol{x}) = x_1 + x_2 - 1 = 0 \end{aligned}$$

的最优解。

5－10 有一内点惩罚函数为：

$$\boldsymbol{\Phi}(\boldsymbol{x},r) = f(\boldsymbol{x}) - r\sum_{u=1}^{m}[1/g_u(\boldsymbol{x})]$$

式中，$\boldsymbol{x} = [x_1, x_2, x_3]^{\mathrm{T}}$。已知 $r^{(1)} = 9$ 时，$\boldsymbol{x}^*(r^{(1)}) = [1.0,\ 2.0,\ 2.0]^{\mathrm{T}}$；$r^{(2)} = 1$ 时，$\boldsymbol{x}^*(r^{(2)}) = \left[\frac{1}{2},\ \frac{1}{2},\ 1\right]^{\mathrm{T}}$。试用外推法求当 $r=0$ 时的约束最优解的估计值。

5－11 若设外推公式为 $\boldsymbol{H}(r) = \boldsymbol{a} + \boldsymbol{b}r^{1/2} + \boldsymbol{c}r$，试用上题中求得的相应 $r^{(k)}$ 的极小点，导出计算 $\boldsymbol{a}$、$\boldsymbol{b}$、$\boldsymbol{c}$ 的公式。

5－12 设已知在二维空间中的点 $\boldsymbol{x} = [x_1, x_2]^{\mathrm{T}}$，并已知该点起作用约束的梯度 $\nabla \boldsymbol{g} = [-1.0,\ -1.0]^{\mathrm{T}}$，目标函数的梯度 $\nabla \boldsymbol{f} = \left[-\frac{1}{2},\ 1.0\right]^{\mathrm{T}}$，试用简化方法确定一个适用的可行方向向量。

5－13 设已知目标函数

$$\begin{aligned} \min \quad & f(\boldsymbol{x}) = x_1^2 + 4x_2^2 \\ \text{s.t.} \quad & g_1(\boldsymbol{x}) = x_1 + 2x_2 \geqslant 1 \\ & g_2(\boldsymbol{x}) = x_1 - x_2 \geqslant 0 \\ & g_3(\boldsymbol{x}) = x_1 \geqslant 0 \end{aligned}$$

试用直接法求从 $\boldsymbol{x}^{(0)} = [8.0,\ 8.0]^{\mathrm{T}}$ 点开始的一个迭代过程。

5－14 设已知一个凸的目标函数

$$\begin{aligned} \min \quad & f(\boldsymbol{x}) = \frac{4}{3}(x_1^2 - x_1x_2 + x_2^2)^{3/4} - x_2 \\ \text{s.t.} \quad & g_1(\boldsymbol{x}) = x_1 \geqslant 0 \\ & g_2(\boldsymbol{x}) = x_2 \geqslant 0 \\ & g_3(\boldsymbol{x}) = x_3 \geqslant 0 \end{aligned}$$

试求在 $\boldsymbol{x} = [0,\ 1/4,\ 1/2]^{\mathrm{T}}$ 点的梯度投影方向。

6 现代优化计算方法

6.1 引言

当人们不满足于用常规优化计算方法求解某些工程问题（如组合、布局和离散优化问题等）的时候，在20世纪80年代初期，开始注意到了另一类不同于常规确定性优化算法的**启发式算法**。这类算法由于在求解高非线性、多约束、多极值的问题中显示出了它的有效性，所以获得了迅速地发展，并已逐渐成为目前解决一些复杂的或特殊的工程优化问题的一种有力工具。这类算法统称为**现代优化计算方法**。

现代优化计算方法包括模拟退火算法（simulated annealing）、遗传算法（genetic algorithms）、蚁群算法（ant colony algorithms）、神经网络优化算法（neural networks optimization）、禁忌搜索算法（tabu search algorithms）、进化算法（evolutionary programming）、混合优化算法（hybrid optimization）、混沌优化算法（chaotic optimization）等。这类算法的一个共同特点是通过揭示和模拟自然现象和过程，并综合利用数学、物理学、生物进化、人工智能、神经科学和统计学等知识所构造的算法，称为构造型算法，也称为现代启发式算法（meta - heuristic algorithms）或智能优化算法（intelligent optimization algorithms），而且这类算法的发展与计算复杂性理论的形成与发展有着密切的关系。

6.2 计算复杂性和启发式算法的概念

6.2.1 计算复杂性的基本概念

由于有些算法在求解某种问题时，它所需要的计算时间和存储空间在实际中难以承受，因而就说该算法可解的问题在实践中认为它并不一定能解。例如，有一商人欲到 n 个城市推销商品，每两个城市之间的距离是已知的，现应如何选择一条路径使得把每个城市都走一遍后回到起始点且使所走的路径最短，这是一个著名的旅行商问题。若固定一个城市为起点和终点，则可能的路径有 $(n-1)!/2$ 种，若以路径比较为基本操作，则需要进行 $(n-1)!/2-1$ 次基本操作。当 $n=20$ 时，即使使用每秒执行百万次操作的计算机，也需要进行一千九百多年计算才能找到最优解。显然这在实际中是不可能接受的。这个例子说明，在实际中研究问题算法的复杂性是非常有意义的，以便可以进一步地针对问题设计一种算法，提高优化计算的效率。

计算复杂性一般包括**算法的复杂性和问题的复杂性**。算法的复杂性是指计算对时间和空间的需要量；问题的复杂性是指求解该问题时对时间和空间的需要量。在算法的分析和评价中，一直沿用实用的复杂性概念，即把求解问题过程中的基本操作（如加、减、乘、除和比较等）的次数定义为时间的复杂性指标，而把计算过程中所占用的计算机存储单元量定义为空间的复杂性指标。其实，无论是算法复杂性还是问题的复杂性都可以表示为问

题规模 n（维数）的函数，也可以表示为基本计算总次数的函数。因而在复杂性分析中，若一个求解实例 I 的基本计算总次数 $c(I)$ 同所用计算机二进制输入长度 $d(I)$ 的关系表示为：

$$c(I) = f[d(I)] = o\{g[d(I)]\} \tag{6-1}$$

这就是说基本计算总次数是实例输入长度 $d(I)$ 的一个函数，这个函数又可以被另一个函数 $g(\cdot)$ 所控制，则存在一个函数 $g(\cdot)$ 和一个正常数 α，使得

$$c(I) \leqslant \alpha g[d(I)] \tag{6-2}$$

式中，$g(\cdot)$ 的函数特性决定了基本计算总次数的性能，即复杂性的程度。

由上式一般可给出如下的算法和问题的复杂性分析定义：

(1) 若有一算法当求解该问题时，存在一个多项式函数 $g(\cdot)$ 和正常数 α，使得式(6-2)成立，则称该算法为**多项式时间算法**；当不存在多项式函数 $g(\cdot)$ 使式(6-2)成立时，则统称为**指数时间算法**。由于随着变量数的增加，多项式函数的增长速度要比指数函数增长的速度慢得多，因此我们更喜欢具有多项式函数的算法。

(2) 若有一优化问题当用某个算法求解时，存在一个多项式函数 $g(\cdot)$ 和正常数 α，使得式（6-2）成立，则称该优化问题为**多项式时间可解问题**，或简称为**多项式问题**，即 **P 问题**。但迄今为止，仍有许多优化问题（如组合优化）没有找到求得最优解的多项式时间算法，这类问题通常统称为**非多项式时间可解问题**，即 **NP 问题**。

在复杂性分析中，把算法和问题分为多项式时间和非多项式时间两类，主要是考虑到算法的复杂性随求解问题的维数 n 增加的变化趋势，而我们考虑构造一种算法的目的是能够解决问题的各类实例。显然，一个多项式时间可解问题一般就不必用那些求解 NP 问题的启发式算法。基于上述，在综合考虑算法、问题和实例的基础上形成了计算复杂性的概念。

本章的后面几节将介绍几种目前新兴的全局优化启发式算法，如模拟退火算法、遗传算法、蚁群算法和混合算法。对这些算法的评价和复杂性分析都要涉及较深的数学基础，因而在本书中只能介绍它们的原理、算法步骤和某些技巧，更详细的可参考其他专著。

6.2.2 启发式优化算法

启发式算法是相对于有严格数学背景的数学规划优化算法提出的。目前，把启发式算法理解为：一个基于直观或经验构造的算法，在可接受的花费（指计算时间和空间）内寻找到最好的解，但不能保证所得的解就是最优解，也不能保证此解与最优解的近似程度。由此又派生出 **ε 近似算法**（ε-approximation algorithms），即按最坏情况分析发现该算法所得的解与最优解的误差不超过 ε。

启发式算法大致可分为一步算法、改进算法、解空间松弛算法、解空间分解算法和现代优化算法等。启发式算法，特别是现代启发式算法获得迅速发展的主要原因可归结为：

(1) 有些难解的问题（如组合优化、布局优化、离散优化问题）还没有找到比较有效的优化算法，即使有，其计算时间和空间也无法接受或不实用。

(2) 数学模型是实际问题的简化、数据的不精确性、参数估计的不准确性，这些都使得我们考虑是否有必要必须求出该模型的最优解，因为它也不一定是原问题的最优结果。

(3) 算法构造直观、程序简单易行，易被使用者接受。

6.3 模拟退火优化算法

模拟退火算法（简称 SA） 的思想最早是由 Metropolis 在 1953 年提出的，而后 Kirh－patrick 在 1983 年成功地将其应用于组合优化问题中，后来又推广应用到函数优化问题中，成为一种通用的优化算法。目前模拟退火优化算法已在工程中得到了应用。

6.3.1 基本思想

固体退火的物理过程和统计性质是模拟退火算法的物理背景。

固体退火是先将固体加热到熔化，然后再徐徐冷却使之凝固成规则晶体的一种热力学过程。此过程由三部分组成：**升温过程**，即增强分子的热运动，使其偏离平衡位置，随着温度的升高，粒子与其平衡位置的偏离越来越大；**等温过程**，当温度升至熔解温度后，固体的规则性被彻底破坏，固体熔解为液体，此时为与周围环境进行热交换，但温度不变，此过程的目的是消除系统中原先可能存在的非均匀状态，此时是高自由能的一种平衡状态，是下一过程即冷却过程的起点；**冷却过程**，即随着温度的下降，分子热运动减弱，并处于不同的状态，当温度最低时，分子重新以一定结构排列，从而得到能量最小的晶体结构，即新的平衡态。根据统计力学的研究表明，在温度 t，分子停留在状态 r 满足 Blztmann 概率分布

$$P\{\bar{E}=E(r)\}=\frac{1}{z(t)}\exp\left(-\frac{E(r)}{kt}\right) \tag{6-3}$$

式中，$E(r)$ 为状态 r 的能量；k 为常数，$k>0$；$\bar{E}$为分子能量的一个随机变量；$z(t)$ 为概率分布的标准化因子。

通过分析式（6－3）可知（见图 6－1 的 Bolztmann 函数曲线）：

（1）分子停留在状态 r 的概率 $P\{\bar{E}=E(r)\}$ 对温度 t 是单调下降的，且当 t 趋近于零时，分子停留在最低能量状态的概率 $P\{\bar{E}=E(r_{\min})\}$ 将趋近于$\frac{1}{|D_0|}$，而概率值最高，其中 $|D_0|$ 为状态空间 D 中最低能量状态的个数。

（2）在相同温度下，分子停留在能量小状态的概率要比停留在能量大状态的概率要大，当温度相当高时，每个状态的概率基本相同，接近于平均值$\frac{1}{|D|}$，其中 $|D|$ 为状态空间 D 中的状态的个数。

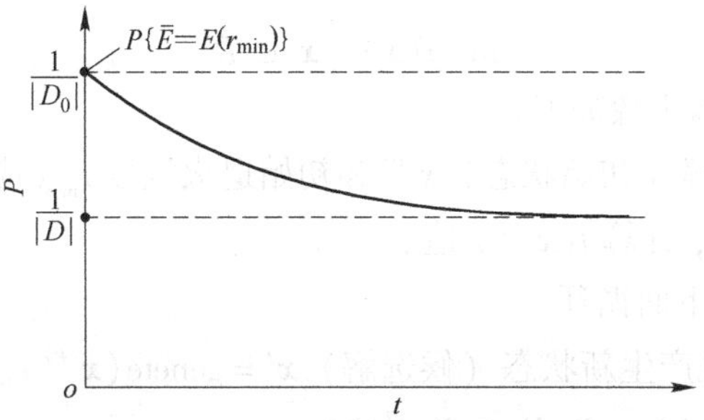

图 6－1 Bolztmann 函数曲线

如果把物理退火过程与求解优化问题过程对应起来即如表 6－1 所列。

表 6－1 物理退火与求解优化问题的对应关系

物理退火	求解优化问题	物理退火	求解优化问题
能量	目标函数值	能量最低的状态	最优解（目标函数值极小点）
不同温度的状态	问题的解域		

为了使物理系统趋于能量最低状态，Metropolis 于 1953 年提出一种状态迁移（固体状态的变换）的准则，或称 Metropolis 抽样稳定性条件：

若
$$\exp\left(\frac{E_i - E_j}{kt}\right) \geqslant \mathrm{random}(0,1) \tag{6-4}$$

则以新状态 j 代替原状态 i。式（6－4）中 E_i 为固体当前状态的能量；E_j 为通过扰动产生新状态的能量；random（0，1）为［0，1］间均匀分布随机数发生器产生的随机数值。

重复上述新状态的产生过程，便在大量的状态迁移（固体状态的变换）之后，系统趋于能量较低的平衡状态。由式（6－4）可知，在高温下，可以接受能量差较大的新状态，而在低温时，只能接受能量差较小的新状态，直至当温度趋近于零时，就不可能接受哪一种新状态了，因为 $E_i \approx E_j$。

根据以上所述的固体退火过程，构造模拟退火算法的基本思想如下：由某一较高的初温开始（在解空间中选择某个具有大目标函数值（高能量）的一点），利用具有概率突跳特性（即式（6－4））的随机抽样策略（重要性采样法）在解域内进行随机搜索，伴随温度的不断下降，并重复抽样过程，使系统的能量达到最低状态，即相当于能量函数的全局最优解。实际上，这种优化方法是一种基于 Monte－Carlo 随机模拟的迭代求解策略的随机寻优零阶算法。

归纳起来就是：固体退火的热力学过程和统计性质是模拟退火算法的物理学背景；Metropolis 接受准则使算法跳出局部最优的“陷阱”；而冷却进度表的合理选择是算法应用的前提。

6.3.2 算法的基本步骤

求函数问题的最优解可以类比为退火过程中的状态不断迁移直至能量达到最低状态，也就是温度达到最低点时，将以最大的概率找出问题的最优解。

设求解如下问题：

$$\min f(\boldsymbol{x}) \quad \boldsymbol{x} \in R^n$$

模拟退火算法的基本步骤如下：

（1）任选一个初始解（初始状态）$\boldsymbol{x}^{(0)}$ 和初始退火温度 $t_{\max}$（应取较高的值），并令 $k=0$，$\boldsymbol{x}^{(k)}=\boldsymbol{x}^{(0)}$ 和 $t_k = t_{\max}$，计算 $f(\boldsymbol{x}^{(k)})$ 值。

（2）在温度 t_k 下做下面循环。

1）在当前 t_k 下随机产生新状态（候选解）$\boldsymbol{x}' = \mathrm{genete}(\boldsymbol{x}^{(k)})$。

2）计算 $f(\boldsymbol{x}')$ 值和 $\Delta f = f(\boldsymbol{x}') - f(\boldsymbol{x}^{(k)})$。

3）若 $\Delta f<0$，则令 $\boldsymbol{x}^{(k)} = \boldsymbol{x}'$，转步骤（3）；否则执行下一步。

4）若 $\min\{1, \exp(-\Delta f/t_k)\} > \text{random}(0, 1)$，则令 $\boldsymbol{x}^{(k)} = \boldsymbol{x}'$，转到步骤（3）。否则转步骤（2）下的第1）步。

（3）若满足算法收敛（退火结束）准则，则转步骤（4）；否则令下一循环的退火温度 $t_{k+1} = \text{updat}(t_k)$ 和 $k = k+1$，转向步骤（2）。

（4）终止计算，输出结果，即取 $\boldsymbol{x}^* = \boldsymbol{x}'$ 和 $f(\boldsymbol{x}^*) = f(\boldsymbol{x}')$。

在上述模拟退火算法中，包含一个内循环和一个外循环。

内循环是在同一温度 t_k 下不断随机产生候选解 $\boldsymbol{x}'$，且使它不断向好解方向移动。从理论上说，应该在每个温度下产生无穷多个候选解，使目标函数值变化连续到平稳概率分布，显然在实际的算法中这是不现实的，因此当达到以下的其中之一的条件时终止内循环：（1）规定产生有限个候选解；（2）连续若干步候选解的目标函数值变化很小；（3）目标函数的均值已相当稳定。

外循环是规定算法何时结束的。从理论上说要求 $t_k \to 0$，算法才收敛，显然这是不实际的，通常的做法是：（1）设置一个终止温度 t_e；（2）规定外循环的最大迭代次数 $k_{\max}$；（3）算法在每个 t_k 值搜索到的最优解的值在若干次迭代内已保持微小的变化。

从算法的结构上说，**新状态候选解产生函数** genete（$\boldsymbol{x}^{(k)}$）、**状态接受函数**、**退温函数** updat（t_k）、**抽样稳定准则**和**退火结束准则**（简称模拟退火算法的三函数两准则）是影响算法优化计算效果的主要环节。模拟退火算法虽具有获得全局最优解可能性大、对初始点的稳定性好以及算法通用易实现等的优点，但为了寻求全局最优解需要算法具有较高的初温、较慢的降温速率、较低的终止温度以及在各种温度下要求产生足够多的候选解，因而模拟退火算法往往要求计算时间较长。但是，鉴于许多大规模工程问题的复杂性和 NP 特性，以及工程问题多数要求获得满意解即可，因此具有通用性的模拟退火算法仍是一种有效而实用的优化算法。

6.3.3 算法实现的几个技术问题

6.3.3.1 新状态产生函数

新状态产生函数 genete（$\boldsymbol{x}^{(k)}$）的设计应能保证所产生的候选解可以遍及整个解域，通常包括产生的方式和候选解的概率分布（如均匀分布、正态分布、β 分布或柯西分布等）。

对于连续变量，其产生函数的一般形式为：

$$x_i' = x_i^{(k)} + \eta \cdot \varepsilon \quad i = 1, 2, \cdots, n \tag{6-5}$$

式中，η 为摄动幅度系数，可以取常数，也可以根据由接受与拒绝的比率来选择；ε 为服从某种随机分布的变动量。

例如，对于已知各变量的变动范围 $x_i^L \leqslant x_i \leqslant x_i^U (i = 1,2,\cdots,n)$，其新状态的每个独立变量新值的基本方程可取

$$x_i' = x_i^{(k)} + \frac{1}{K}(x_i^U - x_i^L)(2r-1)^{\alpha} \quad i = 1, 2, \cdots, n \tag{6-6}$$

式中，r 为［0，1］之间均匀分布的伪随机数；K 为区域缩减系数，取 $K \geqslant 1$；α 为分布系数，取正奇数即1、3、5和7等，以保证 $(2r-1)^{\alpha}$ 项的值可取正或负值，当 $\alpha = 1$ 即为均匀分布，当 $\alpha > 1$ 时，即为以 $x_i^{(k)}$ 为中心点的偏态分布。

6.3.3.2 状态接受函数

虽然状态接受函数的具体形式对算法性能的影响不十分显著，但它对算法是否能实现全局搜索十分重要，其一般要求是：

(1) 在某个退火温度 t_k 时，使接受目标函数值下降的候选解的概率要大。

(2) 随着退火温度的下降，使接受目标函数值下降的候选解的概率越来越大，且当退火温度接近于零时，概率接近于1，即只能接受目标函数值下降的候选解。

目前，在模拟退火算法中多数采用 $\min\{1, \exp(-\Delta f/t_k)\}$ 作为状态接受函数。

6.3.3.3 退温函数

实验表明，初温 t_0 越高（大），获得高质量解的概率就越大。因为这可以使所有产生的候选解都能被接受，以保证最终的优良收敛性，但计算时间要长些。因此应该折中考虑优化质量和优化效率，常用的初温选择方法为：

(1) 均匀抽样一组状态，以各状态目标函数值的方差为初温；

(2) 随机产生一组状态，确定两状态的最大目标函数值的差值：

$$\Delta f_{\max} = \max\{f(\boldsymbol{x}^{(j)}) \mid j = 1, 2, \cdots, N\} - \min\{f(\boldsymbol{x}^{(j)}) \mid j = 1, 2, \cdots, N\}$$

然后根据差值，利用一定的函数产生初温，如取

$$t_0 = K\Delta f_{\max} \tag{6-7}$$

或

$$t_0 = \frac{-\Delta f_{\max}}{\ln p} \tag{6-8}$$

式中，K 为一个充分大的数，可取 $K=10$，20，100，…等试验值；p 为初始接受概率。

退温函数 $\mathrm{updat}(t_k)$ 用于确定外循环中的温度变更。从理论上说，只有当退火温度最终下降到零时，算法才以概率 1 收敛到全局最优解，并且要求在计算过程中参与候选解的数目为无穷多，温度下降愈慢愈好。加快温度下降速度，虽可以提高算法的计算效率，但不能保证收敛到全局最优解。

目前，最常用的退温函数为：

(1) $t_{k+1} = \alpha t_k (k > 0)$，其中 $0 < \alpha < 1$，其大小可以固定（同比率下降），也可以不断变化（变比率下降）。α 接近于1，温度下降得缓慢，这种方法简单易行，使用较多。

(2) $t_k = \left(1 - \dfrac{k}{K}\right)t_0 (k = 1, 2, \cdots)$，式中 t_0 为初始温度；K 为算法温度下降的规定总次数。

6.3.4 模拟退火算法的改进

为确保算法获得最优解，同时又提高优化计算的效率，可以对算法的各种功能作些改进，其中包括：

(1) 设计合适的状态函数、退温函数和退火历程等。

(2) 增加重升温过程。在算法过程的适当时期，将退火温度适当提高，调整状态，避免算法陷入局部最优解。

(3) 增加补充搜索过程。在退火过程结束后，以当前搜索到的最好解定为初始状态，再次执行模拟退火过程。

(4) 与其他搜索机制的算法，如遗传算法、神经网络算法、混沌搜索等组成混合算法。

6.4 遗传优化算法

近年来，人们面对在解决科学与工程技术的优化问题时所遇到的困难，试图寻求一种适合于求解大规模和复杂问题并具有自适应、自组织和随机优化性质的算法成为一个研究的热点。J. Houand 于 1975 年受生物进化论的启发提出了遗传优化算法（简称 GA）的原型。该算法不同于传统的确定性优化算法，是一种具有隐含并行搜索特性和全域随机搜索特性等特点的算法。它由于在解决复杂问题中显示出的有效性，而受到科学和工程技术界的重视，应用日益广泛。但是，该算法的某些理论和技术也还在不断地发展与完善中。

6.4.1 基本思想

图 6－2 所示为生物进化的基本循环图。**遗传优化算法**正是依据生物进化中的“适者生存”规律的基本思想设计的，它把问题的求解过程模拟为群体的适者生存过程，通过群体一代代的不断进化（包括竞争、繁殖和变异等）出现新群体，相当于找出问题的新解，最终收敛到“最适应环境”的个体（解），从而求得问题的满意解或最优解。

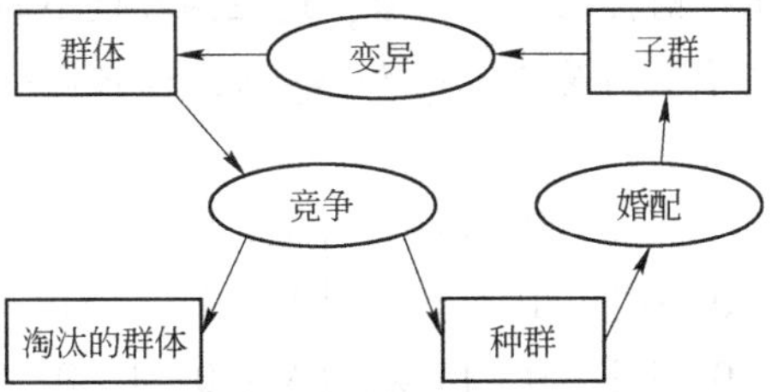

图 6－2　生物进化基本循环图

遗传算法在求解优化问题时，都是将实际问题的求解空间按一定的编码方式表现出来，即对解空间中的各个解进行**编码**。所谓解的编码就是把各个解用一定数目的字符串（例如用 0、1 的字符串）来表示，如图 6－3 所示。字符串中的每一位数称为**遗传基因**，每一个字符串（即一个解的编码）称为一个**染色体**或**个体**。个体的集合称为**群体**。遗传算法的寻优过程就是通过染色体的结合，即通过双亲的**基因遗传、变异和交配**等，使解的编码发生变化，从而可根据“适者生存”的规律，最终找出最好的解。在表 6－2 中列出了生物遗传的基本概念在遗传算法中的体现。

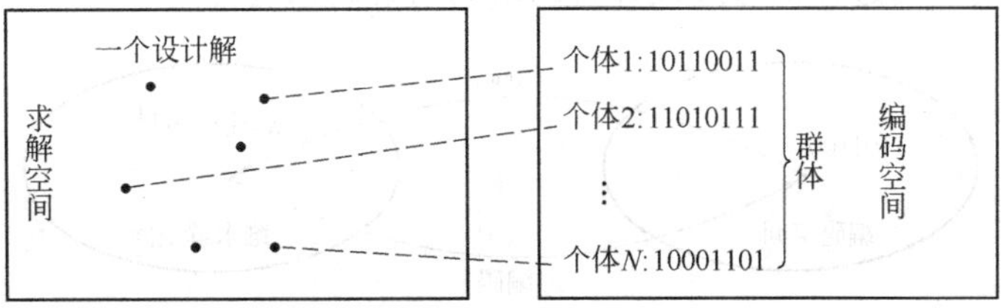

图 6－3　遗传算法中的求解空间与编码空间的映射关系

表 6-2 生物遗传与求解优化问题的对应关系

生物遗传的基本概念	遗传算法中的应用	生物遗传的基本概念	遗传算法中的应用
个体和群体	解和解空间	种　群	根据适应函数选定的一组解
染色体和基因	解的编码和编码字符串中的元素		
适者生存	具有最好的适应函数值的解将有最大可能生存	交配和变异	一种遗传算子，产生新解的方法

【例 6-1】 用遗传算法求 $\min f(x_1, x_2) = x_1 + x_2$ 在 x_1 和 x_2 为整数时的整数解，且 $0 \leqslant x_1$ 和 $x_2 \leqslant 15$。

解： 若用 4 位二进制编码（即 0、1 字符串）表示一个设计变量 x_i，则一个解 (x_1, x_2) 需用 8 位二进制编码表示，例如：

一个解（个体的基因型）　　　　适应函数（个体的表现型）

$$N_1: \underbrace{1\ 0\ 1\ 1}_{x_1=11}\quad \underbrace{0\ 0\ 1\ 1}_{x_2=3} \qquad f(x_1, x_2) = 14$$

$$N_2: 1\ 1\ 0\ 1\quad 0\ 1\ 1\ 1 \qquad = 20$$

$$N_3: 1\ 0\ 0\ 0\quad 1\ 1\ 0\ 1 \qquad = 21$$

$$N_4: 0\ 1\ 1\ 0\quad 0\ 1\ 0\ 1 \qquad = 11$$

若以这 4 个个体为群体，则按求解的要求，适应函数值小的染色体的生存概率自然较大。若以它为种群，则能竞争上的是 N_1、N_3 和 N_4 点，若它们结合，采用如下简单的交配方式，则可得：

$$\left.\begin{array}{l} N_4: 0\ 1 \vdots\ 1\ 0\quad 0\ 1 \vdots\ 0\ 1 \\ N_1: 1\ 0 \vdots\ 1\ 1\quad 0\ 0 \vdots\ 1\ 1 \end{array}\right\} \xrightarrow{\text{交配}} \left\{\begin{array}{l} N'_1: 0\ 1\ 1\ 1\quad 0\ 1\ 1\ 1 = 14 \\ N'_2: 1\ 0\ 1\ 0\quad 0\ 0\ 0\ 1 = 11 \end{array}\right.$$

$$\left.\begin{array}{l} N_4: 0\ 1 \vdots\ 1\ 0\quad 0\ 1 \vdots\ 0\ 1 \\ N_3: 1\ 0 \vdots\ 0\ 0\quad 1\ 1 \vdots\ 0\ 1 \end{array}\right\} \xrightarrow{\text{交配}} \left\{\begin{array}{l} N'_3: 0\ 1\ 0\ 0\quad 0\ 1\ 0\ 1 = 9 \\ N'_4: 1\ 0\ 1\ 0\quad 1\ 1\ 0\ 1 = 23 \end{array}\right.$$

由于分别交换了第二个位置的基因，所以得到新的个体 N'_1、N'_2、N'_3 和 N'_4，若再把 N'_2 的第一个基因变异，即 $1 \to 0$，又可得 N''_2: 0 0 1 0 0 0 0 1（=3）。

通过上述例子可以看出，遗传算法一般由 4 个部分组成：**编码与解码、适应函数、遗传算子和控制参数**。

（1）由设计空间向遗传算法编码空间的映射称为**编码**；而由编码空间向设计空间的映射称为**解码**。图 6-4 表示出了编码和解码的关系。用遗传算法求解优化问题时，必须先建立设计变量与染色体之间的对应关系，即确定编码与解码的规则。这样在遗传算法中，其优化问题求解的一切过程都通过设计解的编码与解码来进行。

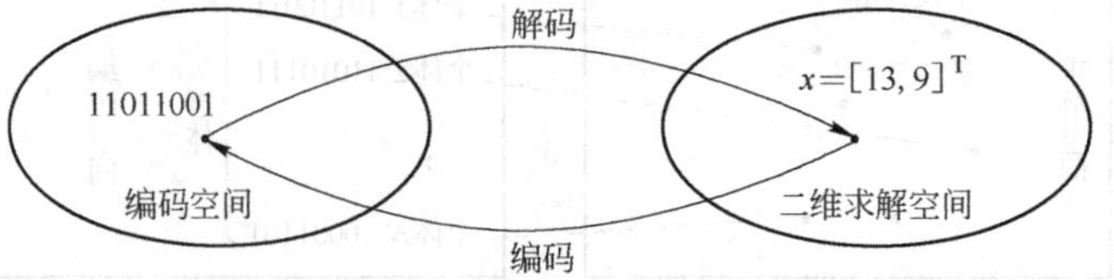

图 6-4　编码与解码的关系

(2) **适应函数**是用以描述个体适应环境的程度，也是生物进化中决定哪些染色体可以产生优良后代（适者生存）的依据。一般是，个体的适应函数值愈大，则个体性能愈好，生存可能性愈大；反之，若个体的适应函数值愈小，则个体的性能愈差，淘汰愈有可能。

(3) 遗传算子包括**复制（或选择）算子、交配算子和变异算子**。复制算子是根据个体的优劣程度决定在下一代是被淘汰还是被复制（即个体继续存在，还是子代保持父代的基因）。交配是指两个相互配对的染色体按某种方式相互交换其部分基因而生成两个新的个体。变异是将个体染色体编码字符中的某些基因用其他等位基因来替换，从而生成一个新的染色体。这3个算子一般都按一定的种群选择（或复制）概率、交配概率和变异概率随机地进行，造成遗传中的子代和父代的不同或差异。

(4) 算法的控制参数包括**种群的规模** N、**交配概率** P_c **和变异概率** P_m。

迄今为止，有关遗传算法的理论研究还相当不完善，特别是有关遗传算法的收敛性研究，以及如何提高算法的收敛速度和计算的稳定性等，这些都是目前具有重要研究价值的问题。

6.4.2 算法的基本步骤

遗传算法是一类随机性的优化算法，但不同于前面讨论过的简单的随机比较搜索算法。标准遗传算法（SGA）的主要步骤为：

(1) 选择优化问题求解的一种编码。

(2) 随机产生 N 个染色体的初始群体 $\{pop(k), k = 0\}$。

(3) 对群体中的每个染色体 $pop_i(k)$ 计算适应函数：

$$f_i = \text{fitness}(pop_i(k))$$

(4) 若满足终止规则，则转向步骤 (9)，否则计算概率

$$P_i = \frac{f_i}{\sum_{i=1}^{N} f_i} \quad i = 1, 2, \cdots, N$$

(5) 以概率 P_i 从 $pop(k)$ 中随机选一些染色体构成一个新群体（其中可以重复选 $pop(k)$ 中的元素）

$$newpop(k+1) = \{pop_i(k) \mid i = 1, 2, \cdots, N\}$$

(6) 通过交配，按交配概率 P_c 得到一个有 N 个染色体的交配群体 $crosspop(k+1)$。

(7) 以一个较小的变异概率 P_m，使得一个染色体的一个基因发生变异，形成变异群体 $mutpop(k)$。

(8) 令 $k = k+1$ 和 $pop(k) = mutpop(k+1)$，返回步骤 (3)。

(9) 终止运算，输出最优结果。

遗传算法不同于传统的优化算法，它是利用生物进化和遗传的思想实现优化过程的，因此它具有如下几个优点：

(1) 遗传算法是通过对优化问题的变量（或参数）编码成“染色体”后进行操作的，而不是对变量本身，因此这个方法不受变量性质（如连续、离散等）的限制，而且对多变

量、多目标的优化问题也是一种很适用的方法。遗传算法也是一种随机搜索的数值求解方法，由于在求解过程中记录下一个群体，因而可提供多个解，而且在求解过程中无需提供其他如导数等一类信息。

(2) 遗传算法的求解是从一个群体开始的，并在求解过程中记录下一个群体。因此具有隐含并行搜索的特性，从而大大减小了陷入局部最优解的可能性。

(3) 遗传算法对优化问题的变量编码后，其计算过程比较简单，并且可以较快地得到一个满意解。由于遗传算法本身与其他启发式算法具有较强的兼容性，所以可以用其他算法产生初始群体，亦可以对每一群体用其他算法产生下一代新群体。

遗传算法也还存在一些不足或是需要进一步探入研究的问题，如编码不规范性以及编码存在表示的不准确性、编码不能全面地表示出约束以及能否保证收敛到最优解等。

6.4.3 算法实现的几个技术问题

实现遗传算法的几个最关键技术是**求解优化问题的编码方案、适应函数 fitness($pop_i(k)$) 的确定、遗传算子的设计、算法参数（包括种群数 N、交配和变异概率 P_c、P_m、进化步数）的选择以及终止条件的设置等**。

6.4.3.1 编码

编码是遗传算法中的基础工作之一。由于算法的优化操作是在一定的编码机制对应空间上进行的，因此编码的选择是影响算法性能和效率的重要因素。

在函数优化中，一般可用二进制编码或十进制编码将问题的解用二进制串或十进制串表示出来。而编码的长度将影响算法的精度和算法所占的存储量。例如，对于给定 $[a, b]$ 的连续变量 x，若采用二进制编码策略，长度为 l，则任何一个变量可表示为：

$$x = a + a_1 \frac{b-a}{2} + a_2 \frac{b-a}{2^2} + \cdots + a_n \frac{b-a}{2^l} \tag{6-9}$$

对应着一个二进制的码 $a_1, a_2, \cdots, a_n$，二进制码与实际变量的最大误差为 $\frac{b-a}{2^l}$。

【例 6-2】 求 $\max f(x) = 1 - x^2$，$x \in [0, 1]$ 问题的编码。

解： 假设对解的误差要求是 $\frac{1}{16}$，则可采用 4 个二进制编码 $(l=4)$，$b-a=1$，其对应的关系为：

$$(a_1 a_2 a_3 a_4) \leftrightarrow \frac{a_1}{2} + \frac{a_2}{4} + \frac{a_3}{8} + \frac{a_4}{16}$$

若作进一步计算，则

$$(0001) \leftrightarrow \frac{1}{16}, \ (0100) \leftrightarrow \frac{1}{4}, \ (0011) \leftrightarrow \frac{3}{16}, \ (1110) \leftrightarrow \frac{7}{8}$$

等等。其中的 4 个二进制编码的字符串 $(a_1 a_2 a_3 a_4)$ 称为**染色体**，每个字符（分量）称为**基因**，每个基因有 0 或 1 两种状态。

目前，编码方式除采用二进制编码外，还采用实数编码、符号编码、序列编码等，见表 6-3。

表 6-3 几种常见的编码方式

编码方式	示例	说明
二进制编码	1 1 0 1 0 0 1 1	染色体中的基因值只能是二值符号集{0，1}中的一个
实数编码	5.80 6.70 2.18 3.56 4.00	染色体的基因值是设计变量的真实值
符号编码	A B C D E F	每一位基因只有代码含义，无数值意义
序列编码	1 3 5 7 9 2 4 6 8	例如在旅行商问题中，此编码表示按照"1→3→5→7→9→2→4→6→8→1"顺序依次访问各个城市

6.4.3.2 适应函数

适应函数 fitness（$\boldsymbol{x}$）用于对个体进行评价，即反映个体对问题环境适应能力的强弱，是个体竞争的测度，控制着个体生存的机会，所以它是优化进程发展的依据。

对于函数优化问题，必须将优化问题的目标函数$f(\boldsymbol{x})$与个体的适应函数 fitness($\boldsymbol{x}$) 建立一定的映射关系，且需遵循两个基本原则：（1）适应函效的值必须大于等于零；（2）优化过程中目标函数变化方向（如求 min 或 max）应与群体进化过程中适应函数的变化方向相一致。

对于求极大化的目标函数（即 max$f(\boldsymbol{x})$），可通过下面转换建立与 fitness（$\boldsymbol{x}$）的映射关系：

$$\text{fitness}(\boldsymbol{x}) = \begin{cases} f(\boldsymbol{x}) + C_{\min} & f(\boldsymbol{x}) + C_{\min} > 0 \\ 0 & f(\boldsymbol{x}) + C_{\min} \leqslant 0 \end{cases}$$

对于求极小化的目标函数（即 min$f$（$\boldsymbol{x}$））则为：

$$\text{fitness}(\boldsymbol{x}) = \begin{cases} C_{\max} - f(\boldsymbol{x}) & f(\boldsymbol{x}) < C_{\max} \\ 0 & f(\boldsymbol{x}) \geqslant C_{\max} \end{cases}$$

式中，$C_{\min}$和$C_{\max}$为可调参数，所取的值应使适应函数$f(\boldsymbol{x})$恒大于0。

6.4.3.3 算法参数

在算法参数中，最主要的是**群体规模、交配概率和变异概率**。

群体规模是影响算法性能和效率的因素之一。规模太小则不能提供足够多的采样点，以致算法性能很差，甚至得不到优化问题的解；规模太大时，无疑会增加计算量，从而使收敛时间过长。经常采用的方法之一，是将群体的染色体数 N 取为 n（每个染色体的编码长度）和 $2n$ 之间的一个确定数。也有靠经验从 20 ~ 100 范围内取值。

交配概率用于控制交配操作的频率。概率太大时，种群中的字符串更新很快，进而会使一些高适应函数值的个体很快被破坏掉；概率太小时，交配操作很少进行，从而会使搜索停滞不前。P_c 的取值范围一般为 0.4 ~ 0.9。

变异概率是加大种群多样性的重要因素。通常取一个较小的变异概率。便可以使整个群体中的任一位置的基因都发生变化。若概率过小，则不会产生新个体。概率太大，则使遗传算法退化为随机搜索算法。P_c 的取值范围一般在 0.1 ~ 0.3 之间。

一般说来，合理确定算法参数是一个极其复杂的问题，要从理论上解决这个问题也是十分困难的。

6.4.3.4 遗传算子

优胜劣汰是遗传算法的基本思想，在算法中体现这一思想的是**复制**（选择）、**交配**（交叉）、**变异**等的一些遗传算子。

复制体现了“适者生存”的自然法则。一般都采用与适应度成比例的概率方法，使高性能的个体得以更大的概率生存，从而提高全局收敛性和计算效率。具体地说，个体的选择概率为 $P_i = f_i / \sum f_i$，选择的目的是从群体中选出繁殖后代的双亲。

交配是重要的遗传算子。首先对选择的双亲以交配概率 P_c 判定是否交配，对发生交配的双亲（A 和 B），随机选择交配位置 $i(1 \leqslant i \leqslant n)$，彼此交换交配位置 i 右边的基因，产生两个新个体。

交配的目的在于产生新的基因组合，如采用一点交配，以二进制串为例：

$$\text{双亲}\begin{matrix} A & 100:100 \\ B & 010:010 \end{matrix} \xrightarrow{\text{交配}} \text{后代}\begin{matrix} A' & 100:010 \\ B' & 010:100 \end{matrix}$$

又如多点交配（2 和 5 位置）：

$$\text{双亲}\begin{matrix} A & 10:110:01 \\ B & 00:101:10 \end{matrix} \xrightarrow{\text{交配}} \text{后代}\begin{matrix} A' & 10:101:01 \\ B' & 00:110:10 \end{matrix}$$

对于十进制的实数编码可以采用算术交配，即

$$x_1' = rx_1 + (1 - r)x_2$$
$$x_2' = rx_2 + (1 - r)x_1$$

式中，x_1 和 x_2 为双亲，x_1'和 x_2'为后代，$r \in (0, 1)$ 为随机数。

交叉遗传操作的目的在于产生新的基因组合，形成新的个体，它既继承了双亲的个体特性，也产生了新的个体特性，以体现在搜索空间内向新区搜索。

变异是交配算子后作用的算子。变异是按位进行的，即以概率 P_m 改变字串上的某一位基因，以二进制为例：

$$0101\,0\overset{\nabla}{0}10 \xrightarrow{\text{变异}} 0101\,1\overset{\nabla}{1}10$$

变异是一种微妙的遗传操作，起到恢复丢失或生成遗传信息的作用，从而保持群体中个体的多样性，有效地防止算法早熟收敛，但过分的变异，会使算法退化为随机搜索。

6.4.3.5 算法终止准则

遗传算法的理论已证明了算法具有以概率 1 收敛的极限性质，然而实际操作是不允许让它无限制地进行下去的，而且通常问题的最优解也未必知道。因此需要有一种终止算法过程的条件，通常采用的是：（1）事先规定出一个最大进化步数，到达此步数时终止；（2）判断当前最好的解已连续若干步没有多少变化；（3）算法已找到了一个可接受的最好解。也可以采用以上条件的组合。如（1）和（2）或（1）和（3）。

6.4.4 遗传算法的改进

遗传算法最根本的是设法产生或有助于产生优良的个体“成员”，且这些“成员”充分体现出求解空间中的解，从而提高算法效率和避免出现过早收敛。因此现今研究的努力方向都是针对基因操作、种群的宏观操作等方面，并在算法方面出现免疫遗传算法、并行

遗传算法等。

对于有约束问题的求解，目前的处理方法主要有以下几种：

（1）采用惩罚函数的方法处理约束问题。

（2）在算法的运行过程中通过检查解的可行性来决定解是保留或是弃用。

（3）把问题的约束条件在染色体的表现形式中体现出来，设计专门的遗传算子，使染色体所表示的解在算法运行中保持可行性，这种方法实施起来难度也较大。

到目前为止，采用遗传算法求解高维、多约束和多目标的优化问题已有一些成功的经验，但仍有一些问题需要进一步研究，它的进展将会推动遗传算法在工程领域中的广泛应用。

6.5　蚁群算法

蚁群算法是20世纪90年代由意大利学者M. Dorigo和V. Maniezzo等受自然界的蚁群觅食行为的活动规律启发首先提出的一种模拟进化算法。这种基于种群（或粒子群）的群体智能来实现寻优的启发式算法，还有如鸟群算法、鱼群算法等，其特点是算法概念简明、易于实现、需要调整的参数少等，所以这类算法一经提出就引起人们的重视，最早应用于组合优化，如旅行商问题、调度问题，然后又推广应用到连续的函数优化问题。

6.5.1　基本原理

蚁群算法是基于群体智能的一种启发式搜索算法。群体智能是指一种通过大量数目的智能体群所实现的智能方式。

下面通过简单的模型来分析说明蚁群如何通过信息交流与传递的协作来寻找食物，并最终获得蚁穴与食物之间最短路径的过程。

在图6－5（a）中，D为食物源，4只蚂蚁从蚁穴A处出发，分别有两条路径：从A经B到D或从A经C到D，两条路径长度不同。首先，蚂蚁1和2同时出发，行走速度相同，选择两条路径的概率相同，蚂蚁1走经B到D的路线，蚂蚁2走经C到D的路线。由于蚂蚁1经过路线距离短，故蚂蚁1先到达D并准备返回A（见图6－5b），此时，线路ABD上有蚂蚁1由A至D时留下的信息素，故蚂蚁1会选择这条线路返回蚁穴A。当蚂蚁1返回蚁穴A后，由于线路ABD的信息素强度大于ACD，蚂蚁3出发时会根据信息素的强度选择线路ABD（见图6－5c）。而此时蚂蚁2在到达D时也会根据信息素的强度选择经B

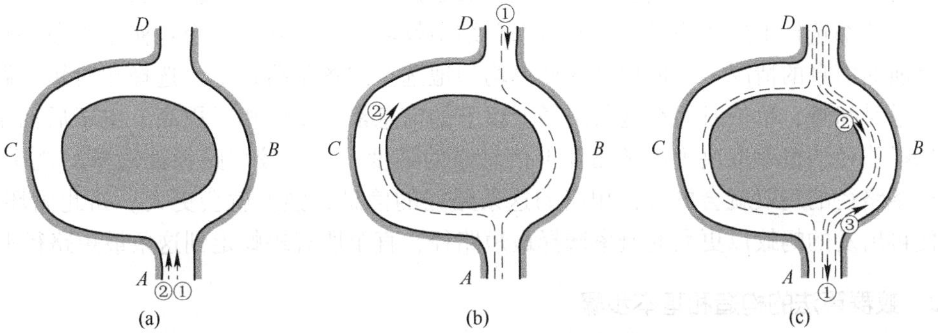

图6－5　蚁群觅食过程分析

返回 A，线路 ABD 上的信息素强度得到了进一步的加强；如此循环下去，此后的蚂蚁便都会选择线路 ABD 作为觅食路线，这就是蚂蚁活动蚁穴与食物之间最短路径产生的基本过程。可以看出，蚂蚁之间的交流主要是通过蚂蚁经过路线时遗留在道路上的信息素来实现的，每个蚂蚁既通过感知其他蚂蚁遗留信息素的强度选择路线，又同时在行走的过程中释放信息素。这样便形成了群体协作智能寻优的模式。

为进一步说明，建立如图 6－6 所示蚁群觅食行为系统的模型。A 为蚁穴，D 为食物源。AC、CD 的距离为 1，AB、BD 的距离为 0.5（见图 6－6a）。假设每个单位时间有 30 只蚂蚁由 A 到 D，同时有 30 只蚂蚁由 D 到 A，蚂蚁的行走速度为 1。

在 $t=0$ 时刻（见图 6－6b），各路径上的信息素为 0。第一批从 A 处准备出发的蚂蚁选择路径 ABD 和 ACD 概率相同，故可假设有 15 只蚂蚁选择路径 ABD，有 15 只蚂蚁选择路径 ACD。类似的，第一批从 D 处准备出发的蚂蚁选择路径 DBA 和 DCA 概率相同，故可假设有 15 只蚂蚁选择路径 DBA，有 15 只蚂蚁选择路径 DCA。

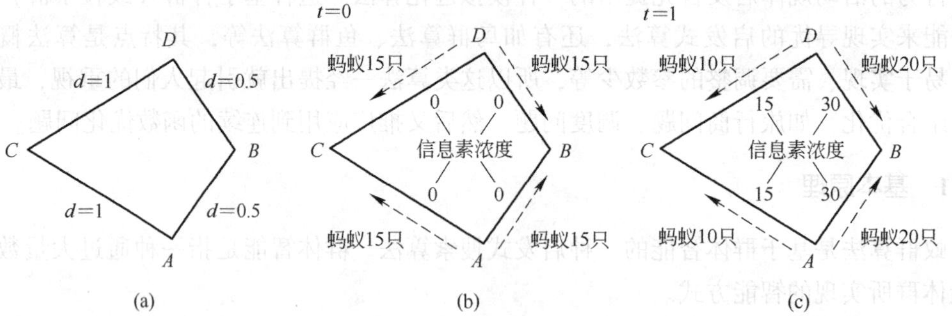

图 6－6　蚁群系统模型

在 $t=1$ 时刻（见图 6－6c），第二批从 A 出发的 30 只蚂蚁会发现在路径 AC 上的信息素强度为 15，这是由第一批从 A 经 C 向 D 行走的 15 只蚂蚁留下的。同时，还会发现在路径 AB 上的信息素强度为 30，这是由第一批从 A 经 B 向 D 行走的 15 只蚂蚁和第一批从 D 经 B 向 A 行走的 15 只蚂蚁共同留下的。这时，由于路径 AB 上的信息素强度高，则第二批 30 只蚂蚁会按信息素强度选择路径，选择 AB 这条路径的概率要高于选择 AC 的概率，将会有 20 只蚂蚁选择路径 ABD，有 10 只蚂蚁选择路径 ACD。类似的，第二批从 D 出发的 30 只蚂蚁也会有 20 只蚂蚁选择路径 DBA，有 10 只蚂蚁选择路径 DCA。

上述过程不断循环下去则会使 ABD 这条最短路径上集聚的信息素强度不断增大，最终所有蚂蚁都选择走这条路径。由此可以总结出蚁群算法的基本思想：初始阶段蚂蚁群体在没有前期信息的情况下根据相同的概率均匀地选择到各条路径上，选择相对短的路径的蚂蚁往返时间短，单位时间在这条路径上留下的信息素强度就相对更高。由于后面出发的蚂蚁选择路径的概率取决于该条路径上信息素的强度，这条较短路径被选择的概率就大，选择这条路径的蚂蚁就会更多，相应的这条路径的信息素强度就会更大。如此循环下去，则会使再出发的蚂蚁以更大的概率选择最短路径，直至所有蚂蚁走到这条最短路径上。

6.5.2　蚁群算法的构造和基本步骤

通过上述分析可知蚁群算法主要由蚂蚁群体的个数、选择路径的策略、信息素更新和局部搜索等几个部分组成。下面将通用的旅行商问题结合蚁群算法原理来讨论优化算法的构造和基本步骤。

旅行商问题属于一种典型的组合优化问题。旅行商问题为：有一个商人欲到 n 个城市推销商品，每两个城市 i 和 j 之间的距离为 d_{ij}，选择一条最短的路径，使商人经过每个城市且只经过一次并最终返回到起点。在此问题中，城市的个数和城市间的距离是确定的，需要寻找的是最短的行商路线，这与蚂蚁寻找觅食的最佳路径具有相同之处。因此可以方便地利用蚁群算法处理来这类问题。

采用蚁群算法原理求解旅行商问题的基本思路为：

（1）在 n 个城市中随机的放置 m 只蚂蚁，每只蚂蚁独立的选择路径，走过全部城市，完成一次循环；

（2）每只蚂蚁依据转移概率 $P_{ij}^{k}(t)$ 选择下一个目的城市，同时，禁止蚂蚁转移到已访问过的城市；其中 i 为第 k 只蚂蚁当前所在城市，j 为目的城市，t 为当前时刻。

（3）经过 n 次转移，每只蚂蚁都经过了所有的城市，回到了原来的出发点，完成了一次循环。由于每只蚂蚁都会在所经过的路径上留下信息素，信息素的强度和城市间的距离共同决定了转移概率的大小。在下一次循环中信息素的强度会对蚂蚁路径选择产生影响，距离短的路径信息素强度相对更大，下一次循环中蚂蚁选择这一路径的概率就更大。

6.5.2.1 信息素

作为蚂蚁进行群体信息交流的重要手段——信息素是实现路径选择的重要依据。设 $\tau_{ij}(t)$ 为城市 i 和 j 之间的路径（i，j）在时刻 t 上的信息素强度。每只蚂蚁在 t 时刻依据转移概率选择目的城市，并在 $t+1$ 时刻到达目的城市。则 m 只蚂蚁共作出了 m 次移动，完成一次迭代，当完成了 n 次移动（迭代）时，蚂蚁便走完了全部城市，回到出发点，完成了一次循环。当完成一次循环时，按下式对各城市之间路径（i，j）上的信息素进行更新：

$$\tau_{ij}(t+n) = \rho\tau_{ij}(t) + \Delta\tau_{ij} = \rho\tau_{ij}(t) + \sum_{k=1}^{m}\Delta\tau_{ij}^{k} \tag{6-10}$$

式中，$\rho\in(0, 1)$，称为信息挥发因子，$1-\rho$ 代表一次循环中信息素的挥发程度；$\Delta\tau_{ij}$ 为所有蚂蚁在路径上单位长度的信息素量；$\Delta\tau_{ij}^{k}$ 为第 k 只蚂蚁在（t，$t+n$）时间段留在路径（i,j）上单位长度的信息素量，其值为：

$$\Delta\tau_{ij}^{k} = \begin{cases} \dfrac{Q}{L_k} & \text{当第 } k \text{ 只蚂蚁在本次循环中经过路径}(i, j) \\ 0 & \text{其他} \end{cases} \tag{6-11}$$

式中，Q 为常数；L_k 为第 k 只蚂蚁完成一次循环走过路径的长度。

从式（6-11）可以看出，对于某一条路径（i, j），其上信息素强度取决于上一次循环完成后的信息素强度 $\tau_{ij}(t)$ 和本次循环过程中信息素的积累 $\Delta\tau_{ij}$。在本次循环过程中，如果经过这条路径的蚂蚁数量多则留下的信息素量就相对大；经过这条路径的蚂蚁在本次循环过程中走过的总路径越短，则对这条路径信息素强度的贡献就越大。

6.5.2.2 禁忌表

在每次循环过程中，每只蚂蚁应访问所有 n 个城市且不发生重复，这一条件通过禁忌表来实现，在禁忌表中存储了 t 时刻前每只蚂蚁在本次循环过程中访问过的所有城市，借此可以限制蚂蚁在本次循环过程中再次访问已经过的城市。同时，由于禁忌表涵盖了每只蚂蚁经过城市的顺序，可借此计算每只蚂蚁在本次循环中走过的总路径长度，并可以由此得到蚁群优化的当前解。

6.5.2.3 转移概率

蚂蚁从某一城市 i 选择是否访问下一个城市 j 是依据转移概率来决定的，可定义某一只蚂蚁 k 从城市 i 到城市 j 之间的转移概率为：

$$P_{ij}^{k}(t) = \begin{cases} \dfrac{[\tau_{ij}(t)]^{\alpha}[\eta_{ij}]^{\beta}}{\sum\limits_{r \in J_k(i)} [\tau_{ir}(t)]^{\alpha}[\eta_{ir}]^{\beta}} & j \in J_k(i) \\ 0 & j \notin J_k(i) \end{cases} \tag{6-12}$$

式中，$\eta_{ij} = \dfrac{1}{d_{ij}}$ 为能见度，是城市 i 和 j 之间距离的倒数，其值只与城市间的距离有关而与时间无关，也不在循环的过程中发生变化，距离越近的城市能见度越高，同时被选择的概率就越大；$J_k(i)$ 为蚂蚁 k 在城市 i 之前没有访问过的城市的集合，与禁忌表相关联；α 和 β 分别为启发式因子和自启发因子，是控制信息素和能见度相对重要程度的系数。

6.5.2.4 参数的选择

蚂蚁群体的个数 m：蚁群算法是模仿蚂蚁觅食的现象所构造的一种启发式算法。各个蚂蚁单独并行工作，蚂蚁越多，算法的稳定性越高，获得可行解的机会越大。但蚂蚁数目相对于问题规模过大时，路径上蚂蚁过多，信息素变化较为平均，随机性增强，算法的收敛速度降低；蚂蚁数目过少时，很多路径上没有蚂蚁经过，信息素较快挥发，造成算法过早收敛。一般可使蚂蚁数目与城市节点数目接近。

启发式因子 α：启发式因子就是算法中反映随机性因素在路径搜索中所作用的一个参数。α 值越大，蚂蚁行进过程中的残存信息素量 $\tau_{ij}(t)$ 在路径选择中所起的作用就越大，以前走过的路径被蚂蚁选择的可能性越大，因而减弱了路径搜索的随机性；而 α 值过小也会使某些路径上的信息素过早挥发，算法的执行就会变慢，且容易得到局部最优解。

自启发式因子 β：自启发式因子就是反映蚁群在路径搜索中确定性因素作用的参数。β 过小，路径的能见度因素在路径搜索中的作用降低，使得整个蚁群都陷入随机搜索，这样就很难找到最优解；β 过大时，能见度因素的影响又太大，就越容易选择局部最短路径，从而加快算法的收敛，容易得到局部最优解。

信息素挥发因子 ρ：信息素挥发因子是作为衡量信息素挥发速度的参数提出来的，因而 ρ 的大小对算法的全局搜索能力及算法执行时间有直接的影响。当所处理的问题规模较大时，可能出现很少或从来没有被访问到的一些路径上由于信息素不断挥发，逐渐减少到0，从而不再被搜索，因此大大降低了算法的全局搜索能力。ρ 取值较小时，路径上信息素保留时间就长，很有可能再次搜索到已有路径，从而对算法的随机性能和全局搜索能力产生不利影响。ρ 取值较大时，路径上信息素挥发速度过快又使得蚂蚁之间的相互影响变小，算法收敛的收敛速度变慢，甚至使算法最终解的优化程度降低。ρ 的取值范围一般在0.5～0.7之间，在具体应用时可以根据实际情况或试算后作相应调整。

6.5.2.5 算法的基本步骤

(1) 初始化：确定城市的个数 n，蚂蚁个数 m；令初始时刻 $t=0$；循环次数计数器 $NC=0$；设置各城市之间路径 (i,j) 上的信息素强度初值 $\tau_{ij}(0)=\varepsilon$（ε 为很小的正数），令

$\Delta\tau_{ij}=0$；计算各城市之间路径 (i, j) 上的能见度 η_{ij}，即 $\eta_{ij}=\dfrac{1}{d_{ij}}$。

(2) 把 m 个蚂蚁分散到不同城市节点上；清空禁忌表 $\text{tabu}_k(s)$，$(k=1,2,\cdots,m; s=1,2,\cdots,n)$。

(3) 令 $s=1$，将所有蚂蚁的起始城市存入禁忌表 $\text{tabu}_k(s)$；$NC=NC+1$。

(4) $t=t+1$；$s=s+1$；每只蚂蚁 $k(k=1, 2, \cdots, m)$ 依据转移概率 $P_{ij}^k(t)$ 选择下一个访问的城市 j，蚂蚁 k 从城市 i 移动到城市 j，将城市 j 插入到禁忌表 $\text{tabu}_k(s)$。

(5) 若 $s<n-1$，转到步骤 (4)；否则转到下一步。

(6) $t=t+1$；$s=s+1$；每只蚂蚁 $k(k=1, 2, \cdots, m)$ 移动到初始城市 $\text{tabu}_k(1)$，将该城市插入到禁忌表 $\text{tabu}_k(s)$；这时蚂蚁回到了初始城市，完成一个周期的循环；根据禁忌表计算各蚂蚁所走的路径长度 L_k，得到当前找到的最短路径。

(7) 判断是否满足算法终止条件，如满足转到步骤 (8)；否则按式 (6-10) 对各城市之间路径 (i, j) 上的信息素 $\tau_{ij}(t)$ 进行更新，转到步骤 (2)。

(8) 根据禁忌表输出最短路径方案。

在上述算法步骤中，在每一时刻，所有蚂蚁都要根据概率移动到下一个城市，完成一步迭代，当蚂蚁走完所有城市时，完成了一次循环，这时将通过禁忌表得出一组当前的最优解，并根据算法是否满足终止条件决定是否开始下一轮循环，如未满足终止条件，则对信息素进行更新，并清空禁忌表，开始下一轮循环，这时，上一轮循环的经验通过信息素对下一轮循环产生影响，促使蚂蚁选择更有效的路径。

算法的终止条件一般有如下三种形式：(1) 给定循环的最大次数 $NC_{\max}$；(2) 当前最优路径连续 K 次相同（K 为预先给定的正整数）；(3) 目标值控制规则：给定优化问题（目标函数最小化问题）的一个下界和一个误差值，当算法得到的目标值同下界之差小于给定的误差值时，计算终止。

6.5.3 函数问题的蚁群算法

可以看出，以旅行商问题为代表的组合优化问题是一种典型的在离散空间寻找已知节点的最优排列组合问题，它与蚁群觅食路径选择有着极大的相似性，因而便于用蚁群算法来求解这类问题。然而，当面临的是求如下式的函数优化问题

$$\begin{aligned}\min\quad & f(\boldsymbol{x}) \quad \boldsymbol{x}\in X\subset R^n\\ \text{s.t.}\quad & g_u(\boldsymbol{x})\leqslant 0 \quad u=1, 2, \cdots, m\\ & h_v(\boldsymbol{x})=0 \quad v=1, 2, \cdots, p<n\end{aligned}$$

时，由于设计变量多为连续变量，优化的目标不是某些确定信息的排列组合，而是某一目标函数的最小（大）值，则上节所介绍的蚁群算法便不能直接应用，而需要根据蚁群算法的基本原理，结合一般连续函数优化模型的特点建立对应关系，改造为相适用的蚁群算法。

为了便于分析，这里以一维函数无约束优化问题来讨论蚁群算法的改造和应用，对于约束问题，不难通过约束问题的间接解法转换为无约束问题进行求解。同时，此方法也可推广到 n 维函数的求极小化问题。设一维函数优化问题：

$$\min\ f(x) \quad x\in[x^L, x^U]^{\mathrm{T}}$$

采用蚁群算法进行求解的基本思路是：首先对设计变量在取值范围内进行 m 等分，将 m 只蚂蚁分布在 m 个区域内。每只蚂蚁根据转移概率决定是否移动到相邻区域内。如果未达到转移条件，则在其附近做局部搜索，完成一次循环之后，对信息素进行更新，重新计算转移概率，重复上一次循环，直至达到终止条件，获得最优解。在一维连续函数的蚁群算法中，每只蚂蚁在一次循环中首先要确定是否从当前所在区域 i 转移到相邻区域 j 之中，其依据是蚂蚁 k 所在位置 i 与相邻区域 j 之间的转移概率 $P_{ij}^k(t)$，即

$$P_{ij}^k(t)=\begin{cases}\dfrac{[\tau_j(t)]^\alpha\cdot[\eta_{ij}]^\beta}{\sum\limits_{j=1}^{m}[\tau_j(t)]^\alpha\cdot[\eta_{ij}]^\beta} & \eta_{ij}>0 \\ & (j\neq i) \\ 0 & \eta_{ij}\leqslant 0\end{cases} \tag{6-13}$$

式中，$\tau_j(t)$ 为区域 j 的吸引强度（相当于信息素强度）；η_{ij} 称期望值，为第 i 处蚂蚁与第 j 处蚂蚁最大目标函数值之差，$\eta_{ij}=f_{i\max}(x)-f_{j\max}(x)$；$\alpha$ 和 β 分别为信息启发式因子和期望启发式因子，分别用于控制蚂蚁运动过程中区域吸引强度 $\tau_j(t)$ 和期望值 η_{ij} 在搜索过程中所起作用的程度。

由式（6－12）可知，对于区域 i 处的蚂蚁，若和其相邻区域 j 的目标函数差值 $\eta_{ij}>0$，则表明区域 j 的目标函数值更小，发生转移的概率就大；否则，若 $\eta_{ij}<0$，说明区域 j 不如蚂蚁的当前位置 i，转移概率为 0，不发生转移。决定转移概率的另一个重要因素是区域 j 的吸引强度 $\tau_j(t)$，每次循环完成后吸引强度依据下式进行更新：

$$\tau_j(t+1)=\rho\tau_j(t)+\sum_{k=1}^{m}\Delta\tau_j^k \tag{6-14}$$

式中，$\rho\in(0,1)$，为代表吸引强度的持久性的系数；$\Delta\tau_j^k$ 为本次循环中蚂蚁 k 在区域 j 局部搜索中吸引强度的增量。

当蚂蚁 k 在区域 j 不满足向附近的区域转移的条件（$\eta_{ij}\leqslant 0$）时，则在当前区域进行局部搜索，搜索半径或步长为 $\Delta\boldsymbol{x}$。搜索后得到的新点的目标函数值为 $f(\boldsymbol{x}^k+\Delta\boldsymbol{x})$，由此可以定义本次局部搜索后目标函数值的变化量为 $Y_j^k=f(\boldsymbol{x}^k+\Delta\boldsymbol{x})-f(\boldsymbol{x}^k)$。若 $Y_j^k>0$，则表明局部搜索找到的新点不如当前点，当前位置的吸引强度将相应增加；若 $Y_j^k<0$，则表明局部搜索找到了更好的点，当前位置的吸引强度将不增加。故吸引强度的增量可以定义为：

$$\Delta\tau_j^k=\begin{cases}Q_Y Y_j^k & (\text{当 } Y_j^k>0) \\ 0 & (\text{当 } Y_j^k\leqslant 0)\end{cases} \tag{6-15}$$

式中，Q_Y 为给定参数，代表蚂蚁释放的信息素密度。

这样，经过一次循环，各区域的吸引强度得到了更新，对下一次循环各蚂蚁的转移给予经验性的指导。

可以看出，与旅行商问题的蚁群模型不同，这里的每只蚂蚁在一个循环中不须移动经过所有区域，而只需根据转移概率 $p_{ij}^k(t)$ 移动到相邻区域，当不满足转移概率时不做移动，而只在当前位置处做邻域搜索，根据搜索后目标函数值的变化量 Y_j^k 更新吸引强度。每个循环所有蚂蚁移动一次，对所有区域的吸引强度进行一次更新。随着循环不断进行下去，更多的蚂蚁会集中到使目标函数得到最小化的对应区间中，完成对函数问题的最优化

搜索。

6.5.4 蚁群算法的改进

蚁群算法的主要问题是搜索时间较长，容易过早收敛到局部最优路径。针对这个问题，研究人员提出了不同的改进方案，使蚁群算法的性能得到了有效的提高，形成了各种类型的基于蚁群算法的改进算法。

6.5.4.1 最大最小蚁群算法（MMAS）

最大最小蚁群算法（Max - Min Ant System，MMAS）是针对蚁群算法过早收敛的问题提出的。传统蚁群算法中，信息素容易过快地集中到某几条较好的路径上，其他路径由于没有蚂蚁经过，信息素较快挥发，信息素强度趋于0，使得这些路径不会再被选择，从而丧失了探索新路径方案的机会，算法会较快的趋于停滞，造成早熟现象。为了避免过早收敛，最大最小蚁群算法进行了如下修正：

（1）初始信息素强度设为预先给定的最大值，即 $\tau_{ij}(t) = \tau_{\max}$。

（2）在每次循环之后，只允许表现最好的蚂蚁更新路径上的信息素。

$$\tau_{ij}(t+n) = \rho\tau_{ij}(t) + \Delta\tau_{ij} \tag{6-16}$$

$$\Delta\tau_{ij} = Q/[\min(L_k)] \tag{6-17}$$

（3）限定信息素强度的上、下限值，即令 $\tau_{ij}(t) \in [\tau_{\min}, \tau_{\max}]$。

通过设置信息素强度的最大值和最小值，可以避免因某条路径信息素强度过高而使蚂蚁过快地集中到这条路径，造成过早收敛，同时，也可避免某些路径信息素强度过低而导致发现新路径的可能性降低。利用最大最小值对信息素强度的限制，有效避免了算法早期收敛的问题。

6.5.4.2 随机扰动蚁群算法

蚁群算法存在着搜索速度慢、容易陷入局部最优、容易出现停滞现象的缺点。随机扰动蚁群算法通过在算法中添加随机扰动的策略克服搜索过程中的出现的停滞现象。

在蚁群算法中，转移概率表明了蚂蚁转移的原理，如果某条路径上的信息素强度越大且路径越短，则该路径被选择的概率就越大。基于这一原理，可以设计如下转移策略：

$$C_{ij}^k = \begin{cases} (\tau_{ij}^k \eta_{ij}^k)^\gamma & j \in J_k(i) \\ 0 & j \notin J_k(i) \end{cases} \tag{6-18}$$

式中，$\gamma > 0$ 为扰动因子；C_{ij}^k 不再是转移概率，而是路径 (i, j) 的转移系数，蚂蚁总是选择转移系数最大的城市。

当 γ 取固定值时仍不能避免出现停滞现象，因此采用具有随机可变性的扰动因子控制策略，设置倒指数关系曲线来描述扰动因子：

$$\gamma = ae^{b/k} \quad k = 1, 2, \cdots, M;\ a > 0;\ b > 0 \tag{6-19}$$

式中，M 表示最大迭代次数；a、b 表示扰动尺度因子。

通过可变的扰动因子，可以提高路径选择的多样性，并使收敛过程趋于平缓。为了避免停滞现象，可采用随机选择策略，并在进化过程中动态调整随机选择的概率。同时，对信息素强度最大的路径单独计算概率，以防止最优路径漏选。具有随机扰动特性的转移系数为：

$$C_{ij}^{k}=\begin{cases}(\tau_{ij}^{k}\eta_{ij}^{k})^{\gamma} & \text{当 } \tau_{ij}^{k}=\max(\tau_{ir}^{k}) \text{ 且 } j\notin J_{k}(i)\\(\tau_{ij}^{k})^{\gamma}\eta_{ij}^{k} & \text{当 } \tau_{ij}^{k}\neq\max(\tau_{ir}^{k}) \text{ 且 } j\notin J_{k}(i),\ q\leqslant q_{0}\\\tau_{ij}^{k}(\eta_{ij}^{k})^{\gamma} & \text{当 } \tau_{ij}^{k}\neq\max(\tau_{ir}^{k}) \text{ 且 } j\notin J_{k}(i),\ q>q_{0}\\0 & \text{其他}\end{cases} \tag{6-20}$$

式中，q 为(0，1) 间均匀分布的随机数；$q_0 \in (0, 1)$ 为随机变异率。

上式表明，某一次迭代过程中蚂蚁有若干条可选择的转移路径，对于信息素强度最大的路径，采用转移系数公式；对于其他可选路径，采用随机转移方式。此式将确定性转移和随机性转移相结合起来，通过确定性转移到信息素强度最大的路径，通过随机性路径的选择，使蚁群算法具有更强的全局搜索能力，有效地避免了陷入局部最优或出现停滞现象。

6.5.4.3 自适应蚁群算法

蚁群算法中依靠正反馈可以较快地将蚂蚁集中到较好的路径上，但容易造成过快收敛，通过随机扰动和限制信息素强度最大最小值的方法，可以避免过早收敛，在更大程度上保证全局范围内的搜索，但也会使收敛速度降低。自适应蚁群算法通过动态调整转移概率，在利用正反馈的群体经验加速收敛和尽可能提高全局搜索能力之间取得平衡。

自适应蚁群算法分析每次循环中各城市的聚度，并将其作为对信息素强度和转移概率做出动态调整更新的依据。对于某一城市 i，共有 r 条路径连接其他城市，在上一次循环过程中，选择这 r 条路径的蚂蚁个数分别为 a_1，a_2，…，a_r，则该城市 i 的聚度为：

$$sta(i)=\sqrt{\sum_{l=1}^{r}\left(\frac{m}{r}-a_{l}\right)^{2}} \tag{6-21}$$

蚂蚁在上一次循环过程中从城市 i 出发选择的路径更多地集中在少数几条上时，则这个城市的聚度就大。当所有蚂蚁都集中选择了某一条路径时，聚度达到最大值，记为 maxsta。为了避免蚂蚁过快集中在某几条路径上，可根据聚度调整该城市在下一循环可选择的路径数目 w，令

$$w=\left[\frac{sta(i)}{\max sta}(r-1)+0.5\right]+1 \tag{6-22}$$

上式将使聚度大的城市在下一个循环中可选择的路径数目增加，而使聚度小的城市在下一个循环中可选择的路径数目减少。既不致误导蚂蚁陷入局部几条道路，也不致可选择路径总是过于分散。之后，对城市 i 为起点的 r 条路径依据信息素强度进行排序并存于数组 $rank[j]$ 之中，定义 ξ_{ij} 为信息权重：

$$\xi_{ij}=\begin{cases}(w/r)^{rank[j]-1} & \text{当 } rank[j]\leqslant w \text{ 时}\\0 & \text{其他}\end{cases} \tag{6-23}$$

通过信息权重，可控制蚂蚁由城市 i 到城市 j 的信息素强度 $\tau_{ij}(t)$ 和能见度 η_{ij} 对转移概率的影响程度，这时转移概率可表达为：

$$p_{ij}^{k}(t)=\begin{cases}\dfrac{\xi_{ij}[\tau_{ij}(t)]^{\alpha}[\eta_{ij}]^{\beta}}{\sum\limits_{r\in J_{k}(i)}\xi_{ij}[\tau_{ir}(t)]^{\alpha}[\eta_{ir}]^{\beta}} & j\in J_{k}(i)\\0 & j\notin J_{k}(i)\end{cases} \tag{6-24}$$

当蚂蚁过快集中在少数几条路径上时，聚度增大，通过式（6-24）增大下一次循环

中可选择的路径数目，可选择路径增多后，每条路径上的信息权重差就减小了，选择各条路径的概率分布就比较均匀了，也就不致局限在原来的某几条路径上，有利于扩大搜索的范围。反之，当蚂蚁的选择路径较分散时，信息素强度和能见度大的路径被选择的概率就被扩大，更有利于加速收敛。可见，通过对转移概率的动态调整，既可避免算法进化速度过慢，又不致因收敛过快而陷入局部最优。

6.6 混合优化算法

6.6.1 引言

近年来，在工程领域中优化算法应用范围的拓宽，以及要求解决问题的规模和复杂度越来越大，一般采用单一的优化算法，其结果往往不够理想；同时也由于现代优化算法的理论研究的落后，也导致了对单一算法性能的改进受到较大的局限，而基于自然机理来提出新的优化策略和算法，又是一件十分困难的事。所以，如何合理地结合两种算法的优点来构造另一种新的算法，以解决工程中的各种优化设计问题，就具有很强的吸引力。基于这一点，对各种单一算法相互取长补短，产生优化性能和效率更好的另一种算法，即**混合优化算法**，成为优化算法研究的一个热点。

在开发与设计一种有效的混合优化算法时，一般需要处理好以下几个关键问题。

（1）邻域函数的设计。

在欧氏空间 R^n 中，通常的邻域定义是以一点为中心和以半径为 δ 的一个圆，其作用是如何由一个（组）解来产生一个（组）新的解。在传统的优化方法中，是通过附加的扰动来构造领域函数，其最常用的方式是

$$\boldsymbol{x}^{(k+1)} = \boldsymbol{x}^{(k)} + \alpha \boldsymbol{s}^{(k)} \quad k = 0,1,2,\cdots \tag{6-25}$$

采用不同的摄动方向，如梯度方向、随机方向、共轭方向等，便可以实现不同方向的转移。利用这类邻域函数进行搜索的算法就是传统的**局部搜索算法**。这类算法虽具有通用和易实现的特点，但搜索性能完全依赖于邻域函数的设计和初始解 $\boldsymbol{x}^{(0)}$ 的选择；同时贪婪（爬山）思想无疑将使算法丧失全局优化的能力，无法避免陷入局部最优点，若不在搜索策略上进行改进，则要实现全局优化（即求全局级优解）是很困难的，因此必须改进邻域函数的设计，保证算法能从一组解来产生另一组新解。而现代优化算法的模拟退火优化算法、遗传优化算法等正是**从不同的搜索机制和策略对局部搜索算法的改进**，并取得了较好的全局优化性能。

（2）优化结构与搜索机制的选择。

优化结构一般是指每迭代一次有多少解参与优化，基于这一思想优化结构可分为两类，即**串行优化结构**（如传统的优化方法、SA 方法等）和**并行优化结构**（如 GA 采用群体并行搜索和粒子群的群体智能来实现寻优的启发式算法等）。前者在优化进行中始终只有一个当前状态，处理较为简单，计算效率一般较差。

搜索机制是实现优化计算的关键，是决定算法搜索行为的基点。**基于爬山思想搜索机制**可用于构造局部优化算法（如一般优化方法）；**基于概率分布的搜索机制**可用于设计概率意义下的全局搜索（如 GA、SA 和随机搜索方法等）；**基于系统动态演化的搜索机制**可用于设计具有遍历性和自学习能力的优化算法（如网络优化算法、混沌优化搜索算法等）。

（3）状态转移方式和控制参数修改方式的设计。

状态转移是指由当前的状态如何产生新的状态。基于**确定性的状态转移**方式一般很难以穿越大的能量障碍，容易陷入局部极小点；**随机性的状态转移**方式，尤其是概率性劣向转移，往往能够取得较好的全局优化性能。

控制参数有助于提高算法的优化能力和效率，同时必须加以修改以适应算法性能的动态变化。当算法的优化计算难以取得较大进展时，应考虑修改控制参数，但修改的幅度又要以保证算法稳定过渡和进行搜索为原则。

（4）算法终止准则的设计。

终止准则是判断算法是否收敛的标准，它决定了优化计算的精度。算法收敛准则当然应是以算法的收敛理论为基础，然而这在实际应用中往往是非常苛刻的，甚至难以实现。在实际设计中，一般多数是根据算法计算精度要求和优化搜索效率的性能来考虑，采用近似的收敛准则，如给定最大迭代步数、最终解的凝滞步数、目标函教的变化率大小、设计点的变化率大小等。

算法稳健性主要是指算法参数和计算环境对优化算法性能的影响，影响小即算法的稳健性好。

6.6.2 遗传模拟退火优化算法

前面已经讲过，遗传算法和模拟退火算法均属于概率分布搜索机制的优化算法，在模拟退火算法中，每两个温度之间的状态点是无关的，即具有突跳性，从而可以有效地避免陷入局部极小点并最终趋于全局优化。遗传算法则通过概率意义下的基于“优胜劣汰”思想的两代之间的进化关系，但在交配中有可能使最好解遗失，将如此大差异的两种优化机制进行混合成遗传模拟退火算法（GASA），将有利于丰富单一算法优化过程中的搜索行为，从而可以提高全局和局部意义下的搜索能力和效率。

遗传模拟退火优化算法（GASA）步骤如下：

（1）给定群体规模 maxpop，初始退火温度 $t_k = t_0$，群体 $\mathrm{pop}(k)$，令 $k=0$。

（2）若满足终止准则，则输出优化结果，否则执行下一步。

（3）对群体 $\mathrm{pop}(k)$ 中每一个染色体 $i \in \mathrm{pop}(k)$ 的邻域中随机选一状态 $j \in N(i)$，按模拟退火中的接受概率

$$A_{ij}(t_k) = \min\left\{1, \exp\left(-\frac{f(j)-f(i)}{t_k}\right)\right\} \tag{6-26}$$

的大小来确定接受或拒绝 j，其中 $f(i)$ 为状态 i 的目标函数值，这一步共 maxpop 次迭代，选出新群体 $\mathrm{newpop1}(k+1)$。

（4）对新群体 $\mathrm{newpop1}(k+1)$ 计算适应函数：

$$f_i(t_k) = \exp\left\{-\frac{f(i)-f_{\min}}{t_k}\right\} \tag{6-27}$$

式中，$f_{\min}$ 为 $\mathrm{newpop1}(k+1)$ 的最小值。

（5）由适应函数决定的概率分布，从 $\mathrm{newpop1}(k+1)$ 中随机选出 maxpop 个染色体构成种群 $\mathrm{newpop2}(k+1)$。

（6）按遗传算法的常规方法对 $\mathrm{newpop2}(k+1)$ 进行交配操作得到 $\mathrm{crosspop}(k+1)$，再进行变异操作得到 $\mathrm{mutpop}(k+1)$。

（7）令 t_{k+1} = updat (t_k), $k = k + 1$, pop(k) = mutpop(k), 返回步骤（2）。

在上述算法中，步骤（3）的群体选择较遗传算法的选择范围要大，用 $\sum_{i \in \text{pop}(k)} N(i)$ 取代遗传算法中的 pop(k), 而且它不是简单地随机选取，而是采用具有模拟退火特征的式（6－26）进行。另外，采用式（6－27）的加速适应函数，可以看出，当温度较高时加速性不明显，当温度较低时加速性非常明显，这正是我们需要的，也是根据模拟退火的第二个特征。其他计算步骤同遗传算法。

6.6.3 模拟退火单纯形优化算法

单纯形优化算法（SM）是一种基于可变多面体的确定性下降算法，利用 n 维空间中构造的 $n+1$ 个顶点的多面体，按目标函数值的大小规律进行映射、收缩或扩展、重构等搜索操作，可以比较快地得到局部最优解，且计算量较小；而模拟退火算法具有概率突跳性，从而有效地避免陷入局部极小点而最终趋向于全局最优解。这两种算法在搜索行为上可以互补，混合起来可以获得一种全局意义上的优化算法——模拟退火单纯形优化算法。

模拟退火单纯形优化算法（SASM）的步骤如下：

（1）给定单纯形顶点 $n+1$ 个，初始退火温度 $t_k = t_0$ ，群体 SM(k)，令 $k=0$。

（2）计算单纯形各顶点的目标函数值，确定最大值、次大值和最小值的点。

（3）若算法满足终止条件，则输出优化结果；否则执行下一步。

（4）用单纯形的搜索方法求出局部极小点。从单纯形的每一个顶点 $i \in$ SM(k) 中随机选一状态 $j \in N(j)$ ，按模拟退火中的接受概率来决定接受或拒绝 j。这一步共进行 $n+1$ 次，选出新的单纯形 SM1 ($k+1$) 。

（5）对新群体 SM1($k+1$) 计算适应函数，由适应函数决定的概率分布从 SM1($k+1$) 中随机选出 $n+1$ 个顶点，构成新的单纯形 SM2($k+1$)。

（6）令 t_{k+1} = updat (t_k), $k = k + 1$, SM(k) = SM 2(k), 返回步骤（2）。

上述算法通过计算试验表明，该算法由于包括随机搜索和确定性搜索，既有 SA 退火历程对搜索行为的控制，又有 SM 下降算法的导向，通过多维复杂函数的优化计算，表现出很好的优化性能和计算的稳定性，是一种很有潜力的算法。这种思想也可以推广到模拟退火算法与复合形算法结合，可以用于求解有约束的优化问题。

习　题

6－1　试举一例说明函数优化和组合优化问题。

6－2　本章讨论的模拟退火算法、遗传算法和蚁群算法是全局算法，全局最优的含义是什么？计算复杂性怎样？

6－3　试画出模拟退火算法的计算流程图。

6－4　试画出遗传算法的计算流程图。

6－5　试考虑将遗传算法和模拟退火算法结合起来，构造成一种混合算法，请说明你的思路与构造方案？

6－6　试画出函数问题的蚁群算法流程图。

6－7　试分析蚁群算法与遗传算法的异同点。

7 优化设计实践中的某些问题

7.1 引言

前面介绍了优化设计的基本原理和技术，将它应用到实际中还应该重视解决问题的一些策略和技巧，以保证在应用中获得正确的设计结果。

首先，我们应该注意到，优化设计的数学模型仅是实际问题简化了的数学表达形式，再考虑到公式的近似性、参数估计的不准确性，这些都提示我们是否有必要必须求出该模型的最优解，因为即使求得模型的最优解也不一定是原问题的最好的解。因此，我们在解决工程问题时，**应该重视“可接受解”的概念**。所谓可接受解是指对实际应用具有意义的可行解，因而它可以是模型的最优解、近似最优解或是一个可行的非最优解。基于这一思想，在实际工作中，没有必要过分地追求“精确”的模型及其最优解，因为那样有可能会使数学模型构造得非常复杂且函数性态亦不甚好，以至于有可能需要花费很长的计算时间，甚至还不能保证得到它的一个可接受解。

其次，为了可靠地、经济地求得“可接受解”，需要妥善地处理好优化设计建模中的许多问题，同时还必须正确地选择优化计算方法和程序，合理选择收敛精度，建立正确的数据文件，以及对计算结果作出正确的判断，必要时还要对最优解进行灵敏度或稳健性分析。此外，也不容忽视在上机计算时的一些要点。

7.2 优化设计的建模

7.2.1 建模的方法论和步骤

建立优化设计的数学模型，或简称建模，与其说是一门技术，还不如说是一项艺术。因此，从这个意义上说，对优化设计的建模难以给出一定的模式，主要靠借鉴、实践、观察与思索。但从方法论上说，一个建模的过程可以用图 7 – 1 表示。在具体实施中，一般可按如下步骤进行：

（1）根据已选定的设计方案，按以往的产品或经验收集与确定参数的类型、初值及其可变动的范围等。

（2）确定独立的设计变量，即规定出哪些参数是需要通过求解模型才能确定的参数。

（3）确定目标函数或准则函数，并写出它的数学表达式；当要求多项设计指标达到尽可能好的值时，须按多目标优化设计来建立目标函数。

（4）按以往的产品设计方法确定或按经验预测可能发生的破坏或失效的形式，建立相应的限制条件，并将其表示为等式或不等式形式的约束函数，以保证在求解过程中使设计点的移动限制在设计可行域内。

（5）对所建立的优化设计模型进行再分析，以尽可能减少设计变量数和约束条件数，

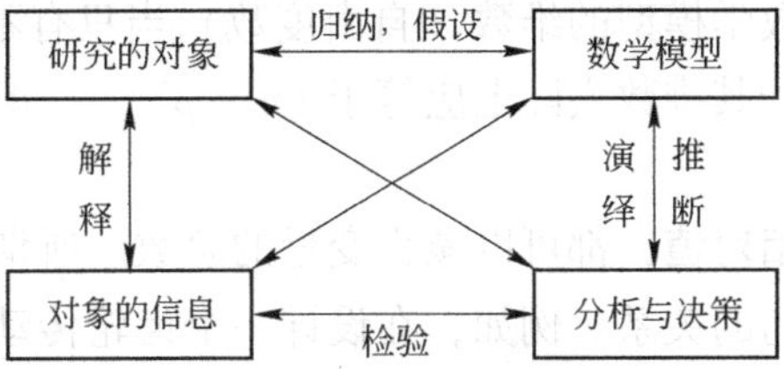

图 7－1 建模的方法论

有时还需对变量、函数作某种变换，以改善函数的性态，提高优化计算过程的稳定性和计算效率。

（6）根据所选用的计算机、优化方法程序，将模型编制成所能接受的计算机语言程序，选定变量的初值、上界和下界值，以及与优化方法有关的一些操作参数等，并建立相应的数据文件。

表 7－1 中给出了优化设计建模中的一些必要的决策，其条目可根据问题的性质作些变动，即使是有经验的优化工作者亦需要逐条说明，这是实现快速、准确优化设计的一种有效的具体办法。

表 7－1 建模中的一些必要的决策问题

（1）总体 问题分解： 设计目标的可分离性 子问题、多学科问题 多级模型 变量联系 问题形式的识别（属哪类性质的优化问题） 问题的规模： 参数和变量数的多少、约束条件数的多少 复杂性分析（是否需要用有限元分析、神经网络拟合或建模、仿真模拟技术特性等） （2）目标函数 单目标函数 多目标函数（确定多目标问题的决策方法） （3）约束条件 性能约束条件的选择 参数的边界约束的选择 约束条件的冗余、相容性分析 约束可行域集合性质	（4）设计变量 选择 连续或是离散、随机或是模糊的 每个变量的取值范围、离散变量的取值最大个数、变量的初始值（初始设计）、分布类型等 （5）设计参数 选择 当前所使用的值 参数允许的取值范围 参数的性质：确定性、随机性或模糊性 （6）模型标度（变换） 设计变量标度 目标函数尺度变换 不等式约束的归一化 （7）与模型有关的程序参数 计算精度 模型参数（设计变量数、目标函数数、等式和不等式约束数、离散设计变量的离散值和最多个数等） 程序操作参数 （8）有限差分方法的选择

7.2.2 减少数学模型规模的措施

由于在优化计算过程中需要几万以至几千万次对目标函数和约束函数进行数值计算，所以减少模型的维数和约束条件数是提高优化计算效率的最主要措施之一。

7.2.2.1 减少数学模型的维数

在优化设计问题中，数学模型的维数（自由度数）当只有不等式约束时就等于设计变量数，当存在等式约束时，其维数实际上应等于 $(n-p)$。一般说来，数学模型的维数愈高，其计算效率也就愈低。

变量联结和用变量的相对值，都可以减少变量的总数。所谓变量联结，是指按照设计规范或经验找出各参数之间的关系。例如，在设计一个齿轮传动装置时，若以齿轮传动的总质量为目标函数，并以几个主要啮合参数：模数 m、齿数 Z、分度圆螺旋角 β 和变位系数 ξ 为设计变量时，则齿轮的其他结构参数（见图 7－2）都可以与这几个设计参数联结起来，如 $D=Zm$，$b=\alpha m$，$c=\alpha_1 m$，$d_0=\alpha_2 m$，$d'=\alpha_3 m$，$\delta=\alpha_4 m$ 等，其中 α，α_1，α_2，α_3，α_4 均为给定的常数，这些常数的选取一般与毛坯的制造工艺、结构的强度有关。

又如图 7－3 所示，优化对象是在平面应力状态下的带孔板，并要求保证孔口的强度。若将 $b_2=\alpha b_1$ 做到了设计变量的联结，则就会造成不适当地迫使 A、B、C、D 区域具有同样的孔板厚度，导致材料的极大浪费。另外由于在 A、D 的区域内有应力集中，需要特殊增补措施，因此限定 $b_2=\alpha b_1$ 的关系，也就不是很合理的。因此，应保留 b_1 和 b_2，另外再加增补板厚 $\delta_2=\alpha\delta_1$（δ_1 为基础板的厚度）。

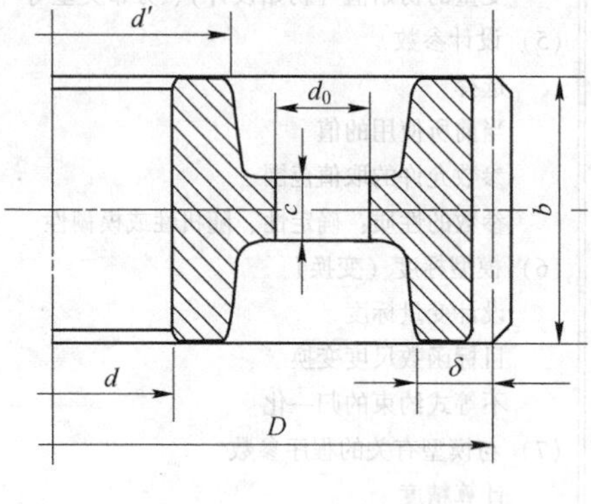

图 7－2 齿轮的结构尺寸与设计变量的联结

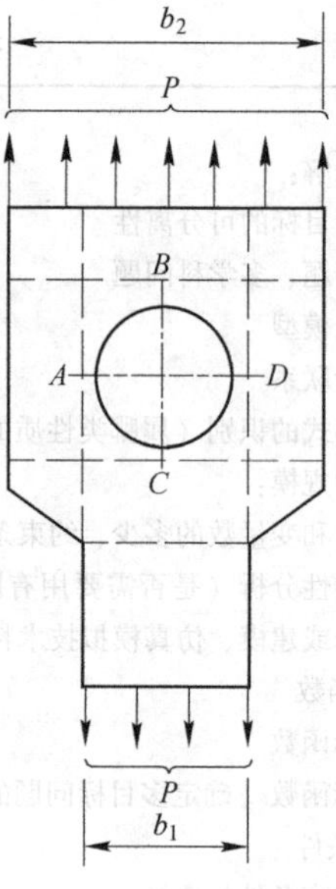

图 7－3 受拉的带孔板

在设计连杆机构时，采用构件的相对长度作为设计变量，也是一种常用的方法。这样做不仅可以减少设计变量数，而且可以改善目标函数与约束函数的性态，因为采用相对长度后可以减小设计变量的标量值。

【例 7－1】 现以一台六杆拉伸压力机工作机构的优化设计为例，其机构简图如图 7－4 所示。这种机器的设计要求是希望滑块在完成工艺行程段（相应于曲柄转角 $\varphi_1=30°$ 至 $\varphi_2=106°$ 的运动范围内）时，其滑块实际运动速度对平均速度 v_0 的波动为最小。

解：取目标函数为：

$$f(\boldsymbol{x}) = \sqrt{\frac{1}{N}\sum_{j=1}^{N}\left[v(\boldsymbol{x}, \varphi_j) - v_0\right]^2} \rightarrow \min$$

式中，v_0 为工艺行程段内的平均速度，其值为：

$$v_0 = \frac{1}{N}\left[\sum_{j=1}^{N} v(\boldsymbol{x}, \varphi_j)\right]$$

$v(\boldsymbol{x}, \varphi_j)$ 为相应于曲柄转角 φ_j 时的滑块实际工作速度；N 为相应于工艺行程段曲柄角从 φ_1 转至 φ_2 时所取的计算点数；$\boldsymbol{x}$ 为机构的设计变量，由于滑块的位移 s、速度 v 和加速度 a 均与机构的结构参数有关，故设计变量取 $\boldsymbol{x} = [l_1, l_2, l_3, l_4, l_5, x_0, y_0, \theta]^{\mathrm{T}}$。实际计算表明，完成一次计算所需的计算时间是相当可观的。为了提高计算效率，可以将曲柄长度 l_1 作为单位长度（即取 $l_1 = 1$），其他各构件用相对长度表示：

$$l_2' = l_2/l_1, \ l_3' = l_3/l_1, \ l_4' = l_4/l_1, \ l_5' = l_5/l_1$$

$$x_0' = x_0/l_1, \ y_0' = y_0/l_1$$

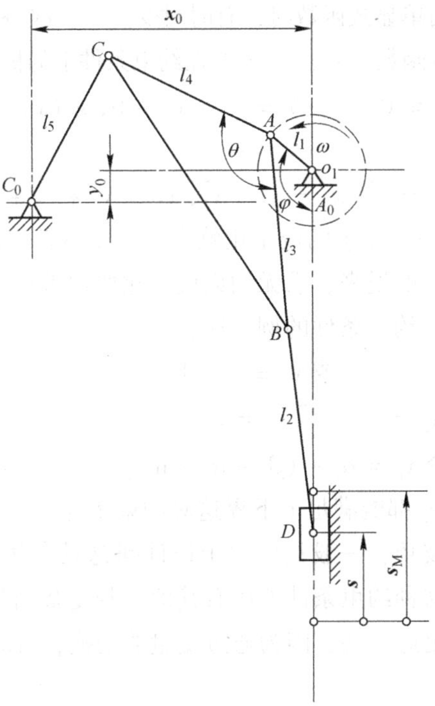

图 7-4 六杆拉伸压力机工作机构简图

在这种情况下，当求得最优设计方案之后，从保证得到滑块全位移条件，很容易确定出曲柄所需的实际长度：

$$l_1 = s_M/s'$$

式中，s_M 为实际尺寸所需求的滑块全位移值；s' 为按相对尺寸所求得的滑块相对位移值。

当滑块在下死点位置时，为了使机构具有良好的受力条件，应使曲柄 A_0A、连杆 AB

和 BD 共线。根据这个条件，摇杆 C_0C 的长度 l_5 为非独立参数，由几何关系得：

$$l'_5 = [l'_4 + x'^2_0 + y'^2_0 + l'^2_1 - 2x'_0l'_1 - 2l'_4(x'_0 - l'_1)\cos\theta - 2l'_4y'_0\sin\theta]^{1/2}$$

又由于构件长 l'_2、l'_3 对滑块速度影响较小，可以与 l_1 联结，例如取 $l_2 \approx 6.5l_1$，$l_3 \approx 3.8l_1$。这样，设计参数由原来的 7 个减少至 4 个，即 $\boldsymbol{x} = [l'_4, x'_0, y'_0, \theta]^{\mathrm{T}}$，数学模型的维数大大减少，计算效率提高。

7.2.2.2 减少约束条件数

一个较为复杂的机械优化设计问题，其约束条件数往往很多，其中包括设计变量的上下界约束、各种性能约束、生产工艺约束、使用条件约束等。虽然有的算法具有自动区分起作用与不起作用约束的能力（如广义简约梯度法、可行方向法和梯度投影法），但多数方法都是将全部约束条件不加区别地进入优化程序计算，这不仅耗费大量的计算时间，而且还会破坏算法的稳定性（对于 SUMT 方法尤为严重）。因此，在工程设计中，处理好约束条件，仍是提高优化设计计算效率的重要途径之一。

A 利用变换消去约束

当约束是设计变量的简单显式函数时，有时对变量作一次替换，其约束条件就能自动得到满足。例如，求三个变量函数 $f(x_1, x_2, x_3)$ 在约束条件下的极小化问题，其约束函数为：

$$g_1(\boldsymbol{x}) = -x_1 \leqslant 0,\ g_2(\boldsymbol{x}) = x_1 - x_2 \leqslant 0,\ g_3(\boldsymbol{x}) = x_2 - x_3 \leqslant 0$$

作变量替换，令

$$x_1 = y_1^2,\ x_2 = y_1^2 + y_2^2,\ x_3 = y_1^2 + y_2^2 + y_3^2$$

则可以看出，求函数 $f(y_1, y_2, y_3)$ 的极小化就完全可以不必考虑约束条件了，原问题就变换为一个无约束的问题。一般说来，求无约束极小化要比求在不等式约束条件的极小化容易得多。利用变量替换消去约束条件的例子还有：

当 $0 \leqslant x_i \leqslant 1$ 时，令 $x_i = \sin y_i^2$ 或 $x_i = y_i^2/(1 + y_i^2)$；

当 $-1 \leqslant x_i \leqslant 1$ 时，令 $x_i = \sin y_i$ 或 $x_i = \cos y_i$；

当 $\alpha_i \leqslant x_i \leqslant \beta_i$ 时，令 $x_i = \alpha_i + (\beta_i - \alpha_i)\sin^2 y_i$。

这样，所得到的一切 x_i 都能满足上下界这对约束条件。

利用变换消去约束的技巧，一般只应用于设计问题只有几个显函数约束条件的情形。如果优化设计问题中，除这种约束条件外还有其他一些复杂函数的约束条件，那么在这种情形下不用这种技巧也许更好一些，因为通过变量的变换，有时可能会使函数的性态发生灾难性的改变。

B 约束容差的利用

利用约束容差 δ 可以识别约束是否起作用。例如，对于一个等式约束，可以规定出它的一个可接受的容差带 $[-\delta, +\delta]$，即当满足 $-\delta \leqslant h(\boldsymbol{x}^{(k)}) \leqslant +\delta$ 时，认为 $\boldsymbol{x}^{(k)}$ 点处于该约束面上，其中 δ 值一般为大于收敛精度 ε 的几倍。对于不等式约束，其容差带为 $[-\delta, 0]$，即当满足 $-\delta \leqslant g(\boldsymbol{x}^{(k)}) \leqslant 0$ 时，认为 $\boldsymbol{x}^{(k)}$ 点处于不等式约束面上。因此，一般在算法中都利用约束容差来识别约束是否起作用。

若一个约束（不论是等式还是不等式）的绝对值在迭代计算过程中不断增大，则这个约束对最优解将是不会起作用的。这类约束在计算中是可以不考虑的。

在建立约束条件时应该保证约束函数的独立性，即应消除冗余约束条件，例如在图2-9中的空心压杆设计中，其刚度约束条件（曲线 dd）是主要的，而压弯强度约束条件（曲线 cc）可以认为是冗余的。

C　单调性分析的应用

如前所述，如果目标函数 $f(\boldsymbol{x})$ 沿方向 $\boldsymbol{s}^{(k)}$ 为单调减小（求极小化问题），在若干个单调增加的约束条件中，将在支配性的约束条件中至少有一个为起作用约束条件。支配性约束条件集合是满足下面条件的集合

$$\boldsymbol{c} = \{u \mid [\nabla g_u(\boldsymbol{x}^{(k)})]^{\mathrm{T}}\boldsymbol{s}^{(k)} > 0,\ u = 1, 2, \cdots, m\} \tag{7-1}$$

且在集合 $\boldsymbol{c}$ 中，具有最小 α 的约束 $g_u(\boldsymbol{x}^{(k)} + \alpha\boldsymbol{s}^{(k)}) \leqslant 0$ 是可能起作用约束条件。

根据这个原理，完全可以从约束问题中消去一些在迭代计算中不起支配性的约束条件，这样可以简化优化问题的计算。

D　准则设计的严约束

准则设计法是工程结构优化设计中常用的一种方法，如同步失效法和满应力法等。在机械优化设计中亦可以借鉴这种方法。所谓同步失效法就是指某个零部件在一定工作条件下，使几种可能的失效形式同时发生，对应于此时所确定的设计方案是最优方案的。根据这样一种设计思想，对于一个优化设计模型，若能准确地区分出约束条件中哪些是有效的、哪些是无效的，而对有效的约束条件又能进一步确定出哪些约束条件是**严约束**、哪些是**松约束**，这样我们就可以从许多的约束中舍弃那些无效约束，而将原来的优化设计问题转化为求严约束非线性方程组在松约束条件限制下的解，即

$$\left.\begin{aligned} &\min \quad \boldsymbol{\Phi}(\boldsymbol{x}) = \sum_{u=1}^{q} w_u [g_u(\boldsymbol{x})]^2 \quad \boldsymbol{x} \in R^n \\ &\text{s.t.} \quad g_u(\boldsymbol{x}) \leqslant 0 \quad u = q+1, q+2, \cdots, m \end{aligned}\right\} \tag{7-2}$$

式中，q 为严约束个数；w_u 为加权因子。

显然，采用上述方法可以舍弃的约束数为 q 个。在实际工作中，应用这种方法要求能对工程问题区分出严约束条件和松约束条件，否则就有可能漏掉重要的约束，那么用式（7-2）求解就不可能得出正确的结果。

7.2.3 模型函数

模型函数包括目标函数与约束函数，需要关注的有三个方面的问题：

（1）计算容易。

（2）函数连续。

（3）可微性，即一阶或二阶导数存在。

对零阶算法，函数必须是连续的；对一阶算法，要求函数必须是连续且一阶导数存在；对于二阶算法，要求函数必须连续且一阶和二阶导数存在。

对于幂函数或指数函数，求其导数并不困难，但在一般情况下，求函数的解析导数是相当复杂或困难的，因此在计算中多数采用近似的数值差分法来计算导数，见表7-2。

表 7－2 数值差分求导计算方法

前插法	中差法
$f'_i=(f_{j+1}-f_j)/h$	$f'_i=(f_{j+1}-f_{j-1})/2h$
$f''_i=(f_{j+2}-2f_{j+1}+f_j)/h^2$	$f''_i=(f_{j+1}-2f_j+f_{j-1})/h^2$

对 $\boldsymbol{x}$ 点计算差分导数时，

$$f'_i=\frac{\partial f(\boldsymbol{x})}{\partial x_i},\ f''_i=\frac{\partial^2 f(\boldsymbol{x})}{\partial x_i^2},\ i=1,2,\cdots,n$$

$$f_j=f(\boldsymbol{x}),\ f_{j+1}=f(\boldsymbol{x}+he_i),\ f_{j-1}=f(\boldsymbol{x}-he_i),\ f_{j+2}=f(\boldsymbol{x}+2he_i)$$

在差分计算公式中，h 是差分步长，合理确定它是一件比较困难的事，因此多数采用由设计变量值的大小来确定，即当 $|x_i|\leqslant 1$ 时，取 $h=10^{-5}\sim10^{-7}$，当 $|x_i|>1$，可取 $h=10^{-7}|x_i|$；$e_i=1$ 为坐标单位向量。

在工程优化计算中，考虑到目标函数和约束函数的计算量很大以及计算公式的复杂性，所以只是在绝对必要时才采用中差差分法求导计算外，一般都是采用前差法，虽然它的误差相对来说要大一些。

7.2.4 建模中数表和图线的程序化

在机械设计问题中，经常需要用到设计规范和手册中所规定的各种数表、图表和图线等资料，如应力集中系数、齿形系数、效率曲线、材料、参数的标准数列等。所谓**数表和图线的程序化**，就是根据优化设计要求，编制出易于查找或检索这类数据的子程序。

7.2.4.1 数表的程序化

在机械工程设计中，以数表形式给出的设计数据很多，但它根据来源不同，有如下几种情况：

（1）原数表有较精确的理论计算公式，只是由于手工计算费时太多，才把它编制成数表以便于设计者查用，如：齿形系数、应力集中系数、尺寸效应系数、热装配过盈量与压力的关系等。对于这种数据表，处理比较简单，直接依据原计算公式编制检索数据的子程序即可。

（2）原数据只是记载着彼此间没有一定函数关系的一组数，如材料的性能表、齿轮的模数数列等。对于这类数表，其处理方法是根据数表属于几元的阵列，可按几维数组形式存储，然后再用条件语句来检索所需的数据。例如表 7－3 为齿轮的标准模数系数，是属一元的列阵，其数表在程序化时可用一维数组 $M(I)\ (I=1,2,\cdots)$ 来标识。数组括号中的标量 I 就是相应模数的代码，如 $I=1$ 时，标识 $m=2$mm；$I=2$ 时，标识 $m=2.25$mm 等。在优化设计时，只要给定标识符的标量值，即可由 $M(I)$ 直接检取齿轮的模数值。

表 7－3 标准模数系列表

模数/mm	2	2.25	2.5	2.75	3	3.5	4	…
标识 $M(I)$	$M(1)$	$M(2)$	$M(3)$	$M(4)$	$M(5)$	$M(6)$	$M(7)$	…

在机械设计手册和许多产品标准中，大多数的数表属于二元数表。如表 7－4 轴肩圆角处理论弯曲应力集中系数数表，程序化时可用一个二维数组 $AL(I,J)$ 来标识，数组的

标量 I 标识不同的圆角半径 r 与轴颈 d 之比 r/d，J 标识不同的直径比 D/d 。这样便可以根据实际的 r/d 和 D/d 比值来检取应力集中系数值。

表 7－4 轴肩圆角处的理论弯曲应力集中系数的数表

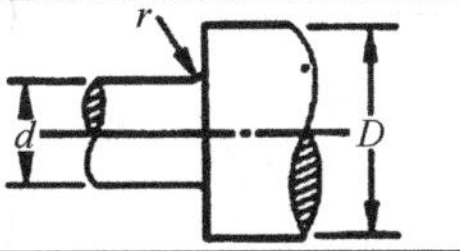			r/d		0.04	0.10	0.15	0.20	0.25	0.30
			行序号 I		1	2	3	4	5	6
			二维数组		$AL(1,J)$	$AL(2,J)$	$AL(3,J)$	$AL(4,J)$	$AL(5,J)$	$AL(6,J)$
	6.00		1	$AL(I,1)$	2.59	1.88	1.64	1.49	1.39	1.32
	3.00		2	$AL(I,2)$	2.40	1.80	1.59	1.46	1.37	1.31
	2.00		3	$AL(I,3)$	2.33	1.73	1.55	1.44	1.35	1.30
	1.50		4	$AL(I,4)$	2.21	1.68	1.52	1.42	1.34	1.29
直径比	1.20	列序号	5	$AL(I,5)$	2.09	1.62	1.48	1.39	1.33	1.27
D/d	1.10	J	6	$AL(I,6)$	2.00	1.59	1.46	1.38	1.31	1.26
	1.05		7	$AL(I,7)$	1.88	1.53	1.42	1.34	1.29	1.25
	1.03		8	$AL(I,8)$	1.80	1.49	1.38	1.31	1.27	1.23
	1.02		9	$AL(I,9)$	1.72	1.44	1.34	1.27	1.22	1.20
	1.01		10	$AL(I,10)$	1.61	1.36	1.26	1.20	1.17	1.14

（3）原数表没有理论计算公式，是一些通过实验观察再根据实际经验加以校正得到的离散数据，但它反映事物的变化规律，数据之间存在一定的函数关系，因此，可按一些离散点 x_i 的函数值形式给出，即

$$y_i = \varphi(x_i) \quad i = 1, 2, \cdots, n \tag{7-3}$$

对于这种列表函数，最好的方法是用曲线拟合作出一个子程序，供优化计算中调用和检取所需的数据。

曲线拟合就是根据数表中的一组值设法构造某种形式函数 $y = \Phi(x)$ 来逼近列表函数 $y_i = \varphi(x_i)$ ，然后根据自变量值计算得出 $\Phi(x_i)$ 值近似代替 $\varphi(x_i)$ 值，这样也解决了检取不在离散点上的函数值的问题。通常在设计中所用的拟合曲线多数是代数曲线（如直线、二次曲线、高次曲线）、指数曲线或对数曲线等。

【例 7－2】 已知表 7－5 中所列的数表，现要求在 $0.05 \leqslant x \leqslant 0.3$ 范围内用一指数函数 $y = cx^p$ 或对数函数 $\ln y = \ln c + p\ln x$ 来逼近原函数 $y_i = \varphi(x_i)(i = 1,2,\cdots,6)$ 。

表 7－5 列表函数

i	x_i	y_i	i	x_i	y_i
1	0.05	1.78	4	0.20	1.50
2	0.10	1.65	5	0.25	1.45
3	0.15	1.57	6	0.30	1.41

解： 按照最小二乘法取偏差平方和最小，即

$$F(c,p) = \sum_{i=1}^{n} [(\ln c + p\ln x_i) - \ln y_i]^2 \rightarrow \min \tag{a}$$

令$\frac{\partial F}{\partial c}=0$和$\frac{\partial F}{\partial p}=0$，得：

$$p=\frac{\sum_{i=1}^{n}[(\ln x_i)(\ln y_i)]-\left[\sum_{i=1}^{n}(\ln x_i)\sum_{i=1}^{n}[(\ln y_i)/n]\right]}{\Sigma(\ln x_i)^2-(\Sigma\ln x_i)^2/n} \tag{b}$$

$$c=\exp\left[\frac{\sum_{i=1}^{n}\ln y_i-p\sum_{i=1}^{n}\ln x_i}{n}\right] \tag{c}$$

将列表函数值代入式（b）和式（c），得$p=-0.135$，$c=1.2138$，因此得指数曲线为$y=1.2138x^{-0.1305}$或$\ln y=\ln 1.2138-0.1305\ln x$。这样，便可以编出程序，嵌入数学模型的程序中就可以检取对于不同x值时的y值。

当列表函数为二元函数时，例如，根据实验已测得两个自变量x_i、y_i的各点函数值$z_i=\varphi(x_i, y_i)$，现判定在x_i、x_{i+1}、x_{i+2}和y_i、y_{i+1}、y_{i+2}为结点，按一次曲线用分段拟合方法做一个子程序，以求相应列表函数的近似值z。这项工作可分两步来做：（1）先固定x_i、由y_i、y_{i+1}、y_{i+2}及其相应的z_i、z_{i+1}、z_{i+2}求得逼近函数值$F(x_i, y)$，再通过x_i、x_{i+1}、x_{i+2}值求出第一次近似函数$F(x_i, y)$、$F(x_{i+1}, y)$、$F(x_{i+2}, y)$；（2）根据x_i、x_{i+1}、x_{i+2}及相应求得的$F(x_i, y)$、$F(x_{i+1}, y)$、$F(x_{i+2}, y)$值再作第二次曲线拟合。

在用曲线拟合方法来使列表函数程序化时，需要注意的一点是，由于实际给出的列表函数可能很复杂，适当增加拟合函数的阶数虽然可以提高精度，但一般效果不好，因此，为了提高曲线拟合的精度，在实际应用中采用分段低阶曲线拟合方法，这不仅使拟合计算简化，而且也容易保持检取数据的精度。

7.2.4.2 图线的程序化

设计数据用图线表示的情况是很多的。关于图线的程序化，通常有两种处理方法：

（1）建立近似的计算公式，即在给定的图线的允许误差范围之内，建立以多项式表示的近似计算式。

（2）使用数表程序化方法，即从给定的曲线图上读取离散的数值，作出数表，然后用插值方法求出函数曲线再使之程序化。

【例7-3】 试求图7-5和表7-6中数据的多项式函数。

解： 图7-5所示为轴具有通孔时在受剪工作状态下的应力集中系数k_{ts}关于(d/D)的变化曲线。若利用四点插值求多项式函数，则先将图中的曲线$k_{ts}-d/D$在整个取值范围$0.0 \leqslant d/D \leqslant 0.3$内按合理的间隔列出数表，见表7-6。对多项式

$$k_{ts}=\alpha+\beta(d/D)+\gamma(d/D)^2+\delta(d/D)^3$$

表7-6 相应于图7-5的数表

i	d/D	k_{ts}	i	d/D	k_{ts}
0	0.0	2.00	2	0.2	1.50
1	0.1	1.65	3	0.3	1.41

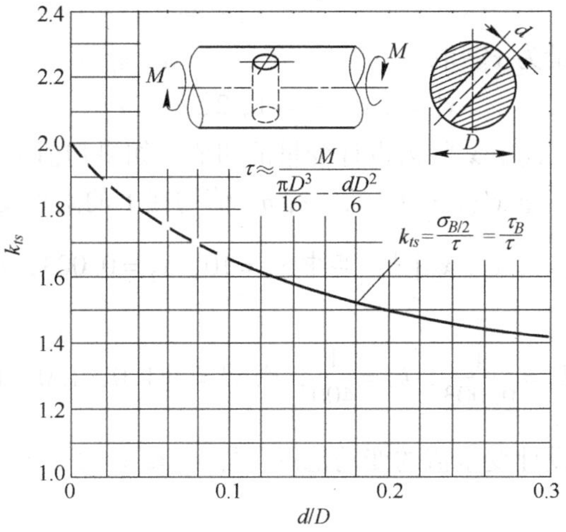

图 7－5 具有通孔轴的应力集中系数 k_{ts} 的图线程序化

当 $d/D=0$ 时，$k_{ts}=\alpha=2.00$；因此对于 $i=1, 2, 3$ 有

$$k_{ts}=1.65=2.0+\beta(0.1)+\gamma(0.1)^2+\delta(0.1)^3$$

$$k_{ts}=1.50=2.0+\beta(0.2)+\gamma(0.2)^2+\delta(0.2)^3$$

$$k_{ts}=1.41=2.0+\beta(0.3)+\gamma(0.3)^2+\delta(0.3)^3$$

由此解得 $\beta=-4.97$，$\gamma=+17.0$，$\delta=-23.3$。因此用 (d/D) 表示 k_{ts} 的曲线多项式在 $0\leqslant d/D\leqslant 0.3$ 区间内为：

$$k_{ts}=2.0-4.97(d/D)+17.0(d/D)^2-23.3(d/D)^3$$

实际的取值范围为 $0.1\leqslant d/D\leqslant 0.3$。

关于图线的程序化，特别需要注意是它们的使用范围和数据的精度问题，以防止优化搜索越出这个使用范围之外，造成计算上的错误。为此应根据它的使用范围引入可靠的约束条件，以保证在有意义的数据范围内查找。同时，以很高的精度来使图线程序化也是没有多大意义的。因为通常在人工计算时，其读数也允许有5%的误差。

7.3 数学模型的尺度变换

数学模型尺度变换是指通过改变在 R^n 空间中各坐标分量的标度和对函数作尺度变换来改善数学模型性态的一种技巧。实践证明，数学模型经过这种处理，在多数情况下，可以加速优化计算的收敛速度、提高计算过程的稳定性、保证取得正确的计算结果等。

7.3.1 设计变量的标度

在机械工程设计问题中，设计变量通常具有不同的量纲和数量级，而且有的相差很大。例如，在动压滑动轴承优化设计中，若取设计变量为 $\boldsymbol{x}=[L/D, c, \mu]^{\mathrm{T}}$，其中 $x_1=L/D$ 为轴承宽度与直径的比，一般在0.2～1.0范围内取值，无量纲值；$x_2=c$ 为径向间隙，对于通用机械，当 $D=12\sim125\text{mm}$ 时，其值为0.012～0.15mm；而 $x_3=\mu$ 为润滑油的动力黏度，一般为0.0065～0.07Pa·s。可见三个设计变量不仅量纲不同，而且其量级亦相差几千以至上万倍。在这种情况下，当沿某一给定方向搜索时，各设计变量的灵敏度完全不同。为了消除这种差别，可以对设计变量进行标度，使它成为无量纲化的归一化的设计变量。

设标度过的设计变量为 x'_i，取

$$x'_i = k_i x_i \quad i = 1, 2, \cdots, n \tag{7-4}$$

式中，系数 $k_i = 1/x_i^{(0)}$，其中 $\boldsymbol{x}_i^{(0)}$ 为设计变量的初值。如果初值 $\boldsymbol{x}^{(0)}$ 离最优值 $\boldsymbol{x}^*$ 相差不甚远，则其标度过的设计变量 $x'(i = 1, 2, \cdots, n)$ 值均在 1 的附近变化。

【例 7-4】 设 $\boldsymbol{x} = [x_1, x_2, x_3]^{\mathrm{T}}$，其中 $x_1 = 10$，$x_2 = 0.003$，$x_3 = 400$，求标度过的设计变量 x'_1、x'_2 和 x'_3。

解： 若令 $k_1 = \dfrac{1}{10}$，$k_2 = \dfrac{1}{0.003}$，$k_3 = \dfrac{1}{400}$，则 $x' = [1.0, 1.0, 1.0]^{\mathrm{T}}$

如果能预先估计出设计变量值的变动范围，即 $x_i^L \leqslant x_i \leqslant x_i^U (i = 1,2,\cdots,n)$，则其标度过的设计变量亦可取

$$x'_i = \frac{x_i - x_i^L}{x_i^U - x_i^L} \quad i = 1,2,\cdots,n \tag{7-5}$$

这样，尽管各变量的 $(x_i^U - x_i^L)$ 值不一定相同，但也可以缩小各设计变量之间在量级上的较大差别。

【例 7-5】 设 $\boldsymbol{x} = [x_1, x_2]^{\mathrm{T}}$，已知 $10 \leqslant x_1 \leqslant 200$，$0.5 \leqslant x_2 \leqslant 2.3$，求标度过的设计变量 x'_1 和 x'_2。

解： 若 $x_1 = 100$，$x_2 = 1$，则新变量为：

$$x'_1 = \frac{100 - 10}{200 - 10} = \frac{90}{190} = 0.476$$

$$x'_2 = \frac{1 - 0.5}{2.3 - 0.5} = \frac{0.5}{1.8} = 0.278$$

得到量级比较接近的新变量 x'_1 和 x'_2。

从理论上说，在 n 维一般度量的空间中，任意两个未标度的设计变量的变化的比值，可以表示为：

$$\left|\frac{\mathrm{d}x_i}{\mathrm{d}x_j}\right| = \left|\frac{\partial f(x)/\partial x_i}{\partial f(x)/\partial x_j}\right| \quad i \neq j \tag{7-6}$$

若每个设计变量是通过线性变换的，如式（7-4）或式（7-5），则有 $\mu_i = \mathrm{d}x_i/\mathrm{d}x'_i = \partial\varphi(x'_i)/\partial x'_i =$ 常数，其中 μ 称为**标度因子**，这样就有

$$\left|\frac{\mathrm{d}x'_i}{\mathrm{d}x'_j}\right| = \left|\frac{\dfrac{\partial f(\boldsymbol{x})}{\partial x_i} \cdot \dfrac{\partial x_i}{\partial x'_i}}{\dfrac{\partial f(\boldsymbol{x})}{\partial x_j} \cdot \dfrac{\partial x_j}{\partial x'_j}}\right| = \left|\frac{\dfrac{\partial f(\boldsymbol{x})}{\partial x_i} \cdot \mu_i}{\dfrac{\partial f(\boldsymbol{x})}{\partial x_j} \cdot \mu_j}\right|$$

又因 $\mathrm{d}x'_i = \mathrm{d}x_i/\mu_i$ 和 $\mathrm{d}x'_j = \mathrm{d}x_j/\mu_j$，代入上式即得：

$$\left|\frac{\mathrm{d}x_i}{\mathrm{d}x_j}\right| = \left|\frac{\partial f(\boldsymbol{x})/\partial x_i}{\partial f(\boldsymbol{x})/\partial x_j}\right| \left(\frac{\mu_i}{\mu_j}\right)^2 \tag{7-7}$$

这说明，变量 x_i 和 x_j 的变化的比值，依赖于函数的偏导数信息和标度因子的取值。若要使在每个搜索步上每个设计变量获得同等大小的变化量，换言之，若要使 $\mathrm{d}x_i/\mathrm{d}x_j = 1$，

则其设计变量的标度因子应取

$$\mu_j = \left[\left| \frac{\partial f(\boldsymbol{x})/\partial x_i}{\partial f(\boldsymbol{x})/\partial x_j} \right| \right]^{\frac{1}{2}} \cdot \mu_i \tag{7-8}$$

这样，若在 n 个设计变量中，预先选定其中的一个设计变量的基本标度，如 $\mu_1 = 1$，则可以用上式计算出其他各变量的标度因子值。

一般来说，由于对设计变量的标度多数采用常数变换，因此对目标函数和约束函数在计算上不会增加任何的困难，但对于求解过程的稳定性及保证求解的可靠性，将会起到重要的作用。需注意的一点是，在求得最优解后，各分量应乘以 $\mu_i(i = 1, 2, \cdots, n)$ 才是真正的设计变量值。

7.3.2 目标函数的尺度变换

在优化设计问题中，目标函数的严重非线性，致使函数的性态发生严重的偏心与歪曲，所以当遇到这种函数时，其计算效率都不会很理想，而且亦很不稳定。在这种情况下，若对目标函数作尺度变换，则可以大大改善目标函数的性态。

例如，目标函数

$$f(\boldsymbol{x}) = 144x_1^2 + 4x_2^2 - 8x_1x_2 = [x_1, x_2]^{\mathrm{T}} \begin{bmatrix} 144 & -4 \\ -4 & 4 \end{bmatrix} \begin{bmatrix} x_1 \\ x_2 \end{bmatrix}$$

的等值线形状如图 7-6（a）所示；若令 $x_1' = 12x_1$，$x_2' = 2x_2$，代入原目标函数中，则得：

$$f(\boldsymbol{x}') = x_1'^2 + x_2'^2 - 1/3x_1'x_2' = [x_1', x_2']^{\mathrm{T}} \begin{bmatrix} 1 & -1/6 \\ -1/6 & 1 \end{bmatrix} \begin{bmatrix} x_1' \\ x_2' \end{bmatrix}$$

其等值线形状如图 7-6（b）所示。显然函数 $f(\boldsymbol{x}')$ 比 $f(\boldsymbol{x})$ 等值线的偏心程度得到了很大的改善，易于求得它的极小点。因此，目标函数尺度变换的目的是通过缩小和放大各个变量的刻度，使其函数的偏心或歪曲程度得到最大限度的改善。

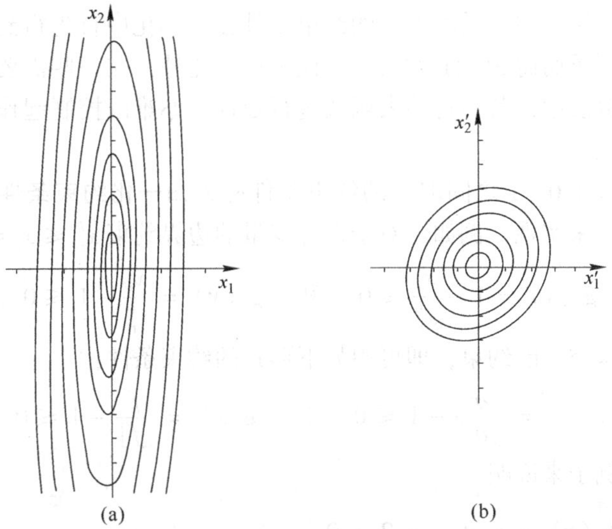

图 7-6 目标函数尺度变换前后性态（等值线）的变化

（a）变换前函数的等值线；（b）变换后函数的等值线

由上例可见，对于一个二次型非线性目标函数，可以通过使二阶偏导数矩阵的对角元素变为1的方法进行函数尺度变换，即令 $\boldsymbol{x}'=\boldsymbol{D}\boldsymbol{x}$，使 Hessian 矩阵 $\boldsymbol{H}(\boldsymbol{x})$ 的对角元素变为1，就可以改善目标函数的性态。其矩阵 $\boldsymbol{D}$ 应取式中 $h_{ii}=\partial^2 f(\boldsymbol{x})/\partial x_i^2(i=1,2,\cdots,n)$。这样，若取得尺度变换后函数的最优点为 $\boldsymbol{x}'^*$，则原问题的最优点为 $x_i^*=x'^*_i/d_{ii}(i=1,2,\cdots,n)$。其中

$$\boldsymbol{D}=\begin{bmatrix} d_{11} & 0 & \cdots & 0 \\ 0 & d_{22} & \cdots & 0 \\ \vdots & \vdots & \ddots & \vdots \\ 0 & 0 & \cdots & d_{nn} \end{bmatrix}=\begin{bmatrix} \sqrt{h_{11}}/2 & 0 & \cdots & 0 \\ 0 & \sqrt{h_{22}}/2 & \cdots & 0 \\ \vdots & \vdots & \ddots & \vdots \\ 0 & 0 & \cdots & \sqrt{h_{nn}}/2 \end{bmatrix} \tag{7-9}$$

当然，对于非二次型函数来说，这个矩阵在整个设计空间内不可能是常数，因此也就没有一个常数矩阵作为函数尺度变换的基础。在这种情况下，可以先以初始点的二阶偏导数值矩阵进行尺度变换，然后在每个迭代点上再对尺度变换矩阵进行修正。

一般说，对于二次型函数即使平方项的系数变为1，在数学上也不是一种最优的尺度变换，但精确的尺度变换在理论上较为复杂，已超出本书讨论的范围。然而，在实际工作中使用上述方法，也常能取得较好的结果。

最后值得指出的是，目标函数通过尺度变换，对有些算法来说，特别是基于梯度方向和共轭方向信息的算法，将会大大提高它的收敛速度；但对一些像约束问题的直接搜索算法，它的作用就不十分显著，而且经过尺度变换有时会使模型计算变得较为复杂，因而对于这类算法一般不需要对函数进行尺度变换。

7.3.3 约束函数的归一化

在优化设计问题中，约束条件数通常都比较多，而且其函数值在量级上亦相差相当悬殊，因此，对于设计变量的微小变化，它们的灵敏度也完全不同。这样的约束函数带入惩罚函数中，所起的作用不同，灵敏度高的约束条件在极小化中首先得到满足，而其他却得不到考虑，其结果严重妨碍 SUMT 方法的迭代过程。此外，在一些需要控制约束函数值进行搜索迭代的直接解法中，若不对约束函数进行处理，亦难以控制起作用约束和使设计点迅速地移到约束面上。

把约束函数值限于0~1之间取值的约束条件称为**归一化约束条件**。归一化约束条件可以用除以一个常数来实现。例如，对于设计变量的边界约束 $x_i^L \leqslant x_i \leqslant x_i^U$，可以取

$$g_1(\boldsymbol{x})=1-\frac{x_i}{x_i^L}\leqslant 0 \quad 和 \quad g_2(\boldsymbol{x})=\frac{x_i}{x_i^U}-1\leqslant 0 \tag{7-10}$$

对于强度、刚度等这类性能约束，即可用如下形式的约束条件：

$$g(\boldsymbol{x})=\frac{\sigma}{[\sigma]}-1\leqslant 0 \quad 和 \quad g(\boldsymbol{x})=\frac{f}{[f]}-1\leqslant 0 \tag{7-11}$$

下面用一个简单的例子来说明。

【例 7-6】 设 $h_1(\boldsymbol{x})=x_1+x_2-2=0$

$$h_2(\boldsymbol{x})=10^6x_1-0.9\times10^6x_2-10^5=0$$

求其归一化的约束函数。

解：对于点$\boldsymbol{x} = [1.1, 1.0]^T$，其约束函数值分别为$h_1(\boldsymbol{x}) = 0.1$，$h_2(\boldsymbol{x}) = 10^5$。实际解在$\boldsymbol{x}^* = [1.0, 1.0]^T$。但是由于约束函数未经归一化，其灵敏度相差很大，若用一阶导数矩阵来表示它们的灵敏度，则为：

$$\nabla h_1(\boldsymbol{x}) = [1.0, 1.0]^T \quad 和 \quad \nabla h_2(\boldsymbol{x}) = [10^6, -0.9 \times 10^6]^T$$

现将第二个约束除以10^6，即

$$h_2'(\boldsymbol{x}) = h_2(\boldsymbol{x})/10^6 = x_1 - 0.9x_2 - 0.1 = 0$$

对于点$\boldsymbol{x} = [1.1, 1.0]^T$的约束函数值为$h_1(\boldsymbol{x}) = 0.1$，$h_2'(\boldsymbol{x}) = 0.1$，其最优点仍为$\boldsymbol{x}^* = [1.0, 1.0]^T$，灵敏度为：

$$\nabla h_1(\boldsymbol{x}) = [1.0, 1.0]^T \quad 和 \quad \nabla h_2'(\boldsymbol{x}) = [1.0, -0.9]^T$$

可见将约束函数归一化后，其约束函数的灵敏度由原来差别很大变为很小，这对于搜索最优解来说是很有好处的。

但是，当一个不等式约束函数是两个设计变量之间的比例函数时，就不可能有一个常数作为除数。在这种情况下，最好采用经过标度过的设计变量来建立约束条件，或者用一个可以改变其数值的变量来除此式，但不能因此而改变约束条件的性质。

7.4 优化计算方法和精度的选择

确信所建立的优化设计数学模型无误后，便可以着手做在计算机上实施优化计算前的一些准备工作。

7.4.1 优化计算方法的选择

到目前为止，对于一个机械优化设计的数学模型，究竟选用哪一种优化算法比较合适，还没有一种明确的选用指南，多数是依赖于经验。但在选用优化算法时，一般需考虑以下几个因素：

（1）数学模型的类型，如有约束或无约束，是连续变量还是含有离散变量，函数是非线性还是全为线性的等。

（2）数学模型的规模，即设计变量维数和约束条件数的多少。

（3）模型中函数的性质，如是否连续、一阶和二阶导数是否存在等。

（4）优化算法是否有现成的计算机程序，了解它的语言类型、编程质量、所适用的机器类型等。

（5）对该算法的基本结构、解题的可靠性、计算稳定性等一些性能的了解。

（6）程序的界面性，即使用的简易性及数据的输入、输出解释的清晰程度等。

对于$f(\boldsymbol{x})$和$g(\boldsymbol{x})$都是非线性的显式函数，且变量数较少或中等的问题，用复合形法或惩罚函数法（其中尤其是内点惩罚函数法）求解效果一般都比较理想，且前者求得全域最优解的可能性较大。外点惩罚函数法建议在找不到一个可行的初始点时才用。若优化模型的规模较大且含有大量的线性约束函数，则建议用直接搜索法中的梯度投影法。如果$f(\boldsymbol{x})$和$g(\boldsymbol{x})$虽不可能给出它们的解析导数，但可用有限差分方法求得，当规模较大时，则推荐用比惩罚函数法更有效的可行方向法。当优化问题的维数很多，且要求解题精度不很高时，用随机方向搜索方法是较快的，因为这种算法的计算量将不随维数的增多而显著地增加。

在用惩罚函数法解优化问题时，必须选用一种合适的无约束优化方法。如果目标函数的一阶和二阶偏导数易于计算（用解析法）且设计变量不是很多（如 $n\leqslant 20$）时，建议用拟牛顿法。若 $n>20$，且每一步的 Hessian 矩阵计算变得很费时时，则选用变尺度法较好。若目标函数的导数计算困难（用解析法），或者不存在连续的一阶偏导数，则用 Powell 方法效果是最好的。对于一般工程设计问题，由于维数都不很高（$n<50$），且函数的求导计算都存在不同程度的困难，因此用内点惩罚函数法调用 Powell 无约束优化方法求序列极小化，实践证明，这种组合从计算的稳定性方面来看是好的。至于无约束优化方法中的一维搜索方法，本书中推荐的 0.618 方法和二次插值方法都是比较有效的方法。

当有若干种优化方法程序（如用优化方法软件包或库）可使用时，经验表明，前后用几种方法求解同一问题，而不拘泥于一种方法，常常有利于问题的正确解决。求解问题过程的计算效率和运行的稳定性，有不少算法在很大程度上取决于“可调参数”的值，如初始点，步长、权因子、收敛精度等。这类参数的数值一般只能通过对程序试运行的结果进行分析后作出调整，或是根据以往使用该算法的经验初步给出。最好选用几个不同的初始点进行试算，以便根据最终的输出结果来判断是否正常结束、是局部最优解还是全域最优解。

近年来，国内外开始在优化方法软件系统中引入人工智能技术，试图通过几个专家系统的集成，研究一种智能型的优化计算平台，它不仅可以对模型进行诊断、识别，而且可以针对模型的类型和函数的性质自动推荐所选用的优化方法及其优化实施中所必需的“可调参数”的推荐值，对结果的判断和下一步的决策等。这样的优化方法软件系统将具有良好的人机界面性，它可以帮助用户克服面对许多优化方法、可调参数值的选择所造成的困惑。

在工程优化设计方面，目前内容比较丰富的优化方法库是 OPB－2，它可用于求解优化设计中的连续变量和离散变量的问题，其总体结构可见图 7－7。

OPB－2 中包含有 14 种算法程序和 4 个专用程序。各个程序各有特点和所长，可以根据优化问题性质和特点选用。

OPB－2 中只提供优化方法的子程序，其优化计算的主程序和模型的函数子程序需要由用户提供。

OPB－2 有 C 和 FORTRAN 两种语言版本，可以在各种类型计算机、工作站和微机上运行。

在确定所选用的优化方法子程序、优化计算主程序和模型函数子程序后，就可构成优化计算程序，即

优化计算程序＝主程序＋优化方法子程序＋模型函数子程序

在机器经过编辑、连接无误后，即可进行优化计算的试运行和计算。

7.4.2 收敛精度的选择

在优化计算中，根据实际的要求来拟定合理的收敛精度值是很有必要的。因为收敛精度规定过高，不仅对解决问题的帮助不大，而且还会消耗过多的机时，造成浪费。如在第 5 章中的用内点惩罚函数法求箱形盖板结构尺寸的实例中，若收敛精度按函数值的相对变化量来控制，当取 $\varepsilon=10^{-6}$时，则需迭代 129 次取得最优解：$\boldsymbol{x}^*=[0.6366,\ 24.9685]^{\mathrm{T}}$，$f(\boldsymbol{x}^*)=101.3605$。但在工程应用上，一般不需要如此高的精度。当收敛精度改为 $\varepsilon=$

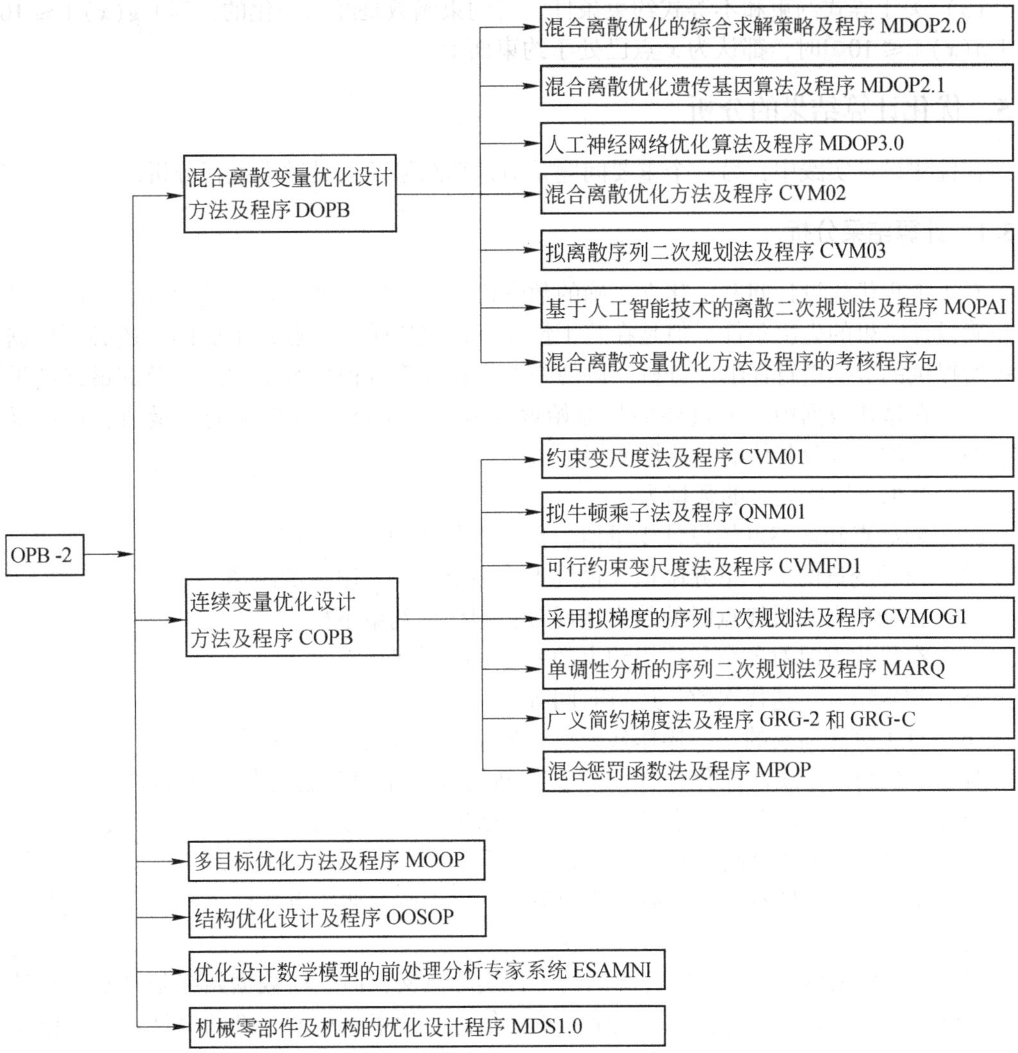

图 7－7 OPB－2 的总体结构

10^{-4}时，仅需迭代 79 次，其最优解：$x^* = [0.6337, 24.3762]^T$，$f(x^*) = 101.4262$。可见所取得的解不仅仍满足工程实际的要求，而计算时间却减少了近 1/4。因此，对于几种直接解法和内点惩罚函数法来说，由于设计点的序列 $\{x^{(k)}, k = 0,1,2,\cdots\}$ 都是可行的设计点，所以任意截断计算过程所取得的最优点都是可行的。基于这一点，我们可根据实际情况来确定收敛精度：

（1）关于一维搜索收敛精度。对于二次插值方法，可取当前点（$x^{(k)} + \alpha_4 s^{(k)}$）与中间点（$x^{(k)} + \alpha_2 s^{(k)}$）的向量模平方小于 10^{-6}；对于 0.618 方法，可取缩减区间的绝对长度 $|\alpha_2 - \alpha_1| \leqslant 10^{-5}$（当 $\alpha_2 \approx 0$ 时）或相对变化量 $\left|\dfrac{\alpha_2 - \alpha_1}{\alpha_2}\right| \leqslant 10^{-6}$。

（2）关于算法的收敛精度。当用目标函数的相对值时，可取 $\varepsilon = 10^{-5} \sim 10^{-6}$，当用绝对差值（$f(x^{(k)}) \approx 0$）时，取 $\varepsilon = 10^{-3} \sim 10^{-4}$；当用设计变量的相对变化量作为收敛准则时，可取 $\varepsilon = 10^{-5}$，用绝对变化量（当 $x_i \approx 0$ 时），可取 $\varepsilon = 10^{-3}$。

(3) 关于等式约束和不等式约束条件。若约束函数是经归一化的，当 $|g(\boldsymbol{x})| \leqslant 10^{-3}$ 和 $|h(\boldsymbol{x})| \leqslant 10^{-5}$ 时，都认为 $\boldsymbol{x}$ 点已处于约束面上。

7.5 优化计算结果的分析

在优化设计实践中，另一个重要问题是对计算结果及其灵敏度进行分析。

7.5.1 计算结果分析

对于工程优化设计问题，建立正确的数学模型、选用一种有效的优化方法，固然是取得正确设计结果的先决条件。但是在若干情况下仅仅依赖这一点是不够的，还必须依据计算中所提供的数据进行仔细地分析，以便查明优化计算过程是否正常结束及其最终结果是否合理。在这些数据中，最重要的是原始设计方案和最终设计方案的变量值、目标函数值、约束函数值以及其他的一些性能指标值。

一般要求计算所提供的数据为：

(1) 初始点和最终点的设计变量值、目标函数和约束函数值。

(2) 设计变量的上、下界限值，最终点离该上、下界限值的距离。

(3) 在初始点和最终点时的约束违反量；起作用约束下标。

(4) 在最优点时对各个起作用约束的 Lagrange 乘子。

(5) 收敛精度、迭代次数、运行时间等。

(6) 有关算法需要的一些操作参数值，如惩罚函数的 r、c、k 等。

对于一个约束非线性优化设计问题，判断设计变量值的合理性和可行性是非常重要的。倘若是由于模型而造成的错误，只要对数据进行认真分析，就可以发现问题，而且也不难解决。但是由于约束函数和目标函数的严重非线性而造成的不合理方案，这可能使多约束极值或者约束条件不合理。遇到这种情况，可用改变初始点或增加约束条件的办法通过几次试算来解决。

目标函数值虽然有时不一定有明确的工程实际意义，但这项数据始终是判断优化计算结果正确与否和检查迭代过程是否正常的重要信息。约束函数值是判断设计点所停留位置的一个很重要的信息。因为对大多数实际问题来说，约束最优点一般停留在一个或几个不等式约束条件的约束面附近，与此对应的约束函数值将接近于零。对于一些重要的性能约束，应通过对初始方案和最终方案的函数值的分析比较来判断设计结果的可靠性。

判断一个优化设计结果是否合理或正确，一个有经验的设计人员绝不会单纯从计算结果的数据来下结论，而是凭经验来判断设计变量、目标函数、约束函数的终值是否合理。例如，有一项单级直齿圆柱齿轮传动体积最小的优化设计，设计变量为 z、m、B，共有 6 个不等式约束函数 ($g(\boldsymbol{x}) \leqslant 0$)，用惩罚函数法计算取得的数据见表 7-7。

表 7-7 单级直齿圆柱齿轮传动优化设计结果

方 案	设计变量			目标函数	约束函数					
	$x_1=z$	$x_2=m$	$x_3=B$	$f(\boldsymbol{x})$	$g_1(\boldsymbol{x})$	$g_2(\boldsymbol{x})$	$g_3(\boldsymbol{x})$	$g_4(\boldsymbol{x})$	$g_5(\boldsymbol{x})$	$g_6(\boldsymbol{x})$
初始设计方案	17.0000	8.0000	50.0000	5507.4800	-0.7142	-0.3750	-0.5750	-0.1661	-0.3854	-0.4094
最终设计方案	23.7221	6.5744	105.1910	4736.4326	-0.5428	0.0005	-0.2202	-0.0004	-0.1173	-0.0011

计算过程是正常结束的，设计变量值合理，目标函数值减小，约束函数有3个接近于零（起作用约束），其中 $g_2(\boldsymbol{x})$ 为齿宽系数 φ_m 的下界约束；$g_4(\boldsymbol{x})$ 为齿面接触强度约束；$g_5(\boldsymbol{x})$ 为小齿轮轮齿弯曲强度约束，这些都与常规设计的经验相符合，因而可认为，该设计结果是正确的。

如果对优化计算结果是否正确还存在疑虑，还可以用以下办法来检验：

（1）在不变动优化设计数学模型的前提下，改变初始点或改变可调参数（如对SUMT方法改变 $r^{(0)}$ 和 c 值等），若取得相近的结果，则证明计算结果是正确的。

（2）改用另一种优化方法计算，若取得相近的结果，则也证明结果是正确的。

如何判断所得的解是全局最优解还是局部最优解，是一个比较困难的问题。倘若已经清楚地知道目标函数是凸函数、约束可行域是凸集，则得到最优解就是全域最优解。对于其他情况，由于前述的确定型优化方法都只能解得局部最优解，所以所得的最优解都是局部的，要想找到其他更好的局部最优解，只能通过改变初始点的办法去试算，若获得不同的计算结果，则证明存在多个局部最优解。

优化计算结果的分析，还应包括对设计方案的各种性能指标，如运动特性、动态特性、各种容差值等的详细计算，以便能为工程设计提供更多的数据和更充分的科学依据。

7.5.2 计算结果的灵敏度分析

所谓优化设计结果的**灵敏度分析**，就是指当取得最优解（设计方案）时由于约束或设计变量发生某些变差而对最优解的影响。通过分析，可以定量地表明该项设计能有多大的裕量和安全系数，或者对设计方案做些修改可以估计出所取得的经济和技术效果。另外，通过分析也可以提供一种低灵敏度的优化设计方案，使其最大限度地不受其他因素（如制造、装配、工艺等）的干扰。

设计结果的灵敏度分析，通常对设计者最有参考价值的是设计变量发生变化（如制造误差、数据取整等）时对目标函数或约束函数的影响，和约束函数中某个参数值发生变化时对目标函数的影响。前者可以用目标函数的梯度信息来估计，后者可以通过约束极值的K-T条件来估计。

当已知最优点 $\boldsymbol{x}^*$ 时，可在该点将目标函数作Taylor级数线性展开，得：

$$f(\boldsymbol{x}) \approx f(\boldsymbol{x}^*) + \nabla f(\boldsymbol{x}^*)^{\mathrm{T}}(\boldsymbol{x} - \boldsymbol{x}^*)$$

由此可以通过已确定的灵敏向量 $\boldsymbol{A}_f$ 来估计设计变量变化对目标函数值的影响，即

$$\Delta f = f(\boldsymbol{x}) - f(\boldsymbol{x}^*) = \boldsymbol{A}_f^{\mathrm{T}} \Delta \boldsymbol{x} \tag{7-12}$$

$$\boldsymbol{A}_f = [a_{f1}, a_{f2}, \cdots, a_{fn}]^{\mathrm{T}}$$

式中，$a_{fi} = \partial f(\boldsymbol{x}^*)/\partial x_i (i = 1, 2, \cdots, n)$，当难以求出目标函数的解析一阶偏导数时，也可以按前差分公式近似计算，即

$$a_{fi} = \frac{f(\boldsymbol{x}^* + d\boldsymbol{e}_i) - f(\boldsymbol{x}^*)}{d} \quad i = 1, 2, \cdots, n \tag{7-13}$$

差分步长 d 一般可取：当 $|x_i| \geqslant 1$ 时，$d = 10^{-7}|x_i|$；当 $|x_i| < 1$ 时，$d = 10^{-7}$。$\Delta x_i = \varepsilon_i$，$\varepsilon_i$ 为设计变量最优值可能出现的偏差，可以是正值也可以是负值。需要注意的是，当设计变量发生偏差时，有些起作用约束条件也可能变为被违反的约束，其违反量的大小也可类似按式（7-12）计算。

关于约束函数值的变化对目标函数值的影响，可以用约束极值点的 K－T 条件来计算。如前所述，约束最优点 $\boldsymbol{x}^*$ 应满足线性独立的 $\nabla g_u(\boldsymbol{x}^*), u \in I(\boldsymbol{x}^*)$ 和 $\nabla h_v(\boldsymbol{x}^*)(v = 1,2,\cdots,p)$ 下的 K－T 条件，即

$$\nabla f(\boldsymbol{x}^*) + \sum_{u \in I(\boldsymbol{x}^*)} \lambda_u \nabla g_u(\boldsymbol{x}^*) + \sum_{v=1}^{p} \lambda_v \nabla h_v(\boldsymbol{x}^*) = 0$$

这样，若把等式约束写成 $h_v(\boldsymbol{x}^*) = \varphi_v(\boldsymbol{x}^*) + b_v$，不等式约束写成 $g_u(\boldsymbol{x}^*) = \varphi_u(\boldsymbol{x}^*) + d_u$，其中 $\varphi_v(\boldsymbol{x}^*)$ 和 $\varphi_u(\boldsymbol{x}^*)$ 均为常数，而 b_v 和 d_u 是约束函数中发生变差的参数，根据约束函数对目标函数的灵敏度，可写成：

$$\lambda_v = \frac{\partial f(\boldsymbol{x}^*)}{\partial h_v(\boldsymbol{x}^*)} = \frac{\partial f}{\partial b_v} \quad 和 \quad \lambda_u = \frac{\partial f(\boldsymbol{x}^*)}{\partial g_u(\boldsymbol{x}^*)} = \frac{\partial f}{\partial d_u} \tag{7-14}$$

这样，约束函数中某个参数变差对目标函数的影响便可以用一阶近似式来估计，即

$$\begin{aligned} f(\boldsymbol{x}) - f(\boldsymbol{x}^*) &= \sum_{u \in I(\boldsymbol{x}*)} \left(\frac{\partial f}{\partial d_u}\right) \Delta d_u + \sum_{v=1}^{p} \left(\frac{\partial f}{\partial b_v}\right) \Delta b_v \\ &= \sum_{u \in I(\boldsymbol{x}*)} \lambda_u \Delta d_u + \sum_{v=1}^{p} \lambda_v \Delta b_v \end{aligned} \tag{7-15}$$

【例 7－7】有一焊接梁设计问题，其目标函数是成本。数学模型为：

$$\min \quad f(\boldsymbol{x}) = 1.1047x_1^2x_2 + 0.04811x_3x_4(14 + x_2) \quad \boldsymbol{x} \in R^4$$

$$\text{s.t.} \quad g_1(\boldsymbol{x}) = \frac{F}{[\tau]} - \left\{ \frac{1}{2x_1^2x_2^2} + \frac{3(28 + x_2)}{x_1^2x_2[x_2^2 + 3(x_1 + x_2)^2]} + \frac{4.5(28 + x_2)^2[x_2^2 + (x_1 + x_3)^2]}{x_1^2x_2^2[x_2^2 + 3(x_1 + x_3)^2]} \right\}^{1/2} \geqslant 0$$

$$g_2(\boldsymbol{x}) = x_3^4x_4 - 12.8 \geqslant 0$$

$$g_3(\boldsymbol{x}) = x_4 - x_1 \geqslant 0$$

$$g_4(\boldsymbol{x}) = x_3x_4^3(1 - 0.02823x_3) - 0.09267 \geqslant 0$$

$$g_5(\boldsymbol{x}) = x_1 - 0.125 \geqslant 0$$

$$g_6(\boldsymbol{x}) = x_3^4x_4 - 807808 \geqslant 0$$

用惩罚函数法已求得当 $F = 41350\text{kN}$、$[\tau] = 93.772\text{MPa}$ 时的最优解，见表 7－8，现估计由于采用代用材料其许用剪切应力变为 $[\tau] = 91.290\text{MPa}$ 时对目标函数值的影响。

表 7－8 焊接梁的最优解

设计变量值	约束函数值	目标函数值
$x_1^* = 0.2536$	$g_1(\boldsymbol{x}^*) = 2.327 \times 10^{-5}$	$f(\boldsymbol{x}^*) = 2.34027$
$x_2^* = 7.1410$	$g_2(\boldsymbol{x}^*) = 1.863 \times 10^{-3}$	
$x_3^* = 7.1044$	$g_3(\boldsymbol{x}^*) = 7.341 \times 10^{-6}$	
$x_4^* = 0.2536$	$g_4(\boldsymbol{x}^*) = 3.392 \times 10^{-6}$	
	$g_5(\boldsymbol{x}^*) = 0.128$	
	$g_6(\boldsymbol{x}^*) = 82.1690$	

解：由表 7-8 可知，前 4 个不等式约束条件是最优解的起作用约束，为了进行灵敏度分析，首先需计算出它们的 K-T 乘子 λ_1、λ_2、λ_3 和 λ_4。

对此需解如下方程组（注：约束是"≥0"形式）

$$\nabla f(\boldsymbol{x}^*) = \sum_{u \in I(\boldsymbol{x}^*)} \lambda_u \nabla g_u(\boldsymbol{x}^*) \quad I(\boldsymbol{x}^*) = \{1, 2, 3, 4\}$$

即

$$\begin{bmatrix} 4.00180 \\ 0.15770 \\ 0.25797 \\ 7.22600 \end{bmatrix} = \begin{bmatrix} 9.22200 & 0.24249 & 0.28518 & 0 \\ 0 & 0 & 3.60400 & 50.47300 \\ -1.00000 & 0 & 0 & 1.00000 \\ 0 & 0 & 0.00977 & 1.09610 \end{bmatrix} \begin{bmatrix} \lambda_1 \\ \lambda_2 \\ \lambda_3 \\ \lambda_4 \end{bmatrix}$$

由于方程式数等于未知数，所以可直接解得：

$$\lambda = [0.65033, 0.00819, 4.32926, 1.99759]^{\mathrm{T}}$$

在此问题中，$[\tau]$ 是可变参数，将第一个不等式约束写成

$$g_1(\boldsymbol{x}^*) = \varphi_1(\boldsymbol{x}^*) - \frac{[\tau]}{F} = \varphi_1(\boldsymbol{x}^*) - 2.26776 \geqslant 0$$

所以得 $d_1 = -2.26776$。当允许剪应力变为 $[\tau] = 91.290\text{MPa}$ 时，$d_1 = -2.20773$。由此得 $\Delta d_1 = (-2.20773) - (-2.26776) = 0.06$。由式（7-15）则可计算出约束 $g_1(\boldsymbol{x})$ 变化所引起目标函数的变化值为：

$$\Delta f = \lambda_1 \Delta d_1 = 0.650553 \times 0.06 = 0.039033$$

这样新的目标函数值为：

$$f(\boldsymbol{x}) = 2.34027 + 0.039033 = 2.379303$$

为了验证这一计算结果，可将原模型中的 $[\tau]$ 用 91.290MPa 代替，采用惩罚函数法求其最优解，其目标函数值为 $f(\boldsymbol{x}^*) = 2.28043$。这说明通过 K-T 乘子来估计约束函数变差对目标函数值的影响是十分相近的。同时可以看出，当 K-T 乘子的值越大时，其灵敏度亦越大，即影响也就愈大。在此模型中，其第 4 个约束（稳定性约束条件）的影响要比第 2 个约束大很多。

在优化设计中，要想很精确地用数学模型表达设计问题是十分困难的，为了使设计方案在实施后避免设计变量或参数值的变差对原设计的影响，有时也可以找出一种低灵敏度的最优解或称稳健最优解，如对于一个振动系统。这时，可根据灵敏度分析理论来建立它的目标函数，即

$$\boldsymbol{\Phi}(\boldsymbol{x}) = f(\boldsymbol{x}) + w^{\mathrm{T}} \nabla f(\boldsymbol{x}) \to \min \tag{7-16}$$

式中，w 为加权因子的列向量。

或者也可以采用所谓灵敏度约束法，即将灵敏度限制在某个规定的范围内求目标函数的最小值。

习　题

7-1　设已知目标函数

$$\min \quad f(\boldsymbol{x}) = x_1^2 + 25x_2^2$$

试用变量代换方法使目标函数变为

$$\min \quad f(\boldsymbol{x}) = x'^2_1 + x'^2_2$$

并画出两个目标函数的等值线和 $\boldsymbol{x} = [x_1, x_2]^{\mathrm{T}} = [2, 2]^{\mathrm{T}}$ 点的最速下降方向，说明其对优化设计的影响。

7－2 设已知目标函数 $f(\boldsymbol{x}) = 36x_1^2 + x_2^2 - 6x_1x_2$，试求其 Hessian 矩阵对角元素为 1 的尺度变换后的函数，并确定其尺度变换矩阵 D。

7－3 有一包装箱的设计问题，要求它的长度不超过 42cm，并且为了使尺寸比例匀称，还要求长度与截面周长之和不超过 72cm，试问什么样箱体尺寸有最大的体积？要求通过约束变换技巧用无约束极小化方法求解。

7－4 现已知表 7－9 列出的几种轴径范围内相应平键的基本尺寸 $b \times h$，试编制检取此数表中数据的子程序，供优化设计程序调用。

表 7－9 几种轴径范围内相应平键的基本尺寸 mm

轴径 d	b	h	轴径 d	b	h
>7 ~ 10	3	3	>24 ~ 30	8	6
>10 ~ 14	4	4	>30 ~ 36	10	7
>14 ~ 18	5	5	>36 ~ 42	12	8
>18 ~ 24	6	8	>42 ~ 48	14	9

7－5 如图 7－8 所示为渐开线齿轮的一种齿形系数曲线图。图中横坐标为齿轮的齿数，纵坐标表示该齿数时的齿形系数。根据不同齿数 Z 即可以从此曲线图上找出相应的齿形系数 Y。试写出使用此线图的程序。

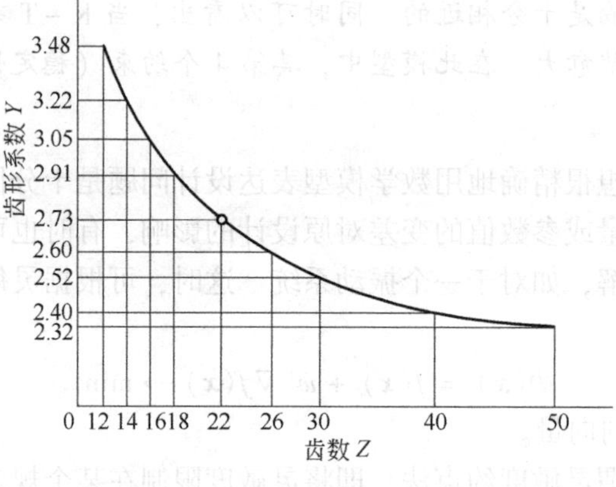

图 7－8 齿形系数曲线

7－6 设目标函数为

$$\min \quad f(\boldsymbol{x}) = 60 - 10x_1 - 4x_2 + x_1^2 + x_2^2 - x_1x_2$$

其起作用约束为 $g(\boldsymbol{x}) = x_1 + x_2 - 8 = 0$，试对此问题作出灵敏度分析，求出当约束中的常数 8 变为 8.2 时对目标函数的影响。

8 多目标问题优化设计方法

8.1 引言

在机械设计问题中，某个设计方案的好坏仅涉及一项设计指标，称为**单目标优化设计问题**。对于这种问题，应用前面介绍的优化设计方法就可以直接解得最优设计方案。然而，在许多实际问题中，对一个设计方案往往期望几项设计指标同时达到最优。例如，在设计一个机械传动装置时，希望它的重量最轻、承载能力最大，同时又要使它有很高的工作可靠性；又如在设计一种高速的凸轮机构时，不仅要求体积最小，而且要求其柔性误差最小，动力学性能最好等。这种在优化设计中同时要求两项或几项设计指标达到最佳的问题，称为**多目标优化设计问题**。

多目标优化问题最显著的两个特点是：目标间的不可公度性和矛盾性。**目标间的不可公度性**是指各个分目标之间没有统一的度量标准，因而难以进行比较。**目标间的矛盾性**是指当要求其中某个分目标函数值极小化时，却可能引起另一个或几个分目标函数值变坏，这就是说，各分目标函数值在求极小化过程中是相互矛盾的。由于上述的原因，求解多目标优化问题的难度大大增加。

多目标问题的研究最早可以追溯到 18 世纪，Franklin 在 1772 年提出了多目标的问题，Pareto 在 1896 年首次从数学角度提出了多目标最优决策问题。现在，多目标优化问题已经成为优化理论和方法研究中的重要部分，并且在工程优化设计中已得到了应用。

多目标优化问题可分为两类：若是在无限个方案下按它的目标以**最优规则**来确定最优方案的，则称为**多目标最优决策（MODM）问题**或称为多目标优化设计问题。另一类多目标问题，即是在有限个方案下按照它们的属性（性能指标）以**满意规则**来选择一个方案或按某个准则排列出完全的次序，这类多目标问题称为**多属性选择决策（MADM）问题**。

8.2 基本概念和定义

多目标优化设计问题的数学模型一般可表示为：

$$\begin{aligned} \min \quad & \boldsymbol{F}(\boldsymbol{x}) \quad \boldsymbol{x} \in R^n \\ \text{s.t.} \quad & g_u(\boldsymbol{x}) \leqslant 0 \quad u = 1, 2, \cdots, m \\ & h_v(\boldsymbol{x}) = 0 \quad v = 1, 2, \cdots, p < n \end{aligned} \tag{8-1}$$

式中，$\boldsymbol{F}(\boldsymbol{x}) = [f_1(\boldsymbol{x}), f_2(\boldsymbol{x}), \cdots, f_q(\boldsymbol{x})]^{\mathrm{T}}$，是 q 维目标向量，表明新目标函数 $\boldsymbol{F}(\boldsymbol{x})$ 中包含有 q 个分目标函数；多目标优化设计问题的设计空间仍为 n 维。

例如，有一个 2 维（$\boldsymbol{x} \in R^2$）的两个目标函数 $f_1(\boldsymbol{x})$ 和 $f_2(\boldsymbol{x})$ 求极小化的约束问题，如图 8 - 1 所示，设计空间内的可行点 $\boldsymbol{x} \in \mathscr{D} \subset R^2$ 映射到目标空间内可得到可行解的解集 $\boldsymbol{y} \in \Omega \subset R^2$。很明显，在这种情况下，一些目标函数值比较小的最优解集中在 $Q_1 - Q_2$ 曲线段上，这些解称为**非劣解**或**有效解**；目标空间可行解集 Ω 内的其他解称为**劣解**，因为它们的目标函数值都比非劣解要差。这样，对于一个多目标问题，一旦求得目标空间内的非劣解解集和劣解解集，肯定就不应该从劣解的解集中去找它的最终解，而必须从非劣解的解集中选出一个好解作为多目标问题的最终解。因此，在多目标优化设计中，这种非劣解将起到重要的作用，问题就在于如何求出非劣解的解集，又如何从非劣解的解集中选出最终解，或称为**选好解**。从这点看，多目标优化设计实际上是一个最优决策的问题，目的是在于找出它的最适合的折中解。

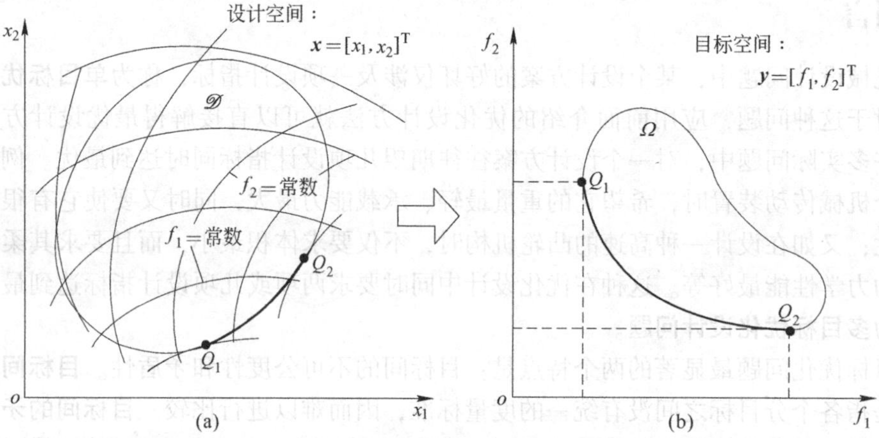

图 8－1 设计空间的可行点与目标空间可行解集的对应关系

（a）设计空间；（b）目标空间

基于上述例子，可引出多目标优化设计的几个基本定义：

可行解解集：满足式（8－1）所定义约束条件的全部可行解 $\boldsymbol{x}$ 的集合 $\mathscr{D}$。

目标空间解集：由设计空间内的可行解空间向目标空间映射得到的目标解集 Ω。

非劣解或有效解：对于式（8－1）定义的多目标优化问题，若 $\boldsymbol{x}'$ 是它的一个解，且在可行解解集 $\mathscr{D}$ 内，找不到一个 $\boldsymbol{x}$ 使 $f_j(\boldsymbol{x}) \leqslant f_j(\boldsymbol{x}')(j=1,2,\cdots,q)$ 成立，或者至少有一个下标 $k(1 \leqslant k \leqslant q)$，使得 $f_k(\boldsymbol{x}) < f_k(\boldsymbol{x}')$ 严格成立，则称 $\boldsymbol{x}'$ 为多目标问题的**非劣解**或**有效解**。非劣解满足如下的极值条件。设 $\boldsymbol{F}(\boldsymbol{x})$ 和 $\boldsymbol{g}(\boldsymbol{x})$ 均为 R^n 中的可微向量函数（假定不考虑等式约束），并令

$$\nabla \boldsymbol{F}(\boldsymbol{x}) = \begin{bmatrix} \dfrac{\partial f_1}{\partial x_1} & \dfrac{\partial f_1}{\partial x_2} & \cdots & \dfrac{\partial f_1}{\partial x_n} \\ \vdots & \vdots & \ddots & \vdots \\ \dfrac{\partial f_q}{\partial x_1} & \dfrac{\partial f_q}{\partial x_2} & \cdots & \dfrac{\partial f_q}{\partial x_n} \end{bmatrix}_{q\times n} \tag{8-2}$$

$$\nabla \boldsymbol{g}(\boldsymbol{x}) = \begin{bmatrix} \dfrac{\partial g_1}{\partial x_1} & \dfrac{\partial g_1}{\partial x_2} & \cdots & \dfrac{\partial g_1}{\partial x_n} \\ \vdots & \vdots & \ddots & \vdots \\ \dfrac{\partial g_r}{\partial x_1} & \dfrac{\partial g_r}{\partial x_2} & \cdots & \dfrac{\partial g_r}{\partial x_n} \end{bmatrix}_{r\times n} \tag{8-3}$$

式中，$1 \leqslant r \leqslant m$ 为起作用约束集合的个数。若在点 $\boldsymbol{x}^* \in \mathscr{D}$ 不存在一个可行下降方向 $\boldsymbol{S}$，使同时满足

$$\left.\begin{aligned}[-\nabla \boldsymbol{F}(\boldsymbol{x}^*)]^{\mathrm{T}}\boldsymbol{S} \geqslant 0\\ [\nabla \boldsymbol{g}(\boldsymbol{x}^*)]^{\mathrm{T}}\boldsymbol{S} \leqslant 0\end{aligned}\right\} \tag{8-4}$$

条件，则称点 $\boldsymbol{x}^*$ 为约束多目标优化设计问题满足 K－T 条件的非劣解。这就是说，已找不到另一个可改进的可行解 $\boldsymbol{x}$ 了。

非劣解集：对于一个多目标优化设计问题，其全部非劣解的集合称为有关多目标 $\boldsymbol{f}$ 和可行设计点 $\boldsymbol{x}$ 的非劣解集或有效解集，记为 $E(\boldsymbol{f},\boldsymbol{x})$，或简记 E。

为了进一步加深上述概念，下面用一数例来说明。

【例 8－1】 求一维 2 个目标函数

$$\min \quad \{f_1(x) = x^2 - 2x + 2, f_2(x) = x^2 - 6x + 10\}^{\mathrm{T}} \quad x \in R^1$$

$$\text{s. t.} \quad \mathscr{D} = \{x \mid 0 \leqslant x \leqslant 4\}$$

问题的非劣解的解集。

解：对此问题很容易求出 2 个目标函数在 $\mathscr{D}$ 域中的各自的最优解 $x^{1*} = 1, f_1(x^{1*}) = 1$ 和 $x^{2*} = 3, f_2(x^{2*}) = 1$，如图 8－2（a）所示。显然，此问题不存在共同的最优解，但可求出它们的非劣解的解集。由图可见，两个目标函数曲线有一交点 $[x, f_1(x) = f_2(x)] = [2, 2]$，于是我们发现，在 $x^{1*} = Q_1$ 点左边任选一点 $A(0 \leqslant A < x^{1*})$，其两个目标函数值都比 x^{1*} 点的差；同样，在 $x^{2*} = Q_2$ 右边任选一点 $B(x^{2*} < B \leqslant 4)$，其目标函数值也比 x^{2*} 点的差。然而对于 $[x^{1*}, x^{2*}]$ 之间的各点，两个目标函数值之间又无法比较其优劣，且也找不到它们共同的最优点，因此我们认为在 $[x^{1*}, x^{2*}]$ 之间的任一点都可作为非劣解，而其他的点都是劣解，映射到目标空间 $\boldsymbol{y} \in \Omega \subset R^2$ 的非劣解和劣解的解集如图 8－2（b）所示，即曲线 Q_1Q_2 段是非劣解的解集，其余为劣解的集合。

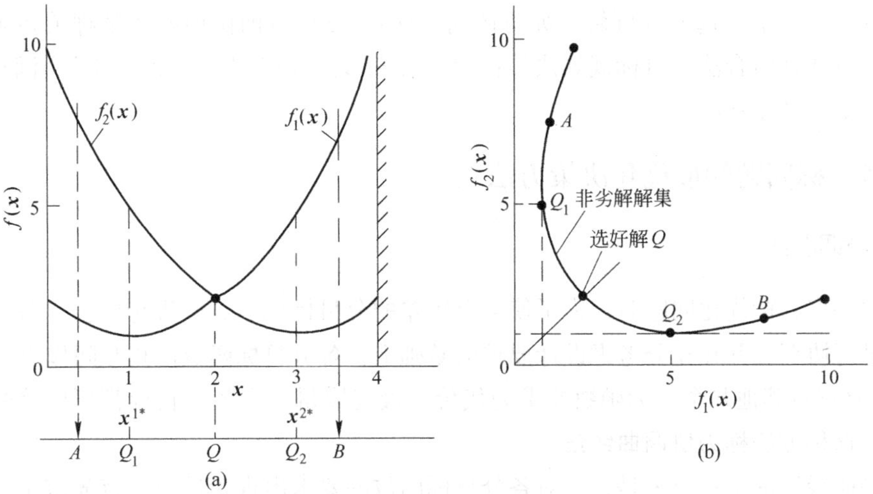

图 8－2 非劣解和劣解的解集示例

（a）设计空间；（b）目标空间

从某种意义上说，非劣解解集（Q_1Q_2 曲线）中的任一点都可以作为多目标问题的最终解。但通常是根据不同的要求，从中选出一个满意的解作为最终的解，称它为**选好解**。例如，图 8－2(b) 中取 $f_1(x^*) = f_2(x^*) = 2, x^* = 2$ 这个非劣解为选好解。

绝对最优解：对于模型式（8－1），若 $\boldsymbol{x}^*$ 是它的一个解，且在可行解空间内，对一切 $\boldsymbol{x}$，其 $f_j(\boldsymbol{x}^*) \leqslant f_j(\boldsymbol{x})(j=1,2,\cdots,q)$ 恒成立，则称 $\boldsymbol{x}^*$ 为多目标优化问题的绝对最优解。

在多目标问题中，存在使所有的目标函数值都同时达到最优值的解，这种情况在某些特殊情况下是有可能出现的，如图 8－3 所示，这时非劣解 $\boldsymbol{x}^*$ 就是多目标问题的绝对最优解。

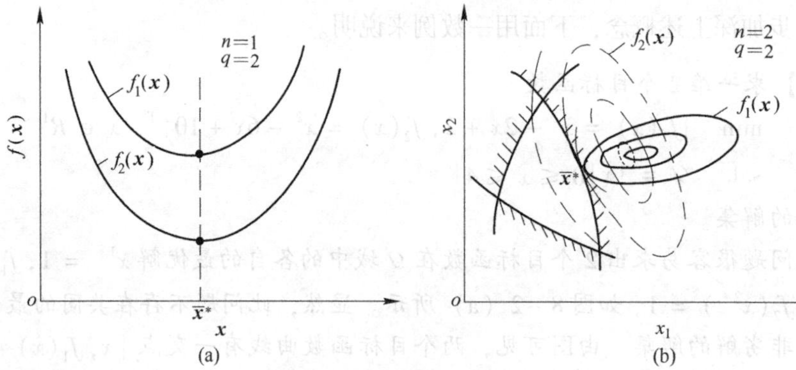

图 8－3 绝对最优解示意图

（a）一维；（b）二维

由于多目标优化设计问题多数根本不存在绝对最优解，所以通常把它转化为求另一种意义下的最优解，即 K－T 条件下的非劣解。这样，多目标优化设计问题的求解过程，一般包括：先求出满足 K－T 条件的非劣解的解集，再从中选取一个选好解。

根据从非劣解中选取选好解的出发点不同，通常有几种不同的决策方法：（1）考虑设计要求的其他因素来选取选好解，如协调曲线法；（2）事前协商好按某种关系来求选好解，如加权线性组合法、目标规划法等；（3）逐渐改进非劣解，直至找到一个满意的选好解为止，如功效系数法。

8.3 多目标问题的最优化决策方法

8.3.1 协调曲线法

在解决多目标优化问题时，为了使某个较差的分目标也达到较理想的值，各分目标之间需要进行协调，并在充分考虑设计要求的基础上，各分目标函数值相互间作出一些“让步”，以放宽对其他几个目标函数要求为代价，最终取得一个各分目标都可以接受的最合理方案，这种方法称为**协调曲线法**。

协调曲线法的基本原理是，当对各分目标函数的要求出现矛盾时，首先求出一组非劣解，作出非劣解集合的协调曲线，再根据某项预定的原则，从协调曲线上选出选好解。

协调曲线实际上就是一组非劣解集合在目标空间内的曲线（或曲面），它可以用下面方法得到：

第一种方法用于双目标优化问题的情况。将两个目标函数加权组合成单目标优化问题，建立下式所示的数学模型。

$$\begin{aligned} \min \quad & F(\boldsymbol{x}) = wf_1(\boldsymbol{x}) + (1-w)f_2(\boldsymbol{x}) \\ \text{s.t.} \quad & g_u(\boldsymbol{x}) \leqslant 0 \quad u = 1, 2, \cdots, m \end{aligned} \tag{8-5}$$

当加权因子 w 从 0→1 变化时，就可得到一系列的非劣解的集合，在目标空间内形成协调曲线。

如图 8-4 所示，设有两个相互矛盾的目标函数 $f_1(\boldsymbol{x})$ 和 $f_2(\boldsymbol{x})$，并且由两个不等式的约束条件构成一个可行域 $\mathscr{D}$。两个分目标的各自的约束最优解是：$f_1(\boldsymbol{x}^{1*})$ 为 T 点，$f_2(\boldsymbol{x}^{2*})$ 为 P 点。若在可行域 $\mathscr{D}$ 内任取一点 R（此点的 $f_1(\boldsymbol{x}) = 6$，$f_2(\boldsymbol{x}) = 8$），当固定 $f_1(\boldsymbol{x}) = 6$ 时，极小化 $f_2(\boldsymbol{x})$ 得 S 点，当固定 $f_2(\boldsymbol{x}) = 8$ 时，极小化 $f_1(\boldsymbol{x})$ 得 Q 点。在这种情况下，前者由于目标函数 $f_2(\boldsymbol{x})$ 不断得到改进，后者由于目标函数 $f_1(\boldsymbol{x})$ 得到改进，所以无论是 S 点还是 Q 点都要比 R 点优。采用这种方法，便可以取得一组多目标问题的非劣解。若将这些非劣解画在两个目标函数值的坐标系内，如图 8-5 所示，则得两个目标函数值的关系曲线 $TQSP$。在这条曲线上，Q 和 S 点之间的任一点，其函数值都要比 R 点好，因为至少有一个目标函数值得到改进，所以将 $TQSP$ 曲线称为**协调曲线**。为了从协调曲线上选出“选好解”，还需要用另一项指标，例如两者的最恰当的匹配关系，即 $f_1(\boldsymbol{x}) + wf_2(\boldsymbol{x})$、实验的数据或是另一个设计目标的好坏、设计者的经验等。若能将这种指标表示为另一组“满意曲线”，如图 8-5 所示，则随着满意度的增加，而使目标函数 $f_1(\boldsymbol{x})$ 和 $f_2(\boldsymbol{x})$ 值同时均有所下降，直至 O 点，此点即为从协调曲线上得出的最满意的设计方案，其目标函数值为 $f_1^*(\boldsymbol{x})$ 和 $f_2^*(\boldsymbol{x})$。

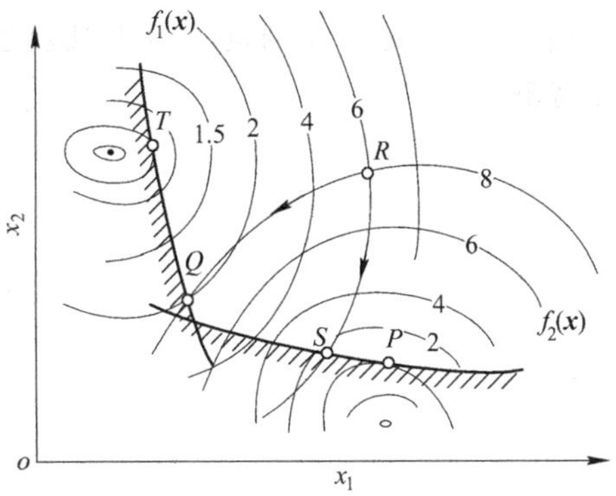

图 8-4 两个目标函数的二维设计空间关系

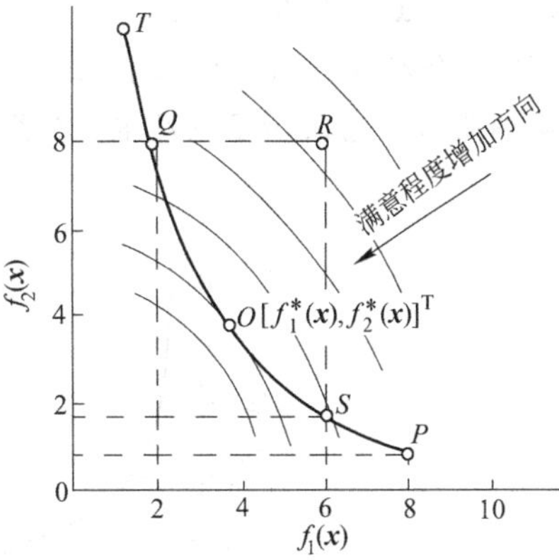

8-5 两个目标函数的协调曲线和满意曲线

第二种方法用于较多目标的优化问题。这时各分目标之间需要进行协调，为求得最合适的解，各分目标函数值必须做出“让步”。

设分目标函数 f_j 作出“让步” Δf_j 后的理想合理值为 $f_j^0 = f_j(\boldsymbol{x}^*) + \Delta f_j (j = 1, 2, \cdots, q)$，其中 $f_j(\boldsymbol{x}^*)$ 为第 j 个分目标函数独立进行优化时的最优值。建立如下数学模型：

$$\begin{aligned} \min \quad & f_j(\boldsymbol{x}) \quad j = 1, 2, \cdots, q \\ \text{s.t.} \quad & g_u(\boldsymbol{x}) \leqslant 0 \quad u = 1, 2, \cdots, m \\ & h_v(\boldsymbol{x}) = f_v(\boldsymbol{x}) - f_v^0 = 0 \quad v = 1, 2, \cdots, q-1 \quad v \neq j \end{aligned} \tag{8-6}$$

用式（8-6）依次进行各分目标函数的优化计算即可得一系列非劣解的集合。

【**例 8-2**】现以一个在恒载作用下的径向动压轴承的优化设计为例，说明协调曲线法的应用。如图 8-6 所示，设 F 为轴承的径向载荷，n 为每分钟转速，ω 为角速度，c 为轴承间隙，其值近似等于 $D_1 - D$，其中 D_1 为轴承座孔径，D 为轴承轴径。动压轴承的设计要求满足：润滑油的黏度 $\mu \geqslant 0.006859\text{Pa}\cdot\text{s}$，油压 $p_f \geqslant 9.26\text{MPa}$，油膜厚度 $h_{min} \geqslant 0.00127\text{mm}$，油膜的温升 $\Delta t \leqslant 150℃$，轴承的长径比 $0.25 \leqslant L/D \leqslant 1$。

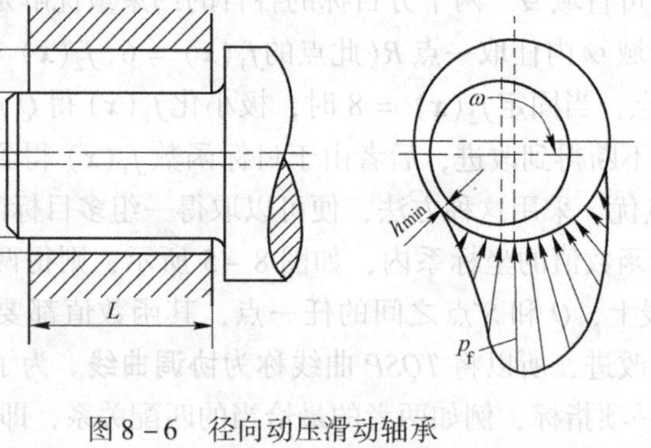

图 8-6 径向动压滑动轴承

解：一般情况下，动压轴承的工作能力和寿命主要决定于供油量 Q 及温升 Δt。供油量若不足，就不能产生油膜；足够的供油量，一方面可以补充轴承泄漏的油量，另外还可以通过漏出的油带走一部分热量，不致发生过热现象。因此，从工程设计要求出发，应该选取两个设计目标，即通过优化设计必须使得油膜的温升 Δt 和润滑油流量 Q 达到最小。设计变量选取 $\boldsymbol{x} = [L/D, c, \mu]^T$。

这是一个双目标函数的三维优化设计问题。在图 8-7 中给出了油流量 Q 与油膜温升 Δt 的协调曲线，它表示了满足 K-T 条件的所有非劣解。

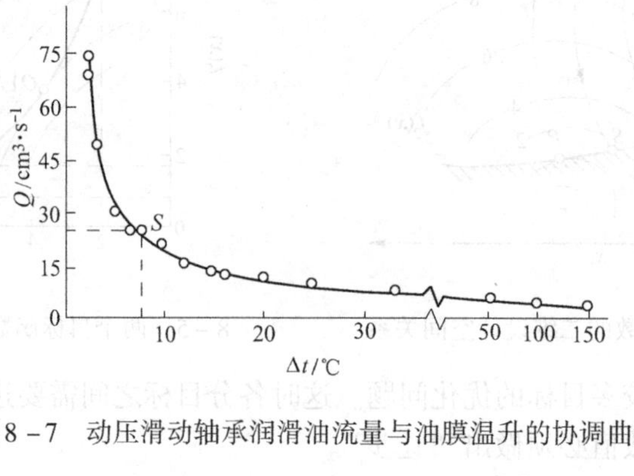

图 8-7 动压滑动轴承润滑油流量与油膜温升的协调曲线

为了从中得到选好解，可以先作出性能曲线，即温升 Δt 与其他性能参数之间的关系曲线，如图 8-8 所示，从不同温升 Δt 时各主要性能参数的变化，可得出各项指标之间的匹配关系。从图中可以看出，相应于 S 点将是一个较好的设计方案。因为在 S 点的左边，轴承间隙很快增加，当间隙过大时，轴会晃动，运动不稳定，使在工作中产生噪声；若在 S 点右边，功率损失和油的黏度增加较快，这是不好的。在 S 点 $\Delta t = 7.5℃$，所以选好解应为 $f_1^*(\boldsymbol{x}) = \Delta t = 7.5℃$，$f_2^*(\boldsymbol{x}) = Q = 18\text{cm}^3/\text{s}$，设计点为 $\boldsymbol{x} = [0.3, 0.0482, 0.006859]^T$。

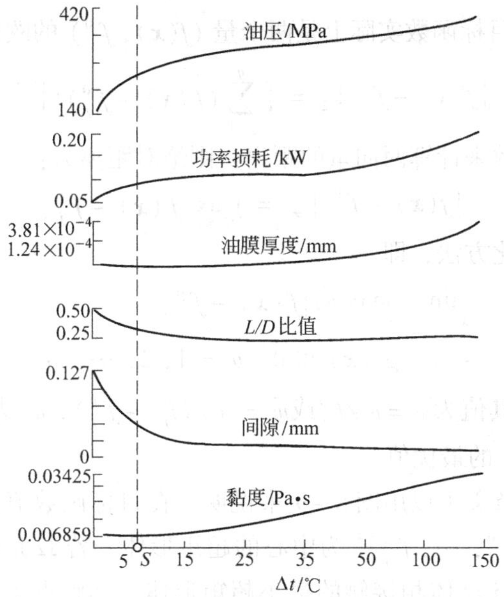

图 8－8 动压滑动轴承各参数的特性曲线

8.3.2 统一目标函数法

统一目标函数法也称评价函数法，在工程多目标优化设计问题中运用比较广泛。由于求解单目标约束优化设计问题相对比较容易，所以就提出种种将多目标问题转化为单目标问题进行求解的想法。统一目标函数法需要按照事先协商好的某种关系将多个目标构成一个新的目标函数：

$$\boldsymbol{F}(\boldsymbol{x}) = f(f_1(\boldsymbol{x}), f_2(\boldsymbol{x}), \cdots, f_q(\boldsymbol{x})) \rightarrow \min \tag{8-7}$$

由于对新目标函数定义的方法不同，所以有以下各种方法。

8.3.2.1 目标规划法

目标规划法又称**理想点法**，其基本思想是先对各个分目标函数设定一个理想值，即

$$f_j^0 = f_j(\boldsymbol{x}^*) + \Delta f_j \quad j = 1, 2, \cdots, q \tag{8-8}$$

式中，$f_j(\boldsymbol{x}^*)$ 为各个分目标函数的最优值；Δf_j 为各个分目标函数作出的让步值。

将多目标问题转化为单目标问题进行求解的想法很多，下面介绍平方加权和法和离差法等方法。

A 平方加权和法

平方加权和法是以各分目标函数值对各自的理想值的相对偏差的平方加权和来构造新目标函数，即

$$\min \quad F(\boldsymbol{x}) = \sum_{j=1}^{q} w_j \left[\frac{f_j(\boldsymbol{x}) - f_j^0}{f_j^0}\right]^p \quad j = 1, 2, \cdots, q$$
$$\text{s.t.} \quad g_u(\boldsymbol{x}) \leqslant 0 \quad u = 1, 2, \cdots, m \tag{8-9}$$

式中，w_j 为加权因子，其值为 $0 \leqslant w_j \leqslant 1$，取决于各分目标函数的重要程度；$p$ 为指数，一

般情况取 2。

式（8－9）中的新目标函数实际上是两个量 $(f(\boldsymbol{x}), f^0)$ 的欧氏范数（距离），即用

$$\|f(\boldsymbol{x})-f^0\|_2=\Big[\sum_{j=1}^{q}(f_j(\boldsymbol{x})-f_j^0)^q\Big]^{1/q} \tag{8-10}$$

来计算。若采用无穷范数来计算两向量的距离，则绝对距离为：

$$\|f(\boldsymbol{x})-f^0\|_\infty=\max_{1\leqslant j\leqslant q}|f_j(\boldsymbol{x})-f_j^0| \tag{8-11}$$

于是可得所谓最大极小化方法，即

$$\begin{aligned}&\min_{x\in r^n}\quad \max_{1\leqslant j\leqslant q}\bar{w}_j|f_j(\boldsymbol{x})-f_j^0|\\&\text{s. t.}\quad g_u(\boldsymbol{x})\leqslant 0\quad u=1,2,\cdots,m\end{aligned} \tag{8-12}$$

式中，$\bar{w}_j$ 为加权因子，其值为$\bar{w}_j=w_j/f_j^0$或$\bar{w}_j=w_j/(f_j^*-f_j^0)$，$w_j$ 为相对重要权$(0\leqslant w_j\leqslant 1)$；$f_j^*$ 为目标函数$f_j(\boldsymbol{x})$ 的最优值。

最大极小化方法的意义可以用图 8－9 来说明。在目标函数值空间 Ω 内的无穷范数的等值线是以 $\boldsymbol{F}^0=[f_1^0, f_2^0,\cdots,f_q^0]^{\mathrm{T}}$ 为中心的超矩形体。若 Ω 是凸集，即按式（8－10）求解的结果，就是一个与 Ω 体相接触的最小超矩形体，其触点 $F'=[f_1(\boldsymbol{x}),f_2(\boldsymbol{x}),\cdots,f_q(\boldsymbol{x})]^{\mathrm{T}}$ 则为所求的解，且 $\bar{w}_1(f_1(\boldsymbol{x})-f_1^0)=\bar{w}_2(f_2(\boldsymbol{x})-f_2^0)=\cdots=\bar{w}_q(f_q(\boldsymbol{x})-f_q^0)$。

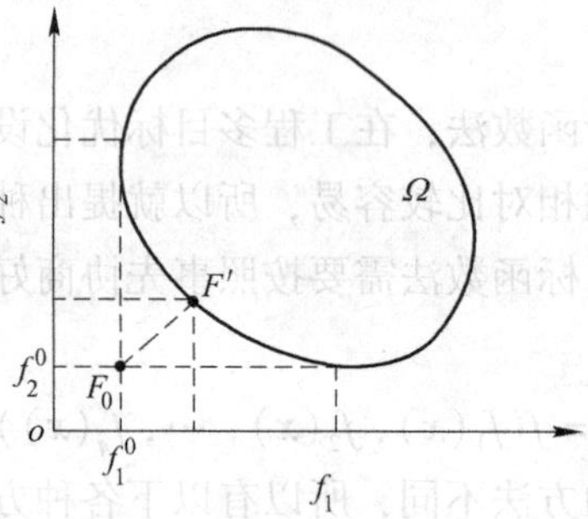

图 8－9 当 Ω 为凸集时按最大极小化法产生的选好解

B 离差法

离差法的数学模型为：

$$\begin{aligned}&\min\quad F(\boldsymbol{x})=\sum_{j=1}^{q}w_j\mu_j d_j\quad j=1,2,\cdots,q\\&\text{s. t.}\quad g_u(\boldsymbol{x})\leqslant 0\quad u=1,2,\cdots,m\\&\qquad\quad d_j\geqslant 0\end{aligned} \tag{8-13}$$

式中，$d_j=|f_j(\boldsymbol{x})-f_j^0|$称为第 j 个目标函数的离差；w_j 则为第 j 个目标函数值离差的加权因子，其值为 $0\leqslant w_j\leqslant 1$，它仅反映各项分目标函数所占的重要程度；$\mu_j$ 为标度因子，由于在工程设计中各分目标函数的量级不同，多数需对各分目标函数进行标度，其值为 $\mu_j=\dfrac{1}{|f_j(\boldsymbol{x}^*)-f_j^0|}$，分母为每个分目标函数的变化范围，是取理想值 f_j^0 与最优值 f_j^* 之差的绝对值。标度因子由于起着调整各分目标函数量级的作用，因此又称为校正权。

标度因子与目标函数值离差的乘积$\mu_j d_j = \dfrac{|f_j(\boldsymbol{x}) - f_j^0|}{|f_j(\boldsymbol{x}^*) - f_j^0|}$则表明第$j$个目标函数最终解达到理想最优解的程度，例如若$\mu_j d_j = 1$，则达到理想最优解；若$\mu_j d_j = 0.75$，则表明第$j$项目标函数值达到理想最优解的75%；若$\mu_j d_j = 0$则是第$j$个目标函数值达到了理想合理解。

8.3.2.2 乘除法

若在q个分目标函数中有两类不同性质的目标函数：一类是属于费用类，如成本、材料、加工费用、重量等，这类目标的函数值要求愈小愈好；另一类是属于效果类，如产品的产量、效率、利润和承载能力等，此类目标的函数值要求愈大愈好。对于这种情况，新目标函数可采用乘除法，即

$$\min F(\boldsymbol{x}) = \frac{\sum_{j=1}^{s} w_j f_j(\boldsymbol{x})}{\sum_{j=s+1}^{q} w_j f_j(\boldsymbol{x})} \tag{8-14}$$

式中，s为q个分目标函数中属于费用类的个数；$q-s$个属于效果类的个数。w_j为加权因子，其值为$0 \leqslant w_j \leqslant 1$。

乘除法的基本思想可用图8-10作出直观的解释。设有两个目标函数$f_1(\boldsymbol{x}) \to \max$和$f_2(\boldsymbol{x}) \to \min$，已求得目标空间内可行解的解集为$\boldsymbol{y} \in \Omega \subset R^2$，图中用直线$l_1$，$l_2$，$l_3$，…的斜率$\tan\alpha$表示不同的目标函数值之比，即$\tan\alpha = f_2/f_1$。

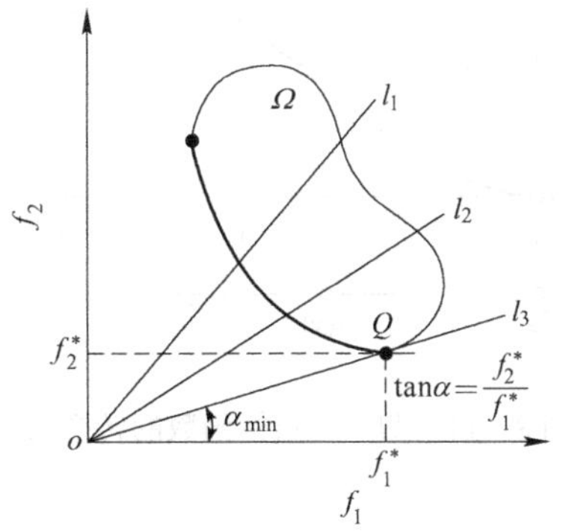

图8-10 乘除法的几何意义

显然，当直线与可行解的集合Ω相切时，其相应的$\tan\alpha = f_2/f_1$为最小值，此时的切点Q相应的目标函数值f_1^*、f_2^*即为选好解。

8.3.2.3 线性加权组合法

线性加权组合法是一种运用相当广泛的简便的多目标优化方法。将各分目标函数按下式所示方法组合成新目标函数，即

$$\min \boldsymbol{F}(\boldsymbol{x}) = \sum_{j=1}^{q} w_j f_j(\boldsymbol{x}) \tag{8-15}$$

当各分目标函数中同时存在费用类和效果类两类不同性质的目标函数时，新目标函数可取下面形式：

$$\min \quad \boldsymbol{F}(\boldsymbol{x}) = \sum_{j=1}^{s} w_j f_j(\boldsymbol{x}) + \sum_{j=s+1}^{q} \frac{w_j}{f_j(\boldsymbol{x})} \tag{8-16}$$

式中，s 为分目标函数属于费用类的个数，其余 $q-s$ 个属于效果类分目标函数。

采用线性加权组合法时，当各分目标函数值在数量级上有很大差别时，可先将它们转换为在［0，1］之间的数值，此时可用三角函数、指数函数、线性函数或二次函数等一些简单函数进行转换计算，使目标函数值归一化。例如，若能估计出各目标函数值的变化范围——上界值和下界值

$$\alpha_j \leqslant f_j(\boldsymbol{x}) \leqslant \beta_j \tag{8-17}$$

则用正弦函数

$$y = \left(\frac{t}{2\pi}\right) - \sin t \quad (0 \leqslant t \leqslant 2\pi) \tag{8-18}$$

可将各分目标函数转化为在 0～1 范围内取值，如图 8－11 所示，令目标函数的下界值 α_j 和上界值 β_j 分别与转换函数自变量的下界值 0 和上界值 2π 相对应，则相应于 $f_j(\boldsymbol{x})$ 值的转换函数的自变量 t_j 为：

$$t_j = \frac{f_j(\boldsymbol{x}) - \alpha_j}{\beta_j - \alpha_j} 2\pi \tag{8-19}$$

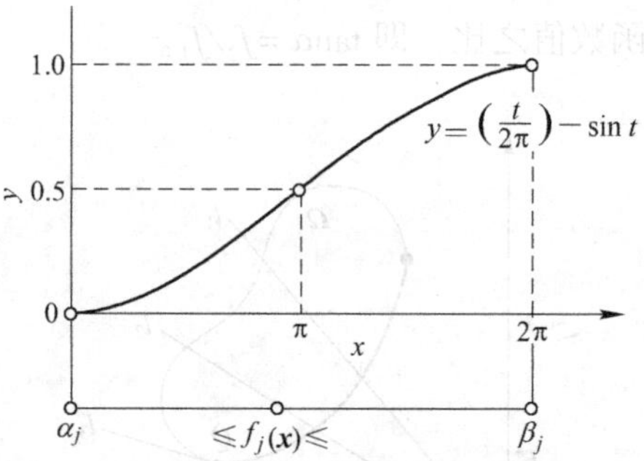

图 8－11　归一化目标函数的转换函数

于是得归一化目标函数为：

$$y = f'_j(x) = \left(\frac{t_j}{2\pi}\right) - \sin t_j \quad j = 1, 2, \cdots, q \tag{8-20}$$

这样，统一目标函数便可以写成：

$$\min \boldsymbol{F}(\boldsymbol{x}) = \sum_{j=1}^{q} w_j f'(\boldsymbol{x}) \tag{8-21}$$

8.3.3　加权因子的确定

在多目标优化设计中，加权因子的选择是比较重要的，若取得合理，则可以得到理想的优化设计方案，否则可能达不到预期结果，甚至造成失误，下面先用一个数例来说明。

【例 8－3】 求

$$x \in R^2$$
$$\min \quad f_1(\boldsymbol{x}) = (x_1+2)^2 + (x_2-2)^2$$
$$\min \quad f_2(\boldsymbol{x}) = (x_1+1)^2 + (x_2+3)^2$$
$$\min \quad f_3(\boldsymbol{x}) = (x_1-9)^2 + (x_2+3)^2$$
$$\text{s.t.} \quad g(\boldsymbol{x}) = x_1^2 + x_2^2 - 4 \geqslant 0$$

多目标的最优解。

解：若采用线性加权组合方法，则求

$$\min \quad \boldsymbol{F}(\boldsymbol{x}) = w_1 f_1(\boldsymbol{x}) + w_2 f_2(\boldsymbol{x}) + w_3 f_3(\boldsymbol{x})$$
$$\text{s.t.} \quad g(\boldsymbol{x}) = x_1^2 + x_2^2 - 4 \geqslant 0$$

的最优解。当取不同的加权因子值时，其最优解结果列于表8-1。

表8-1　当取不同加权因子值时的最优解

初始点 $\boldsymbol{x}^{(0)} = [1,\ 5]^T$	$\boldsymbol{x}^* = [2.93333,\ 0.53333]^T$		$\boldsymbol{x}^* = [1.22103,\ 1.38948]^T$	
	$w_1 = w_2 = w_3 = 1$		$w_1 = 3.8,\ w_2 = 2.8,\ w_3 = 1$	
$f_1(\boldsymbol{x}^{(0)}) = 18$	$f_1(\boldsymbol{x}^*) = 26.48887$	增大47.2%	$f_1(\boldsymbol{x}^*) = 10.74779$	减小40.2%
$f_2(\boldsymbol{x}^{(0)}) = 68$	$f_2(\boldsymbol{x}^*) = 27.95555$	减小58.9%	$f_2(\boldsymbol{x}^*) = 24.20055$	减小64.4%
$f_3(\boldsymbol{x}^{(0)}) = 126$	$f_3(\boldsymbol{x}^*) = 49.28890$	减小60.0%	$f_3(\boldsymbol{x}^*) = 79.77985$	减小36.6%
$f(\boldsymbol{x}^{(0)}) = 202$	$f(\boldsymbol{x}^*) = 103.33329$		$f(\boldsymbol{x}^*) = 114.72819$	

从表8-1中所列的数据可见，由于三个分目标函数的初始点 $\boldsymbol{x}^{(0)}$ 在量级上有较大的差别，在求统一目标函数 $f(\boldsymbol{x})$ 的极小值时，取不同的加权因子值，虽然总目标函数都是下降的，但其结果却完全不同。当取 $w_1 = w_2 = w_3 = 1$ 时，其分目标函数值愈大者，其优化效果愈好，对于较小值的目标函数，其最优值反而比初始值坏。如果在统一目标函数中，对各分目标函数的加权因子值做些调整，例如取 $w_1 = 3.8$，$w_2 = 2.8$，$w_3 = 1$，则最终的优化结果就比较理想，各分目标函数值可得相近的下降率。这样，通过合理选择加权因子的值，不仅可以调整各分目标函数值在总目标函数值中的所占比重，同时也使各变量的变化对目标函数值的灵敏度尽量趋向一致，其结果比较容易达到预期的优化结果。

目前，关于多目标优化设计加权因子的选择，主要考虑两个因素：一是各分目标函数值的相对重要程度；二是各个分目标函数值在量级上的差异。由此可以把加权因子分为两个部分权，即

$$w_j = w_{1j} \cdot w_{2j} \quad j = 1, 2, \cdots, q \tag{8-22}$$

式中，w_{1j} 为反映各分目标函数值相对重要程度的加权因子，称为**本征权**；w_{2j} 为调整各分目标函数值在量级上差异的加权因子，称为**校正权**。

合理选择本征权可以调整各分目标函数值在总目标函数值中所占的比重；而合理选择校正权，可以起到平衡各目标函数值在新目标函数中数量级差异的作用，同时也可使各变量的变化对目标函数值的灵敏度尽量趋向一致，使优化比较容易达到预期的设计结果。

8.3.3.1　本征权的选择方法

A　经验法

由于本征权因子的大小仅反映各分目标函数（性能指标）对设计方案的重要程度，所

以其权值的大小可根据经验来确定。这对于一个有经验的设计者来说，估计其值并不是十分困难的。例如，若采用10分制给每个不同重要程度的特性给分可见表8－2，当然也可以将它换算为归一权。

表8－2 加权因子选择示例

特性的评定	10分制表示的权因子值	归一权值	特性的评定	10分制表示的权因子值	归一权值
极不重要	0.0	0.0000	重要	7.0	0.2000
非常不重要	1.0	0.0285	非常重要	9.0	0.2575
不重要	3.0	0.0857	极重要	10.0	0.2858
中等	5.0	0.1428			

还有一种称之为“老手法”也属于这类确定本征权的方法。这一方法是请 m 位有经验的设计、制造、销售等方面的工程师和用户，先由他们各自对各分目标函数的重要程度“打分”，然后取其平均值作为对该项目标函数的加权因子值，这类似于“民主决策”。

对于一般给出的本征权值都需要经过归一化处理，即使权值在［0，1］之间。这就是说，本征权应该满足非负性归一条件，即

$$w_j \geqslant 0 \quad 和 \quad \sum_{j=1}^{q} w_j = 1 \tag{8-23}$$

为了说明加权因子大小对选好解的影响，用含有两个目标函数的优化问题来说明，其数学模型为：

$$\begin{aligned} \min \quad & \boldsymbol{F}(\boldsymbol{x}) = kf_1(\boldsymbol{x}) + f_2(\boldsymbol{x}) \quad \boldsymbol{x} \in R^2 \\ \text{s.t.} \quad & g_u(\boldsymbol{x}) \leqslant 0 \quad u = 1,2,\cdots,m \end{aligned} \tag{8-24}$$

式中，$k = w_1/w_2$ 为加权因子比例系数。当 k 从0变到∞时，求得最优点集合就是非劣解解集，如图8－12所示。

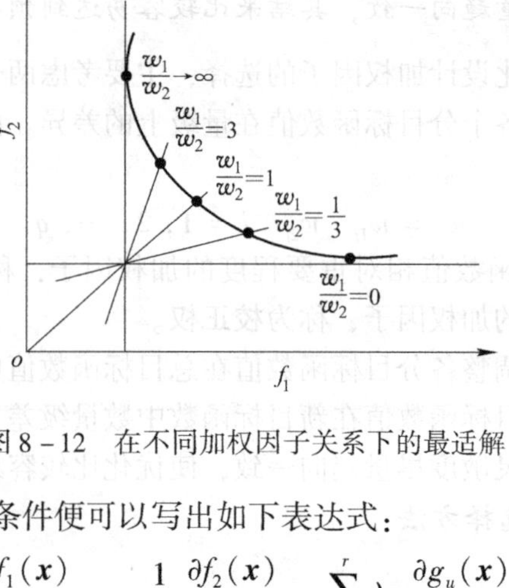

图8－12 在不同加权因子关系下的最适解

根据约束极值的 $K-T$ 条件便可以写出如下表达式：

$$\frac{\partial f_1(\boldsymbol{x})}{\partial x_1} = -\frac{1}{k}\frac{\partial f_2(\boldsymbol{x})}{\partial x_1} - \sum_{u=1}^{r} \lambda_u \frac{\partial g_u(\boldsymbol{x})}{\partial x_1}$$

$$\frac{\partial f_1(\boldsymbol{x})}{\partial x_2} = -\frac{1}{k}\frac{\partial f_2(\boldsymbol{x})}{\partial x_2} - \sum_{u=1}^{r}\lambda_u\frac{\partial g_u(\boldsymbol{x})}{\partial x_2} \tag{8-25}$$

式中，r 为起作用约束的个数；λ_u 为 $K-T$ 乘子，即 $\lambda_u \geqslant 0$；若 $\lambda_u = 0$，则该约束不起作用。于是可得：

$$\frac{\partial f_2(\boldsymbol{x})}{\partial x_1}\Bigg/\frac{\partial f_1(\boldsymbol{x})}{\partial x_1} = \frac{\partial f_2(\boldsymbol{x})}{\partial x_2}\Bigg/\frac{\partial f_1(\boldsymbol{x})}{\partial x_2} = -\frac{1}{k}\left[1 + \sum_{u=1}^{r}\lambda_u\frac{\partial g_u(\boldsymbol{x})}{\partial f_1(\boldsymbol{x})}\right] \tag{8-26}$$

根据比例定理可得：

$$\frac{\dfrac{\partial f_2(\boldsymbol{x})}{\partial x_1}\mathrm{d}x_1 + \dfrac{\partial f_2(\boldsymbol{x})}{\partial x_2}\mathrm{d}x_2}{\dfrac{\partial f_1(\boldsymbol{x})}{\partial x_1}\mathrm{d}x_1 + \dfrac{\partial f_1(\boldsymbol{x})}{\partial x_2}\mathrm{d}x_2} = -k\left[1 + \sum_{u=1}^{r}\lambda_u\frac{\partial g_u(\boldsymbol{x})}{\partial f_1(\boldsymbol{x})}\right] \tag{8-27}$$

所以在约束多目标优化设计问题中，其非劣解解集的变化率为：

$$\frac{\mathrm{d}f_2(\boldsymbol{x})}{\mathrm{d}f_1(\boldsymbol{x})} = -k\left[1 + \sum_{u=1}^{r}\lambda_u\frac{\partial g_u(\boldsymbol{x})}{\partial f_1(\boldsymbol{x})}\right] \tag{8-28}$$

由此可见，其变化率不仅与约束函数对目标函数的灵敏度有关，而且还与加权因子值的选择有关。

B α－方法

α－方法是一种希望各分目标函数都尽可能趋近最理想值的方法，方法的基本原理如下：

先分别求出各个分目标函数的约束最优解，然后用此 q 个点分别计算出各个目标函数的相应的值，例如，用 $\boldsymbol{x}_1^*$ 点可以计算出 $f_{11}=f_1(\boldsymbol{x}_1^*)$。设各个分目标函数的最优点分别为 $\boldsymbol{x}_1^*$，$\boldsymbol{x}_2^*$，…，$\boldsymbol{x}_q^*$，对应的各个目标函数最优值为：$f_{11}=f_1(\boldsymbol{x}_1^*)$，$f_{21}=f_2(\boldsymbol{x}_1^*)$，…，$f_{q1}=f_q(\boldsymbol{x}_1^*)$，…，依此类推，直至计算出 $f_{1q}=f_1(\boldsymbol{x}_q^*)$，$f_{2q}=f_2(\boldsymbol{x}_q^*)$，…，$f_{qq}=f_q(\boldsymbol{x}_q^*)$。这样，就可以得到一个目标函数值的矩阵 $\{f_{ij}\}_{q\times q}$，用此矩阵可建立如下的求加权因子 w_j（$j=1$，2，…，q）的线性方程组，即

$$\begin{aligned}&\sum_{j=1}^{q} w_j f_{ji} = c \quad i = 1,2,\cdots,q\\&\sum_{j=1}^{q} w_j = 1\end{aligned} \tag{8-29}$$

式中，c 为待定常数。

显然，式（8－29）是一个从 $q+1$ 方程中求 $q+1$ 个未知数的问题，可以有它的确定解，即 w_1，w_2，…，w_q，c。

【例 8－4】 试求 $\min f_1(\boldsymbol{x}) = 100x^2 + 1000$ 和 $\min f_2(\boldsymbol{x}) = 2 - x$ 在 $\mathscr{D} = \{\boldsymbol{x} \mid 0 \leqslant x \leqslant 1\}$ 内的选好解。图 8－13 给出了本例的函数关系。

解： 由于此两个目标函数的量级差别较大，所以需先做目标函数归一化计算，在 $\mathscr{D}$ 上两个目标函数的上下界值分别为 $\alpha_1 = 1000$，$\beta_1 = 1100$，$\alpha_2 = 1$，$\beta_2 = 2$，采用简单的线性函数转换可得新目标函数分别为：

$$f_1' = \frac{f_1(\boldsymbol{x}) - \alpha_1}{\beta_1 - \alpha_1} = \frac{(100x^2 + 1000) - 1000}{1100 - 1000} = x^2$$

$$f'_2 = \frac{f_2(\boldsymbol{x}) - \alpha_2}{\beta_2 - \alpha_2} = \frac{(2-x) - 1}{2-1} = 1 - x$$

由此所建立的统一目标函数为：

$$f(\boldsymbol{x}) = w_1 f'_1(\boldsymbol{x}) + w_2 f'_2(\boldsymbol{x})$$

若用 α – 方法确定加权因子 w_1 和 w_2 值，则计算如下：先求 $f'_1(\boldsymbol{x})$ 在 $\mathscr{D}$ 内的最优点，得 $x_1^* = 0$，于是可得 $f_{11} = f_1(x_1^*) = 0$，$f_{21} \approx f_2(x_1^*) = 1$。然后，求 $f'_2(\boldsymbol{x})$ 在 $\mathscr{D}$ 内的最优点，得 $x_2^* = 0$，于是可得 $f_{12} = f_1(x_2^*) = 1$，$f_{22} \approx f_2(x_2^*) = 0$。代入式（8－29）可得：$w_1 = c$，$w_2 = c$，$w_1 + w_2 = 1$，于是解得 $c = w_1 = w_2 = 0.5$，代入统一目标函数中得：$f(\boldsymbol{x}) = 0.5x^2 + 0.5(1-x) = 0.5x^2 - 0.5x + 0.5$。最后可解得 $\boldsymbol{x}^* = 0.5$，$f_1(\boldsymbol{x}^*) = 1025$，$f_2(\boldsymbol{x}^*) = 1.5$。

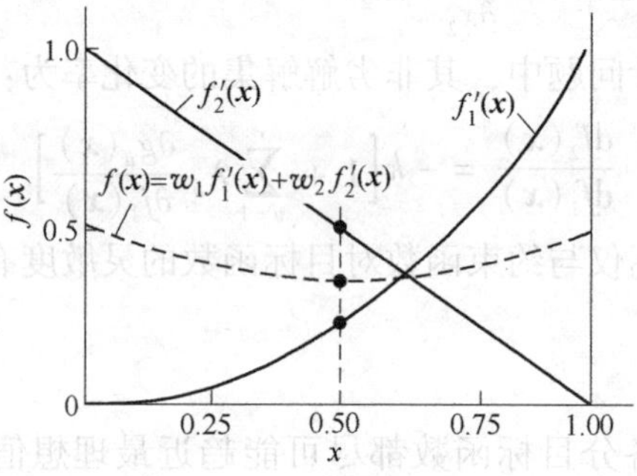

图 8－13 双目标的函数关系

8.3.3.2 校正权因子的选择方法

A 容限值法

若目标函数是平方误差值，则可用目标函数值的容限值法来求 w_{2j}。设已知各目标函数值的变动范围为：

$$\alpha_j \leqslant f_j(\boldsymbol{x}) \leqslant \beta_j \quad j = 1,2,\cdots,q \tag{8-30}$$

式中，α_j 为下界值，β_j 为上界值，当难以估计出其上、下界值时，可取 α_j 为零，$\beta_j = f_j(\boldsymbol{x}^{(0)})$。令各分目标函数的容限值为：

$$\Delta f_j = \frac{\beta_j - \alpha_j}{2} \tag{8-31}$$

取校正加权因子值为：

$$w_{2j} = \frac{1}{(\Delta f_j)^2} \tag{8-32}$$

当某项目标函数值的变化愈宽时，其目标函数的容限值愈大，加权因子值就取较小值；反之，则加权因子值就取较小值。这样选取加权因子值将起到平衡各项目标函数量级的作用。

B 梯度值法

由于设计变量对各目标函数值的灵敏度不同，可以用目标函数的梯度 $\nabla f_j(\boldsymbol{x})$ 来表达灵敏度的差别，即校正权因子值可取

$$w_{2j} = \frac{1}{\| \nabla f_j(\boldsymbol{x}) \|^2} \tag{8-33}$$

这就是说，如果目标函数的灵敏度愈大，即 $\|\nabla f_j(\boldsymbol{x})\|^2$ 值愈大，若取其倒数作为相应的校正权因子，则加权因子值就会愈小；反之，如果目标函数的灵敏度愈小，校正权因子值就取得愈大，使之合理调整好目标函数的灵敏度。

这种加权因子选取方法，比较适用于具有目标函数导数信息的优化设计方法。

C 目标值法

为了避免使用导数的信息，同时又要使各分目标函数值从很大差别的数量级上进行调整，使它们均匀收敛到相近的数量级上，在这种情况下，可以这样选取加权因子值：设各目标函数的初值为 $f_j^0=f_j(\boldsymbol{x}^{(0)})$ 和最优解为 f_j^* $(j=1, 2, \cdots, q)$，则校正加权可取

$$w_{2j} = \frac{1}{|f_j(\boldsymbol{x}^*) - f_j^0|} \tag{8-34}$$

【例 8-5】 图 8-14 所示为蟹爪式装载机扒取机构的外形图和计算简图，它的工作机构是一个曲柄直线导轨机构，对它的设计要求是：

(1) 曲柄直线导轨机构 M 点的轨迹 (x_{Mj}, y_{Mj}) 与给定的轨迹曲线 (x_{0j}, y_{0j}) 的误差达到最小，即

$$f_1(\boldsymbol{x}) = \sum_{j=1}^{N_1}\left[(x_{Mj}-x_{0j})^2+(y_{Mj}-y_{0j})^2\right] \rightarrow \min$$

式中，N_1 为所取的再现轨迹点数。

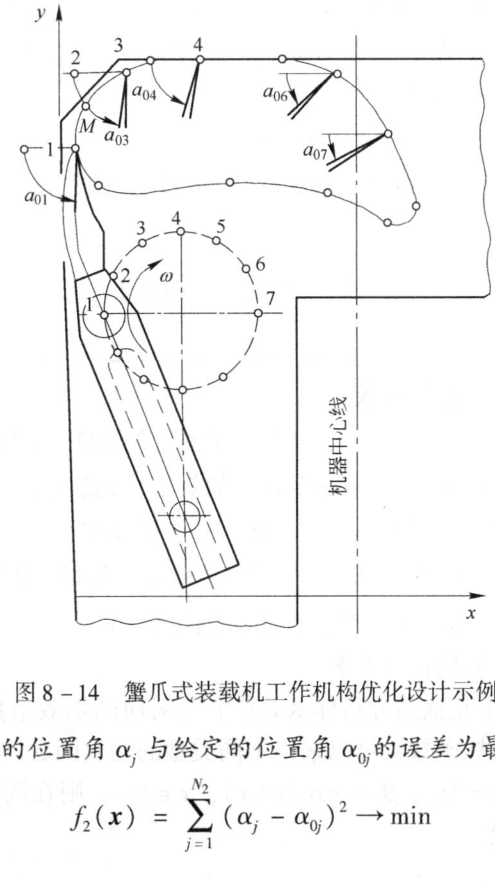

图 8-14 蟹爪式装载机工作机构优化设计示例

(2) 扒取机构扒爪的位置角 α_j 与给定的位置角 α_{0j} 的误差为最小，即

$$f_2(\boldsymbol{x}) = \sum_{j=1}^{N_2}(\alpha_j-\alpha_{0j})^2 \rightarrow \min$$

式中，N_2 为所取的再现位置角点数，通常 $N_2 < N_1$。

(3) 要求曲柄的位置角 φ_1 与预期轨迹曲线上指定点相对应，即当曲柄在 φ_1 位置时，点 M 对应于 (x_{01}, y_{01}) 点，φ_2 位置时对应于 (x_{02}, y_{02}) 点等，即应该使

$$f_3(\boldsymbol{x}) = \sum_{j=1}^{N_1} (\varphi_{j+1} - \varphi_j - \Delta\varphi)^2 \to \min$$

式中，$\Delta\varphi_j$ 为规定的曲柄间隔差值，$\Delta\varphi_j = \varphi_{j+1} - \varphi_j$。

用线性加权组合法建立如下新目标函数：

$$\boldsymbol{F}(\boldsymbol{x}) = w_1 f_1(\boldsymbol{x}) + w_2 f_2(\boldsymbol{x}) + w_3 f_3(\boldsymbol{x}) \to \min$$

由于三个目标函数均为误差值，所以其三个加权因子 w_1、w_2 和 w_3 值可用误差容限值法。取 $\alpha_j = 0$，$\beta_j = f_1(\boldsymbol{x}^{(0)})$ $(j = 1, 2, 3)$，其加权因子值取

$$w_j = 1/[(\beta_j - \alpha_j)/2]^2 \quad j = 1,2,3$$

8.3.4 功效系数法

前面提到有两种不同性质的目标函数：一种是目标函数值愈小愈好，另一种是目标函数值愈大愈好，其实在工程设计问题中，还经常会遇到第三种情况，即目标函数值在某个范围内时最好。当同时存在这三种分目标函数时，就无法运用上述的几种多目标优化方法，但可以用下面介绍的功效系数法。

8.3.4.1 基本思想

若有 q 个分目标函数 $f_1(x), f_2(x), \cdots, f_q(x)$，给每一个分目标函数值一个评价并以功效系数 $d_j(j = 1, 2, \cdots, q)$ 表示，则可取各分目标函数功效系数的几何平均值作为设计方案的评价函数，称为总功效系数 d。

$$d = \sqrt[q]{d_1 d_2 \cdots d_q} \tag{8-35}$$

当 $d \to \max$ 时，求得优化设计的最优方案 $\boldsymbol{x}^*$，$\boldsymbol{F}(\boldsymbol{x}^*)$。这样，就将原多目标优化问题转化为如下的单目标优化问题：

$$\begin{aligned} \max \quad & U(f(\boldsymbol{x})) = \Big(\prod_{j=1}^{q} d_j\Big)^{1/q} \\ \text{s.t.} \quad & g_u(\boldsymbol{x}) \leqslant 0 \quad u = 1,2,\cdots,m \end{aligned} \tag{8-36}$$

8.3.4.2 功效系数和功效函数

功效系数 $d_j(j = 1, 2, \cdots, q)$ 是定义于 $0 \leqslant d_j \leqslant 1$ 之间的一个数，是表示对各分目标函数值的满意程度。当 $d_j = 1$ 时，表示第 j 个目标的效果达到最好；反之，当 $d_j = 0$ 时，即表示它的效果很差，实际这个方案不能接受。这样，若用总功效系数来表示该项设计方案的好坏，当 $d = \sqrt[q]{1 \times 1 \times 1 \times \cdots \times 1} = 1$ 时，表示效果最好，是最优的设计方案；反之，若其中某一项目标的功效系数为 $d_j = 0$，则必有 $d = \sqrt[q]{1 \times 1 \times 0 \times \cdots \times 1} = 0$，表示这个设计方案效果极差，实际上是不可取的设计方案。

功效函数 $d_j = \Phi_j(f_j)$ 是描述分目标函数值 f_j 与对应的功效系数 d_j 之间关系的一个函数。针对三种类型的分目标函数，可以采用不同类型的功效函数。

设 $\alpha_j = \min\{f_j(\boldsymbol{x}), \boldsymbol{x} \in \mathscr{D}\}$，$\beta_j = \max\{f_j(\boldsymbol{x}), \boldsymbol{x} \in \mathscr{D}\}$，则在图 8-15 给出了几种采用线性函数的功效系数曲线。

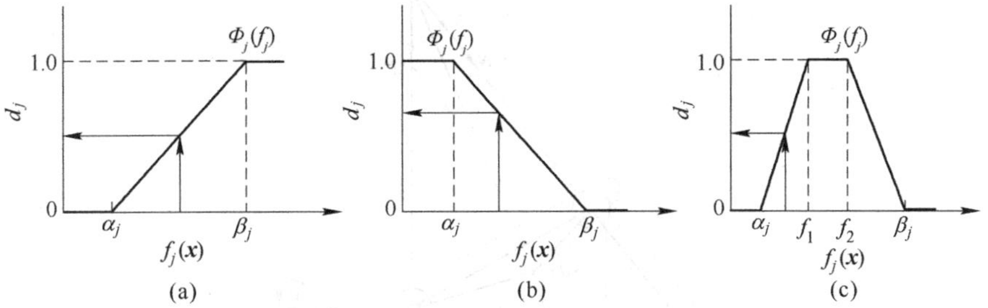

图 8－15 几种不同的功效系数函数曲线

图 8－15（a）表示$f_j(\boldsymbol{x})$值愈大d_j值亦愈大的功效系数函数：

$$d_j=\begin{cases}0 & f_j(\boldsymbol{x})\leqslant\alpha_j\\ (f_j(\boldsymbol{x})-\alpha_j)/(\beta_j-\alpha_j) & \alpha_j<f_j(\boldsymbol{x})<\beta_j\\ 1 & f_j(\boldsymbol{x})\geqslant\beta_j\end{cases}\tag{8-37}$$

图 8－15（b）表示$f_j(\boldsymbol{x})$值愈小d_j愈大的功效系数函数：

$$d_j=\begin{cases}1 & f_j(\boldsymbol{x})\leqslant\alpha_j\\ 1-(f_j(\boldsymbol{x})-\alpha_j)/(\beta_j-\alpha_j) & \alpha_j<f_j(\boldsymbol{x})<\beta_j\\ 0 & f_j(\boldsymbol{x})\geqslant\beta_j\end{cases}\tag{8-38}$$

图 8－15（c）表示$f_j(\boldsymbol{x})$值过大或过小都不好的功效系数函数：

$$d_j=\begin{cases}0 & f_j(\boldsymbol{x})\leqslant\alpha_j \text{ 和 } f_j(\boldsymbol{x})\geqslant\beta_j\\ (f_j(\boldsymbol{x})-\alpha_j)/(f_1-\alpha_j) & \alpha_j<f_j(\boldsymbol{x})<f_1\\ 1-(f_j(\boldsymbol{x})-f_2)/(\beta_j-f_2) & f_2<f_j(\boldsymbol{x})<\beta_j\\ 1 & f_1\leqslant f_j(\boldsymbol{x})\leqslant f_2\end{cases}\tag{8-39}$$

在具体使用这些功效系数函数曲线时，还可以进一步作出一些具体规定。例如，规定$d_j<0.3$为不可接受的方案；$0.3\leqslant d_j\leqslant 0.7$是可接受的但效果稍差的情况；$0.7<d_j<1$是可以接受的而且效果较好的情况，$d_j=1$为最理想的情况。这些具体的规定，可以根据设计时的具体要求而定。

图 8－15 所示的功效系数函数在上升或下降段均采用线性函数，也可以根据具体情况采用平方函数、指数函数、三角函数等，以改变目标函数变动对功效系数的响应。

【例 8－6】 试用功效系数法建立港口门座式起重机变幅四杆机构的优化设计的数学模型。图 8－16 所示为该机构的计算简图。它的起吊重量 10t、工作高度为 14.5m，变幅机构的最小变幅距离为 6m、最大的变幅距离为 27m，这个机构的设计希望达到如下 4 项要求：

（1）在四杆机构变幅行程中，要求E点走水平直线，即

$$f_1(\boldsymbol{x})=\{\max|y-h|\}\rightarrow\min$$

（2）在四杆机构变幅行程中，要求E点的水平分速度的变化最小，以减小货物的晃动，即

$$f_2(\boldsymbol{x})=\{\max|\Delta v_x/\Delta\alpha|\}\rightarrow\min$$

（3）货物对支点A所引起的倾覆力矩差要尽量小，即

$$f_3(\boldsymbol{x})=\{\max|\Delta M|\}\rightarrow\min$$

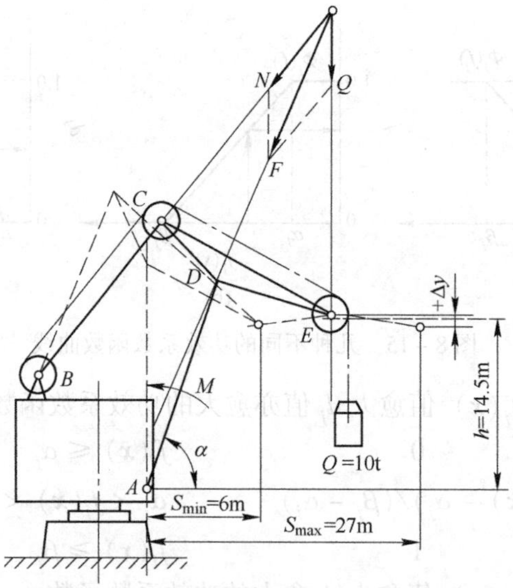

图 8-16 门座式起重机变幅四杆机构的计算简图

(4) 变幅四杆机构在设计时希望在变幅距离较小时，作用有能恢复机构正常位置趋势的负力矩；在变幅距离较大时，作用有能恢复机构正常位置趋势的正力矩。

解：(1) 问题分析。

这是个多目标优化设计问题，前三项设计要求都属第二类性质，即目标函数值愈小愈好，所以可以按同一种功效系数函数来定义。

在变幅四杆机构的设计中，倾覆力矩值是一项很重要的设计指标，而其大小是臂架摆角 α 的函数，即 $M=M(\alpha)$，一方面要求 $\Delta M=M_{max}-M_{min}$ 的最大值达到最小，另一方面为使机构能有恢复正常位置的趋势要有一定的值，从理论上说，整个变幅过程中 $M=0$ 为其最理想的情形（自平衡机构），但这是不易实现的。这样，在变幅距离较小时，希望作用有能恢复机构正常位置趋势的负力矩，如图 8-17 (a) 所示，即要求 $M_1=M(\alpha)$ 有一定的负值。在变幅距离较大时，希望作用有恢复正常位置趋势的正力矩 $M_2=M(\alpha)$，如图8-17 (b) 所示，即要求 $M_2=M(\alpha)$ 有一定的正值。这两项设计指标都属第三类性质。

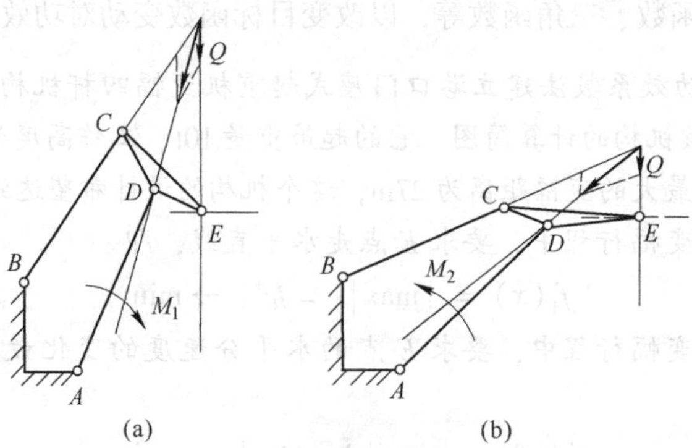

图 8-17 四杆变幅机构极限位置时所要求的倾覆力矩

(a) 最小变幅；(b) 最大变幅

(2) 建立数学模型。

对于轨迹目标函数，可参照国际最先进的设计水平，按照设计要求先定出最坏和最好的两个临界值，如图 8－18 所示，若 $|\Delta y|_{max}<0.1\text{m}$，则取 $d_1=1$；若 $|\Delta y|_{max}>0.5\text{m}$，则取 $d_1=0$；然后，当 $|\Delta y|_{max}=0.3\text{m}$ 时，取 $d_1=0.7$，当 $|\Delta y|_{max}=0.5\text{m}$ 时，取 $d_1=0.3$。这样，把各点间用直线分段连接起来，便得到分段的线性功效系数函数 $d_1=f(|\Delta y|_{max})$。

同样道理，亦可以定义出水平速度变化率的功效系数函数 $d_2=f(|\Delta v_x/\Delta\alpha|_{max})$ 和倾覆力矩差的功效系数函数 $d_3=f(|\Delta M|_{max})$，如图 8－18 所示。

倾覆力矩值可按图 8－19 所示的功效系数函数来定义。例如，对于力矩 M_1，最理想的情况是当 $-10\text{t}\cdot\text{m}<M_1<0\text{t}\cdot\text{m}$ 时，其功效系数值取 $d_4=1$，当然也应该允许出现较大的负力矩，或一个不很大的正力矩，但当 $M_1<-30\text{t}\cdot\text{m}$ 和 $M_1>20\text{t}\cdot\text{m}$ 时都定义为不可接受的方案，即取 $d_4=0$。对于力矩 M_2 也按类似的方法来定义功效系数 d_5。这样，就可得 $d_4=f(M_1)$ 和 $d_5=f(M_2)$ 的功效系数函数。

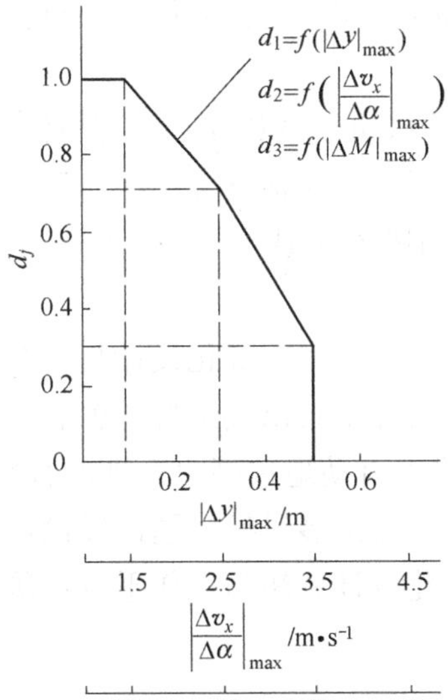

图 8－18 门座式起重机变幅四杆机构优化设计的功效系数

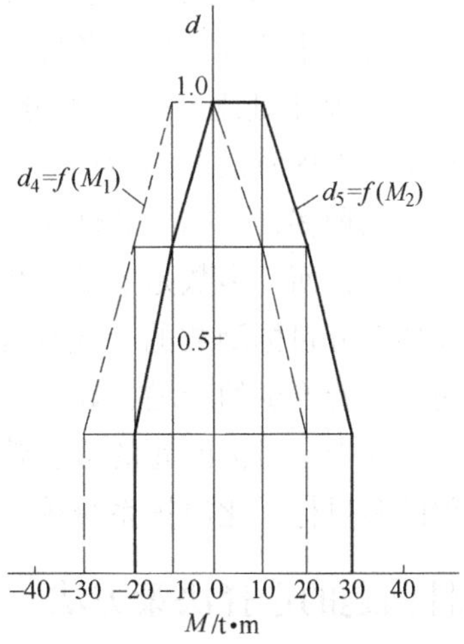

图 8－19 倾覆力矩的功效系数

经以上分析，用功效系数方法建立门座式起重机四杆变幅机构多目标优化设计的数学模型为

$$\max\left(\prod_{j=1}^{5} d_j\right)^{1/5} \quad x\in R^6$$

$$\text{s.t.}\quad g_u(\boldsymbol{x})\leqslant 0 \quad u=1,2,\cdots,16$$

(3) 优化计算结果。

运用上述数学模型进行优化计算，结果列于表 8－3。

表 8-3 港口起重机优化设计的各项技术指标

性能指标 机型	变幅范围 ΔS/m	落差 Δy_{max}/m	水平速度波动 $(\Delta v_x/\Delta\alpha)_{max}$	力矩差 ΔM_{max}/t·m	最大变幅力矩 $+M_2$/t·m	最小变幅力矩 $-M_2$/t·m
进口样机	20	0.260	2.44	43	+16	-33
优化设计方案	21	0.247	2.20	30	+10	-18
最理想方案	大	小	小	小	绝对值小	绝对值小

从表中所列的各项性能指标值可以看出，优化设计结果不仅明显地改善了产品的技术指标的设计水平，而且也赶上并超过了国外某些同类产品的性能指标。

由上述例子可以看出，用功效系数法建立多目标的优化设计目标函数，虽然在分析计算上稍为复杂些，但对工程设计来说，还是一种较为有效的方法，而且这种方法有如下几个优点：

（1）比较直观，在初步优化试算后调整起来相当容易。

（2）不论各项目标函数值的量级如何，都转化为 0～1 间取值，数量级一致，无需再作处理。

（3）一旦其中有一项设计指标达不到要求时，则其总功效系数 $d=0$，表明所得设计方案不可接受，需要重新调整约束条件或目标函数的临界值，非常符合设计过程的要求。

（4）这种方法易于处理有第三类分目标函数，其值既不是越大越好，也不是越小越好，而是在某个范围内时最好的情形。

以上介绍了几种多目标问题的优化设计方法。实际上，多目标优化设计是一个相当普遍的工程设计问题，而且多数是要求在相互矛盾的多个目标中找出其最好的解。由于我们很难预先掌握各个分目标函数的变化规律，所以也就难以自动地选择出合理的权因子值。因此，目前还面临着不少的问题，如：从工程设计意义上讨论多目标问题最优设计解的定义；研究工程设计中多目标问题的最有效而且简单的优化设计方法与工作平台；研究一种基于知识工程的多目标优化决策系统等。

8.4 多属性问题的选择决策方法

多属性选择决策问题也称为有限个方案的多目标决策问题。前面所介绍的多目标最优决策方法，实际上是无限个方案的多目标决策问题。而与前面讨论的问题不同，本节中将讨论有限个方案的多目标问题决策方法，此决策过程不需要确定设计变量和目标函数，只需进行分析与评价这一步，并从中选择出最满意的方案。

8.4.1 决策矩阵

在工程设计问题中，经常会遇到有限个方案的多属性决策问题，如在设计某个传动箱时，可以采用圆柱或圆锥齿轮、行星齿轮、皮带、链条等几种传动方案，而在选用方案时我们需要考虑多个因素，如它们的性能、体积、制造可行性、造价、可靠性和维护的简易性等多个属性，因此这是一个多属性决策问题。

设用 $\boldsymbol{X}=\{A_1, A_2, \cdots, A_m\}$ 表示 m 个可供选择的方案集；用 $\boldsymbol{Y}_i=\{y_{i1}, y_{i2}, \cdots, y_{in}\}$ 表示第 i 个方案的 n 个属性集，y_{ij} 表示第 i 个方案的第 j 个属性值，如用目标函数值表示属性，则为

$$y_{ij}=f(x_i) \quad i=1, 2, \cdots, m; \quad j=1, 2, \cdots, n \tag{8-40}$$

这样用 m 个可供选择的方案的 n 个目标函数值表示的属性可构成一个矩阵，见表 8－4。

表 8－4 决策矩阵

方案＼属性	属性			
	y_1	y_2	…	y_n
A_1	y_{11}	y_{12}	…	y_{1n}
A_2	y_{21}	y_{22}	…	y_{2n}
⋮	⋮	⋮	⋮	⋮
A_m	y_{m1}	y_{m2}	…	y_{mn}

这个矩阵称为**决策矩阵**，它提供了选择决策的基本信息。由于各项属性所用的单位不同，而且在数值上也可能有很大的差异，因此在各属性间往往不便于比较。为此，需要把属性值归一化，即把它统一变换到（0，1）范围内的值。归一化的方法很多，常用的有向量规范化、线性变换以及其他变换方法。

（1）向量规范化。

令

$$z_{ij}=\frac{y_{ij}}{\sqrt{\sum_{i=1}^{m} y_{ij}^2}} \quad j=1, 2, \cdots, n \tag{8-41}$$

这种变换把所有属性均化为无量纲的量，且其值在（0，1）范围内取值。但这种变换是非线性的，变换后各属性的最大值和最小值并不是统一的值，即最小值不为零，最大值不为 1。

（2）线性变换。

如目标为效益类的（即属性值愈大愈好），则可令规范化的属性值为：

$$z_{ij}=\frac{y_{ij}}{y_i^{\max}} \tag{8-42}$$

如目标为成本类的（即属性值愈小愈好），则

$$z_{ij}=1-\frac{y_{ij}}{y_i^{\max}} \quad 或 \quad z_{ij}=\frac{y_i^{\min}}{y_{ij}} \tag{8-43}$$

其中

$$y_i^{\max}=\max_i\{y_{ij}\}, \quad y_i^{\min}=\min_i\{y_{ij}\}$$

由于 $y_i^{\max}$（或 $y_i^{\min}$）是决策矩阵第 j 列中的最大（小）元素，所以有

$$0 \leqslant z_{ij} \leqslant 1$$

这种变换是线性的。

（3）其他变换。

对效益类属性，令

$$z_{ij} = \frac{y_{ij} - y_i^{\min}}{y_i^{\max} - y_i^{\min}} \tag{8-44}$$

对成本类属性，令

$$z_{ij} = \frac{y_i^{\max} - y_{ij}}{y_i^{\max} - y_i^{\min}} \tag{8-45}$$

这种变换的最大好处是，把变换后属性的最小值和最大值统一为0和1，但是这种变换也不是线性的。

8.4.2 权值的确定方法

在多属性决策问题中有个重要的信息需要考虑，就是属性（或目标）的相对重要性。多数的方法都是通过对属性的加权来反映属性的相对重要性，愈重要的属性，其所加的权值愈大。

确定权的方法一般是需要把各属性作一对一的比较后再来确定一组权。下面介绍直接加权法、特征向量法和熵法。

8.4.2.1 直接加权法

一个有经验设计人员可以直接根据属性的相对重要性来确定所加的权值，例如可以像表8-2所示的那样，采用10分制，按每个目标的不同重要程度打分，然后再确定出它的归一权值。

【例8-7】设计一战斗机，取其“最大速度(f_1)”、“飞行距离(f_2)”、“载重量(f_3)”、“运行费用(f_4)”、“可靠性(f_5)”和“操纵灵敏性(f_6)”等6个属性，且认为“最大速度”和“操纵灵敏性”是非常重要的，“飞行距离”和“载重量”介于非常不重要和不重要之间，“运行费用”和“可靠性”是不重要的。

解：从表8-2可以得如下权值：

$$\boldsymbol{w} = [w_1, w_2, w_3, w_4, w_5, w_6]^{\mathrm{T}} = [9, 2, 2, 3, 3, 9]^{\mathrm{T}}$$

其中 w_i 为属性 f_i 的加权值。若将它转换为归一权：

$$w_i = \frac{w_i}{\sum_{i=1}^{6} w_i} \qquad i = 1,2,\cdots,6$$

则得：

$$\boldsymbol{w} = [0.3214, 0.0714, 0.0714, 0.1072, 0.1072, 0.3214]^{\mathrm{T}}$$

8.4.2.2 特征向量法

特征向量法是先把各属性的重要性作成对比较，如有 n 个属性，共需比较 $C_n^2 = n(n-1)/2$ 次。设把第 i 个属性对第 j 个属性的相对重要性的估计值记为 m_{ij}，即 $f_i = m_{ij} f_j$，并认为这近似为属性 i 的权 w_i 与属性 j 的权 w_j 的比，即

$$m_{ij} \approx \frac{w_i}{w_j} \tag{8-46}$$

且显然有：$m_{ij} = \frac{1}{m_{ji}}$ 和 $m_{ik} m_{kj} = m_{ij}$，对所有的 i，j 和 $k = 1, 2, \cdots, n$ 且 $i \neq j$。

n 个属性成对比较的结果，用矩阵 $\boldsymbol{M}$ 表示，得到

$$\boldsymbol{M}=\begin{bmatrix} m_{11} & m_{12} & \cdots & m_{1n} \\ m_{21} & m_{22} & \cdots & m_{2n} \\ \vdots & \vdots & \ddots & \vdots \\ m_{m1} & m_{m2} & \cdots & m_{mn} \end{bmatrix} \approx \begin{bmatrix} 1 & w_1/w_2 & \cdots & w_1/w_n \\ w_2/w_1 & 1 & \cdots & w_2/w_n \\ \vdots & \vdots & \ddots & \vdots \\ w_m/w_1 & w_m/w_2 & \cdots & 1 \end{bmatrix} \tag{8-47}$$

于是相对权 w_i 可以由下式求得归一化特征向量 $\boldsymbol{W}$

$$\boldsymbol{MW}=\lambda_{\max}\boldsymbol{W} \tag{8-48}$$

式中，$\boldsymbol{W}=[w_1, w_2, \cdots, w_n]^{\mathrm{T}}$，$\lambda_{\max}$是比较矩阵 $\boldsymbol{M}$ 的最大特征值。利用下面的算法可以近似计算出权值 $\boldsymbol{W}$。

（1）设置初始归一化向量 $\boldsymbol{W}^0=[1, 0, \cdots, 0]^{\mathrm{T}}$，并令 $k=0$。

（2）按下式计算一新的特征向量：

$$\boldsymbol{W}^{(k+1)}=\boldsymbol{MW}^{(k)}$$

（3）按下式计算最大特征值：

$$\lambda_{\max}=\sum_{i=1}^{n} w_i^{(k+1)}$$

（4）归一化和修正特征向量：

$$\overline{w_i}^{(k+1)}=\frac{w_i^{(k+1)}}{\lambda_{\max}}$$

令 $$w_i^{(k+1)}=\overline{w_i}^{(k+1)} \quad i=1,2,\cdots,n$$

（5）计算旧的和新的特征向量的误差并检验，如果对于全部的 i，若 $|w_i^{(k+1)}-w_i^{(k)}|\leqslant\delta$，则转向步骤（6），否则令 $k=k+1$，转向步骤（2）。其中 δ 为一个非负的实数，取 $\delta=1.0\times10^{-6}$。

（6）计算相容性指数 CI，若满足下面条件：

$$CI=\frac{\lambda_{\max}-n}{n-1}\leqslant 0.1$$

则可以采用。

8.4.2.3 熵法

当已知决策矩阵（见表 8－4）的一组值时，也可以采用熵法来确定权值。熵法的思想实质上是用于判别数据集之间的差别，由于每个数据 y_{ij}都包含一定的信息量，所以每个属性 j 的规范化值的信息量可以用熵的大小来表示。

设已知表 8－4 的决策矩阵，则第 i 个方案的第 j 项属性的规范化值可以由下式计算（对于全部的 i 和 j）：

$$z_{ij}=\frac{y_{ij}}{\sum_{i=1}^{m} y_{ij}} \quad i=1,2,\cdots,m;\quad j=1,2,\cdots,n \tag{8-49}$$

第 j 个属性的规范化值的熵 E_j 为：

$$E_{ij}=-\alpha\sum_{i=1}^{m} z_{ij}\ln(z_{ij}) \quad \text{对全部的 } j \tag{8-50}$$

式中，α 为常数，其值为 $\alpha=1/\ln(m)$，这样便可保证 $0\leqslant E_j\leqslant1$；m 为方案数。

如果没有某一性能需要优先考虑的，则最好的权值为（不是等权）：

$$w_j = \frac{d_j}{\sum_{i=1}^{n} d_i} \quad 对于全部的 i 和 j \tag{8-51}$$

式中，d_j 为属性 j 所含信息的差异度，$d_j = 1 - E_j$。

如果设计者有优先考虑的属性，并给出主观权 $\hat{w}_j$，则可以与 w_j 组合一起，得出如下新的权 $\tilde{w}_j$：

$$\tilde{w}_j = \frac{\hat{w}_j w_j}{\sum_{i=1}^{m} \hat{w}_j w_j} \tag{8-52}$$

其中的主观权可以用直接加权法来确定。

【例 8-8】已知有 6 个属性的 4 个设计方案的决策矩阵

$$\begin{array}{c} \\ \boldsymbol{A}_1 \\ \boldsymbol{A}_2 \\ \boldsymbol{A}_3 \\ \boldsymbol{A}_4 \end{array} \begin{array}{c} \begin{matrix} f_1 & f_2 & f_3 & f_4 & f_5 & f_6 \end{matrix} \\ \begin{bmatrix} 2.0 & 1.5 & 2.0 & 5.5 & 5.0 & 9.0 \\ 2.5 & 2.7 & 1.8 & 6.5 & 5.0 & 5.0 \\ 1.8 & 2.0 & 2.1 & 4.5 & 7.0 & 7.0 \\ 2.2 & 1.8 & 2.0 & 5.0 & 5.0 & 5.0 \end{bmatrix} \end{array}$$

求其归一化的各属性的熵和权。

解：用式（8-49）把各属性的值归一化：

$$\begin{array}{c} \\ \boldsymbol{A}_1 \\ \boldsymbol{A}_2 \\ \boldsymbol{A}_3 \\ \boldsymbol{A}_4 \end{array} \begin{array}{c} \begin{matrix} f_1 & f_2 & f_3 & f_4 & f_5 & f_6 \end{matrix} \\ \begin{bmatrix} 0.2353 & 0.1875 & 0.2532 & 0.2558 & 0.2500 & 0.3462 \\ 0.2941 & 0.3375 & 0.2278 & 0.3023 & 0.1500 & 0.1923 \\ 0.2118 & 0.2500 & 0.2658 & 0.2093 & 0.3500 & 0.2692 \\ 0.2588 & 0.2250 & 0.2532 & 0.2326 & 0.2500 & 0.1923 \end{bmatrix} \end{array}$$

用式（8-50）和式（8-51）计算出第 j 个属性的熵 E_j 和权 w_j

$$\begin{aligned} \boldsymbol{E} &= [E_1, E_2, E_3, E_4, E_5, E_6]^{\mathrm{T}} \\ &= [0.9946, 0.9829, 0.9989, 0.9931, 0.9703, 0.9770]^{\mathrm{T}} \\ \boldsymbol{W} &= [w_1, w_2, w_3, w_4, w_5, w_6]^{\mathrm{T}} \\ &= [0.0649, 0.2055, 0.0133, 0.0829, 0.3570, 0.2764]^{\mathrm{T}} \end{aligned}$$

如果决策者需考虑优先的属性，则利用前面给出的主观权

$$\hat{\boldsymbol{W}} = [9, 2, 2, 3, 3, 9]^{\mathrm{T}}$$

可以得到新的权：

$$\begin{aligned} \boldsymbol{W} &= [w_1, w_2, w_3, w_4, w_5, w_6]^{\mathrm{T}} \\ &= [0.1209, 0.0851, 0.0055, 0.0515, 0.2216, 0.5154]^{\mathrm{T}} \end{aligned}$$

8.4.3 决策方法

有关有限个方案的多属性决策方法很多，在这里简单介绍两种方法。

8.4.3.1 线性加权和法

在多属性决策中，按总分大小来评价方案优劣的方法有属性相对值法、连乘法、均值法和价值函数法等，其中价值函数法应用最多，其计算过程如下：

(1) 按多属性决策问题建立如表 8－4 所示的决策矩阵 $\{y_{ij}\}$ 表。

(2) 采用变换方法将各属性的值规范化 $\{z_{ij}\}$。

(3) 确定各属性的加权因子，且满足

$$w_j > 0 \quad 和 \quad \sum_{j=1}^{m} w_j = 1$$

(4) 计算各方案的价值函数值，并取其线性加权和，即

$$U_i = \sum_{j=1}^{m} w_j z_j = \boldsymbol{W}^{\mathrm{T}}\boldsymbol{Z}$$

式中，$z_j = u_j(y_{ij})$ 称为价值函数。

(5) 比较各方案的价值，大者为佳，选出最佳方案。

这种方法有两点重要的假设，即 (1) 各价值函数 $u_j(y_{ij})$ 都是线性的；(2) 属性集适合加权形式所要求的独立条件。当然除了这两点以外还要求各属性都可以定量表示。由于在一般情况下，上面的两点假设不见得成立，所以使用这一方法必须小心。

8.4.3.2 逼近理想解排序方法

逼近理想解排序方法又称 TOPSIS（Technique for Order Preference by Similarity to Ideal Solution）方法，也是一种近于简单加权法的排序方法。这个方法的算法步骤如下：

(1) 建立如表 8－4 所示的多属性决策问题的决策矩阵。

(2) 将决策矩阵中的各元素值 y_{ij} 规范化，其元素 z_{ij} 为：

$$z_{ij} = \frac{y_{ij}}{\sqrt{\sum_{i=1}^{m} y_{ij}^2}} \quad i = 1, 2, \cdots, m; j = 1, 2, \cdots, n$$

(3) 确定加权因子 w_j，并构成加权归一化矩阵，其中元素 x_{ij} 为：

$$x_{ij} = w_j z_{ij} \quad i = 1, 2, \cdots, n; j = 1, 2, \cdots, m$$

(4) 确定理想解 $\boldsymbol{x}^*$ 和负理想解 $\boldsymbol{x}^-$。

$$\boldsymbol{x}^* = \{(\max_i x_{ij} | j \in J), (\min_i x_{ij} | j \in J') | i = 1, 2, \cdots, n\} = \{x_1^*, x_2^*, \cdots, x_m^*\}$$

$$\boldsymbol{x}^- = \{(\min_i x_{ij} | j \in J), (\max_i x_{ij} | j \in J') | i = 1, 2, \cdots, n\} = \{x_1^-, x_2^-, \cdots, x_m^-\}$$

式中，J 为效益类的属性；J' 为成本类的属性。

(5) 计算距离，即每个解到理想解的距离是：

$$s_i^* = \sqrt{\sum_{j=1}^{m} (x_{ij} - x_j^*)^2} \quad i = 1, 2, \cdots, m$$

到负理想解的距离是：

$$s_i^- = \sqrt{\sum_{j=1}^{m} (x_{ij} - x_j^-)^2} \quad i = 1, 2, \cdots, m$$

(6) 计算每个解对理想解的相对接近度。

$$c_i^* = s_i^- / (s_i^- + s_i^*) \qquad 0 \leqslant c_i^* \leqslant 1, i = 1, 2, \cdots, m$$

(7) 按 c_i^* 值由大到小的顺序排列。排在前面的方案应优先选用。

【例 8－9】 已知如下的 5 个属性的 4 个设计方案的归一化决策矩阵（已知 z_2、z_4 和 z_5 为成本类属性，z_1 和 z_3 为效益类属性）：

$$\begin{array}{c} \\ A_1 \\ A_2 \\ A_3 \\ A_4 \end{array}\begin{array}{c} \begin{array}{ccccc} z_1 & z_2 & z_3 & z_4 & z_5 \end{array} \\ \begin{bmatrix} 0.621 & 0.648 & 0.376 & 0.674 & 0.421 \\ 0.518 & 0.519 & 0.301 & 0.289 & 0.301 \\ 0.373 & 0.324 & 0.752 & 0.481 & 0.662 \\ 0.455 & 0.454 & 0.451 & 0.481 & 0.542 \end{bmatrix} \end{array}$$

试按 TOPSIS 法找出方案的理想排序。

解：先按步骤（3）求出各元素 x_{ij}：

$$\begin{array}{c} \\ A_1 \\ A_2 \\ A_3 \\ A_4 \end{array}\begin{array}{c} \begin{array}{ccccc} z_1 & z_2 & z_3 & z_4 & z_5 \end{array} \\ \begin{bmatrix} 0.0424 & 0.1369 & 0.0442 & 0.1865 & 0.1373 \\ 0.0353 & 0.1097 & 0.0354 & 0.0799 & 0.0981 \\ 0.0254 & 0.0685 & 0.0885 & 0.1331 & 0.2159 \\ 0.0310 & 0.0959 & 0.0530 & 0.1331 & 0.1767 \end{bmatrix} \end{array}$$

确定理想解 $\boldsymbol{x}^*$ 和负理想解 $\boldsymbol{x}^-$。

$$\boldsymbol{x}^* = \{0.0254 \quad 0.1369 \quad 0.0354 \quad 0.1865 \quad 0.2159\}$$

$$\boldsymbol{x}^- = \{0.0424 \quad 0.0685 \quad 0.0885 \quad 0.0799 \quad 0.0981\}$$

计算距理想解 $\boldsymbol{x}^*$ 的距离：

$$s_1^* = 0.0809,\ s_2^* = 0.1030,\ s_3^* = 0.1017,\ s_4^* = 0.0783$$

计算距负理想解 $\boldsymbol{x}^-$ 的距离：

$$s_1^- = 0.1398,\ s_2^- = 0.0676,\ s_3^- = 0.1304,\ s_4^- = 0.1056$$

计算对理想解的相对接近度：

$$c_1^* = 0.633,\ c_2^* = 0.396,\ c_3^* = 0.562,\ c_4^* = 0.574$$

方案的排序：A_1，A_4，A_3，A_2。

8.4.4 模糊综合评判法

由于在多属性选择决策中，不可避免地会受到设计者的经验、学识、思维和观察方式等因素的影响，就是同一设计者，在对某个设计方案的某项指标的满意程度进行评价，或者在两个方案之间确认哪个好哪个不好之间左右为难时，这些都反映了对模糊因素评价的复杂性，而**模糊综合评判法**就是考虑这种模糊性和复杂性的一种很好的决策方法。

设有 m 个可行设计方案，对每个方案需考虑它的 n 个性能指标（属性），则可以给定两个有限的论域：

$$\boldsymbol{U} = \{u_1, u_2, \cdots, u_n\} \tag{8-53}$$

和

$$\boldsymbol{V} = \{v_1, v_2, \cdots, v_m\} \tag{8-54}$$

其中 $\boldsymbol{U}$ 为评价因素（或属性）所组成的集合；$\boldsymbol{V}$ 为评价对象所组成的集合。设第 i 个评价因素的单因素模糊评价向量为：

$$\boldsymbol{R}_i = \{r_{i1}, r_{i2}, \cdots, r_{im}\} \tag{8-55}$$

$\boldsymbol{R}_i$ 可看作为论域 $\boldsymbol{V}$ 上的模糊子集，其 r_{ik} 为第 k 个评价对象的第 i 个评价因素的隶属度。例如，在考虑各设计方案时，外形尺寸是其中一个评价因素，其代表参数为 α，当 α 接近边界值 1.4 和 4.0 时，产品的径向或轴向尺寸都显著过大，不可取，因此可采用正态分布的隶属函数（参见第 4 章）

$$\mu_{L\alpha} = \exp\left\{-\left(\frac{\alpha-2.7}{2}\right)^2\right\} \qquad \alpha \in [1.4, 4.0]$$

来确定各方案实际尺寸因素的隶属度。

依此可得模糊决策关系矩阵：

$$\boldsymbol{R} = \begin{bmatrix} r_{11} & r_{12} & \cdots & r_{1m} \\ r_{21} & r_{22} & \cdots & r_{2m} \\ \vdots & \vdots & \ddots & \vdots \\ r_{n1} & r_{n2} & \cdots & r_{nm} \end{bmatrix} \tag{8-56}$$

引入模糊向量

$$\boldsymbol{W} = \{w_1, w_2, \cdots, w_n\} \tag{8-57}$$

是论域 $\boldsymbol{U}$ 上的模糊子集，其中 w_1，w_2，…，w_n 为对应评价因素的加权因子，且满足非负性和归一化条件，即

$$\sum_{j=1}^{n} w_j = 1 \quad 和 \quad w_j > 0 \quad j = 1, 2, \cdots, n \tag{8-58}$$

引入模糊变换 $\boldsymbol{W} \bigcirc \boldsymbol{R} = \boldsymbol{B}$，其中 $\boldsymbol{R}$ 可以看作是模糊变换器，$\boldsymbol{W}$ 为输入，$\boldsymbol{B}$ 为输出，即为模糊评判的结果，它是论域 $\boldsymbol{V}$ 上的模糊子集。但考虑到模糊运算算子“○”既可按最大或最小法则进行，所以也可按线性变换方法（即按矩阵的乘法运算）计算，于是可得

$$\boldsymbol{B} = \boldsymbol{W} \cdot \boldsymbol{R} = [w_1, w_2, \cdots, w_n] \begin{bmatrix} r_{11} & r_{12} & \cdots & r_{1m} \\ r_{21} & r_{22} & \cdots & r_{2m} \\ \vdots & \vdots & \ddots & \vdots \\ r_{n1} & r_{n2} & \cdots & r_{nm} \end{bmatrix} = [b_1, b_2, \cdots, b_m] \tag{8-59}$$

式中，$b_j = \sum_{i=1}^{n} w_j r_{ij}$，$j = 1, 2, \cdots, m$。

根据 b_1，b_2，…，b_m 的大小，即可确定各评价对象（方案）的优劣，若 b_j 愈大，则第 j 种方案最优。依此可对各评价对象按综合性能的好坏给出排队，得出综合评价的结果。

上述的模糊综合评价计算也可列表进行，见表 8-5。

表 8-5 模糊综合评价计算表

评价因素 $\boldsymbol{U}$	加权 w_j	评判对象集 $\boldsymbol{V}$			
		v_1	v_2	…	v_m
		各评判因素的隶属度			
u_1	w_1	r_{11}	r_{12}	…	r_{1m}
u_2	w_2	r_{21}	r_{22}	…	r_{2m}
⋮	⋮	⋮	⋮	⋱	⋮
u_n	w_n	r_{n1}	r_{n2}	…	r_{nm}
$b_j = \sum_{i=1}^{n} w_j r_{ij}$					
按 b_j 大小排序					

习 题

8-1 设已知$f_1(\boldsymbol{x}) = (x_1-1)^2+(x_2-2)^2$和$f_2(\boldsymbol{x}) = (x_1-3)^2+(x_2-1)^2$，受约束于$g(\boldsymbol{x}) = x_2-1 \leqslant 0$，试求当$\min f_1(\boldsymbol{x}) = \min f_2(\boldsymbol{x})$时其约束最优解，并确定此时其目标函数$F(\boldsymbol{x}) = f_1(\boldsymbol{x}) + wf_2(\boldsymbol{x})$中的加权因子应取多少？

8-2 设已知$\min f_1(\boldsymbol{x}) = x^2-2x$，$\min f_2(\boldsymbol{x}) = -x$，统一目标函数$f(\boldsymbol{x}) = f_1(\boldsymbol{x}) + wf_2(\boldsymbol{x})$，试求出当$w = 1$和$w = \dfrac{1}{2}$时的最优解并画图作比较。要使两个函数最优值相等，其加权因子应取多少？

8-3 设有两个目标函数$\min f_1(\boldsymbol{x}) = x^2+1$，$\min f_2(\boldsymbol{x}) = -2x+3$，$\boldsymbol{x} \in R^1$，假定已知$f_1^0=1$和$f_2^0=1$，试用目标规划法求出当$w_1=w_2=1$时和当$w_1=4$，$w_2=1$时在$\mathscr{D} = \{x \mid 0 \leqslant x \leqslant 1\}$域上的选好解。

8-4 已知$\min f_1(\boldsymbol{x}) = x^2-2x+2$和$\min f_2(\boldsymbol{x}) = x^2-6x+10$，$\boldsymbol{x} \in R^1$和$\mathscr{D} = \{\boldsymbol{x} \mid 0 \leqslant x \leqslant 4\}$，试用线性函数分别定义其功效系数$d_1$和$d_2$，并用功效系数法求此问题的选好解。

8-5 试用线性加权和法求下面问题的最优点：

$$
\begin{aligned}
\min \quad & F(\boldsymbol{x}) = [(x_1-3x_2),\ (2x_1+x_2)]^{\mathrm{T}} \\
\text{s.t.} \quad & g_1(\boldsymbol{x}) = 3x_1+2x_2-6 \leqslant 0 \\
& g_2(\boldsymbol{x}) = x_1+3x_2-3 \leqslant 0 \\
& g_3(\boldsymbol{x}) = 2x_1-x_2-2 \leqslant 0
\end{aligned}
$$

设$x_1 \geqslant 0$，$x_2 \geqslant 0$，$w_1 = 0.6$，$w_2 = 0.4$。

8-6 试考察下面的多目标优化设计问题：

$$
\begin{aligned}
\min \quad & F(\boldsymbol{x}) = [f_1(\boldsymbol{x}),\ f_2(\boldsymbol{x})]^{\mathrm{T}} \\
\text{s.t.} \quad & -2 \leqslant x \leqslant 4
\end{aligned}
$$

式中

$$
f_1(\boldsymbol{x}) = x^2,\ f_2(\boldsymbol{x}) = \begin{cases} -x+2 & -2 \leqslant x \leqslant 1 \\ 1 & 1 < x \leqslant 2 \\ x-1 & x > 2 \end{cases}
$$

试画出各目标函数的图形，求出各分目标函数的最优解，求出非劣解及其解集。

8-7 利用例8-8的数据：6个属性的4个设计方案，试用TOPSIS法作出方案的理想排序，其中f_1、f_3和f_4为效益类属性，f_2、f_5和f_6为成本类属性。

9 多学科问题优化设计方法

9.1 引言

工程设计中，大多数系统是涵盖多个学科或包含多个子系统的复杂问题。由于市场对复杂系统的性能、质量、寿命的要求越来越高，设计者不得不寻求原来自己所不熟悉的其他学科领域知识的支持，希望能够对复杂系统的性能、质量以及全寿命周期为目标的设计进行统一规划，对分散的部分进行集中、对矛盾的部分进行协调、对不连续的部分进行补充，形成一个较为完整的设计体系。但是，以各学科知识为基础所构成的物理－数学模型、分析方法、设计理念、优化策略等都各不相同，难以用一种共同认可的方式表达，这就需要通过系统中相互作用的协同机制，来构造新的适合于多学科复杂系统的优化设计方法。

多学科设计优化（Multidisciplinary Design Optimization，简称 MDO）是一种以学科为基础将复杂系统分解，通过充分探索并根据学科间的相互耦合关系和利用工程系统中相互作用的协同机制来控制各子系统，从而获得复杂系统最优解的一种设计方法。这一方法将在复杂系统设计的整个过程中集成各个学科的知识进行分析、建模和计算，应用有效的设计优化策略，组织和管理计算过程，通过充分利用各个学科之间相互作用所产生的协同效应，获得系统的整体最优解，同时通过实现并行设计来缩短设计周期。

目前，为了适应复杂系统设计的需要，国内外在航天器、巡航导弹、飞机、光机械等领域都已展开了多学科设计优化的一些研究和应用工作。

9.2 多学科设计优化的基本思想

9.2.1 总体思想

由于优化设计的对象愈来愈复杂，设计中需要考虑的因素也愈来愈多，所以设计师需要面对和解决的往往是包含多个相对独立子系统的复杂系统问题，它需要采用不同学科知识的分析工具和建模方法，从设计优化上，需要引入不同的求解策略……面对上述各方面的复杂因素，沿用传统单个学科的优化方法，采用较为单一的模型形式和求解策略，在解决复杂系统设计问题时会存在诸多困难。而多学科设计优化的基本思想是在处理复杂系统的设计问题时，根据系统的组成特点，将其按学科性质划分为多个相对独立的子系统，分别建模，并在此基础上通过系统级的协调优化，对各个子系统的关联因素进行综合处理，最终获得系统总体的最优解。同时通过实现并行设计来缩短设计周期，从而使研制出的产品更具竞争力。

在解决复杂系统的设计优化问题时，其主要工作包含复杂系统分解、子系统分析和建模、系统模型的建立、子系统之间耦合关系的处理、系统和子系统优化策略和算法的选择等。为了便于理解，下面以图 9－1 为例，对多学科设计优化的基本工作思路进行简要的介绍。

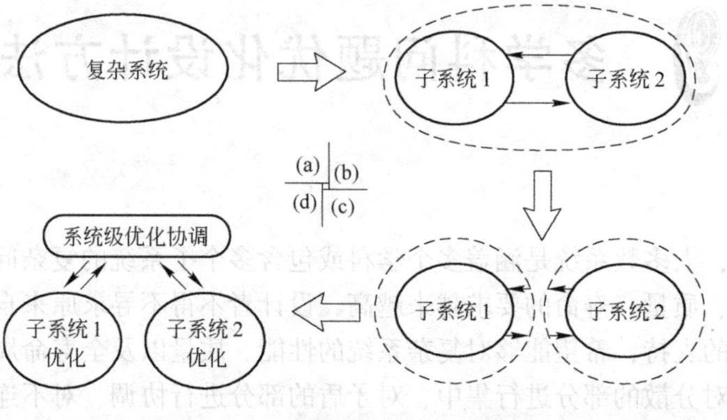

图 9－1 多学科设计优化的工作思路

对于一个多学科的复杂系统（见图 9－1a），采用多学科设计优化方法进行设计的首要步骤是对其进行系统分解。系统分解的原则是参照现有的学科分工，依据系统的学科属性将大的、复杂的、包含多个学科内容的系统分解为若干个较小的、相对简单的、分属于不同学科的子系统。系统分解后（见图 9－1b），各子系统可根据其学科领域的设计原理和系统设计要求建立相应的数学模型。这时，各子系统之间存在着相互影响、相互依赖的耦合关系。为了使各个子系统能够独立地进行设计优化，需将子系统间的耦合关系进行拆解，使各子系统之间完全独立开来。这样，每个子系统都各自建立起一个具有自身的优化目标、设计约束和设计变量的独立的完整的优化模型（见图 9－1c）。在此基础上，通过系统级的优化协调，建立起各子系统之间的联系，使子系统的独立优化设计解能够满足子系统间的耦合关系（见图 9－1d）。通过系统级的优化使得系统总体性能不断得到优化，最终获得系统总体的最优解。

9.2.2 基本特点

多学科设计优化方法与传统意义的优化设计方法既有着共通之处，也存在着诸多不同点。它的基本特点是：

（1）按系统中各学科属性将复杂系统分解为多个子系统，其分解形式与工业界通用的设计组织形式相一致。

（2）各子系统具有相对独立性，便于发挥学科专家在该领域的技术优势，应用该学科的方法分析建模，提高子系统分析求解的准确度和效率。由于学科分工的不断细化，各学科领域的研究不断深入，不可能要求设计者同时掌握复杂系统中所包含的各个学科的知识，并合理运用这些知识进行综合分析和建模。多学科设计优化的思路使学科分工在优化中得到了保障，各学科专家针对本领域内容进行分析建模，通过有效的组织，使得各学科子系统的优化并行地进行，充分发挥各学科专家的学科专长。

（3）具有模块化结构，各学科子系统的设计过程具有很强的灵活性，可根据需要将工业界现有的学科设计分析工具应用于子系统设计分析中，并根据各子系统的特点选取不同的优化算法，有效地提高子系统的分析求解能力。各子系统的优化设计相互独立，子系统分析工具和优化模型的调整不会牵扯到其他子系统，也不会影响到系统总体优化进程。

(4) 通过系统级的优化协调，控制各子系统间的信息交换，使各子系统之间的相互耦合问题得到有效的解决，获得子系统间协调一致的设计解。

(5) 在系统全局优化过程中，实现了并行设计。MDO 与传统串行设计模式的区别在于各学科专家可以同时进行分析、建模和优化，缩短了设计周期，提高了设计效率。

9.3 多学科设计优化的基本方法

多学科设计优化的基本方法主要包括系统分解和分析方法、子系统分析和数学建模、面向设计分析、近似技术、实验设计、系统敏度分析及优化策略和算法。各项技术之间的关系如图 9 - 2 所示。

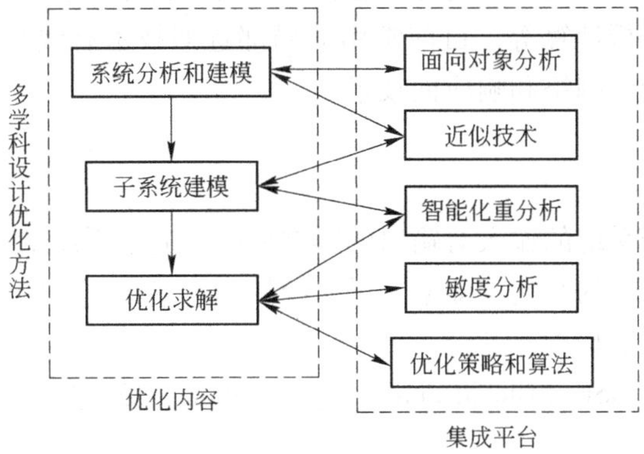

图 9 - 2 多学科设计优化体系的各项技术之间关系

9.3.1 系统分解和分析方法

MDO 所面对的是包含多个学科领域的复杂系统。MDO 的求解思路是采用分解协调的方法，将大的、复杂的、包含多个学科领域内容的复杂系统分解为若干个相对较小的、较为简单的、相对独立的、仅包含单一学科内容的子系统（学科），之后，通过系统的协调，使得这些子系统在分别分析优化的基础上，其相互之间的耦合关系得到满足，获得系统的整体最优。

系统分解一般是依据系统中所包含的学科属性进行的，各子系统（学科）分属某一学科领域，这样便于各学科专家在其熟悉的领域进行学科分析。但系统的分解也可以依据便于计算或便于管理的原则进行，分解得到的各子系统并不代表各自不同的学科。多学科设计优化中的“学科”的实际含义就是子系统，因此，无论何种分解方式，其本质的意义是一致的，都是为了使复杂系统的分析建模变得更为简便。

将复杂的系统划分为多个相对独立学科的子系统（或学科）后，需要对各个子系统用各个学科的原理与方法进行分析，如子系统物理 - 数学分析、子系统建模分析、子系统的输入 - 输出信息及各子系统之间耦合关系分析等，在必要时还需对重要的子系统进行试验（如实物、模拟或仿真试验）与数据分析。

在 MDO 所采用的分析方法中还有两项重要技术：

（1）智能化重分析。智能化重分析的目的在于，当设计发生改变时，只对原来分析中受到设计因素改变而影响的那部分内容重新进行分析，而不是将分析过程全部重复，这样可以有效地降低计算成本。在 MDO 中，需要对输入－输出相关信息及计算结果进行管理，建立数据与模块相互关系的数据库，以便确定当输入发生改变时，哪些与之相关的模块需要进行计算，从而减少计算量，提高设计分析的效率。

（2）近似技术。多学科设计优化过程中，需要解决各学科之间的耦合求解问题，这就需要在各学科之间多次迭代，不断进行学科分析。当学科分析模型采用的是精度较高，较为复杂的分析模型时，多次求解，反复计算目标函数和约束函数，会大大增加设计计算量。为了提高系统优化求解的效率，较快地得到学科的目标和约束值，通常不宜运行精度较高的分析模型。这就需要引入便于计算目标函数和约束函数的近似方法，用以替代原有的精度较高的分析模型，如用简单的方法替换复杂的分析方法、用简单的方程替换基于数值求解技术的复杂的分析计算等。目前常用的局部近似技术有线性近似和二次近似方法；全局近似技术有人工神经网络和响应面技术。

9.3.2 敏度分析

敏度代表着某一子系统的输入对输出的影响程度。通过系统的敏度分析，可以掌握相互耦合的子系统之间相互的影响，即某一子系统的输入变化引起的输出变化，以及对其他子系统和系统产生的影响程度。

系统全局敏度方程 GSE（Global Sensitivity Equation）是处理多学科复杂系统的敏度分析的有效方法。

图 9－3 所示为多学科设计优化子系统之间的互相作用的关系简图。设子系统 A 有两组输入变量 $\boldsymbol{X}_A$ 和 $\boldsymbol{Y}_B$，子系统 B 有两组输入变量 $\boldsymbol{X}_B$ 和 $\boldsymbol{Y}_A$，则子系统 A 和 B 的分析模型分别可表示为

$$A:A[(\boldsymbol{X}_A,\ \boldsymbol{Y}_B),\ \boldsymbol{Y}_A] = 0$$
$$B:B[(\boldsymbol{X}_B,\ \boldsymbol{Y}_A),\ \boldsymbol{Y}_B] = 0 \tag{9-1}$$

式中，$\boldsymbol{X}_A$、$\boldsymbol{X}_B$ 为子系统 A、B 的局域设计变量；$\boldsymbol{Y}_A$、$\boldsymbol{Y}_B$ 为子系统 A、B 的局域状态变量。

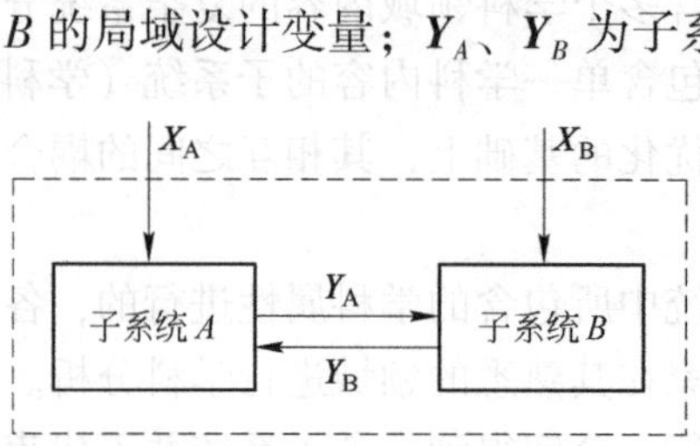

图 9－3 多学科设计优化子系统之间的相互作用关系

子系统间的耦合特性可表示如下：

$$\boldsymbol{Y}_{\mathrm{A}} = f_{\mathrm{YA}}(\boldsymbol{X}_{\mathrm{A}},\ \boldsymbol{Y}_{\mathrm{B}})$$
$$\boldsymbol{Y}_{\mathrm{B}} = f_{\mathrm{YB}}(\boldsymbol{X}_{\mathrm{B}},\ \boldsymbol{Y}_{\mathrm{A}}) \tag{9-2}$$

其中 f_{YA} 和 f_{YB} 分别为子系统 A 和 B 的分析函数，对上式求导，得到：

$$\frac{\mathrm{d}\boldsymbol{Y}_{\mathrm{A}}}{\mathrm{d}\boldsymbol{X}_{\mathrm{A}}} = \frac{\partial \boldsymbol{Y}_{\mathrm{A}}}{\partial \boldsymbol{X}_{\mathrm{A}}} + \frac{\partial \boldsymbol{Y}_{\mathrm{A}}}{\partial \boldsymbol{Y}_{\mathrm{B}}} \cdot \frac{\mathrm{d}\boldsymbol{Y}_{\mathrm{B}}}{\mathrm{d}\boldsymbol{X}_{\mathrm{A}}}$$

$$\frac{dY_B}{dX_B}=\frac{\partial Y_B}{\partial X_B}+\frac{\partial Y_B}{\partial Y_A}\cdot\frac{dY_A}{dX_B}$$

$$\frac{dY_A}{dX_B}=\frac{\partial Y_A}{\partial Y_B}\cdot\frac{dY_B}{dX_B}$$

$$\frac{dY_B}{dX_A}=\frac{\partial Y_B}{\partial Y_A}\cdot\frac{dY_A}{dX_A} \tag{9-3}$$

写成矩阵形式：

$$\begin{bmatrix} 1 & -\frac{\partial Y_A}{\partial Y_B} \\ -\frac{\partial Y_B}{\partial Y_A} & 1 \end{bmatrix}\begin{bmatrix} \frac{dY_A}{dX_A} & \frac{dY_A}{dX_B} \\ \frac{dY_B}{dX_A} & \frac{dY_B}{dX_B} \end{bmatrix}=\begin{bmatrix} \frac{\partial Y_A}{\partial X_A} & 0 \\ 0 & \frac{\partial Y_B}{\partial X_B} \end{bmatrix} \tag{9-4}$$

其中最左面的矩阵为互相作用的子系统间的耦合信息，称为**系统全局敏度矩阵** GSM（Global Sensitivity Matrix）。右端矩阵为子系统内的输出对设计变量的局域敏度信息。中间的矩阵为系统的全局敏度，可通过求解上述矩阵方程得到。

基于 GSE 的单级优化方法的特点是：由各子系统同时并行进行局部敏度分析，再利用 GSE 得到系统全局敏度（全导数），系统全局敏度分析体现了各子系统之间的耦合关系。根据系统全局敏度分析构造系统近似模型，然后通过适合的优化算法寻找系统近似模型的最优解。上述过程反复进行，直到收敛为止。各个子系统只进行敏度分析，优化只在系统级进行。

但在应用中发现该方法有如下缺陷：(1) 每个子系统只能并行地进行敏度分析，而没有进行设计优化；(2) 当设计变量很多时，子系统偏导数和系统的全导数计算需较多的计算机 CPU 时间；(3) 由于需要计算导数，只能处理连续变量问题。

9.3.3 建模方法

系统数学模型是系统物理模型的数学描述。多学科设计优化中系统模型的建立采用模块化形式，每一个模块代表一个子系统，各子系统充分利用各学科现有的较为成熟的、精度较高的分析工具。模块之间数据的传递按照系统内在的耦合关系，通过系统的协调优化进行。

多学科设计优化中，各模块的分析和设计优化具有相对较大的独立性，这使得各模块可以根据其各自学科特点应用高精度的分析工具提高设计的精度，但同时也不可避免地造成设计优化效率的降低和设计成本的提高。为了在保证设计质量的同时降低分析成本，提高分析效率，通常可以采用以下方法：

(1) 优化模型与分析模型采用同一理论构造，在保证必要精度的前提下，MDO 模型的复杂程度可以比子系统（学科）的分析精度低些。

(2) 优化模型与分析模型采用不同理论构造，优化模型采用较简单的理论，精度可以低些；分析模型可以依据严密的理论，计算精度高，较复杂。

(3) 同一学科可以允许不同复杂程度的模型同时存在，复杂的模型用于学科内部分析，计算该学科的响应，而较简单的模型用于该学科与系统内的其他学科进行耦合计算。

多学科设计优化通过系统分解将复杂系统划分为多个相对独立的子系统，这样，MDO

的优化就分为了两个层次：系统级优化和子系统优化。

各子系统分别建立优化模型（模块），形成分布式结构，并在 MDO 中存在多个优化进程，每个优化进程都对应一个完整的优化模型，即包含各自的设计变量、目标函数和约束函数。

在系统级的优化协调与子系统优化的反复迭代过程中，各个优化模块中的设计变量、目标函数和约束函数会存在重复定义和相互干扰的问题。

下面介绍一种 MDO 中系统级和子系统的优化模型的形式，并对各类优化设计要素进行具体定义。

多学科设计优化的系统级优化模型：

$$\begin{aligned}&\text{find}\quad \boldsymbol{X}_{\mathrm{SYS}}=[\boldsymbol{X}_{\mathrm{SH}},\boldsymbol{Y}]^{\mathrm{T}}\\&\min\quad f_{\mathrm{SYS}}(\boldsymbol{X}_{\mathrm{SYS}})\text{——系统级目标函数}\\&\text{s.t.}\quad \boldsymbol{g}_{\mathrm{SYS}}(\boldsymbol{X}_{\mathrm{SYS}})\leqslant 0\text{——系统级不等式约束函数}\\&\qquad h_{\mathrm{SYS}}(\boldsymbol{X}_{\mathrm{SYS}})=0\text{——系统级等式约束函数}\end{aligned}\tag{9-5}$$

子系统 i 的优化模型：

$$\begin{aligned}&\text{find}\quad \boldsymbol{X}_i=[\boldsymbol{X}_{\mathrm{SH}},\boldsymbol{X}_{\mathrm{D}i},\boldsymbol{Y}_i]^{\mathrm{T}}\quad i=1.2,\cdots,n\\&\min\quad f_i(\boldsymbol{X}_i)\text{——子系统目标函数}\\&\text{s.t.}\quad \boldsymbol{g}_i(\boldsymbol{X}_i)\leqslant 0\text{——子系统不等式约束函数}\\&\qquad \boldsymbol{h}_i(\boldsymbol{X}_i)=0\text{——子系统等式约束函数}\end{aligned}\tag{9-6}$$

上述模型中，各类设计变量和参数定义如下：

n——子系统的个数；

$\boldsymbol{X}_{\mathrm{SYS}}$——系统设计变量，$\boldsymbol{X}_{\mathrm{SYS}}=[\boldsymbol{X}_{\mathrm{SH}},\boldsymbol{Y}]^{\mathrm{T}}$，$\boldsymbol{Y}$ 为系统级状态变量；

$\boldsymbol{X}_i$——子系统 i 的设计变量，$\boldsymbol{X}_i=[\boldsymbol{X}_{\mathrm{SH}},\boldsymbol{X}_{\mathrm{D}i},\boldsymbol{Y}_i]^{\mathrm{T}}$；

$\boldsymbol{X}_{\mathrm{SH}}$——公用设计变量，也称共享设计变量，是在系统级和各子系统中同时存在的设计变量；

$\boldsymbol{X}_{\mathrm{D}i}$——局域设计变量，只在子系统 i 中存在的设计变量，其取值仅在子系统内部产生影响；

$\boldsymbol{Y}_i$——状态变量，是对子系统 i 的设计产生影响的其他子系统的设计输出，即 $\boldsymbol{Y}_i=[Y_1,Y_2,\cdots,Y_{i-1},Y_{i+1},\cdots,Y_n]^{\mathrm{T}}$。

在上述各类设计变量中，公用设计变量同时存在于各子系统之中，各子系统的状态变量又会成为其他子系统的设计变量，这就形成了各子系统之间的耦合关系。多学科设计优化的最终任务就是在各子系统独立进行优化设计的同时，使公用设计变量在不同子系统的优化中取得一致的解，并使状态变量与在其他子系统中对应的设计变量的取值得到一致，满足子系统间的耦合关系的基础上，获得系统总体的最优解。

9.3.4 设计优化策略与优化算法

多学科设计优化中的设计优化策略和优化算法是 MDO 研究中的两个核心内容。

多学科设计优化策略，包含了系统层级关系的处理、子系统耦合关系的处理、子系统优化进程的协调等多方面的内容。

多学科设计优化中涉及的优化算法包含两个方面：MDO 优化算法和子系统的优化

算法。

MDO优化算法分为两大类：单级优化算法和多级优化算法，二者区别主要在于单级优化算法只在系统级进行优化，而在子系统内只进行学科分析，没有进行独立的设计优化；多级优化算法既有系统级的优化协调，又能在子系统内进行独立的分析优化。

子系统优化算法应用于各级子系统优化的求解，包含传统优化算法和智能优化算法。其中常用的传统优化算法有梯度法、复合型法、惩罚函数法等，常用的智能优化算法有模拟退火算法、神经网络算法、遗传算法等。

目前，有关多学科设计优化中优化算法的研究主要包括三个方面：

（1）新算法的研究开发，目的在于研究具有更高求解效率和稳定性的新的优化算法。

（2）现有算法的集成和改进。根据不同计算的特点可以将两种算法结合，弥补各自的缺陷，构造新的混合型优化算法。利用新的思路对传统的算法进行改进，使之更加完善。

（3）算法的选取。要区分不同优化模型的特点，选取适当的优化算法。

下面介绍多学科设计优化中几种常用的设计优化策略。

（1）有助分析方法。

图9－4中的CA（Contributing Analysis）为多学科设计优化中的一种学科分析策略，也称为子系统分析或子空间分析，是处理多学科问题的一种传统方法。它将各学科的分析计算通过集成为一个整体形成系统再进行优化，与传统的单学科优化方法没有本质区别。其特点是可充分利用现有的优化算法，对于大多数问题能找出局部最优解或全局最优解，适用于设计变量较少的不太复杂的系统，其优点在于建模后的求解便于利用各种传统优化算法。而对于一些涉及较多学科领域，学科间的交叉耦合关系也较为复杂的设计优化问题，此方法就不太适用。其原因是此方法在对各学科进行集成分析时需采纳多个学科的专家提供的设计准则及经验建立的模型，分析集成的过程要求设计人员对系统中涉及的各个学科的知识作充分的了解，这一点在学科分工不断细化、学科研究内容不断深化的今天，是不易做到的，大大增加了分析建模的难度。此外，某一学科设计内容的变更要影响到相互关联的多个学科，对系统优化模型从整体上带来变动，加剧了工作的复杂性。

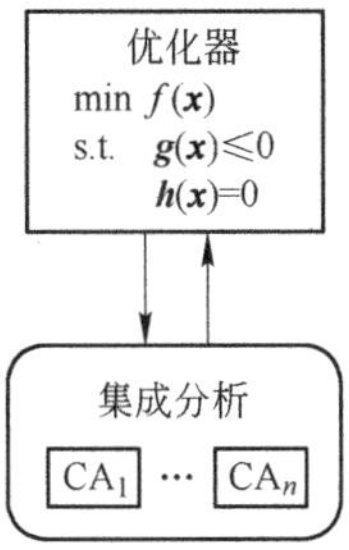

图9－4 有助分析设计优化策略的结构图

（2）同时分析设计。

为了解决传统单级优化方法的问题，提出了**同时分析设计**（Simultaneous Analysis Design，SAND）**策略**。如图9－5所示，同时分析设计优化策略的主要特点在于各子系统的分析不再是集成之后进行，而是各自独立地进行分析。对于各子系统间的耦合关系，采用辅助设计变量替代其他子系统中与本子系统相关的状态变量，用于子系统之间的解耦，使各子系统的分析能够独立地进行，从而实现子系统级的并行设计。在优化器中，为确保多个子系统中存在的耦合变量具有兼容性，增加了协调兼容约束（corresponding compatibility constraints）$h(\boldsymbol{x})$，子系统分析结果返回优化器，通过优化器中的协调兼容约束确保了耦合变量的初值与系统计算值相同，满足了辅助设计变量与其所

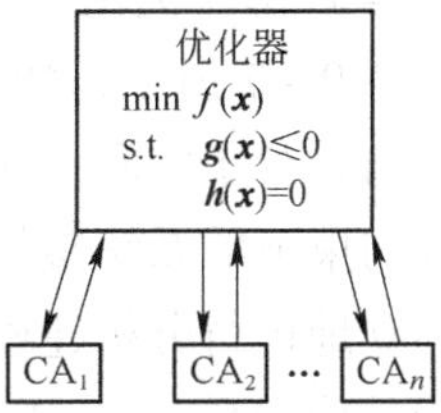

图9－5 同时分析设计优化策略的结构图

替代的其他学科的状态变量的一致性。

(3) 并行子空间优化。

图9-6所示为**并行子空间优化**（Concurrent Subspace Optimization, CSSO）**策略**的结构图，它以系统级的协调器取代了优化器，系统级的协调器通过协调兼容约束确保了各子系统在系统级的可行性。并行子空间优化方法区别于同时分析设计方法，它的主要特点在于各子系统内不再只进行分析，而是在子系统内进行独立的优化，每个子系统构成一个独立的优化模型，子系统的设计变量是与其他子系统互不相关的，对于在子系统内产生作用的其他子系统的状态变量，采用辅助设计变量进行替代。各个子系统在优化时可以根据优化问题的特点选用不同的优化工具，各子系统的优化结果构成系统的一组完整的设计解。系统级的任务是对各子系统优化得到的解进行协调处理，确保各学科间的耦合关系，以子系统解的一致性问题为出发点，调整子系统的优化目标，使子系统的优化解不断得到改进，最终得到满足系统收敛条件的最优解。

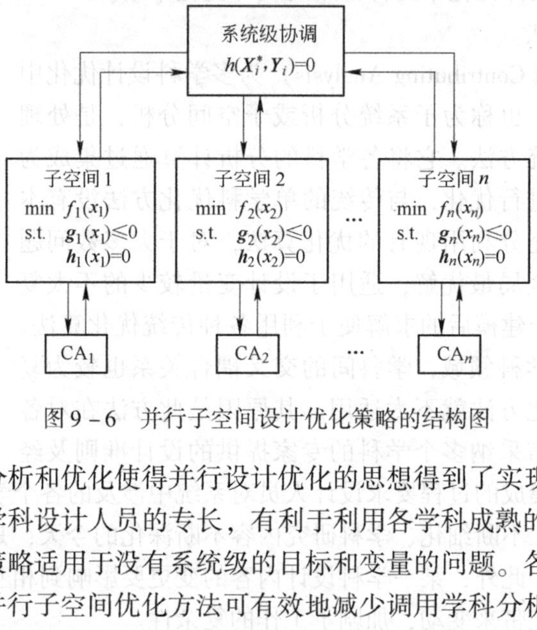

图9-6 并行子空间设计优化策略的结构图

各子系统的独立分析和优化使得并行设计优化的思想得到了实现，同时各子系统独自优化有利于充分发挥学科设计人员的专长，有利于利用各学科成熟的学科分析优化技术。

并行子空间优化策略适用于没有系统级的目标和变量的问题。各子系统保留独立的学科目标和设计变量。并行子空间优化方法可有效地减少调用学科分析的次数，其收敛的难度主要取决于所采用的优化算法。

(4) 协作优化。

图9-7所示为**协作优化**（Collaborative Optimization, CO）**策略**的结构图。协作优化策略与并行子空间优化方法的主要区别在于其具有系统级的优化功能，优化的对象是面向兼容约束下的系统整体的设计目标。它与并行子空间设计优化策略的共同点在于每个子系统独立地进行分析建模，可选用不同的分析与优化手段且并行地执行。例如在学科 i 中，作为其他学科 j（$j=1, 2, \cdots, n, j\neq i$）的输出、学科 i 的输入的状态变量 $\boldsymbol{Y}_j$，在子系统（空间）i 中用辅助设计变量 $(\boldsymbol{X}_{\mathrm{AUX}})_{ij}$ 替代，这样保证了各学科优化时具有的独立性。兼容约束（或差异函数）h 用以确保辅助设计变量与所替代的状态变量得到一致，即 $(\boldsymbol{X}_{\mathrm{AUX}})_{ij}=\boldsymbol{Y}_j$。兼容约束通常为等式约束。

系统级的优化使系统级的目标函数 f 在满足兼容约束 h 的条件下达到最小。系统级设

计变量 X_{SYS} 包含共享设计变量 X_{SH} 及辅助设计变量 X_{AUX}。每个学科子系统通过优化使其设计变量达到系统级的给定的目标值，同时应满足局域约束 g_i。学科目标函数与系统级的兼容约束应取得一致。

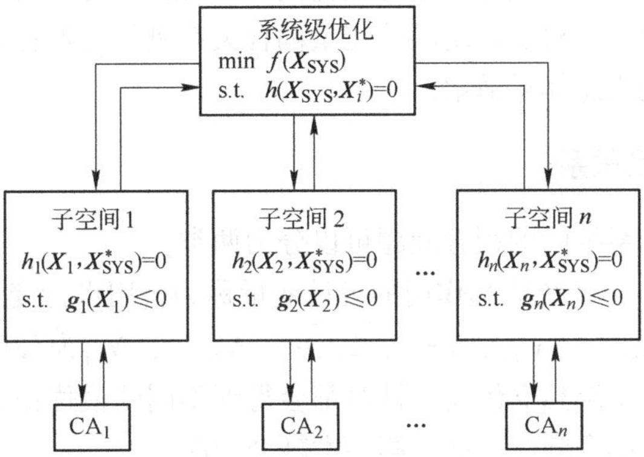

图 9－7 协作设计优化策略的结构图

9.3.5 集成平台界面

MDO 集成平台界面就是研究如何在计算机环境中对 MDO 的设计过程进行监视、控制，通过发挥设计人员的能动性提高设计的质量。MDO 强调设计过程不是完全自动化进行的，而是通过人机交互，设计人员在对设计优化进程进行人为控制的情况下进行的。J. Sobieszczanski－Sobieski 给出了集成平台中人机交互的共同特征：

（1）相关变量和独立变量能够灵活地用图形化的方式显示。

（2）除了能够显示工程数据相关信息之外，还可以显示项目任务之间的数据流以及项目的状态和计划情况等。

（3）试图支持工程设计人员连续性思维，并促进其洞察力，激发创造性。

（4）能够支持设计团队之间以及设计小组内成员之间的通讯。

（5）使设计人员能够通过菜单选项来对整个设计过程进行控制，或是在更高层次上，利用编程手段使不同的模块通过网络并行执行。

9.4 多学科变量耦合优化方法

多学科变量耦合优化方法是针对于非层级系统的多学科设计优化方法，主要用于解决设计目标分布于不同子系统中的多学科优化设计问题，其基本构想是在求解复杂耦合系统时，将系统分解为若干个分属于不同学科的子系统，各子系统相对独立地进行设计优化，在系统级对各子系统的优化进程中进行协调控制，通过构造耦合函数调整子系统的优化目标，使各子系统在满足其相互之间的耦合关系的前提下，获得系统整体的最优设计解。

9.4.1 总体思路

多学科变量耦合优化设计方法的总体思路是：对于一个复杂系统（见图 9－1），首先将其分解为分属于不同学科的多个子系统；系统分解后，系统的设计任务分解为各子系统的设计任务，各子系统可根据其学科领域的设计原理和系统设计要求相对独立地建立数学模型。然后，为使各个子系统能够独立地进行优化设计，将各子系统间的耦合关系进行拆解，使各子系统之间完全独立开来。这样，每个子系统都各自建立起一个具有自身的优化目标、设计约束和设计变量的独立完整的优化模型，可独立地进行优化设计。之后，通过系统级的优化协调控制器，对子系统间的变量耦合关系进行协调控制，最终求得满足子系统间的耦合关系的系统级总体最适解。

9.4.2 子系统间的耦合关系

复杂系统中的各子系统间的耦合问题可以分为两类：

（1）对于同时在各子系统中起作用的设计变量称为公用设计变量，所有公用设计变量组成公用设计变量集 $\boldsymbol{X}_{\mathrm{SH}} = \{x_{\mathrm{SH}k},\ k=1,\ 2,\ \cdots,\ N_{\mathrm{SH}}\}^{\mathrm{T}}$，$N_{\mathrm{SH}}$ 为公用设计变量的个数。同一公用设计变量在各子系统独立优化设计时都会得到不同的最优值，从而产生各子系统间关于这一类变量的相互耦合问题。此为第一类耦合问题。

（2）状态函数是由其所在子系统设计变量所确定的并在其他子系统中起设计变量作用的函数，子系统 i 中所有状态函数组成状态函数集 $\boldsymbol{Y}_i = \{y_{ik},\ k=1,\ 2,\ \cdots,\ N_{\mathrm{Y}i}\}^{\mathrm{T}}$，$N_{\mathrm{Y}i}$ 为子系统 i 状态变量的个数。同样，状态函数由其所在子系统优化所确定的值会不同于在其他子系统中作为设计变量经子系统优化所确定的值，就会在子系统间产生关于状态函数的耦合问题。此为第二类耦合问题。

为了解决上述两类耦合问题，采用变量替代方法。对于第一类耦合问题，在各子系统中设置对应于公用设计变量的公用替代变量，子系统 i 中的公用替代变量集为 $\boldsymbol{X}_{\mathrm{SH}i} = \{x_{\mathrm{SH}ik},\ k=1,\ 2,\ \cdots,\ N_{\mathrm{SH}i}\}^{\mathrm{T}}$，$N_{\mathrm{SH}i}$ 为第 i 个子系统公用设计变量的个数。每个子系统只对公用替代变量进行优化，优化结果便不会影响其他子系统。对于第二类耦合问题，在各子系统中设置对应于状态函数的状态变量，对应于状态函数集 $\boldsymbol{Y}_j$ 的子系统 i 的状态变量集为 $\boldsymbol{X}_{\mathrm{Y}ij} = \{x_{\mathrm{Y}ijk},\ k=1,\ 2,\ \cdots,\ N_{\mathrm{Y}j}\}^{\mathrm{T}}$，$N_{\mathrm{Y}j}$ 为子系统 j 状态函数的个数。每个子系统只对状态变量进行优化，优化得到的状态变量便不会因与状态函数相干扰而影响其他子系统。

此外，对于只在某一子系统 i 内起作用的变量称为局域设计变量，所有局域设计变量组成局域设计变量集 $\boldsymbol{X}_{\mathrm{D}i} = \{x_{\mathrm{D}ik},\ k=1,\ 2,\ \cdots,\ N_{\mathrm{D}i}\}^{\mathrm{T}}$，$N_{\mathrm{D}i}$ 为第 i 个子系统局域设计变量的个数。

通过变量替代，各子系统之间的耦合关系得到拆解，子系统的设计变量可为：

$$\boldsymbol{X}_i = [\boldsymbol{X}_{\mathrm{SH}i},\ \boldsymbol{X}_{\mathrm{D}i},\ \boldsymbol{X}_{\mathrm{Y}ij}]^{\mathrm{T}} \quad j = 1,\ 2,\ \cdots,\ N_{\mathrm{CA}};\ j \neq i$$

式中，N_{CA} 为子系统的个数。

这样，子系统便能够不受干扰地进行独立的优化设计。

9.4.3 系统级协调策略

系统级的协调用于控制子系统的优化进程和协调子系统间的耦合关系。系统级的协调任务主要有以下几个方面：

（1）依据对各子系统变量耦合状态的分析，构造理想耦合点 $\boldsymbol{X}_{\mathrm{SHP}}$，$\boldsymbol{Y}_{\mathrm{P}i}$。理想耦合点是指两类耦合问题中的公用设计变量、状态函数和与其对应的状态变量之间为达到耦合目标而确定的相互让步的理想中间值。

（2）根据理想耦合点构造耦合函数 CF_i。耦合函数是指为使各子系统满足其相互之间的耦合关系，根据各子系统当前的耦合程度构造的函数。耦合函数作为修正项施加于子系统的优化目标之中，通过对调整后的子系统的优化使得子系统的耦合程度得到改进。

（3）根据子系统的耦合程度，控制子系统的优化目标，不断优化，最终得到满足子系统耦合关系的系统总体最适解。

9.4.3.1 理想耦合点的确定

在完成了变量替代分解后，耦合变量便以相互独立的变量形式存在于不同的子系统之中。以含有两个子系统的情况为例，对于第一类耦合问题，公用设计变量 $x_{\mathrm{SH}k}$ 经过替换，分别表达为子系统 1 之中的 $x_{\mathrm{SH1}k}$ 和子系统 2 之中的 $x_{\mathrm{SH2}k}$，经过子系统的独立优化，得到各自子系统内的最优点 $x_{\mathrm{SH1}k}^*$ 和 $x_{\mathrm{SH2}k}^*$。虽然二者在不同子系统内分别确定，但由于代表的是同一变量，二者最终应取得一致才符合子系统耦合的要求。这一工作是通过系统级的优化协调来完成的。对于代表同一公用变量 $x_{\mathrm{SH}k}$ 的两个子系统中的替代变量 $x_{\mathrm{SH1}k}$ 和 $x_{\mathrm{SH2}k}$，设置一个介于 $x_{\mathrm{SH1}k}^*$ 和 $x_{\mathrm{SH2}k}^*$ 之间的理想点，通过使 $x_{\mathrm{SH1}k}^*$ 和 $x_{\mathrm{SH2}k}^*$ 趋近于这一理想点，最终使二者取得一致。将这一理想点称为**公用设计变量理想耦合点**，表示为 $x_{\mathrm{SHP}k}$，所有公用设计变量理想耦合点组成的公用设计变量理想耦合点集合可表示为 $\boldsymbol{X}_{\mathrm{SHP}} = \{x_{\mathrm{SHP}k},\ k=1,\ 2,\ \cdots,\ N_{\mathrm{SH}}\}$，$N_{\mathrm{SH}}$ 为公用设计变量个数。

公用设计变量理想耦合点取决于两方面因素：（1）公用变量的替代变量 $x_{\mathrm{SH1}k}$ 和 $x_{\mathrm{SH2}k}$ 的最优点 $x_{\mathrm{SH1}k}^*$ 和 $x_{\mathrm{SH2}k}^*$；（2）公用替代变量 $x_{\mathrm{SH1}k}$ 和 $x_{\mathrm{SH2}k}$ 在其取得最优解 $x_{\mathrm{SH1}k}^*$ 和 $x_{\mathrm{SH2}k}^*$ 处的变化对其所属子系统的目标函数的影响程度。

关于第二类耦合问题，对于子系统 2 中的状态变量 $x_{\mathrm{Y21}k}$ 与相应的子系统 1 中的状态函数 y_{1k}，经过子系统的独立优化，状态变量 $x_{\mathrm{Y21}k}$ 在子系统 2 中取得最优点 $x_{\mathrm{Y21}k}^*$，而对于状态函数 y_{1k}，也可以得到由子系统 1 的最优设计解决定的唯一值 y_{1k}^*。二者虽各自取值，但状态变量 $x_{\mathrm{Y21}k}$ 代表的是状态函数 y_{1k}，二者应取得一致，才符合耦合要求。因此，也采用上述对于不同子系统中的公用变量的处理方法，设置一介于 $x_{\mathrm{Y21}k}^*$ 和 y_{1k}^* 之间的理想点，通过使 $x_{\mathrm{Y21}k}^*$ 和 y_{1k}^* 趋近于这一理想点，最终达到二者取值的一致。将这一理想点称为子系统 1 的**状态函数理想耦合点**，表示为 $y_{\mathrm{P1}k}$，所有子系统 1 的状态函数理想耦合点组成子系统 1 的状态函数理想耦合点的集合，表示为 $\boldsymbol{Y}_{\mathrm{P1}} = \{y_{\mathrm{P1}k},\ k=1,\ 2,\ \cdots,\ N_{\mathrm{Y1}}\}$，$N_{\mathrm{Y1}}$ 为子系统 1 的状态函数个数。

同样，对于子系统 1 中的状态变量 $x_{\mathrm{Y12}k}$ 与相应的子系统 2 中的状态函数 y_{2k}，经过子系统 1 的独立优化取得的最优点 $x_{\mathrm{Y12}k}^*$ 和子系统 2 的最优设计解决定的唯一值 y_{2k}^*，可以设置一个子系统 2 的状态函数理想耦合点，表示为 $y_{\mathrm{P2}k}$，所有子系统 2 的状态函数理想耦合点组成子系统 2 的状态函数理想耦合点的集合，表示为 $\boldsymbol{Y}_{\mathrm{P2}} = \{y_{\mathrm{P2}k},\ k=1,\ 2,\ \cdots,\ N_{\mathrm{Y2}}\}$，$N_{\mathrm{Y2}}$ 为子系统 2 的状态函数个数。

9.4.3.2 耦合函数的构造

多学科变量耦合优化方法中，为了使子系统的优化设计结果能够满足子系统间变量的耦合要求，建立了一种耦合机制，通过在子系统的目标函数中附加耦合函数调整子系统的优化目标，使子系统的最优设计变量和状态函数值不断趋近于理想耦合点，最终得到满足耦合要求的系统最优解。

耦合函数具有如下特点：对应于每一个子系统建立一个耦合函数；耦合函数中包含对应于每一个耦合变量（包括公用替代变量、状态变量和状态函数）的耦合项；每个耦合项由耦合变量与理想耦合点之差、让步系数（其作用在于根据设计变量对所属子系统目标函数的敏度调节该项的重要程度）和比例系数三部分组成。

子系统 i 的耦合函数的数学表达式为：

$$CF_i = \sum_{k=1}^{N_{SH}} r_{SHik} k_{SHik} \left| x_{SHik} - x_{SHPk} \right| + \sum_{\substack{j=1 \\ j \neq i}}^{N_{CA}} \sum_{k=1}^{N_{Yj}} r_{XYijk} k_{XYijk} \left| x_{Yijk} - y_{Pjk} \right| + \sum_{k=1}^{N_{Yi}} r_{Yik} k_{Yik} \left| y_{ik} - y_{Pik} \right| \qquad (9-7)$$

式中，$i=1,\cdots,N_{CA}$；r_{SHik} 为子系统 i 的公用替代变量的让步系数；r_{XYijk} 为子系统 i 的状态变量的让步系数；r_{Yik} 为子系统 i 的状态函数的让步系数；k_{SHik} 为子系统 i 的公用替代变量的比例系数；k_{XYijk} 为子系统 i 的状态变量的比例系数；k_{Yik} 为子系统 i 的状态函数的比例系数。

由上式可以看出，耦合函数由三部分组成：第一部分为公用替代变量 x_{SHik} 的耦合函数，共有 N_{SH} 项；第二部分为状态变量 x_{Yijk} 的耦合函数，共有 N_{Yj} 项；第三部分为状态函数 y_{ik} 的耦合函数，共有 N_{Yi} 项。

让步系数的作用在于，根据各个设计变量对所属子系统目标的局域敏度来调整耦合函数中的各项。当设计变量的变化对所属子系统的目标函数影响较大时，通过让步系数，弱化该变量所在项在耦合函数中的作用，使该变量在子系统优化中做出相对较少的让步。比例系数的作用在于，根据各个设计变量的耦合程度调整对应项在耦合函数中所起的作用。若设计变量与理想耦合点的相对差值较大，则对应的比例系数相应增大，从而与之相对应项在耦合函数中所起作用相对增大，有利于利用耦合函数通过子系统的优化使设计变量的耦合关系得到满足。

9.4.4 系统优化模型

综合以上分析，通过变量替代使子系统实现了独立优化设计，各子系统向系统输出子系统最优解，经过系统级的协调，对子系统之间的耦合变量建立联系，以理想耦合点为参照，构造了耦合函数，调整子系统的优化目标，从而使子系统的优化能够满足子系统相互之间的耦合要求。以下为含有 N_{CA} 个子系统的多学科变量耦合优化设计方法的系统优化模型，见图9-8。

图中，$F_i(\boldsymbol{X}_i)$ 为子系统 i 的加权的优化目标函数，即 $F_i(\boldsymbol{X}_i) = W_{fi} \cdot f_i(\boldsymbol{X}_i)$，$W_{fi}$ 为子系统 i 优化目标的权值系数，$f_i(\boldsymbol{X}_i)$ 为子系统 i 优化目标函数；W_i 为子系统 i 的耦合权值，用于调整耦合函数 CF_i 在子系统的新的优化目标函数中所占的作用；$h(\boldsymbol{X}_1,\cdots,\boldsymbol{X}_{N_{CA}},\boldsymbol{Y}_1,\cdots,\boldsymbol{Y}_{N_{CA}})$ 为系统协调函数；ε 为收敛精度值，为大于 0 的很小实数。

9.4.5 多学科变量耦合优化方法工作流程

多学科变量耦合优化设计方法的工作步骤如下：

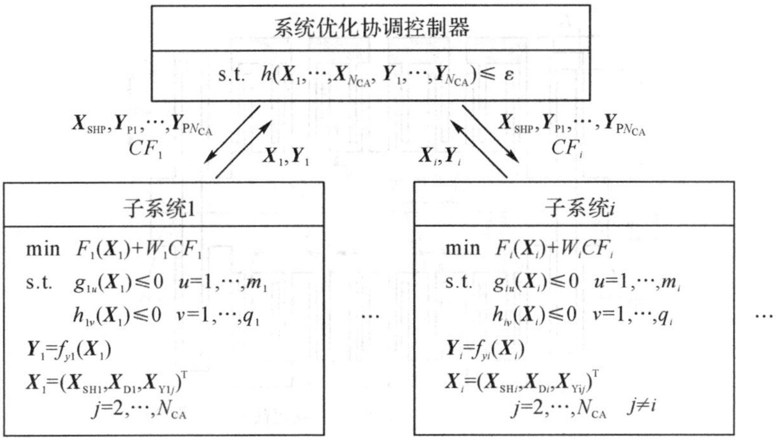

图9-8　多学科变量耦合优化设计方法的系统优化模型

(1) 输入系统中包含的子系统个数，输入公用设计变量和各子系统的局域变量、状态变量的数量、初值、上下界值，各子系统的约束个数以及耦合权值和收敛精度等其他数据。

(2) 进入第一阶段的优化设计，其主要目标是在不考虑系统间的耦合关系的前提下，每个子系统对目标函数独立进行优化，得到子系统独立的最优解（包括最优目标值和最优解以及状态函数值）作为进一步求解具有耦合关系的子系统最优解的出发点。

(3) 计算系统协调函数值：完成第一阶段所有子系统的优化设计后，根据每个子系统的最优设计解和状态函数值，计算各个子系统的公用替代变量之间以及状态变量与状态函数之间相互的耦合程度，并据此判断系统优化是否收敛。

(4) 判断系统耦合关系是否得到满足，若是，转到步骤（9），否则，继续下一步。

(5) 进入第二阶段的优化设计，以变量之间的耦合为目标，确定理想耦合点，构造耦合函数，对子系统优化目标进行修正，每个子系统对调整后的新目标函数进行独立优化。

(6) 计算系统耦合协调约束函数值：完成第二阶段所有子系统的优化设计后，根据每个子系统的最优设计变量和状态函数值，计算各个子系统的公用替代变量之间以及状态变量与状态函数之间相互的耦合程度，并据此判断系统优化是否收敛，若是，转到步骤(9)，否则，继续下一步。

(7) 调整耦合权值 W_i。

(8) 转到步骤（5）。

(9) 设计完成，输出满足耦合关系的最终设计结果。

(10) 程序结束。

【例9-1】 梳齿式微机械加速度计的多学科设计优化。

梳齿式微机械加速度计是电容式微惯性传感器中的一种，其基本工作原理是当系统受到惯性力时，敏感质量产生位移，引起检测电容的变化，通过电路测量得到加速度值。梳齿式微机械加速度计的基本结构如图9-9所示。

梳齿式微机械加速度计的设计主要包括微机械学和微电子学两部分工作，据此可以将系统分解为两个子系统，建立系统的优化模型，见图9-10。

微机械学子系统的优化目标为使一阶模态的固有频率 f_x 与二阶模态的固有频率 f_2 之

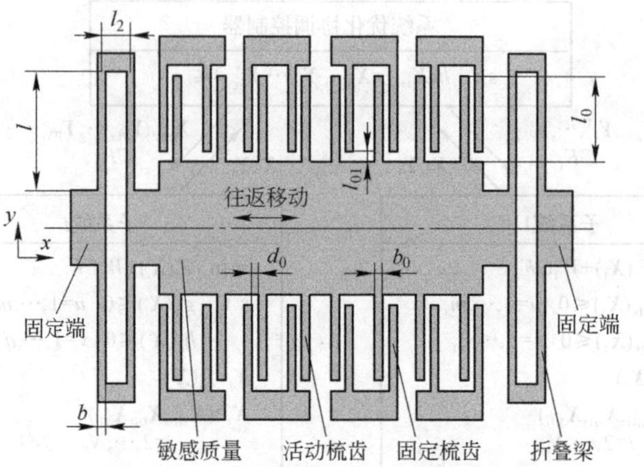

图 9－9 梳齿式微机械加速度计的结构图

子系统 1	微机械学
min	$F_1=\frac{f_x}{f_2}=\frac{f_x}{\min(f_y,f_z)}$
s.t.	$g_{11}=1-K_x/K_e\leqslant 0$ $g_{12}=1-N_p\leqslant 0$ 式中 $N_p=\frac{6Ed_0^2 b^6 b_0^3 l_0^2}{\Delta\gamma(2b^3l_0^3+nb^3{}_0l^3)^2}$
y_{11} y_{12}	$K_x=2Eb^3h/l^3$ $A=n(l_0-l_{01})h$
$\boldsymbol{X}_1$	$\boldsymbol{X}_1=[d_0,b,l,b_0,l_0,h,K_e]^T$ $=[x_{SH11},x_{D11},x_{D12},x_{D13},x_{D14},x_{D15},x_{Y121}]^T$

K_e ←

→ K_x, A

子系统 2	微电子学
min	$F_2=\frac{\Delta a}{a_{max}}$
s.t.	$g_{21}=\Delta a/\Delta a_0-1\leqslant 0$ $g_{22}=1-a_{max}/a_0\leqslant 0$ 式中 $a_{max}=2\varepsilon\varepsilon_0 AU_{ref}^2/(md_0^2)$; $\Delta a=K_xd_0^2\Delta C/(2m\varepsilon\varepsilon_0 A)$
y_{21}	$K_e=4\varepsilon\varepsilon_0 AU_{ref}^2/d_0^3$
$\boldsymbol{X}_2$	$\boldsymbol{X}_2=[d_0,U_{ref},K_x,A]^T$ $=[x_{SH21},x_{D21},x_{Y211},x_{Y212}]^T$

图 9－10 梳齿式微机械加速度计的优化模型

比最小化，即使敏感方向的频率尽可能小于非敏感方向的频率，提高抗干扰能力。需要满足的约束条件为：（1）刚度条件——结构的机械静刚度 K_x 应不小于预载电压引起的静电负刚度 K_e；（2）系统结构的黏附条件——应使剥离数 N_p 大于 1。

微电子学子系统的优化目标为使系统分辨率 Δa 与系统的最大量程 a_{max} 之比最小化，即以获得大的动态范围为目标。需要满足的约束条件为：（1）系统分辨率应高于系统目标分辨率 Δa_0；（2）系统的最大量程应大于系统最大目标量程 a_0。

两子系统间处于相互耦合的状态，其相互耦合的变量为：

（1）公用设计变量——加速度计的梳齿间距 d_0。

（2）微机械学子系统的状态函数——机械静刚度 K_x 和梳齿正对面积 A。

（3）微电子学子系统的状态函数——电刚度 K_e。

模型中其他参数的意义：f_y、f_z 分别为敏感质量在 y、z 方向的固有频率，E 为材料的弹性模量，m 为敏感质量，n 为梳齿个数，h 为结构厚度，U_{ref} 为预载电压，$\varepsilon\varepsilon_0$ 和 ΔC 分别为介电常数和最小检测电容变化量，$\Delta\gamma$ 为单位面积黏附能。

针对上述模型，采用多学科变量耦合优化设计方法对该系统进行优化设计。最终得到的优化结果见表9－1。

表9－1 梳齿式微机械加速度计多学科优化设计结果

变量/函数	子系统1	子系统2
公用设计变量	$x_{SH11}=d_0=2.000\times10^{-6}m$	$x_{SH21}=d_0=2.000\times10^{-6}m$
局域设计变量	$x_{D11}=b=6.000\times10^{-6}m$ $x_{D12}=l=364.000\times10^{-6}m$ $x_{D13}=b_0=3.000\times10^{-6}m$ $x_{D14}=l_0=400.000\times10^{-6}m$ $x_{D15}=h=34.000\times10^{-6}m$	$x_{D21}=U_{ref}=4.500V$
状态变量	$x_{Y121}=K_e=51.000N\cdot m^{-1}$	$x_{Y211}=K_x=52.000N\cdot m^{-1}$ $x_{Y212}=A=568.700\times10^{-9}m^2$
状态函数	$y_{11}=K_x=51.774N\cdot m^{-1}$ $y_{12}=A=568.480\times10^{-9}m^2$	$y_{21}=K_e=51.011N\cdot m^{-1}$
目标函数	$F_1=3.11419\times10^{-2}$	$F_2=8.09356\times10^{-6}$

根据表中设计结果，两子系统的状态变量与所对应的状态函数的取值基本达到了一致，满足了系统的耦合关系，符合设计要求。

9.5 多学科目标兼容优化方法

多学科目标兼容优化方法是针对于非层级系统的多学科设计优化提出的，主要用于解决具有全局设计目标的含多个子系统的多学科优化设计问题。非层级系统的特点是子系统之间没有等级关系，各子系统之间的信息是“耦合”在一起，形成一种“网”状的结构，也称为耦合系统。多学科目标兼容优化设计方法在求解非层级复杂系统时，将系统分解为若干个分属不同学科的子系统，各子系统通过相对独立的优化设计过程求得子系统目标兼容值，实现面向系统级总体设计目标的优化，最终获得系统总体的最优解。

9.5.1 总体思路

多学科目标兼容优化设计方法的基本思路是：将复杂系统根据学科属性分解成多个并行的子系统；采用变量替代方法将系统内的耦合关系进行拆解，各子系统通过建立兼容目标使各子系统在独立优化的同时满足相互之间的耦合关系；系统级目标由工程设计要求确定，系统级通过与各子系统对应的兼容约束来消除学科间耦合变量的不一致性，最终求得满足耦合关系的总体最优解。与多学科变量耦合优化方法的区别在于，系统级不是仅仅进行子系统间的协调，而且还面向总体设计优化目标进行优化。

9.5.2 系统之间的变量

多学科目标兼容优化设计中，根据变量在系统优化过程中所起的作用将设计变量分为公用变量、状态变量和局域变量三种。

(1) **公用变量**。在每个子系统中都产生影响，有多个系统对它进行优化的变量称为公用变量，子系统 i 中的公用变量表示为：

$$X_{SHi} = [x_{SHi1}, x_{SHi2}, \cdots]^T$$

在系统级中对应的公用变量表示为：

$$Z_{SH} = [z_{SH1}, z_{SH2}, \cdots]^T$$

（2）**状态变量**。子系统 i 中替代子系统 j 的状态函数的变量称为状态变量，表示为：

$$X_{Yij} = [x_{Yij1}, x_{Yij2}, \cdots]^T \quad i, j = 1, 2, \cdots, N; j \neq i$$

状态函数是由某一子系统的设计解所决定的，子系统 j 的状态函数表示为：

$$Y_j = [y_{j1}, y_{j2}, \cdots]^T$$

与子系统中的状态函数和状态变量对应的系统级状态变量为：

$$Z_{Yi} = [z_{Yi1}, z_{Yi2}, \cdots]^T$$

（3）**局域变量**。只在一个子系统内起作用的变量称为局域变量，表示为：

$$X_{Di} = [x_{D1}, x_{D2}, \cdots]^T$$

这样，系统级的设计变量可以表示为：

$$Z = [Z_{SH}, Z_{Yi}]^T$$

子系统 i 的设计变量可以表示为：

$$X_i = [X_{SHi}, X_{Yij}, X_{Di}]^T \quad j = 1, 2, \cdots, N_{CA}; j \neq i$$

式中，N_{CA} 为子系统的个数。

9.5.3 兼容约束与兼容目标函数

图 9－11 所示为多学科目标兼容优化设计方法的系统模型。

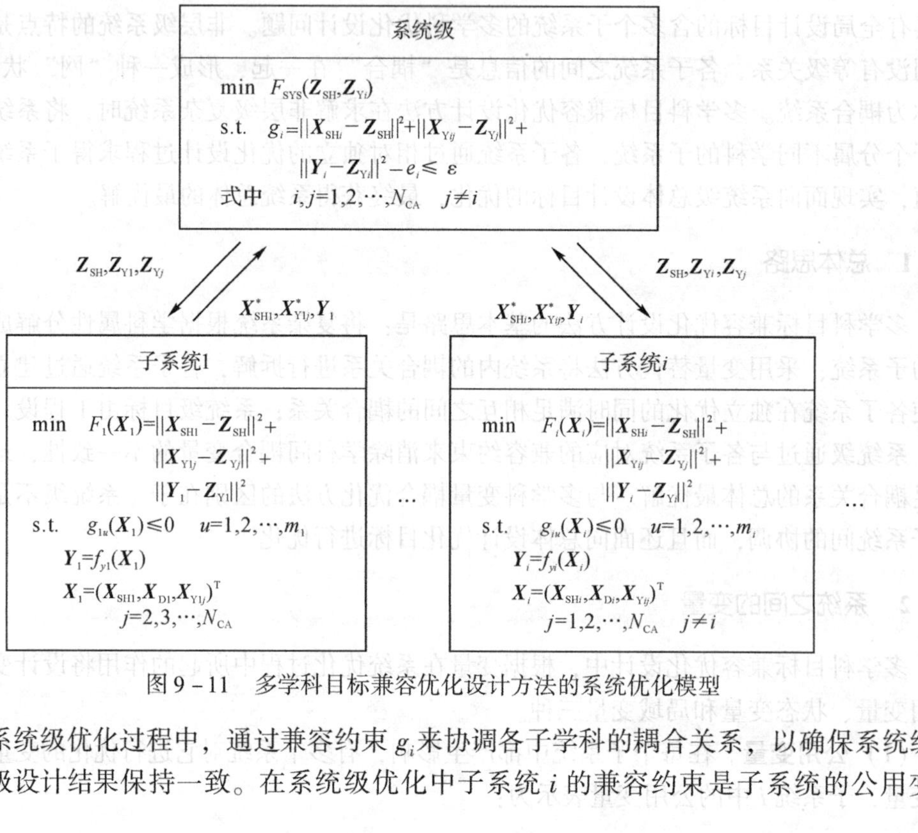

图 9－11 多学科目标兼容优化设计方法的系统优化模型

在系统级优化过程中，通过兼容约束 g_i 来协调各子学科的耦合关系，以确保系统级与子系统级设计结果保持一致。在系统级优化中子系统 i 的兼容约束是子系统的公用变量

X_{SH}、状态变量 X_{Yij}、状态函数 Y_i 与系统级的设计变量 Z_{SH}、Z_{Yi}的函数，即

$$g_i = \| X_{SH} - Z_{SHi} \|^2 + \| X_{Yij} - Z_{Yj} \|^2 + \| Y_i - Z_{Yi} \|^2 \quad (9-8)$$

并在优化中要求兼容约束小于兼容约束的松弛值，即 $g_i < e_i$，且 $e_i > 0$ 称为兼容约束的松弛值，且在每轮优化中逐渐变小，最终收敛于预先设定的收敛精度值 e_0，在系统级优化中当 $g_i < e_0$ 时，表示满足了各子系统组成的兼容约束；若 $g_i > e_0$ 时，则不满足兼容约束，需返回子系统继续求解。系统级每次计算后将 Z_{SH}、Z_{Yi}、Z_{Yj}对应的值反馈给子系统。

在子系统中，构造的兼容目标函数为：

$$f_i = \| X_{SHi} - Z_{SH} \|^2 + \| X_{Yij} - Z_{Yj} \|^2 + \| Y_i - Z_{Yi} \|^2 \quad (9-9)$$

子系统优化的目的就是在满足由学科组成约束的同时，使子系统兼容目标的优化服从于系统级总体最优目标。对子系统独立优化后，将 X_{SHi}、X_{Yij}、Y_i 的值传给系统级。

e_i 为松弛值，它在每一次子系统优化中的取值是不断变化的，这样可以使耦合变量在不同子系统中的取值一致性要求逐步得到满足。在优化的初始阶段 e_i 取值较大，使一致性要求相对宽松一些，从而得到满足一致性要求的优化解；在以后的每一次子系统优化中，根据上一次系统级优化和子系统优化得到的最优解分析子系统间的不一致信息，使松弛值 e_i 得到不断的改进，这样当 e_i 减小到系统预先设定的精度要求时，便可以认为子系统之间对应变量的一致性要求得到了满足，此时得到的最优解就是满足耦合关系的整体最优解。

9.5.4 多学科目标兼容优化方法工作流程

多学科变量耦合优化设计方法的工作步骤如下：

(1) 输入系统中的初始设计参数及收敛条件：子系统的个数，各子系统的公用设计变量和各子系统的局域变量，状态变量的初始值、上下界值，各子系统的约束个数以及相关的收敛精度值等。

(2) 各子系统进行独立的优化设计，在不考虑子系统间的耦合关系前提下，每个子系统独立进行优化，得到子系统独立优化的最优解 X_{SHi}^*、X_{Yij}^*、$X_{Di}^*(j=1, 2, \cdots, N_{CA}; j \neq i)$ 及对应的状态函数值 Y_i^*，构造子系统 i 对应的兼容约束 g_i，为整个系统的兼容处理作准备。

(3) 判断系统耦合关系是否得到满足，若是，则转到步骤 (8)，否则继续下一步。

(4) 选用合适的通用算法程序作为系统级优化算法程序，对系统级进行优化求解。

(5) 将系统级优化的最优解 Z_{SHi}^*、Z_{Yi}^*传递到各子系统中，构造子系统的兼容目标函数。

(6) 对所有子系统进行优化，得到子系统独立优化的最优解 X_{SHi}^*、X_{Yij}^*、$X_{Di}^*(j=1, 2, \cdots, N_{CA}; j \neq i)$ 及对应的状态函数值 Y_i^*，构造子系统 i 对应的兼容约束 g_i，为整个系统的兼容处理作准备。

(7) 判断系统耦合关系是否得到满足，若是，则转到步骤 (8)，否则转到步骤 (4)。

(8) 设计完成，输出满足耦合关系的最终设计结果。

(9) 程序结束。

【例 9-2】 扭摆式微机械加速度计的多学科设计优化。

扭摆式微机械加速度计属于电容式微惯性传感器，其基本结构如图 9-12 所示，主要由质量片、支撑梁和衬底组成。扭摆式微机械加速度计的基本工作原理是：当系统受到惯性

力时，质量片绕支撑梁旋转，产生扭摆运动，通过电路测量质量片与衬底之间差动电容的变化，形成反馈静电力平衡质量片的惯性力，使质量片保持在平衡位置，同时获得加速度值。

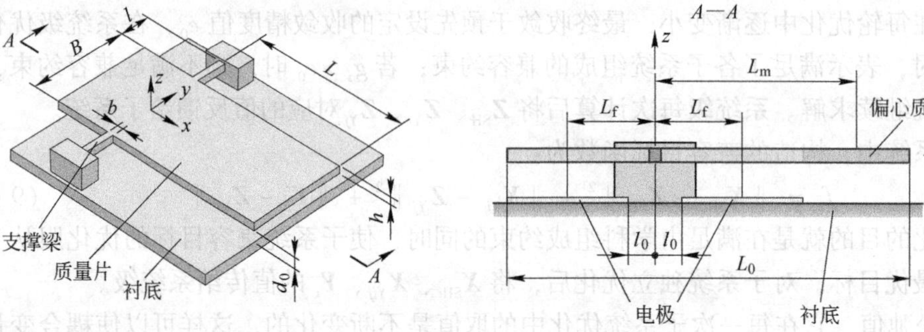

图 9－12 扭摆式微机械加速度计结构图

扭摆式微机械加速度计的设计主要包括微机械学和微电子学两部分，可以据此将系统分解为两个子系统，建立系统的优化模型（见图 9－13）。

	系统级优化模型
min	$F = \dfrac{\Delta a}{a_{max}} = \dfrac{K_{ry} d_0^4 \Delta C}{4(\varepsilon\varepsilon_0)^2 A^2 L_f^2 U_{ref}^2}$
s. t.	$g_1 = \sum_{i=1}^{N_{CA}} \Vert X_{SHi} - Z_{SH} \Vert + \sum_{i=1}^{N_{CA}} \sum_{j=1, j\neq i}^{N_{CA}} \Vert X_{Yij} - Z_{Yi} \Vert + \sum_{i=1}^{N_{CA}} \Vert Y_i - Z_{Yi} \Vert - e_i \leqslant \varepsilon$ $g_2 = 1 - d_0/(4 \times 10^{-6}) \leqslant 0$ $g_3 = d_0/(16 \times 10^{-6}) - 1 \leqslant 0$ $g_5 = L_f/(70 \times 10^{-5}) - 1 \leqslant 0$ $g_4 = 1 - L_f/(20 \times 10^{-5}) \leqslant 0$ $g_6 = 1 - L_m/(2L_f - l_0) \leqslant 0$
Z	$Z = [d_0, L_m, L_f, K_{ry}, A, \Delta m, K_e]^T = [Z_{SH1}, Z_{SH2}, Z_{SH3}, Z_{Y11}, Z_{Y12}, Z_{Y13}, Z_{Y21}]^T$

子系统 1	微机械学
min	$f_1 = \Vert X_{SH1} - Z_{SH} \Vert + \sum_{i=2}^{N_{CA}} \Vert X_{Y1i} - Z_{Yi} \Vert$
s. t.	$g_{11} = 1 - K_{ry}/K_e \leqslant 0$ $g_{12} = 1 - N_p = 1 - \dfrac{0.375 E d_0^2 h^3 (6K_{ry}L + EBh^3)^2}{\Delta\gamma L^4 (3K_{ry}L + EBh^3)^2} \leqslant 0$
y_{11} y_{12} y_{13}	$y_{11} = K_{ry} = 2G\beta h b^3 / l$ $y_{12} = A = 2B(L_f - l_0)$ $y_{13} = \Delta m = 2\rho[L_m - (2L_f - l_0)]Bh$
X_1	$X_1 = [d_0, L_m, L_f, b, h, B, l, K_e]^T = [x_{SH11}, x_{SH12}, x_{SH13}, x_{D11}, x_{D12}, x_{D13}, x_{D14}, x_{Y121}]^T$

子系统 2	微电子学
min	$f_2 = \Vert X_{SH2} - Z_{SH} \Vert + \sum_{i=1, i\neq 2}^{N_{CA}} \Vert X_{Y1i} - Z_{Yi} \Vert$
s. t.	$g_{21} = \dfrac{\Delta a}{\Delta a_0} - 1 = \dfrac{K_{ry} d_0^2 \Delta C}{2\Delta m \varepsilon\varepsilon_0 A L_m L_f \Delta a_0} - 1 \leqslant 0$ $g_{22} = 1 - \dfrac{a_{max}}{a_0} = 1 - \dfrac{2\varepsilon\varepsilon_0 A U_{ref}^2 L_f}{d_0^2 \Delta m L_m a_0} \leqslant 0$
y_{21}	$y_{21} = K_e = \dfrac{4\varepsilon\varepsilon_0 L_f^2 A U_{ref}^2}{d_0^3}$
X_2	$X_2 = [d_0, L_m, L_f, K_{ry}, A, \Delta m]^T = [x_{SH21}, x_{SH22}, x_{SH23}, x_{Y211}, x_{Y212}, x_{Y213}]^T$

图 9－13 扭摆式微机械加速度计的多学科设计优化模型

系统级优化目标为使系统分辨率 Δa 与系统的最大量程 a_{max} 之比最小化，即以获得大的动态范围为目标。其需要满足的约束条件为：(1) 兼容约束条件；(2) 几何约束。

微机械学子系统的优化目标是以满足耦合关系为目的的兼容目标。其需要满足的约束条件为：(1) 刚度条件——微结构检测方向的机械静刚度 K_{ry} 应不小于预载电压引起的静电负刚度 K_e，以确保系统工作在稳定状态；(2) 系统结构的黏附条件——应使剥离数 N_p 大于1，这样不致因质量片与衬底之间的黏附而导致系统失效。

微电子学子系统的优化目标为兼容目标。其需要满足的约束条件为：(1) 系统分辨率应高于系统目标分辨率 Δa_0；(2) 系统的最大量程应大于系统最大目标量程 a_0。

两子系统间处于相互耦合的状态，其相互耦合的变量为：

(1) 公用设计变量——加速度计质量片与衬底的极板间距 d_0、惯性力力臂 L_m 和静电力力臂 L_f。

(2) 微机械学子系统的状态函数——机械静刚度 K_{ry}、电极与质量片的正对面积 A 和偏心质量 Δm。

(3) 微电子学子系统的状态函数——静电负刚度 K_e。

模型中其他参数的意义：E 为材料的杨氏模量，G 为材料的切变模量，m 为敏感质量，h 为结构厚度，U_{ref} 为预载电压，$\varepsilon\varepsilon_0$ 和 ΔC 分别为介电常数和最小检测电容变化量，$\Delta\gamma$ 为单位面积黏附能。

针对上述具有系统级优化目标的多学科设计优化模型，采用多学科目标兼容设计优化方法对系统进行优化设计，最终得到的优化结果见表 9－2。

表 9－2 扭摆式微机械加速度计多学科设计优化结果

系统级		
目标函数	$F=3.7518\times10^{-2}$	
设计变量	$z_{SH11}=d_0=8.023\times10^{-6}$ m　$z_{SH12}=L_m=140.116\times10^{-5}$ m　$z_{SH13}=L_f=49.982\times10^{-5}$ m $z_{Y11}=K_{ry}=34.144$ N·m/rad　$z_{Y12}=A=1961.076\times10^{-9}$ m^2　$z_{Y13}=\Delta m=78.974\times10^{-9}$ kg $z_{Y21}=K_e=10.105\times10^{-7}$ N·m/rad	
子系统级		
变量/函数	微机械学子系统	微电子学子系统
公用设计变量	$x_{SH11}=d_0=7.981\times10^{-6}$ m $x_{SH12}=L_m=140.006\times10^{-5}$ m $x_{SH13}=L_f=50.012\times10^{-5}$ m	$x_{SH21}=d_0=7.955\times10^{-6}$ m $x_{SH22}=L_m=139.988\times10^{-5}$ m $x_{SH23}=L_f=50.237\times10^{-5}$ m
局域设计变量	$x_{D11}=b=10.073\times10^{-6}$ m $x_{D12}=h=20.957\times10^{-6}$ m $x_{D13}=B=200.133\times10^{-5}$ m $x_{D14}=l=197.066\times10^{-6}$ m	
状态变量	$x_{Y121}=K_e=10.105\times10^{-7}$ N·m/rad	$x_{Y211}=K_{ry}=34.008$ N·m/rad $x_{Y212}=A=1962.068\times10^{-9}$ m^2 $x_{Y213}=\Delta m=79.134\times10^{-9}$ kg
状态函数	$y_{11}=K_{ry}=34.125\times10^{-7}$ N·m/rad $y_{12}=A=1961.783\times10^{-9}$ m^2 $y_{13}=\Delta m=79.068\times10^{-9}$ kg	$y_{21}=K_e=9.837\times10^{-7}$ N·m/rad
约束函数	$g_{11}=-31.6352723\leqslant0$ $g_{12}=-0.4141414\leqslant0$	$g_{21}=-6.5385678\leqslant0$ $g_{22}=-0.4141414\leqslant0$

根据表中设计结果，两子系统的状态变量与所对应的状态函数的取值基本达到一致，满足了系统的耦合关系，符合设计要求。

习 题

9-1 试分析多学科设计优化与经典优化设计方法的主要区别。

9-2 简述多学科设计优化方法的基本特点。

9-3 多学科设计优化方法中，子系统之间的耦合问题是如何解决的？

9-4 试选择一含有多学科设计内容的复杂系统优化问题，建立其多学科设计优化模型，分析系统级和各子系统的优化要素，并选择适当的多学科优化方法。

10 离散问题优化设计方法

10.1 引　言

一般的优化设计方法只能求得连续变量的最优解。但是多数机械设计问题是一种混合的离散设计变量的问题，即在数学模型中同时存在连续设计变量、整型设计变量和离散设计变量。例如，图 10 - 1(a) 所示的齿轮传动装置的优化设计，若把齿数、模数、齿宽和变位系数取为设计变量，则齿数是个整型量，模数是需要符合国家齿轮标准的一系列离散量，变位系数和齿宽可以看作是连续量（但对齿宽来说，如按长度 mm 单位计算，则也可以看作是一个整型量）。又如，桥式起重机主梁的设计，如图 10 - 1(b) 所示，设计变量包括板厚 t_1、t_2 和 t_3，主梁高度 H 和宽度 B。因为可供选用的板材厚度是有限的离散值，如 5、6、8、10…（mm），而高度 H 和宽度 B 若是任意连续取值，则这也是一个混合离散变量优化设计问题。

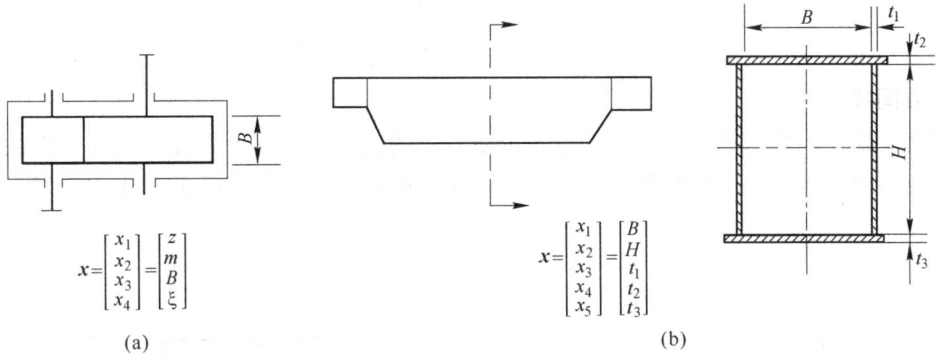

图 10 - 1　混合变量的优化设计问题示例

(a) 齿轮传动装置；(b) 桥式起重机的箱形主梁

在机械设计中，任何一项产品的设计都应该符合本行业的设计规范和各种参数的技术标准。而且，随着标准化、规格化程度的不断提高，某些设计变量只能取离散或整型值的情况也将愈来愈显得重要和迫切需要。在机械设计中，以往解决这类问题的办法是先用连续变量优化方法求出连续变量的最优解，然后再把它圆整到最靠近的离散点上。这种方法具有局限性，因为圆整后最靠近的离散点，有可能是一个不可行点，这时就需要另找其他的离散点。如若采用离散问题优化设计方法，不仅可以使优化结果（所提供的数据）完全符合设计规范的要求，而且由于只在有限的离散点上进行搜索计算，还可以大大加快优化计算的速度。正由于这个原因，发展离散变量优化设计方法乃是目前工程优化设计发展中的一个很重要的方面。

10.2 离散问题优化设计的基本概念

10.2.1 离散变量与离散空间

当一个设计变量只允许取某些特定的离散值时，称为**离散设计变量**或**离散变量**；由 p 个离散变量实轴所能取的全部离散值集合，称为**离散设计空间**，用 X^D 表示。

考虑到工程设计中的一切数据都可以作出有序的排列，如由小到大或相反，所以即使是前后数据无关的列表数据，也可以把它们由小到大排列在各个设计变量 x_i 的实轴上，如图 10－2(a) 所示，这些相互间隔的点称为**离散点**，每个点所对应的坐标值称为**离散值**。在这里约定：离散值 q_{ij} 是个实数，且

$$q_{ij-1} < q_{ij} < q_{ij+1} \quad i=1,2,\cdots,p$$

因而，在优化计算时必须保证离散变量在这些离散点上取值

$$x_i^D = \{q_{ij} \mid 1 \leqslant j \leqslant l_i\} \tag{10-1}$$

式中，l_i 为离散值所取的个数。离散变量 x_i 沿其轴线方向的相邻离散值之差称为**离散增量**，即

$$\begin{aligned} &\text{正增量} \quad \Delta_i^+ = q_{ij+1} - q_{ij} \\ &\text{负增量} \quad \Delta_i^- = q_{ij-1} - q_{ij} \end{aligned} \tag{10-2}$$

一般对于非均匀离散变量 $|\Delta_i^+| \neq |\Delta_i^-|$；而对于均匀离散变量，其 $|\Delta_i^+| = |\Delta_i^-| = \Delta_i$，称为**离散间隔**。

同理，对于三维的离散变量，若过每个变量轴的离散点作其垂直面，这些平面的相互交点就是三维离散空间中的离散点，并形成一个空间点阵，如图 10－2 (b) 所示。

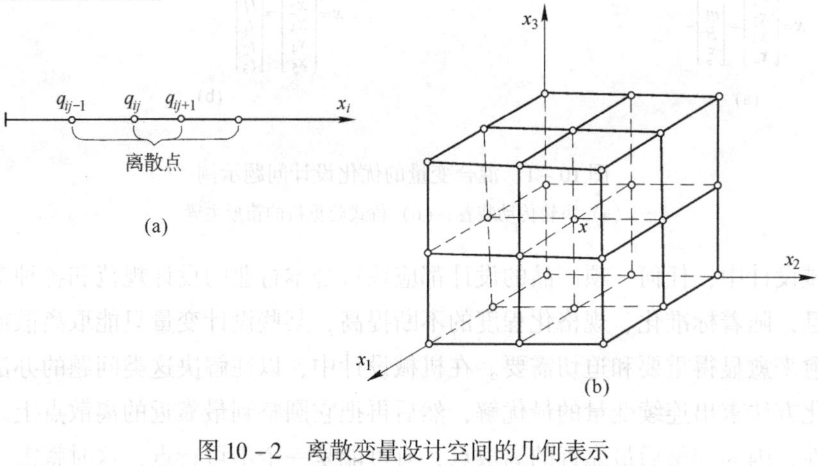

图 10－2 离散变量设计空间的几何表示

(a) 一维离散变量空间；(b) 三维离散变量空间

设离散变量的维数为 p，每个离散变量可取离散值的最大数目为 l，则离散变量的全部离散值可用一个 $p \times l$ 阶矩阵 $\boldsymbol{Q}$ 来表示，即

$$Q = \begin{bmatrix} q_{11} & q_{12} & \cdots & q_{1l} \\ q_{21} & q_{22} & \cdots & q_{2l} \\ \vdots & \vdots & & \vdots \\ q_{p1} & q_{p2} & \cdots & q_{pl} \end{bmatrix} \tag{10-3}$$

矩阵 $\boldsymbol{Q}$ 称为**离散值域矩阵**。当各维的离散个数不同时，可用某个自然数补足。例如，有两个离散变量 x_1 和 x_2，其离散值分别为：

$$x_1 \in \{0, 1, 4, 5, 7, 13, 20\}$$

$$x_2 \in \{24, 36, 38, 40\}$$

则构造出的矩阵为：

$$Q = \begin{bmatrix} 0 & 1 & 4 & 5 & 7 & 13 & 20 \\ 24 & 36 & 38 & 40 & 1000 & 1000 & 1000 \end{bmatrix}$$

在由 n 个设计变量构成的 n **维设计空间**中，若有 p 个离散变量，还有（$n-p$）个连续变量。由 p 个离散变量实轴所能取的全部离散值的集合 $\boldsymbol{X}^D$，构成一个 p **维离散设计空间** $\boldsymbol{R}^D$，即

$$\boldsymbol{X}^D = \{x_i \mid i = 1, 2, \cdots, p\} \subset \boldsymbol{R}^D \tag{10-4}$$

由（$n-p$）个连续变量实轴的集合 X^C 构成一个（$n-p$）**维连续空间** R^C，即

$$\boldsymbol{X}^C = \{x_i \mid i = p+1, p+2, \cdots, n\} \subset \boldsymbol{R}^C \tag{10-5}$$

此时，由 p 维离散设计空间 R^D 和（$n-p$）维连续空间 $\boldsymbol{R}^C$ 共同组成 n 维设计空间 $\boldsymbol{R}^n$。

$$R^n = R^D \cup R^C \tag{10-6}$$

若 R^D 为空集时，则 R^n 为全连续空间；若 R^C 为空集时，则 R^n 为全离散空间，R^D 和 R^C 均不为空集时，R^n 为混合离散空间。因为离散变量的离散点数是有限的，所以离散空间是有界的。

10.2.2 连续变量的离散化

对于机械设计问题，与数学规划中研究的问题不同，一般都要求设计变量的取值必须符合参数的度量精度、设计标准或规范。例如，长度看是一个连续变量，但若度量精度用 cm 或 mm 计量，那么离散间隔有意义的取值应为 cm 或 mm。这样在优化设计时便可以根据制造、安装与检测的要求把那些理论上是连续的变量 x_i（$i=p+1, p+2, \cdots, n$）离散化。

设连续变量 x_i 沿其坐标轴方向取有实际意义的值的最短距离 ε_i，称为**连续增量**或称为**拟离散间隔**，则

$$\varepsilon_i = \frac{x_i^U - x_i^L}{l_i - 1} \quad i = p+1, p+2, \cdots, n \tag{10-7}$$

式中，x_i^L 和 x_i^U 为连续设计变量 x_i 的下界值和上界值；l_i 为第 i 个变量在离散值域内所取离散值的个数。

由于离散间隔 $|\varepsilon_i^+| = |\varepsilon_i^-|$，所以是一种均匀离散变量，这样若在 x_i 轴上的第 j 个离散点为 x_{ij}，则与其同轴上的相邻的两个拟离散值为 $x_{ij}-\varepsilon_i$，x_{ij}，$x_{ij}+\varepsilon_i$。这样，将连续变量离散化后，就可使连续设计空间转化为均匀离散设计空间。对于整型数列可看作是离散

间隔 $\varepsilon \equiv 1$ 的离散变量。因此，同时包含连续变量、整型变量和离散变量的混合离散变量问题都可以转化为全离散变量问题来计算。

10.2.3 离散问题优化设计的数学模型

约束非线性混合离散变量优化设计问题的数学模型一般可表述为：

$$
\begin{aligned}
\min \quad & f(\boldsymbol{x}) \\
\text{s.t.} \quad & g_u(\boldsymbol{x}) \leqslant 0 \quad u = 1,2,\cdots,m \\
& \boldsymbol{x} = [\boldsymbol{x}^D, \boldsymbol{x}^C]^{\mathrm{T}} \\
& \boldsymbol{x}^D = [x_1, x_2, \cdots, x_p]^{\mathrm{T}} \in X^D \subset R^D \\
& \boldsymbol{x}^C = [x_{p+1}, x_{p+2}, \cdots, x_n]^{\mathrm{T}} \in X^C \subset R^C \\
& R^n = R^D \cup R^C
\end{aligned}
\tag{10-8}
$$

式中，$\boldsymbol{x}^D$ 为离散变量向量（p 维）；$\boldsymbol{x}^C$ 为连续变量向量（$n-p$ 维）；X^D 为离散设计空间；X^C 为连续设计空间；R^D 和 R^C 分别表示离散子空间和连续子空间。

对于上述模型，当 $p=0$ 时，$\boldsymbol{x}=\boldsymbol{x}^C$，为一般的**连续变量优化问题**；若 $p=n$，则 $\boldsymbol{x}^C$ 为空集，$\boldsymbol{x}=\boldsymbol{x}^D$，为**全离散优化变量问题**，若 $p \neq n \neq 0$ 时，则 $\boldsymbol{x}^C$ 和 $\boldsymbol{x}^D$ 均为非空时，为**混合离散变量优化问题**。

对于离散问题，使离散变量满足一组等式约束条件，在通常情况下是不可能的，甚至有时根本就不存在这样的离散点，所以在式（10-8）中一般不包含有等式约束条件；在个别情况下，即使按设计要求希望有一个或几个这类等式约束，也可以经过消元变换或其他技巧进行处理来消去等式约束条件。

另外，还要指出一点，由于一个完备的离散优化算法一般只是在有限的离散点上进行搜索计算，所以收敛很快，这就预示着一个非常诱人的前景：即机械设计问题按标准化和规格化的要求，将连续变量离散化，转变为全离散问题求解，这样不仅可以使设计结果符合工程要求，而且还有利于提高求解问题的计算效率。

10.3 离散问题的最优解及最优性条件

10.3.1 离散单位邻域和坐标邻域

在介绍离散变量优化问题的最优解之前，先给出两个基本集合。

在离散设计空间中，**离散单位邻域** $UN(\boldsymbol{x})$ 是指点 $\boldsymbol{x}$ 的下述点的集合

$$
UN(\boldsymbol{x}) = \left\{ \boldsymbol{x} \left| \begin{array}{ll} x_i + \Delta_i^-,\ x_i,\ x_i + \Delta_i^+ & i = 1,2,\cdots,p \\ x_i - \varepsilon_i,\ x_i,\ x_i + \varepsilon_i & i = p+1, p+2, \cdots, n \end{array} \right. \right\}
\tag{10-9}
$$

式中，Δ_i^-、Δ_i^+ 是离散变量之间的离散间隔；ε_i 是拟离散变量（连续变量、整型变量）的拟离散间隔。

而**离散坐标邻域** $NC(\boldsymbol{x})$ 是指点 $\boldsymbol{x}$ 的离散单位邻域与各坐标轴 e_i 平行线交点的集合，即

$$
NC(\boldsymbol{x}) = \{ UN(\boldsymbol{x}) \cap e_i,\quad i = 1,2,\cdots,n \}
\tag{10-10}
$$

在图 10-3 中表示了二维离散空间 $UN(\boldsymbol{x})$ 和 $NC(\boldsymbol{x})$ 的几何意义。离散单位邻域中共

有 9 个离散点：

$$UN(\boldsymbol{x}) = \{\boldsymbol{x},A,B,C,D,E,F,G,H\}$$

而离散坐标邻域则包含 5 个离散点：

$$NC(\boldsymbol{x}) = \{\boldsymbol{x},B,G,D,E\}$$

在一般情况下，若离散变量的维数为 n，则其离散单位邻域集合共有 3^n 个离散点；离散坐标邻域集合共有 $2n+1$ 个离散点。

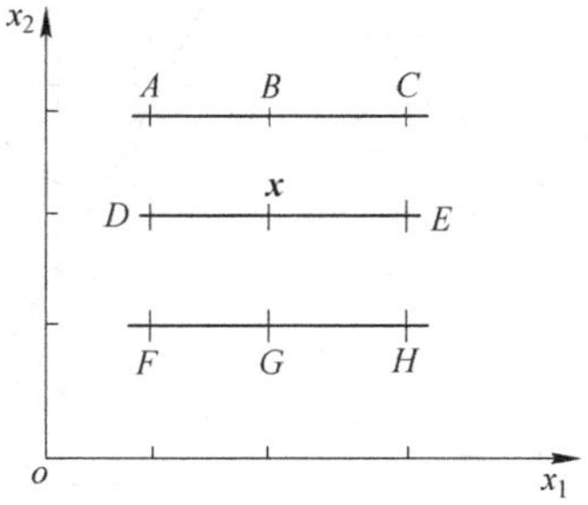

图 10－3 离散单位邻域和坐标邻域的几何概念

10.3.2 离散变量问题的最优解

对于有约束的离散变量问题，如图 10－4 所示，定义离散变量设计问题的可行域为：

$$\mathscr{D} = \{\boldsymbol{x} \mid g_u(\boldsymbol{x}) \leqslant 0 \quad u = 1, 2, \cdots, m\} \subset \boldsymbol{R}^n \tag{10-11}$$

需指出，设计空间中由于有离散子空间部分，约束面上也不一定刚好分布有离散点，所以 K－T 条件也就不再适用。

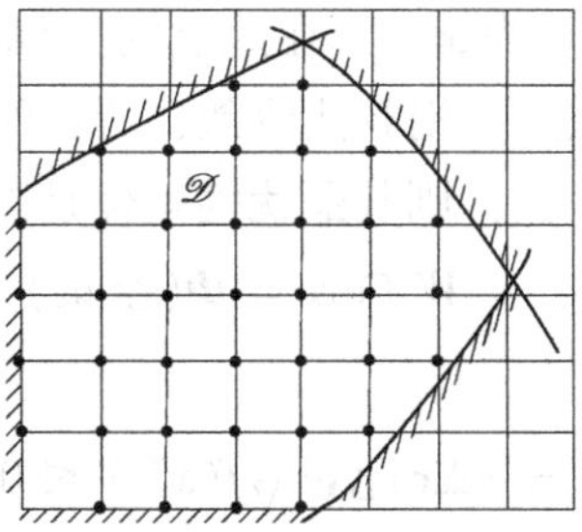

图 10－4 离散变量设计问题的可行域 $\mathscr{D}$

对于无约束离散变量问题，其最优解的定义如下：

若 $\boldsymbol{x}^* \in \mathscr{D}$，对于所有 $\boldsymbol{x} \in UN(\boldsymbol{x}^*) \cap \mathscr{D}$，恒有 $f(\boldsymbol{x}^*) < f(\boldsymbol{x})$，则称 $\boldsymbol{x}^*$ 为离散变量问题的**局部最优解**；当 $\mathscr{D}$ 为凸集，$f(\boldsymbol{x})$ 为定义在此凸集上的凸函数时，则称 $\boldsymbol{x}^*$ 为离散变量问题的**全局最优解**，或简称**离散最优解**。

若 $\overline{\boldsymbol{x}}^* \in \mathscr{D}$，对于所有 $\boldsymbol{x} \in NC(\overline{\boldsymbol{x}}^*) \cap \mathscr{D}$，恒有 $f(\overline{\boldsymbol{x}}^*) < f(\boldsymbol{x})$，则称 $\overline{\boldsymbol{x}}^*$ 为离散变量问题的**伪离散最优解**。

采用以连续变量优化方法为基础的“拟离散法”、“离散惩罚函数法”等，都是先求得连续变量的最优解，然后再将此点圆整到可行域内的最近的离散点上，所以此点只能是离散变量问题的一个**拟离散最优点**。

图 10－5 给出了二维离散变量问题中最优点的一些几何概念。在图 10－5（a）中表示出的是无约束二维离散变量问题：A 点为连续最优点，C 点为最近的拟离散最优点，D 点为最好的拟离散最优点，B 点才是离散最优点；在图 10－5（b）中表示出的是有约束二维离散变量问题：A 点为连续最优点，C 点为拟离散最优点，B 点才是离散最优点。

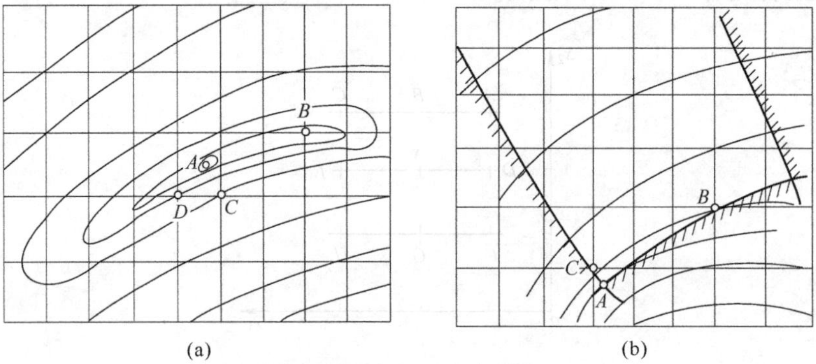

图 10－5　离散变量设计问题的最优解

（a）无约束非线性问题；（b）约束非线性问题

10.3.3　离散最优解的最优性条件

根据离散变量问题局部离散最优解的定义，可以给出离散优化计算方法的**收敛准则**：设当前搜索到的最好点为 $\boldsymbol{x}^{(k)}$，在此点的单位邻域 $UN(\boldsymbol{x})$ 内查点（3^n 个点），未搜索到优于 $\boldsymbol{x}^{(k)}$ 点的离散点，则算法收敛，所得的 $\boldsymbol{x}^{(k)}$ 点即为**局部离散最优解** $\boldsymbol{x}^*$。

同理，设当前搜索到的最好点为 $\boldsymbol{x}^{(k)}$，在此点的坐标邻域 $NC(\boldsymbol{x})$ 内查点（$2n-1$ 个点），未搜索到优于 $\boldsymbol{x}^{(k)}$ 点的离散点，则算法收敛，所得的 $\boldsymbol{x}^{(k)}$ 点即为**伪离散最优解** $\bar{\boldsymbol{x}}^*$。

若 $\boldsymbol{x}^*$ 是问题的局部离散最优点，则其**最优性条件**是以 $\boldsymbol{x}^*$ 点所生成的集合

$$\boldsymbol{T} = \boldsymbol{W} \cap \boldsymbol{S} = \boldsymbol{\Phi}(\text{空集}) \tag{10-12}$$

其中

$$\boldsymbol{W} = \{\Delta\boldsymbol{x} \mid \Delta\boldsymbol{x}^{\mathrm{T}} \tilde{\nabla} f(\boldsymbol{x}^*) \leqslant 0\} \tag{10-13}$$

$$\boldsymbol{S} = \{\Delta\boldsymbol{x} \mid \Delta\boldsymbol{x}^{\mathrm{T}} \tilde{\nabla} g_u(\boldsymbol{x}^*) \leqslant 0 \quad u \in \boldsymbol{I}(\boldsymbol{x}^*)\} \tag{10-14}$$

式中，$\tilde{\nabla} f(\boldsymbol{x}^*)$ 和 $\tilde{\nabla} g_u(\boldsymbol{x}^*)$ 为近似梯度或次梯度向量；$\boldsymbol{I}(\boldsymbol{x}^*)$ 为离散空间内起作用约束的集合。

要证明上述结论并不困难。若 $\boldsymbol{T}$ 为非空，则必定存在其他离散点 $\boldsymbol{x}=\boldsymbol{x}^*+\Delta\boldsymbol{x}$，使 $\Delta\boldsymbol{x}^{\mathrm{T}} \tilde{\nabla} f(\boldsymbol{x}^*) \leqslant 0$ 和 $\Delta\boldsymbol{x}^{\mathrm{T}} \tilde{\nabla} g_u(\boldsymbol{x}^*) \leqslant 0 (u \in \boldsymbol{I}(\boldsymbol{x}^*))$ 同时成立，即有 $f(\boldsymbol{x}) \leqslant f(\boldsymbol{x}^*)$，故 $\boldsymbol{x}^*$ 不是最优解，与假设相矛盾，必要性得证。反之，$\boldsymbol{T}$ 为空集，所以不存在离散点 $\boldsymbol{x}=\boldsymbol{x}^*+\Delta\boldsymbol{x}$ 使 $\Delta\boldsymbol{x}^{\mathrm{T}} \tilde{\nabla} f(\boldsymbol{x}^*) \leqslant 0$ 和 $\Delta\boldsymbol{x}^{\mathrm{T}} \tilde{\nabla} g_u(\boldsymbol{x}^*) \leqslant 0 (u \in \boldsymbol{I}(\boldsymbol{x}^*))$ 同时成立，即 $\boldsymbol{x}^*$ 为局部离散最优解，这是充分的。

根据组合理论可知，在 n 维离散空间中，在单位邻域 $UN(\boldsymbol{x})$ 内的离散点共有 3^n 个，当 $n=15$ 时，就有 14348907 个离散点，显然用遍数法查点的计算量是很大的。但是根据离散局部最优解的必要与充分条件，只需对 $UN(\boldsymbol{x})$ 内的集合 $\boldsymbol{T}$ 查点寻优即可，因而称集合 $\boldsymbol{T}$ 为**离散最优点的分布区域**。如图 10-6 所示，这是由于在集合 $\boldsymbol{T}$ 内任一个离散增量 $\Delta\boldsymbol{x}$ 的新点均能同时满足 $\boldsymbol{x}+\Delta\boldsymbol{x}\in\mathscr{D}$ 和 $f(\boldsymbol{x}+\Delta\boldsymbol{x})<f(\boldsymbol{x})$ 条件。所以在以当前最好点 $\boldsymbol{x}$ 为中心的单位邻域内，若存在优于 $\boldsymbol{x}$ 的离散点，则必定是集合 $\boldsymbol{T}$ 中的离散点（可行点）。

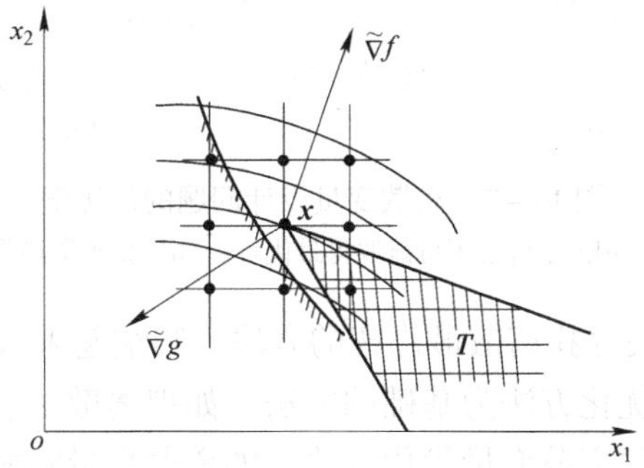

图 10-6　离散最优点的分布区域 T

10.3.4　离散问题优化计算方法概述

为了说明离散变量最优解的特点，下面引述一个算例。设有一级直齿圆柱齿轮减速器，在已知输入功率 280kW、转速 1000r/min、传动比 $i=5$ 及其材料、热处理、加工工艺、工作条件下，求其体积最小时齿轮传动参数 b、Z_1、m 和其他结构尺寸（传动轴的直径 d_1、d_2 及其轴承跨度 l 等）。在表 10-1 中给出了此问题的连续变量最优解及其凑整解的数据。

表 10-1　一级直齿圆柱齿轮减速器的连续解和凑整解

方　案	b/cm	Z_1	m/cm	d_1/cm	d_2/cm	l/cm	$f(\boldsymbol{x})$ /cm^3
原设计方案	23	21	0.8	12	16	42	87139.2351
连续设计变量最优方案	13.0929	18.7388	0.8183	10.0001	13.000	23.5930	35334.3583
凑整解法最优方案	13.0929	19	0.9	10.0001	13.000	23.5930	40709.3752

值得注意的是，由于连续变量最优解一般是靠近某个或几个约束面附近，所以它的凑整解很有可能是非可行解，如图 10-7(a) 所示。若是先将连续变量最优点 $\boldsymbol{x}^*$ 圆整到最接近的离散点上，然后再对此点所形成的坐标邻域 $NC(\boldsymbol{x}^*)$ 寻找最好的点，可以得到伪离散最优点，如图 10-7(b) 所示。通过上面算例表明，一些以连续变量优化计算方法为基础的求解离散问题的算法都有一个共同的特点，即认为离散变量最优解在连续变量最优解的附近。但对许多实际问题来说，这种假定并非总成立。例如图 10-5 所示，离散变量最优解是 B 点，而连续变量最优解是在 A 点。这就进一步说明，要成功地求出离散变量问题的最优解，需要一种完备的离散变量优化方法。

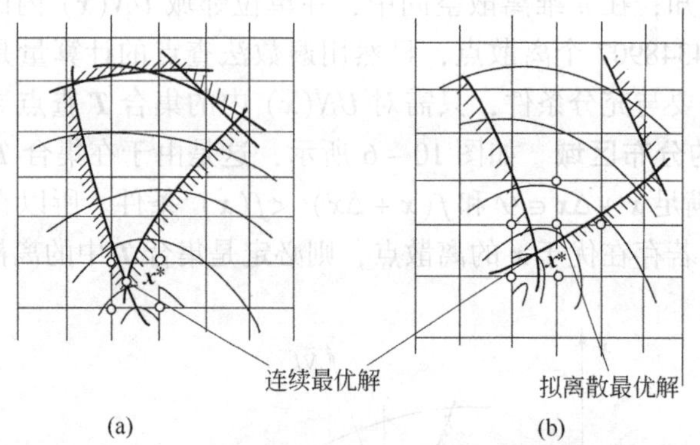

图 10－7 离散变量设计问题的最优解

（a）用凑整解法不可能取得最优解；（b）拟离散最优解

目前文献中所见的有关寻找离散最优解的方法，归纳起来有这样几类：

（1）以一般连续变量优化方法为基础的方法，如拟离散法、离散性惩罚函数法；

（2）随机和半随机型的离散变量优化方法，如离散变量随机试验法、离散变量自适应随机搜索法、试探组合法（启发式算法）等；

（3）离散变量搜索优化方法，如整型梯度法、离散组合形算法、拟梯度搜索算法等；

其他还有离散变量分析方法（网络技术）、非线性隐枚举法和分支定界法等。

需要指出的是，一种完备的离散变量优化方法，一般应具有如下几个要点：

（1）能在离散空间内进行搜索，直接取得离散点；

（2）能“跳出”伪最优点继续进行搜索，这就是说在离散搜索优化技术的基础上，吸收组合优化技术；

（3）有一种省时完备的离散单位邻域内的查点技术；

（4）最好是一种具有多种功能的算法。这样才能保证离散变量优化计算方法解题的可靠性、计算稳定性及其计算效率。

10.4 离散变量自适应随机搜索算法

10.4.1 基本原理

自适应随机搜索算法与一般的搜索方法不同，它没有一个固定的移动模式，而是在离散变量的可行域 $\mathscr{D}$ 内，适应目标函数的下降性，使模拟中心点 $\boldsymbol{x}^{(0)}$ 作随机移动，产生点列 $\{\boldsymbol{x}^{(0)}, \boldsymbol{x}^{(1)}, \cdots\}$ 直至逼近离散最优点 $\boldsymbol{x}^*$。这种随机搜索算法的原理可用图 10－8 来说明，在约束可行域内，以某一个可行的初始点 $\boldsymbol{x}^{(0)}$ 为中心，在规定的变量上下界范围内按其某种概率分布进行连续变量和离散变量随机抽样产生新点，计算它的目标函数值，当其优于 $\boldsymbol{x}^{(0)}$ 的目标函数值时，即记为 $\boldsymbol{x}^{(1)}$，模拟中心点移动到 $\boldsymbol{x}^{(1)}$ 点。然后不断重复前面的过程。假设在离散变量的可行域 $\mathscr{D}$ 内，如能产生 N 个设计点的随机样本 $\{\boldsymbol{x}^{(0)}, \boldsymbol{x}^{(1)}, \boldsymbol{x}^{(2)}, \cdots, \boldsymbol{x}^{(N)}\} \in \mathscr{D}$，则根据柯尔莫哥罗夫加强大数定理有：

$$P\{\lim_{N\to\infty} \boldsymbol{x}^{(N)} = x^*\} = 1 \tag{10－15}$$

这就是说，当 N 充分大时，等式 $\boldsymbol{x}^{(N)}=\boldsymbol{x}^*$ 将以概率 1 成立。因而可以求得离散变量问题的最优解：$\boldsymbol{x}^*$ 和 $f(\boldsymbol{x}^*)$。

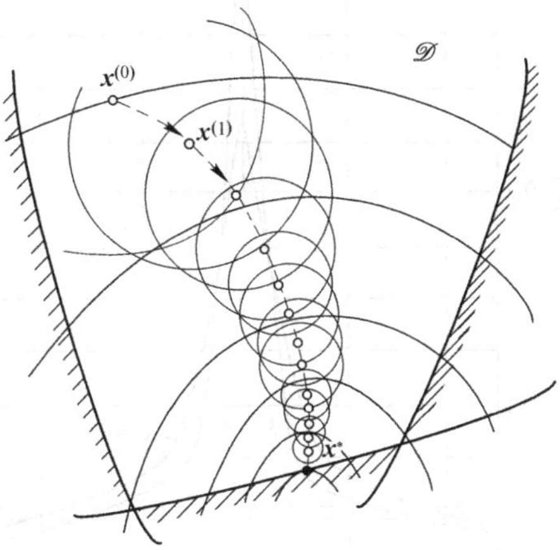

图 10－8　离散变量的自适应随机搜索法原理图

10.4.2　设计点样本产生的基本方程

使用上述算法原理来寻找离散最优点，关键是设计点样本的产生。设已知各变量的抽样区域为：

$$x_i^L \leqslant x_i^{(0)} \leqslant x_i^U \quad i=1,2,\cdots,n \tag{10-16}$$

则确定每个独立变量新值的基本方程为：

$$x_i = x_i^{(0)} + \frac{1}{K_d}(x_i^U - x_i^L)(2r-1)^{K_p} \quad i=1,2,\cdots,n \tag{10-17}$$

式中，x_i 为独立设计变量的新值；$x_i^{(0)}$ 为前一次搜索到的目标函数最好点的变量值；r 为 [0，1] 之间均匀分布的伪随机数；K_d 为抽样区域缩减系数，为大于 1 的正整数；K_p 为抽样分布系数，为正奇数。

式（10－17）说明，K_p 值取正奇数，以保证（$2r-1$）值能取正或负。其值通常取 1、3、5 和 7 等，它的作用是改变随机抽样的概率分布性质，当 $K_p=1$ 时，是均匀分布，当 $K_p>1$ 时，为非均匀分布，且 K_p 值愈大，其抽样分布对 $x_i^{(0)}$ 点愈集中，如图 10－9 所示。

式（10－17）还说明，在寻优过程中，产生新点样本的区域及其抽样分布完全可以通过 K_d 和 K_p 两个系数来控制。在一般情况下，K_p 和 K_d 的取值不宜变化过快，特别是当 $K_p>7$ 时，试验表明，多数情况下对寻优计算不很有利。因此，K_p 和 K_d 的取值既要考虑不会丢失较好的离散点，同时又要能提高收敛速度。

在产生新点的样本时，由于每个设计点含有 n 个分量，其中有 p 个离散变量，($n-p$) 个连续变量，所以需要分别进行计算。

（1）不等间隔的离散变量：设此类变量有 D 个，则此变量可通过离散值域矩阵元素 $\boldsymbol{q}_{ij}$ 来进行计算。一种较为简单的方法是按离散值域矩阵元素的下标 j 来计算新点的分量值。设数组的形式为 $Q[i,j]$，($i=1,2,\cdots,D$，$j=1,2,\cdots,L_i$，其中 L_i 是第 i 维离散变

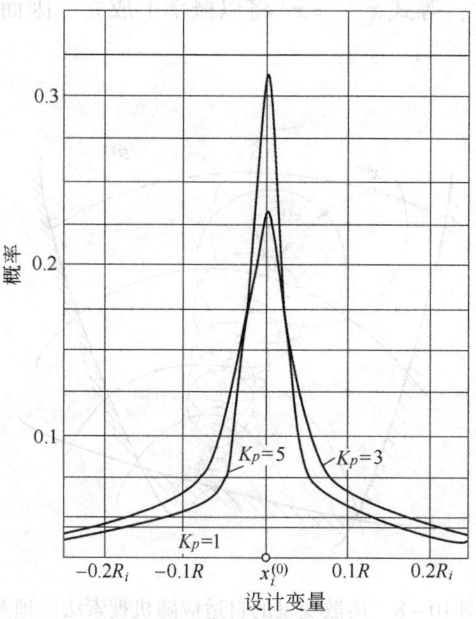

图 10－9 随不同分布系数 K_p 的抽样分布概率（$R_i=x_i^U-x_i^L$）

量最大值的下标整数值），则当用式（10－17）进行抽样时，其离散值元素的下标值（非整数）为：

$$\theta_i = \frac{1}{K_d}(L_i - 1 + 0.5)(2r-1)^{K_p} + J_i^0 \tag{10-18}$$

其所取离散值的下标为：

$$J_i = 取整\langle\theta_i\rangle \quad i = 1, 2, \cdots, D \tag{10-19}$$

新点分量值为 $x_i = Q\ [i,\ J_i]$。其中 J_i^0 为旧点分量值的下标值。

（2）等间隔的离散变量：设等间隔离散变量 x_i（$i=D+1,\ D+2,\ \cdots,\ p$）的离散间隔值为 ε_i，则用式（10－17）求得等间隔离散变量的新值为：

$$x_i = \left\{取整\left\langle\left[x_i^{(0)} + \frac{1}{K_d}(x_i^U - x_i^L)(2r-1)^{K_p}\right]/\varepsilon_i\right\rangle\right\}\times\varepsilon_i \quad i = D+1, D+2, \cdots, p \tag{10-20}$$

（3）连续变量：（$n-p$）个连续变量可以直接用式（10－17）计算新值，即

$$x_i = x_i^{(0)} + \frac{1}{K_d}(x_i^U - x_i^L)(2r-1)^{K_p} \quad i = p+1, p+2, \cdots, n \tag{10-21}$$

10.4.3 随机移步查点技术

当设计点移动到约束面附近时，再继续随机搜索有时不易找到更好的点，为此需要有一种辅助功能，在当前点的单位邻域 $UN(\boldsymbol{x}^{(0)})$ 内进行随机查点，使寻优过程向离散最优解 $\boldsymbol{x}^*$ 移动。

随机移步查点的基本思想是先从离散空间单位邻域内的点集中，随机产生 N 个试验点 $\{\boldsymbol{x}^{(1)},\ \boldsymbol{x}^{(2)},\ \cdots,\ \boldsymbol{x}^{(N)}\}$，然后，检验随机试验点是否可行，若是则计算目标函数值，并找出其中目标函数值最小的可行点 $\boldsymbol{x}\in\mathscr{D}$，若 $f(\boldsymbol{x}) < f(\boldsymbol{x}^{(0)})$，则将随机搜索的中心点 $\boldsymbol{x}^{(0)}$ 移至 $\boldsymbol{x}$，即令 $\boldsymbol{x}^{(0)}=\boldsymbol{x}$。

随机试验点的产生方法如下：设当前离散点为 x_{ij}（i 为变量下标；j 为离散值下标），取［0，1］区间均匀分布的随机数 r，并令 $\theta_k=(2r-1)$ 变换为［-1，+1］区间内的均匀随机数。

对非均匀离散变量，取

$$x_i^{(k)}=\begin{cases}x_{i,j-1} & -1\leqslant\theta_k\leqslant-0.3\\ x_{i,j} & -0.3<\theta_k<0.3\\ x_{i,j+1} & 0.3\leqslant\theta_k\leqslant+1\end{cases}\quad i=1,2,\cdots,D \tag{10-22}$$

对均匀离散变量，取

$$x_i^{(k)}=\begin{cases}x_{i,j}-\Delta_i & -1\leqslant\theta_k\leqslant-0.3\\ x_{i,j} & -0.3<\theta_k<0.3\\ x_{i,j}+\Delta_i & 0.3\leqslant\theta_k\leqslant+1\end{cases}\quad i=D+1,D+2,\cdots,p \tag{10-23}$$

对连续变量，取 $$x_i^{(k)}=x_i+\varepsilon_i s_i\quad i=p+1,p+2,\cdots,n \tag{10-24}$$

式中，ε_i 为可取连续变量允许的精度值；s_i 为随机方向的第 i 个变量，其值可取 $s_i=\theta_i/\sqrt{\theta_1^2+\theta_2^2+\cdots+\theta_{n-p}^2}$，$\theta_i$ 为［-1，+1］区间的均匀分布随机数。

这样，便可以产生 N 个随机试验点 $\{\boldsymbol{x}^{(1)},\boldsymbol{x}^{(2)},\cdots,\boldsymbol{x}^{(N)}\}$。

10.4.4 算法构造原理及步骤

算法构造的主要思路如下：先从一个可行的离散点作为搜索的初始点，以此点为中心点进行随机搜索，找出一个目标函数值有所改进的新点，再以此点为中心进行重复搜索，当得不到这种新点时，即采取逐维的轮遍搜索，若能得到一个新的可行点，则返回随机搜索过程；否则，可在停留点处的单位邻域内进行随机移步查点，如果找到了好的新点，则返回随机搜索，否则由离散最优解的定义可知，此点则认为是离散最优解。其算法的计算步骤如下：

（1）输入初始点，并进行可行性检验；若不可行，则用随机试验法产生初始点 $\boldsymbol{x}^{(0)}$。当选出可行的离散初始点后，即转向步骤（2）。否则，需修改变量的上、下界值，重新产生初始点。

（2）随机搜索新点 $\boldsymbol{x}$ 并转向步骤（3）。若在规定的次数内未能得到好的新点，则转向步骤（4）。

（3）计算新点目标函数值，若满足 $|f(\boldsymbol{x})-f(\boldsymbol{x}^{(0)})|\leqslant\varepsilon$ 则转向步骤（4），否则令 $\boldsymbol{x}^{(0)}=\boldsymbol{x}$，转向步骤（2）。

（4）依此对各维进行轮遍搜索，若得到好点则转向步骤（2），否则转向步骤（5）。

（5）用随机移步查点计算，若得到好点则转向步骤（2），否则结束计算过程，输出优化计算结果。

10.5 离散变量组合形算法

离散搜索法的主要特点，是在设计空间内直接搜索离散点。这样不仅可以增大搜索得到离散最优解的可能性，而且由于缩小了搜索范围，大大加速了求解的速度。在这类方法中，使用比较成功的一种是以复合形法思想为基础发展起来的组合形离散搜索方法。不难想象，在 n 维离散空间内，若在搜索过程中每次得到的复合形顶点都是离散点，那么从概率统计的观点看，得到离散最优解的概率就要比凑整解或拟离散解大得多。下面，我们分初始离散组合形的产生、离散一维搜索、约束条件处理、组合形的调整、收敛准则等五个部分介绍这一方法的基本原理。

10.5.1 初始离散组合形的产生

组合形的顶点数规定取 $K=2n+1$ 个，其中一个是给定的初始离散点 $\boldsymbol{x}^{(0)}$。初始离散点 $\boldsymbol{x}^{(0)}$ 不必满足约束条件，但各个分量必须满足变量值的边界条件，即

$$x_i^L \leqslant x_i^{(0)} \leqslant x_i^U \quad i=1, 2, \cdots, n \tag{10-25}$$

式中，x_i^L 为第 i 个变量的下界值；x_i^U 为第 i 个变量的上界值。

这样，组合形的 $2n+1$ 个顶点按下面方法产生。

第 1 个顶点：

$$x_i^{(1)} = x_i^{(0)} \quad i=1, 2, \cdots, n \tag{10-26}$$

第 2 个至 $n+1$ 个顶点：

$$\left.\begin{aligned} x_i^{(j+1)} &= x_i^{(0)} \quad i=1, 2, \cdots, n;\ i \neq j;\ j=1, 2, \cdots, n \\ x_i^{(j+1)} &= x_i^L \quad i=j=1, 2, \cdots, n \end{aligned}\right\} \tag{10-27}$$

第 $n+2$ 至 $2n+1$ 个顶点：

$$\left.\begin{aligned} x_i^{(n+j+1)} &= x_i^{(0)} \quad i=1, 2, \cdots, n;\ i \neq j;\ j=1, 2, \cdots, n \\ x_i^{(n+j+1)} &= x_i^U \quad i=j=1, 2, \cdots, n \end{aligned}\right\} \tag{10-28}$$

这样构成的组合形的各顶点可能可行，也可能不可行，如图 10-10 所示，初始离散组合形的顶点为 A、B、C、D 和 $\boldsymbol{x}^{(0)}$ 5 个离散点，其中 B、D 和 $\boldsymbol{x}^{(0)}$ 点是可行的，而 A 和 C 点是不可行点。

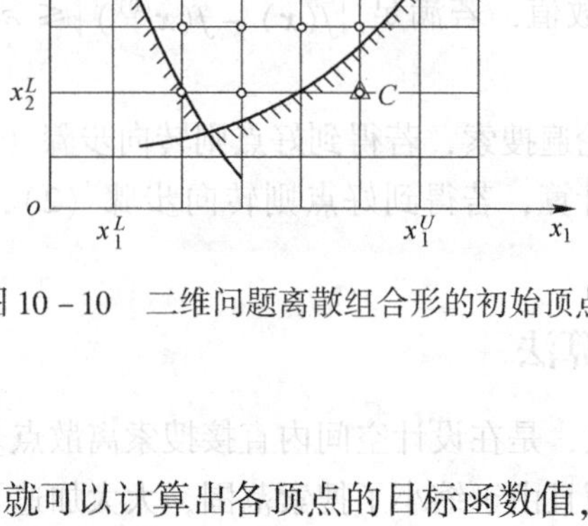

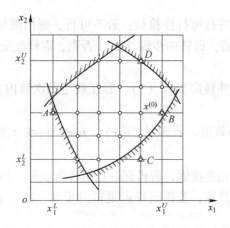

图 10-10 二维问题离散组合形的初始顶点

10.5.2 离散一维搜索

当初始组合形产生后，就可以计算出各顶点的目标函数值，并按其数值由大至小作出

排队。设目标函数值最大者为最坏顶点，最小者为最好顶点。由于在组合形搜索算法中，希望调优迭代点能取在离散空间值域矩阵 $\boldsymbol{Q}$ 的元素 q_{ij} 上，所以不采用复合形算法中的映射、扩展和收缩的方法，而是采用离散一维搜索。

离散一维搜索以最坏点为基点，设标号为 b，以最坏顶点与其余各顶点的几何中心点的连续方向为离散一维搜索的方向 $\boldsymbol{s}$，则其各分量可按下面的公式求得：

$$s_i = x_i^{(c)} - x_i^{(b)} \qquad i = 1, 2, \cdots, n \tag{10-29}$$

$$x_i^{(c)} = \frac{1}{K-1}\sum_{\substack{j=1 \\ j\neq b}}^{K} x_i^{(j)} \qquad i = 1, 2, \cdots, n \tag{10-30}$$

式中，$\boldsymbol{x}^{(c)}$ 为除最坏顶点 $\boldsymbol{x}^{(b)}$ 后其他顶点的几何中心。

设离散一维搜索得到的新点为 $\boldsymbol{x}^{(t)}$，其各分量的值为

$$\left.\begin{aligned} x_i^{(t)} &= x_i^{(b)} + T \cdot S_i \quad i = 1, 2, \cdots, n \\ x_i^{(t)} &= \langle x_i^{(t)} \rangle \qquad\quad i = 1, 2, \cdots, p \end{aligned}\right\} \tag{10-31}$$

式中，T 为离散一维搜索的步长因子；$\langle \cdot \rangle$ 表示对离散变量取最靠近的离散值 q_{ij}。

离散一维搜索的步长因子采用简单的进退对分法来确定，如图 10-11 所示，其步骤如下（设 T_0 为初始步长因子）：

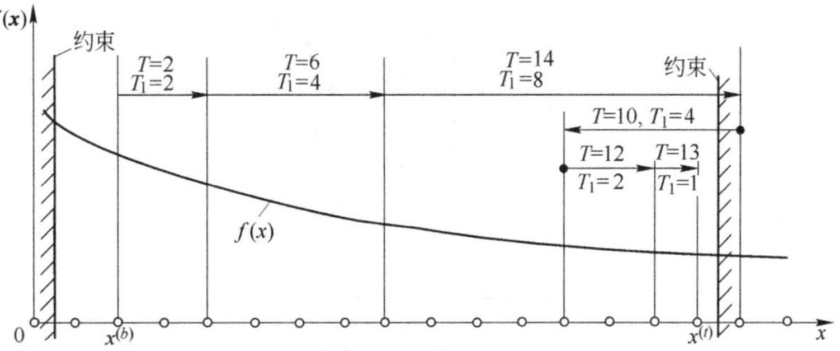

图 10-11 离散一维搜索的进退对分法

（1）$T_1 = T = T_0$，$R = 1$。

（2）按式（10-31）求新点 $\boldsymbol{x}^{(t)}$。

（3）如果 $\boldsymbol{x}^{(t)}$ 点比 $\boldsymbol{x}^{(b)}$ 点好，则 $\boldsymbol{x}^{(b)} = \boldsymbol{x}^{(t)}$，否则 $R = 0$。

（4）如果 $R = 1$，则 $T_1 = 2T_1$，$T = T_1 + T$，返回步骤（2）；否则 $T_1 = T_1/2$，$T = T - T_1$，返回步骤（2）。

（5）终止准则，当 $T_1 < T_{\min}$ 时，离散一维搜索终止。$T_{\min}$ 称为最小有用步长因子，按式（10-32）求出。

$$T_{\min} = \min\left\{ \left|\frac{\Delta_i}{S_i}\right|_{i=1,3,\cdots,p}, \left|\frac{\varepsilon_i}{S_i}\right|_{i=p+1,p+2,\cdots,n} \right\} \tag{10-32}$$

式中，Δ_i 为离散变量的增量；ε_i 为连续变量的拟增量或精度值。

10.5.3 约束条件的处理

由于在产生初始组合形的顶点及一维离散搜索时，都没有考虑约束条件，所以为了保

证以后的组合形调优迭代限在可行域内进行，定义一个有效目标函数 $EF(\boldsymbol{x})$ 为：

$$EF(\boldsymbol{x}) = \begin{cases} f(\boldsymbol{x}) & x \in \mathscr{D} \\ M + SUM & x \notin \mathscr{D} \end{cases} \tag{10-33}$$

式中，M 为一个比 $f(\boldsymbol{x})$ 值在数量级上大得多的常数；SUM 为一个与所有违反约束量的总和成正比的量，其值可按下式计算

$$SUM = C \sum_{u \in I(x)} g_u(\boldsymbol{x}) \tag{10-34}$$

式中，C 为常数；$I(\boldsymbol{x})$ 为违反约束下标的集合，即

$$I(\boldsymbol{x}) = \{u \mid g_u(\boldsymbol{x}) > 0 \quad u = 1, 2, \cdots, m\}$$

图 10－12 表示了一维变量的有效目标函数 $EF(\boldsymbol{x})$ 的几何图形。它像一个向可行域 $\mathscr{D}$ 倾斜的“漏斗”。当进行一维离散搜索时，若新点在可行域外就会沿斜坡滑入深井内。由于可行域的边界 M 犹如一堵高墙，故当一维搜索在可行域 $\mathscr{D}$ 内进行时，一到边界，就会被高墙挡住，这就保证搜索是在可行域 $\mathscr{D}$ 内进行。另外当初始复合形的顶点不可行时，其有效函数 $EF(\boldsymbol{x})$ 值一定很大，此点必为一维离散搜索的基点。可见，这样处理约束函数后，程序就自动地先从不可行点寻找可行点，然后再从可行点寻找其最优点。

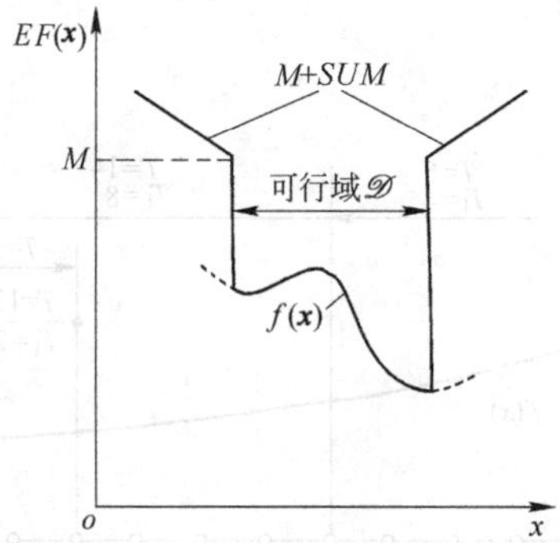

图 10－12 一维变量的有效目标函数

10.5.4 算法的辅助功能和终止准则

当沿组合形的调优方向 $\boldsymbol{s}$ 得不到新点时，则可以调整组合形的形状。通常可以采用如下方法：(1) 用次坏点（也可以取第 2、3 个直至第 $2n+1$ 个顶点）与其余顶点几何中心的连线方向取代原搜索方向继续进行调优迭代。(2) 如果这样没有取得更好的结果，则将每个顶点都向好点方向收缩 1/3，构成新的组合形再继续进行迭代。这两个步骤还可以交替进行。

为了提高算法的计算效率和求解的可靠性，在构造算法时还可以增加一些其他的辅助功能，如组合形的重构、加速措施、贴界搜索和组合形的最终反射等项技术。在算法中，这些功能一般都可以根据所求问题的复杂程度来选定。

在连续非线性的复合形方法中，收敛准则是根据各顶点目标函数值与几何中心点的目标函数值的均方根差小于某个很小的正数，或者当复合形的“边长”很小时而定。在离散变量组合形算法中，这两种收敛准则都不适用，因为每个设计分量的离散增量是不相同的，而且有时间距可能很大，这样按各顶点的目标函数值或组合形的“边长”的信息来控

制收敛就都成为不可行的办法。为此，需要根据计算过程所提供的信息，来构造另一种收敛准则。

设对每一个连续变量也规定它的拟增量 ε_i，再计算出组合形在每个坐标上的当前点的检验“长度”，即

$$\left.\begin{aligned} a_i &= \max\{x_i^{(j)}, j = 1, 2, \cdots, 2n+1\} \\ b_i &= \min\{x_i^{(j)}, j = 1, 2, \cdots, 2n+1\} \end{aligned}\right\} \tag{10-35}$$

这样，在第 i 个坐标方向上的“长度”为

$$d_i = a_i - b_i \quad i = 1, 2, \cdots, n \tag{10-36}$$

将 d_i 值与相应坐标的离散增量值（对于连续变量取拟增量）进行比较，若小于离散增量值的分量总数小于预先给定的个数（在 $1 \sim n$ 之间），则认为已经收敛。

10.5.5 算法的基本步骤

现将离散变量组合形的算法归纳如下：

(1) 确定各设计变量的下界值和上界值 x_i^L 和 x_i^U，连续变量的拟离散增量 $\varepsilon_i(i=p+1, p+2, \cdots, n)$；规定收敛准则的分量数 $N(1\leqslant N\leqslant n)$；选取一个符合变量边界条件的初始顶点 $\boldsymbol{x}^{(0)}$。

(2) 按式（10-26）至式（10-28）产生 $2n+1$ 个离散变量组合形的顶点。计算各顶点的目标函数值，并按目标函数值的大小排队。

(3) 计算组合形除最坏点 $\boldsymbol{x}^{(b)}$ 外其余各顶点的几何中心点 $\boldsymbol{x}^{(c)}$ 及其目标函数值 $f(\boldsymbol{x}^{(c)})$。

(4) 确定离散搜索方向 $\boldsymbol{s}$，进行一维离散搜索，若找到较好的离散点，则进行下步；否则转向步骤（6）。

(5) 计算组合形各坐标上的检验“长度”；若满足收敛条件，则转向步骤（7）；否则，用新点替代最坏点，构成新的组合形，完成一次迭代，转向步骤（3）。

(6) 调用离散变量组合形的辅助功能，转向步骤（3）。

(7) 计算结束。

这种离散变量的组合形法，在解决工程设计问题时，计算比较稳定，且对于 $n<20$ 的情况，其计算效率也比较高。

10.6 离散惩罚函数算法

由于惩罚函数法在约束非线性优化中是一种比较有效的方法，所以在这里介绍一种将惩罚函数法扩展用于求解非线性混合离散设计变量问题的离散惩罚函数法。

10.6.1 基本原理

求解混合设计变量问题，关键是使最优解的各个分量收敛到离散值上。这就是说，当离散设计分量不符合离散值时，应建立一个惩罚项，使其产生一定的数值来影响目标函数值迫使其收敛到离散值上。最简单的想法，如图 10-13 所示，就是构造一个离散变量的惩罚项，使它具有如下性质：

$$Q(\boldsymbol{x}^D)\begin{cases} =0 & \text{当 } \boldsymbol{x}^D \in \boldsymbol{X}^D\text{，即设计点满足离散值时} \\ >0 & \text{当 } \boldsymbol{x}^D \notin \boldsymbol{X}^D\text{，即设计点不满足离散值时} \end{cases} \tag{10-37}$$

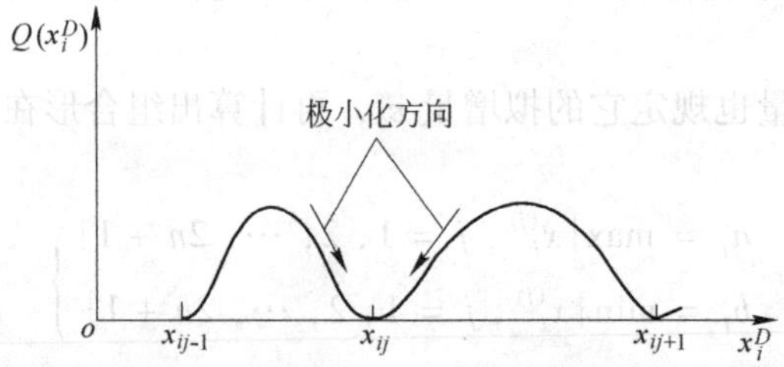

图 10-13 一维离散变量的离散惩罚函数示意图

根据这一思想，式（10-8）的约束非线性混合离散设计变量的求解问题，可变换为求如下形式惩罚函数的序列极小化问题：

$$\min \quad \boldsymbol{\Phi}(\boldsymbol{x},r_1^{(k)},r_2^{(k)}) = f(\boldsymbol{x}) + r_1^{(k)}G[g_u(\boldsymbol{x})] + r_2^{(k)}Q(\boldsymbol{x}^D) \tag{10-38}$$

式中，$r_1^{(k)}$、$r_2^{(k)}$ 为惩罚因子（$k=0, 1, 2, \cdots$）；$G[g_u(\boldsymbol{x})]$ 为不等式约束的惩罚项；$Q(\boldsymbol{x}^D)$ 为离散惩罚项。

当采用内点法时，不等式约束的惩罚项取

$$G[g_u(\boldsymbol{x})] = -\sum_{u=1}^{m} 1/g_u(\boldsymbol{x}) \tag{10-39}$$

当 $\boldsymbol{x}=[\boldsymbol{x}^{(c)}, \boldsymbol{x}^{(D)}]$ 为可行点时，$G[g_u(\boldsymbol{x})]>0$；当设计点接近于某一个起作用约束时，$G[g_u(\boldsymbol{x})]\to\infty$，这样即可在迭代中保证设计点 $\boldsymbol{x}$ 始终在可行域内。

离散惩罚项 $Q(\boldsymbol{x}^D)$，通常取

$$Q(\boldsymbol{x}^D) = \sum_{i\in \boldsymbol{x}^D}[4q_i(1-q_i)]^{\beta^{(k)}} \tag{10-40}$$

式中

$$q_i = \frac{x_i - x_{ij}}{x_{ij+1} - x_{ij}} \tag{10-41}$$

$$x_{ij} \leqslant x_i \leqslant x_{ij+1} \quad i = 1, 2, \cdots, p \tag{10-42}$$

在式（10-41）中，x_i 为两个相邻离散点之间的任意坐标值，在迭代中由设计点的位置而定。$\beta^{(k)}$ 是随迭代次数而取不同值的一个指数。这样，按式（10-40）定义的函数 $Q(\boldsymbol{x}^D)$ 是一个归一化的对称函数，如图 10-14 所示，其最大值为 1，当 x_i 取 x_{ij} 或 x_{ij+1} 值时均为零，当指数 $\beta^{(k)}$ 取大于 1 的不同值时，$Q(\boldsymbol{x}^D)$ 函数在离散点之间是连续的，而且一阶导数也是连续的，这些曲线表示了离散性惩罚函数值随 $\beta^{(k)}$ 值变化的形状。

加权惩罚因子 $r_2^{(k)}$ 是用以控制离散惩罚项计入惩罚函数中的变化幅度，其值也是一个递增的正序列，即

$$r_2^{(0)} < r_2^{(1)} < r_2^{(2)} < \cdots$$

这样，对于一系列惩罚因子 $r_1^{(k)}$、$r_2^{(k)}$，当 $k\to\infty$ 时，即有：

$$r_1^{(k)}G[g_u(\boldsymbol{x})] \to 0,\ r_2^{(k)}Q(\boldsymbol{x}^D) \to 0$$

使设计点收敛到靠近约束边界的离散点上，从而有：

$$\min \quad \boldsymbol{\Phi}(\boldsymbol{x},\ r_1^{(k)},\ r_2^{(k)}) \to \min f(\boldsymbol{x}) \tag{10-43}$$

取得约束离散的最优解。实际上，在多数情况下，$r_1^{(k)}$ 和 $r_2^{(k)}$ 的变化次数并不多，其最多次数为 $k_{\max}=5\sim10$。

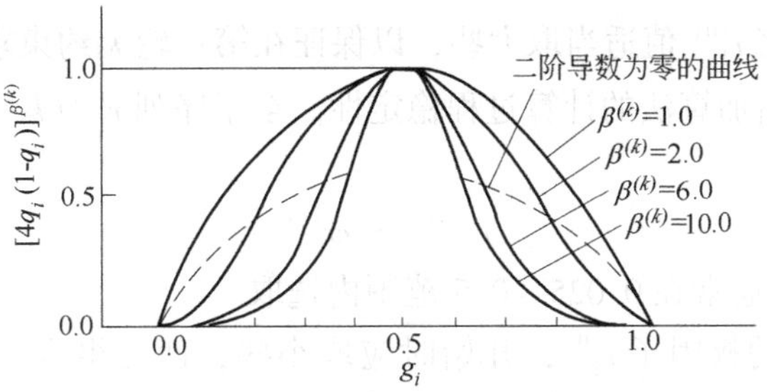

图 10－14　离散惩罚函数

图 10－15 表示了仅有一个离散变量设计问题的目标函数 $f(\boldsymbol{x})$、约束函数 $g(\boldsymbol{x})$ 和离散惩罚函数 $r^{(k)}Q(\boldsymbol{x}^D)$ 当取相邻两个不同的 $r_1^{(k)}$ 和 $r_2^{(k)}$、$\beta^{(k)}$ 值时其惩罚函数 $\boldsymbol{\Phi}(\boldsymbol{x},\ r_1^{(k)},\ r_2^{(k)})$ 的变化关系。由图可以清楚地看出，参数 $r_1^{(k)}$ 和 $r_2^{(k)}$、$\beta^{(k)}$ 值的选择，将直接影响惩罚函数 $\boldsymbol{\Phi}(\boldsymbol{x},r_1^{(k)},r_2^{(k)})$ 的形状。在最初选择惩罚因子时，如果 $r_2^{(k)}$ 值取得很大，就会使离散惩罚项的影响很大，当惩罚函数构成如图 10－15（b）所示的形状时，这就不一定能保证搜索到离散最优点 $\boldsymbol{x}^*$ 上，或许最终停止在某个离散点上；而当 $r_1^{(k)}$ 值取得很小时，就易使约束函数的惩罚项成为“峭壁”，造成一维搜索困难，而延长计算时间甚至使计算不稳定。因此，也和前面讨论的一般惩罚函数法一样，在开始时需要选择合理的初值，使惩罚函数 $\boldsymbol{\Phi}(\boldsymbol{x},r_1^{(k)},r_2^{(k)})$ 具有如图 10－15（a）所示的形状，以保证稳定地搜索到约束边界的离散点上。

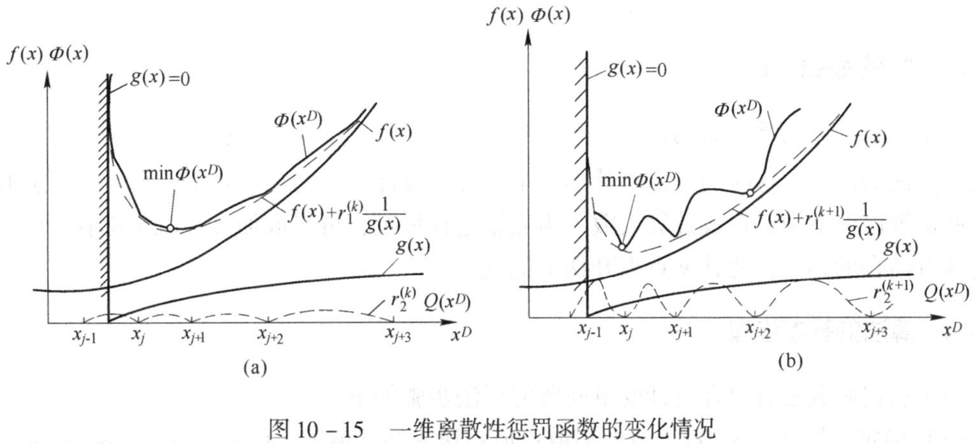

图 10－15　一维离散性惩罚函数的变化情况

（a）$r_2^{(k)}$ 值较小的情形；（b）$r_2^{(k+1)}$ 值较大的情形

10.6.2　关于惩罚因子和离散惩罚函数指数的选择

对于约束惩罚项因子 $r_1^{(0)}$，当采用内点惩罚函数法时，完全可以借鉴前面的内点法来选择，即取

$$r_1^{(0)} \approx (0.1 \sim 1.0)\left|f(\boldsymbol{x}^{(0)})\right| \Big/ \left|\sum_{u=1}^{m}(1/g_u(\boldsymbol{x}))\right| \tag{10－44}$$

当初始点 $\boldsymbol{x}^{(0)}$ 在可行域内，且不靠近约束面时（各约束函数应为归一化的约束函数）可以取较小的值，否则应将 $r_1^{(0)}$ 值适当取大些，以保证在第一轮无约束求得的极小点 $\boldsymbol{x}^*(r_1^{(0)})$ 比较远离约束面，以增加算法的计算过程稳定性。至于序列 $r_1^{(k)}(k=0,1,2,\cdots)$ 值可按下面关系产生：

$$r_1^{(k+1)} = cr_1^{(k)} \tag{10-45}$$

式中，c 为下降系数，通常在 0.025～0.5 范围内选取。

对于离散惩罚项的权因子 $r_2^{(0)}$，开始时应取小些，使之得到一个比较平滑的惩罚函数的超等值面，以利于使所求的无约束最优点 $\boldsymbol{x}^*(r_2^{(k)})$ 逐渐向约束最优点移动。但是，目前关于这个问题的研究还不充分，一般可将离散惩罚函数项 $Q(\boldsymbol{x}^D)$ 当作混合惩罚函数法的等式约束函数项看待，则其加权因子序列 $\{r_2^{(k)},k=0,1,2,\cdots\}$ 可按下面公式产生：

$$\frac{r_2^{(k+1)}}{r_2^{(k)}} = \sqrt{\frac{r_1^{(k)}}{r_1^{(k+1)}}} = \sqrt{\frac{1}{c}} = \delta \tag{10-46}$$

当 $c=0.05$ 时，近似得 $r_2^{(k+1)}=\delta r_2^{(k)}\approx 4.5r_2^{(k)}$。

关于离散惩罚项的指数 $\beta^{(k)}$ 的选择，主要是考虑离散惩罚项函数的收敛性和使相邻离散点之间惩罚函数 $\boldsymbol{\Phi}(\boldsymbol{x},r_1^{(k)},r_2^{(k)})$ 的一阶导数连续。因此，$\beta^{(0)}$ 必须取大于 1。一般说，取一个较大的 $\beta^{(0)}$ 值是可以改善收敛条件的。至于序列 $\{\beta^{(k)},k=0,1,2,\cdots\}$ 的取值，大致可按下面关系来产生：

$$\beta^{(k+1)} = \beta^{(k)}/\varepsilon \tag{10-47}$$

式中，$\varepsilon=1.2$。但实际上 $\beta^{(k)}$ 值的大小对算法收敛速度的影响不是很大。

10.6.3 伪最优和校正

根据离散性惩罚项函数的性质，如果权因子 $r_1^{(k)}$ 和 $r_2^{(k)}$ 选取不得当，则会在局部地方出现伪最优的情况，这时的停留点就不一定刚好在设计变量的离散点上，而在离散点的中间某些位置停留下来，造成计算失败。为克服这种情况，可采取加大 $r_1^{(k)}$ 或减小 $r_2^{(k)}$ 的值，或者两者结合的办法，使其 $\boldsymbol{x}$ 点离开伪最优点。

10.6.4 算法的基本步骤

采用惩罚函数法解混合设计变量问题的算法步骤如下：

（1）确定离散变量 $\boldsymbol{x}^D$ 各分量的离散点值；送入初始值 $\boldsymbol{x}^{(0)}$ 和 $r_1^{(0)}$、$r_2^{(0)}$、$\beta^{(0)}$ 的值，无约束极小化的收敛精度 ε。

（2）计算惩罚函数值 $\boldsymbol{\Phi}(\boldsymbol{x},r_1^{(k)},r_2^{(k)})$。

（3）调用无约束极小化方法求 $\boldsymbol{\Phi}(\boldsymbol{x},r_1^{(k)},r_2^{(k)})$ 的极小值，得最优点 $\boldsymbol{x}^*(r_1^{(k)},r_2^{(k)})$。若 $\boldsymbol{x}^*$ 收敛至离散值上，则 $k=k+1$，$\boldsymbol{x}^{(0)}=\boldsymbol{x}^*(r_1^{(k)},r_2^{(k)})$，返回步骤（2）；否则为了离开伪最优点需执行校正程序，此时取 $r_1^{(k)}=r_1^{(k)}/c^2$ 和 $r_2^{(k)}=r_2^{(k-2)}$，转入下一步。

（4）调用校正程序，使设计点收敛到离散最优点上。若惩罚函数收敛则停机，否则返回步骤（2）。

用惩罚函数法来解混合离散变量的设计问题，由于对 SUMT 方法的程序修改不大，使用起来比较方便，所以在工程设计中亦常有应用。但是这个方法容易使惩罚函数出现病态，在计算中一般比较难于掌握。

下面介绍一个应用示例。

【例 10－1】 如图 10－16 所示，有一箱形盖板，已知长度 $l_0=600\text{cm}$，宽度 $b=60\text{cm}$，厚度 $t_s=0.5\text{cm}$。翼板厚度为 $t_f(\text{cm})$，它承受最大的单位载荷 $q=0.01\text{MPa}$，要求在满足强度、刚度和稳定性等条件下，设计一个重量最轻的结构方案。

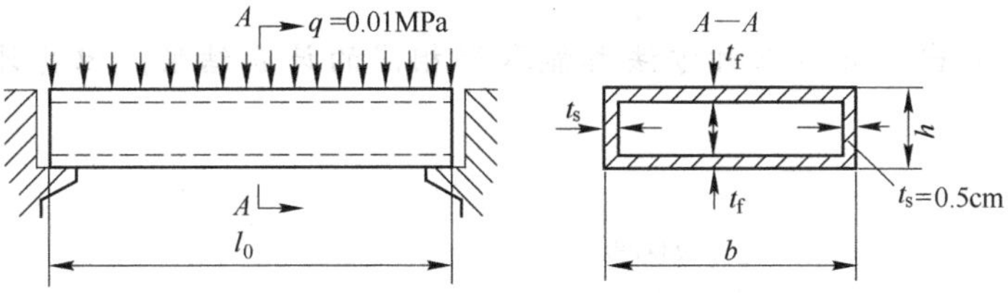

图 10－16 箱形盖板

在第 5 章的例 5－4 中已介绍过箱形盖板的优化设计问题，并用连续变量优化设计方法求得其最优解为 $\boldsymbol{x}^*=[0.6366,\ 24.9685]^{\mathrm{T}}$，$f(\boldsymbol{x}^*)=101.3605$。现将连续设计变量改为离散设计变量，应用离散变量优化设计方法进行计算，并且进行对比。

若将箱形盖板的设计变量按长度以 cm 为单位计算，离散值取

$$x_1^D=t_f=0.0,\ 0.1,\ 0.2,\ 0.3,\ \cdots\ (\text{cm})$$

$$x_2^D=h=15.0,\ 25.0,\ 40.0,\ 60.0,\ \cdots\ (\text{cm})$$

则该问题转变为全离散变量优化设计问题。

解： 设计变量为 $\boldsymbol{x}^D=[x_1^D,\ x_2^D]^{\mathrm{T}}$，建立其数学模型：

$$\begin{aligned}
\min\quad & f(\boldsymbol{x}^D)=120x_1^D+x_2^D\\
\text{s.t.}\quad & g_1(\boldsymbol{x}^D)=x_1^D\geqslant 0\\
& g_2(\boldsymbol{x}^D)=x_2^D\geqslant 0\\
& g_3(\boldsymbol{x}^D)=0.25x_2^D-1\geqslant 0\\
& g_4(\boldsymbol{x}^D)=\frac{7}{45}x_1^Dx_2^D-1\geqslant 0\\
& g_5(\boldsymbol{x}^D)=\frac{7}{45}(x_1^D)^3x_2^D-1\geqslant 0\\
& g_6(\boldsymbol{x}^D)=\frac{1}{321}x_1^D(x_2^D)^2-1\geqslant 0
\end{aligned}$$

分别用离散随机搜索法、离散组合形法和离散惩罚函数法进行计算，并取得相同的离散最优解 $x_1^D=0.7$，$x_2^D=25.0$，$f(\boldsymbol{x}^D)=109.00$。表 10－2 中列出了计算的有关数据，图 10－17 表示了按离散变量设计箱形盖板的设计空间关系。

表 10－2 三种离散优化方法的计算结果

优化方法	初始点		离散最优解			目标函数计算次数	约束函数计算次数	备 注
	$x_1^{(0)}$	$x_2^{(0)}$	x_1^*	x_2^*	$f(\boldsymbol{x}^*)$			
离散随机搜索法	0.7	40	0.7	25.0	109.00	52		
离散变量组合形法	0.7	40	0.7	25.0	109.00	21	30	一维搜索采用前进后退法
离散惩罚函数法	0.7	40	0.7	25.0	109.00	382	260	无约束极小化调用 Powell 方法

由上表可以看出，虽然三种方法都能取得相同的计算结果，但其计算效率却显著不同。

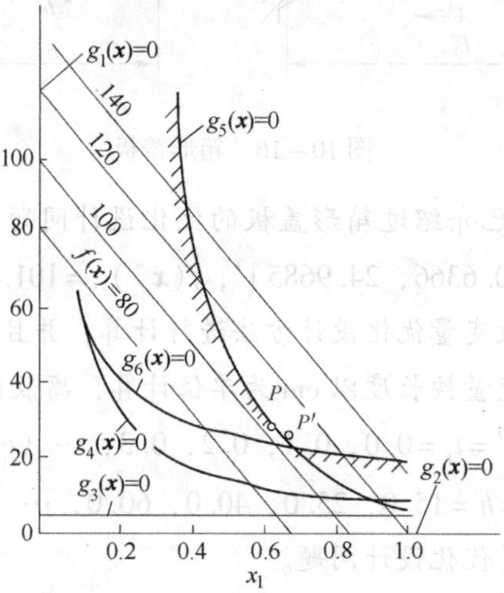

图 10－17 按离散变量设计箱形盖板的设计空间关系

P—连续设计变量解，$\boldsymbol{x}^* = \begin{bmatrix} 0.6366 \\ 24.9685 \end{bmatrix}$，$f(\boldsymbol{x}^*) = 101.3605$

P'—离散设计变量解，$\boldsymbol{x}^* = \begin{bmatrix} 0.7 \\ 25.0 \end{bmatrix}$，$f(\boldsymbol{x}^*) = 109.0000$

习 题

10－1 试以第 2 章的压缩弹簧为例，建立一个离散变量优化设计的数学模型。

10－2 试以齿轮模数和齿宽（$m \leqslant 6$mm，$b \leqslant 20$mm）为离散变量建立离散值域矩阵。

10－3 试画出离散自适应随机搜索法的计算流程图。

10－4 若用遗传算法求解离散变量优化设计问题时应如何编码？

11 随机问题优化设计方法

11.1 引 言

前面所讨论的连续变量和离散变量的优化设计问题，由于其设计参数设定为确定的、清晰的数，所以称为**确定性问题**。但在现实的机械设计或工程设计问题中，经常会遇到设计参数是个不清晰的数，即不确定的数，例如，设计一个如图 11－1 所示的压力容器，容器内的压力 p 和所用材料的屈服强度极限 σ_s 是服从对数正态分布的随机因素，而容器的尺寸 D、H 和钢板厚 δ 由于制造误差使实际尺寸和厚度与名义尺寸间都存在偏差，并根据试验、观测以及以往的统计资料得知它们服从某种概率分布，如正态分布或均匀分布，含有这类设计参数的问题称为**不确定性问题**。

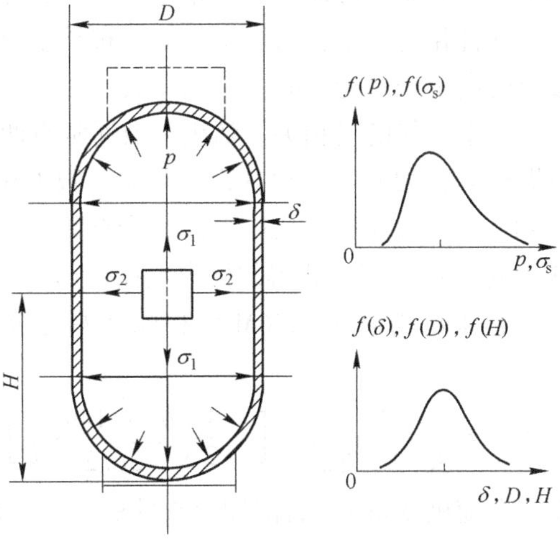

图 11－1 含有随机因素的压力容器优化设计问题

目前在工程问题中研究与运用较为成熟的是随机性和模糊性这两种不确定性。在概念上，这两种不确定性是不相同的。随机性是指事件发生与否的不确定性，而事件本身是具有明确含义的，因而是一种对因果律掌握不住（偶然性）而造成的不确定性，只是由于条件不充分，才使得事件发生与否会有不同的可能性。模糊性是指事件本身的含义的不确定性，是对事物的本身没有明确的“边界”或“界限”，而事件发生与否是确定的，因而是一种排中律被破坏而造成的不确定性。在概率论中随机性是以［0，1］范围内取值的概率分布函数或概率密度函数将随机因素加以量化，而在模糊数学中模糊性是以［0，1］范围内取值的隶属函数将模糊性加以量化。有时在研究实际问题时也发现随机性和模糊性这两种不确定性互相渗透的问题。比如在产品设计中，它的一项主要性能指标 z 是一个随机变量，若一批产品能满足 $P\{z_{\min} \leqslant z \leqslant z_{\max}\} \geqslant \alpha_0$，则认为产品质量是合格的，然而此时虽然

概率 $P\{\cdot\}$ 是可计算出的，且是确定的，但对其性能边界值 $[z_{\min}, z_{\max}]$ 的制定又是十分模糊的，特别是规定 α_0 值多大才合理，也具有模糊性，因而又派生出所谓模糊概率论问题。

为了提高产品的设计质量，在作出最优决策前，应该考虑不确定性因素对设计问题的影响。在常规设计中，遇到这类随机因素，多数采用安全系数法，即以适当增大（或减小）它的名义值（相当于随机变量的均值）来保证设计的可靠性，即使在需要作出风险设计决策的时候，也几乎都是根据设计师的经验或是直觉的判断来进行，这就是说，在工程师的一个重要的工作领域——设计中，如何考虑不确定性因素对设计问题作出最优决策，目前还不能说受到普遍的重视。

11.2 含有随机因素问题的优化设计数学模型

对于一个设计问题，当它需要考虑随机因素时，应该怎样来建立它的优化设计数学模型，这是需要首先解决的问题。为此，需对建模中的一些基本要素给予定义。

11.2.1 随机模型的基本要素

11.2.1.1 随机参数

在一个优化设计问题中，若有 k 个已知其概率分布（类型和分布参数或特征值等）的随机变量称为**随机参数** $\boldsymbol{\omega}$。在优化过程中，随机参数的分布类型及分布参数是不随设计点的移动而变化的。随机参数的向量表示为：$\boldsymbol{\omega} = [\omega_1, \omega_2, \cdots, \omega_k]^T$。各随机参数之间一般是相互独立的，在极个别情况下可能随机相关。随机参数通常有两种确定方式：(1) 由试验或观察所获得的一些数据样本；(2) 根据以往设计经验、数据积累已确定它的分布类型和它的特征值。例如，图 11－2 所示为我国某厂生产的合金钢 45CrNiMoVA 的抗拉屈服强度极限 σ_s，它是根据 243 个标准试件试验获得的样本数据做出的频数直方图和用正态概率纸做的拟合检验图，并确认它服从均值为 1496MPa 和标准差为 36.2MPa 的正态分布，其概率密度函数为：

$$f(\sigma_s) = \frac{1}{36.2\sqrt{2\pi}}\exp\left[-\frac{1}{2}\left(\frac{\sigma_s - 1496}{36.2}\right)^2\right]$$

由概率论可知，对于一个随机变量 x，若能知道它的概率密度函数 $f_x(x)$，则可以全面地确定它的随机特性。但在实际工作中未必都能做到这点，因此有时又用它的几个特征量来对它的随机特性作出近似的估计，其中最主要的是中心值——均值 $\bar{x}$ 或 μ_x 和对中心值离散程度的量度——方差 σ_x^2 或标准差 σ_x。

均值 μ_x 是对随机变量中心值进行量度的量，均值与工程设计习惯所用的公称值（或名义值）比较一致。**方差** $\sigma_x^2 = Var\{x\}$ 是对随机变量各个值对中心值偏离程度进行量度的最常用的量，取

$$Var\{x\} = E\{(x-\mu_x)^2\} = E(x^2) - \mu_x^2 \tag{11-1}$$

式中，$E(x^2)$ 称为 x 的均方值。

标准差 σ_x 是从因次角度看，对中心值离散程度一种更简便的量度，$\sigma_x = \sqrt{Var\{x\}}$。从工程设计观点来看，仅以标准差的大小还很难说明随机变量值的离散程度，而**离差系数** $C_x = \sigma_x/\mu_x$ 以标准差与均值的比值很好反映了随机变量值对中心值的离散性。表 11－1 和

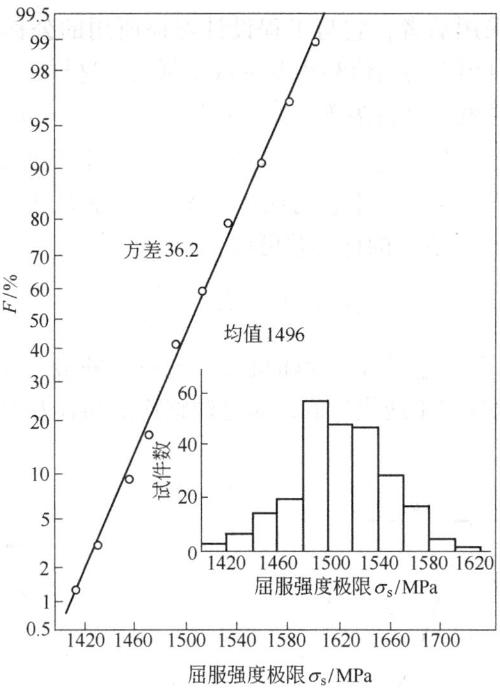

图 11－2 45CrNiMoVA 钢屈服强度极限直方图和概率纸检验

11－2 给出了几种加工方法和金属材料力学性能的离差系数值。

表 11－1 几种加工工艺的离差系数推荐值

粗加工方法	C_x	中加工方法	C_x	精加工方法	C_x
气割	0.0508	刨、钻、冲、轧制	0.008466	磨削	0.0008466
锯	0.0169	铣、车、拉削	0.004233	珩磨	0.0001693

表 11－2 几种金属材料力学性能的离差系数推荐值

金属材料	C_x	钢	C_x	制　品	C_x
强度极限	0.05～0.07	布氏硬度	0.05	疲劳强度	0.05～0.2
屈服极限	0.05～0.07	弹性模量	0.03		
断裂韧性	0.05～0.13	疲劳耐久限	0.08～0.15		

11.2.1.2 随机设计变量

在优化计算过程中，若有 n 个需要通过调整它们的分布类型和分布参数（或特征值）来获得问题最优解的相互独立的随机变量，称为**随机设计变量**，即 $\boldsymbol{x} = [x_1, x_2, \cdots, x_n]^T$。根据工程设计的特点，一般可依样品试验、同类元器件参数的数据或以往积累的经验先推断一种随机变量分布类型。例如，一般认为加工误差服从正态分布；寿命服从指数分布或威布尔分布；合金钢的强度极限服从对数正态分布。若没有可借鉴数据和经验时，对于随机设计变量通常第一种选择是假定它为正态分布，然后再在优化计算过程中通过迭代调整它的分布参数（如形状参数、尺寸参数和位置参数）或特征值（如方差和均值）来寻找问题的最优解。特别是采用后者，它与工程设计习惯所用的公称值（或名义值）比较一致，而且一个随机变量可用它的均值和离差系数来刻划。这样，当一个随机设计变量已知其离差系数时，优化计算就可以直接按均值进行迭代（$\mu_{x_i}^{(k+1)} = \mu_{x_i}^{(k)} + \Delta\mu_{x_i}$ 或 $\bar{x}_i^{(k+1)} = \bar{x}_i^{(k)} + \Delta x_i$，其中 $\bar{x}_i$ 称为统计均值，即 $\bar{x}_i \approx \mu_{x_i}$），如图 11－3 所示，使问题的处理大为简化。特别是当随机设计变量是工艺尺寸时，由于它的误差 ± Δx 一般服从正态分布，所以根据正态分布的“3σ”原则其随机设计变量的标准差可取：

$$\sigma_x = \frac{x_{max} - x_{min}}{6} = \frac{\Delta x}{3} \tag{11-2}$$

式中，Δx 为最大允许误差；x_{max} 和 x_{min} 为随机设计变量 x 的最大和最小值，其参考值可见表 11－3。这样可在优化过程中迭代均值，通过调整均值和容差求得最优解。

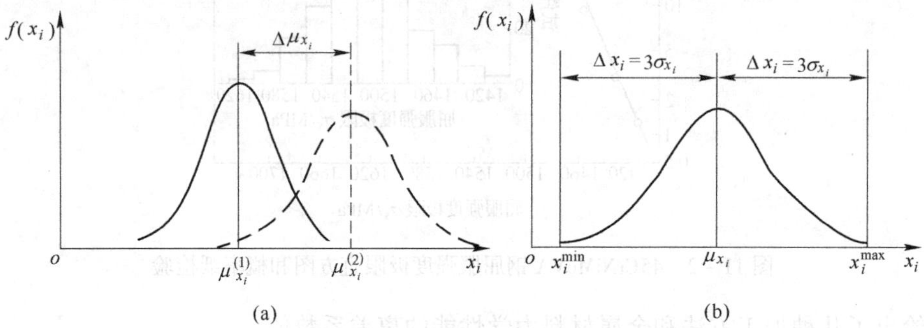

图 11－3 以均值迭代的随机设计变量
(a) 以均值迭代的设计变量；(b) 随机设计变量的分布

表 11－3 几种加工工艺的尺寸误差 mm

加工方法	误差（±）		加工方法	误差（±）	
	一般	可达		一般	可达
气割	1.5	0.5	车	0.125	0.025
锯	0.5	0.125	刨	0.25	0.025
冷轧	0.25	0.025	铣	0.125	0.025
冲压	0.25	0.025	滚切	0.125	0.025
拉拔	0.25	0.05	拉	0.125	0.0125
挤压	0.5	0.05	磨	0.025	0.005
钻孔	0.25	0.05	研磨	0.005	0.0012
铰孔	0.05	0.0125			

11.2.1.3 随机目标函数和约束函数

若设计问题中的一些设计特性或技术指标是随机设计变量 $\boldsymbol{x}$ 和随机参数 $\boldsymbol{\omega}$ 的因变量函数，则称为**随机设计特性** $z = z(\boldsymbol{x}, \boldsymbol{\omega})$，它可以是随机变量的线性或非线性函数。由随机设计特性建立的目标函数 $f(\boldsymbol{x}, \boldsymbol{\omega})$ 和约束函数 $g(\boldsymbol{x}, \boldsymbol{\omega})$ 也是随机函数。根据概率论的知识，目标函数和约束函数可以有多种计算形式，见表11－4。

表11－4 目标函数和约束函数的几种计算形式

计算形式	目标函数	约束函数
均值型	$E\{z(\boldsymbol{x},\boldsymbol{\omega})\}$ 或 $\mu_z \approx z(\overline{\boldsymbol{x}},\overline{\boldsymbol{\omega}})$	$E\{g(\boldsymbol{x},\boldsymbol{\omega})\}$ 或 $\mu_g \approx g(\overline{\boldsymbol{x}},\overline{\boldsymbol{\omega}})$
方差型	$Var\{z(\boldsymbol{x},\boldsymbol{\omega})\}$ 或 σ_z^2	$Var\{g(\boldsymbol{x},\boldsymbol{\omega})\}$ 或 σ_g^2
概率型	$P\{z(\boldsymbol{x},\boldsymbol{\omega}) \geqslant z_0\}$ 或 $P\{z^L \leqslant z(\boldsymbol{x},\boldsymbol{\omega}) \leqslant z^U\}$	$P\{g(\boldsymbol{x},\boldsymbol{\omega}) \leqslant 0\}$
组合型	$w_1 E\{z(\boldsymbol{x},\boldsymbol{\omega})\} + w_2 Var\{z(\boldsymbol{x},\boldsymbol{\omega})\}$	

式中，z_0、z^L 和 z^U 为设计特性的目标值、允许下界值和上界值；$\overline{\boldsymbol{x}}$、$\overline{\boldsymbol{\omega}}$为随机变量和参数的统计均值；$E\{\cdot\}$、$Var\{\cdot\}$ 和 $P\{\cdot\}$ 为对括号内的随机变量作均值、方差和概率计算；w_1、w_2 为加权系数。

工程随机问题的优化设计，一般应根据工程实际情况选择目标函数的类型。概率约束在机械设计中是一种最常用的约束形式，如强度约束、性能约束都可以表示为这类约束，而均值型可用于等式和不等式约束。

11.2.1.4 概率空间与概率约束可行域

三元组（Ω, $\mathscr{T}$, P）称为概率空间，其中 Ω 为随机事件的样本空间，是非空集合；$\mathscr{T}$ 为随机事件的全体，P 为随机事件出现的概率。设 k 个随机参数和 n 个随机设计变量均属于概率空间，则可表达为：

$$\boldsymbol{\omega} = [\omega_1, \omega_2, \cdots, \omega_k]^{\mathrm{T}} \in (\Omega, \mathscr{T}, P) \subset R^k \tag{11-3}$$

$$\boldsymbol{x} = [x_1, x_2, \cdots, x_n]^{\mathrm{T}} \in (\Omega, \mathscr{T}, P) \subset R^n \tag{11-4}$$

在 n 维概率空间内，$x_i = \mu_{x_i} \pm k_i\sigma_{x_i}(i = 1, 2, \cdots, n)$ 的模体是满足所有概率约束条件的随机设计变量的集合，称为**概率约束可行域**，即

$$\mathscr{D}_\alpha = \{\boldsymbol{x} = \mu_x \pm k_x\sigma_x \mid P\{g_j(\boldsymbol{x},\boldsymbol{\omega}) \leqslant 0\} \geqslant \alpha_j,\quad j = 1, 2, \cdots, m\} \tag{11-5}$$

式中，k_x 为任意常数；α_j 为随机约束应满足的概率值；m 为随机约束的个数。

值得指出的是，约束可行域 $\mathscr{D}_\alpha$ 将随预先给定的所应满足的概率值 α 的增大而缩小。

在设计中不一定要求每个随机约束都以概率1满足，一般只要求它满足一定的概率值 α 即可。当一个设计问题的各个约束函数随机独立时，可以把概率约束表示为：

$$P\{g_j(\boldsymbol{x},\boldsymbol{\omega}) \leqslant 0\} \geqslant \alpha_j \quad j = 1, 2, \cdots, m \tag{11-6}$$

当相关时，应为：

$$\begin{aligned} &P\{g_1(\boldsymbol{x},\boldsymbol{\omega}) \leqslant 0 \text{ 与 } g_2(\boldsymbol{x},\boldsymbol{\omega}) \leqslant 0 \text{ 与} \cdots \text{与 } g_m(\boldsymbol{x},\boldsymbol{\omega}) \leqslant 0\} \\ &\quad = P\left\{\bigcap_{j=1}^{m} g_j(\boldsymbol{x},\boldsymbol{\omega}) \leqslant 0\right\} \geqslant \alpha \end{aligned} \tag{11-7}$$

式中，符号 $P\{\cdot\}$ 表示$\{\cdot\}$ 中的概率值；α_j 和 α 均为$[0,1]$之间的数值，由设计者按设计要求给出。

在图11－4中给出了概率约束的基本概念，由于约束函数 $g(\boldsymbol{x},\boldsymbol{\omega})$ 的随机性，故可以找出它的概率密度函数 $f_g(\boldsymbol{x})$，而其 $P\{g(\boldsymbol{x},\boldsymbol{\omega}) \leqslant 0\}$ 的值就是图中的阴影线所表示的面积 S，使它满足如下关系，即

$$S = \int_{-\infty}^{0} f_g(g)\mathrm{d}g \geqslant \alpha \tag{11-8}$$

其约束面就是过“0”点的曲线。

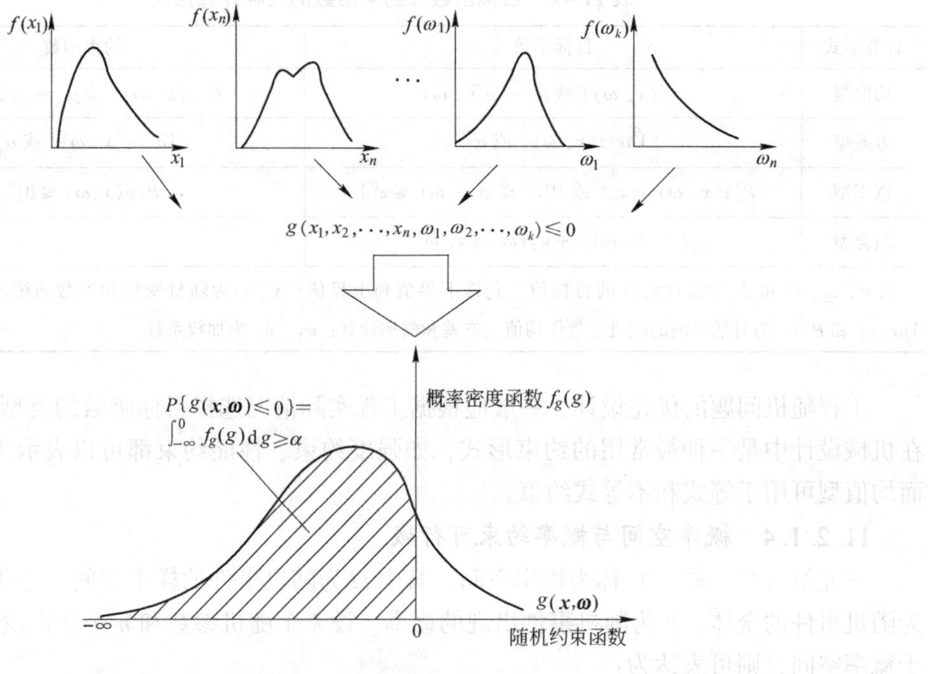

图 11－4 概率约束的基本概念

11.2.2 随机问题优化设计数学模型及其最优解

11.2.2.1 数学模型

同确定型优化设计模型相类似，可以建立如下一般性的随机型优化数学模型

$$\left.\begin{aligned} &\boldsymbol{x} \in (\Omega, \mathscr{T}, P) \subset R^n \\ &\min \quad f(\boldsymbol{x}, \boldsymbol{\omega}) \\ &\text{s.t.} \quad g_u(\boldsymbol{x}, \boldsymbol{\omega}) \leqslant 0 \quad u = 1, 2, \cdots, m \\ &\boldsymbol{\omega} \in (\Omega, \mathscr{T}, P) \subset R^k \end{aligned}\right\} \tag{11-9}$$

式中，$\boldsymbol{x}$、$\boldsymbol{\omega}$ 为随机变量，$f(\boldsymbol{x}, \boldsymbol{\omega})$ 和 $g(\boldsymbol{x}, \boldsymbol{\omega})$ 为随机函数。

但上式中的“min”和“s.t.”意义应区别于一般确定型模型，考虑模型中在随机因素下的优化，对目标函数的“极小化”和约束条件的“满足”都需要作出新的解释。因为采用不同的随机变量样本的量度时，会使得达到目标函数“极小化”的最优解和对约束条件的“满足”会有不同的含义。因此，只能从概率空间的意义来理解“极小化”和“满足”的概念。

随机变量优化问题的数学模型根据目标函数类型不同，可以构成下列三种类型的模型。

(1) **均值模型**（E－模型）：通常用于性能设计、安全设计、概率设计，其模型表达式为

$$\left.\begin{array}{ll} & \boldsymbol{x} \in (\Omega, \mathscr{T}, P) \subset R^n \\ \min & E\{z(\boldsymbol{x}, \boldsymbol{\omega})\} \\ \text{s.t.} & P\{g_j(\boldsymbol{x}, \boldsymbol{\omega}) \leqslant 0\} \geqslant \alpha_j \quad j = 1, 2, \cdots, m_1 \\ & E\{g_j(\boldsymbol{x}, \boldsymbol{\omega})\} \leqslant 0 \quad j = m_1 + 1, \cdots, m \\ & \boldsymbol{\omega} \in (\Omega, \mathscr{T}, P) \subset R^k \end{array}\right\} \tag{11-10}$$

(2) **方差模型**（V－模型）：通常用于性能设计、容差设计、质量设计，其模型表达式为

$$\left.\begin{array}{ll} & \boldsymbol{x} \in (\Omega, \mathscr{T}, P) \subset R^n \\ \min & Var\{z(x, \boldsymbol{\omega})\} \\ \text{s.t.} & P\{z(\boldsymbol{x}, \boldsymbol{\omega}) \geqslant z_0\} \geqslant \alpha \\ & P\{g_j(\boldsymbol{x}, \boldsymbol{\omega}) \leqslant 0\} \geqslant \alpha_j \quad j = 1, 2, \cdots, m_1 \\ & E\{g_j(\boldsymbol{x}, \boldsymbol{\omega})\} \leqslant 0 \quad j = m_1 + 1, \cdots, m \\ & \boldsymbol{\omega} \in (\Omega, \mathscr{T}, P) \subset R^k \end{array}\right\} \tag{11-11}$$

(3) **概率模型**（P－模型）：通常用于可靠性设计、风险设计、产品质量设计、安全设计，其模型表达式为

$$\left.\begin{array}{ll} & \boldsymbol{x} \in (\Omega, \mathscr{T}, P) \subset R^n \\ \min & P\{z(\boldsymbol{x}, \boldsymbol{\omega}) \geqslant z_0\} \\ \text{s.t.} & P\{g_j(\boldsymbol{x}, \boldsymbol{\omega}) \leqslant 0\} \geqslant \alpha_j \quad j = 1, 2, \cdots, m_1 \\ & E\{g_j(\boldsymbol{x}, \boldsymbol{\omega})\} \leqslant 0 \quad j = m_1 + 1, \cdots, m \\ & \boldsymbol{\omega} \in (\Omega, \mathscr{T}, P) \subset R^k \end{array}\right\} \tag{11-12}$$

式中，m_1 为概率约束数；m 为约束总数。

在同一个模型中，可以同时包含有几种不同类型的约束函数，对于一些不是很重要的约束条件可以用均值型的约束来计算。根据实际的设计要求不同，也可以同时有均值型、方差型、概率型甚至是组合型的约束。另外，根据设计目的的不同，可以构成各种类型的模型，如统计均值模型、概率约束模型、风险决策模型、容差分布模型和补偿模型等，但对于机械设计问题来说，也许概率约束模型是最有实用价值的一种设计模型。

11.2.2.2 随机问题约束最优解的最优性条件

图 11－5 给出了随机模型含有两个概率约束和均值目标函数在设计空间内所表示的关系。类似于确定型优化问题，随机模型的约束极值条件可根据 K－T 条件给出：若 $\boldsymbol{x}$ 的分布可表示为参数 η 的函数，具有 $\eta = \eta_0$ 时，则概率约束最优点 $\boldsymbol{x}^*(\eta_0)$ 应满足下式条件：

$$\left.\begin{array}{l} \nabla_x F_0(\boldsymbol{x}^*(\eta_0)) + \sum\limits_{j \in J} \mu_j^*(\eta_0) \nabla_x G_j(\boldsymbol{x}^*(\eta_0)) = 0 \\ \mu^*(\eta_0) > 0, \mu_j^*(\eta_0) G_j(\boldsymbol{x}^*(\eta_0)) = 0 \end{array}\right\} \tag{11-13}$$

式中，F_0 为目标函数；G_j 为约束函数；J 为起作用约束集合；$\mu^*(\eta_0)$ 为相应的 K－T 乘子。由于问题中含有随机因素，所以式（11－13）只能在某一概率水平 $\left(P\left\{\bigcap\limits_{j=1}^{m} g(\boldsymbol{x},\boldsymbol{\omega}) \leqslant 0\right\} \geqslant \alpha\right)$和起作用约束满足预定精度（$J(\boldsymbol{x}^*(\eta_0), \varepsilon_\alpha) = |\alpha - P\{\cdot\}| \leqslant \varepsilon_\alpha$）且在向量组$\nabla_x F_j(\boldsymbol{x}^*(\eta_0))$、$j \in J(\boldsymbol{x}^*(\eta_0))$ 线性独立条件下得到解。

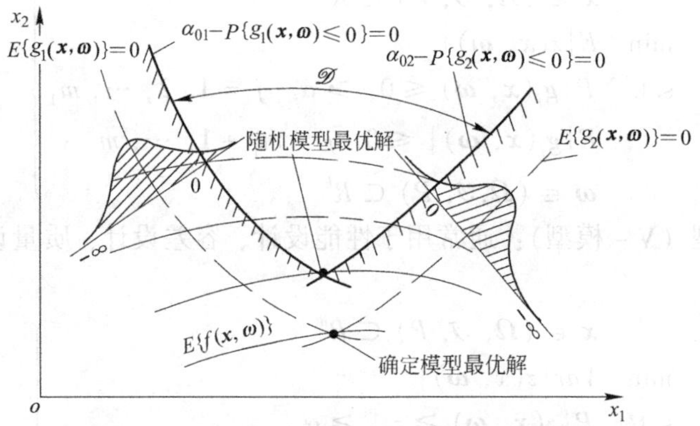

图 11－5 概率约束模型的最优解及其起作用约束

11.3 随机模型的分析方法

11.3.1 概率分析的主要方法及其特点

随机模型的概率分析是在已知各自变量 x_i 和 ω_j 的概率密度函数或其特征值的情况下，求出因变量函数 z 或 g 的概率密度函数或其相应的特征值。图 11－6 中以图解形式表示了多元随机变量函数 $z(\boldsymbol{x}, \boldsymbol{\omega})$ 的一般分析关系，要想从理论上求出它的概率密度函数 $f_z(z)$，除一些简单的函数和随机因素的概率测度外，一般是十分复杂的，甚至对多数工程问题来说是不适用的。因此，为了克服这一困难，通常采用数值计算的方法。表 11－5 给出了几种主要概率分析方法的特点。

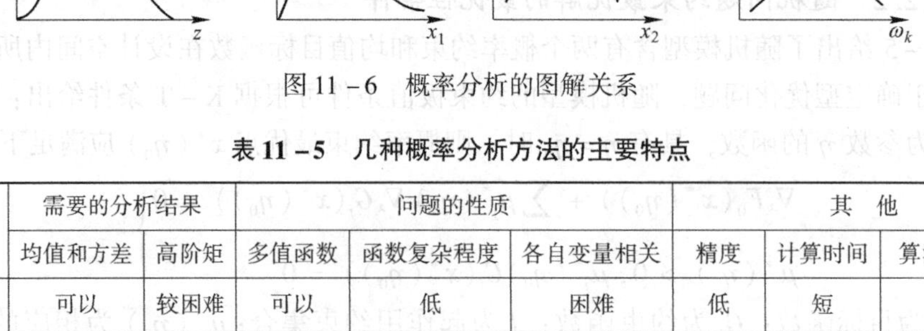

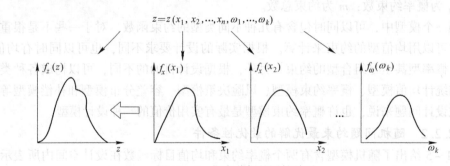

图 11－6 概率分析的图解关系

表 11－5 几种概率分析方法的主要特点

方 法	需要的分析结果		问题的性质			其 他		
	均值和方差	高阶矩	多值函数	函数复杂程度	各自变量相关	精度	计算时间	算法复杂程度
近似计算法	可以	较困难	可以	低	困难	低	短	复杂
网格计算法	可以	可以	可以	中	较困难	中	中	中
随机模拟法	可以	可以	可以	高	可以	高	长	简单

需要指出的是，利用表 11－5 中所述方法在一般情况下只能提供随机变量函数的样

本，以及由它计算出的一些统计量，如均值、方差和高阶矩等。要想利用样本信息找出它的概率分布模型（概率密度函数），对于大样本一般可采用统计学中的理论分布模型统计推断法，当难以达到良好拟合时，可采用最大熵法和最佳平方逼近法；对于小样本，一般只能采用工程近似方法。

11.3.2 均值和方差的近似计算方法

近似计算法是一种将随机变量函数用 Taylor 公式展开，然后利用已知随机因素的均值和方差来求函数的均值和方差的方法。

设已知随机设计变量的均值 μ_{x_i} 和标准差 σ_{x_i}、随机参数的均值 μ_{ω_i} 和标准差 σ_{ω_i}，相关系数矩阵为：

$$\{\rho_{ij}\} = \begin{bmatrix} \rho_{11} & \rho_{12} & \cdots & \rho_{1N} \\ \rho_{21} & \rho_{22} & \cdots & \rho_{2N} \\ \vdots & \vdots & & \vdots \\ \rho_{N1} & \rho_{N2} & \cdots & \rho_{NN} \end{bmatrix} \tag{11-14}$$

式中，$N = n + k$。

将函数 $z(x_1, x_2, \cdots, \omega_k)$ 在其随机因素的均值(即 μ_{x_i} 和 μ_{ω_i}) 处展开成 Taylor 级数，并取到二次项，即有：

$$\begin{aligned} z(\boldsymbol{x}, \boldsymbol{\omega}) \approx & z(\mu_{x_1}, \mu_{x_2}, \cdots, \mu_{\omega_k}) + \sum_{i=1}^{n}(x_i - \mu_{x_i})\frac{\partial z}{\partial x_i}\bigg|_{\mu_{x_i}} + \sum_{j=1}^{k}(\omega_j - \mu_{\omega_j})\frac{\partial z}{\partial \omega_j}\bigg|_{\mu_{\omega_j}} + \\ & \frac{1}{2}\sum_{i=1}^{n}\sum_{j=1}^{n}(x_i - \mu_{x_i})(x_j - \mu_{x_j})\frac{\partial^2 z}{\partial x_i \partial x_j}\bigg|_{\mu_{x_i}\mu_{x_j}} + \\ & \frac{1}{2}\sum_{i=1}^{k}\sum_{j=1}^{k}(\omega_i - \mu_{\omega_i})(\omega_j - \mu_{\omega_j})\frac{\partial^2 z}{\partial \omega_i \partial \omega_j}\bigg|_{\mu_{\omega_i}\mu_{\omega_j}} + \cdots \end{aligned} \tag{11-15}$$

若将上式两边取期望值 $E\{\cdot\}$，考虑到 $E\{x_i - \mu_{x_i}\} = E\{\omega_j - \mu_{\omega_j}\} = 0$ 则可得：

$$\begin{aligned} \mu_z \approx & z(\mu_{x_1}, \mu_{x_2}, \cdots, \mu_{\omega_k}) + \frac{1}{2}\sum_{i=1}^{n}\frac{\partial^2 z}{\partial x_i^2}\bigg|_{\mu_{x_i}}\sigma_{x_i}^2 + \frac{1}{2}\sum_{j=1}^{k}\frac{\partial^2 z}{\partial \omega_j^2}\bigg|_{\mu_{\omega_j}}\sigma_{\omega_j}^2 + \\ & \sum_{i \neq j}^{n}\sum^{n}\frac{\partial^2 z}{\partial x_i \partial x_j}\bigg|_{\mu_{x_i}\mu_{x_j}}\rho_{ij}\sigma_{x_i}\sigma_{x_j} + \sum_{i \neq j}^{k}\sum^{k}\frac{\partial^2 z}{\partial \omega_i \partial \omega_j}\bigg|_{\mu_{x_i}\mu_{x_j}}\rho_{ij}\sigma_{\omega_i}\sigma_{\omega_j} \end{aligned} \tag{11-16}$$

同理，用式（11-15）可计算方差：

$$\begin{aligned} \sigma_z^2 \approx & \sum_{i=1}^{n}\left(\frac{\partial z}{\partial x_i}\bigg|_{\mu_{x_i}}\right)^2\sigma_{xi}^2 + \sum_{i=1}^{k}\left(\frac{\partial z}{\partial \omega_i}\bigg|_{\mu_{\omega i}}\right)^2\sigma_{\omega i}^2 + \\ & 2\sum_{i \neq j}^{n}\sum^{n}\left(\frac{\partial z}{\partial x_i}\bigg|_{\mu_{xi}}\right)\left(\frac{\partial z}{\partial x_j}\bigg|_{\mu_{x_j}}\right)\rho_{ij}\sigma_{x_i}\sigma_{x_j} + \\ & 2\sum_{i \neq j}^{k}\sum^{k}\left(\frac{\partial z}{\partial \omega_i}\bigg|_{\mu_{\omega_i}}\right)\left(\frac{\partial z}{\partial \omega_j}\bigg|_{\mu_{x_j}}\right)\rho_{ij}\sigma_{\omega_i}\sigma_{\omega_j} \end{aligned} \tag{11-17}$$

特别是，当各随机设计变量和各随机参数间相互独立时，随机变量函数的均值和方差计算公式可简化为：

$$\mu_z \approx z(\mu_{x_1}, \mu_{x_2}, \cdots, \mu_{\omega_k}) + \frac{1}{2}\sum_{i=1}^{n} \frac{\partial^2 z}{\partial x_i^2}\bigg|_{\mu_{x_i}} \sigma_{x_i}^2 + \frac{1}{2}\sum_{j=1}^{k} \frac{\partial^2 z}{\partial \omega_j^2}\bigg|_{\mu_{\omega_j}} \sigma_{\omega_j}^2 \tag{11-18}$$

$$\sigma_z \approx \left[\sum_{i=1}^{n} \left(\frac{\partial z}{\partial x_i}\bigg|_{\mu_{x_i}} \right)^2 \sigma_{x_i}^2 + \sum_{j=1}^{k} \left(\frac{\partial z}{\partial \omega_j}\bigg|_{\mu_{\omega_j}} \right)^2 \sigma_{\omega_j}^2 \right]^{1/2} \tag{11-19}$$

当多元随机函数用线性近似时，式（11－18）和式（11－19）进一步简化为：

$$\mu_z \approx z(\mu_{x_1}, \mu_{x_2}, \cdots, \mu_{\omega_k}) \tag{11-20}$$

$$\sigma_z \approx \left[\sum_{i=1}^{n} \left(\frac{\partial z}{\partial x_i}\bigg|_{\mu_{x_i}} \right)^2 \sigma_{x_i}^2 + \sum_{j=1}^{k} \left(\frac{\partial z}{\partial \omega_j}\bigg|_{\mu_{\omega_j}} \right)^2 \sigma_{\omega_j^2} \right]^{1/2} \tag{11-21}$$

一般地说，上述近似计算方法用于随机因素的离差系数（即 $\delta x_i = \sigma_{x_i}/\mu_{x_i}$ 和 $\delta\omega_j = \sigma_{\omega_j}/\mu_{\omega_j}$）较小（$<0.2$）的情况时，其计算精度还是可以满足工程计算要求的；当大于 0.2 时，其计算误差就较大，因此不宜采用它。对于非独立的随机因素，当相关程度不十分密切时，可近似取 $\rho_{ij} \approx 0$；当相关程度比较密切时，为了简化计算折中地取 $\rho_{ij} \approx 0.5$。

11.3.3 随机模拟计算方法

对于多元随机函数的概率分析，随机模拟是一种比较有效的方法。这一方法的基本原理如下：当已知各随机因素的概率密度函数 $f_x(x_i)$ 和 $f_\omega(\omega_i)$ 时（当缺乏相应的资料和数据时，通常第一种选择可假定它是服从正态分布），且是相互独立的，可先对每个随机变量用数值计算方法按已知概率分布进行分别抽样，可获得一组（n 个 x'_i 和 k 个 ω'_i）理论样本值，代入目标函数和约束函数式中，就可以得到它的一个样本值 $f'(\boldsymbol{x}', \boldsymbol{\omega}')$ 和 $g'_n(\boldsymbol{x}', \boldsymbol{\omega}')$，将这一过程反复进行足够多的次数 N（最好模拟次数 $N \geqslant 1000$ 次），就可以获得随机目标函数和约束函数的一批样本值：

$$\left.\begin{aligned} z^j &= z(x_1^j, x_2^j, \cdots, x_n^j, \omega_1^j, \omega_2^j, \cdots, \omega_k^j) \\ g_u^j &= g_u(x_1^j, x_2^j, \cdots, x_n^j, \omega_1^j, \omega_2^j, \cdots, \omega_k^j) \end{aligned}\right\} \tag{11-22}$$

然后根据统计学的方法求出目标函数的均值和方差：

$$\mu_z \approx \frac{1}{N}\sum_{j=1}^{N} z^j \tag{11-23}$$

$$\sigma_z^2 = \frac{1}{N-1}\sum_{j=1}^{N} (z^j - \mu_z)^2 \tag{11-24}$$

对于每个约束函数，若 N 个样本，有 n_u 次满足 $g_u^j \leqslant 0$ 条件，则约束满足的概率值为：

$$P\{g_u(\boldsymbol{x}, \boldsymbol{\omega}) \leqslant 0\} \approx \frac{n_u}{N} \quad u = 1, 2, \cdots, m \tag{11-25}$$

当然利用这些样本，也可以产生随机目标函数和约束函数的概率密度函数 $f_z(z)$ 和 $f_g(g_u)$。

采用随机模拟方法进行概率分析，由于是通过每次试验直接“观察”事件的，这样各约束是否相关，也不会造成计算上的困难。

在上述计算中，对各随机因素的随机抽样是关键的。

所谓**随机变量的抽样**，就是在计算机上利用 [0, 1] 间均匀分布的随机数 r 来产生服从已知概率分布随机变量 x_i 或 ω_i 的样本。在数学上可以证明，只要在 [0, 1] 之间所产生的均匀分布伪随机数的数列 $\{r_j\}$ 能满足均匀性和独立性的要求，那么从数学上总可以产生严格满足服从某种概率分布的随机变量的样本 x_1^j，x_2^j，…，x_n^j，ω_1^j，ω_2^j，…，$\omega_k^j(j=1,2,\cdots,N)$。

实现这种变换的抽样方法有很多种，在这里只介绍一种直接抽样法，它的基本原理是：如图 11－7 所示，若能给出某随机变量 x 的解析形式的分布函数 $F_x(\boldsymbol{x})$，因为它是在［0，1］上取值的单调递增连续函数，且是均匀分布的，则可以取［0，1］之间均匀分布的伪随机数 r，并令 $r=F_x(x)$，于是便可得随机变量 x 的抽样计算公式：

$$x=F_x^{-1}(r) \tag{11-26}$$

其中 F_x^{-1} 为分布函数的反函数。实际上，这种抽样方法的基本根据是 $y=F_x(x)$ 为[0，1]间均匀分布的随机变量这一事实。这一点可用图 11－7 来说明：设 y' 和 x' 是一对对应的值，则：

$$F_y(y')=P\{F_x(x)\leqslant y'\}=P\{x\leqslant x'\}=F_x(x')=y'$$

若 $F_x(y)=y$，则 y 的分布必定是均匀的。因此若 y 取它等于 $r[0,1]$，则用式（11－26）可以实现随机变量 x 的抽样计算。

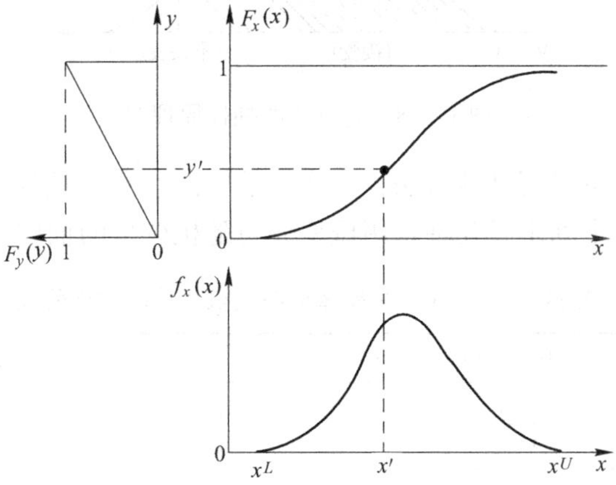

图 11－7　直接抽样法的变换关系

【例 11－1】 试用［0，1］间的均匀分布伪随机数 r，产生在$[x^L,x^U]$之间的随机变量 x 的均匀分布抽样样本，已知概率密度函数为：

$$f_x(x)=\begin{cases}\dfrac{1}{x^U-x^L} & \text{当 } x\in[x^L,x^U]\\ 0 & \text{其他}\end{cases}$$

解：先求其分布函数 $F_x(x)$ 并令等于 r，即

$$r=F_x(x)=\int_{x^L}^{x}f_x(x)\,\mathrm{d}x=\int_{x^L}^{x}\frac{1}{x^U-x^L}\mathrm{d}x=\frac{x-x^L}{x^U-x^L}$$

故可得随机变量 x 的抽样公式为：

$$x=x^L+r(x^U-x^L)$$

这就是前面常见的公式。

如果随机变量的概率密度函数用数值形式给出，或者是解析形式但又不易求其分布函数，则可以用舍选抽样法。这一方法虽比上一种方法快，但所需的随机数的数量要多一

点，且要求概率密度函数是有界的。如果它的一边或两边都延伸到无穷远，则应将其截断，使其舍去部分可以忽略不计。如图 11－8 所示，先求出概率密度函数 $f_x(x)$ 的最大值 M，然后取两个[0，1]间均匀分布的伪随机数 r_1 和 r_2，可产生一个点 $S(x, y)$，其中 $x = x^L + r_1(x^U - x^L)$，$y = 0 + r_2(M - 0) = r_2 M$，若 $y < f_x(x)$，则接受样本 x；否则就舍去并重做。显然，舍选法的原理是非常直观而明显的。由于在该区间内产生 x 值的数值和同一区间内概率密度函数值成正比，所以利用舍选法滤出的均匀分布伪随机数就能满足这种关系。这种方法也可以推广应用于离散随机变量的抽样计算。

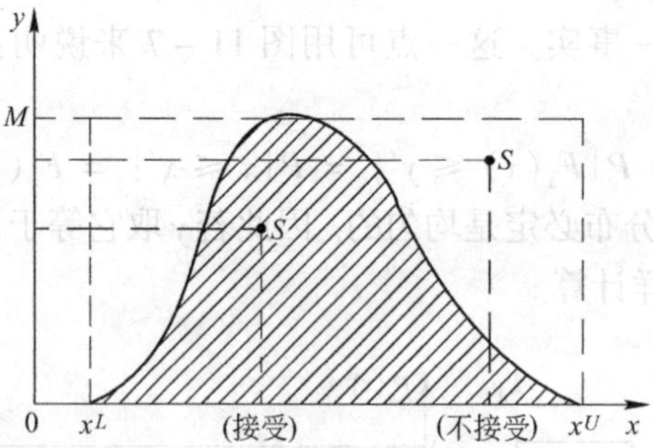

图 11－8　舍选法的抽样原理图

随机变量的抽样还可以用其他方法，如变换抽样法、分层抽样法、近似抽样法等。为了便于应用，表 11－6 中列出了几种常用概率分布随机变量的抽样公式。

表 11－6　几种常见概率分布随机变量的抽样公式

分布名称	概率密度函数 $f_x(\boldsymbol{x})$ 或 $f_t(\boldsymbol{t})$	抽样公式
$[\boldsymbol{x}^L, \boldsymbol{x}^U]$ 间均匀分布	$\dfrac{1}{\boldsymbol{x}^U - \boldsymbol{x}^L}$	$\boldsymbol{x}^L + \boldsymbol{r}(\boldsymbol{x}^U - \boldsymbol{x}^L)$
指数分布	$\lambda \boldsymbol{e}^{-\lambda x}$	$-\dfrac{1}{\lambda}\ln(1 - \boldsymbol{r})$ 或 $-\dfrac{1}{\lambda}\ln\boldsymbol{r}$
标准正态分布	$\dfrac{1}{\sqrt{2\pi}}\mathrm{e}^{-x^2/2}$	$\sqrt{-2\ln\boldsymbol{r}_1}\cos 2\pi\boldsymbol{r}_2$ 或 $\sqrt{-2\ln\boldsymbol{r}_1}\sin 2\pi\boldsymbol{r}_2$
正态分布	$\dfrac{1}{\sqrt{2\pi}\boldsymbol{\sigma}_x}\mathrm{e}^{-(x-\mu_x)^2/2\sigma_x^2}$	$\boldsymbol{x}_{N(0,1)}\boldsymbol{\sigma}_x + \boldsymbol{\mu}_x$ $\boldsymbol{x}_{N(0,1)}$ 是标准正态分布抽样
对数正态分布	$\dfrac{1}{\sqrt{2\pi}\boldsymbol{\sigma}_x\ln(\boldsymbol{x}-\boldsymbol{a})}\exp\left\{-\dfrac{[\ln(\boldsymbol{x}-\boldsymbol{a}) - \mu_x]^2}{2\sigma_x^2}\right\}, \boldsymbol{x} \geqslant \boldsymbol{a}$	$\boldsymbol{a} + \exp(\boldsymbol{x}_{N(0,1)}\boldsymbol{\sigma}_x + \mu_x)$
威布尔分布	$\dfrac{\boldsymbol{c}}{\boldsymbol{b}}\left(\dfrac{\boldsymbol{x}-\boldsymbol{a}}{\boldsymbol{b}}\right)^{c-1}\exp - \left\{-\left(\dfrac{\boldsymbol{x}-\boldsymbol{a}}{\boldsymbol{b}}\right)^c\right\}$	$\boldsymbol{b}(-\ln\boldsymbol{r})^{1/c} + \boldsymbol{a}$
离散 0 和 1 分布	$P\{\boldsymbol{x}=1\} = p \quad P\{\boldsymbol{x}=0\} = 1-p$	产生随机数 $\boldsymbol{r}$，若 $\boldsymbol{r} < p$ 抽得的 $\boldsymbol{x}_F(\boldsymbol{x}) = 1$，否则 $\boldsymbol{x}_p(\boldsymbol{x}) = 0$
二项分布	$P\{\boldsymbol{x}=k\} = c_N^k p^k q^{n-k} \quad k=0, 1, \cdots, n; p+q=1$	产生随机数 $\boldsymbol{r}_1, \boldsymbol{r}_2, \cdots, \boldsymbol{r}_n$ 使得 $\boldsymbol{r}_i < p$ 成立的个数
泊松分布	$P\{\boldsymbol{x}=k\} = \dfrac{\lambda^k}{k!}\mathrm{e}^{-\lambda} \quad (k=0, 1, 2, \cdots)$	产生随机数 $\boldsymbol{r}_1, \boldsymbol{r}_2, \cdots$，满足 $\overset{k}{\underset{i=0}{\mid\prod\mid}}\boldsymbol{r}_i > \mathrm{e}^{-\lambda} > \overset{k+1}{\underset{i=0}{\mid\prod\mid}}\boldsymbol{r}_i$ 的 k，$\boldsymbol{r}_0 = 1$

11.4 随机问题的优化计算方法

关于随机模型的优化计算方法，目前主要遵循两种基本思想：一种是将随机模型通过等价转换，以获得相应的确定型模型进行求解的方法，如一次二阶矩法；另一种是对随机模型采用直接求解的方法，如模拟搜索算法、随机拟次梯度算法等。除这两种基本思想外，在一些文献中还提出了用序列概率密度函数逼近的方法。

11.4.1 一次二阶矩法

由前面讨论可知，在求解随机模型时，需要计算目标函数的均值、方差和随机约束满足的概率值。但是在实际应用中，由于很难求出目标函数和约束函数的概率密度函数，即使近似地给出（或假定）它服从某种理论分布，在大多数情况下也很难应用于优化计算，所以如果有足够的资料和根据能确定出各随机参数和设计变量的均值和方差（即一阶原点矩和二阶中心矩），则可以采用一次二阶矩法将随机模型转化为确定型模型来求解。显然这是一种可推荐的近似计算方法。

一次二阶矩法可以用于处理含有概率约束的如下问题：

$$\left.\begin{aligned}&\min\quad F(x)=w_1E\{f(\boldsymbol{x},\boldsymbol{\omega})\}+w_2Var\{f(\boldsymbol{x},\boldsymbol{\omega})\}\\&\text{s.t.}\quad P\{g_j(\boldsymbol{x},\boldsymbol{\omega})\leqslant 0\}=\int_{-\infty}^{0}f(g_j)\mathrm{d}g_j\geqslant\alpha_j\quad j=1,2,\cdots,m\\&\qquad\ \boldsymbol{x},\boldsymbol{\omega}\in(\Omega,\mathscr{T},P)\subset R^{n+k}\end{aligned}\right\}\tag{11-27}$$

它的基本思想是假设设计变量和参数、目标函数和约束函数等均为正态分布，这样就可以将上式转化为确定型模型，并可用一般优化方法求解。

为了讨论方便，设随机向量为$\boldsymbol{y}=[\boldsymbol{x},\boldsymbol{\omega}]^{\mathrm{T}}=[x_1,x_2,\cdots,x_n,\omega_1,\omega_2,\cdots,\omega_k]^{\mathrm{T}}$，且各变量互为独立，已知其均值$\mu_{yi}$和标准差$\sigma_{yi}$。这样，若将多元随机函数在自变量的均值处作 Taylor 级数线性展开，并取其均值和方差，则可得用一阶和二阶矩表达的近似计算式。

（1）**目标函数**。目标函数$f(\boldsymbol{x},\boldsymbol{\omega})$的均值和标准差为：

$$\mu_f=E\{f(\boldsymbol{x},\boldsymbol{\omega})\}\approx f(\mu_y)\tag{11-28}$$

$$\sigma_f=\sqrt{Var\{f(\boldsymbol{x},\boldsymbol{\omega})\}}\approx\left\{\sum_{i=1}^{N}\left[\left.\frac{\partial f(\boldsymbol{y})}{\partial y_i}\right|_{\mu_{y_i}}\right]^2\sigma_{y_i}^2\right\}^{1/2}\tag{11-29}$$

（2）**概率约束**。概率约束也和随机目标函数一样，先计算出随机约束函数$g_u(\boldsymbol{x},\boldsymbol{\omega})$的均值$\mu_{g_u}$和标准差$\sigma_{g_u}$，即

$$\mu_{g_u}=E\{g_u(\boldsymbol{x},\boldsymbol{\omega})\}\approx g_u(\mu_g)\tag{11-30}$$

$$\sigma_{g_u}=\sqrt{Var\{g_u(\boldsymbol{x},\boldsymbol{\omega})\}}\approx\left\{\sum_{i=1}^{N}\left[\left.\frac{\partial g_u(\boldsymbol{y})}{\partial y_i}\right|_{\mu_{y_i}}\right]^2\sigma_{y_i}^2\right\}^{1/2}\tag{11-31}$$

然后引入新随机变量

$$\theta=\frac{g_u-\mu_{g_u}}{\sigma_{g_u}}\tag{11-32}$$

将随机约束函数$g_u(\boldsymbol{x},\boldsymbol{\omega})$转化为标准正态分布，如图 11-9 所示，于是可表示为（注意，

因 $g_u(\boldsymbol{x},\boldsymbol{\omega}) \leqslant 0$，所以 $\mu_g < 0$)：

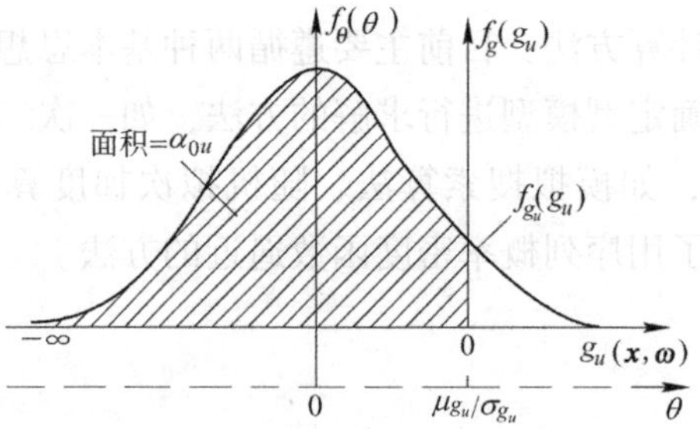

图 11－9 随机约束函数的转换

$$P\{g_u(\boldsymbol{x},\boldsymbol{\omega}) \leqslant 0\} = \int_{-\infty}^{0} f_{g_u}(g_u)\,\mathrm{d}g_u = \int_{-\infty}^{-\frac{\mu_{g_u}}{\sigma_{g_u}}} \frac{1}{\sqrt{2\pi}} \mathrm{e}^{-\theta^2/2}\mathrm{d}\theta \geqslant \alpha_{0u} =$$

$$\int_{-\infty}^{\phi^{-1}(\alpha_{0u})} \frac{1}{\sqrt{2\pi}} \mathrm{e}^{-z^2/2}\mathrm{d}z \qquad (11-33)$$

式中，$\phi^{-1}(\alpha_{0u})$ 为相应于概率等于 α_{0u} 时的标准正态随机变量值 z，可根据标准正态函数表查出，其部分数据见表 11－7。

表 11－7 标准正态函数表

给定的概率值 α_{0u}	0.50	0.75	0.85	0.90	0.95	0.99	0.999	0.9999
随机变量 $\phi^{-1}(\alpha_{0u})$ 值	0.000	0.675	1.037	1.282	1.645	2.330	3.100	3.720

由式（11－33）可知，若要使随机约束满足的概率值大于给定的值，则必须使积分的上限满足

$$-\frac{\mu_{g_u}}{\sigma_{g_u}} \geqslant \phi^{-1}(\alpha_{0u}) \quad \text{或} \quad \mu_{g_u} + \phi^{-1}(\alpha_{0u})\sigma_{g_u} \leqslant 0 \qquad (11-34)$$

由此可见，对概率约束条件经过一次二阶矩处理，便可用上式来代替对概率约束的计算。

对随机的目标函数和约束采用上述的一次二阶矩处理，就可以将式（11－28）的随机模型转化为如下等价的确定型模型求解：

$$\left.\begin{aligned} & \boldsymbol{x} \in \boldsymbol{X} \subset R^n \\ \min \quad & F(\mu_f, \sigma_f) = w_1\mu_f + w_2\sigma_f \\ \text{s.t.} \quad & \mu_{g_u} + \phi^{-1}(\alpha_{0u})\sigma_{g_u} \leqslant 0 \quad u = 1, 2, \cdots, m \end{aligned}\right\} \qquad (11-35)$$

这样，对于求解式（11－35）就不需要用特殊的方法，完全可用前面所讲的确定型优化计算方法。但是值得注意的是，上述方法只有当各随机变量为正态分布、离差系数较小，且 $f(\boldsymbol{x},\boldsymbol{\omega})$ 和 $g_u(\boldsymbol{x},\boldsymbol{\omega})$ 为线性函数或低阶非线性函数时，才可以取得比较满意的计算结果，而在一般情形下，由于在工程设计中各随机变量不一定都服从正态分布、离差系数也较大（这正是设计中需要考虑随机因素的根本原因所在），且目标函数和约束函数又多是非线性的，因而用上述方法计算将可能有较大的误差，特别是当一种失效模式采用不同的数学关系式描述时，将会导致完全不同的计算结果，这一点从下面算例的计算结果可

以看出。因此，对于一些较为重要的设计，我们推荐采用下一节所介绍的方法——随机模拟搜索法。

11.4.2 随机模拟搜索算法

随机模拟搜索法是求解随机变量优化设计问题的一种简便而有效的方法。这一方法的基本原理是用确定型优化方法，按随机变量的均值进行搜索，在新点对随机模型进行随机模拟试验，查明该点的可行性及其相应的随机目标函数的样本统计均值和方差、随机约束的概率值或其他统计特征值。如此反复，直至计算达到收敛为止。它的优点是易于解决随机约束函数的相关性给计算带来的困难。

随机模拟搜索算法的步骤如下：

（1）输入随机设计变量和随机参数的分布类型、分布参数，算法的操作参数，收敛精度和模拟试验次数 N_s 等。

（2）提供目标函数、约束函数，随机变量抽样计算的子程序以及在［0，1］区间均匀分布的随机数发生器等。

（3）给出随机设计变量的均值向量初值。

（4）调用确定型优化方法主程序，按随机设计变量的均值进行迭代，若收敛则转步骤（14），否则，产生新点。

（5）在新点按 j 循环到步骤（10）进行随机模拟计算。

（6）调用 $n+k$ 次［0，1］区间均匀分布随机数的发生器，得 r_1，r_2，…，r_n；r_1，r_2，…，r_k。

（7）用 $n+k$ 个随机数并调用随机变量（分别对 x_i 和 ω_i）抽样计算的子程序，产生当前点的随机变量值 $\boldsymbol{x}'$、$\boldsymbol{\omega}'$。

（8）用 $\boldsymbol{x}'$ 和 $\boldsymbol{\omega}'$ 得目标函数和约束函数的一个样本值

$$z_j = z(\boldsymbol{x}', \boldsymbol{\omega}') \quad 和 \quad g_{uj}(\boldsymbol{x}', \boldsymbol{\omega}') \quad u = 1, 2, \cdots, m$$

（9）检验约束是否满足 $g_{uj} \leqslant 0$，若是记满足约束条件一次 $N_u = N_u + 1$。

（10）$j = j+1$，若 $j > N_s$，则 j 的循环体结束，转步骤（11）；否则转步骤（6）。

（11）计算约束满足的概率值：

$$P\{g_u(\boldsymbol{x}, \boldsymbol{\omega}) \leqslant 0\} \approx \frac{N_u}{N_s} \quad u = 1, 2, \cdots, m$$

（12）计算目标函数和约束函数的均值和方差。

（13）返回优化计算主程序，若收敛则转步骤（14）。

（14）对最优点作模拟计算，获得概率分析的全部信息。

（15）结束。

与随机模拟结合的优化计算方法最好选用离散变量优化方法（见第10章），以保证迭代计算的均值得到一个有量度意义位数的数值。

11.4.3 随机拟次梯度算法

随机拟次梯度法是前苏联学者 Y. M. Ermoliev 提出的一种直接解随机模型的方法。此方法类似于用梯度法解最优化问题，所不同的是用随机拟次梯度方向进行迭代。

11.4.3.1 算法步骤

若随机函数 $z(\boldsymbol{x},\boldsymbol{\omega})$ 连续，则在统计均值 $\boldsymbol{x}^{(k)} \in R^n$ 点的随机拟次梯度定义为：

$$\left.\begin{aligned}\xi^{(k)} &= [\xi_1^{(k)}, \xi_2^{(k)}, \cdots, \xi_n^{(k)}]^{\mathrm{T}} \\ \xi_i^{(k)} &= \frac{\alpha_i}{r}\sum_{j=1}^{r}\frac{z(\boldsymbol{x}^{(k)}+\beta_k h_j, \boldsymbol{\omega}^{(k_j)}) - z(\boldsymbol{x}^{(k)}, \boldsymbol{\omega}^{(k_0)})}{\beta_k}h_j \quad i=1,2,\cdots,n\end{aligned}\right\} \tag{11-36}$$

式中，α_i 为随机拟次梯度元素 $\xi_i^{(k)}$ 标度因子，一般取大于 3 的奇数；r 为随机拟次梯度元素的模拟次数，一般取 3 ~5；β_k 为独立于 $\{\boldsymbol{x}^{(k)}\}$ 序列选取的某个小于 1 的正实数；h_j 为 $(-1, +1)$ 之间均匀分布的随机数。

如图 11 -10 所示，随机拟次梯度优化算法步骤如下：

（1）输入算法的参数。

（2）给出随机设计变量的初始样本均值 $\boldsymbol{x}^{(0)}$，且满足 $\boldsymbol{x}^{(0)} \in \mathscr{D}_\alpha$。

（3）令 $k=0$，$\boldsymbol{\eta}^{(k)}=\xi^{(0)}$。

（4）计算随机目标函数在 $\boldsymbol{x}^{(k)}$ 处的随机拟次梯度 $\xi^{(k)}$，若

$$\frac{\langle \xi_z, \xi_g \rangle}{\|\xi_z\| \cdot \|\xi_g\| \cos(\xi_z, \xi_g)} \leqslant 1-\varepsilon$$

则计算终止，转步骤（9）；否则构造随机拟次梯度混合序列：

$$\boldsymbol{\eta}^{(k+1)} = \xi^{(k)} + \delta^{(k)}(\xi^{(k)} - \boldsymbol{\eta}^{(k)})$$

（5）判断 $\boldsymbol{x}^{(k)}$。若 $\boldsymbol{x}^{(k)}$ 点不在约束面上，集合 $\boldsymbol{J}(\boldsymbol{x}^{(k)},\boldsymbol{\varepsilon}) = \boldsymbol{\Phi}$（空集），则令 $\boldsymbol{d}_k = -\boldsymbol{\eta}^{(k)}$，转至步骤（6）；若 $\boldsymbol{x}^{(k)}$ 点在约束面上，集合 $\boldsymbol{J}(\boldsymbol{x}^{(k)},\boldsymbol{\varepsilon}) \neq \boldsymbol{\Phi}$，则构造子问题，令 $\boldsymbol{d}_k = \boldsymbol{Y} - \boldsymbol{x}^{(k)}$，其中 $\boldsymbol{Y}$ 为获得可用搜索方向的辅助点；并求如下子问题

$$\begin{aligned}\min \quad & \langle \boldsymbol{\eta}^{(k)}, \boldsymbol{Y}-\boldsymbol{x}^{(k)} \rangle + 0.5\|\boldsymbol{Y}-\boldsymbol{x}^{(k)}\|^2 \\ \text{s.t.} \quad & g_j(\boldsymbol{x}^{(k)}, \boldsymbol{\omega}^{(k)}) + \langle \xi^{(k)}, \boldsymbol{Y}-\boldsymbol{x}^{(k)} \rangle \leqslant 0 \\ & j \in \boldsymbol{J}(\boldsymbol{x}^{(k)}, \boldsymbol{\varepsilon})\end{aligned}$$

（6）判断 IP（路径控制）。若 IP =1，则按 $\rho^{(k)} = \{c/k\}$ 来构造基本迭代公式：

$$\boldsymbol{x}^{(k+1)} = \boldsymbol{x}^{(k)} + \rho^{(k)} \cdot \boldsymbol{d}_k$$

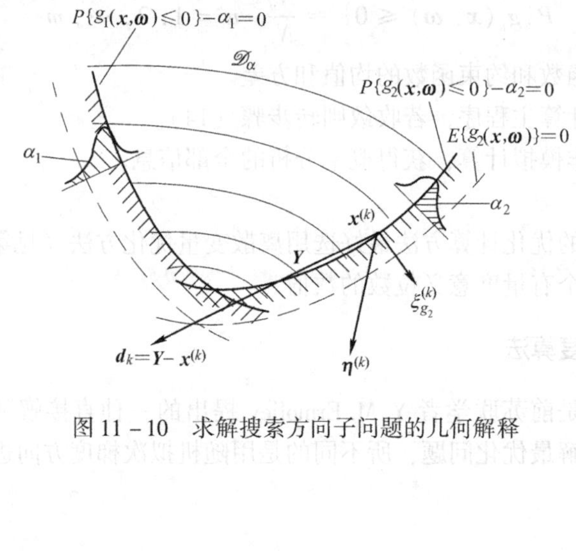

图 11 -10 求解搜索方向子问题的几何解释

若 IP≠1，则判断 MOD(k, 20) 是否为零。若 MOD(k, 20) =0，则计算 $\langle \boldsymbol{d}_{k-1}, \boldsymbol{d}_k \rangle$，并根据式

$$\rho_{k+1} = \begin{cases} \rho_k & -\alpha_1 \leqslant \langle \boldsymbol{d}_{k-1}, \boldsymbol{d}_k \rangle \leqslant \alpha_1, \quad \alpha_1 = 0.4 \sim 0.8 \\ \rho_k \alpha_2 & \langle \boldsymbol{d}_{k-1}, \boldsymbol{d}_k \rangle > \alpha_1, \quad \alpha_2 = 1.0 \sim 1.3 \\ \rho_k \alpha_3 & \langle \boldsymbol{d}_{k-1}, \boldsymbol{d}_k \rangle < -\alpha_1, \quad \alpha_3 = 0.7 \sim 1.0 \end{cases}$$

来调整随机步长因子 ρ_k，然后完成一次迭代

$$\boldsymbol{x}^{(k+1)} = \boldsymbol{x}^{(k)} + \rho^{(k)} \cdot \boldsymbol{d}_k$$

若 MOD(k, 20) ≠ 0，则转步骤（7）。

（7）判断是否 $k > M$。若 $k \leqslant M$，令 $\boldsymbol{x}^{(k)} = \boldsymbol{x}^{(k+1)}$，则返回步骤（4）；若 $k > M$，则转步骤（8）。

（8）判断是否满足最优性条件。若满足，则转至步骤（9）；若不满足，则返回步骤（4）。

（9）对随机目标函数及随机约束在 $\boldsymbol{x}^{(k)}$ 点进行随机模拟，得到随机目标函数的样本统计均值和方差及随机约束的概率值或其他统计特征值。

（10）输出最终结果。

11.4.3.2 概率约束等价转换逐次逼近计算方法

如图 11－11 所示，对于任意分布的随机约束想要进行满足规定概率的计算一般是十分困难的，但根据概率论中的契贝雪夫不等式，若随机变量 $g(\boldsymbol{x}, \boldsymbol{\omega})$ 存在均值 μ_g 和方差 σ_g^2，则存在一个相应的 B^* 点（契贝雪夫点），使得可以用不等式

$$\mu_g + B^* \sigma_g \leqslant 0 \tag{11-37}$$

作概率约束的等价计算。考虑到随机约束概率密度函数形状、尺寸和位置随迭代点移动的变化，在寻优过程中对 B^* 需采用修正方法逼近，即

$$B^{(k+1)} = B^{(k)} + \Delta B^{(k)} \quad k = 0, 1, 2, \cdots \tag{11-38}$$

且令 $B^{(0)} = |\mu_g / \sigma_g|$。

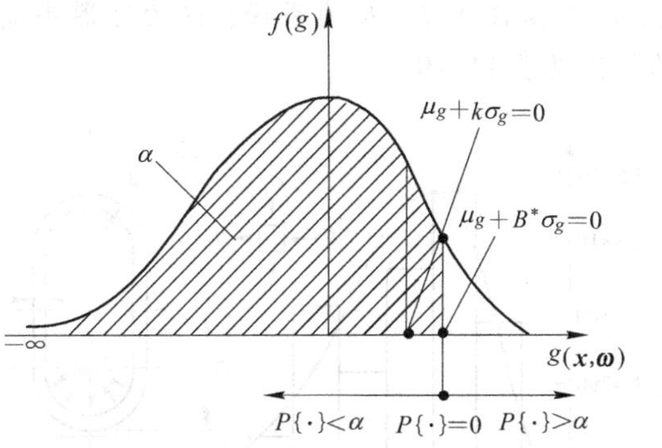

图 11－11 概率约束等价转换的几何意义

算法步骤如下：

（1）计算初始点 $g(\boldsymbol{x}, \boldsymbol{\omega})$ 的均值 μ_g 和标准差 σ_g，求出 $B^{(0)}$，令 $k=0$。

(2) 搜索出相应于 $B^{(k)}$ 的概率约束的最优点。

(3) 对该点作模拟计算得 $P\{g(\boldsymbol{x},\boldsymbol{\omega})\leqslant 0\}$ 值。

(4) 若 $P\{g(\boldsymbol{x},\boldsymbol{\omega})\leqslant 0\}\geqslant\alpha$ 且 $|P\{g(\boldsymbol{x},\boldsymbol{\omega})\leqslant 0\}-\alpha|\leqslant\varepsilon$ 则转步骤(5)；否则 $B^{(k+1)}=B^{(k)}+\Delta B^{(k)}$，令 $k=k+1$，转步骤（2)。

(5) 结束。

【例 11-2】 已知 $x\sim N(8700, 8700\delta_x)$、$\omega_1\sim LN(3,1)$、$\omega_2\sim W(1,2)$ 和 $\omega_3\sim W(1,4)$，设当方次幂 $a=1$、2、3 和离散系数 δ_x 分别为 0.005、0.010、0.050、0.100 时使用契贝雪夫法求概率约束

$$P\{g(\boldsymbol{x},\boldsymbol{\omega})=z_1z_2-0.0981z_3x^a\leqslant 0\}\geqslant 90.0\%$$

的 B^* 值。

解： 计算结果见表 11-8，在不同的 δ_x 和方次幂 a 值下都可以获得比较满意的计算结果，而且当 $\delta_x=0.1$ 和 $a=3$ 时 $g(\boldsymbol{x},\boldsymbol{\omega})$ 的概率分布已呈现严重的左偏非对称分布。

表 11-8 用契贝雪夫法计算概率约束的 B^* 和（$P\{\cdot\}$）值

δ_x	0.005	0.010	0.050	0.100
$a=1$	2.825（90.1%）	2.825（90.2%）	2.800（90.2%）	2.675（90.6%）
$a=2$	2.825（90.3%）	2.825（90.3%）	2.675（90.0%）	2.275（90.1%）
$a=3$	2.825（90.3%）	2.800（90.0%）	2.475（90.0%）	1.875（90.0%）

【例 11-3】 试用随机变量优化设计方法设计一个压力容器。压力容器的计算简图如图 11-12 所示，由材料力学可知，薄壁容器在 $y=0$ 处的应力状态为两向应力状态。容器的轴向应力为

$$\sigma_1=\frac{pR}{2\delta}$$

周向应力为

$$\sigma_2=\frac{pR}{\delta}\left(1-\frac{R^2}{2H^2}\right)$$

式中，p 为容器内压力；δ 为容器壁厚；R 为半径；H 为容器半高。材料为 15MnV。根据现厂实验及观测所得的数据见表 11-9。

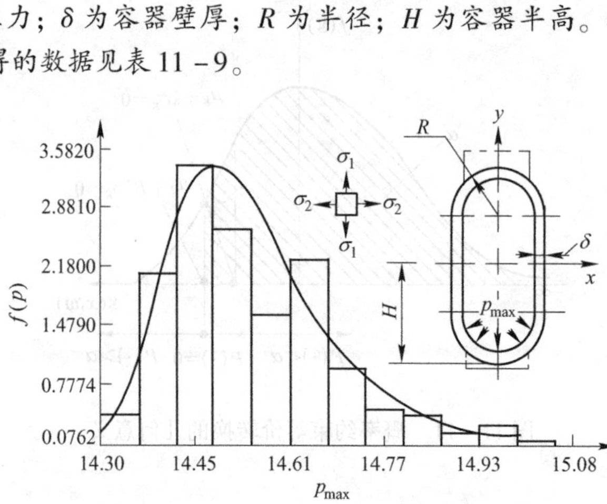

图 11-12 压力容器的计算简图

试确定此压力容器在满足强度不失效概率为 0.95 下的最大容积的尺寸 R 和 H，且要求容器尺寸限制在 $2 \leqslant H/R \leqslant 2.5$ 范围内。

表 11-9 压力容器设计的已知数据

设计参数和尺寸	概率分布类型	已知数据
工作压力 p/MPa	对数正态分布	$\mathrm{LN}(\mu_p, \sigma_p) = \mathrm{LN}(14.495, 1.4495)$
材料强度极限 σ_s/MPa	对数正态分布	$\mathrm{LN}(\mu_\sigma, \sigma_\sigma) = \mathrm{LN}(392, 19)$
容器壁厚 δ/mm	正态分布	$\mathrm{N}(\mu_\delta, \sigma_\delta) = \mathrm{N}(3.0, 0.1133)$
容器半径 R/mm	正态分布	$C_R = 0.01$
容器圆柱筒体半高 H/mm	正态分布	$C_H = 0.05$

解：(1) 数学模型。

随机设计变量：考虑到制造误差，认为压力容器的尺寸 R 和 H 是服从正态分布的随机变量，其均值 μ_R 和 μ_H 是未知的，其标准差可取 $\sigma_R = 0.01\mu_R$，$\sigma_H = 0.05\mu_H$。这样

$$\boldsymbol{x} = [x_1, x_2]^{\mathrm{T}} = [\mu_{x1}, \mu_{x2}]^{\mathrm{T}} \in R^2$$

随机参数：随机参数有容器内的工作压力 p、容器壁厚 δ 和材料的允许强度极限 σ_s，即

$$\boldsymbol{\omega} = [\omega_1, \omega_2, \omega_3]^{\mathrm{T}} = [p, \delta, \sigma_s]^{\mathrm{T}} \in (\Omega, \mathscr{T}, \boldsymbol{P}) \subset \boldsymbol{R}^3$$

目标函数：目标函数取压力容器的容积，即

$$\begin{aligned} f(\boldsymbol{x}, \boldsymbol{\omega}) &= -\left\{\frac{4}{3}\pi(R-\delta)^3 + 2\pi(R-\delta)^2(H-R)\right\} \\ &= -\left\{\frac{4}{3}\pi(x_1-\omega_2)^3 + 2\pi(x_1-\omega_2)^2(x_2-x_1)\right\} \to \min \end{aligned}$$

约束函数：有 4 个约束函数

$$g_1(\boldsymbol{x}, \boldsymbol{\omega}) = \frac{pR}{2\delta} - \sigma_s = \frac{\omega_1 x_1}{2\omega_2} - \omega_3 \leqslant 0$$

$$g_2(\boldsymbol{x}, \boldsymbol{\omega}) = \frac{pR}{\delta}\left(1 - \frac{R^2}{2H^2}\right) = \frac{\omega_1 x_1}{\omega_2}\left(1 - \frac{x_1^2}{2x_2^2}\right) - \omega_3 \leqslant 0$$

$$g_3(\boldsymbol{x}, \boldsymbol{\omega}) = 2 - \frac{x_2}{x_1} \leqslant 0$$

$$g_4(\boldsymbol{x}, \boldsymbol{\omega}) = \frac{x_2}{x_1} - 2.5 \leqslant 0$$

由此可建立压力容器概率约束优化设计的数学模型

$$\begin{aligned} &\boldsymbol{x} = \boldsymbol{\mu}_x \in \boldsymbol{X} \subset R^2 \\ \min \quad & E\{f(\boldsymbol{x}, \boldsymbol{\omega})\} \\ \text{s. t.} \quad & P\{g_1(\boldsymbol{x}, \boldsymbol{\omega}) \leqslant 0\} \geqslant 0.95 \\ & P\{g_2(\boldsymbol{x}, \boldsymbol{\omega}) \leqslant 0\} \geqslant 0.95 \\ & E\{g_3(\boldsymbol{x}, \boldsymbol{\omega})\} \leqslant 0 \\ & E\{g_4(\boldsymbol{x}, \boldsymbol{\omega})\} \leqslant 0 \end{aligned}$$

(2) 用一次二阶矩法求解。

设随机向量 $\boldsymbol{y}=[\boldsymbol{x},\boldsymbol{\omega}]^{\mathrm{T}}\in(\Omega,\mathscr{T},P)\subset R^5$，且假设其5个随机变量均服从正态分布，即 $\mu_{x1}=x_1$，$\sigma_{x1}=0.01\mu_{x1}$；$\mu_{x2}=x_2$，$\sigma_{x2}=0.01\mu_{x2}$；$\mu_{\omega1}=14.495$，$\sigma_{\omega1}=1.4495$；$\mu_{\omega2}=3$，$\sigma_{\omega2}=0.1133$；$\mu_{\omega3}=392$，$\sigma_{\omega3}=19$。

目标函数的计算：

$$E\{f(\boldsymbol{x},\boldsymbol{\omega})\}\approx f(\mu_x,\mu_\omega)=-\left\{\frac{4}{3}\pi(x_1-3)^3+2\pi(x_1-3)^2(x_2-x_1)\right\}$$

约束函数的计算：先求出约束函数的偏导数值，见表11-10。

表11-10 约束函数的偏导数值

约束函数	$\left.\frac{\partial g}{\partial y_1}\right\|_{\mu_y}$	$\left.\frac{\partial g}{\partial y_2}\right\|_{\mu_y}$	$\left.\frac{\partial g}{\partial y_3}\right\|_{\mu_y}$	$\left.\frac{\partial g}{\partial y_4}\right\|_{\mu_y}$	$\left.\frac{\partial g}{\partial y_5}\right\|_{\mu_y}$
$g_1(\boldsymbol{x},\boldsymbol{\omega})$	$\frac{\mu_{\omega1}}{2\mu_{\omega2}}$	0	$\frac{\mu_{x1}}{2\mu_{\omega2}}$	$-\frac{\mu_{\omega1}\mu_{x1}}{2\mu_{\omega2}^2}$	-1
$g_2(\boldsymbol{x},\boldsymbol{\omega})$	$\frac{\mu_{\omega1}}{\mu_{\omega2}}\left(1-\frac{3\mu_{x1}^2}{2\mu_{\omega2}^2}\right)$	$\frac{\mu_{\omega1}\mu_{x1}^3}{\mu_{\omega2}\mu_{x2}^3}$	$\frac{\mu_{x1}}{\mu_{\omega2}}\left(1-\frac{\mu_{x1}^2}{2\mu_{x2}^2}\right)$	$-\frac{\mu_{\omega1}\mu_{x1}}{\mu_{\omega2}^2}\left(1-\frac{\mu_{x1}^2}{2\mu_{x2}^2}\right)$	-1

这样便可求得随机约束函数的均值 μ_g 和标准差 σ_g：

$$\mu_{g1}\approx\frac{\mu_{\omega1}\mu_{x1}}{2\mu_{\omega2}}-\mu_{\omega3}=\frac{14.495}{2\times3}x_1-392$$

$$\mu_{g2}\approx\frac{\mu_{\omega1}\mu_{x1}}{\mu_{\omega2}}\left(1-\frac{\mu_{x1}^2}{2\mu_{x2}^2}\right)-\mu_{\omega3}=\frac{14.495}{3}x_1\left(1-\frac{x_1^2}{2x_2^2}\right)-392$$

$$\sigma_{g1}\approx\left\{\left(\frac{14.495}{2\times3}\right)^2(0.01x_1)^2+\left(\frac{1}{2\times3}x_1\right)^2 1.4495^2+\left(\frac{14.495}{2\times3^2}x_1\right)^2 0.1133^2+19^2\right\}^{1/2}$$

$$\sigma_{g2}\approx\left\{\left[\frac{14.495}{3}\left(1-\frac{3x_1^2}{2x_2^2}\right)\right]^2(0.01x_1)^2+\left(\frac{14.495}{3}\frac{x_1^2}{x_2^3}\right)^2(0.05x_2)^2+\right.$$
$$\left.\left[\frac{x_1}{3}\left(1-\frac{x_1^2}{2x_2^2}\right)\right]^2 1.4495^2+\left[-\frac{14.495}{3}x_1\left(1-\frac{x_1^2}{2x_2^2}\right)\right]^2 0.1133^2+19^2\right\}^{1/2}$$

由于要求满足的概率值为 $\alpha_{01}=\alpha_{02}=0.95$，由表11-7可查得 $\phi^{-1}(\alpha_{01})=\phi^{-1}(\alpha_{02})=1.645$，这样便可将概率约束优化设计的数学模型转化为如下形式的确定型模型：

$$\boldsymbol{x}\in R^2$$
$$\min\quad f(\boldsymbol{x})=-\left\{\frac{4}{3}\pi(x_1-3)^3-2\pi(x_1-3)^2(x_2-x_1)\right\}$$
$$\text{s.t.}\quad g_1(\boldsymbol{x})=\mu_{g1}+1.645\sigma_{g1}\leqslant0$$
$$g_2(\boldsymbol{x})=\mu_{g2}+1.645\sigma_{g2}\leqslant0$$
$$g_3(\boldsymbol{x})=2-x_1/x_2\leqslant0$$
$$g_4(\boldsymbol{x})=x_1/x_2-2.5\leqslant0$$

此模型采用第10章中的离散变量组合形优化方法求解，其最优结果列于表11-11。

(3) 用随机模拟搜索法求解。

此时可直接用概率约束优化设计模型进行计算。优化方法仍采用离散变量组合形优化方法，但对其目标函数和约束函数的概率分析需要调用模拟计算子程序，且对于容器内压

力 p 和材料的强度极限 σ_s 按对数正态分布产生样本，其余均按正态分布产生样本，其计算结果亦列于表11-11。在表中，同时还给出了此压力容器按一般优化设计方法（用确定型模型）所得的最优结果。

表11-11　压力容器的几种优化设计方法的计算结果

设计方法		压力容器的容积/m³	压力容器的尺寸 $R\times H$/mm×mm	约束满足的实际概率值
按确定型方法设计		8.5646×10^{-3}	88×220	$P_1=1.0000$，$P_2=0.5050$
按随机型方法设计	一次二阶矩法	4.5926×10^{-3}	75×168	$P_1=1.0000$，$P_2=0.9772$
	随机模拟搜索法	5.246×10^{-3}	76×184	$P_1=1.0000$，$P_2=0.9500$

在此表中，对于确定型模型和随机型模型，其约束满足的实际概率值都是用最优点通过随机模拟计算求得的。图11-13所示为确定型和随机型模型在最优点处随机约束 $g_2(\boldsymbol{x},\boldsymbol{\omega})\leqslant0$ 的概率密度函数曲线。

此例的计算结果说明，对于含有随机因素的设计问题，用一般优化设计方法所得结果是十分不可靠的，因为其约束满足的实际概率值仅有50%左右。若用随机模型进行优化设计，当采用一次二阶矩方法求解时，其计算结果也有可能偏于危险，特别是当约束函数采用不同数学公式表达时，由于偏导数的不同有可能得到完全不相同的设计结果。若采用随机模拟搜索方法求解，则完全可以避免这种现象，且其计算结果比较合理与可靠。

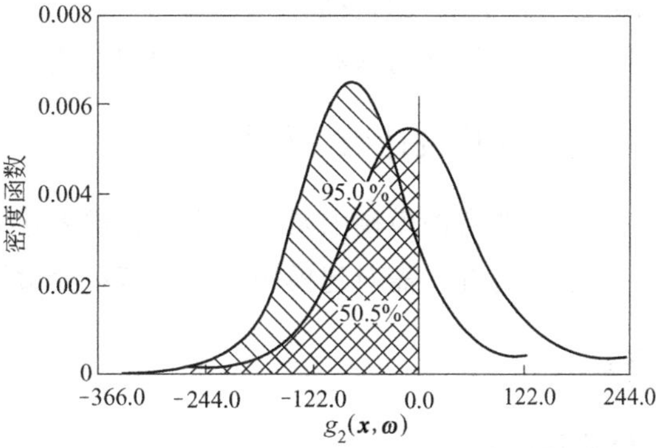

图11-13　随机约束 $g_2(\boldsymbol{x},\boldsymbol{\omega})\leqslant0$ 的概率密度函数曲线

习　题

11-1　试举一个必须按随机问题进行优化设计的实例。

11-2　试将 $P\left\{g(\boldsymbol{x},\boldsymbol{\omega})=P-\dfrac{\pi}{4}d^2\delta_s\leqslant0\right\}\geqslant0.9$ 的概率约束用一次二阶矩法将它转化为确定型约束（设 $\boldsymbol{x}=d$，$\boldsymbol{\omega}_1=p$ 和 $\boldsymbol{\omega}_2=\sigma_s$）。

11-3　试选用一种确定型算法，结合随机模拟分析方法，构造一种随机模拟搜索算法，并画出它的计算流程图。

12 模糊问题优化设计方法

12.1 引　言

在机械设计和工程设计中，不可避免地会遇到一些模糊因素，如产品质量的“优与劣”、成本的“高与低”、机器运转的“安全与危险”等都是一些模糊的概念，很难用一个确定的量来明确“优与劣”、“高与低”、“安全与危险”的边界或界限。又如在机械设计中像载荷系数、安全系数一类参数，在设计规范中通常只给出一个选用值的范围，这也是一类很模糊的参数。因此，当一个优化设计问题需要考虑这类模糊因素时，其包含这类因素的目标函数和约束函数自然亦是一个模糊事件。

由于在常规的优化设计中，不考虑具有模糊性的参数，而且把含有模糊参数的目标函数和约束函数都当做确定的量来处理，以致有时会丢失一些对产品设计有应用价值的可行的方案。为了解决上述问题，Bellman 和 Zadeh 于 20 世纪 90 年代初期提出了模糊问题优化设计的概念，随后在近 20 年中有了很大的发展。

本章将简要介绍模糊问题优化设计的基本概念、原理和方法。

12.2 含有模糊因素问题的优化设计数学模型

对于一个设计问题，当它需要考虑模糊因素时，应该怎样来建立它的优化设计数学模型，这是需要首先解决的问题。为此，需对建模中的一些基本要素给予定义。

12.2.1 模糊模型的基本要素

12.2.1.1 隶属度和隶属函数

为了表示某一元素与模糊子集的关系，Zadeh 提出隶属度的概念。这是处理模糊问题的关键。设有论域 Ω，其中的一个模糊集合 A 是指，对任何元素 $\omega_i \in \Omega$ 都指定了一个数 $\mu_A(\omega_i) \in [0,1]$ 与 ω_i 对应，这个数 $\mu_A(\omega_i)$ 称为 ω_i 对 A 的**隶属度**。显然 $\mu_A(\omega_i)$ 值愈大，ω_i 对 A 的隶属程度愈高；$\mu_A(\omega_i)=0$ 表示 ω_i 肯定不属于 A。根据模糊数学理论，模糊集合 A 可表示成

$$A = \frac{\mu_{A_1}(\omega_1)}{\omega_1} + \frac{\mu_{A_2}(\omega_2)}{\omega_2} + \cdots + \frac{\mu_{A_K}(\omega_k)}{\omega_k} = \sum_{i=1}^{k} \frac{\mu_{A_i}(\omega_i)}{\omega_i} \qquad \omega_i \in \Omega \qquad (12-1)$$

而当论域 Ω 内的元素无限多时，则模糊集

$$A = \int_{\Omega} \frac{\mu_A(\boldsymbol{\omega})}{\boldsymbol{\omega}} \qquad \boldsymbol{\omega} \in \Omega \qquad (12-2)$$

并称 $\mu_A(\boldsymbol{\omega})$ 为模糊参数 $\boldsymbol{\omega}$ 对 A 的**隶属函数**，或称为**模糊分布**。

确定模糊参数的隶属函数，在实际工作中是比较困难的，一般可采用模糊统计法和二元对比排序法等。当缺乏足够的资料时，也可以建立一个近似的隶属函数，但必须反映该模糊参数从隶属某个集合到不隶属某个集合这一变化过程的整体。在机械设计中所遇到的一些模糊因素的隶属函数，一般可采用表 12－1 所列的几种隶属函数来描述。

表 12－1　几种常用的隶属函数

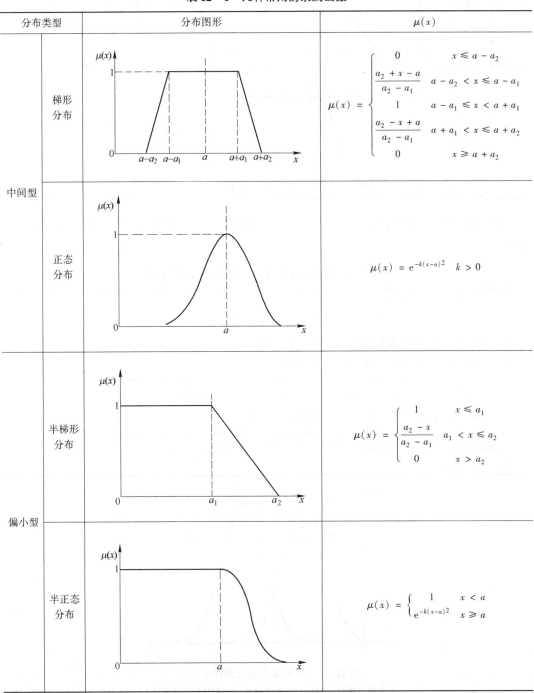

<table>
<tr><th colspan="2">分布类型</th><th>分布图形</th><th>$\mu(x)$</th></tr>
<tr><td rowspan="2">中间型</td><td>梯形分布</td><td>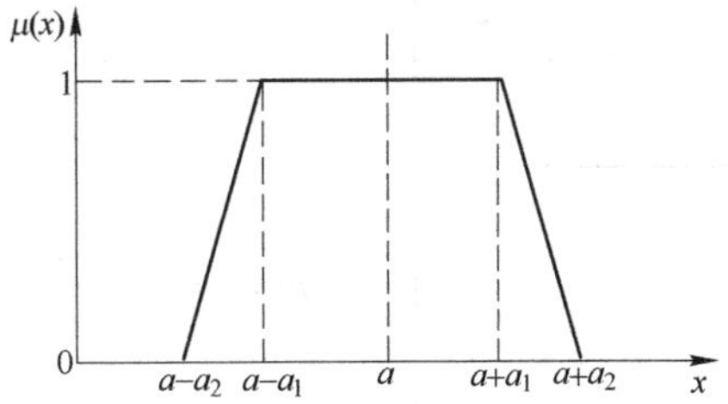
</td><td>$$\mu(x)=\begin{cases}0 & x \leqslant a-a_2\\ \dfrac{a_2+x-a}{a_2-a_1} & a-a_2<x\leqslant a-a_1\\ 1 & a-a_1\leqslant x<a+a_1\\ \dfrac{a_2-x+a}{a_2-a_1} & a+a_1<x\leqslant a+a_2\\ 0 & x\geqslant a+a_2\end{cases}$$</td></tr>
<tr><td>正态分布</td><td>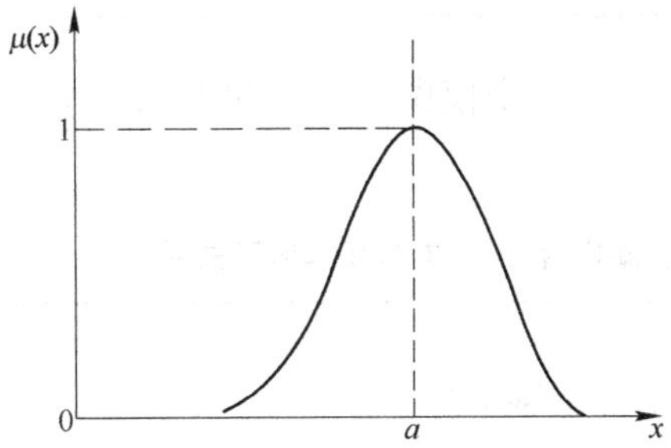
</td><td>$$\mu(x)=\mathrm{e}^{-k(x-a)^2}\quad k>0$$</td></tr>
<tr><td rowspan="2">偏小型</td><td>半梯形分布</td><td>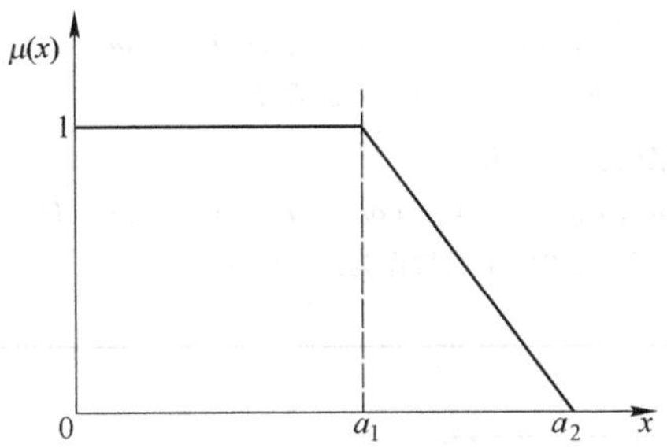
</td><td>$$\mu(x)=\begin{cases}1 & x\leqslant a_1\\ \dfrac{a_2-x}{a_2-a_1} & a_1<x\leqslant a_2\\ 0 & x>a_2\end{cases}$$</td></tr>
<tr><td>半正态分布</td><td>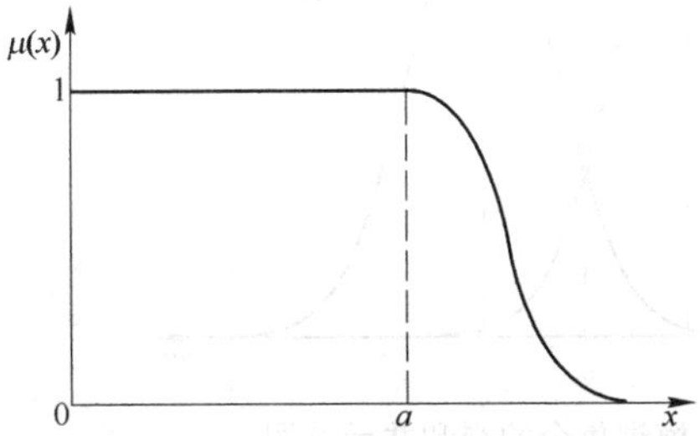
</td><td>$$\mu(x)=\begin{cases}1 & x<a\\ \mathrm{e}^{-k(x-a)^2} & x\geqslant a\end{cases}$$</td></tr>
</table>

续表 12－1

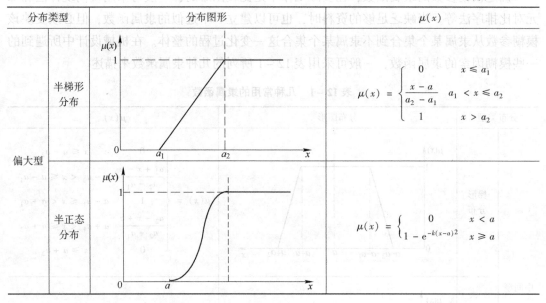

分布类型		分布图形	$\mu(x)$
偏大型	半梯形分布	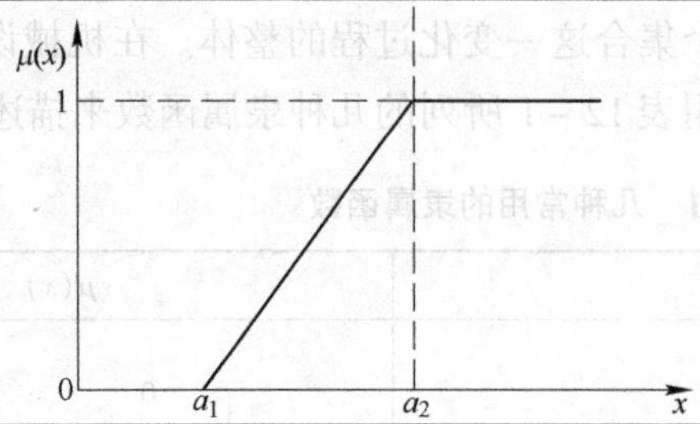	$\mu(x)=\begin{cases}0 & x\leqslant a_1\\ \dfrac{x-a}{a_2-a_1} & a_1<x\leqslant a_2\\ 1 & x>a_2\end{cases}$
	半正态分布	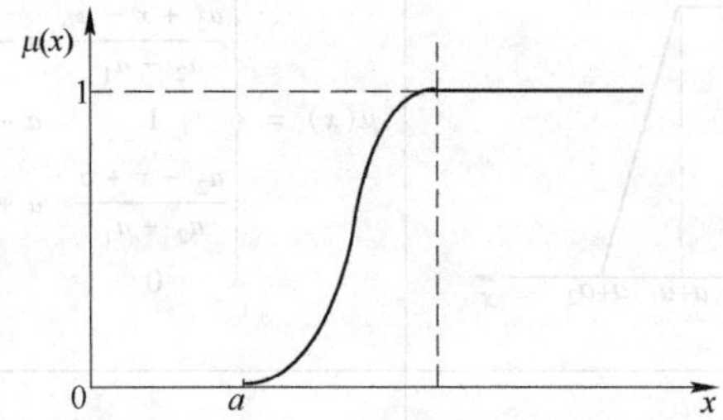	$\mu(x)=\begin{cases}0 & x<a\\ 1-e^{-k(x-a)^2} & x\geqslant a\end{cases}$

对于模糊集合的基本运算关系，以下列两个模糊集合 A 和 B 的基本运算进行说明，见表 12－2。

表 12－2　两个模糊集合 A 和 B 的基本运算关系

（1）若 A 是 B 的子集，记为 $A\subset B$，则 $\mu_A(\boldsymbol{\omega})\leqslant\mu_B(\boldsymbol{\omega}),\forall\boldsymbol{\omega}\in\Omega$

（2）若 A 与 B 相等，记为 $A=B$，则 $\mu_A(\boldsymbol{\omega})=\mu_B(\boldsymbol{\omega}),\forall\boldsymbol{\omega}\in\Omega$

（3）若 A 的补集为 $\bar{A}$，则其隶属函数 $\mu_{\bar{A}}=1-\mu_A(\boldsymbol{\omega})$，$\forall\boldsymbol{\omega}\in\Omega$

（4）A 和 B 的并，记为 $A\cup B$，其隶属函数（见图 12－1）为

$$\mu_{A\cup B}(\boldsymbol{\omega})=\max\{\mu_A(\boldsymbol{\omega}),\mu_B(\boldsymbol{\omega})\}=\mu_A(\boldsymbol{\omega})\vee\mu_B(\boldsymbol{\omega}),\ \forall\boldsymbol{\omega}\in\Omega$$

式中，算符“∨”表示取大运算，即将“∨”两边较大的数作为运算结果。

（5）A 和 B 的交，记为 $A\cap B$，其隶属函数（见图 12－1）为

$$\mu_{A\cap B}(\boldsymbol{\omega})=\min\{\mu_A(\boldsymbol{\omega}),\mu_B(\boldsymbol{\omega})\}=\mu_A(\boldsymbol{\omega})\wedge\mu_B(\boldsymbol{\omega}),\ \forall\boldsymbol{\omega}\in\Omega$$

式中，算符“∧”表示取小运算，即将“∧”两边较小的数作为运算结果。

∨和∧称为 Zadeh 算子。

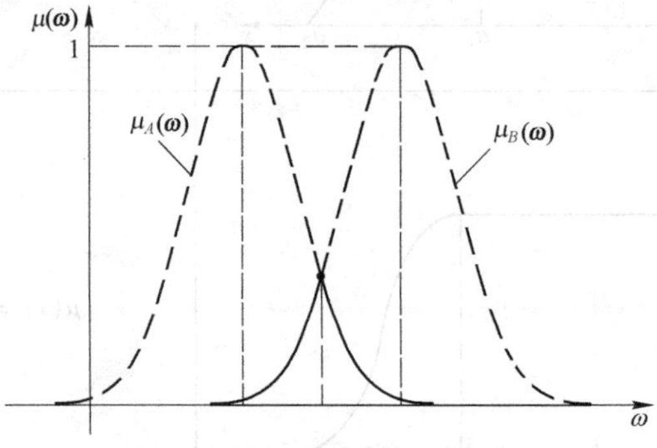

图 12－1　模糊集合的交和并示意图

（实线和虚线分别代表两个模糊集合交和并的隶属关系）

12.2.1.2 模糊参数和模糊设计变量

在优化设计问题中，若有 k 个已知其隶属函数（或隶属度）的模糊因素，则称它们为**模糊参数**，用向量 $\boldsymbol{\omega} = [\omega_1, \omega_2, \cdots, \omega_k]^{\mathrm{T}}$ 表示。例如，强度计算中的许用应力，由于它的值取大一点或取小一点的边界十分模糊，因而应该把它看作是一个模糊参数。这就是说，许用应力是应力论域上的一个模糊子集。

在多数处理模糊优化问题时，通常都把设计变量看做是确定型的设计变量（包括连续变量和离散变量）。但在设计变量不能忽视它的模糊特性时，就必须把它当做**模糊设计变量**，$\underset{\sim}{x}_i \in \Omega$，即 $\underset{\sim}{x}_i$ 为论域 Ω 上的模糊变量。对于模糊设计变量向量表示为

$$\boldsymbol{x} = [\underset{\sim}{x}_1, \underset{\sim}{x}_2, \cdots, \underset{\sim}{x}_n]^{\mathrm{T}} \quad \underset{\sim}{x}_i \in \Omega \tag{12-3}$$

在求模糊设计变量的最优值时，可以求在满足约束和目标函数下的模糊设计变量的最大的隶属函数值。

12.2.1.3 目标函数

目标函数一般是根据产品设计的特性而定的，由于产品的设计特性一般可以表示为模糊设计变量和模糊参数的线性或非线性函数，所以设计特性 $z(\boldsymbol{x}, \boldsymbol{\omega})$ 亦为一个模糊型设计特性，即使是一个清晰的设计特性 $z(\boldsymbol{x})$，即确定型函数，由于方案的“优”与“劣”本身就是一个模糊的概念，没有明确的界限和标准，所以，这时目标函数也可以看做一个模糊型目标函数，用 $f(\boldsymbol{x}, \boldsymbol{\omega})$ 表示，简记 f。

当设计特性为模糊参数时，可以根据对模糊数的定义或设计要求采取如下方法，设设计特性 $z(\boldsymbol{x}, \boldsymbol{\omega})$ 的取值范围为 $[z_{\min}, z_{\max}]$，即论域为一个模糊集合 A，对于任意元素 z 都存在一个隶属度 $\mu_A(\boldsymbol{x})$ 表示 z 对 A 的隶属程度，对此可按如下几种方法来建立目标函数：

（1）按最大隶属原则进行模糊判决，可取目标函数的隶属函数最大值，即

$$f(\boldsymbol{x}, \boldsymbol{\omega}) = \{\mu_A(\boldsymbol{x}), \forall \boldsymbol{x}, \boldsymbol{\omega}\} \rightarrow \max \tag{12-4}$$

（2）按水平截集或阈值来确定目标函数。为了表示元素 $z(\boldsymbol{x}, \boldsymbol{\omega})$ 在模糊集合 A 中的归属关系，可先选取一个“水平”或“阈值” $\lambda \in (0, 1)$，则可对应的一个集合 A_λ 为

$$A_\lambda = \{z \mid \mu_A(\boldsymbol{x}) \geqslant \lambda, \forall \boldsymbol{x}, \boldsymbol{\omega}\}$$

A_λ 称为 A 的 λ **水平截集**，λ 称为 A_λ 的**置信水平或阈值**，如图 12-2 所示。

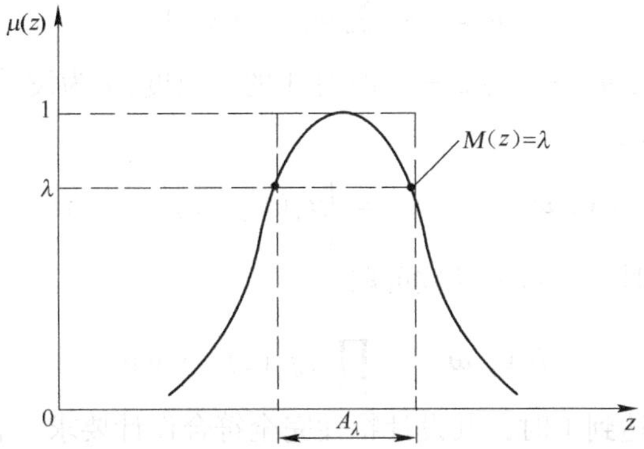

图 12-2 $\mu(z)$ 的水平截集

当 $\lambda = 1$ 时，得最小的水平截集 A_1，称为模糊集 A 的**核**；当 $\lambda = 0$ 时，得最大的水平

截集 A_0，称为 A 的**支集**。

因此，目标函数可取

$$f(\boldsymbol{x},\boldsymbol{\omega}) = \{z \mid \mu_A(\boldsymbol{x}) \geqslant \lambda, \forall \boldsymbol{x}, \boldsymbol{\omega}\} \to \max \tag{12-5}$$

(3) 根据设计特性应满足一定的模糊概率来确定目标函数。设已知设计特性 $z(\boldsymbol{x},\boldsymbol{\omega})$ 具有随机性，其概率密度函数为 $f_z(z)$，但是它的取值范围是模糊的，因此使得 $z(\boldsymbol{x},\boldsymbol{\omega})$ 既有随机性又有模糊性。如图 12-3 所示，设产品设计特性 $z(\boldsymbol{x},\boldsymbol{\omega})$ 的取值范围（即论域）是一模糊集合 $A=[z_{\min},z_{\max}]$，对于任意元素 z 都指定一个隶属函数 $\mu_A(z)\in[0,1]$（可根据对产品的使用要求给出，譬如是一中间型的隶属函数曲线），它的值表示了 $z(\boldsymbol{x},\boldsymbol{\omega})$ 对于模糊集合 A 的隶属程度。若 $\mu_A(z)=1$，表示 $z(\boldsymbol{x},\boldsymbol{\omega})$ 从属于 A，产品是优的；若 $\mu_A(z)=0$，则表示 $z(\boldsymbol{x},\boldsymbol{\omega})$ 不从属于 A 或几乎不从属于 A，产品为不合格品或废品。

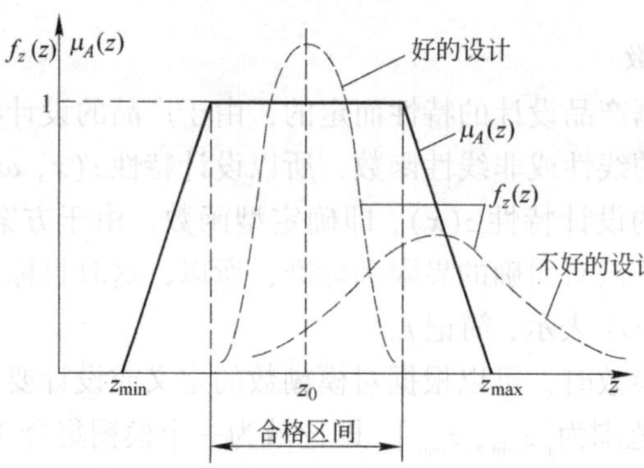

图 12-3 设计特性模糊分布图

倘若产品的设计特性 $z(\boldsymbol{x},\boldsymbol{\omega})$ 落在合格区间内，则设计特性的优质率最高，反之就会出现不合格的产品。因此，产品设计特性 $z(\boldsymbol{x},\boldsymbol{\omega})$ 对于模糊集合 A 的**模糊概率**为

$$p(z) = \int_A \mu_A(z) f_z(z)\,\mathrm{d}z \in [0,1] \tag{12-6}$$

当设计特性为离散时，相应的模糊概率可定义为

$$p(z) = \sum_{i=1}^{r} \mu_A(z_i) f_z(z_i) \tag{12-7}$$

其中 $f_z(z_i)=p\{z=z_i\}$，$\mu_A(z_i)$ 为 $z=z_i$ 时对 A 的隶属度，r 为设计特性 $z(\boldsymbol{x},\boldsymbol{\omega})$ 的个数。

因此，目标函数可取

$$f(\boldsymbol{x},\boldsymbol{\omega}) = p(z) = \int_A \mu_A(z) f_z(z)\,\mathrm{d}z \to \max \tag{12-8}$$

或者当有多项设计特性时，其目标函数可取

$$f(\boldsymbol{x},\boldsymbol{\omega}) = \prod_{j=1}^{r} w_j p_j(z) \to \max \tag{12-9}$$

显然，当模糊概率达到 1 时，其设计特性完全符合设计要求，否则该设计特性就可能存在缺陷。

12.2.1.4 模糊型约束条件

在一个含有模糊设计变量和模糊参数的优化设计问题中，约束条件多数可分为确定型约束条件和**模糊型约束条件**。对于确定型约束条件（如边界约束）可按前面的方法处理；对于模糊型约束条件就不能简单地描述为“小于”或“大于”零，而必须按模糊决策的办法来确定。设 $g(\boldsymbol{x}, \boldsymbol{\omega})$ 为模糊约束函数，其约束条件可表示为

$$g_j(\boldsymbol{x}, \boldsymbol{\omega}) \subset G_J \quad j = 1, 2, \cdots, m \tag{12-10}$$

式中，G_J 为第 j 个模糊约束 $g_j(\boldsymbol{x}, \boldsymbol{\omega})$ 所允许的范围，而不是简单地定义为零。

对于模糊允许区 G 的隶属函数 $\mu_G(g)$ 的图形可见图 12-4。

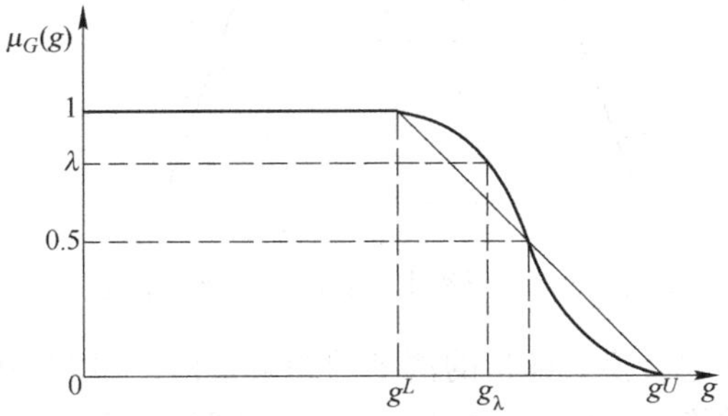

图 12-4 模糊约束允许区域的隶属函数 $\mu_G(g)$

若是斜线型，则

$$\mu_G(g) = \begin{cases} 1 & g \leqslant g^L \\ 1 - \dfrac{g - g^L}{g^U - g^L} & g^L < g \leqslant g^U \\ 0 & g > g^U \end{cases} \tag{12-11}$$

若是曲线型，则

$$\mu_G(g) = \begin{cases} 1 & g \leqslant g^L \\ \dfrac{1}{2} - \dfrac{1}{2}\sin\left(\dfrac{g - g^L}{g^U - g^L} - \dfrac{1}{2}\right)\pi & g^L < g \leqslant g^U \\ 0 & g > g^U \end{cases} \tag{12-12}$$

式中，$g^U - g^L$ 为过渡区间长度，也就是约束限制的容许偏差，即**约束容差**。

对于模糊约束集 G 取一水平值，$\lambda \in [0,1]$，得 λ 水平截集

$$G_\lambda = \{g \mid \mu_G(g) \geqslant \lambda, g \in R\} \tag{12-13}$$

如图 12-4 所示，得 λ 水平截集的 g_λ 为

$$g_\lambda = g^L + \lambda(g^U - g^L) \tag{12-14}$$

因此，式（12-13）的约束条件可用下式代替，即

$$g(\boldsymbol{x}, \boldsymbol{\lambda}) \leqslant g_\lambda \tag{12-15}$$

对于约束函数是梯形分布的，如图 12-5 所示，其

$$\begin{aligned} \bar{g}_\lambda &= \bar{g}^U \pm \lambda_1(\bar{g}^U - \bar{g}^L) \\ \underline{g}_\lambda &= \underline{g}^L + \lambda(\underline{g}^U - \underline{g}^L) \end{aligned} \tag{12-16}$$

这时，式（12-13）便可以用下式替代：

$$\underline{g}_\lambda \leqslant g(\boldsymbol{x}, \boldsymbol{\omega}) \leqslant \bar{g}_\lambda \tag{12-17}$$

式中，$\underline{g}_\lambda$ 和 $\bar{g}_\lambda$ 分别表示下、上界值，一般可由增扩系数法来确定。

【例 12－1】某机械零件设计尺寸 h 的约束函数如图 12－5 所示，其范围为 $[\underline{h}, \overline{h}]$，可取 $\overline{h}^L=\overline{h}$，$\overline{h}^U=\overline{\beta}\,\overline{h}$；$\underline{h}^U=\underline{h}$，$\underline{h}^L=\underline{\beta}\underline{h}$，通常比例系数取 $\overline{\beta}=1.05\sim1.30$，$\underline{\beta}=0.7\sim0.95$，也可根据实际情况来确定。

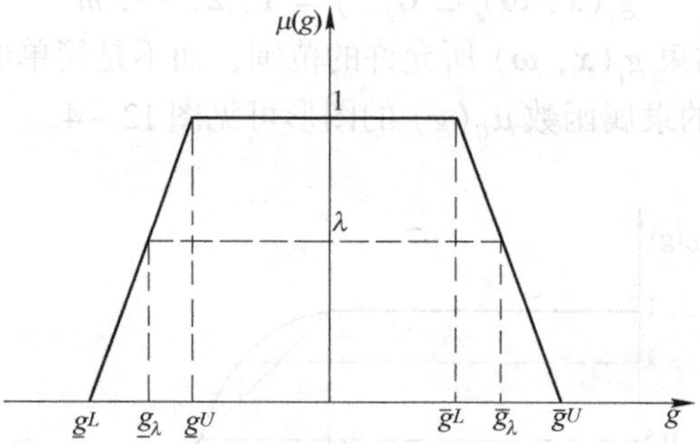

图 12－5 梯形约束函数的隶属函数 $\mu(g)$

模糊约束虽然可以把它转换为解析的清晰的约束条件，但对一般情况，还是比较困难的，因此仿照随机约束转换为概率约束那样，根据模糊数学中的可能性理论，亦可建立如下形式的约束条件：

$$\text{pos}\{g_u(\boldsymbol{x},\boldsymbol{\omega})\leqslant 0\quad u=1,2,\cdots,m\}\geqslant\alpha \tag{12-18}$$

式中，pos｛·｝表示模糊事件｛·｝的可能性；α 为事先给定的对模糊约束的置信水平。

12.2.2 模糊问题优化设计数学模型及其最优解

12.2.2.1 数学模型

带有模糊设计变量和模糊参数的问题，与常规的优化设计一样，也通过目标函数、约束条件和设计变量三个要素来表示，即

$$\left.\begin{aligned} &\boldsymbol{x}=[x_1,x_2,\cdots,x_n]^{\mathrm T}\in\boldsymbol{X}\subset R^n\\ \min\quad &f(\boldsymbol{x},\boldsymbol{\omega})\\ \text{s.t.}\quad &g_u(\boldsymbol{x},\boldsymbol{\omega})\leqslant 0\quad u=1,2,\cdots,m \end{aligned}\right\}$$

式中，$\boldsymbol{x}$ 是设计变量向量，$\boldsymbol{\omega}$ 是模糊参数向量。但是，这个模糊优化设计模型的意义并不明确，这是因为 $\boldsymbol{\omega}$ 为模糊向量而导致“min”和约束的“$\leqslant 0$”没有定义。根据前面所讨论的对模糊的约束事件和目标函数的处理方法，在这里我们推荐如下两类模糊问题的优化设计模型。

（1）**模型Ⅰ**。设目标函数和约束条件都含有模糊参数和模糊型设计变量时，其优化设计模型的一般表示形式为

$$\left.\begin{aligned} &\boldsymbol{x}=[x_1,x_2,\cdots,x_n]^{\mathrm T}\in\Omega\\ \min\quad &f(\boldsymbol{x},\boldsymbol{\omega})\\ \text{s.t.}\quad &g_u(\boldsymbol{x},\boldsymbol{\omega})\subset G_u\quad u=1,2,\cdots,m\\ &\boldsymbol{\omega}=[\omega_1,\omega_2,\cdots,\omega_k]^{\mathrm T}\in\Omega \end{aligned}\right\} \tag{12-19}$$

称为全模糊模型。其中 Ω 为模糊论域。

（2）**模型Ⅱ**。设目标函数和约束条件中都含有模糊参数，且其设计变量为确定型（包括连续和离散），则根据模糊的可能性理论，其优化设计模型可表示为

$$\left.\begin{aligned}&\boldsymbol{x}=[x_1, x_2, \cdots, x_n]^{\mathrm{T}}\in \boldsymbol{X}\subset R^n\\ \min\ &\bar{f}\\ \text{s.t.}\ &\operatorname{pos}\{f(\boldsymbol{x}, \boldsymbol{\omega})\leqslant \bar{f}\}\geqslant \beta\\ &\operatorname{pos}\{g_u(\boldsymbol{x}, \boldsymbol{\omega})\leqslant 0\quad u=1, 2, \cdots, m\}\geqslant \alpha\end{aligned}\right\}\tag{12-20}$$

式中，$\boldsymbol{X}$ 为实数域，通常由 $x_i^L\leqslant x_i\leqslant x_i^U(i=1, 2, \cdots, n)$ 确定；α 和 β 分别为事先给定的对约束和目标的置信水平；pos{·} 表示{·} 中事件出现的可能性，根据 Zadeh 的可能性理论，若 A 和 B 为两个模糊参数，隶属函数为分别 $\mu_A(\boldsymbol{\omega})=\mu_B(\boldsymbol{\omega})$，$\forall\boldsymbol{\omega}\in\Omega$，则 $A\leqslant B$ 的可能性定义为

$$\operatorname{pos}(A\leqslant B)=\sup(\min(\mu_A(\boldsymbol{\omega}), \mu_B(\boldsymbol{\omega}), \forall\boldsymbol{\omega}\in\Omega, A\leqslant B))\tag{12-21}$$

特别是 B 为清晰数 B_0 时

$$\operatorname{pos}(A\leqslant B_0)=\sup(\mu_A(\boldsymbol{\omega}), \forall\boldsymbol{\omega}\in\Omega, A\leqslant B_0)\tag{12-22}$$

式中，sup(*) 为取(*) 中的上界值。

上述模型说明，当已知一个设计点 $\boldsymbol{x}$，只有当集合

$$\{\boldsymbol{\omega}\,|\,g_u(\boldsymbol{x}, \boldsymbol{\omega})\leqslant 0\quad u=1, 2, \cdots, m\}$$

的可能性不小于 α 时，设计点是可行的，在这种情况下，$f(\boldsymbol{x}, \boldsymbol{\omega})$ 显然是一个模糊数，这就有可能存在多个 $\bar{f}$ 值使得

$$\operatorname{pos}\{f(\boldsymbol{x}, \boldsymbol{\omega})\leqslant\bar{f}\}\geqslant\beta$$

当求极小化目标函数 $f(\boldsymbol{x}, \boldsymbol{\omega})$ 时，$\bar{f}$ 值应该是模糊目标函数 $f(\boldsymbol{x}, \boldsymbol{\omega})$ 在置信水平 β 下所取得的最小值，即

$$\bar{f}=\min_{f}\{f\,|\operatorname{pos}\{f(\boldsymbol{x}, \boldsymbol{\omega})\leqslant\bar{f}\}\geqslant\beta\}\tag{12-23}$$

12.2.2.2 模糊问题的最优解

1970 年，R. E. Bellman 和 L. A. Zadeh 提出了全模糊模型的最优解的基本理论，设 f_j 和 C_j 为论域 Ω 上的模糊目标集和模糊约束集，并定义模糊目标集和模糊约束集的交集

$$D=\left(\bigcap_{j=1}^{q}f_j\right)\cap\left(\bigcap_{j=1}^{m}C_j\right)\tag{12-24}$$

称为**模糊判决集**。若 $\boldsymbol{x}$ 为论域 Ω 上的元素，且 $\boldsymbol{x}\in D$，在模糊判决中能使设计变量的隶属函数 $\mu_D(\boldsymbol{x})$ 取最大值，即

$$\mu_D(\boldsymbol{x}^*)=\max_{x\in D}\mu_D(\boldsymbol{x})=\max_{x\in D}\left\{\mu_f(\boldsymbol{x})\wedge\left(\bigwedge_{u=1}^{m}\mu_{C_u}(\boldsymbol{x})\right)\right\}\tag{12-25}$$

则称 $\boldsymbol{x}^*$ 为**全模糊问题的最优解**，表明在模糊目标集与模糊约束集的交集 D 中存在一个最优点 $\boldsymbol{x}^*$，它同时可使目标与约束得到最大程度的满足。

若 $\boldsymbol{x}$ 为实数域上的元素，且 $\boldsymbol{x}\in\boldsymbol{X}\subset R^n$，设 D 为模糊设计的一个可行解集

$$D=\bigcap_{u=1}^{m}(g_u(\boldsymbol{x}, \boldsymbol{\omega})\subset G_u)\tag{12-26}$$

则在模糊判决中应使目标函数的隶属函数 $\mu_f(\boldsymbol{x})$ 取最大值的设计点

$$\boldsymbol{x}^*=\{\boldsymbol{x}\,|\max_{x\in D}\mu_f(\boldsymbol{x})\}\tag{12-27}$$

称为**非全模糊模型的最优解**。

模糊优化问题的解不是唯一的，由所谓不同的模糊判决集给出，所以解的不唯一性是模糊优化设计的一个重要特点。

目前，求解模糊问题的基本途径有两个：一个是把模糊优化问题转化为确定型问题并用各种常规优化方法求解，不同的转化方式便产生出不同的模糊问题优化解法，且只能得到一个**确定解**，这是一种目前多数采用的且为简单的方法；另一个是用模糊模拟和优化算法结合的方法，这一方法与上一章的随机问题求解的模拟搜索方法相类似，它是一种不失掉问题的模糊性的求解方法，可以获得一个**模糊解**。

12.3 模糊问题优化设计模型的确定型解法

用确定型优化方法求解模糊优化设计模型，是一种最初的、基本的想法，由于把模糊模型转化为确定型模型的方法不同而产生了几种不同的模糊问题优化解法。

12.3.1 清晰目标函数在模糊约束时的解法

当设计变量和目标函数均为确定时，其式（12-19）模型退化为

$$\left.\begin{aligned} &\boldsymbol{x} = [x_1, x_2, \cdots, x_n]^{\mathrm{T}} \in \boldsymbol{X} \subset R^n \\ &\min \quad f(\boldsymbol{x}) \\ &\text{s.t.} \quad g_u(\boldsymbol{x}, \boldsymbol{\omega}) \subset G_u \quad u = 1, 2, \cdots, m \\ &\boldsymbol{\omega} = [\omega_1, \omega_2, \cdots, \omega_k]^{\mathrm{T}} \in \Omega \end{aligned}\right\} \tag{12-28}$$

在这种情况下，只要求模糊约束函数落在模糊允许区间 G_u 内。这时，模糊约束的满足程度 $\beta_u(u = 1, 2, \cdots, m)$ 根据模糊约束 $g(\boldsymbol{x}, \boldsymbol{\omega})$ 的隶属函数 $\mu_{g_u}(g_u)$ 的图形和它的模糊允许区间 G_u 的隶属函数 $\mu_{G_u}(g)$ 的图形间的相互位置来确定，如图 12-6 所示。当 μ_{g_u} 在 $\mu_{G_u}=1$ 的区间内时（见图 12-6a），模糊约束得到完全满足，其 $\beta_u=1$。否则就像图 12-6（b）和（c）所示的情况，其 β_u 分别为 $\beta_u \in [0, 1]$ 和 $\beta_u = 0$，所以后两种情况是属于模糊约束不完全不满足和完全不满足，由此可以用

$$\beta_u(\boldsymbol{x}) = \frac{\int_{-\infty}^{+\infty} \mu_{G_u}\mu_{g_u}\,\mathrm{d}g}{\int_{-\infty}^{+\infty} \mu_{g_u}\,\mathrm{d}g} \tag{12-29}$$

来表示模糊约束 $g_u(\boldsymbol{x}, \boldsymbol{\omega})$ 落入模糊允许区 G_u 内的程度。

m 个模糊约束形成 m 个具有模糊边界的区域，其交为 $D = \bigcap_{u=1}^{m} G_u$ 就是设计空间的模糊可行域，其满足度 $\beta(\boldsymbol{x})$ 就是设计点 $\boldsymbol{x}$ 对 D 的隶属度，所以，对要求完全满足模糊约束可以表示为

$$\beta(\boldsymbol{x}) = \min_{1 \leqslant u \leqslant m} \beta_u(\boldsymbol{x}) = 1 \tag{12-30}$$

引入设防水平 λ，于是可将模糊模型转化为如下确定型问题，即

$$\left.\begin{aligned} &\boldsymbol{x} = [x_1, x_2, \cdots, x_n]^{\mathrm{T}} \in \boldsymbol{X} \subset R^n \\ &\min \quad f(\boldsymbol{x}) \\ &\text{s.t.} \quad \beta_u(\boldsymbol{x}) \geqslant \lambda \quad u = 1, 2, \cdots, m \end{aligned}\right\} \tag{12-31}$$

若已知最优水平 λ^*，则可得相应最优水平集的最优方案。

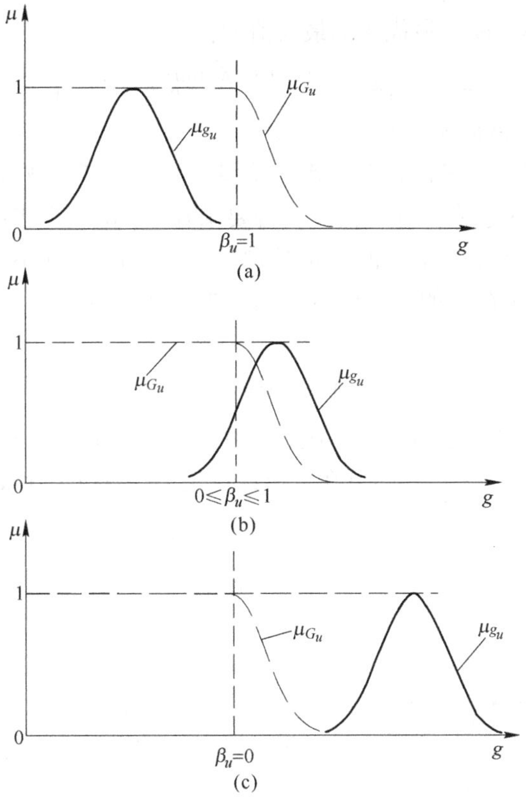

图 12－6 模糊约束和隶属函数与模糊允许隶属函数之间的关系

算法步骤如下：

（1）建立设计变量 $\boldsymbol{x}$ 对模糊约束的满意度 $\beta_u(\boldsymbol{x})$。

（2）设定最优水平集 λ^*。

（3）用确定型优化方法求得模型式（12－31）的最优解 $\boldsymbol{x}^*$。

12.3.2 模糊目标和模糊约束时的解法

当设计变量为确定型、目标函数和约束函数都含有模糊参数时，其优化模型由式(12－19)得

$$\left.\begin{aligned} &\boldsymbol{x}=[x_1, x_2, \cdots, x_n]^{\mathrm{T}} \in X \subset R^n \\ \min\ & f(\boldsymbol{x}, \boldsymbol{\omega}) \\ \text{s.t.}\ & g_u(\boldsymbol{x}, \boldsymbol{\omega}) \subset G_u \quad u=1, 2, \cdots, m \\ & \boldsymbol{\omega}=[\omega_1, \omega_2, \cdots, \omega_k]^{\mathrm{T}} \in \Omega \end{aligned}\right\} \tag{12-32}$$

上述问题的最优解 $\boldsymbol{x}^*$ 是在论域 $\boldsymbol{X}$ 上并要求模糊目标集和模糊约束集的交集 D 上使隶属函数 $\mu_D(\boldsymbol{x})$ 取最大值的设计点，即

$$\boldsymbol{x}^*=\{\boldsymbol{x} \mid \max_{\boldsymbol{x}\in D} \mu_f(\boldsymbol{x})\} \tag{12-33}$$

对于模糊优化问题的求解，多数是求模糊约束 $g(\boldsymbol{x}, \boldsymbol{\omega})$ 在给定截集水平 λ 下的最优解，此时 λ 水平截集的可行域可表示为：

$$\mathscr{D}_\lambda = \{\boldsymbol{x} \mid \mu_{g_u}(\boldsymbol{x}) \geqslant \lambda,\ \boldsymbol{x} \in \boldsymbol{X} \quad u = 1, 2, \cdots, m\} \tag{12-34}$$

则对应于该 λ 水平截集，模糊最优集的最大值为：

$$\boldsymbol{x}^* = \left\{\boldsymbol{x} \,\middle|\, \max_{\lambda \in [0,1]} \left\{\lambda \wedge \max_{\boldsymbol{x} \in D_\lambda} \mu_f(\boldsymbol{x})\right\}\right\} \tag{12-35}$$

如图 12－7（a）所示，该最大值点在 M 点处。

式（12－35）表明，为了得到在 λ 水平截集下的模糊可行域 $\mathscr{D}_\lambda$ 内的最大值，需在论域 $\mathscr{D}_\lambda$ 上取 $\mu_f(\boldsymbol{x})$ 与 λ 的小值，再取大值。若要求在 $\mathscr{D}_\lambda$ 论域上求得最大值，就必须遍取 $\lambda \in [0, 1]$ 值，求在各 λ 下的最大值，如图 12－7（a）所示，$\max \mu_f(\boldsymbol{x})$ 在 A 点。当 λ 值从 1 往下移动时，λ 水平截集的最大值沿 $\mu_f(\boldsymbol{x})$ 曲线自 N 经 M 点向 A 点上升，当 λ 水平截集通过 A 点时，则有

$$\lambda = \max_{\boldsymbol{x} \in \mathscr{D}_\lambda} \mu_f(\boldsymbol{x}) \tag{12-36}$$

如图 12－7（b）所示。因而，在 $\lambda \in [0, 1]$ 中，唯一存在一个 λ 值，使上式成立，该 λ 值即为最优的 λ^*。若已求得 λ^*，即可在普通约束集 $\mathscr{D}_{\lambda^*}$ 内极大化 $\mu_f(\boldsymbol{x})$，便可求得模糊优化问题的最优解。

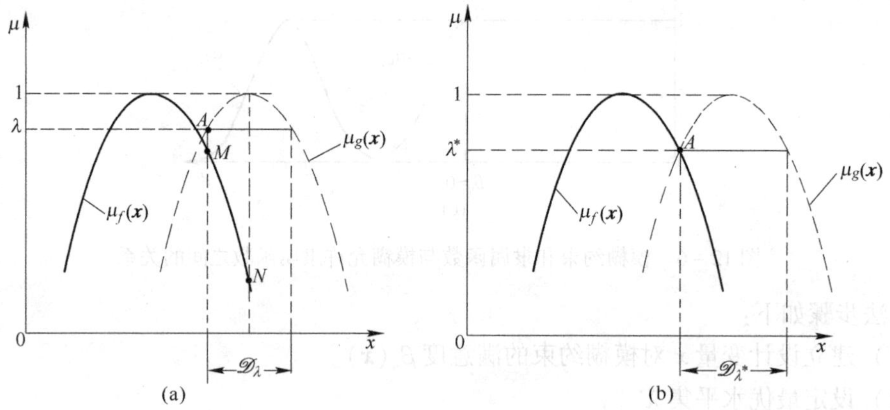

图 12－7 模糊问题最优点

（a）模糊最优集的最大值；（b）λ 水平截集通过 A 点

由式（12－36）得 $\lambda^* - \max\limits_{\boldsymbol{x} \in \mathscr{D}_\lambda} \mu_f(\boldsymbol{x}) = 0$，这就为迭代法提供了一个基本方程，使得求 λ^* 和 $\boldsymbol{x}^*$ 的过程，归结为求

$$\varepsilon^{(k)} = \left\{\lambda^{(k)} - \max_{\boldsymbol{x}^{(k)} \in \mathscr{D}_\lambda^{(k)}} \mu_f(\boldsymbol{x}^{(k)})\right\} \to \min \quad k = 1, 2, \cdots \tag{12-37}$$

这样，迭代算法的基本步骤如下：

（1）给定收敛精度 ε 和 $\lambda \in [0, 1]$，令 $k = 1$。

（2）作模糊约束的 λ 水平截集

$$\mathscr{D}_\lambda^{(k)} = \{\boldsymbol{x} \mid \mu_{g_u}(\boldsymbol{x}^{(k)}) \geqslant \lambda^{(k)} \quad u = 1, 2, \cdots, m\}$$

（3）求解 $\boldsymbol{x}^{(k)}$ 使 $\mu_f(\boldsymbol{x}^{(k)}) \to \max$ 并受约束于

$$\mu_f(\boldsymbol{x}^{(k)}) \geqslant \lambda^{(k)} \quad u = 1, 2, \cdots, m$$

得 $\boldsymbol{x}^{(k)}$ 和 $\mu_f(\boldsymbol{x}^{(k)})$。

(4) 计算 $\varepsilon^{(k)} = \lambda^{(k)} - \mu_f(\boldsymbol{x}^{(k)})$。若 $|\varepsilon^{(k)}| \leqslant \varepsilon$ 转步骤 (7)，否则转步骤 (5)。

(5) 计算 $\lambda^{(k+1)} = \lambda^{(k)} - \alpha^{(k)}, 0 \leqslant \alpha \leqslant 1$，并使 $\lambda^{(k+1)} \in [0, 1]$。

(6) 令 $k = k + 1$，转步骤 (2)。

(7) 输出 $\lambda^* = \lambda^{(k)}$，$\boldsymbol{x}^* = \boldsymbol{x}^{(k)}$。

12.3.3 清晰等价解法

对于求解可能性的模糊模型Ⅱ，一般有两种方法：一种是把它转化为清晰等价模型求解的方法；另一种是采用模糊模拟与优化搜索相结合的方法。

清晰等价方法的关键是要把如下形式的

$$\mathrm{pos}\{g(\boldsymbol{x}, \boldsymbol{\omega}) \leqslant 0\} \geqslant \alpha \tag{12-38}$$

可能性条件转化为一个确定性的约束条件来计算，然后用常规的优化方法解等价的确定型优化模型。假设模糊约束函数 $g(\boldsymbol{x}, \boldsymbol{\omega})$ 可表示为 $g(\boldsymbol{x}, \boldsymbol{\omega}) = h(\boldsymbol{x}) - \omega$(如 $\sigma - [\sigma] \leqslant 0$ 这类形式约束，其中应力 σ 为设计变量的函数，许用应力是一个模糊参数)，则式(12-38)可以表示为

$$\mathrm{pos}\{h(\boldsymbol{x}) \leqslant \omega\} \geqslant \alpha \tag{12-39}$$

式中，$h(\boldsymbol{x})$ 是设计变量的线性或非线性函数；ω 是一模糊参数，其隶属函数为 $\mu(\omega)$，见图 12-8。

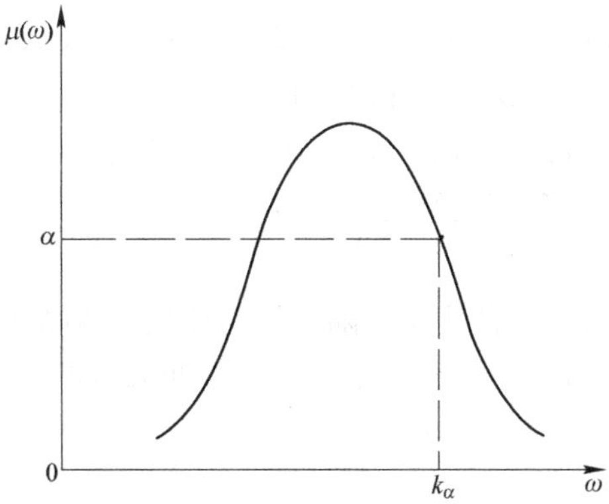

图 12-8 隶属函数 $\mu(\omega)$ 和 k_α

显然，对于任意给定的置信水平 $\alpha(0 \leqslant \alpha \leqslant 1)$，必存在一个确定的对应值 k_α，使得

$$\mathrm{pos}\{k_\alpha \leqslant \omega\} = \alpha \tag{12-40}$$

这样，式 (12-39) 的约束就清晰等价于

$$h(\boldsymbol{x}) \leqslant k_\alpha \tag{12-41}$$

式中，k_α 是满足式 (12-40) 的最大值。事实上，最大的值 k_α 可由下式确定

$$k_\alpha = \sup\{k \mid k = \mu^{-1}(\alpha)\} \tag{12-42}$$

式中，μ^{-1} 是 μ 的反函数，$\sup\{\cdot\}$ 为取 $\{\cdot\}$ 中的上界值。

同理，若模糊约束函数的形式为 $g(\boldsymbol{x}, \boldsymbol{\omega}) = \boldsymbol{\omega} - h(\boldsymbol{x})$，则可用

$$h(\boldsymbol{x}) \geqslant k_\alpha \tag{12-43}$$

替代，其中

$$k_\alpha = \inf\{k \mid k = \mu^{-1}(\alpha)\} \tag{12-44}$$

式中，$\inf\{\cdot\}$ 为取$\{\cdot\}$ 中的下界值。

对于目标函数也可以采用同样方式来处理，如模糊目标函数 $\text{pos}\{f(\boldsymbol{x},\boldsymbol{\omega}) \leqslant \bar{f}\} \geqslant \beta$ 也符合这种形式。

12.4 模糊模拟搜索解法

12.4.1 模糊模拟技术

当可能性的模糊目标和约束不可能转化为清晰等价的约束和目标时，便可以采用模糊模拟方法来计算。

对于任意已知的设计变量向量 $\boldsymbol{x}$，只有当且仅当存在一个清晰向量 $\boldsymbol{\omega}^0$，使得

$$g_u(\boldsymbol{x},\boldsymbol{\omega}^0) \leqslant 0 \quad u = 1, 2, \cdots, m$$

且 $\mu(\boldsymbol{\omega}^0) \geqslant \alpha$ 时才能满足式

$$\text{pos}\{g_u(\boldsymbol{x},\boldsymbol{\omega}) \leqslant 0 \quad u = 1, 2, \cdots, m\} \geqslant \alpha$$

为了能用计算机检验这个条件，便可以由模糊向量 $\boldsymbol{\omega}$ 随机地产生一个清晰向量 $\boldsymbol{\omega}^0$。使得 $\mu(\boldsymbol{\omega}^0) \geqslant \alpha$，这就是说应在模糊向量 $\boldsymbol{\omega}$ 的 α 水平截集中抽取一个向量 $\boldsymbol{\omega}^0$（若模糊向量 $\boldsymbol{\omega}$ 的 α 水平截集过于复杂难以确定，可以从包含 α 水平截集的超几何体中抽取 $\boldsymbol{\omega}^0$，为了加快模拟速度，超几何体一般应设计得尽可能小一点）。若 $\boldsymbol{\omega}^0$ 满足 $g_u(\boldsymbol{x},\boldsymbol{\omega}^0) \leqslant 0 (u = 1, 2, \cdots, m)$，则确信 $\text{pos}\{g_u(\boldsymbol{x},\boldsymbol{\omega}) \leqslant 0 \quad u = 1, 2, \cdots, m\} \geqslant \alpha$ 成立，否则从模糊向量 $\boldsymbol{\omega}$ 的 α 水平截集中重新抽取清晰向量 $\boldsymbol{\omega}^0$，并检验约束条件。经过给定的 N 次循环后，如果没有生成可行向量 $\boldsymbol{\omega}^0$，则认为 $\text{pos}\{g_u(\boldsymbol{x},\boldsymbol{\omega}) \leqslant 0 \quad u = 1, 2, \cdots, m\}$ 不成立，已知的设计变量向量 $\boldsymbol{x}$ 是不可行的。上述过程可归纳为如下步骤：

（1）设模拟总次数为 N。

（2）从模糊向量 $\boldsymbol{\omega}$ 的 α 水平截集中，随机均匀地生成清晰向量 $\boldsymbol{\omega}^0$。

（3）若 $g_u(\boldsymbol{x},\boldsymbol{\omega}^0) \leqslant 0 (u = 1, 2, \cdots, m)$，则转步骤（4）；否则，转步骤（5）。

（4）重复步骤（1）和（2），共 N 次。

（5）返回“不可行”。

对于处理含有模糊参数 $\boldsymbol{\omega}$ 的极小化模糊目标函数

$$\text{pos}\{f(\boldsymbol{x},\boldsymbol{\omega}) \leqslant \bar{f}\} \geqslant \beta$$

也和前面相类似。例如当已知设计变量向量 $\boldsymbol{x}$ 时，应该找到最小的 $\bar{f}$ 值使得上式成立。首先令 $\bar{f} = \infty$，然后由模糊向量 $\boldsymbol{\omega}$ 均匀地生成清晰向量 $\boldsymbol{\omega}^0$。使得 $\mu(\boldsymbol{\omega}^0) \geqslant \beta$，即在模糊向量 $\boldsymbol{\omega}$ 的 β 水平截集中抽取一个向量 $\boldsymbol{\omega}^0$，若 $f(\boldsymbol{x},\boldsymbol{\omega}^0) < \bar{f}$，即令 $\bar{f} = f(\boldsymbol{x},\boldsymbol{\omega}^0)$，重复以上过程 N 次，则认为 $\bar{f}$ 值是在点 $\boldsymbol{x}$ 的目标函数最小值。其算法步骤如下：

（1）令 $\bar{f} = \infty$。

（2）从模糊向量 $\boldsymbol{\omega}$ 的 β 水平截集中随机均匀地生成向量 $\boldsymbol{\omega}^0$。

（3）若 $f(\boldsymbol{x},\boldsymbol{\omega}^0) < \bar{f}$，则置 $\bar{f} = f(\boldsymbol{x},\boldsymbol{\omega}^0)$。

（4）重复步骤（2）和（3），共 N 次。

（5）返回$\overline{f}$。

下面用一个数例来说明模糊模拟技术。

【例 12－2】 现考虑两个模糊数 r 和 b，其隶属函数分别为

$$\mu_r(\omega) = \exp[-(\omega-2)^2] \text{ 和 } \mu_b(\omega) = \exp[-(\omega-1)^2]$$

如图 12－9 所示。设已知$\underline{r}\leqslant\underline{b}$的可能性 pos $\{\underline{r}\leqslant\underline{b}\}$ ＝0.778，试用模糊模拟技术来检验。

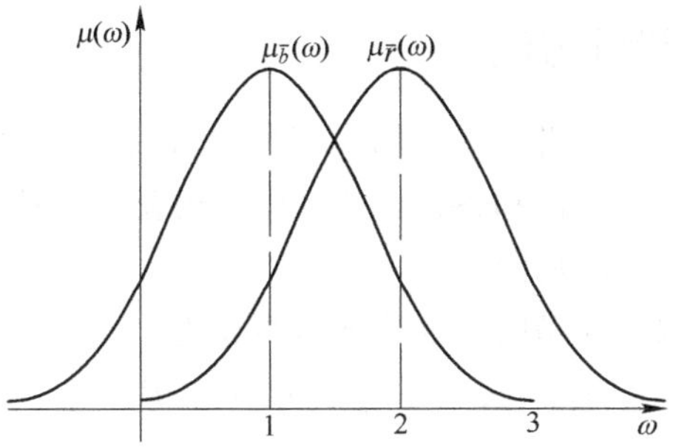

图 12－9 隶属函数为指数的两个模糊数 r 和 b

解： 首先，取区间［0，3］作为包含两个模糊数$\underline{r}$和$\underline{b}$的β水平截集的超几何体（余下的部分由于出现的可能太低而不予以考虑）。从［0，3］区间中随机生成两个清晰量 r 和 b。若 $r>b$，则交换它们的值使得 $r<b$，并置 $p=\min\{\mu_r(r),\mu_b(b)\}$。再从区间［0，3］中重新生成两个清晰量 r 和 b，若 $r>b$，则交换它们的值，使得 $r<b$，若 $p<\min\{\mu_r(r),\mu_b(b)\}$，则置 $p=\min\{\mu_r(r),\mu_b(b)\}$。重复以上计算过程直到给定次数完成为止。最后获得的值 p 作为可能性 pos$\{r<b\}$ 的估计。

经过 3000 次循环模糊，pos$\{\cdot\}$ ＝0.760。其相对误差不超过 2%，在工程计算中，此精度已经足够，模糊结果见图 12－10。

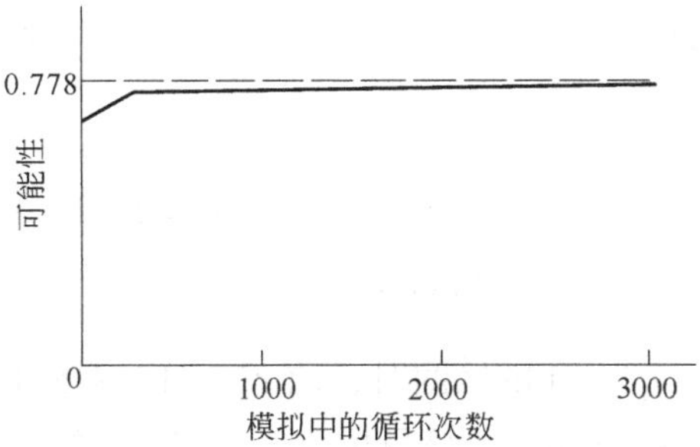

图 12－10 算例的模糊模拟结果

12.4.2 基于模糊模拟的遗传算法

当无法将可能性约束条件转化为清晰约束时，求其最优解可采用一种基于模糊模拟的遗传算法，其算法步骤如下：

（1）选择优化问题解的一种编码，输入参数 N、p_c、p_m。

（2）初始产生 N 个染色体的群体 pop，用模糊模拟方法检验染色体的可行性。

(3) 对染色体进行交叉和变异操作，用模糊模拟方法检验后代的可行性。

(4) 用模糊模拟方法计算所有染色体的目标值。

(5) 根据目标值，通过评价函数计算每个染色体的适应度。

(6) 以一定概率分布从 pop 中随机选一些染色体构成一个新群体。

(7) 重复步骤 (3) 到步骤 (6)，直到完成给定的次数为止。

(8) 将最好的染色体作为问题的最优解。

12.5 多目标模糊优化设计方法

当目标函数和约束函数含有必须考虑的模糊参数 $\boldsymbol{\omega}$ 时，其约束函数和目标函数就既有本身的模糊性，又有其边界的模糊和各目标相互间的模糊性。这时用一般的多目标优化方法去解决问题，常常会有一定的局限性。

多目标模糊优化设计数学模型的一般形式可表述为

$$\begin{aligned} &\boldsymbol{x} = [x_1, x_2, \cdots, x_n]^{\mathrm{T}} \in \boldsymbol{X} \subset R^n \\ \min \quad & f(\boldsymbol{x}, \boldsymbol{\omega}) = [f_1(\boldsymbol{x}, \boldsymbol{\omega}), f_2(\boldsymbol{x}, \boldsymbol{\omega}), \cdots, f_q(\boldsymbol{x}, \boldsymbol{\omega})]^{\mathrm{T}} \\ \text{s. t.} \quad & g_u(\boldsymbol{x}, \boldsymbol{\omega}) \subset G_u \quad u = 1, 2, \cdots, m \end{aligned} \tag{12-45}$$

在设计中，对于各个模糊目标值的最满意所在区间都会有一定的具体要求，这个要求可以通过一个模糊子集的隶属函数来表示。设 F_i 是目标值 $f_i = f_i(\boldsymbol{x}, \boldsymbol{\omega})$ 为自变量的所在一维实数域上的模糊子集，其隶属函数 $\mu_{F_i}(f_i)$ 即表示在满意区间 $F_i = [f_i^L, f_i^U]$ 内的一种对 $f_i(\boldsymbol{x}, \boldsymbol{\omega})$ 要求的变化关系，其中 f_i^U 是它的上限值，f_i^L 为下限值，代表设计者对该目标的最低要求，可以根据设计经验和使用要求给出，而其 $\mu_{F_i}(f_i)$ 的形式可以选用中间型、偏小型、偏大型或其他。

模糊目标函数 $f_i(\boldsymbol{x}, \boldsymbol{\omega})$ 及其相应的模糊区间 F_i 是同一论域(均为自变量 f_i) 内两个模糊子集。因此对所求目标函数是否获得满意的结果就看 $f_i(\boldsymbol{x}, \boldsymbol{\omega})$ 值在 F_i 论域上的相互位置，如图 12-11 所示，仿照对模糊约束的满意度的定义，对模糊目标满意度可定义为

$$\alpha_i(\boldsymbol{x}) = \frac{\int_{-\infty}^{+\infty} \mu_{f_i}(f_i) \mu_{F_i}(f_i) \mathrm{d}f_i}{\int_{-\infty}^{+\infty} \mu_{f_i}(f_i) \mathrm{d}f_i} \quad i = 1, 2, \cdots, q \tag{12-46}$$

当 $\mu_{f_i}(f_i)$ 完全位于 $\mu_{F_i}(f_i) = 1$ 的区间时，$\alpha_i(\boldsymbol{x}) = 1$，对此目标完全满意；当 $\mu_{f_i}(f_i)$ 完全位于 $\mu_{F_i}(f_i)$ 之外时，$\alpha_i(\boldsymbol{x}) = 0$，对该目标取值是完全不能允许的；当 $\mu_{f_i}(f_i)$ 与 $\mu_{F_i}(f_i)$ 重叠时（偏左边或偏右边），$0 < \alpha_i(\boldsymbol{x}) < 1$，该目标值在某种程度上是满意的。

对所有目标 $f_i(\boldsymbol{x}, \boldsymbol{\omega})$ 都达到满意条件时，即在设计空间内形成模糊满意域，即

$$\Omega = \bigcap_{j=1}^{q} \theta_j \tag{12-47}$$

式中，θ_j 为第 j 个模糊目标的模糊满意子域，即

$$\theta_j \underline{\Delta} |f_j \subset F_j| \quad j = 1, 2, \cdots, q \tag{12-48}$$

可以认为，设计变量 $\boldsymbol{x}$ 对这些模糊子域的隶属度分别为对目标的满意度，即

$$\mu_{\theta_j}(\boldsymbol{x}) = \mu_{F_j}(f(\boldsymbol{x}, \boldsymbol{\omega})) = \alpha_j(\boldsymbol{x}) \tag{12-49}$$

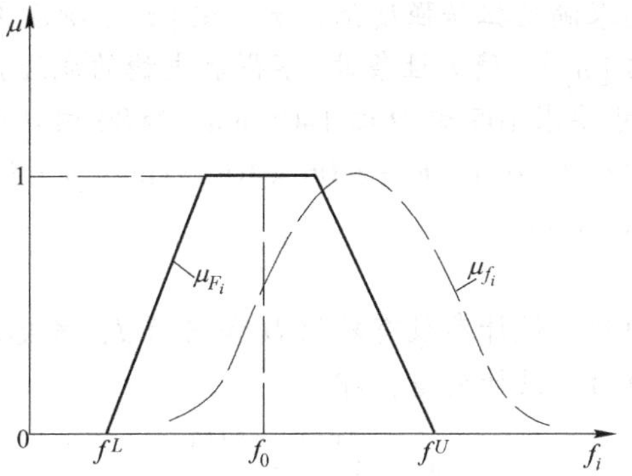

图 12-11 模糊目标的满意度

对于有 q 个模糊目标时，对其模糊目标的满意度 $\alpha_i(\boldsymbol{x})(i=1,2,\cdots,q)$ 如何运算，一般可根据这样的原则来进行：当这些集合之间的关系很密切时，可采用 Zadeh 算子中的 "∧" 进行交运算，即

$$\alpha(\boldsymbol{x}) = \alpha_1(\boldsymbol{x}) \wedge \alpha_2(\boldsymbol{x}) \wedge \cdots \wedge \alpha_q(\boldsymbol{x}) = \bigwedge_{i=1}^{q} \alpha_i(\boldsymbol{x}) = \min\{\alpha_1(\boldsymbol{x}), \alpha_2(\boldsymbol{x}), \cdots, \alpha_q(\boldsymbol{x})\} \tag{12-50}$$

当它们之间的关系基本无关时，可采用普通乘法 "·" 来进行交运算，即

$$\alpha(\boldsymbol{x}) = \alpha_1(\boldsymbol{x}) \cdot \alpha_2(\boldsymbol{x}) \cdot \cdots \cdot \alpha_q(\boldsymbol{x}) = \prod_{i=1}^{q} \alpha_i(\boldsymbol{x}) \tag{12-51}$$

这样，我们可以把式（12-45）的多目标模糊优化模型转化为如下形式

$$\begin{aligned} &\boldsymbol{x} = [x_1, x_2, \cdots, x_n]^{\mathrm{T}} \in \boldsymbol{X} \subset R^n \\ &\min \quad \alpha(\boldsymbol{x}) \\ &\text{s.t.} \quad \beta(\boldsymbol{x}) \geqslant \lambda \end{aligned} \tag{12-52}$$

式中，$\beta(\boldsymbol{x})$ 为模糊约束集合的满足度；λ 为给定的模糊约束的设防水平。

通过以上的转换，已获得以模糊目标满意度 $\alpha(\boldsymbol{x})$ 为目标函数，以模糊约束集合的满足度 $\beta(\boldsymbol{x})$ 高于模糊约束的设防水平为约束的优化模型，即可用前面学过的方法求解。

【例 12-3】 用模糊问题优化设计方法求解双万向联轴节中间轴的设计问题。

图 12-12 所示为双万向联轴节的传动结构的简图。已知中间轴长 $l=2.41\text{m}$，传递功率 $P=257\text{kW}$，载荷系数 $k_A=1.5$，最大转速 $n_{\max}=1000\text{r/min}$，最小转速 $n_{\min}=163\text{r/min}$。

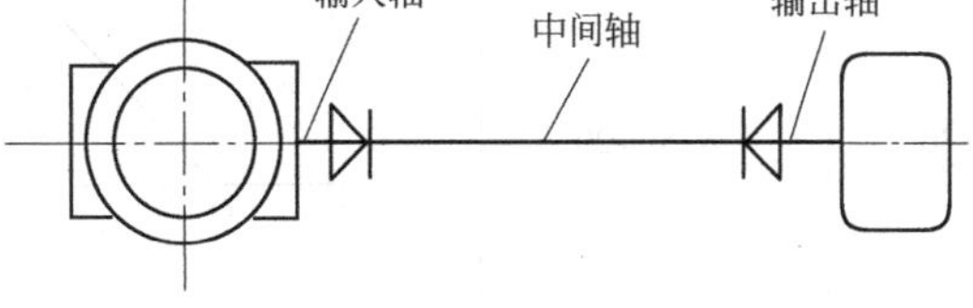

图 12-12 双万向轴传动结构的简图

由双万向联轴节的运动分析可知，当中间轴两端的叉面在同平面时，其输入轴与输出轴的角速度相等，但中间轴的角速度不与它们相同，有波动。为了减小中间轴的动载荷，希望在传递足够的转矩下能使其质量为最轻，为此中间轴采用空心结构，d 和 D 分别为中

间空心轴的内外径，并要求满足扭转强度条件 $\tau_{\max} \leqslant [\tau]$、刚度条件 $\theta_{\max} \leqslant [\theta]$、振动条件(即临界转速条件) $n_{\max} \leqslant [n_p]$、稳定性条件(不得有失稳的危险) $\tau_{\max} \leqslant \tau_c$、焊接工艺条件 $\delta = D - d \geqslant [\delta]$ 以及尺寸要求 $105 \leqslant D \leqslant 140$(mm) 和 $80 \leqslant d \leqslant 105$(mm)。

解：中间轴选取的材料为20Cr，$E = 2.06 \times 10^{11}\text{N/m}^2$，$\rho = 7.85 \times 10^3\text{kg/m}^3$，$G = 7.94 \times 10^{10}\text{N/m}^2$，$\tau_p = 9.8 \times 10^7\text{N/m}^2$。

(1) 建立数学模型。

设计变量：中间轴的独立设计参数有外径 D 和内径 d，考虑到这两个尺寸只存在制造误差，所以可取其名义值为其设计变量，即

$$\boldsymbol{x} = \begin{bmatrix} x_1 \\ x_2 \end{bmatrix} = \begin{bmatrix} D \\ d \end{bmatrix}$$

模糊参数：考虑 $[\tau]$、$[\theta]$、$[n_p]$、τ_c 和 $[\delta]$ 都是模糊参数，它们的取值不是完全确定，可视为是论域上的模糊子集，处于从完全允许到完全不允许的过渡区间内，各模糊参数的隶属函数、上下界限值可见表12-3。

表12-3 模糊参数数据

<table>
<tr><th rowspan="2">参 数</th><th colspan="2">边界值</th><th rowspan="2">隶属函数</th></tr>
<tr><th>上限界</th><th>下限界</th></tr>
<tr><td>$\omega_1 = [\tau]$</td><td>$[\tau]^U = 1.08 \times 10^8$</td><td>$[\tau]^L = 8.8 \times 10^8$</td><td rowspan="4">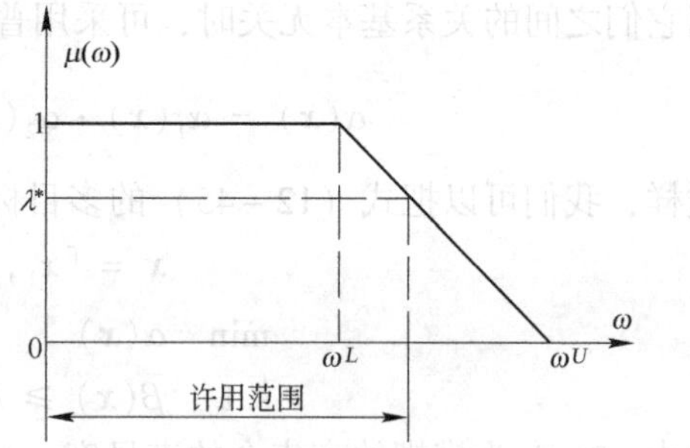

$$\mu_s(\omega) = \begin{cases} 1 & 0 \leqslant \omega \leqslant \omega^L \\ 1 - \dfrac{\omega - \omega^L}{\omega^U - \omega^L} & \omega^L < \omega \leqslant \omega^U \\ 0 & \omega^U < \omega \end{cases}$$</td></tr>
<tr><td>$\omega_2 = [\theta]$</td><td>$[\theta]^U = 1.1$</td><td>$[\theta]^L = 0.9$</td></tr>
<tr><td>$\omega_3 = [n_p]$</td><td>$[n_p]^U = 0.8n_1$</td><td>$[n_p]^L = 0.66n_1$</td></tr>
<tr><td>$\omega_4 = \tau_c$</td><td>$\tau_c^U = 9.702 \times 10^9$</td><td>$\tau_c^L = 5.974 \times 10^9$</td></tr>
<tr><td>$\omega_5 = [\delta]$</td><td>$[\delta]^U = 30$</td><td>$[\delta]^L = 20$</td><td>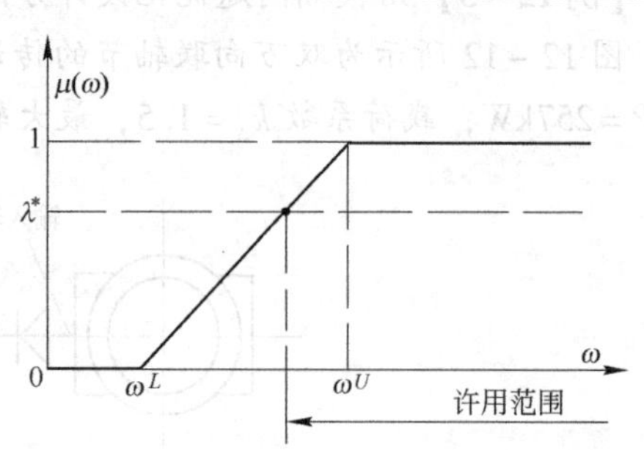

$$\mu_s(\omega) = \begin{cases} 1 & \omega^U \leqslant \omega \\ \dfrac{\omega - \omega^L}{\omega^U - \omega^L} & \omega^L \leqslant \omega \leqslant \omega^U \\ 0 & 0 \leqslant \omega < \omega^L \end{cases}$$</td></tr>
</table>

目标函数：当中间轴的长度一定时，其质量最轻可以用截面积最小代替，即

$$f(\boldsymbol{x}) = \frac{\pi(\boldsymbol{x}_1^2 - \boldsymbol{x}_2^2)}{4} \rightarrow \min$$

$f(\boldsymbol{x})$ 仅是设计变量的函数，未包含模糊参数。

约束函数：根据双万向节中间轴的设计要求，将满足强度条件、刚度条件、临界转速条件、稳定性条件、焊接工艺条件等5个性能条件和限制2个设计变量的边界条件作为约束条件。因为5个性能条件中均含有模糊参数，本问题有5个模糊约束条件。

优化模型：通过以上的分析，建立双万向联轴中间轴的模糊优化模型为

$$\begin{aligned}
&\boldsymbol{x} = [x_1, x_2]^{\mathrm{T}} = [D, d]^{\mathrm{T}} \in R^2 \\
\min \quad & f(\boldsymbol{x}) = 0.25\pi(x_1^2 - x_2^2) \\
\text{s.t.} \quad & g_j(\boldsymbol{x}, \boldsymbol{\omega}) \subset G_j \quad j = 1, 2, 3, 4, 5 \\
& \boldsymbol{x}^L \leqslant \boldsymbol{x} \leqslant \boldsymbol{x}^U
\end{aligned}$$

可以把上述模糊优化模型转化为一般优化模型，为

$$\begin{aligned}
&\boldsymbol{x} = [x_1, x_2]^{\mathrm{T}} \in R^2 \\
\min \quad & f(\boldsymbol{x}) = 0.25\pi(x_1^2 - x_2^2) \\
\text{s.t.} \quad & g_1(\boldsymbol{x}, \boldsymbol{\omega}) = \tau_{\max} - \{[\tau]^L + ([\tau]^U - [\tau]^L)(1 - \lambda)\} \leqslant 0 \\
& g_2(\boldsymbol{x}, \boldsymbol{\omega}) = \theta_{\max} - \{[\theta]^L + ([\theta]^U - [\theta]^L)(1 - \lambda)\} \leqslant 0 \\
& g_3(\boldsymbol{x}, \boldsymbol{\omega}) = n_{\max} - \{[n_{\mathrm{p}}]^L + ([n_{\mathrm{p}}]^U - [n_{\mathrm{p}}]^L)(1 - \lambda)\} \leqslant 0 \\
& g_4(\boldsymbol{x}, \boldsymbol{\omega}) = \tau_{\max} - \{\tau_{\mathrm{c}}^L + (\tau_{\mathrm{c}}^U - \tau_{\mathrm{c}}^L)(1 - \lambda)\} \leqslant 0 \\
& g_5(\boldsymbol{x}, \boldsymbol{\omega}) = \{[\delta]^U - ([\delta]^U - [\delta]^L)(1 - \lambda)\} - \delta \leqslant 0 \\
& g_6(\boldsymbol{x}) = x_1 - 140 \leqslant 0 \\
& g_7(\boldsymbol{x}) = 105 - x_1 \leqslant 0 \\
& g_8(\boldsymbol{x}) = x_2 - 105 \leqslant 0 \\
& g_9(\boldsymbol{x}) = 80 - x_2 \leqslant 0
\end{aligned}$$

其中各项参数的计算公式为：

最大的剪应力 $\tau_{\max} = 9550\dfrac{k_{\mathrm{A}}P}{nW_n}$（$\mathrm{N/m^2}$）　式中，$W_n = \dfrac{\pi D^3}{16}\left[1 - \left(\dfrac{d}{D}\right)^4\right]$

最大扭转角 $\theta_{\max} = 9550\dfrac{k_{\mathrm{A}}P}{nGJ_{\mathrm{P}}} \cdot \dfrac{180}{\pi}$（°）　式中，$J_{\mathrm{P}} = \dfrac{\pi D^4\left[1 - \left(\dfrac{d}{D}\right)^4\right]}{32}$

临界转速 $n_1 = \dfrac{30}{\pi}\sqrt{\dfrac{g}{y}}$　式中，$y = \dfrac{5Ql^3}{348EJ}$，$J = \dfrac{\pi}{64}(D^4 - d^4)$，$Q = Fl\rho g$（中间轴质量）

临界应力 $\tau_{\mathrm{c}} = 0.292E\left(\dfrac{D - d}{D}\right)^{3/2}$

优化模型中的 λ 为水平截集，若在 [0, 1] 区间上取一系列的 λ 值，就可以获得一系列不同设计水平的最优设计方案，它们构成了原模糊问题的优化设计解集。

(2) 优化模型的求解。

求解步骤如下：

(1) 确定最优水平集 λ^*，将模糊模型转化为最优水平截集下的常规优化模型。λ^* 取值的影响因素和因素等级见表 12-4。

表 12-4 λ^* 取值的影响因素及等级划分

影响因素 U	等 级				
	1	2	3	4	5
设计水平 u_1	高	较高	一般	较低	低
制造水平 u_2	高	较高	一般	较低	低
材质好坏 u_3	好	较好	一般	较差	差
重要程度 u_4	重要	较重要	中等	不太重要	不重要
使用工况 u_5	好	较好	一般	较差	差

(2) 确定备择集，由于评判对象截集水平 λ 取值范围在[0, 1] 之间，根据设计要求备择集取

$$\boldsymbol{\lambda}^{\mathrm{T}} = [0.0 \quad 0.1 \quad 0.2 \quad 0.3 \quad 0.4 \quad 0.5 \quad 0.6 \quad 0.7 \quad 0.8 \quad 0.9 \quad 1.0]$$

(3) 确定权重集，按表 12-4 中的 5 个影响因素，根据该产品生产和使用条件，取各因素的权重为

$$\boldsymbol{W}^{\mathrm{T}} = [0.3 \quad 0.25 \quad 0.20 \quad 0.10 \quad 0.15]$$

(4) 确定评判矩阵 $\boldsymbol{R}$，设该万向联轴节的设计水平较高，制造厂家水平较高，材质优，属重要部件，在较恶劣地区工作，使用工况属较差，于是得单因素评判矩阵

$$\boldsymbol{R} = \begin{bmatrix} 0.0 & 0.0 & 0.3 & 0.7 & 0.9 & 1.0 & 0.9 & 0.7 & 0.3 & 0.1 & 0.0 \\ 0.0 & 0.0 & 0.3 & 0.7 & 0.9 & 1.0 & 0.9 & 0.7 & 0.3 & 0.1 & 0.0 \\ 0.1 & 0.3 & 0.6 & 0.9 & 1.0 & 0.8 & 0.6 & 0.3 & 0.1 & 0.0 & 0.0 \\ 0.0 & 0.0 & 0.1 & 0.2 & 0.4 & 0.6 & 0.8 & 1.0 & 0.9 & 0.7 & 0.5 \\ 0.0 & 0.1 & 0.3 & 0.6 & 0.9 & 1.0 & 0.8 & 0.6 & 0.2 & 0.0 & 0.0 \end{bmatrix}$$

(5) 求出最优截集水平 λ^*。按矩阵的乘法运算得模糊综合评判集

$$\boldsymbol{B} = \boldsymbol{W} \cdot \boldsymbol{R} = [0.02 \quad 0.075 \quad 0.34 \quad 0.675 \quad 0.87 \quad 0.92 \quad 0.815 \quad 0.635 \quad 0.305 \quad 0.125 \quad 0.05]$$

再由加权平均法求出最优水平 λ^* 为

$$\lambda^* = \frac{\sum_{i=1}^{11} b_i b_i}{\sum_{i=1}^{11} b_i} = 0.5022$$

(6) 得出最终的求解模型

$$\boldsymbol{x} = [x_1, x_2]^{\mathrm{T}} \in R^2$$

$$\min \quad f(\boldsymbol{x}) = 0.25\pi(x_1^2 - x_2^2)$$

$$\begin{aligned} \text{s.t.} \quad & g_1(\boldsymbol{x}, \boldsymbol{\omega}) = \tau_{\max} - 97.96 \times 10^6 \leqslant 0 \\ & g_2(\boldsymbol{x}, \boldsymbol{\omega}) = \theta_{\max} - 1.0 \leqslant 0 \\ & g_3(\boldsymbol{x}, \boldsymbol{\omega}) = n_{\max} - 0.733 n_1 \leqslant 0 \\ & g_4(\boldsymbol{x}, \boldsymbol{\omega}) = 25.0022 - \delta \leqslant 0 \end{aligned}$$

$$g_5(\boldsymbol{x}) = x_1 - 140 \leq 0$$
$$g_6(\boldsymbol{x}) = 105 - x_1 \leq 0$$
$$g_7(\boldsymbol{x}) = x_2 - 105 \leq 0$$
$$g_8(\boldsymbol{x}) = 80 - x_2 \leq 0$$

(7) 求解结果。采用复合形法求出的结果见表12－5。

表12－5 计算结果

设计方法	D/mm	d/mm	F/mm^2
一般优化设计	127	95	5579.5
模糊优化设计	128	98	5325.0

从计算结果可知，模糊优化设计方法的结果稍优于一般优化设计方法的计算结果，其截面积 F 约减小5%，即质量有所减轻。

习 题

12－1 试举一个必须按模糊问题进行优化设计的实例。

12－2 有一简支的工字钢梁，截面积 A 和抗弯截面模量 S 与惯性矩 I 之间的关系为 $A=0.8I^{0.5}$，$S=0.78I^{0.5}$，梁的中间点上承受谐振载荷 $P=P_0\sin\theta t$，如只考虑稳态振动，求梁的最轻设计（已知钢材的弹性模量 $E=2\times10^7\text{N/cm}^2$，阻尼比 $\varepsilon=0.015$，载荷的圆频率 $\theta=30\text{rad/s}$，$P_0=2000\text{N}$，梁自重 $mg=10000\text{N}$，梁的跨长 $l=4000\text{mm}$。假定应力 σ、梁中点挠度 u、自振圆频率 ω 及截面积 A 的允许范围都是实数论域上的模糊子集）。

12－3 根据实际情况试确定设计水平、制造水平、材质好坏、使用条件、制造成本和重要程度等6个因素的等级划分和各因素等级隶属度的设计。

12－4 试用模糊模拟和确定性优化计算相结合的方法，画出求解模糊模型式（12－32）的计算流程框图。

13 稳健问题优化设计方法

13.1 引 言

20 世纪 80 年代以来，各发达工业国家在市场竞争中注意到产品的质量是企业赢得用户的一个最关键因素，而且也充分认识到产品的质量首先是设计出来的，从而在产品质量保证的观念上相应地发生了变化，从以往的单纯依靠检验产品质量和控制生产过程来保证产品质量发展为从抓产品的设计入手，从被动的防御转为主动的控制，从设计上采取措施来保证产品的质量，并在实践中逐渐形成稳健设计方法。

所谓**稳健设计**（Robust design）是使所设计的产品（或工艺）在制造或使用中，当存在制造误差，或是在规定寿命内结构发生某种老化和变质，或是使用环境发生变化时，都能保持产品性能（技术特性）稳定在规定范围内的一种设计方法。换一种说法，即使产品经受各种因素的干扰，其质量仍然能保持优良，则认为该产品的设计是稳健的。例如，若一项设计使产品性能对原材料品质的差异不敏感时，则就可以选择一些比较价廉的原材料；若一项设计使得产品性能对制造的误差不敏感时，则就可以降低加工精度、减少制造费用；若一项设计使得产品性能对使用环境的变化不敏感时，则就可以提高产品使用的可靠性、减少操作费用等。总之，稳健设计有助于保证产品质量和降低产品的成本，或者可以选用价廉的原材料、零部件制造或组装出质量上乘、性能稳定的产品。

一般的优化设计是在约束可行域内寻找某种意义下的最优解，并把最优点推向约束的边界上，但实际上由于设计变量和参数不可避免地存在误差或偏差，因而性能约束也会受到各种不确定因素的影响，从而有可能使最优点变为不可行，或使质量性能指标（目标函数）不符合技术标准进而使产品成为废品，这就是说，一般的优化设计最优解是不稳健的。

图 13－1 给出了一般优化设计和稳健优化设计最优点的关系。由于设计参数不可避免地存在偏差，约束函数值发生变化 Δg，所以从可行稳健性来说，要求变动后的最优点 $\boldsymbol{x}\pm\Delta\boldsymbol{x}$ 仍能满足 $\boldsymbol{g}\pm\Delta\boldsymbol{g}\leqslant 0$ 的约束条件。目标函数的变化 $\Delta\boldsymbol{y}$ 也应满足 $\boldsymbol{y}_{\min}\leqslant\boldsymbol{y}_0+\Delta\boldsymbol{y}\leqslant\boldsymbol{y}_{\max}$ 条件。

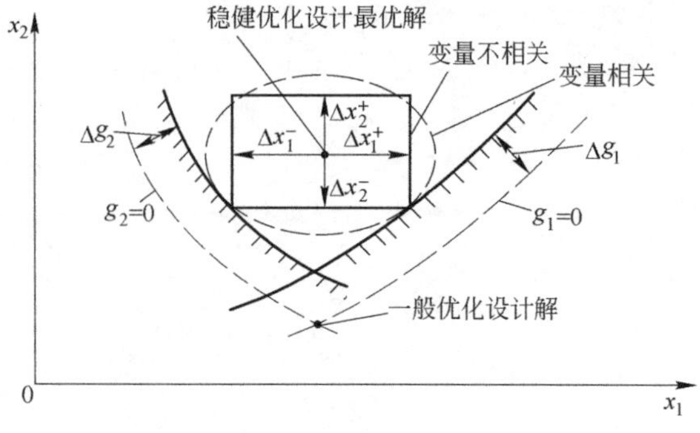

图 13－1　稳健优化设计的基本概念

由此，稳健优化设计最优解的稳健性包含两层涵义：一是产品的主要技术特性对于扰因素的不灵敏性，即当影响因素发生变差时，其目标函数的实际值对目标值的偏差最小且在容许的变动范围内；二是最优点可行的稳健性，即当影响因素发生变差时，其最优点仍是可行的。

13.2 产品质量的稳健性与稳健设计

13.2.1 产品的质量问题

在一般工业产品中，产品的质量常用对特定的功能特性（或技术特性）测定所得的数值来评定，这一数值称做质量特性值。由于产品在制造和使用中受诸多因素的影响，其实际的质量特性值与所规定的目标值存在一定的偏差。例如，零件不可能按规定的名义尺寸精确地加工出来，发动机亦不可能按规定的名义输出功率进行工作，钢也不可能按规定的强度极限值生产出来，这就是说，任何一种产品，它的质量特性都围绕名义值波动。这种波动愈小，产品质量愈好。设产品质量特性 y 对统计均值 $\bar{y}$ 的偏差为 δ_y，则 $y=\bar{y}+\delta_y$ 为一随机量，如图 13－2 所示。考虑到产品质量特性的这类波动性，为了保证产品能够发挥正常的功能，在设计中一般都规定出了它的允许波动范围，即

$$R_y = [y_0+\Delta y^-,\ y_0+\Delta y^+] \tag{13-1}$$

式中，y_0 是目标值；Δy^- 和 Δy^+ 是质量特性的容差。

在一般的工业产品中，若规定 $|y-y_0|>\Delta y$ 为不合格品（或废品），则 $|y-y_0|\leqslant\Delta y$ 为合格品（或正品）。有时，合格品又划分为几个等级，如 A、B、C…或优、良、中……，第 i 级品质量特性值的允许偏差为：

$$(i-1)\ \Delta y/n<|y-y_0|\leqslant i\Delta y/n \quad i=1,\ 2,\ \cdots,\ n \tag{13-2}$$

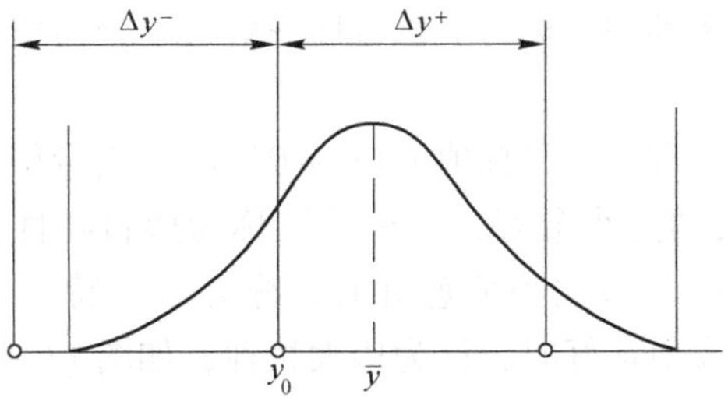

图 13－2 质量特性的目标值及其容差

为了进一步说明问题，下面介绍一个例子。

【例 13－1】 某品牌电视机有两个产地：甲与乙，两地工厂生产的电视机使用同一设计方案和相同的生产线，按设计时的规定，若电视机的彩色浓度 y 在 $[y_0-5,\ y_0+5]$ 范围内，则判该机的彩色浓度合格，否则判为不合格，两地工厂都是这样检验产品的。但到 20 世纪 70 年代后期，乙地消费者购买甲地产的电视机的热情高于购买本地产的电视机，这是什么原因呢？如图 13－3 所示，甲地产的彩色浓度 y 近似正态分布，其平均值接近 y_0，标准差是 5/3，而乙地产的彩色浓度 y 在 $y_0\pm5$ 内为近似均匀分布，其均值也接近 y_0，标准差是 $10/\sqrt{12}$。甲地产电视机大约有 0.3% 的彩色浓度超出容差范围，而乙地产电视

机基本上无不合格的电视机出厂。所以，顾客的喜爱差异无法用产品的不合格率来解释的。但若把彩色浓度非常靠近 y_0 的电视机认定为A级，偏离 y_0 愈远性能愈差，可认定为B级和C级，于是可见，甲地产彩电中A级品比乙地产彩电A级品多得多，而C级品却比乙地产彩电少得多，这说明买到优质彩电的概率大得多，这是原因之一。原因之二是在使用一段时间之后，电视机的彩色浓度会随着使用时间的延长而逐渐退化，乙地产彩电发生退化后，彩色浓度不合格的（D级）数量就比甲地产彩电要多得多，造成这个现象的原因在于，乙地产彩电生产只注意控制彩色浓度的偏差，符合规定容差即可；而甲地产彩电生产则除致力于减小与目标值的差异外，还减小方差。

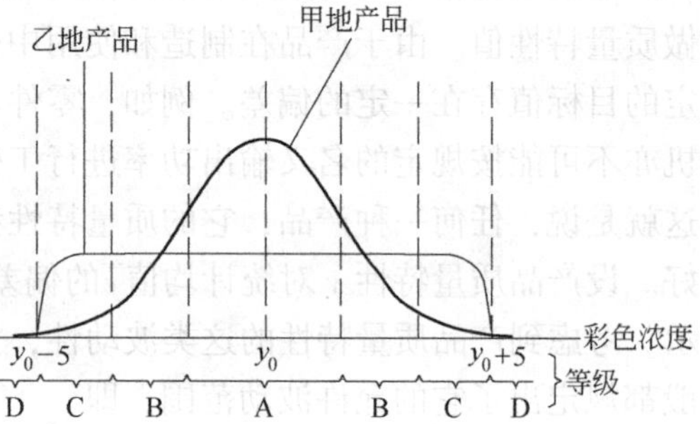

图 13－3 电视机彩色浓度的分布图

值得注意的是，对于由功能特性波动而造成产品质量问题，不仅应该使产品在销售前功能特性变差小，而且也应该使在投入使用一段时间后，功能特性的变差亦很小，这样才能保证该产品质量的稳定性。

13.2.2 产品的质量特性与评价指标

根据产品设计中所要达到的目标，质量特性一般可以分为望目特性、望小特性和望大特性三类。

当产品的质量特性存在理想的目标值 $y_0(y_0\neq0)$ 时，则希望产品的输出技术特性 y 能围绕目标值 y_0 波动，且波动愈小愈好，这种特性称为望目特性，如图 13－4（a）所示；当质量特性在允许的上限值内取愈小值愈好时，称为望小特性，如图 13－4（b）所示；而在允许的下限值内取愈大值愈好时，称为望大特性，如图 13－4（c）所示。

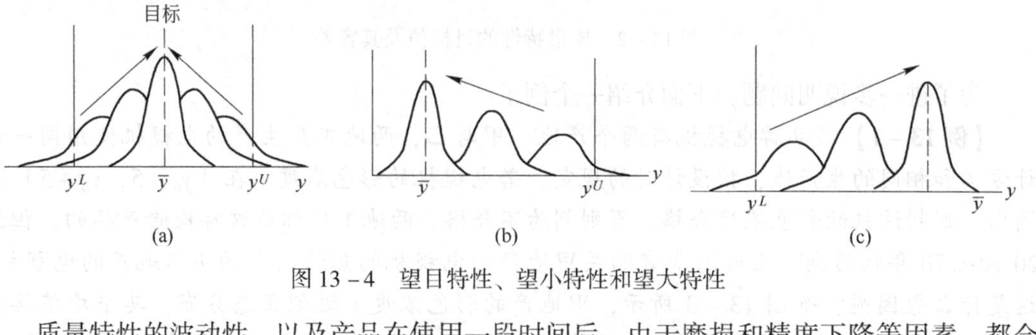

图 13－4 望目特性、望小特性和望大特性

质量特性的波动性，以及产品在使用一段时间后，由于磨损和精度下降等因素，都会使输出特性达不到目标值，这些都会给用户带来损失，因而可以用损失函数的大小来作为

评价指标。设目标值为 y_0，实际值为 y，若 $y \neq y_0$，则造成质量损失 L，其损失函数记为 $L(y)$，且 $y-y_0$ 值越大，$L(y)$ 亦越大，则可定义质量损失函数为

$$L(y) = K(y-y_0)^2 \tag{13-3}$$

式中，K 是不依赖于 y 的常数，称为质量损失系数。

由于 y 的随机性，所以取其期望值即可得平均损失：

$$\overline{L}(y) = E\{L(y)\} = E\{K(y-y_0)^2\} = K[(\overline{y}-y_0)^2 + \sigma_y^2] \tag{13-4}$$

式中，$\overline{y}$ 和 σ_y 分别为统计均值和标准差。

可见，平均质量损失由均值对目标值的偏差平方 $(\overline{y}-y_0)^2$ 和方差 σ_y^2 两部分组成，前者表示一批产品的质量特性的平均值 $\overline{y}$ 与目标值 y_0 偏差的大小，后者表示该批产品质量特性波动的大小。

产品质量特性值 y 对目标值 y_0 的分布类型有如式（13－4）所示的对称分布的二次型质量损失函数，是最常见的一种分布类型，其他的还有非对称分布的二次型质量损失函数以及单边增和减二次型质量损失函数等，其计算公式可见表 13－1。

表 13－1　二次型质量损失函数的几种派生形式

名　称	图　形	计算公式
非对称二次型质量损失函数	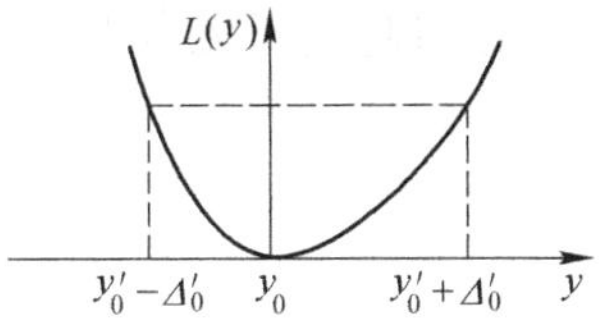	$L(y)=\begin{cases}K_1(y-y_0)^2 & y>y_0\\ K_2(y-y_0)^2 & y\leqslant y_0\end{cases}$
单边增二次型质量损失函数	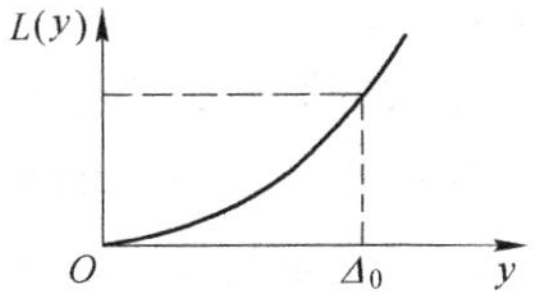	$L(y)=Ky^2 \quad y\geqslant 0$
单边减二次型质量损失函数	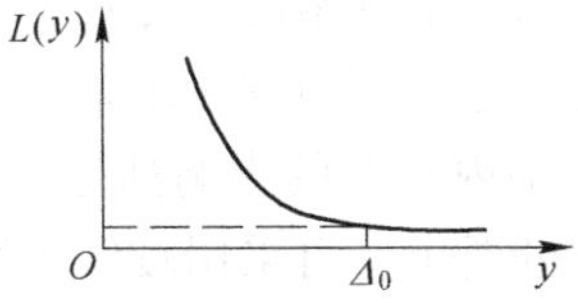	$L(y)=K\left(\frac{1}{y^2}\right) \quad y>0$

当质量特性不服从正态分布时，就很难用平均质量损失函数来评定所设计产品的功能特性的满意程度，为此可用质量信息和质量信息量的大小来评定设计的好坏。

信息是客观事物存在方式和运动状态的一种反映，并通过一定的物质或能量的形式表现出来。若把产品质量特性满足规定要求的概率 p 作为人们所感觉到的一种质量信息，并认为满足的概率愈大，信息量愈小，则可定义如下的**质量信息熵函数**：

$$I = \sum_{j=1}^{m} \ln p_j \tag{13-5}$$

$$p_j = P\{|y_j - y_{0j}| \leqslant \Delta y_j\} \quad j = 1, 2, \cdots, m \tag{13-6}$$

式中，p_j 是技术特性满足规定要求的概率，如图 13－5 所示。

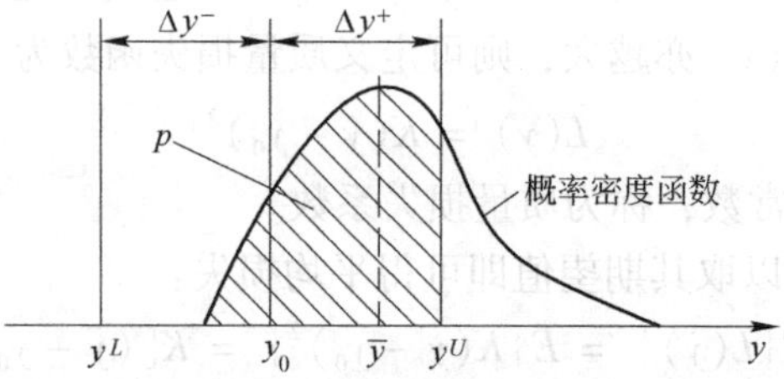

图 13－5 非正态分布时的满意概率计算模型

对于动态质量特性，考虑到它含有时间因素，设 $y(t)$ 和 $y_0(t)$，$t \in T$，其中 T 为规定的使用寿命期，或规定的工作时间。为了便于计算，可将 t 离散化，对于每个指定时刻 $t_i \in T$，由于技术特性 $y(t_i)$ 和目标值 $y_0(t_i)$ 都是随机变量，这样便可以把 $y(t)$ 和 $y_0(t)$ 看作是一个随机变量序列 $y(t_1)$ 和 $y_0(t_1)$、$y(t_2)$ 和 $y_0(t_2)$、…、$y(t_N)$ 和 $y_0(t_N)$ 的组合，于是可计算出有限寿命内的满意概率，即

$$p = P\{\bigcap_{t_i \in T} |y(t_i) - y_0(t_i)| \leqslant \Delta y\} \tag{13-7}$$

由式（13－5）和式（13－6）可以看出，当各个 y_j 都满足质量特性的容差时，即 $p_j = 1(j = 1, 2, \cdots, m)$，可得 $I = 0$，质量信息熵函数最小；反之，当 $p_j \to 0$（实际中这种设计是不应该出现的）时，质量信息熵函数将趋近于无穷大。由此可见，**一个好的设计是质量信息熵函数最小的设计**。

13.2.3 稳健性特征量与稳健设计

13.2.3.1 产品质量设计图解模型

一般，产品质量特性的波动受许多因素的影响，当这些因素变化时，产品的性能也随之发生变化。如果影响因素的变化对产品质量特性波动的影响不大，或者说产品性能的变化相对于影响因素的变化是很小的，即产品质量特性对影响因素的变化是不敏感的，则称产品质量是稳健的，或者说产品质量对影响因素的变化具有稳健性。因此，稳健性产品是这样的一种产品，即它对制造与装配工艺、环境与使用条件和材质上的差异，以及材料老化、零部件的磨损和腐蚀（在一定范围内）等的影响都是不十分敏感的。具有稳健性的产品，一般可以放宽对制造、使用条件的要求，可采用较低等级的原材料，从而可以在保证产品质量的前提下降低产品的成本。

产品质量设计图解模型的基本要素包括：信号因子（输入）y_0、设计变量 $\boldsymbol{x}$、噪声因素 $\boldsymbol{z}$ 和质量特性（输出因素）y，如图 13－6 所示。

信号因子是指产品质量特性所需要达到的目标值或规定的技术条件 y_0 及其所限定的容差 $[\Delta y^-, \Delta y^+]$。例如，异步电动机的额定功率和转速就是信号因子；压力容器所能承受的名义压力亦是信号因子；对汽车操纵特性来说，由于所需的转弯半径通过方向盘的转角大小来实现，转角可看作是信号因子（但它是一种动态的信号因子）。信号因子的大小一般要求应易于控制、检测、校正和调整，且与产品的质量特性最理想为呈线性关系。

设计变量 $\boldsymbol{x}$ 是产品设计中的一些可控因素集合。可控因素是指在设计中可以控制的一些设计参数，如传动参数、构件的几何尺寸、装配的间隙、所用材料的强度极限等，一般

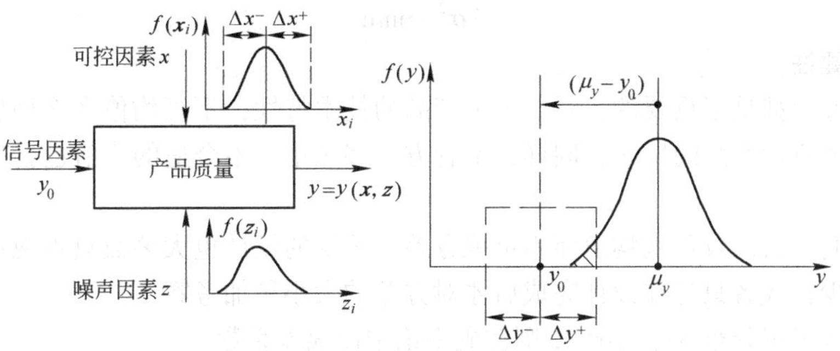

图 13－6 产品质量设计图解模型

表示为：

$$\boldsymbol{x}^{\mathrm{T}} = (x_1, x_2, \cdots, x_n)$$

在设计时要求确定出它的名义值及其容差：

$$\bar{\boldsymbol{x}}^{\mathrm{T}} = (\bar{x}_1, \bar{x}_2, \cdots, \bar{x}_n),\ \Delta\boldsymbol{x}^{\mathrm{T}} = (\Delta x_1, \Delta x_2, \cdots, \Delta x_n)$$

在多数情况下，还要知道变差在容差范围内的概率分布类型和分布参数。

对产品质量产生影响的另一因素是不可控因素，或称噪声因素。根据对产品质量特性产生波动的原因，噪声因素又分为：

（1）外噪声。外噪声是指产品在使用或运行中，由于环境和使用条件的差异或变化而影响产品质量特性稳定性的因素，如机床加工精度随温度变化而变化，时钟的快慢随温度、湿度的变化而发生变化等。

（2）内噪声。内噪声是指产品在存放和使用过程中，随时间的迁移而直接影响的产品质量特性的因素，如材料老化、失效或磨损、腐蚀、蠕变等。

（3）物间噪声。物间噪声是指产品由于在生产中人、机、料等的差异而使产品质量特性发生波动的因素，如制造参数、材料性能的波动，工具的磨损和变换，加工方法、操作人员和加工环境的改变等。制造误差通常虽可通过缩小制造参数的容差来控制，然而这样做会增加成本。

噪声因素 $\boldsymbol{z}$ 是设计中的不可控因素的集合，一般表示为：

$$\boldsymbol{z}^{\mathrm{T}} = (z_1, z_2, \cdots, z_k)$$

多数是属于概率空间（Ω, T, P）内的一些随机参数。

质量特性（输出）y 或技术特性是设计结果的输出，由于它受到设计变量 $\boldsymbol{x}$ 和噪声因素 $\boldsymbol{z}$ 的影响，所以 y 是 $\boldsymbol{x}$ 和 $\boldsymbol{z}$ 的线性、非线性、显式或隐式的随机函数。

$$y = y(\boldsymbol{x}, \boldsymbol{z})$$

13.2.3.2 稳健性的特征量

度量产品质量特性稳健性的各种量称为稳健性特征量。根据图 13－6 所示的产品质量设计图解模型，稳健性的特征量必须包含：

（1）使产品质量特性的均值尽可能达到目标值，即使

$$\delta_y = |\bar{y} - y_0| \to \min \quad 或 \quad \delta_y^2 = (\bar{y} - y_0)^2 \to \min \tag{13-8}$$

称为**目标稳健性**。

（2）使它的随机“钟形”分布变得“瘦小”些，以保证产品的实际质量指标的波动限制在规定的容差内，即使由于各种干扰因素引起的功能特性波动的方差尽可能小，即使

$$\sigma_y^2 \to \min \tag{13-9}$$

称为**方差稳健性**。

这两个方面都是很重要的，对于一个产品的技术特性，不管均值多么理想，过大的方差会导致低劣质量产品的增多；同样，不管方差多么小，不合适的均值也会严重影响产品的使用功能。

以往人们一般比较重视均值而不重视方差。传统的设计也大多数只重视均值，而对方差考虑得较少，或者只是在设计完成后才对方差的大小稍加考察。

若 y 服从正态分布 $N(\mu_y, \sigma_y^2)$，则在概率论中以离差系数

$$\delta = \sigma_y / \mu_y \tag{13-10}$$

作为这类特性欠佳的度量。而若以 $1/\delta = \mu_y / \sigma_y$ 作为优良性的度量，则也可取

$$\eta = \mu_y^2 / \sigma_y^2 \tag{13-11}$$

作为这类特性稳健性的一种度量。η 称为**信噪比**（Signal Noise Ratio）。η 值越大，σ_y^2 越小，表示产品的质量水平越高。

13.2.3.3 稳健设计

为使所设计产品的质量特性能具有稳健性，通常，采用如下几种措施：

（1）通过产品的方案设计（概念设计），改变输入输出之间的关系，使其功能特性的均值尽可能接近目标值。

（2）通过参数设计调整设计变量的名义值，使输出均值达到目标值。

（3）通过减小参数名义值的偏差，可以缩小输出特性的方差。但是减小参数的容差需要采用高性能的材料或者高精度的加工方法，这就意味着要提高产品的成本。

（4）利用非线性效应，通过合理地选择参数在非线性曲线上的工作点或中心值，可以使质量特性值的波动缩小。这是一种使波动传递衰减的非线性技术，如图 13-7 所示。

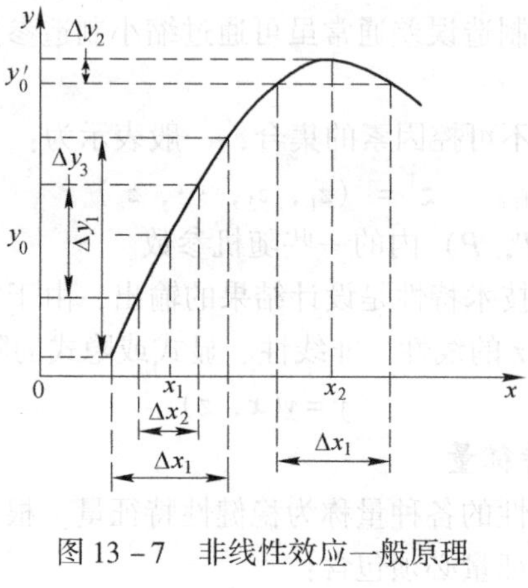

图 13-7 非线性效应一般原理

稳健设计的一般步骤：

（1）确定产品的质量指标体系，建立可控与不可控因素对产品质量影响的质量设计模型，该模型应能充分显示出各个功能因素的变差对产品质量特性的影响。

（2）对稳健设计模型进行试验设计和数值计算，获取质量特性的可靠分析数据。

（3）寻找稳健设计的解，获得稳健产品的设计方案。

13.3 稳健优化设计的基本原理

13.3.1 设计变量与参数的变差和容差

通常，产品的结构参数的设计值与制造后和使用中的实际值是有差异的，这种差异称为**参数的变差** $\pm\delta$；参数的容差是指变差容许变动的范围 $\pm\Delta$，即 $-\Delta\leqslant\delta\leqslant+\Delta$。这样，在工程稳健优化设计中，把结构参数分为设计变量和设计参数两类，用 $\boldsymbol{x}=[x_1,x_2,\cdots,x_n]^{\mathrm{T}}$ 和 $\boldsymbol{p}=[p_1,p_2,\cdots,p_q]^{\mathrm{T}}$ 表示。由于结构参数的不确定性，因此把任一设计变量 x_i 看作是在容差 Δx_i^+、Δx_i^- 范围内的随机变量，如图 13－8（a）所示；而设计参数一般是可根据试验结果已知的一种随机变量。如某种材料的拉伸强度极限，通过试验已知其服从均值 μ 和方差 σ^2 的正态分布，这时它的均值 μ 就是设计参数的名义值 $\bar{p}$，而容差带 Δp 可取 $\pm k\sigma$ 来计算，如图 13－8（b），k 值可取 1，2，3，…。例如，对于正态分布的随机参数，取 $k=2$，随机变化的参数值将有 95.45% 在 $[\mu-2\sigma,\ \mu+2\sigma]$ 内，而取 $k=3$ 时，将有 99.865% 在 $[\mu-3\sigma,\ \mu+3\sigma]$ 内。

为了保证技术特性值限在规定所容许的范围内，必须通过规定出设计变量和设计参数的容差 Δx、Δp 来控制产品质量。如图 13－9 所示，不同设计变量值 x_1 和 x_2 在相同大小的容差 Δx 下可获得不同质量特性 y_1 和 y_2 的分布，显然可见，y_2 的稳定性要比 y_1 好。

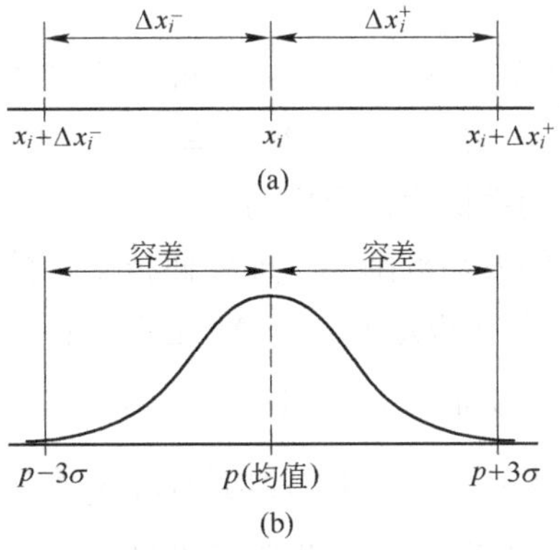

图 13－8 设计变量和参数的容差

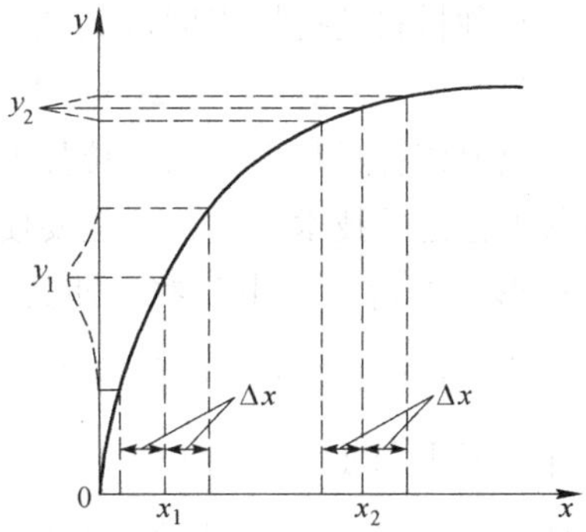

图 13－9 容差大小与质量特性稳定性的关系

13.3.2 技术特性值的变差和容差

13.3.2.1 技术特性的变差与容差

产品的技术特性（或称设计函数）是设计变量和设计参数的函数，即

$$y(\boldsymbol{x},\ \boldsymbol{p})=y(x_1,\ x_2,\ \cdots,\ x_n,\ p_1,\ p_2,\ \cdots,\ p_q) \tag{13-12}$$

用它可以建立优化设计的目标函数，也可以建立约束条件。但在进行产品设计时，首先需要考虑的是：如何保证产品的技术特性能满足规定的技术要求。但是实际上由于在制造和使用中许多不确定性因素的影响，产品的技术特性值并非与所规定的名义值（或目标值）完全一致。设产品技术特性实际值 y 对名义值（或目标值）y_0 的变差为 δ_y，则

$$y=y_0+\delta_y \tag{13-13}$$

实践证明，δ_y 是服从一定概率分布的随机变量。在某些情况下，当它服从正态分布时，其变量为 $\delta_y \sim N(0,\sigma^2)$。在一般的工业产品中，多数以其技术特性值 y 对目标值 y_0 的变差 δ_y 大小来评定产品质量的好坏。

若用容差来控制产品的质量，则要求产品技术特性的实际变差必须小于容差，即

$$|\delta_y| \leqslant |\Delta y| \tag{13-14}$$

若违反了上述条件，则是有缺陷的设计。其中，Δy 称为**技术特性的容差**。

13.3.2.2 技术特性的波动与控制

变差的存在，反映了产品的技术特性值存在波动性。为了保证产品能够发挥正常的功能，规定了产品技术特性的允许波动范围，即**极差**

$$R_y = [y_0 + \Delta y^-, y_0 + \Delta y^+] \tag{13-15}$$

其中容差 Δy^- 和 Δy^+，是产品技术特性波动的允许界限，如图 13－10 所示。

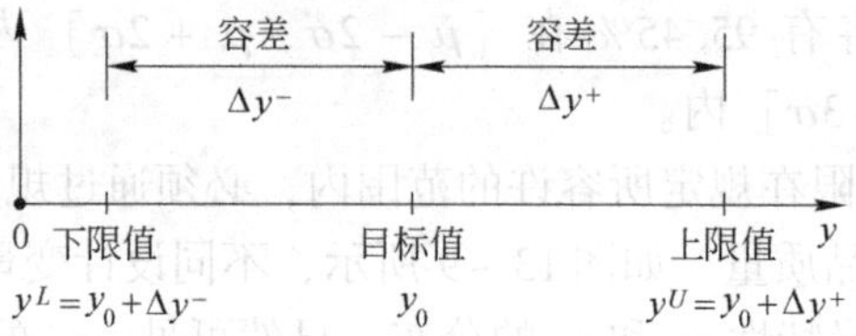

图 13－10 技术特性的目标值及其容差

例如，某种材料的抗拉强度按其技术规范规定为（45 ±2）MPa，可知该材料抗拉强度的容差 $|\Delta y^-| = |\Delta y^+| = \Delta y = 2$MPa，名义值 $\bar{y} = 45$MPa，极差 $R_y =$ ［43，47］MPa，这就是说，只要该种材料出厂的抗拉强度在此极差内都认为是合格的。

要想获得稳健的技术特性，一是要使技术特性的波动范围小，即要使技术特性的随机分布的“钟形”变得“瘦小”些，使其实际分布限制在规定的容差 Δy 范围内；二是应该保证其统计均值 $\bar{y}$ 尽可能地接近预定的目标值（或名义值）y_0。例如，如图 13－11 所示，有两个设计方案Ⅰ和Ⅱ，在图 13－11（a）中，虽然 y_1 和 y_2 的统计均值 $\bar{y}_1$ 和 $\bar{y}_2$ 都接近于目标值 $\bar{y}_0$，但由于 y_1 的散布（波动）范围大于 y_2，因而设计方案Ⅱ要好于设计方案Ⅰ；另外如图 13－11（b）所示，虽然 y_2 的分布范围大于 y_1，但由于 y_2 的统计均值 $\bar{y}_2$ 比 y_1 的统计均值 $\bar{y}_1$ 更接近于目标值，即 $\bar{y}_2 - y_0 < \bar{y}_1 - y_0$，因此认为设计方案Ⅱ也好于设计方案Ⅰ。

13.3.3 稳健问题优化设计的基本数学模型

前已述及，用稳健设计方法来改善产品的技术特性，必须达到两个目标：**目标稳健性和方差稳健性**，即在优化设计时，其目标是：

（1）使技术特性 $y(\boldsymbol{x},\boldsymbol{p})$ 的均值 $\bar{y}$ 尽可能达到目标值 y_0（或是最小值，或是最大值），即使

$$\delta_y = |\bar{y} - y_0| \rightarrow \min \quad 或 \quad \delta_y^2 = (\bar{y} - y_0)^2 \rightarrow \min \tag{13-16}$$

式中，δ_y 为技术特性均值的偏差；$\bar{y}$ 为技术特性统计均值。如果能观测得 y 的一组值 y_1，

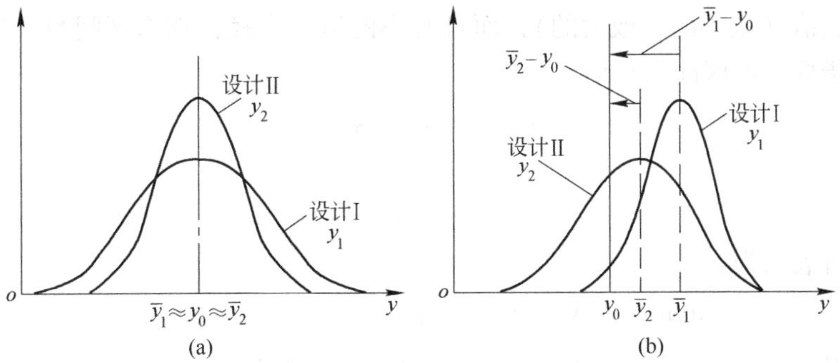

图 13-11 产品技术特性波动的控制

y_2，…，y_N，则可按统计学方法计算出它的均值

$$\bar{y} = \frac{1}{N}\sum_{j=1}^{N} y_j \tag{13-17}$$

（2）使由于各种干扰因素引起的技术特性波动的标准差尽可能小，即使

$$S_y = \left(\frac{1}{N-1}\sum_{j=1}^{N}(y_j - \bar{y})^2\right)^{1/2} \to \min \tag{13-18}$$

式中，S_y 为技术特性的标准差，$S_y \approx \sigma_y$ 它表示了输出特性变差的大小。对于一般工业产品，减小技术特性的波动具有重要的意义：它可以减少废品的数目，提高优质产品的数量；可以加宽可操作空间，使生产过程更易控制；还可以使绝大多数产品的质量特性接近目标值，提高产品的优质率。

这样，稳健优化设计的目标函数可以取技术特性的偏差和技术特性的标准方差的加权和求极小化，即

$$\min f(\bar{\boldsymbol{x}}, \Delta\boldsymbol{x}) = (1-\beta)w_1\delta_y^2 + \beta w_2 S_y^2 \tag{13-19}$$

式中，β 为加权系数，主要控制 δ_y^2 与 S_y^2 大小对产品的重要性，在［0，1］之间取值。若取 $\beta=0$，则在设计中不考虑技术特性的偏差，也就是说偏差大一些，在工程上也可以接受。若取 β 值较大，甚至 $\beta S_y^2 \gg \delta_y^2$，则在求目标函数的极小化中可以获得较小的技术特性的偏差 δ_y，直至满足 $|\delta_y| < \Delta y$ 为止，就是说将技术特性的偏差限制在容差范围内。w_1 和 w_2 是对 δ_y^2 和 S_y^2 在量级上差异的调整权。

当要求的产品技术特性在允许的下限值内取值愈大愈好，且波动愈小愈好时，即体现为望大特性，则要求

$$\bar{y} \to \max \text{ 和 } \delta_y = |y - \bar{y}| \to \min \tag{13-20}$$

当要求产品的技术特性在允许的下限值内取值愈小愈好，且波动愈小愈好时，即体现为望小特性，则要求

$$\bar{y} \to \min \text{ 和 } \delta_y = |y - \bar{y}| \to \min \tag{13-21}$$

为了简化目标函数的计算，也可以采用下面区间数的计算方法，设

$$y^U = \max_{\boldsymbol{x} \in R_x, \boldsymbol{p} \in R_p} f(\boldsymbol{x}, \boldsymbol{p}) \tag{13-22}$$

$$y^L = \min_{\boldsymbol{x} \in R_x, \boldsymbol{p} \in R_p} f(\boldsymbol{x}, \boldsymbol{p}) \tag{13-23}$$

即目标函数为一个区间数 $y \in [y^L, y^U]$。根据区间数数学理论：如果区间数 y 不仅有理想的区间中点值（或小的，或大的），而且有小的区间半径，那么区间数 y 也可以作为一个稳定性的指标。设区间中点值

$$y_C = 0.5(y^U + y^L) \tag{13-24}$$

和区间半径

$$y_R = 0.5(y^U - y^L) \tag{13-25}$$

则目标函数可表示为：

$$\min f(\bar{\boldsymbol{x}}, \Delta\boldsymbol{x}) = (1-\beta) w_1 |y_C - y_0| + \beta w_2 y_R \tag{13-26}$$

考虑到对目标函数稳健性最优值产生影响的不仅有设计变量的均值 $\bar{\boldsymbol{x}}$，而且还有它的容差 $\Delta\boldsymbol{x}^+$ 和 $\Delta\boldsymbol{x}^-$，因而在稳健优化设计的数学模型中，设计空间的维数一般应三倍于设计变量数，即设计变量取

$$\bar{\boldsymbol{x}},\ \Delta\boldsymbol{x}^+,\ \Delta\boldsymbol{x}^- \in R^{3n} \tag{13-27}$$

约束函数也必须考虑到不确定因素对约束 $g(\boldsymbol{x}, \boldsymbol{p}) \leqslant 0$ 可行域的影响。当 $\boldsymbol{x}$ 和 $\boldsymbol{p}$ 发生变差 $\Delta\boldsymbol{x}$ 和 $\Delta\boldsymbol{p}$ 时，其约束函数亦发生变差 $\Delta\boldsymbol{g}$，如图 13-1 所示。此时要求设计点仍为可行，就必须满足下面的可行性条件：

$$g_u(\boldsymbol{x}, \boldsymbol{p}) + \Delta g_u \leqslant 0 \quad u = 1, 2, \cdots, m \tag{13-28}$$

稳健优化设计的基本数学模型可表述为：

$$\left.\begin{aligned} & \bar{\boldsymbol{x}},\ \Delta\boldsymbol{x}^+,\ \Delta\boldsymbol{x}^- \in R^{3n} \\ \min \quad & f(\bar{\boldsymbol{x}}, \Delta\boldsymbol{x}) = (1-\beta) w_1 \delta_y^2 + \beta w_2 S_y^2 \\ \text{s.t.} \quad & g_u(\boldsymbol{x}, \boldsymbol{p}) + \Delta g_u \leqslant 0 \quad u = 1, 2, \cdots, m \\ & \delta_y \leqslant \Delta_y \end{aligned}\right\} \tag{13-29}$$

13.4 基于容差模型的稳健优化设计

基于容差模型的稳健优化设计是按“最坏”情况考虑的一种设计方法，因为它只考虑设计变量和参数的最大变动范围，即容差 Δx_i 和 Δp_i。

13.4.1 容差分析原理

13.4.1.1 目标函数的容差计算

设计变量 $\boldsymbol{x}$ 和参数 $\boldsymbol{p}$ 所发生的变差，都将传递给产品的技术特性函数 $y = y(\boldsymbol{x}, \boldsymbol{p})$，并引起技术特性函数的波动，产生变差。若对当前的设计变量 $\bar{\boldsymbol{x}}$ 和设计参数 $\bar{\boldsymbol{p}}$ 值发生变差，其 $\delta x_i = x_i - \bar{x}_i$ 和 $\delta p_i = p_i - \bar{p}_i$ 假设都是微量的，于是可在 $\bar{\boldsymbol{x}}$ 和 $\bar{\boldsymbol{p}}$ 的邻域内展开 Taylor 级数，并取一次项展开式，即得：

$$y(\boldsymbol{x}, \boldsymbol{p}) \approx y(\bar{\boldsymbol{x}}, \bar{\boldsymbol{p}}) + \sum_{i=1}^{n} \left(\frac{\partial y}{\partial x_i} \bigg|_{\bar{x}, \bar{p}} \right)(x_i - \bar{x}_i) + \sum_{i=1}^{q} \left(\frac{\partial y}{\partial p_i} \bigg|_{\bar{x}, \bar{p}} \right)(p_i - \bar{p}_i) \tag{13-30}$$

若令 $\bar{y} = y(\bar{\boldsymbol{x}}, \bar{\boldsymbol{p}})$ 和 $\delta_y = y - \bar{y}$，即由上式可得设计函数的变差为：

$$\delta_y = \sum_{i=1}^{n} \left(\frac{\partial y}{\partial x_i} \bigg|_{\bar{x}, \bar{p}} \right) \delta x_i + \sum_{i=1}^{q} \left(\frac{\partial y}{\partial p_i} \bigg|_{\bar{x}, \bar{p}} \right) \delta p_i \tag{13-31}$$

如果对当前的设计点$\overline{\boldsymbol{x}}$和$\overline{\boldsymbol{p}}$只考虑其最大允许的变差，即容差 Δx_i 和 Δp_i 时，只要 $\Delta x_i/\overline{x}_i$和 $\Delta p_i/\overline{p}_i$比值不超过5%，同时目标函数为低次非线性，则也可以仿式（13-31）来计算设计函数的容差，即

$$\Delta y = \sum_{i=1}^{n}\left(\frac{\partial y}{\partial x_i}\bigg|_{\overline{x},\overline{p}}\right)\Delta x_i + \sum_{i=1}^{q}\left(\frac{\partial y}{\partial p_i}\bigg|_{\overline{x},\overline{p}}\right)\Delta p_i \tag{13-32}$$

若不考虑$\frac{\partial y}{\partial x_i}$和$\frac{\partial y}{\partial p_i}$、$\Delta x_i$ 和 Δp_i 正负号的影响，取绝对值计算，则得设计函数的最坏情况的容差 Δy（可能的最大值）为：

$$\Delta y = \sum_{i=1}^{n}\left|\left(\frac{\partial y}{\partial x_i}\bigg|_{\overline{x},\overline{p}}\right)\Delta x_i\right| + \sum_{i=1}^{q}\left|\left(\frac{\partial y}{\partial p_i}\bigg|_{\overline{x},\overline{p}}\right)\Delta p_i\right| \tag{13-33}$$

当设计函数 $y(\boldsymbol{x},\boldsymbol{p})$ 为高阶非线性函数且 Δx_i 和 Δp_i 较大时，为了减小用式（13-31）和式（13-32）计算的误差，也可以采用 Taylor 级数的二次项式计算。设

$$\boldsymbol{b}^{\mathrm{T}} = (\boldsymbol{x},\ \boldsymbol{p}) \in R^{n+q} \tag{13-34}$$

则设计函数的最坏情况容差计算公式为：

$$\Delta y = \sum_{i=1}^{n+q}\left|\left(\frac{\partial y}{\partial b_i}\right)\Delta b_i\right| + \frac{1}{2}\sum_{i=1}^{n+q}\sum_{j=1}^{n+q}\left|\frac{\partial^2}{\partial b_i \partial b_j}\Delta b_i \Delta b_j\right| \tag{13-35}$$

用上式计算强非线性函数的容差时，若各项都取绝对值之和，则使得按“最坏”情况所计算出的 Δy 值偏大。这是因为平方项 $\frac{\partial^2 y}{\partial b_i^2}\Delta b_i^2$ 中的 Δb_i^2 始终为正，若当二次项系数为负时，则应从线性项中减去一部分。但对交叉积项$\frac{\partial^2 y}{\partial b_i \partial b_j}\Delta b_i \Delta b_j (i \neq j)$ 却不易于处理，因为它的符号是各项 Δb 的组合，只有在各项均为正时，交叉积才为正，但一般这是不大可能的，因而只能通过详细的分析才能确定。要想使容差 Δy 变为负项，这不仅与线性项的大小有关，而且还与非线性项的容差大小和符号有关。由此看来，式（13-35）在容差带内设计函数变差 Δy 将可能是单调函数或是非单调函数。要是单调函数，其最大值应在容差带的左和右的极限位置上；要是非单调函数，其最大值应在两个极限位置间的某个位置上，若要找到它就必须用优化方法去解一个在容差带内的函数最大值问题。

若已知设计函数的变差二次展开式在容差带内为单调函数，用下面方法则可以精确地估计出最坏情况变差。对于每个变量（因素）先考察梯度向量中相应偏导数项的符号，若符号为正，则该变量应向正容差极限摄动，即$\overline{x}_i + \Delta x_i$；若负，则$\overline{x}_i - \Delta x_i$。然后再在这种摄动值下依此计算出各偏导数值和最坏情况的变差值。

13.4.1.2 约束函数的容差计算

若已知设计变量的容差为 Δx_i，设计参数的容差为 Δp_i，则仿照式（13-33），便可计算出当前点 $(\overline{\boldsymbol{x}},\ \overline{\boldsymbol{p}})$ 的约束变差

$$\Delta g_u = \sum_{i=1}^{n}\left|\left(\frac{\partial g_u}{\partial x_i}\bigg|_{\overline{x},\overline{p}}\right)\Delta x_i\right| + \sum_{i=1}^{q}\left|\left(\frac{\partial g_u}{\partial p_i}\bigg|_{\overline{x},\overline{p}}\right)\Delta p_i\right| \tag{13-36}$$

或者也可考虑仿用二次项的式（13-35）计算约束变差。这样，当利用最坏情况容差来建立约束条件时，其稳健可行性的条件为：

$$g_u(\bar{\boldsymbol{x}}, \bar{\boldsymbol{p}}) + \Delta g_u \leqslant 0 \quad u = 1, 2, \cdots, m \tag{13-37}$$

式中，$g_u(\bar{\boldsymbol{x}}, \bar{\boldsymbol{p}})$ 为当前点的约束函数值。

若约束函数的形式为

$$g_u(\boldsymbol{x}, \boldsymbol{p}) \leqslant b_u \quad u = 1, 2, \cdots, m \tag{13-38}$$

式中，b_u 为一个可变动的设计参数（常数），且已知其容差为 Δb_u。按最坏情况考虑，即有

$$g_u(\boldsymbol{x}, \boldsymbol{p}) + \Delta g_u \leqslant b_u - \Delta b_u \tag{13-39}$$

或

$$g_u(\boldsymbol{x}, \boldsymbol{p}) + \Delta_u \leqslant b_u \tag{13-40}$$

式中，$\Delta_u = \Delta b_u + \Delta g_u$ 称为第 u 个约束的“最坏”情况的总变差。

由上述分析可知，在考虑约束的变差 Δg_u 后，实际上是缩小了设计的可行域。

13.4.2 稳健优化设计的容差模型

按规定容差来建立稳健优化设计数学模型（对于技术特性 y 是望小特性）为：

$$\left.\begin{array}{ll} & \bar{\boldsymbol{x}}, \Delta\boldsymbol{x}^{+}, \ \Delta\boldsymbol{x}^{-} \in R^{3n} \\ \min & f(\bar{\boldsymbol{x}}, \Delta\boldsymbol{x}) = (1-\beta) w_1 y(\bar{\boldsymbol{x}}, \bar{\boldsymbol{p}}) + \beta w_2 (\Delta y)^2 \\ \text{s.t.} & g_u(\bar{\boldsymbol{x}}, \bar{\boldsymbol{p}}) + \Delta g_u \leqslant 0 \quad u = 1, 2, \cdots, m \\ & |\Delta y| \leqslant [\Delta y] \end{array}\right\} \tag{13-41}$$

式中，$[\Delta y]$ 表示设计规范中规定的允许最大容差。

13.4.3 容差模型稳健优化设计的近似解法

在计算上述问题时，由于设计点在计算过程中不断变动，所以也就需要不断计算技术特性函数 $y(\boldsymbol{x}, \boldsymbol{p})$ 和约束函数 $g(\boldsymbol{x}, \boldsymbol{p})$ 的一阶（或二阶）导数，因此需要不断修正容差模型，只有这样才能保证获得正确的结果，但计算量会很大。为了简化计算，在这里推荐一种近似的解法，即“二步解法”。第一步是先找出设计问题的一般最优解 $\boldsymbol{x}^0$（非稳健设计解）；第二步是在已知 $\boldsymbol{x}^0$ 的基础上，计算出该点的 Δy 和 Δg 值，并在稳健可行性条件基础上求出问题的近似的稳健最优解 $\boldsymbol{x}^*$。

显然，这一方法的重要前提是认为一般设计解在某个或几个约束的边界上，且近似的稳健优化设计解与它是十分接近的。

当采用两步法求解稳健优化设计问题时，最好是选用能容纳不可行初始点的一类算法，如外点惩罚函数法、序列简约梯度法和离散组合型算法等。

下面用算例来说明此方法的应用。

【例 13-2】 图 13-12 所示为承受载荷 P 的一个对称双杆支架，支座之间的水平距离 $2B = 152.4\text{cm}$，若已选定壁厚为 $t = 0.254\text{cm}$ 的钢管，要求在满足强度、压杆稳定性和变形的约束条件下，确定支架高度 H 和钢管直径 d，并使支架结构最轻。

在表 13-2 中列出了与双杆支架设计有关的数据。

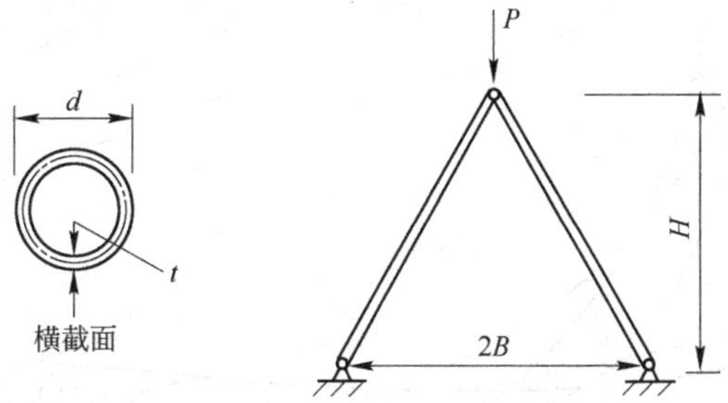

图 13－12 双杆支架设计简图

表 13－2 双杆支架设计有关的数据

设计参数	名义值	最大容差	设计参数	名义值	最大容差
高 H/cm	x_1	1.27	密度 ρ/kg·m^{-3}	8300	277
管径 d/cm	x_2	0.254	载荷 P/kN	293	13.3
宽 B/cm	76.2	1.27	材料屈服极限 σ_s/MPa	689.4	3.44
管厚 t/cm	0.254	0.0254	容许的最大变形 δ_f/cm	0.635	
弹性模量 E/MPa	2.07×10^5	0.103×10^5			

解：第一步，根据设计要求，可建立优化设计模型。

设计变量 $$\boldsymbol{x} = [x_1, x_2]^{\mathrm{T}} = [H, d]^{\mathrm{T}}$$

设计常数 $$\boldsymbol{p} = [p_1, p_2, p_3, p_4, p_5, p_6]^{\mathrm{T}} = [B, t, E, \rho, P, \sigma]^{\mathrm{T}}$$

目标函数 $$f(\boldsymbol{x}, \boldsymbol{p}) = 2\pi dt\rho(B^2 + H^2)^{1/2} = 2\pi x_2 p_2 p_4 (p_1^2 + x_1^2)^{1/2}$$

强度约束条件 $$g_1(\boldsymbol{x}, \boldsymbol{p}) = \sigma(\boldsymbol{x}, \boldsymbol{p}) - \sigma_s \leqslant 0$$

稳定性约束条件 $$g_2(\boldsymbol{x}, \boldsymbol{p}) = \sigma(\boldsymbol{x}, \boldsymbol{p}) - s_c(\boldsymbol{x}, \boldsymbol{p}) \leqslant 0$$

变形约束条件 $$g_3(\boldsymbol{x}, \boldsymbol{p}) = \delta(\boldsymbol{x}, \boldsymbol{p}) - \delta_f \leqslant 0$$

式中
$$\sigma(\boldsymbol{x}, \boldsymbol{p}) = p_5(p_1^2 + x_1^2)^{1/2}/(\pi x_2 x_1 p_2)$$
$$s_c(\boldsymbol{x}, \boldsymbol{p}) = \pi^2 p_3(p_2^2 + x_2^2)/[\delta(p_1^2 + x_1^2)]$$
$$\delta(\boldsymbol{x}, \boldsymbol{p}) = p_5(p_1^2 + x_1^2)/(\pi p_2 p_3 x_1 x_2)$$

对于约束条件中的 Δb，只有应力约束的材料强度屈服极限 σ_0 给出了容差 $\Delta\sigma_s = 3.44\text{MPa}$；对于稳定性约束 s_c 的 Δs_c，将由 x 和 p 的容差计算获得；对于变形约束中的允许变形量 δ_f 已给定，是常数。

对此问题，可以先求一般优化模型的最优解，并取设计参数的名义值（或均值）代入优化模型中，求得它的最优解为：$\boldsymbol{x}^0 = [x_1, x_2]^{\mathrm{T}} = [51.8, 5.0]^{\mathrm{T}}$，$f(\boldsymbol{x}^0) = 53.6\text{N}$。在图 13－13中给出了设计可行域和最优解 $\boldsymbol{x}^0$ 的位置。$\boldsymbol{x}^0$ 点处于强度约束条件与稳定性约束条件的约束面交集上。图上的虚线表示目标函数的等值线。

第二步是按式（13－40）计算出 $\boldsymbol{x}^0$ 点约束函数的变差 Δg_1、Δg_2 和 Δg_3。考虑到目标函数的变差对设计问题的影响不大，取 $\beta = 0$，即不考虑目标函数的偏差，所以可建立如下

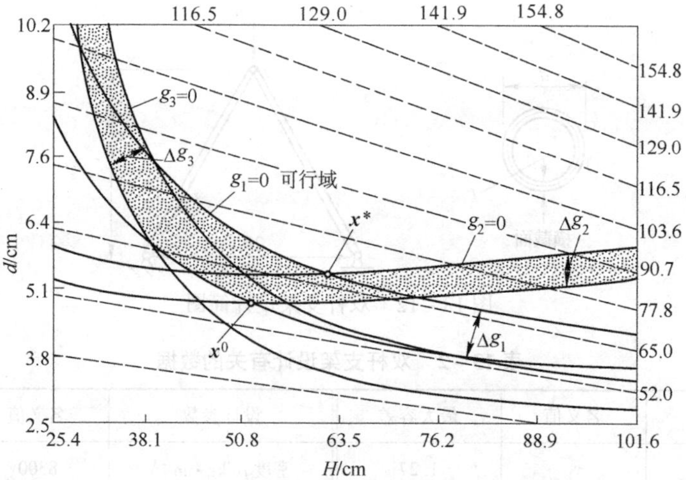

图 13－13 双杆支架的最优解和稳健最优解

的稳健优化设计模型：

$$\boldsymbol{x} = [x_1, x_2]^{\mathrm{T}} \in R^2$$

$$\min \quad f(\boldsymbol{x}, \boldsymbol{p}) = x_2 p_2 p_4 (p_1^2 + x_1^2)^{1/2}$$

$$\text{s. t.} \quad g_1(\boldsymbol{x}, \boldsymbol{p}) = \sigma(\boldsymbol{x}^0, \boldsymbol{p}) - \sigma_s + \Delta\sigma_s + \Delta g_1(\boldsymbol{x}^0, \boldsymbol{p}) \leqslant 0$$

$$g_2(\boldsymbol{x}, \boldsymbol{p}) = \sigma(\boldsymbol{x}^0, \boldsymbol{p}) - s_c(\boldsymbol{x}^0, \boldsymbol{p}) + \Delta s_c + \Delta g_2(\boldsymbol{x}^0, \boldsymbol{p}) \leqslant 0$$

$$g_3(\boldsymbol{x}, \boldsymbol{p}) = \delta(\boldsymbol{x}^0, \boldsymbol{p}) - \delta_f + \Delta g_3(\boldsymbol{x}^0, \boldsymbol{p}) \leqslant 0$$

在图 13－13 中给出了按最坏情况计算得出的约束变差对可行域的影响，各个约束边界都向缩小可行域方向移动一个 Δg_i 值，求得稳健优化设计的最优解：

$$\boldsymbol{x}^* = [x_1^*, x_2^*]^{\mathrm{T}} = [61.85, 5.39]^{\mathrm{T}}\mathrm{cm}, f(\boldsymbol{x}^*) = 68.9\mathrm{N}$$

上述计算结果表明，只要所设计的双杆支架在实际施工中的制造或安装误差在所限定的容差内，用上述优化设计方法所获得的最优结果还是可行的、稳健的，当然此时所付出的代价是目标函数值变坏，其重量约增大 28.5%。

13.5 基于随机模型的稳健优化设计

在解决工程设计问题中，当设计变量和设计参数均为已知概率分布的随机变量时，最有效的方法是通过建立随机模型来获得稳健优化设计的最优解。

13.5.1 随机模型稳健优化设计的几项准则

随机设计变量 x_i 可以表示为名义值 $\overline{x}_i$ 和制造误差 t_i 的和，即

$$x_i = \overline{x}_i + t_i, \quad i = 1, 2, \cdots, n \tag{13-42}$$

考虑到 $|t_i| \leqslant \Delta x_i$，因此在一般情况下，应对每一个设计变量 x_i 规定出它的容差 $\pm\Delta x_i$，这样在稳健优化设计时也需要把 $\pm\Delta x_i$ 列为设计变量。当已知设计变量为正态分布时，也可以通过调整随机设计变量的均值 $\overline{x}_i$ 与控制离差系数 δ_i（因为容差 $\Delta x_i = 3\overline{x}_i\delta_i$）来寻求问题的最优解。

如机加工尺寸、工作载荷、材料的物理和力学性能、风力和下雨量等这类设计参数都具有随机性。在处理工程设计问题时，一般比较简便的是先找出设计参数 z_i 的概率密度函数，因为它最能直接反映随机变量的概率统计性质，然后用随机模拟方法产生它的随机样本。

由于各设计变量与参数变差的随机性，设计函数（目标函数和约束函数）也是不确定的随机函数 $y_i(\boldsymbol{x},\boldsymbol{p})$ 和 $g_u(\boldsymbol{x},\boldsymbol{p})$。在这种情况下，对于目标函数的稳定性设计准则可以有以下多种表示形式：

第一种设计准则是采用期望的损失函数

$$f(\bar{\boldsymbol{x}},\Delta\bar{\boldsymbol{x}}) = \sum_{j=1}^{q} w_j[w_{1j}(1-\beta)(\mu_{yj}-y_{0j})^2 + w_{2j}\beta\sigma_{yj}^2] \to \min \tag{13-43}$$

式中，w_j、w_{1j}和 w_{2j}为加权系数；μ_y、σ_y 为随机变量 y 的均值和标准差；q 为应满足技术特性的个数。

第二种设计准则是根据对产品质量的要求使不在规定目标容差 Δy_i^- 和 Δy_i^+ 内的设计函数值的不合格率达到最小，即

$$P\left\{\bigcap_{j=1}^{q}(y_{0j}+\Delta y_i^- > y_j \cup y_j > y_{0j}+\Delta y_i^+)\right\} \to \min \tag{13-44}$$

这样不论随机变量服从何种概率分布，$P\{\cdot\} \in (0,1)$ 的值愈小，所设计产品的技术特性愈稳定。

第三种设计准则是约束的稳健可行性，由于 $g_u(\boldsymbol{x},\boldsymbol{p}) \leqslant 0$ 是随机性约束，所以当 $\boldsymbol{x}$ 和 $\boldsymbol{p}$ 发生变差时，随机约束亦必将发生变差 Δg_u，因而此时的约束应能满足

$$g_u(\boldsymbol{x},\boldsymbol{p}) + \Delta g_u \leqslant 0 \quad u=1,2,\cdots,m \tag{13-45}$$

当 $g(\boldsymbol{x},\boldsymbol{p})$ 为正态或近似正态分布时，亦可用随机约束的均值 μ_{g_u} 与标准差 σ_{g_u} 来计算，即

$$\mu_{g_u} + k\sigma_{g_u} \leqslant 0 \quad u=1,2,\cdots,m \tag{13-46}$$

当约束随机相关和非正态分布时，更精确的是用下式来计算：

$$P\left\{\bigcap_{u=1}^{m} g_u(\boldsymbol{x},\boldsymbol{p}) \leqslant 0\right\} \geqslant \alpha \tag{13-47}$$

式中，α 为预先规定的应满足的概率值，$\alpha \in (0,1)$ 的值愈大，可行稳健性愈好。

当还要考虑输出技术特性的实际值的大小允许部分超出目标值的容差时，可以加上另一项约束，即当 $\boldsymbol{x}$、$\boldsymbol{p}$ 发生变差时，其最优点仍是可行：

$$D_{\alpha_0} = \left\{\bar{\boldsymbol{x}} + \boldsymbol{t} \,\middle|\, \begin{array}{l} P\left\{\bigcap_{j=1}^{q} |y_j - y_{0j}| - \Delta y_j \leqslant 0\right\} \geqslant \alpha_{01} \\ P\left\{\bigcap_{j=1}^{m} g_j(\boldsymbol{x},\boldsymbol{p}) \leqslant 0\right\} \geqslant \alpha_{02} \end{array}\right\} \tag{13-48}$$

如图 13－14 所示，$\alpha_0 \in (0,1)$ 值愈大，最优解的稳健可行性愈好。特别是若几个约束正相关，则它对可行域 $D_{\alpha 0}$的影响将是一致的，即同时缩小（或扩大）可行域；若负相关，则影响相反，一个扩大可行域，另一个为缩小可行域。

13.5.2 稳健优化设计的随机模型

基于随机模型稳健优化设计的数学模型一般可表示为：

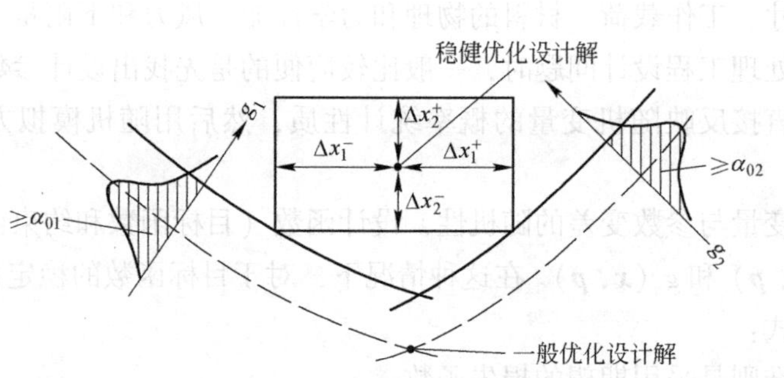

图 13-14 工程稳健设计最优解

$$\left.\begin{array}{ll} & \bar{x}_i,\ \Delta x_i^+,\ \Delta x_i^- \in R^{3n} \quad i = 1, 2, \cdots, n \\ \min & \sum\limits_{j=1}^{q} w_j [w_{1j}(\mu_{yi} - y_{0j})^2 + w_{2j}\sigma_{yi}^2] \quad j = 1, 2, \cdots, q \\ \text{s.t.} & y_{0j} - k\sigma_{yj} < y_j < y_{0j} + k\sigma_{yj} \\ & \mu_{gu} + k\sigma_{gu} \leqslant 0 \quad u = 1, 2, \cdots, m \\ & \bar{x}_i + \Delta x_i^- \leqslant x_i \leqslant \bar{x}_i + \Delta x_i^+ \end{array}\right\} \tag{13-49}$$

稳健优化设计随机模型的其他几种形式可见表 13-3。

表 13-3 稳健优化设计模型的几种形式

名 称	模型形式	说 明
变容差设计	$\min\limits_{x,\Delta x^-,\Delta x^+} LQ(\boldsymbol{x}, \Delta\boldsymbol{x}^-, \Delta\boldsymbol{x}^+)$ s. t. $\bar{\boldsymbol{x}} + \boldsymbol{t} \in D_{\alpha 0}$ $\Delta_x^L \leqslant \Delta x \leqslant \Delta_x^u,\ \bar{\boldsymbol{x}}^L \leqslant \bar{\boldsymbol{x}} \leqslant \bar{\boldsymbol{x}}^U$ $\boldsymbol{x}, \boldsymbol{p} \in (\Omega, T, P) \in R^{n+k}$	此模型为 $3n$ 维；$\boldsymbol{x}(=\bar{\boldsymbol{x}}+\boldsymbol{t})$ 为在 $[\bar{\boldsymbol{x}}+\Delta\boldsymbol{x}^-, \bar{\boldsymbol{x}}+\Delta\boldsymbol{x}^+]$ 内服从某种概率分布的随机变量
变离差设计	$\min\limits_{\bar{x},\delta} LQ(\bar{\boldsymbol{x}}, \delta)$ s. t. $\bar{\boldsymbol{x}} + \boldsymbol{t} \in D_{\alpha 0}$ $\delta^L \leqslant \delta \leqslant \delta^U,\ \bar{\boldsymbol{x}}^L \leqslant \bar{\boldsymbol{x}} \leqslant \bar{\boldsymbol{x}}^U$ $\boldsymbol{x}, \boldsymbol{p} \in (\Omega, T, P) \in R^{n+k}$	此模型为 $2n$ 维；其中 $\delta_i = \Delta x_i / \bar{x}_i$ 为容差系数
定容差设计	$\min\limits_{\bar{x}} LQ(\bar{\boldsymbol{x}})$ s. t. $\bar{\boldsymbol{x}} + \boldsymbol{t} \in D_{\alpha 0}$ $\bar{\boldsymbol{x}}^L \leqslant \bar{\boldsymbol{x}} \leqslant \bar{\boldsymbol{x}}^U$ $\boldsymbol{x}, \boldsymbol{p} \in (\Omega, T, P) \in R^{n+k}$	此模型为 n 维，其中假定 δ_1，δ_2，…，δ_n 为已知值，如0.02，0.01，…

注：$LQ(\cdot)$ 为目标函数。

13.5.3 优化计算方法及基本步骤

13.5.3.1 计算方法

如前所述，为了保证设计解的稳健性，要求设计点必须满足$\boldsymbol{x}+\boldsymbol{t}\in D_{\alpha_0}$的稳健可行性条件。由式（13-48）可知，$D_{\alpha_0}$的计算主要是随机函数的概率计算。当质量的技术特性

$y_j(\boldsymbol{x},\boldsymbol{p})$ 和约束 $g_j(\boldsymbol{x},\boldsymbol{p})$ 均为随机独立时，其概率为各个技术特性和约束条件概率的连乘积，即

$$p=p_1p_2\cdots p_q \quad 和 \quad p=p_1p_2\cdots p_m$$

关于概率的计算，在工程计算中通常可采用如下几种方法（详见第11章）：

（1）随机模拟方法，该方法不受随机设计函数是否相关性的影响，在设计中都可采用，方法较简单，亦能保证所需的精度，是一种最常用的方法。

（2）数值计算方法，其中有数值积分法和自变量网格法。

（3）概率约束的计算方法，其中有一次二阶矩法、概率约束等价转换的逐次逼近法等。

13.5.3.2 稳健优化计算算法

求解稳健优化设计模型的方法，较为理想的是采用一种以离散变量为基础的随机模拟搜索算法 SMOD，该方法可以避免随机约束函数相关性给计算带来的困难。其算法步骤如下：

（1）给定输入，如设计变量和随机参数的分布类型、分布参数和数量、算法操作参数、模拟试验次数等。

（2）提供计算目标函数、约束函数和概率密度函数子程序，随机抽样的计算子程序。

（3）确定设计变量均值和容差的初值。

（4）调用优化方法子程序，按设计变量和目标函数的概率统计值沿某种搜索策略逐步找出最优点。

（5）对每次模拟试验按 k 循环到第（10）步。

（6）对每个设计变量和参数取一个样本值。

（7）调用函数子程序，求出目标函数和约束函数的每个函数值。

（8）求得各个函数的累计值并计算出其统计均值和方差。

（9）检验各个约束是否满足，若是，则计不失效一次，求出不失效的累计总数。

（10）若 k 小于样本容量，则转向步骤（6）。

（11）计算出当前点准则函数的均值、方差和各个约束满足的概率值。

（12）检验是否找到稳健最优点，若是，转步骤（13）；否则，返回优化子程序。

（13）对稳健最优点作详细的概率分析计算。

（14）输出稳健最优解的结果，计算结束。

对于已经将随机模型转化为确定性模型的计算，一般采用离散变量优化方法计算要比采用连续变量优化方法较为合理，因为随机变量的名义值（统计均值）是属于按加工、测量所需的离散值。

下面通过一个计算示例来说明。

【例13-3】 试用随机模型稳健优化设计方法设计液压系统的逆止阀。图13-15所示为球形直通式逆止阀的简图，由阀体、阀芯以及弹簧等元件组成。当液体正向通过逆止阀时，液体需克服施加在钢球上的回位弹簧压力，由左向右通过；而液体反向流动时，阀芯回位并被压紧在阀座上，截断液体通道。

逆止阀设计的基本要求是：液体正向通过逆止阀时，阻力要小；而液体反向流动时，

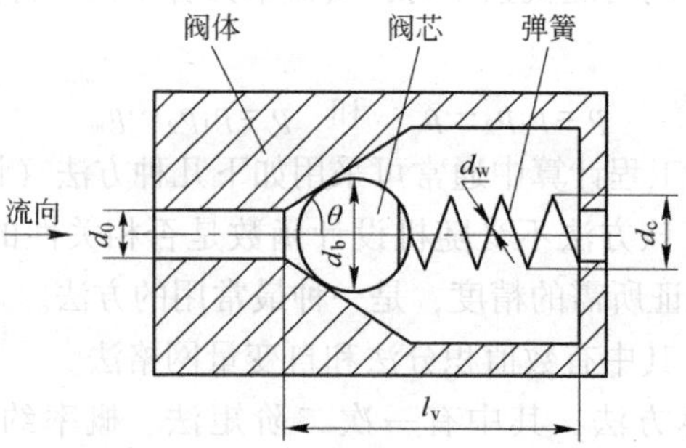

图 13－15 球形直通式逆止阀简图

阀关闭的动作要灵敏，关闭后密封要好。顶开钢球所需要的开启压力应尽量小，以减小阀口的压力损失；但是，开启压力又必须有足够大，以防止回流。

已知阀体长 l_v、孔径 d_0、弹簧的剪切模量 G 和许用剪切强度 τ_P 等参数，其值见表 13－4。

设计要求：在阀的开启压力 P_0 不小于 15kPa 的概率为 99% 的条件下，尽量减小 P_0 及其波动 ΔP_0，并要求满足弹簧的预变形 $\Delta H \geqslant 5$mm；弹簧剪切应力 $\tau \leqslant \tau_P$；弹簧中径与钢球直径比为 $0.5 \leqslant \frac{d_c}{d_b} \leqslant 0.8$；弹簧旋绕比为 $4 \leqslant C \leqslant 16$，其中，$C = \frac{d_c}{d_w}$。

有关参数的分布情况及其取值见表 13－4。

表 13－4 球形直通式逆止阀的结构参数

参数名称	均 值	标准差	容 差	概率分布类型
阀长 l_v/mm	25	0.03333	—	正态
孔径 d_0/mm	6.35	0.0833	—	正态
弹簧剪切模量 G/MPa	83000	233.33	—	对数正态
许用剪切强度 τ_P/MPa	900	3	—	对数正态
球阀座角度 θ/(°)	未知	—	±1	正态
钢球直径 d_b/mm	未知	—	±0.025	均匀
弹簧中径 d_c/mm	未知	—	±0.05	正态
钢丝直径 d_w/mm	未知	—	±0.005	正态
弹簧圈数 n	未知	—	±0.1	正态
弹簧原始长度 H_0/mm	未知	—	±0.5	正态

解：(1) 问题分析。

如图 13－16 所示，影响逆止阀开启压力的因素主要有：球阀座角度 θ、钢球直径 d_b、弹簧中径 d_c、弹簧钢丝直径 d_w、弹簧圈数 n 和弹簧原始长度 H_0，有关数据如表 13－4 所示。

从图 13－16 所示的逆止阀的结构可得：

$$l_0 = OO' = \frac{OA}{\sin\theta} = \frac{d_b}{2\sin\theta}$$

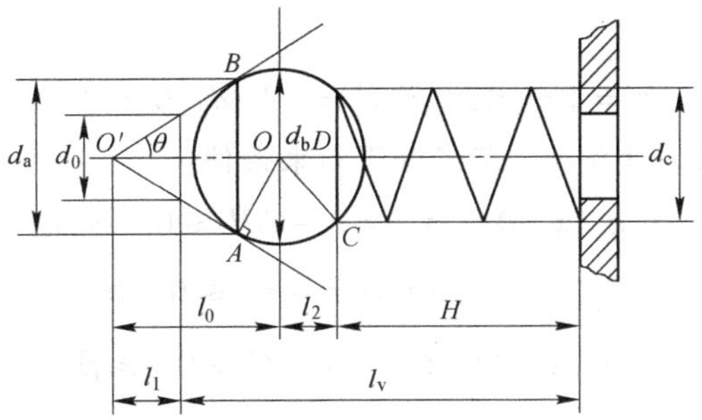

图 13－16 逆止阀结构分析示意图

$$l_1 = \frac{1}{2}d_0 \cdot \cot\theta$$

阀体与钢球的接触圆直径为：

$$d_a = 2OA \cdot \cos(\angle OAB) = d_b \cdot \cos\theta$$

设角 $\beta = \angle OCD$，则

$$\cos\beta = \frac{d_c}{d_b + d_w}$$

从而可求得：

$$l_2 = OD = OC \cdot \sin\beta = \frac{1}{2}(d_b + d_w) \cdot \sin\beta$$

由图 13－16 还可求得：

$$H = l_v + l_1 - l_0 - l_2$$

所以弹簧的预变形为：

$$\Delta H = H_0 - H = H_0 + l_0 + l_2 - l_v - l_1$$

逆止阀的开启压力为：

$$p_0 = \frac{4F_0}{\pi d_a^2}$$

式中，$F_0 = k \cdot \Delta H$，为弹簧的预压力，$k = \frac{Gd_w^4}{8d_c^3 n}$，是弹簧刚度。

设弹簧工作时的剪切应力为静止时的 2 倍，则：

$$\tau = 2\tau_0 = 2 \times \frac{8F_0KC^3}{\pi d_c^2} = \frac{16F_0KC^3}{\pi d_c^2}$$

式中，K 为曲度系数，$K = \frac{4C-1}{4C-4} + \frac{0.615}{C}$。

(2) 建立数学模型。

1) 设计变量。假设 θ、d_b、d_c、d_w、n、H_0、p_0 的上、下容差相等，则可定义逆止阀的设计变量为：

$$\begin{aligned}\boldsymbol{x} &= [x_1, x_2, x_3, x_4, x_5, x_6, x_7, x_8, x_9, x_{10}, x_{11}, x_{12}]^T \\ &= [\theta, d_b, d_c, d_w, n, H_0, \Delta\theta, \Delta d_b, \Delta d_c, \Delta d_w, \Delta n, \Delta H_0]^T\end{aligned}$$

式中，$\Delta\theta$、Δd_b、Δd_c、Δd_w、Δn 和 ΔH_0 分别为 θ、d_b、d_c、d_w、n 和 H_0 的容差。

2）噪声因素。

$$\boldsymbol{z} = [z_1, z_2, z_3, z_4]^{\mathrm{T}} = [l_v, d_0, G, \tau_P]^{\mathrm{T}}$$

3）约束条件。根据设计要求，确定如下约束条件：

弹簧的预变形条件 $P\{g_1(\bar{\boldsymbol{x}}, \Delta\boldsymbol{x}, z) = 5 - \Delta H \leqslant 0\} \geqslant \beta_1$

弹簧剪切应力条件 $P\{g_2(\bar{\boldsymbol{x}}, \Delta\boldsymbol{x}, z) = \tau - \tau_P \leqslant 0\} \geqslant \beta_2$

弹簧旋绕比条件 $P\{g_3(\bar{\boldsymbol{x}}, \Delta\boldsymbol{x}, z) = 4 - C \leqslant 0\} \geqslant \beta_3$

$P\{g_4(\bar{\boldsymbol{x}}, \Delta\boldsymbol{x}, z) = C - 16 \leqslant 0\} \geqslant \beta_4$

弹簧中径/钢球直径比条件 $P\left\{g_5(\bar{\boldsymbol{x}}, \Delta\boldsymbol{x}, z) = 0.5 - \dfrac{x_3}{x_2} \leqslant 0\right\} \geqslant \beta_5$

$P\left\{g_6(\bar{\boldsymbol{x}}, \Delta\boldsymbol{x}, z) = \dfrac{x_3}{x_2} - 0.8 \leqslant 0\right\} \geqslant \beta_6$

阀的开启条件 $P\{g_7(\bar{\boldsymbol{x}}, \Delta\boldsymbol{x}, z) = 15 - y_1 \leqslant 0\} \geqslant 1 - \alpha_f$

式中，$\beta_i (i = 1, 2, \cdots, 6)$ 及 $1 - \alpha_f$ 为对各个概率约束设定的需要满足的概率值。

4）目标函数。根据逆止阀的设计要求，其质量特性为：

$$\boldsymbol{y} = [y_1, y_2]^{\mathrm{T}} = [\overline{p_0}, \Delta p_0]^{\mathrm{T}}$$

得到如下目标函数

$$f(\boldsymbol{y}) = \omega_1 (y_1 - 15)^2 + \omega_2 y_2^2$$

5）数学模型。综上所述，可以建立逆止阀问题的基于随机概率的零缺陷设计数学模型：

$$\begin{aligned}
& \boldsymbol{x} \in R^{12} \\
\min \quad & f(\boldsymbol{y}) = \omega_1 (y_1 - 15)^2 + \omega_2 y_2^2 \\
\text{s. t.} \quad & P\{g_1(\bar{\boldsymbol{x}}, \Delta\boldsymbol{x}, z) = 5 - \Delta H \leqslant 0\} \geqslant \beta_1 \\
& P\{g_2(\bar{\boldsymbol{x}}, \Delta\boldsymbol{x}, z) = \tau - \tau_P \leqslant 0\} \geqslant \beta_2 \\
& P\left\{g_3(\bar{\boldsymbol{x}}, \Delta\boldsymbol{x}, z) = 4 - \frac{x_3}{x_4} \leqslant 0\right\} \geqslant \beta_3 \\
& P\left\{g_4(\bar{\boldsymbol{x}}, \Delta\boldsymbol{x}, z) = \frac{x_3}{x_4} - 16 \leqslant 0\right\} \geqslant \beta_4 \\
& P\left\{g_5(\bar{\boldsymbol{x}}, \Delta\boldsymbol{x}, z) = 0.5 - \frac{x_3}{x_2} \leqslant 0\right\} \geqslant \beta_5 \\
& P\left\{g_6(\bar{\boldsymbol{x}}, \Delta\boldsymbol{x}, z) = \frac{x_3}{x_2} - 0.8 \leqslant 0\right\} \geqslant \beta_6 \\
& P\{g_7(\bar{\boldsymbol{x}}, \Delta\boldsymbol{x}, z) = 15 - y_1 \leqslant 0\} \geqslant 1 - \alpha_f
\end{aligned}$$

（3）优化求解。

根据上述数学模型，编写相应的模型和数据文件，各设计变量的初始值、离散增量以及其上下界见表13－5。

表 13－5 设计变量的初始数据和问题的设计结果

设计变量	初始值	离散增量	上 界	下 界	一般优化最优解	稳健优化最优解
$x_1(\theta)$	32.5	0.10	60.00	30.00	34.9	33.30
$x_2(d_b)$	14.00	0.01	18.00	10.00	14.7	17.88
$x_3(d_c)$	8.50	0.01	14.00	6.00	11.3	9.70
$x_4(d_w)$	0.60	0.01	1.00	0.30	0.755	0.610
$x_5(n)$	14.00	1.00	16.00	6.00	8	14
$x_6(H_0)$	32.00	0.12	50.00	10.00	20	30.4
$x_7(\Delta\theta)$	1.00	0.01	2.00	0.50	1.00	1.57
$x_8(\Delta d_b)$	0.25	0.001	1.00	0.10	0.025	0.908
$x_9(\Delta d_c)$	0.50	0.001	1.00	0.10	0.05	0.232
$x_{10}(\Delta d_w)$	0.05	0.001	0.10	0.01	0.005	0.041
$x_{11}(\Delta n)$	0.50	0.10	1.00	0.10	0.1	0.5
$x_{12}(\Delta H_0)$	1.00	0.01	1.50	0.50	0.5	1.2
$y_1(\overline{p}_0)$					20.020	16.500
$y_2(\Delta P_0)$					0.820	0.399
$1-\alpha_f$					96.42%	100%

取 $\omega_1=0.1$、$\omega_2=0.9$，并根据工作可靠性条件，各项概率均取为 100%，即 $\beta=1$ $(i=1, 2, \cdots, 6)$，$\alpha_f=0$。

用第 11 章的随机模拟搜索法计算，其结果见表 13－5。计算所得逆止阀弹簧所产生压力的概率密度函数见图 13－17。

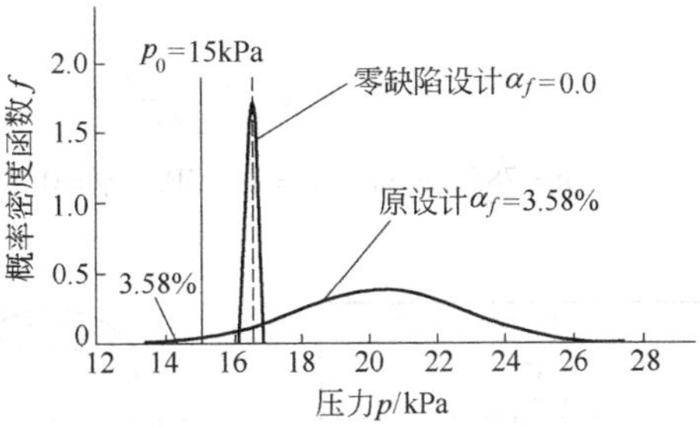

图 13－17 逆止阀设计压力的分布

从表 13－5 可以看出，逆止阀开启压力的稳健优化值为 $\overline{p_0}=16.500$kPa，其容差值 $\Delta p_0=0.399$kPa，不仅小于一般优化设计的最优值 $\overline{p_0}=20.020$kPa 和 $\Delta p_0=0.820$kPa，而且其设计变量的容差将近是一般设计结果的两倍，从而可以降低制造成本。

从以上计算结果可以看出，稳健优化设计大大改进了原来采用一般优化设计的计算结果，不仅在工程实际应用中是可行的，而且还具有如下几个优点：

（1）采用本设计模型计算所得结果，不仅保证了产品质量特性的优良性，而且可以获得较大的设计变量容差，从而提高了产品的可制造性，降低了产品制造成本。

（2）本设计模型通过计算得出的设计解是一个解域，因而在实际制造或安装中即使出现偏差，只要还在设计结果的容差范围内，也能保证产品质量的优良品质。

(3) 由于在设计模型中考虑到一些噪声因素的影响，只要这类因素的数据可靠，其产品质量就能得到保证。

习　题

13－1　何谓稳健设计？此方法可以解决产品质量设计的什么样的问题？

13－2　何谓产品的质量特性量？它的波动是由何原因引起的？

13－3　稳健优化设计的核心问题是什么？

13－4　如图13－18所示，已知跨距为 l、截面为矩形的简支梁，其材料密度为 ρ，许用弯曲应力为 $[\sigma_w]$，允许挠度为 $[f]$，在梁的中点作用一集中载荷 P，梁的截面宽度 b，不得小于 b_{min}，现要求用容差模型设计此梁，使其重量最轻，试写出其稳健优化设计的数学模型。

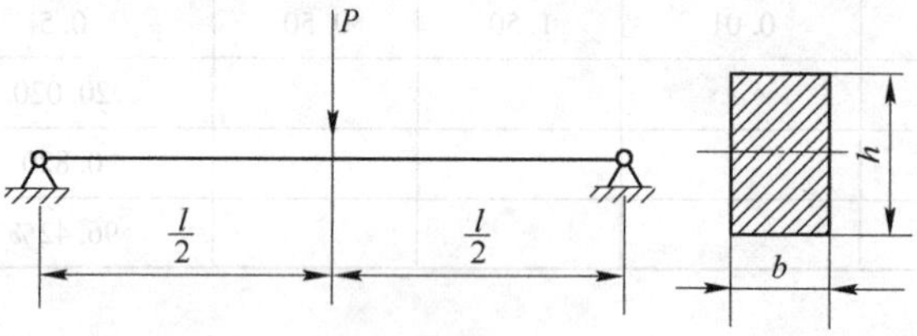

图13－18

13－5　试按质量最轻的原则选择平均半径 R 和壁厚 t，设计图13－19所示的薄壁圆柱形容器，要求容积不小于 V_0，容器内压力为 p，切向应力 σ_c 不超过许用应力 $[\tau]$，应变量不超过 ε_0。设各设计变量和参数都是正态随机分布，要求用随机模型来建立稳健优化设计的数学模型。

提示：

$$\sigma_c = \frac{pR}{t},\ \varepsilon_c = \frac{pR(2-\gamma)}{2Et}$$

$$\rho = 7850\text{kg/m}^3,\ E = 210\text{GPa},\ \gamma = 0.3$$

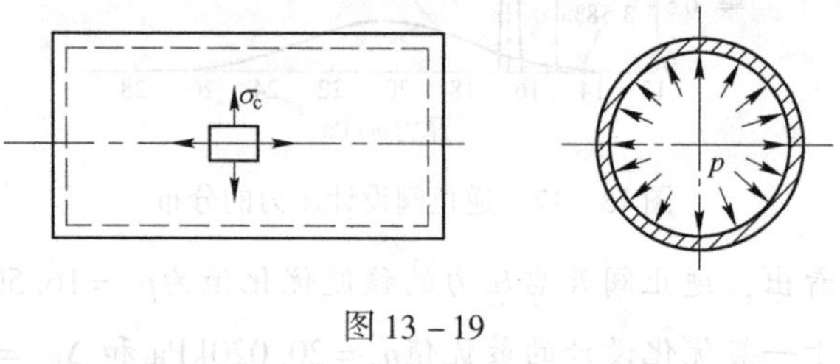

图13－19

参考文献

[1] Siddall J N. Optimal Engineering: Principles and Applications [M]. New York: Marcel Dekker Inc., 1982.

[2] Rao S S. 工程优化原理与应用 [M]. 祁载康, 万耀青, 梁嘉玉, 译. 北京: 北京理工大学出版社, 1990.

[3] Papalambros Panos Y, Wilde D J. Principles of Optimal Design: Model and Computation [M]. 2nd ed. Cambridge: Cambridge University Press, 2000.

[4] Arora J S. Introduction to Optimal Design [M]. New York: McGraw - Hill, 1989.

[5] Mitsuo Gen, Runwei Cheng. Gentic Algorithms and Engineering Optimization [M]. New York: John Wiley & Sons Inc., 2000.

[6] 余俊, 周济, 刘少媚. 优化方法程序库 OPB - 2: 原理及应用 [M]. 武汉: 华中理工大学出版社, 1997.

[7] 王凌. 智能优化算法及其应用 [M]. 北京: 清华大学出版社, 2001.

[8] 邢文训, 谢金星. 现代优化计算方法 [M]. 2 版. 北京: 清华大学出版社, 2005.

[9] 陈立周, 张英会, 吴清一, 等. 机械优化设计 [M]. 上海: 上海科学技术出版社, 1982.

[10] 陈立周, 路鹏, 孙成宪, 等. 工程离散变量优化设计方法——原理与应用 [M]. 北京: 机械工业出版社, 1989.

[11] 陈立周, 何晓峰, 翁海珊, 等. 工程随机变量优化设计方法——原理与应用 [M]. 北京: 科学出版社, 1997.

[12] 陈立周. 稳健设计 [M]. 北京: 机械工业出版社, 2000.

[13] 刘宝碇, 赵瑞清. 随机规划与模糊规划 [M]. 北京: 清华大学出版社, 1998.

[14] 黄洪钟. 机械设计模糊优化原理及应用 [M]. 北京: 科学出版社, 1997.

[15] 刘杨松, 李文方. 机械设计的模糊数学方法 [M]. 北京: 机械工业出版社, 1996.

[16] 席少霖, 赵凤治. 最优化计算方法 [M]. 上海: 上海科学技术出版社, 1983.

[17] 希梅尔布劳 D M. 实用非线性规划 [M]. 张义燊, 译. 上海: 上海科学技术出版社, 1981.

[18] 阿弗尔 M. 非线性规划 (上、下册) [M]. 李元喜, 译. 上海: 上海科学技术出版社, 1980.

[19] 吴启迪, 汪镭. 智能蚁群算法及应用 [M]. 上海: 上海科技教育出版社, 2004.

[20] 马良, 朱刚, 宁爱兵. 蚁群优化算法 [M]. 北京: 科学出版社. 2008.

[21] 钟毅芳, 陈柏鸿, 王周宏. 多学科综合优化设计原理与方法 [M]. 武汉: 华中科技大学出版社, 2006.

[22] 王振国, 陈小前, 罗文彩, 等. 飞行器多学科设计优化理论与应用研究 [M]. 北京: 国防工业出版社, 2006.

[23] 俞必强. 多学科设计优化及在 MEMS 设计中应用的研究 [D]. 北京: 北京科技大学, 2006.

[24] Yu Biqiang, Wang Xiaoqun, Wang Linhao. Multidisciplinary Object Compatibility Design Optimization Based on Simulated Annealing Algorithm [J]. Advanced Materials Research, 2012, 490 ~ 495: 2515 ~ 2519.

[25] Chen - Hung Huang. Development of Multi - objective Concurrent Subspace Optimization and Visualization Methods for Multidisciplinary Design [D]. State University of New York at Buffalo, 2003.